"十三五"国家重点出版物出版规划项目

名校名家基础学科系列

Textbooks of Base Disciplines from Top Universities and Experts

自然科学及工程中的数学方法

（第一册）

［美］玛丽·L. 博厄斯（Mary L. Boas） 著

邓达强 陈伟华 译

机械工业出版社

《自然科学及工程中的数学方法》入选“十三五”国家重点出版物出版规划项目，共三册，本书为第一册，全书共分6章，内容包括：无穷级数与幂级数、复数、线性代数、偏微分、多重积分和积分的应用、矢量分析．本书的特点有：给出定理的准确表述，省略定理的一般性和详细的证明，为学生学习专业课程提供数学知识和解决问题的方法，每小节后附有大量的习题，有利于学生掌握相关定理及其应用．

本书可供高等学校工科专业学生学习，也可供教师及工程技术人员参考．

北京市版权局著作权合同登记　图字 01-2018-5473 号

图书在版编目（CIP）数据

自然科学及工程中的数学方法．第一册/（美）玛丽·L. 博厄斯（Mary L. Boas）著；邓达强，陈伟华译．—北京：机械工业出版社，2021.12（2024.9 重印）

（名校名家基础学科系列）

书名原文：Mathematical Methods in the Physical Sciences

“十三五”国家重点出版物出版规划项目

ISBN 978-7-111-69460-1

Ⅰ.①自…　Ⅱ.①玛…　②邓…　③陈…　Ⅲ.①自然科学-数学方法　Ⅳ.①N05

中国版本图书馆 CIP 数据核字（2021）第 218095 号

机械工业出版社（北京市百万庄大街 22 号　邮政编码 100037）

策划编辑：汤　嘉　　责任编辑：汤　嘉　张金奎

责任校对：樊钟英　张　薇　封面设计：鞠　杨

责任印制：郜　敏

中煤（北京）印务有限公司印刷

2024 年 9 月第 1 版第 3 次印刷

184mm×260mm · 18.25 印张 · 452 千字

标准书号：ISBN 978-7-111-69460-1

定价：69.00 元

电话服务

客服电话：010-88361066

010-88379833

010-68326294

网络服务

机　工　官　网：www.cmpbook.com

机　工　官　博：weibo.com/cmp1952

金　书　网：www.golden-book.com

机工教育服务网：www.cmpedu.com

前　言

这本书特别适合那些学了一年（或一年半）微积分的学生，因为他们想在短时间内培养在物理、化学和工程方面的从低年级到研究生课程中需要的许多数学领域的基本能力. 因此，这本书是为大学二年级学生（或高中已经学过微积分的大学一年级学生）准备的，可独立学习或在课堂上学习. 这本书也可以被更高年级的学生有效地使用，以复习半遗忘的知识或从中学习新的知识. 虽然这本书是专门为物理科学的学生写的，但任何领域的学生（比如数学或数学教学）都可能会发现这本书在查找许多知识或获取一些他们没有时间深入研究的领域的知识时是有用的. 由于定理是被仔细陈述的，这样可以让学生在他们以后的工作中不会忘记任何东西.

在物理科学方面对学生进行适当的数学训练是数学家和从事应用数学的人共同关心的问题. 有些教师可能觉得，如果学生要学习数学，他们应该仔细和深入地研究它的细节. 对于物理、化学或工程专业的本科生来说，这意味着：（1）学习数学多于数学专业的学生；（2）彻底学习数学的几个领域，而其他领域只能从科学课程的片断中学习. 第二种选择经常被提倡，让我说说为什么我认为它是不令人满意的. 通过数学技术的直接应用确实能增加学习动力，但它也有许多缺点：

1. 对数学的讨论往往是粗略的，因为这不是主要问题.

2. 学生们同时面临学习一种新的数学方法，并将其应用于对他们来说也是全新的科学领域. 通常理解新的科学领域的困难更多地在于对数学理解不足所造成的干扰，而不是新的科学思想.

3. 学生可能会在两门不同的科学课程中遇到实际上相同的数学原理，却不知道它们之间的联系，甚至在两门课程中学习到明显矛盾的定理！例如，在热力学课上，学生们知道围绕闭合路径的恰当微分的积分总是零. 在电学或水动力学中，他们遇到$\int_0^{2\pi} \mathrm{d}\theta$，这的确是一个恰当微分在一个封闭路径上的积分，但结果不等于零！

如果每个理科生都能分别选修微分方程（常微分和偏微分）、高级微积分、线性代数、矢量和张量分析、复变函数、傅里叶级数、概率、变分法、特殊函数等数学课程就好了. 然而，大多数理科生既没有时间也没有兴趣去学那么多的数学，正是由于缺乏这些学科的基本技能，导致他们经常在自己的科学课程学习中受到阻碍. 编写这本书的目的是让这些学生在每一个需要的领域都有足够的背景知识，这样他们就可以成功地应付物理科学的大三、大四和刚开始的研究生课程. 我也希望一些学生能对一个或多个数学领域产生足够的兴趣，以便进行更进一步的研究.

很明显，如果要将许多知识压缩到一门课程中，就必须省略某些内容. 我相信，在学生作业的这个阶段，有两件事可以省略而不会造成严重损害：一般性和详细的证明. 对数学家和研究生来说，陈述和证明一个定理的最一般的形式是重要的，但它往往是不必要的，并可能困扰更多的低年级学生．这并不是说理科生不需要严密的数学．科学家，甚至比纯数学家更需要对数学过程的适用性范围做出谨慎的声明，这样他们就可以有信心地使用它们，而不必提供它们有效性的证明．因此，尽管常常是在特殊情况下或没有证明的情况下，我都努力给出所需要的定理的准确表述．感兴趣的学生可以很容易在特定领域的教科书中找到更多的细节．

研究生水平的数学物理教材，可以假定一定程度的数学复杂性和高深的物理知识已经被同学掌握，这是大二水平的学生还没有达到的．然而，这样的学生，如果给予简单和明确的解释，可以很容易地掌握我们在教材中所涉及的方法．（如果他们要通过初级和高级物理课程，他们不仅可以，而且必须以这样或那样的方式通过！）这些学生还没有准备好详细的应用——这些将在他们的科学课程中得到——但是他们确实需要并且希望得到一些关于他们正在学习的方法的使用的想法，以及一些简单的应用．对于每个新知识，我都尽量这样做．

对于那些熟悉第 2 版的人，让我概述一下第 3 版的变化：

1. 由于在第 3 章中多次要求矩阵对角化，我将第 10 章的第一部分移到了第 3 章，然后在第 10 章中详述了对张量的处理．我还修改了第 3 章，包括更多关于线性矢量空间的细节，然后在第 7 章（傅里叶级数）、第 8 章（微分方程）、第 12 章（级数解）和第 13 章（偏微分方程）中继续讨论基函数．

2. 由于被多次请求，我再一次把傅里叶积分移回第 7 章傅里叶级数．因为这打破了积分变换这一章（第 2 版的第 15 章）的结构，我决定放弃那一章，把拉普拉斯变换和狄拉克 δ 函数的内容移回第 8 章常微分方程，此外我还详述了对 δ 函数的处理．

3. 概率章节（第 2 版的第 16 章）现在变成了第 15 章．在这里，我把题目改成了概率与统计，并修改了本章的后半部分以强调其目的，即向学生阐明他们所学的处理实验数据的规则背后的理论．

4. 计算机辅助技术的飞速发展给教师们提出了一个如何充分利用计算机的问题．没有选择任何特定的计算机代数系统，我只是简单地尝试对每个知识点向学生指出计算机使用的有用性和缺陷．（请参阅在“致学生”结尾处的评论．）

正文中的材料是这样安排的，按顺序学习各章的学生在每个阶段都有必要的背景知识．然而，遵循课本顺序并不总是必要或可取的．让我介绍一些我认为有用的重新安排．如果学生曾经学习过 1、3、4、5、6 或 8 章中的任何一章（如二年级微积分、微分方程、线性代数等课程），那么相应的章节可以省略，作为参考，或者最好是简要复习，重点是解决问题．例如，学生们可能知道泰勒定理，但在使用级数逼近方面几乎没有技能；他们可能知道多重积分的理论，但发现很难建立一个球壳转动惯量的二重积分；他们可能知道微分方程的存在性定理，但在求解方面，例如，$y''+y=x\sin x$，却没有什么技巧．

在第 7 章（傅里叶级数）和第 8 章（常微分方程）之后，我想讨论第 13 章（偏微分方程）的前 4 个小节．这里给学生介绍了偏微分方程，但只需要使用傅里叶级数展开．之后，在学习了第 12 章内容后，学生可以返回来完成第 13 章的学习．第 15 章（概率和统计）几乎独立于课本的其余部分；在一年的课程开始到结束的任何时候，都涵盖了这些内容．

我很高兴地听到人们对前两个版本的热烈反响，我希望第 3 版会更有用．我想感谢许多读者的有益建议，感谢任何进一步的意见．如果您发现印刷错误，请发邮件到 MLBoas@

aol. com. 我还要感谢华盛顿大学物理专业的学生，他们是我的 LATEX 打字员：Toshiko Asai、Jeff Sherman 和 Jeffrey Frasca. 我特别要感谢我的儿子 Harold P. Boas，感谢与他在数学方面的咨询，以及他在 LATEX 问题上的专业帮助.

已采用该教材的教师应向出版商咨询教师用的答案书，以及关于在第 2 版和第 3 版中出现的两个版本对应习题编号的相关列表.

Mary L. Boas

致学生

当你开始学习本书的每一个主题时，无疑会想知道并提出疑问“为什么我要学习这个主题，它在实际中有什么应用?”有这样一个故事. 一个年轻的数学老师问一位老教授：“当学生们问你一些数学问题的实际应用时，你会怎样回答?”这位经验丰富的教授说：“我会告诉他们数学方法和实际问题的联系”本书试图遵循这一建议，但是，你的要求必须是合理的，而不能要求在一本书或一门课程中涵盖所有的数学方法和它们的许多详细的应用. 你必须满足于关于每个主题的应用领域和一些简单应用的信息. 在以后的课程中，你将在更高级的应用中使用这些方法，这样你就可以专注于物理应用而不是学习新的数学方法.

关于学习这门课，有一点无论怎么强调都不过分：要想在应用中有效地运用数学，你不仅需要知识，还需要技能. 只有通过实践才能获得技能. 你可以通过听讲座获得一定的数学知识，但你不能通过这种方式获得技能. 我听过很多学生说“当你做的时候，它看起来很简单”，或者“我理解它，但是我不能做这些题!”这种说法表明缺乏练习，因此也缺乏技巧. 培养在以后的课程中使用这些知识所必需的技能的唯一方法是通过求解许多习题来达到. 学习时要经常带着铅笔和纸. 不要只是通读已经解决的问题——试着自己去做！然后从该部分的习题集中解决一些类似的问题，尝试从已解决的例子中选择最合适的方法. 查看所选习题的答案，并检查你的答案.

我的学生告诉我，我最常对他们说的一句话是“你工作太努力了”！花几个小时想出一个可以在几分钟内用更好的方法解决的问题是没有价值的. 请忽略那些贬低解决问题的技巧为“诀窍”或“捷径”的人. 你会发现，你在科学课程中选择解决问题的有效方法的能力越强，你就越容易掌握新知识. 但这意味着练习、练习、再练习！学习解决问题的唯一方法就是解决问题. 在这本书中，你将会发现需要钻研的问题和更困难、更具挑战性的问题. 在你能解决相当数量的这些问题之前，你不应该对你的某一章的学习效果感到满意.

你可能会想“我真的不需要学习这个——我的计算机会帮我解决所有这些问题”. 现在计算机代数系统非常棒——正如你所知道的，它们为你节省了大量烦琐的计算，并能快速绘制出能阐明问题的图表. 但计算机是一种工具，你才是负责人. 最近，一个非常有洞察力的学生对我说（关于在一个特殊项目中使用计算机）：“首先你要学习如何做；然后你看看计算机能做什么来让它更简单.”如此！学习新技术的一个非常有效的方法是用手做一些简单的问题，以便理解这个过程，并将结果与计算机的答案进行比较. 这样你就能更好地在你的高级课程中使用这个方法来建立和解决类似的更复杂的应用问题. 因此，在一个接一个的习题中，我将提醒你们，解决一些简单问题的目的不是得到答案（计算机很容易提供答案），而是学习在以后的课程中非常有用的思想和技术.

玛丽·L. 博厄斯

目　录

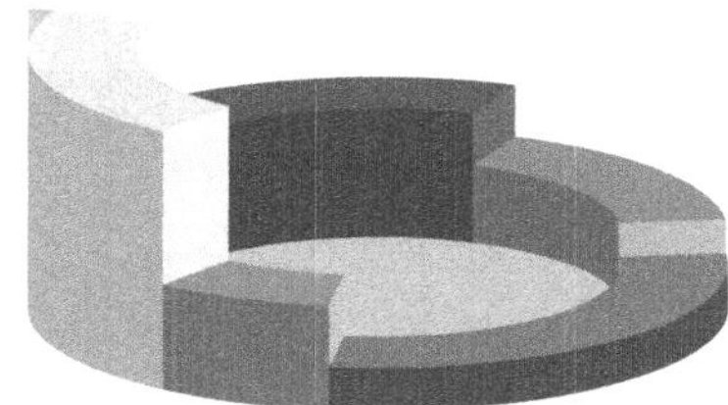

第 1 章 无穷级数 幂级数

1.1 几何级数

几何级数包含了很多数列的思想. 在几何数列中，每一项都等于前一项乘以一个常数. 例如，以下数列是几何数列：

$$2,4,8,16,32,\cdots, \tag{1.1a}$$

$$1,\frac{2}{3},\frac{4}{9},\frac{8}{27},\frac{16}{81},\cdots, \tag{1.1b}$$

$$a,ar,ar^2,ar^3,\cdots, \tag{1.1c}$$

几何数列很普遍. 如果细菌的数量每小时增加一倍，那么数列（1.1a）可以表示细菌在1小时，2小时等时间后的细菌数量. 球落地后反弹，如果每次上升到前一次高度的2/3，那么数列（1.1b）则列出了球从最初高度为1码[㊀]，连续反弹多次后的高度值.

在第一个例子中，不考虑细菌因缺乏食物而停止增长的情况，只从数学角度考虑，随着时间的推移，细菌以每小时增加1倍的速度增长，从而无限增加. 在第二个例子中，球的反弹高度随着反弹次数不断下降. 球反弹过程的总距离求解如下：球从1码高度落下，反弹高度为$\frac{2}{3}$码，从$\frac{2}{3}$码落下，反弹高度为$\frac{4}{9}$码，从$\frac{4}{9}$码落下……如此重复下去，则总距离为

$$1+2\times\frac{2}{3}+2\times\frac{4}{9}+2\times\frac{8}{27}+\cdots=1+2\times\left(\frac{2}{3}+\frac{4}{9}+\frac{8}{27}+\cdots\right), \tag{1.2}$$

省略号表示一直加下去. 每一项都是前一项的$\frac{2}{3}$，没有最后一项. 考虑式（1.2）中的共同项，即

$$\frac{2}{3}+\frac{4}{9}+\frac{8}{27}+\cdots. \tag{1.3}$$

这是一个无穷级数，若要计算级数的和，首先需要知道并不是所有无穷级数都有和. 式（1.1a）表示的级数没有有限和. 即使一个无穷级数有一个有限和，也不能通过加法求得，因为无论加多少，总是还有更多的项. 因此我们必须用另外的方法求和.（实际上我们还需

㊀ 1码=0.9144m。——编辑注

要定义什么是级数的和.）

我们先求出式（1.3）中前 n 项的和. 式（1.1c）几何数列前 n 项和的计算公式（参见习题2）是

$$S_n=\frac{a(1-r^n)}{1-r}. \tag{1.4}$$

式（1.4）用于式（1.3），得到

$$S_n=\frac{2}{3}+\frac{4}{9}+\cdots+\left(\frac{2}{3}\right)^n=\frac{\frac{2}{3}\left[1-\left(\frac{2}{3}\right)^n\right]}{1-\frac{2}{3}}=2\left[1-\left(\frac{2}{3}\right)^n\right]. \tag{1.5}$$

随着 n 的增加，$\left(\frac{2}{3}\right)^n$ 减小并趋于0. 随着 n 的增加，n 项和接近2，所以我们说级数的和是2.（这实际上是一个定义：一个无穷级数之和是当 $n\to\infty$ 时，前 n 项和的极限.）那么式（1.2）中，球经过的总距离为 $1+2\times2=5$. 这只是在数学上做的解答，当然物理学家会认为原子大小的反弹是无稽之谈. 经过大量反弹后，反弹高度越来越小，从而对最终结果的影响也就很小（参见习题1）. 因此，无论我们坚持让球在一定次数的反弹后滚动，还是包含整个级数，相比于总距离方面的回答这两者之间几乎没有什么区别，而且求级数的和要比求20项的和更容易.

如数列（1.3）的级数，其项按几何级数增长，叫作几何级数. 几何级数可给出以下形式

$$a+ar+ar^2+\cdots+ar^{n-1}+\cdots. \tag{1.6}$$

若几何级数存在和，可定义为

$$S=\lim_{n\to\infty}S_n, \tag{1.7}$$

其中，S_n 是级数的前 n 项之和. 按照上面的计算方法，可以知道几何级数只有在 $|r|<1$ 的情况下存在和（参见习题2），在这种情况下级数和等于

$$S=\frac{a}{1-r}. \tag{1.8}$$

此级数也称为**收敛**级数.

这里关于式（1.8）有一个有趣的用法。通过式（1.8）我们知道 $0.3333\cdots=\frac{3}{10}+\frac{3}{100}+\frac{3}{1000}+\cdots=\frac{\frac{3}{10}}{1-\frac{1}{10}}=\frac{1}{3}$. 但是 $0.785714285714\cdots$ 等于多少呢？我们可以这样写：$0.785714285714\cdots=0.5+0.285714285714\cdots=\frac{1}{2}+\frac{0.285714}{1-10^{-6}}=\frac{1}{2}+\frac{285714}{999999}=\frac{1}{2}+\frac{2}{7}=\frac{11}{14}$.（注意，任何循环小数都可以用这种方法找到对应相等的分数.）如果你想用计算机做计算，一定要告诉它给你一个准

确的答案形式，否则它可能会因为你开始算的是小数而将小数形式的答案显示给你！你还可以使用计算机对级数求和，但是使用式（1.8）可能更简单（另参见习题 1.1 中的 14）.

习题 1.1

1. 在弹跳球的例子中，求出第 10 次反弹的高度，以及球触地 10 次后运行过的距离，并将此距离与总距离进行比较.

2. 由几何级数 $S_n=a+ar+ar^2+\cdots+ar^{n-1}$，推导出 S_n 的求和公式（1.4）. 提示：将 S_n 乘以 r，用 S_n 减去 rS_n，接下来可求解 S_n. 证明：当且仅当 $|r|<1$ 时，几何级数（1.6）收敛. 也可证明若 $|r|<1$，该和可由式子（1.8）给出.

使用式子（1.8）求出与下列循环小数相等的分数：

3. 0.55555⋯　　4. 0.818181⋯　　5. 0.583333⋯

6. 0.61111⋯　　7. 0.185185⋯　　8. 0.694444⋯

9. 0.857142857142⋯　　10. 0.576923076923076923⋯　　11. 0.678571428571428571⋯

12. 在水净化过程中，第一阶段去除杂质的$\frac{1}{n}$，以后每个成功清除的阶段，除去杂质的数量是前一个阶段除去量的$\frac{1}{n}$，证明：如果 $n=2$，那么水可达到预想的纯净度，但如果 $n=3$，不管经过多少个阶段，至少还有一半的杂质存在.

13. 如果将一美元投资于“0.5%利息每月复利”，n 个月后可获 1.005^n 美元. 如果持续 10 年（120 个月）每月初投资 10 美元，那么 10 年后将会有多少钱呢?

14. 计算机程序给出级数 $\sum_{n=0}^{\infty}(-5)^n$ 一部分总和，显示这个级数是发散的. 你知道发生了什么吗？提示：无论是计算机计算还是手工计算，均要考虑答案是否合理.

15. 将等边三角形三条边的中点连接起来，形成 4 个较小的等边三角形. 空出中间小三角形，将其他 3 个小三角形的三边中点连接起来，又形成 4 个小三角形，继续把中间的小三角空出来，画线把其余的分成 4 个部分. 如果这个过程无限下去，求出空白面积总和的无限级数（建议：设原三角形面积为 1，第一个空白三角形的面积是 1/4）. 通过对级数求和来计算空白处的总面积. 答案是期待的那样吗？提示：一条直线的“面积”是多少？（备注：您已经构建了一个分形，称为谢尔宾斯基三角形. 分形的特点是它的一小部分放大后的图像看起来很像原来的图像.）

16. 假设有大量粒子在 $x=0$ 和 $x=1$ 之间来回反弹，在每个端点都有一些逃逸. 设 r 是每次反射的分数，$(1-r)$ 是逃逸分数. 假设粒子开始从 $x=0$ 向 $x=1$ 反弹，最终所有的粒子都会逃逸. 给出 $x=1$ 处逃逸的分数的无穷级数，类似给出在 $x=0$ 处逃逸分数的无穷级数. 在 $x=0$ 处逃逸粒子的最大分数是什么？（记住 r 必须在 0 和 1 之间.）

1.2　定义和符号

除了几何级数之外，还有很多其他的无穷级数，如下面的例子：

$$1^2+2^2+3^2+4^2+\cdots, \tag{2.1a}$$

$$\frac{1}{2}+\frac{2}{2^2}+\frac{3}{2^3}+\frac{4}{2^4}+\cdots, \tag{2.1b}$$

$$x-\frac{x^2}{2}+\frac{x^3}{3}-\frac{x^4}{4}+\cdots. \tag{2.1c}$$

无穷级数表示形式一般可写成

$$a_1+a_2+a_3+\cdots+a_n+\cdots, \tag{2.2}$$

其中，a_n（每个正整数 n 对应的一个项）是由某个公式或规则给出的数或函数. 例子中的省略号意味着级数项是无限的. 在省略号之前，各项的规律应很明显，省略号之后的项按给出的规律持续下去，到第 n 项时可写成：

$$1^2+2^2+3^2+\cdots+n^2+\cdots, \tag{2.3a}$$

$$x-x^2+\frac{x^3}{2}+\cdots+\frac{(-1)^{n-1}x^n}{(n-1)!}+\cdots. \tag{2.3b}$$

$n!$是 n 的阶乘，是从 1 到整数 n 的所有整数的乘积，如 $5!=5\times4\times3\times2\times1=120$. 0 的阶乘为 1，在式（2.3a）中，每一项都是当前项数的平方，即 n^2. 在式（2.3b）中，如果忽略了一般项公式，对下一项可能会有多种合理的猜测. 为了更确定规律，必须给出更多的数项，或者数项的通用公式. 由前三项及第 n 项可知级数（2.3b）的第四项是$-\dfrac{x^4}{6}$.

我们也可以把级数写成更简短的形式，用求和符号$\sum$加上第 n 项的公式来表达. 如级数（2.3a）可写成

$$1^2+2^2+3^2+4^2+\cdots=\sum_{n=1}^{\infty}n^2. \tag{2.4}$$

（读成“n 从 1 到∞，n^2 的和”.）级数（2.3b）可写成

$$x-x^2+\frac{x^3}{2}-\frac{x^4}{6}+\cdots=\sum_{n=1}^{\infty}\frac{(-1)^{n-1}x^n}{(n-1)!}.$$

在本章第 1 节中，我们已经提到了数列和级数. 式（1.1）中的列表是数列，一个数列只是一些数量的一个集合，每个 n 对应一个数列项. 一个级数是这些数量的和，如在式（1.3）或式（1.6）中那样. 我们将对不同数列所对应的级数感兴趣：例如，级数的项的数列 a_n，部分和的数列 S_n［参见式（1.5）和式（4.5）］，数列 R_n［参见式（4.7）］和数列 ρ_n［参见式（6.2）］. 在所有这些例子中，我们想要找到当 $n\to\infty$ 时，数列的极限（如果数列有极限）. 虽然其极限可以通过计算机找到，但许多简单的极限计算可以用手动更快地完成.

例 1　计算当 $n\to\infty$ 时，数列$\dfrac{(2n-1)^4+\sqrt{1+9n^8}}{1-n^3-7n^4}$的极限.

分子和分母除以 n^4，$n\to\infty$ 取极限，消去所有趋于 0 的项可得

$$\frac{2^4+\sqrt{9}}{-7}=-\frac{19}{7}.$$

例 2　计算$\lim\limits_{n\to\infty}\dfrac{\ln n}{n}$. 由洛必达法则（参见本章第 15 小节）

$$\lim_{n\to\infty}\frac{\ln n}{n}=\lim_{n\to\infty}\frac{1/n}{1}=0.$$

注：严格地说，如果 n 是一个整数，不能对 n 求导，但可考虑 $f(x)=(\ln x)/x$，这样数列的极限与 $f(x)$ 的极限是一样的.

例 3　计算$\lim\limits_{n\to\infty}\left(\dfrac{1}{n}\right)^{\frac{1}{n}}$.

首先求出 $\ln\left(\frac{1}{n}\right)^{\frac{1}{n}}=-\frac{1}{n}\ln n$，根据例 2，$(\ln n)/n$ 的极限是 0，则原极限是 $e^0=1$.

习题 1.2

计算当 $n\to\infty$ 时，以下数列的极限.

1. $\dfrac{n^2+5n^3}{2n^3+3\sqrt{4+n^6}}$　　2. $\dfrac{(n+1)^2}{\sqrt{3+5n^2+4n^4}}$　　3. $\dfrac{(-1)^n\sqrt{n+1}}{n}$

4. $\dfrac{2^n}{n^2}$　　5. $\dfrac{10^n}{n!}$　　6. $\dfrac{n^n}{n!}$

7. $(1+n^2)^{1/\ln n}$　　8. $\dfrac{(n!)^2}{(2n)!}$　　9. $n\sin(1/n)$

1.3　级数的应用

在本章第 1 节弹跳球的例子中，我们看到无穷级数的和几乎与级数开始时相当少的项的和相同（参见习题 1.1 的第 1 题）. 有许多应用问题不能直接解决，但可用无穷级数求解，需要取尽可能多的项获取所需的精确度. 在本章和以后章节中有很多类似的例子. 在微分方程和偏微分方程中经常利用级数求解. 我们将学习如何用级数表示函数，复杂的函数通常可以用级数逼近（见本章第 15 节）.

无穷级数除了近似，还有更多的应用. 在第 2 章第 8 节介绍如何使用幂级数来表示复数函数，在第 3 章第 6 节介绍如何使用幂级数来定义矩阵的函数. 幂级数也是无穷级数的一个例子.

1.4　收敛级数和发散级数

我们讨论的级数是有有限和的，也看到了没有有限和的级数，例如级数（2.1a）. 级数存在有限和称为级数**收敛**，否则称为级数**发散**. 级数是否收敛很重要，将代数运算应用到发散数列中，会有奇怪的结果. 如：

$$S=1+2+4+8+16+\cdots. \tag{4.1}$$

那么

$$2S=2+4+8+16+\cdots=S-1,$$
$$S=-1.$$

这明显是错误的. 以式（4.1）方式处理发散级数，结果是不对的. 类似情况往往以更隐蔽的方式发生. 不小心使用无穷级数会导致错误，在这一点上，你可能不认为下面的级数是发散的，但它实际上是发散的：

$$1+\frac{1}{2}+\frac{1}{3}+\frac{1}{4}+\frac{1}{5}+\cdots. \tag{4.2}$$

另一个级数本身是收敛的，但是可以通过按不同的顺序组合这些项来得到任何你喜欢的和（参见本章第 8 节）：

$$1-\frac{1}{2}+\frac{1}{3}-\frac{1}{4}+\frac{1}{5}-\cdots. \tag{4.3}$$

从这些例子中可以看出，级数是否收敛是非常重要的. 在级数中要正确应用代数运算，本章主要讨论收敛级数，在某些情况下也可以使用发散级数.

在考虑一些收敛性的判别之前，让我们更仔细地重复一下收敛的定义. 让我们把级数的项称为 a_n，则级数为

$$a_1+a_2+a_3+a_4+\cdots+a_n+\cdots. \tag{4.4}$$

省略号表示没有最后项，级数继续下去没有尽头. 现在考虑一下通过加入级数中越来越多的项得到和 S_n. 定义如下：

$$\begin{aligned} S_1&=a_1,\\ S_2&=a_1+a_2,\\ S_3&=a_1+a_2+a_3,\\ &\vdots\\ S_n&=a_1+a_2+a_3+\cdots+a_n. \end{aligned} \tag{4.5}$$

每个 S_n 称为部分项的和，它是级数前 n 项的和. 有一个这样例子的几何级数（1.4）. n 为任意整数，对于每个 n，S_n 均会在第 n 项停止（由于 S_n 不是一个无穷级数，它没有收敛的问题）. 随着 n 的增加，S_n 可能会没有任何界限地增加，如级数（2.1a）. 它们可能会振荡，如级数 $1-2+3-4+5\cdots$（其部分和为 $1,-1,2,-2,3,\cdots$），或它们有更复杂的特性. 一种可能是，在一段时间之后，S_n 可能不会再发生任何变化，a_n 可能变得非常小，S_n 越来越接近一些值 S，我们对 S_n 趋近于极限的这个例子特别感兴趣，即

$$\lim_{n\to\infty} S_n=S. \tag{4.6}$$

S 是有限的数. 如果发生这种情况，我们将做出以下定义：

a. 如果一个无穷级数的部分和 S_n 趋近于一个极限 S，那么这个级数就是**收敛**的，否则就称为**发散**的.

b. 极限值 S 被称为级数的**和**.

c. 差 $R_n=S-S_n$ 称为剩余（或 n 项后的剩余）. 从式（4.6），我们可以看到

$$\lim_{n\to\infty} R_n=\lim_{n\to\infty}(S-S_n)=S-S=0. \tag{4.7}$$

例 1　第 1 节中已知一个几何级数的 S_n 和 S，从式（1.8）和式（1.4）中，得到一个几何级数：

$$\text{如果 } |r|<1，\text{当 } n\to\infty \text{ 时，} R_n=\frac{ar^n}{1-r}\to 0.$$

例 2　对部分分数，可写成 $\dfrac{2}{n^2-1}=\dfrac{1}{n-1}-\dfrac{1}{n+1}$. 给出级数若干项：

$$\begin{aligned}\sum_{n=2}^{\infty}\frac{2}{n^2-1}&=\sum_{n=2}^{\infty}\left(\frac{1}{n-1}-\frac{1}{n+1}\right)=\sum_{n=1}^{\infty}\left(\frac{1}{n}-\frac{1}{n+2}\right)\\ &=1-\frac{1}{3}+\frac{1}{2}-\frac{1}{4}+\frac{1}{3}-\frac{1}{5}+\frac{1}{4}-\frac{1}{6}+\frac{1}{5}-\frac{1}{7}+\frac{1}{6}-\frac{1}{8}+\cdots+\frac{1}{n-2}-\frac{1}{n}+\frac{1}{n-1}-\frac{1}{n+1}+\frac{1}{n}-\frac{1}{n+2}+\cdots.\end{aligned}$$

注意数项的消除，此级数称为伸缩级数. 当加上第 n 项 $\left(\dfrac{1}{n}-\dfrac{1}{n+2}\right)$ 时，没有消除的数项是 1，

$\frac{1}{2}$，$-\frac{1}{n+1}$，$-\frac{1}{n+2}$，于是有

$$S_n=\frac{3}{2}-\frac{1}{n+1}-\frac{1}{n+2},\quad S=\frac{3}{2},\quad R_n=\frac{1}{n+1}+\frac{1}{n+2}$$

例 3　另一个有趣级数是

$$\sum_{n=1}^{\infty}\ln\left(\frac{n}{n+1}\right)=\sum_{n=1}^{\infty}[\ln n-\ln(n+1)]$$
$$=\ln1-\ln2+\ln2-\ln3+\ln3-\ln4+\cdots+\ln n-\ln(n+1)+\cdots.$$

当 $n\to\infty$ 时，$S_n=-\ln(n+1)\to\infty$，级数发散. 注意，当 $n\to\infty$ 时，$a_n=\ln\frac{n}{n+1}\to\ln1=0$. 可见当级数项趋近于 0 时，级数也可能发散.

习题 1.4

针对下面的级数，写出数列 a_n，S_n 和 R_n 的算式，如果极限存在，算出当 $n\to\infty$ 时这些数列的极限.

1. $\sum_{n=1}^{\infty}\frac{1}{2^n}$
2. $\sum_{n=0}^{\infty}\frac{1}{5^n}$
3. $1-\frac{1}{2}+\frac{1}{4}-\frac{1}{8}+\frac{1}{16}+\cdots$
4. $\sum_{n=1}^{\infty}e^{(-n\ln3)}$ 提示：$e^{-\ln3}$是多少？
5. $\sum_{n=0}^{\infty}e^{2n\ln\sin(\frac{\pi}{3})}$ 提示：化简
6. $\sum_{n=1}^{\infty}\frac{1}{n(n+1)}$提示：$\frac{1}{n(n+1)}=\frac{1}{n}-\frac{1}{n+1}$
7. $\frac{3}{1\times2}-\frac{5}{2\times3}+\frac{7}{3\times4}-\frac{9}{4\times5}+\cdots$

1.5　级数收敛的判别　初步判别

一般情况下，很难求出 S_n 的简单公式和 $n\to\infty$ 时它的极限（不能像前面在一些特殊级数中所做的那样简单）. 因此需要其他方法来判别级数的收敛性，在这里将介绍几个简单的收敛判别方法. 这些判别方法将说明关于判别级数收敛性的一些思想，并将其用于许多（但不是所有）情况. 此外还有更复杂的判别，可以在其他书中找到. 在某些情况下，研究一个复杂级数的收敛性可能是一个相当困难的数学问题，然而，在这里给出简单判别法就足够了.

首先讨论一个有用的**初步判别**. 大多数情况下，在使用其他判别法之前先用它来对一个级数进行判别.

初步判别：如果一个无穷级数的通项不趋向于 0（即 $\lim_{n\to\infty}a_n\neq0$），则级数是发散的. 如果 $\lim_{n\to\infty}a_n=0$，则需要进一步判别.

这不是一个收敛判别方法，它所做的是剔除一些非常发散的级数，这样就不需要花费时间使用更复杂的方法来判别了. 注意：初步判别不能说明级数收敛，它没有指出如果 $a_n\to0$ 时级数收敛. 通常 $a_n\to0$ 时，级数确实不一定收敛. 一个简单的例子：调和级数（4.2）的

第 n 项趋向于0，但 $\sum_{n=1}^{\infty}\frac{1}{n}$ 是发散的. 另一方面，级数 $\frac{1}{2}+\frac{2}{3}+\frac{3}{4}+\frac{4}{5}+\cdots$ 的通项趋向于1，按初步判别可知级数发散，无须再进行下一步工作.

习题 1.5

使用初步判别法判别以下级数是否发散或需要进一步判别. 注意：不是判别级数收敛，初步判别法不能确定级数收敛.

1. $\frac{1}{2}-\frac{4}{5}+\frac{9}{10}-\frac{16}{17}+\frac{25}{26}-\frac{36}{37}+\cdots$

2. $\sqrt{2}+\frac{\sqrt{3}}{2}+\frac{\sqrt{4}}{3}+\frac{\sqrt{5}}{4}+\frac{\sqrt{6}}{5}+\cdots$

3. $\sum_{n=1}^{\infty}\frac{n+3}{n^2+10n}$

4. $\sum_{n=1}^{\infty}\frac{(-1)^n n^2}{(n+1)^2}$

5. $\sum_{n=1}^{\infty}\frac{n!}{n!+1}$

6. $\sum_{n=1}^{\infty}\frac{n!}{(n+1)!}$

7. $\sum_{n=1}^{\infty}\frac{(-1)^n n}{\sqrt{n^3+1}}$

8. $\sum_{n=1}^{\infty}\frac{\ln n}{n}$

9. $\sum_{n=1}^{\infty}\frac{3^n}{2^n+3^n}$

10. $\sum_{n=2}^{\infty}\left(1-\frac{1}{n^2}\right)$

11. 使用式（4.6）证明初步判别法. 提示：$S_n-S_{n-1}=a_n$.

1.6　正项级数的收敛性判别法　绝对收敛

我们现在要考虑四种常用的级数收敛判别法，这些级数的项都是正的. 如果级数某些项是负的，则考虑取其所有项为正的级数，即原级数的绝对值. 如果这个新的级数收敛，我们称原级数**绝对收敛**. 可以证明，如果级数绝对收敛，则其收敛（参见习题 1.7 的第 9 题）. 这意味着，如果级数的绝对值收敛，当你把原来的负号提出来时，级数仍然收敛（当然，它的和是不同的）. 接下来的四个判别法可以用来判别正项级数，或者用于判别任何级数的绝对收敛性.

1.6.1　比较判别法

比较判别法有（a）和（b）两部分：

（a）设正项级数 $m_1+m_2+m_3+m_4+\cdots$ 收敛，那么，如果从某项开始对于其后面所有的 n 项（如第 3 项以后或第 100 万项以后所有的 n 项）都有 $|a_n|\leqslant m_n$，被判别级数 $a_1+a_2+a_3+a_4+\cdots$ 绝对收敛（参见下面的例子和讨论）.

（b）设正项级数 $d_1+d_2+d_3+d_4+\cdots$ 发散，那么，如果从某项开始对于其后面所有的 n 项都有 $|a_n|\geqslant d_n$，级数 $|a_1|+|a_2|+|a_3|+|a_4|+\cdots$ 发散.

警告：请注意，$|a_n|\geqslant m_n$ 和 $|a_n|\leqslant d_n$ 都没有告诉我们任何信息. 也就是说，如果一个级数的项大于收敛级数的对应项，它可能仍然收敛，也可能发散——必须进一步判别它. 同样地，如果一个级数的项小于发散级数的对应项，它可能仍然发散，也可能收敛.

例　判别 $\sum_{n=1}^{\infty}\frac{1}{n!}=1+\frac{1}{2}+\frac{1}{6}+\frac{1}{24}+\cdots$ 的收敛性.

选取作为比较级数的几何级数：

$$\sum_{n=1}^{\infty}\frac{1}{2^n}=\frac{1}{2}+\frac{1}{4}+\frac{1}{8}+\frac{1}{16}+\cdots$$

注意，不用关心比较级数前面几项（或者任意有限数量的项），因为这虽影响级数的和，但不影响级数的收敛性. 当我们问一个级数是否收敛时，我们问的是，当我们为越来越大的 n 加上越来越多的项时，会发生什么？和是无限增长的，还是趋近于某个极限数？前 5 项、100 项或 100 万项对和最终是无限增长还是接近极限没有影响. 因此，在判别级数收敛性中经常忽略级数的前几项.

在这个例子中，当 $n>3$ 时，$\sum_{n=1}^{\infty}\frac{1}{n!}$的项小于$\sum_{n=1}^{\infty}\frac{1}{2^n}$对应的项. 由于几何级数的项比是 1/2，故几何级数收敛，所以级数$\sum_{n=1}^{\infty}\frac{1}{n!}$也收敛.

习题 1.6.1

1. 证明：对所有 $n>3$ 有 $n!>2^n$. 提示：写出一些项，考虑一下你要乘以什么，比如说，从 5! 到 6! 和从 2^5 到 2^6 乘以什么.

2. 证明：调和级数$\sum_{n=1}^{\infty}\frac{1}{n}$是发散的，通过比较级数：

$$1+\frac{1}{2}+\left(\frac{1}{4}+\frac{1}{4}\right)+\left(\frac{1}{8}+\frac{1}{8}+\frac{1}{8}+\frac{1}{8}\right)+\left(\frac{1}{16}+\frac{1}{16}+\frac{1}{16}+\frac{1}{16}+\frac{1}{16}+\frac{1}{16}+\frac{1}{16}+\frac{1}{16}\right)+\cdots,$$

即是 $1+\frac{1}{2}+\frac{1}{2}+\frac{1}{2}+\frac{1}{2}+\cdots$.

3. 使用如第 2 题并项的方法证明$\sum_{n=1}^{\infty}\frac{1}{n^2}$的收敛性.

4. 使用比较判别法证明下面级数的收敛性.

(a) $\sum_{n=1}^{\infty}\frac{1}{2^n+3^n}$　　(b) $\sum_{n=1}^{\infty}\frac{1}{n2^n}$

5. 使用比较判别法判别下面级数的收敛性.

(a) $\sum_{n=1}^{\infty}\frac{1}{\sqrt{n}}$　提示：n 或$\sqrt{n}$，哪个大？　　(b) $\sum_{n=2}^{\infty}\frac{1}{\ln n}$

6. 一位数有 9 个数字（1 到 9），两位数有 90 个数字（10 到 99），三位数、四位数等一共有多少个数字？调和级数 $1+\frac{1}{2}+\frac{1}{3}+\cdots+\frac{1}{9}$的前 9 项都大于 1/10；同样地考虑接下来的 90 项，以此类推. 从而通过与下面级数的比较，证明了调和级数的发散性：

$$\left[9\text{ 个}\frac{1}{10}\text{相加}\right]+\left[90\text{ 个}\frac{1}{100}\text{相加}\right]+\cdots$$
$$=\frac{9}{10}+\frac{90}{100}+\cdots=\frac{9}{10}+\frac{9}{10}+\cdots.$$

比较判别法实际上是派生其他判别法的基本判别法. 对于经验丰富的数学家来说，这可能是最有用的判别方法，但通常很难想出一个令人满意的 m 级数，除非你对级数有丰富的经验. 因此，你可能不会像接下来的三个判别法那样频繁地使用它.

1.6.2 积分判别法

若级数的项是正项，且不增大，即 $a_{n+1} \leqslant a_n$，可以使用积分判别法.（再次提醒，在判别收敛时可以忽略级数任意有限项，即使有限项不满足条件 $a_{n+1} \leqslant a_n$ 也仍然可以使用积分判别法.）在应用积分判别时，把 a_n 看成是变量 n 的函数，且 n 允许取所有值，而不仅仅是整数. 积分判别法这样描述：

> 如果对于 $n>N$，有 $0<a_{n+1} \leqslant a_n$，那么如果 $\int^{\infty} a_n \mathrm{d}n$ 是有限的则级数 $\sum^{\infty} a_n$ 收敛，如果 $\int^{\infty} a_n \mathrm{d}n$ 是无穷的，则级数 $\sum^{\infty} a_n$ 为发散（积分只取上限，不需要下限）.

为了理解这个判别法，想象一个 a_n 作为 n 的函数的草图. 例如，判别调和级数 $\sum_{n=1}^{\infty} \frac{1}{n}$ 的敛散性. 函数 $y=1/n$ 的草图类似于图 1.6.1 和图 1.6.2，设 n 取所有值而不仅仅是整数，那么在 $n=1, 2, 3, \cdots$ 处，图中 y 的值是级数的项. 在图 1.6.1 和图 1.6.2 中，矩形面积正是级数的项. 注意，在图 1.6.1 中，每个矩形的顶部边缘位于曲线上方，所以矩形的面积大于曲线下对应的面积；而在图 1.6.2 中，矩形在曲线下方，所以矩形的面积小于曲线下对应的面积. 矩形的面积就是级数的项，曲线下的面积是 $y\mathrm{d}n$ 或 $a_n \mathrm{d}n$ 的积分. 积分上限是∞，下限可以从级数的任意有限项开始. 例如，$\int_3^{\infty} a_n \mathrm{d}n$ 小于从 a_3 项开始的级数（见图 1.6.1），但大于从 a_4 项开始的级数和（见图 1.6.2）. 如果积分是有限的，那么从 a_4 项开始的级数和是有限的，也就是说，级数是收敛的. 请再次注意，级数开始的前几项与其收敛性没有任何关系. 另一方面，如果积分是无限的，那么从 a_3 开始的级数的和是无穷的，级数是发散的. 由于级数开始项不重要，应该简单地计算 $\int^{\infty} a_n \mathrm{d}n$（另请参见习题 1.6.2 的第 16 题）.

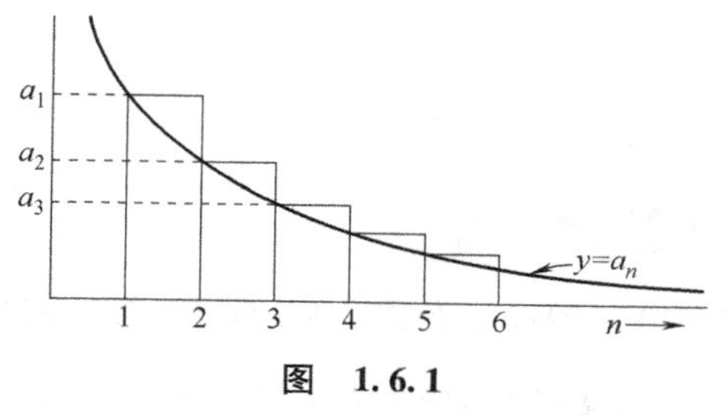

图 1.6.1

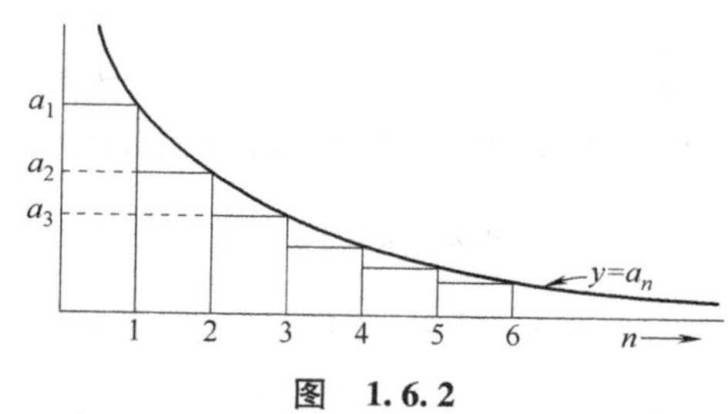

图 1.6.2

例 判别调和级数的收敛性：

$$1+\frac{1}{2}+\frac{1}{3}+\frac{1}{4}+\cdots. \tag{6.1}$$

使用积分判别法，计算下式：

$$\int^{\infty} \frac{1}{n} \mathrm{d}n = \ln n \Big|^{\infty} = \infty .$$

（使用符号 ln 表示自然对数，即是以 e 为基底的对数.）由于积分是无限的，所以该级数发散.

习题 1.6.2

用积分判别法求下列级数是收敛的还是发散的. 提示和警告：不要对积分使用下限（参见第 16 题）.

7. $\sum_{n=2}^{\infty}\frac{1}{n\ln n}$　　8. $\sum_{n=1}^{\infty}\frac{n}{n^2+4}$　　9. $\sum_{n=3}^{\infty}\frac{1}{n^2-4}$

10. $\sum_{n=1}^{\infty}\frac{\mathrm{e}^n}{\mathrm{e}^{2n}+9}$　　11. $\sum_{1}^{\infty}\frac{1}{n(1+\ln n)^{3/2}}$　　12. $\sum_{1}^{\infty}\frac{n}{(n^2+1)^2}$

13. $\sum_{1}^{\infty}\frac{n^2}{n^3+1}$　　14. $\sum_{1}^{\infty}\frac{1}{\sqrt{n^2+9}}$

15. 使用积分判别法证明下面所谓的 p 级数判别法.

当 $p>1$ 时，级数 $\sum_{n=1}^{\infty}\frac{1}{n^p}$ 是收敛的；当 $p\leqslant 1$ 时，级数 $\sum_{n=1}^{\infty}\frac{1}{n^p}$ 是发散的.

注意：把 $p=1$ 时分开.

16. 在判别 $\sum\frac{1}{n^2}$ 的收敛性中，一个学生计算 $\int_0^{\infty}n^{-2}\mathrm{d}n=-n^{-1}\Big|_0^{\infty}=0+\infty=\infty$ 和总结（错误地）级数发散. 哪里错了呢？提示：考虑如图 1.6.1 或图 1.6.2 中曲线下的面积. 这个例子说明了在积分判别法中使用积分下限的危险.

17. 使用积分判别法证明 $\sum_{n=0}^{\infty}\mathrm{e}^{-n^2}$ 是收敛的. 提示：虽然你不能计算这个积分，但你可以通过与 $\int^{\infty}\mathrm{e}^{-n}\mathrm{d}n$ 比较来证明它是有限的（这是有必要的）.

1.6.3　比值判别法

积分判别法取决于 $a_n\mathrm{d}n$ 是否可积，这并非易事. 在无法确定可积的情况下，可以考虑另一个判别法. 回忆一下，在几何级数中，每一项都可以用它前面的一项乘以比值 r 得到，即 $a_{n+1}=ra_n$ 或 $a_{n+1}/a_n=r$. 对于其他级数来说，a_{n+1}/a_n 不是常数，而是依赖于 n；这个比值的绝对值称为 ρ_n. 求出 $n\to\infty$ 时，数列 ρ_n 的极限（如果极限存在）并称该极限为 ρ. 因此 ρ_n 和 ρ 由如下公式定义：

$$\rho_n=\left|\frac{a_n+1}{a_n}\right|,\qquad \rho=\lim_{n\to\infty}\rho_n. \tag{6.2}$$

前面提到如果 $|r|<1$，几何级数收敛，同样 $\rho<1$ 的级数也应收敛. 这一论述可以通过将要判别的级数与几何级数进行比较来证明（参见习题 1.6.3 第 30 题）. 比如 $|r|>1$ 的几何级数发散，则 $\rho>1$ 的级数也发散（参见习题 1.6.3 第 30 题）. 但是，如果 $\rho=1$，那么由比值判别法不能作出结论，有些 $\rho=1$ 的级数收敛，有些发散，所以必须找到另一个判别法（比如前面两个判别法中的一个）. 总结比值判别法：

$$\text{如果}\begin{cases}\rho<1, & \text{级数收敛}\\ \rho=1, & \text{用其他判别法}\\ \rho>1, & \text{级数发散}\end{cases} \tag{6.3}$$

例 1 判别级数的收敛性

$$1+\frac{1}{2!}+\frac{1}{3!}+\cdots+\frac{1}{n!}+\cdots.$$

使用式（6.2），我们有

$$\rho_n=\left|\frac{1}{(n+1)!}\Big/\frac{1}{n!}\right|$$

$$\frac{n!}{(n+1)!}=\frac{n(n-1)\cdots3\cdot2\cdot1}{(n+1)(n)(n-1)\cdots3\cdot2\cdot1}=\frac{1}{n+1},$$

$$\rho=\lim_{n\to\infty}\rho_n=\lim_{n\to\infty}\frac{1}{n+1}=0.$$

因为 $\rho<1$，所以级数收敛.

例 2 判别调和级数的收敛性

$$1+\frac{1}{2}+\frac{1}{3}+\cdots+\frac{1}{n}+\cdots.$$

求出：

$$\rho_n=\left|\frac{1}{n+1}\Big/\frac{1}{n}\right|=\frac{n}{n+1},$$

$$\rho=\lim_{n\to\infty}\frac{n}{n+1}=\lim_{n\to\infty}\frac{1}{1+\frac{1}{n}}=1.$$

这里的判别法不能告诉我们任何结论，所以我们必须使用一些不同的判别法. 这个例子中的一个警告：注意 $\rho_n=n/(n+1)$ 总是小于 1，不要将其与 ρ 混淆，以做出级数是收敛的错误结论.（它实际上是发散的，因为我们通过积分判别法得出了该结论.）ρ 不等同于比值 $\rho_n=\left|\frac{a_{n+1}}{a_n}\right|$，但等于 ρ_n 在 $n\to\infty$ 的极限.

习题 1.6.3

利用比值判别法判断下列级数是收敛还是发散：

18. $\sum_{n=1}^{\infty}\frac{2^n}{n^2}$

19. $\sum_{n=0}^{\infty}\frac{3^n}{2^{2n}}$

20. $\sum_{n=0}^{\infty}\frac{n!}{(2n)!}$

21. $\sum_{n=0}^{\infty}\frac{5^n(n!)^2}{(2n)!}$

22. $\sum_{n=1}^{\infty}\frac{10^n}{(n!)^2}$

23. $\sum_{n=1}^{\infty}\frac{n!}{100^n}$

24. $\sum_{n=0}^{\infty}\frac{3^{2n}}{2^{3n}}$

25. $\sum_{n=0}^{\infty}\frac{\mathrm{e}^n}{\sqrt{n!}}$

26. $\sum_{n=0}^{\infty}\frac{(n!)^3\mathrm{e}^{3n}}{(3n)!}$

27. $\sum_{n=0}^{\infty}\frac{100^n}{n^{200}}$

28. $\sum_{n=0}^{\infty}\frac{n!(2n)!}{(3n)!}$

29. $\sum_{n=0}^{\infty}\frac{\sqrt{(2n)!}}{n!}$

30. 证明比值判别法. 提示：如果 $\left|\frac{a_{n+1}}{a_n}\right|\to\rho<1$，设 σ 满足 $\rho<\sigma<1$，那么如果 n 很大，即 $n\geqslant N$，则 $\left|\frac{a_{n+1}}{a_n}\right|<\sigma$. 这意味着 $|a_{N+1}|<\sigma|a_N|$，$|a_{N+2}|<\sigma|a_{N+1}|<\sigma^2|a_N|$，等等. 与几何级数 $\sum_{n=1}^{\infty}\sigma^n|a_N|$ 作比较.

也可以证明 $\rho>1$ 时，级数发散. 提示：取 $\rho>\sigma>1$，和使用初步判别法.

1.6.4　特殊的比较判别法

这个判别法有两个部分：（a）收敛判别和（b）发散判别（见习题 1.6.4 的第 37 题）.

（a）如果 $\sum\limits_{n=1}^{\infty} b_n$ 是正项收敛级数，$a_n \geqslant 0$，$\dfrac{a_n}{b_n}$有极限，则 $\sum\limits_{n=1}^{\infty} a_n$ 收敛.

（b）如果 $\sum\limits_{n=1}^{\infty} d_n$ 是正项发散级数，$a_n \geqslant 0$，$\dfrac{a_n}{d_n}$有大于 0 的极限（或趋向于无穷大），则 $\sum\limits_{n=1}^{\infty} a_n$ 发散.

使用这两部分判别都有两个步骤，即决定一个比较级数，然后计算所需的极限. 第一步是最重要的；对于一个好的比较级数，求其极限是一个很常规的过程. 下面用实例说明求比较级数的方法.

例 1　判别下面级数的收敛性：

$$\sum_{n=3}^{\infty} \frac{\sqrt{2n^2-5n+1}}{4n^3-7n^2+2}.$$

级数是收敛的还是发散的取决于当 n 越来越大时级数的项. 我们感兴趣的是 $n \to \infty$ 时的第 n 项. 比如考虑 $n=10^{10}$或 10^{100}，随着 n 的增加，$2n^2-5n+1$ 约等于 $2n^2$可达相当高的精度. 同样随着 n 增大，本例子中的分母接近 $4n^3$. 通过第 1.9 节的结论 1，每一项的因子$\dfrac{\sqrt{2}}{4}$不影响收敛性. 所以比较级数设为

$$\sum_{n=3}^{\infty} \frac{\sqrt{n^2}}{n^3} = \sum_{n=3}^{\infty} \frac{1}{n^2}.$$

这是收敛级数（通过积分判别法）. 因此通过判别法（a）判别给定级数收敛，则有：

$$\begin{aligned}\lim_{n\to\infty} \frac{a_n}{b_n} &= \lim_{n\to\infty} \left(\frac{\sqrt{2n^2-5n+1}}{4n^3-7n^2+2} \middle/ \frac{1}{n^2} \right) \\ &= \lim_{n\to\infty} \frac{n^2\sqrt{2n^2-5n+1}}{4n^3-7n^2+2} \\ &= \lim_{n\to\infty} \frac{\sqrt{2-\dfrac{5}{n}+\dfrac{1}{n^2}}}{4-\dfrac{7}{n}+\dfrac{2}{n^3}} = \frac{\sqrt{2}}{4}.\end{aligned}$$

由于这是一个有限的极限，所以给定级数收敛.（实际不需要做所有这些运算，对 n 很大时，级数项基本上趋于$\dfrac{1}{n^2}$，所以级数收敛.）

例 2　判别下面级数的收敛性：

$$\sum_{n=2}^{\infty} \frac{3^n-n^3}{n^5-5n^2}.$$

首先确定 $n \to \infty$ 时，哪些项是重要的项，是 3^n 还是 n^3？可以比较它们的对数，因为 $\ln N$

和 N 同时增加或减小，则有 $\ln 3^n=n\ln 3$，$\ln n^3=3\ln n$，由于 $\ln n$ 小于 n，所以对很大的数 n，$n\ln 3>3\ln n$，则 $3^n>n^3$.（你可能喜欢计算 $100^3=10^6$ 和 $3^{100}>5\times 10^{47}$.）给定级数的分母约为 n^5，因此比较级数是 $\sum_{n=2}^{\infty}\frac{3^n}{n^5}$，通过比值判别法可以很容易地证明级数发散. 由比值判别法（b）：

$$\lim_{n\to\infty}\left(\frac{3^n-n^3}{n^5-5n^2}\bigg/\frac{3^n}{n^5}\right)=\lim_{n\to\infty}\frac{1-\dfrac{n^3}{3^n}}{1-\dfrac{5}{n^3}}=1.$$

这结果为 1，大于零，所以级数发散.

习题 1.6.4

使用特殊的比较判别法来判别下列级数是收敛的还是发散的.

31. $\sum_{n=9}^{\infty}\frac{(2n+1)(3n-5)}{\sqrt{n^2-73}}$

32. $\sum_{n=0}^{\infty}\frac{n(n+1)}{(n+2)^2(n+3)}$

33. $\sum_{n=5}^{\infty}\frac{1}{2^n-n^2}$

34. $\sum_{n=1}^{\infty}\frac{n^2+3n+4}{n^4+7n^3+6n-3}$

35. $\sum_{n=3}^{\infty}\frac{(n-\ln n)^2}{5n^4-3n^2+1}$

36. $\sum_{n=1}^{\infty}\frac{\sqrt{n^3+5n-1}}{n^2-\sin n^3}$

37. 证明特殊的比较判别法. 提示［判别法（a）］：如果 $a_n/b_n\to L$ 和 $M>L$，那么对于大的 n 有 $a_n<Mb_n$，用 $\sum_{n=1}^{\infty}Mb_n$ 与 $\sum_{n=1}^{\infty}a_n$ 比较.

1.7 交替级数

到目前为止都是讨论正项级数，包括绝对值级数. 现在考虑级数项符号交替混合的级数. **交替级数**是级数项交替加减的级数. 如：

$$1-\frac{1}{2}+\frac{1}{3}-\frac{1}{4}+\frac{1}{5}-\cdots+\frac{(-1)^{n+1}}{n}+\cdots \tag{7.1}$$

这是一个交替级数. 研究交替级数需回答两个问题，是否收敛？是否绝对收敛（也就是让所有符号取正是否收敛）？让我们先考虑第二个问题. 在这个例子中，绝对值的级数为

$$1+\frac{1}{2}+\frac{1}{3}+\frac{1}{4}+\cdots+\frac{1}{n}+\cdots$$

这是调和级数（6.1），是发散的，我们就说级数（7.1）不绝对收敛. 接下来，需问级数（7.1）是否收敛，如果它是绝对收敛的，就不必提这个问题了，因为绝对收敛的级数也是收敛的（见习题 1.7 的第 9 题）. 但是，不绝对收敛的级数可能收敛，也可能发散，则需进一步判别. 交替级数的判别非常简单：

交替级数判别法：如果级数项绝对值单调减少趋于零，即如果 $|a_{n+1}|\leqslant|a_n|$，及 $\lim_{n\to\infty}a_n=0$，那么交替级数收敛.

在例子中，$\frac{1}{n+1}<\frac{1}{n}$，及$\lim\limits_{n\to\infty}\frac{1}{n}=0$，所以式（7.1）收敛.

习题 1.7

判别下面级数的收敛性.

1. $\sum\limits_{n=1}^{\infty}\frac{(-1)^n}{\sqrt{n}}$　　2. $\sum\limits_{n=1}^{\infty}\frac{(-2)^n}{n^2}$　　3. $\sum\limits_{n=1}^{\infty}\frac{(-1)^n}{n^2}$

4. $\sum\limits_{n=1}^{\infty}\frac{(-3)^n}{n!}$　　5. $\sum\limits_{n=2}^{\infty}\frac{(-1)^n}{\ln n}$　　6. $\sum\limits_{n=1}^{\infty}\frac{(-1)^n n}{n+5}$

7. $\sum\limits_{n=0}^{\infty}\frac{(-1)^n n}{1+n^2}$　　8. $\sum\limits_{n=1}^{\infty}\frac{(-1)^n\sqrt{10n}}{n+2}$

9. 证明：一个绝对收敛级数$\sum\limits_{n=1}^{\infty}a^n$是收敛的. 提示：设$b_n=a_n+|a_n|$，那么$b_n$是非负数，则有$|b_n|\leqslant 2|a_n|$和$a_n=b_n-|a_n|$.

10. 下面的交替级数是发散的（但不要求证明）. 证明：$a_n\to 0$. 为什么交替级数判别法不能证明这些级数收敛？

(a) $2-\frac{1}{2}+\frac{2}{3}-\frac{1}{4}+\frac{2}{5}-\frac{1}{6}+\frac{2}{7}-\frac{1}{8}\cdots$

(b) $\frac{1}{\sqrt{2}}-\frac{1}{2}+\frac{1}{\sqrt{3}}-\frac{1}{3}+\frac{1}{\sqrt{4}}-\frac{1}{4}+\frac{1}{\sqrt{5}}-\frac{1}{5}\cdots$

1.8　条件收敛级数

像式（7.1）的级数收敛但不绝对收敛称为**条件收敛**. 在处理有条件收敛的级数时需小心，因为正项级数可单独形成发散级数，而负项级数也是如此. 如果重新排列级数项可能会改变级数的总和，甚至发散. 重新排列这些项可以得到想要的任何总和，如交替调和级数$1-\frac{1}{2}+\frac{1}{3}-\frac{1}{4}+\cdots$，假设想让总和等于 1.5，首先，我们有足够正项相加到 1.5 以上，前三个正项：

$$1+\frac{1}{3}+\frac{1}{5}=1\ \frac{8}{15}>1.5.$$

然后取足够的负项将部分和降到 1.5 以下，取$-\frac{1}{2}$项可做到. 再次，增加正项，直到稍微超过 1.5，依此类推. 由于该级数的项的绝对值在下降，因此继续这个过程中获得部分总和稍大于或略小于 1.5，但总是更接近 1.5，这意味着部分和收敛，应该接近 1.5. 可以看到我们可以提前选择任何我们想要的和，然后重新排列这个级数的项来得到它，因此不能重新排列条件收敛级数，因为它的收敛性和总和取决于这些项按特定的顺序相加.

这里有一个这种级数的物理例子，它强调了在物理问题中应用数学近似时需要注意的问题. 库仑定律说两个电荷之间的作用力等于电荷的乘积除以它们之间距离的平方（静电单位；使用其他单位，比如 SI 单位，我们只需要乘以一个数值常数）. 设有单位正电荷在

$x=0$，$\sqrt{2}$，$\sqrt{4}$，$\sqrt{6}$，$\sqrt{8}$，…和单位负电荷在 $x=1$，$\sqrt{3}$，$\sqrt{5}$，$\sqrt{7}$，$\sqrt{9}$，…的地方. 我们想知道在 $x=0$ 处单位正电荷的总作用力，这是由所有其他电荷引起的. 负电荷在 $x=0$ 处吸引电荷并试图向右拉，我们称它们施加的力为正的，因为它们在正 x 轴方向上拉向右边，称为正的力，正电荷的力在负的 x 方向上，我们称它们为负的力. 如正电荷在 $x=\sqrt{2}$ 的力是 $-\frac{(1\times1)}{(\sqrt{2})^2}=-\frac{1}{2}$.

在 $x=0$ 处电荷合力是

$$F=1-\frac{1}{2}+\frac{1}{3}-\frac{1}{4}+\frac{1}{5}-\frac{1}{6}+\cdots. \tag{8.1}$$

现在我们知道这个级数是收敛的（见 1.7 节）. 但是我们也看到它的总和（即使它收敛）可以通过重新排列这些项来改变. 在物理上意味着，在原点处的电荷，不仅取决于电荷的大小和位置，还取决于放置顺序. 这很可能与你的物理直觉背道而驰，你觉得像这样的物理问题应该有一个明确的答案. 那这样想吧，假设有两名工作人员，一名工作人员放置正电荷，另一名放负电荷. 如果一个工作人员动作比另一个更快，很明显，任何阶段的力都可能与方程（8.1）中的 F 相去甚远. 因为存在许多额外的一个符号的电荷，工作人员永远不可能把所有的电荷都放好，因为电荷的数量是无限的. 在任何阶段，将由尚未到位的正电荷产生的力，形成一个发散的级数，类似地，由于未放置负电荷而产生的力形成符号相反的发散级数. 我们不能在某一点停下来，然后说这个级数的其余部分可以忽略不计，就像在第 1.1 节的弹跳球问题中那样. 但是如果我们指定电荷的放置顺序，那么这个级数的和 S 是确定的（S 可能与式（8.1）中的 F 不同，除非电荷是交替放置的）. 从物理角度上说，这意味着随着工作人员前进，力的值越来越接近 S，我们可以用无穷级数的和（适当排列的）作为力的一个很好的近似值.

1.9 有关级数的有用结论

陈述下列结论以供参考：

1. 级数的收敛或发散不受非零常数乘以级数每一项的影响. 它也不受更改有限数量项的影响（例如省略前几项）.

2. 两个收敛级数 $\sum_{n=1}^{\infty} a_n$ 和 $\sum_{n=1}^{\infty} b_n$ 逐项相加减（逐项相加意味着第 n 项是 a_n+b_n），所得的级数收敛. 它的总和是由两个给定级数的和的加法（减法）得到的.

3. **绝对收敛级数**的项可以以任意顺序重新排列，而不影响其收敛性或求和. 这与在第 1.8 节中看到的条件收敛级数不一样.

习题 1.9

判别下列级数是否收敛或发散. 自己决定哪个判别法最容易使用，但不要忘记初步判别法，当上述结论适用时使用它们.

1. $\sum_{n=1}^{\infty}\frac{n-1}{(n+2)(n+3)}$　　2. $\sum_{n=1}^{\infty}\frac{n^2-1}{n^2+1}$　　3. $\sum_{n=1}^{\infty}\frac{1}{n^{\ln 3}}$

4. $\sum_{n=0}^{\infty}\frac{n^2}{n^3+4}$　　5. $\sum_{n=1}^{\infty}\frac{n}{n^3-4}$　　6. $\sum_{n=0}^{\infty}\frac{(n!)^2}{(2n)!}$

7. $\sum_{n=0}^{\infty}\frac{(2n)!}{3^n(n!)^2}$　　8. $\sum_{n=1}^{\infty}\frac{n^5}{5^n}$　　9. $\sum_{n=1}^{\infty}\frac{n^n}{n!}$

10. $\sum_{n=2}^{\infty}(-1)^n\frac{n}{n-1}$　　11. $\sum_{n=4}^{\infty}\frac{2n}{n^2-9}$　　12. $\sum_{n=2}^{\infty}\frac{1}{n^2-n}$

13. $\sum_{n=0}^{\infty}\frac{n}{(n^2+4)^{3/2}}$　　14. $\sum_{n=2}^{\infty}\frac{(-1)^n}{n^2-n}$　　15. $\sum_{n=1}^{\infty}\frac{(-1)^n n!}{10^n}$

16. $\sum_{n=0}^{\infty}\frac{2+(-1)^n}{n^2+7}$　　17. $\sum_{n=1}^{\infty}\frac{(n!)^3}{(3n)!}$　　18. $\sum_{n=1}^{\infty}\frac{(-1)^n}{2^{\ln n}}$

19. $\frac{1}{2^2}-\frac{1}{3^2}+\frac{1}{2^3}-\frac{1}{3^3}+\frac{1}{2^4}-\frac{1}{3^4}+\cdots$

20. $\frac{1}{2}+\frac{1}{2^2}-\frac{1}{3}-\frac{1}{3^2}+\frac{1}{4}+\frac{1}{4^2}-\frac{1}{5}-\frac{1}{5^2}+\cdots$

21. $\sum_{n=1}^{\infty}a_n$　其中，$a_{n+1}=\frac{n}{2n+3}a_n$

22. (a) $\sum_{n=1}^{\infty}\frac{1}{3^{\ln n}}$　　(b) $\sum_{n=1}^{\infty}\frac{1}{2^{\ln n}}$　　(c) k 取什么值时，$\sum_{n=1}^{\infty}\frac{1}{k^{\ln n}}$收敛?

1.10　幂级数　收敛区间

前面讨论了常数项级数，更重要和更有用的级数是级数项为 x 的函数. 有很多这样的级数，但本章考虑第 n 项是常数乘以 x^n 或 $(x-a)^n$ 的级数，其中，a 是常数，这就是**幂级数**，因为它的项是 x 或 $(x-a)$ 的幂的倍数. 在后面的章节中，我们将考虑级数项包含正弦和余弦的傅里叶级数，以及级数项是多项式或其他函数的其他级数（如勒让德级数、贝塞尔级数等）.

通过定义，幂级数的形式如下：

$$\sum_{n=0}^{\infty}a_nx^n=a_0+a_1x+a_2x^2+a_3x^3+\cdots\quad\text{或者}$$
$$\sum_{n=0}^{\infty}a_n(x-a)^n=a_0+a_1(x-a)+a_2(x-a)^2+a_3(x-a)^3+\cdots,\tag{10.1}$$

其中，系数 a_n 是常数. 这里有一些例子：

$$1-\frac{x}{2}+\frac{x^2}{4}-\frac{x^3}{8}+\cdots+\frac{(-x)^n}{2^n}+\cdots,\tag{10.2a}$$

$$x-\frac{x^2}{2}+\frac{x^3}{3}-\frac{x^4}{4}+\cdots+\frac{(-1)^{n+1}x^n}{n}+\cdots,\tag{10.2b}$$

$$x-\frac{x^3}{3!}+\frac{x^5}{5!}-\frac{x^7}{7!}+\cdots+\frac{(-1)^{n+1}x^{2n-1}}{(2n-1)!}+\cdots,\tag{10.2c}$$

$$1+\frac{(x+2)}{\sqrt{2}}+\frac{(x+2)^2}{\sqrt{3}}+\cdots+\frac{(x+2)^n}{\sqrt{n+1}}+\cdots.\tag{10.2d}$$

幂级数是否收敛取决于 x 的值，我们经常使用比值判别法求出级数收敛的 x 值. 通过判别四个级数式（10.2a）~式（10.2d）中的每一个来说明这一点. 在比值判别中，$n+1$ 项除以 n 项，取这一比值 ρ_n 的绝对值，然后求出 $n\to\infty$ 时，ρ_n 的极限 ρ.

例 1 对于式（10.2a），我们有

$$\rho_n=\left|\frac{(-x)^{n+1}}{2^{n+1}}\Big/\frac{(-x)^n}{2^n}\right|=\left|\frac{x}{2}\right|,$$

$$\rho=\left|\frac{x}{2}\right|.$$

对于 $\rho<1$，即 $|x/2|<1$ 或 $|x|<2$，级数收敛；对于 $|x|>2$，级数发散（见习题 1.6.3 的第 30 题）. 用图形来考虑，对于在 x 轴上，$x=-2$ 和 $x=2$ 区间内的任意 x，级数（10.2a）收敛. 区间的端点 $x=2$ 和 $x=-2$ 需分开单独考虑. 当 $x=2$ 时，级数（10.2a）是

$$1-1+1-1+\cdots,$$

这是发散的；当 $x=-2$ 时，级数（10.2a）是 $1+1+1+1+\cdots$，这也是发散的. 故级数（10.2a）的收敛区间为 $-2<x<2$.

例 2 对于式（10.2b），可求出：

$$\rho_n=\left|\frac{x^{n+1}}{n+1}\Big/\frac{x^n}{n}\right|=\left|\frac{nx}{n+1}\right|,$$

$$\rho=\lim_{n\to\infty}\left|\frac{nx}{n+1}\right|=|x|.$$

当 $|x|<1$ 时，级数收敛. 必须考虑收敛区间的端点，$x=1$ 和 $x=-1$. 对于 $x=1$，级数（10.2b）为 $1-\frac{1}{2}+\frac{1}{3}-\frac{1}{4}+\cdots$，这是交替调和级数，且是收敛的；对于 $x=-1$，级数（10.2b）为 $-1-\frac{1}{2}-\frac{1}{3}-\frac{1}{4}+\cdots$，这是负调和级数（乘以 -1），是发散的. 那么我们将级数（10.2b）的收敛区间表示为 $-1<x\leqslant 1$. 请仔细注意式（10.2a）的结果与式（10.2b）结果的不同. 级数（10.2a）在任何一个端点都不会收敛，我们在描述其收敛区间时仅使用 $<$ 符号. 级数（10.2b）在 $x=1$ 处收敛，因此我们使用符号 $\leqslant$ 来包含 $x=1$. 必须在端点处判别级数的敛散性，并将结果包含在所述收敛区间中. 级数可能在两个端点都不收敛，可能在一个端点收敛，也可能都收敛于两个端点.

例 3 在式（10.2c）中，第 n 项的绝对值是 $|x^{2n-1}/(2n-1)!|$. 为了得到（$n+1$）项，我们用 $n+1$ 代替 n；然后 $2n-1$ 代替为 $2(n+1)-1=2n+1$，则 $n+1$ 项的绝对值为

$$\left|\frac{x^{2n+1}}{(2n+1)!}\right|.$$

因此可得到

$$\rho_n=\left|\frac{x^{2n+1}}{(2n+1)!}\Big/\frac{x^{2n-1}}{(2n-1)!}\right|=\left|\frac{x^2}{(2n+1)(2n)}\right|,$$

$$\rho=\lim_{n\to\infty}\left|\frac{x^2}{(2n+1)(2n)}\right|=0.$$

由于对于 x 的所有值都有 $\rho<1$，所以这个级数收敛于所有的 x.

例 4　在式（10.2d）中，可求出

$$\rho_n=\left|\frac{(x+2)^{n+1}}{\sqrt{n+2}}\bigg/\frac{(x+2)^n}{\sqrt{n+1}}\right|,$$

$$\rho=\lim_{n\to\infty}\left|(x+2)\frac{\sqrt{n+1}}{\sqrt{n+2}}\right|=|x+2|.$$

该级数收敛于 $|x+2|<1$；即收敛于 $-1<x+2<1$ 或 $-3<x<-1$. 如果 $x=-3$，则级数（10.2d）是

$$1-\frac{1}{\sqrt{2}}+\frac{1}{\sqrt{3}}-\frac{1}{\sqrt{4}}+\cdots.$$

可通过交替级数判别法判别它是收敛的. 对于 $x=-1$ 时，该级数是

$$1+\frac{1}{\sqrt{2}}+\frac{1}{\sqrt{3}}+\cdots=\sum_{n=0}^{\infty}\frac{1}{\sqrt{n+1}}.$$

通过积分判别法判别它是发散的. 因此，级数收敛于 $-3\leqslant x<1$.

习题 1.10

求下列幂级数的收敛区间，一定要研究每一种情况下区间的端点.

1. $\sum\limits_{n=0}^{\infty}(-1)^n x^n$　　2. $\sum\limits_{n=0}^{\infty}\frac{(2x)^n}{3^n}$　　3. $\sum\limits_{n=1}^{\infty}\frac{(-1)^n x^n}{n(n+1)}$

4. $\sum\limits_{n=1}^{\infty}\frac{x^{2n}}{2^n n^2}$　　5. $\sum\limits_{n=1}^{\infty}\frac{x^n}{(n!)^2}$　　6. $\sum\limits_{n=1}^{\infty}\frac{(-1)^n x^n}{(2n)!}$

7. $\sum\limits_{n=1}^{\infty}\frac{x^{3n}}{n}$　　8. $\sum\limits_{n=1}^{\infty}\frac{(-1)^n x^n}{\sqrt{n}}$　　9. $\sum\limits_{n=1}^{\infty}(-1)^n n^3 x^n$

10. $\sum\limits_{n=1}^{\infty}\frac{(-1)^n x^{2n}}{(2n)^{3/2}}$　　11. $\sum\limits_{n=1}^{\infty}\frac{1}{n}\left(\frac{x}{5}\right)^n$　　12. $\sum\limits_{n=1}^{\infty}n(-2x)^n$

13. $\sum\limits_{n=1}^{\infty}\frac{n(-x)^n}{n^2+1}$　　14. $\sum\limits_{n=1}^{\infty}\frac{n}{n+1}\left(\frac{x}{3}\right)^n$　　15. $\sum\limits_{n=1}^{\infty}\frac{(x-2)^n}{3^n}$

16. $\sum\limits_{n=1}^{\infty}\frac{(x-1)^n}{2^n}$　　17. $\sum\limits_{n=1}^{\infty}\frac{(-1)^n(x+1)^n}{n}$　　18. $\sum\limits_{n=1}^{\infty}\frac{(-2)^n(2x+1)^n}{n^2}$

下面的级数不是幂级数，但是你可以通过改变自变量把它们转换成幂级数，然后求出它们的收敛区间.

19. $\sum\limits_{n=0}^{\infty}8^{-n}(x^2-1)^n$　方法：设 $y=x^2-1$，幂级数 $\sum\limits_{n=0}^{\infty}8^{-n}y^n$ 收敛于 $|y|<8$，所以原级数收敛于 $|x^2-1|<8$，即收敛于 $|x|<3$.

20. $\sum\limits_{n=0}^{\infty}(-1)^n\frac{2^n}{n!}(x^2+1)^{2n}$　　21. $\sum\limits_{n=2}^{\infty}\frac{(-1)^n x^{n/2}}{n\ln n}$

22. $\sum\limits_{n=0}^{\infty}\frac{n!(-1)^n}{x^n}$　　23. $\sum\limits_{n=0}^{\infty}\frac{3^n(n+1)}{(x+1)^n}$

24. $\sum\limits_{n=0}^{\infty}(\sqrt{x^2+1})^n\frac{2^n}{3^n+n^3}$　　25. $\sum\limits_{n=0}^{\infty}(\sin x)^n(-1)^n 2^n$

1.11 幂级数定理

我们已经看到了幂级数$\sum_{n=0}^{\infty}a_nx^n$在以原点为中心的区间内收敛．在收敛区间内，对于$x$的每个值，级数都有一个取决于$x$值的有限和，该有限和可写为$S(x)=\sum_{n=0}^{\infty}a_nx^n$.收敛区间内的幂级数定义了$x$的函数$S(x)$.在描述级数和函数$S(x)$的关系时，我们可以说，级数收敛于函数$S(x)$，或者函数$S(x)$由级数表示，或者级数是函数的幂级数.这里我们考虑从给定的级数中得到函数，也感兴趣求出给定收敛函数的幂级数（参见第1.12节）.当使用幂级数和它所表示的函数时，下面的定理是有用的（参考有关微积分材料，这里不加证明地引用）.幂级数在收敛区间内可以像多项式一样处理，非常有用和方便.

1. 幂级数可以逐项微分或积分，所得到的级数收敛于原级数在相同的收敛区间内所表示的函数的导数或积分数（也就是说，不一定在区间的端点）.
2. 两个幂级数可以加、减或乘，所得到的级数至少在共同的收敛区间内收敛.如果分母级数在$x=0$处不为0，或者分母为0却可以被分子抵消，则可以将两个级数相除，$\left(\text{例如}\dfrac{\sin x}{x}\text{，参见式(13.1)}\right)$.运算后所得级数有一些收敛区间（可以通过比值判别法或更简单的复变函数理论求解，参见第2章2.7节）.
3. 一个级数可以代替另一个级数，但代替级数的值必须在另一个级数的收敛区间内.
4. 函数的幂级数是唯一的，即只有一个幂级数$\sum_{n=0}^{\infty}a_nx^n$收敛于给定的函数.

1.12 扩展函数为幂级数

通常在应用工作中，求出给定函数的幂级数是很有意义的.我们通过求出$\sin x$的级数来说明获取幂级数的方法.在这个方法中，假定已存在幂级数（参见第1.14节），求出幂级数中的系数，因此可写出：

$$\sin x=a_0+a_1x+a_2x^2+\cdots+a_nx^n+\cdots. \tag{12.1}$$

求出系数a_n的值使式（12.1）在级数的收敛区间内唯一.由于幂级数的收敛区间包含原点，式（12.1）必存在$x=0$时的值.如果把$x=0$代入式（12.1），由于$\sin 0=0$和方程右边除a_0外的所有项都包含因子x，则可得到$0=a_0$.那么令式（12.1）在$x=0$处有效，则必须有$a_0=0$.对式（12.1）逐项求导，有

$$\cos x=a_1+2a_2x+3a_3x^2+\cdots. \tag{12.2}$$

（由第1.11节定理1证明.）再次代入$x=0$，得到$1=a_1$.再次求导，代入$x=0$，得

$$\begin{aligned}-\sin x&=2a_2+3\cdot 2a_3x+4\cdot 3a_4x^2+\cdots,\\ 0&=2a_2.\end{aligned} \tag{12.3}$$

继续对式（12.1）连续求导并代入$x=0$的过程，可以得到

$$
\begin{aligned}
-\cos x &= 3\cdot 2a_3+4\cdot 3\cdot 2a_4x+\cdots,\\
-1 &= 3!a_3,\qquad a_3=-\frac{1}{3!};\\
\sin x &= 4\cdot 3\cdot 2\cdot a_4+5\cdot 4\cdot 3\cdot 2a_5x+\cdots,\\
0 &= a_4;\\
\cos x &= 5\cdot 4\cdot 3\cdot 2a_5+\cdots,\\
1 &= 5!a_5,\cdots.
\end{aligned}
\tag{12.4}
$$

把这些值替换回式(12.1)可得

$$\sin x=x-\frac{x^3}{3!}+\frac{x^5}{5!}-\cdots. \tag{12.5}$$

不需要更多计算就可以写出这个级数更多的项.级数 $\sin x$ 收敛于所有 x(参见第 1.10 节例题 3).

用这种方法得到的级数称为关于原点的麦克劳林级数(Maclaurin series)或泰勒级数(Taylor series).泰勒级数通常是$(x-a)$的幂级数,其中,a 是常数,它可以这样求解:在方程右边用$(x-a)$代替 x 像式(12.1)一样,进行同样的求导过程,但是在每一步用 $x=a$ 代替 $x=0$.对函数$f(x)$进行一般性的处理,如上所述,假设$f(x)$有一个泰勒级数，可写出：

$$
\begin{aligned}
f(x) &= a_0+a_1(x-a)+a_2(x-a)^2+a_3(x-a)^3+a_4(x-a)^4+\cdots+\\
&\quad a_n(x-a)^n+\cdots,\\
f'(x) &= a_1+2a_2(x-a)+3a_3(x-a)^2+4a_4(x-a)^3+\cdots+\\
&\quad na_n(x-a)^{n-1}+\cdots,\\
f''(x) &= 2a_2+3\cdot 2a_3(x-a)+4\cdot 3a_4(x-a)^2+\cdots+\\
&\quad n(n-1)a_n(x-a)^{n-2}+\cdots,\\
f'''(x) &= 3!a_3+4\cdot 3\cdot 2a_4(x-a)+\cdots+\\
&\quad n(n-1)(n-2)a_n(x-a)^{n-3}+\cdots,\\
&\vdots\\
f^{(n)}(x) &= n(n-1)(n-2)\cdots 1\cdot a_n+\text{包括}(x-a)\text{的幂的项}.
\end{aligned}
\tag{12.6}
$$

(符号$f^{(n)}(x)$ 表示$f(x)$ 的 n 阶导数.) 把 $x=a$ 代入式 (12.6) 的每个方程中可得

$$
\begin{aligned}
&f(a)=a_0,\quad f'(a)=a_1,\quad f''(a)=2a_2,\\
&f'''(a)=3!a_3,\quad \cdots,\quad f^{(n)}(a)=n!a_n.
\end{aligned}
\tag{12.7}
$$

($f'(a)$ 意味着对$f(x)$ 求导，然后把 $x=a$ 代入. $f''(a)$ 意味着求出$f''(x)$，然后把 $x=a$ 代入，等等.)

这样可写出关于 $x=a$ 的$f(x)$ 的泰勒级数：

$$f(x)=f(a)+(x-a)f'(a)+\frac{1}{2!}(x-a)^2f''(a)+\cdots+\frac{1}{n!}(x-a)^nf^{(n)}(a)+\cdots. \tag{12.8}$$

$f(x)$ 的麦克劳林级数是关于原点的泰勒级数. 在式 (12.8) 中设 $a=0$，得$f(x)$ 的麦克劳林级数：

$$f(x)=f(0)+xf'(0)+\frac{x^2}{2!}f''(0)+\frac{x^3}{3!}f'''(0)+\cdots+\frac{x^n}{n!}f^{(n)}(0)+\cdots. \tag{12.9}$$

写出麦克劳林级数的一般形式有时很方便就可得到系数公式. 在式（12.9）中，可求任意函数的更高阶的导数，但最简单函数则不必更复杂（比如 $e^{\tan x}$）. 在第 1.13 节中，我们将讨论通过组合基本级数获得麦克劳林级数和泰勒级数的更简单方法. 同时，应验证式（13.1）~式（13.5）的基本级数并记住它们（见下面习题 1.12 的第 1 题）.

习题 1.12

1. 通过获取式（12.5）（即是下面级数（13.1））的方法，验证下面其他级数（13.2）~级数（13.5）.

1.13 获取幂级数展开式的技巧

与第 1.12 节中连续微分过程相比，求解函数的幂级数通常有更简单的方法. 第 1.11 节中的定理 4 告诉我们，对于一个给定的函数，只有一个幂级数，即只有一个 $\sum_{n=0}^{\infty} a_n x^n$ 级数. 因此可以用任意正确的方法求解，确保结果与用第 1.12 节的方法得到的麦克劳林级数相同. 我们将说明获得幂级数的各种方法. 首先，验证习题（12.1）和记住式（13.1）~式（13.5）的基本级数是非常省时的办法. 当我们需要这些级数时，就不用再进一步推导了.

收敛区间

$$\sin x=\sum_{n=0}^{\infty}\frac{(-1)^n x^{2n+1}}{(2n+1)!}=x-\frac{x^3}{3!}+\frac{x^5}{5!}-\frac{x^7}{7!}+\cdots \quad \text{对所有 } x \tag{13.1}$$

$$\cos x=\sum_{n=0}^{\infty}\frac{(-1)^n x^{2n}}{(2n)!}=1-\frac{x^2}{2!}+\frac{x^4}{4!}-\frac{x^6}{6!}+\cdots, \quad \text{对所有 } x \tag{13.2}$$

$$e^x=\sum_{n=0}^{\infty}\frac{x^n}{n!}=1+x+\frac{x^2}{2!}+\frac{x^3}{3!}+\frac{x^4}{4!}+\cdots, \quad \text{对所有 } x \tag{13.3}$$

$$\ln(1+x)=\sum_{n=1}^{\infty}\frac{(-1)^{n+1}x^n}{n}=x-\frac{x^2}{2}+\frac{x^3}{3}-\frac{x^4}{4}+\cdots, \quad -1<x\leqslant 1 \tag{13.4}$$

$$(1+x)^p=\sum_{n=0}^{\infty}\binom{p}{n}x^n=1+px+\frac{p(p-1)}{2!}x^2+\frac{p(p-1)(p-2)}{3!}x^3+\cdots, \quad |x|<1 \tag{13.5}$$

（二项级数；p 是任何实数，正的或负的，$\binom{p}{n}$ 被称为二项式系数——见下面的方法 1.13.3.）

当用级数来近似一个函数时，可能只需要前几项，但是在推导过程中，可能需要通项公式，这样就可以把级数写成和的形式. 让我们看看获得这两个结果中的一个或两个的一些方法.

1.13.1 用多项式或其他级数乘以一个级数

例 1 求解 $(x+1)\sin x$ 的级数.

用 $(x+1)$ 乘以级数（13.1）及合并项得到

$$\begin{aligned}(x+1)\sin x&=(x+1)\left(x-\frac{x^3}{3!}+\frac{x^5}{5!}-\cdots\right)\\&=x+x^2-\frac{x^3}{3!}-\frac{x^4}{3!}+\cdots.\end{aligned}$$

这比 $(x+1)\sin x$ 的连续求导要容易得多，根据定理 4 可确保结果是相同的.

例 2　为了求出 $e^x\cos x$ 的级数，用式（13.3）乘以式（13.2）得

$$
\begin{aligned}
e^x\cos x &= \left(1+x+\frac{x^2}{2!}+\frac{x^3}{3!}+\frac{x^4}{4!}+\cdots\right)\left(1-\frac{x^2}{2!}+\frac{x^4}{4!}-\cdots\right)\\
&= 1+x+\frac{x^2}{2!}+\frac{x^3}{3!}+\frac{x^4}{4!}\cdots\\
&\qquad\quad -\frac{x^2}{2!}-\frac{x^3}{2!}-\frac{x^4}{2!2!}\cdots\\
&\qquad\qquad\qquad +\frac{x^4}{4!}\cdots\\
\hline
&= 1+x+0x^2-\frac{x^3}{3}-\frac{x^4}{6}\cdots = 1+x-\frac{x^3}{3}-\frac{x^4}{6}\cdots.
\end{aligned}
$$

这里需要注意两点. 首先，相乘时将 x 的每个幂的项排成对齐的列更容易相加. 其次，小心把乘积中所有的项包括到打算终止的次幂里，但不能包括任何更高次幂的项. 在上面的例子中，没有包含 $x^3\cdot x^2$ 项. 如果要在结果中包括 x^5，必须包括所有 x^5 的乘积（即 $x\cdot x^4$，$x^3\cdot x^2$，和 $x^5\cdot 1$）.

另参阅第 2 章 2.17 综合习题第 30 题，为得到此级数一般项的一种简单方法.

1.13.2　两个级数相除或一个级数除以一个多项式

例 1　求 $(1/x)\ln(1+x)$ 的级数.

用式（13.4）除以 x，可以手算也可以只写出结果：

$$\frac{1}{x}\ln(1+x)=1-\frac{x}{2}+\frac{x^2}{3}-\frac{x^3}{4}+\cdots.$$

为得到求和形式，将式（13.4）除以 x. 可以通过改变下限，从 $n=0$ 开始，即用 $n+1$ 代替 n，这样可以简化结果：

$$\frac{1}{x}\ln(1+x)=\sum_{n=1}^{\infty}\frac{(-1)^{n+1}x^{n-1}}{n}=\sum_{n=0}^{\infty}\frac{(-1)^n x^n}{n+1}$$

例 2　求 $\tan x$ 的级数.

用长除法计算 $\sin x$ 的级数除以 $\cos x$ 的级数：

$$
\begin{array}{r|l}
 & x+\dfrac{x^3}{3}+\dfrac{2}{15}x^5\cdots \\
\hline
1-\dfrac{x^2}{2!}+\dfrac{x^4}{4!}\cdots & x-\dfrac{x^3}{3!}+\dfrac{x^5}{5!}\cdots \\
 & x-\dfrac{x^3}{2!}+\dfrac{x^5}{4!}\cdots \\
\cline{2-2}
 & \quad\dfrac{x^3}{3}-\dfrac{x^5}{30}\cdots \\
 & \quad\dfrac{x^3}{3}-\dfrac{x^5}{6}\cdots \\
\cline{2-2}
 & \qquad\quad\dfrac{2x^5}{15}\cdots.
\end{array}
$$

1.13.3 二项级数

如果回顾二项式定理，设 $a=1$，$b=x$ 和 $n=p$，你可能会发现式（13.5）看起来就像 $(a+b)^n$ 展开的二项式定理的开始，它们的区别在于允许 p 是负的或分数的，这些情况下展开式是一个无穷级数. 当 $|x|<1$ 时，级数收敛，可以通过比值判别法来验证（参见习题 1.13 第 1 题).

从式（13.5），可以看出二项式系数是

$$\begin{aligned}
&\binom{p}{0}=1,\\
&\binom{p}{1}=p,\\
&\binom{p}{2}=\frac{p(p-1)}{2!},\\
&\binom{p}{3}=\frac{p(p-1)(p-2)}{3!},\cdots,\\
&\binom{p}{n}=\frac{p(p-1)(p-2)\cdots(p-n+1)}{n!}.
\end{aligned}\tag{13.6}$$

例 1 求解$\frac{1}{1+x}$的级数，可用二项级数（13.5）写出：

$$\begin{aligned}
\frac{1}{1+x}=(1+x)^{-1}&=1-x+\frac{(-1)(-2)}{2!}x^2+\frac{(-1)(-2)(-3)}{3!}x^3+\cdots\\
&=1-x+x^2-x^3+\cdots=\sum_{n=0}^{\infty}(-x)^n.
\end{aligned}$$

例 2 求$\sqrt{1+x}$的级数，它为式（13.5）中的 $p=1/2$：

$$\begin{aligned}
\sqrt{1+x}=(1+x)^{1/2}&=\sum_{n=0}^{\infty}\binom{\frac{1}{2}}{n}x^n\\
&=1+\frac{1}{2}x+\frac{\frac{1}{2}\left(-\frac{1}{2}\right)}{2!}x^2+\frac{\frac{1}{2}\left(-\frac{1}{2}\right)\left(-\frac{3}{2}\right)}{3!}x^3+\frac{\frac{1}{2}\left(-\frac{1}{2}\right)\left(-\frac{3}{2}\right)\left(-\frac{5}{2}\right)}{4!}x^4+\cdots\\
&=1+\frac{1}{2}x-\frac{1}{8}x^2+\frac{1}{16}x^3-\frac{5}{128}x^4\cdots.
\end{aligned}$$

从式（13.6）可知，当 $n=0$ 和 $n=1$ 时，二项式系数$\binom{\frac{1}{2}}{0}=1$，$\binom{\frac{1}{2}}{1}=1/2$，对于 $n\geqslant 2$，可写出：

$$\begin{aligned}
\binom{\frac{1}{2}}{n}&=\frac{\left(\frac{1}{2}\right)\left(-\frac{1}{2}\right)\left(-\frac{3}{2}\right)\cdots\left(\frac{1}{2}-n+1\right)}{n!}=\frac{(-1)^{n-1}3\cdot 5\cdot 7\cdots(2n-3)}{n!2^n}\\
&=\frac{(-1)^{n-1}(2n-3)!!}{(2n)!!}.
\end{aligned}$$

其中一个奇数的双阶乘是指这个数乘以所有较小的奇数的乘积，偶数的定义也是类似的，如 $7!!=7\times5\times3$ 和 $8!!=8\times6\times4\times2$.

1.13.4　用一个多项式或一个级数替代另一个级数中的变量

例 1　求 e^{-x^2} 的级数.

已知 e^x 的级数（13.3），只需用 $-x^2$ 代替 x 即可得

$$\begin{aligned} e^{-x^2} &= 1-x^2+\frac{(-x^2)^2}{2!}+\frac{(-x^2)^3}{3!}+\cdots \\ &= 1-x^2+\frac{(x^4)}{2!}-\frac{x^6}{3!}+\cdots. \end{aligned}$$

例 2　求级数 $e^{\tan x}$.

这里用方法 1.13.2 中例 2 的级数来替换式（13.3）中的 x. 先约定 x 的幂只保留到 x^4 的项，只写出 x 的 4 次方及以下次幂的项，忽略 x 更高次幂的项：

$$\begin{aligned} e^{\tan x} &= 1+\left(x+\frac{x^3}{3}+\cdots\right)+\frac{1}{2!}\left(x+\frac{x^3}{3}+\cdots\right)^2 \\ &\quad +\frac{1}{3!}\left(x+\frac{x^3}{3}+\cdots\right)^3+\frac{1}{4!}(x+\cdots)^4+\cdots \\ &= 1+x \qquad +\frac{x^3}{3} \qquad +\cdots \\ &\quad +\frac{x^2}{2!} \qquad +\frac{2x^4}{3\cdot 2!}+\cdots \\ &\quad +\frac{x^3}{3!}+\frac{x^4}{4!}+\cdots \\ \hline &= 1+x+\frac{x^2}{2}+\frac{x^3}{2}+\frac{3}{8}x^4+\cdots. \end{aligned}$$

1.13.5　组合的方法

例　求 $\arctan x$ 的级数.

因为

$$\int_0^{\infty}\frac{dt}{1+t^2}=\arctan t\Big|_0^{\infty}=\arctan x,$$

先求出 $(1+t^2)^{-1}$ 的二项式级数，然后逐项积分：

$$(1+t^2)^{-1}=1-t^2+t^4-t^6+\cdots;$$

$$\int_0^{\infty}\frac{dt}{1+t^2}=t-\frac{t^3}{3}+\frac{t^5}{5}-\frac{t^7}{7}+\cdots\Big|_0^{\infty}.$$

因此，得到

$$\arctan x=x-\frac{x^3}{3}+\frac{x^5}{5}-\frac{x^7}{7}+\cdots. \tag{13.7}$$

将这种求级数的简单方法与第 1. 12 节求 arctan$x$ 的连续导数的方法进行比较.

1. 13. 6　用基本的麦克劳林级数求泰勒级数

在很多情况下，可以使用基本的麦克劳林级数求泰勒级数，而不用第 1. 12 节的公式或方法.

例 1　求出关于 $x=1$ 的 ln$x$ 的泰勒级数的前几个项（这意味着级数是（$x-1$）的幂，而不是 x 的幂）.

写出：

$$\ln x=\ln[1+(x-1)].$$

使用式（13. 4），把（$x-1$）代替 x 可得

$$\ln x=\ln[1+(x-1)]=(x-1)-\frac{1}{2}(x-1)^2+\frac{1}{3}(x-1)^3-\frac{1}{4}(x-1)^4\cdots.$$

例 2　关于 $x=\dfrac{3\pi}{2}$展开 cos$x$.

写出：

$$\begin{aligned}\cos x&=\cos\left[\frac{3\pi}{2}+\left(x-\frac{3\pi}{2}\right)\right]=\sin\left(x-\frac{3\pi}{2}\right)\\&=\left(x-\frac{3\pi}{2}\right)-\frac{1}{3!}\left(x-\frac{3\pi}{2}\right)^3+\frac{1}{5!}\left(x-\frac{3\pi}{2}\right)^5\cdots.\end{aligned}$$

使用式（13. 1），把$\left(x-\dfrac{3\pi}{2}\right)$代替 x.

1. 13. 7　使用计算机

对于复杂的函数来说，使用计算机解决这些问题是一种很好的方法，可以省去很多代数运算. 然而，如果在计算机中输入问题比在头脑中理解问题花费的时间更长，那么，你实际上并没有节省时间. 例如，写出$\dfrac{\sin x}{x}$或$\dfrac{1-\cos x}{x^2}$前几项. 好的学习方法是先用笔算问题，再用电脑检查你的结果，这样就会发现笔算产生的错误，也会了解计算机能做什么、不能做什么. 这对于计算机绘制正在展开的函数、级数的几个部分和运算非常有启发性，为了了解如何用部分和准确地表示函数，请参见下面的示例.

例　绘制函数 $e^x\cos x$ 以及麦克劳林级数的几个部分和图形，使用 1. 13. 1 节中的例 2 或计算机可得

$$e^x\cos x=1+x-\frac{x^3}{3}-\frac{x^4}{6}-\frac{x^5}{30}\cdots.$$

图 1. 13. 1 显示了函数与每个部分和 $S_2=1+x$，$S_3=1+x-\dfrac{x^3}{3}$，$S_4=1+x-\dfrac{x^3}{3}-\dfrac{x^4}{6}$，$S_5=1+x-\dfrac{x^3}{3}-\dfrac{x^4}{6}-\dfrac{x^5}{30}$的曲线. 从图中可以看出近似值较好的 x 值. 另参见第 1. 14 节.

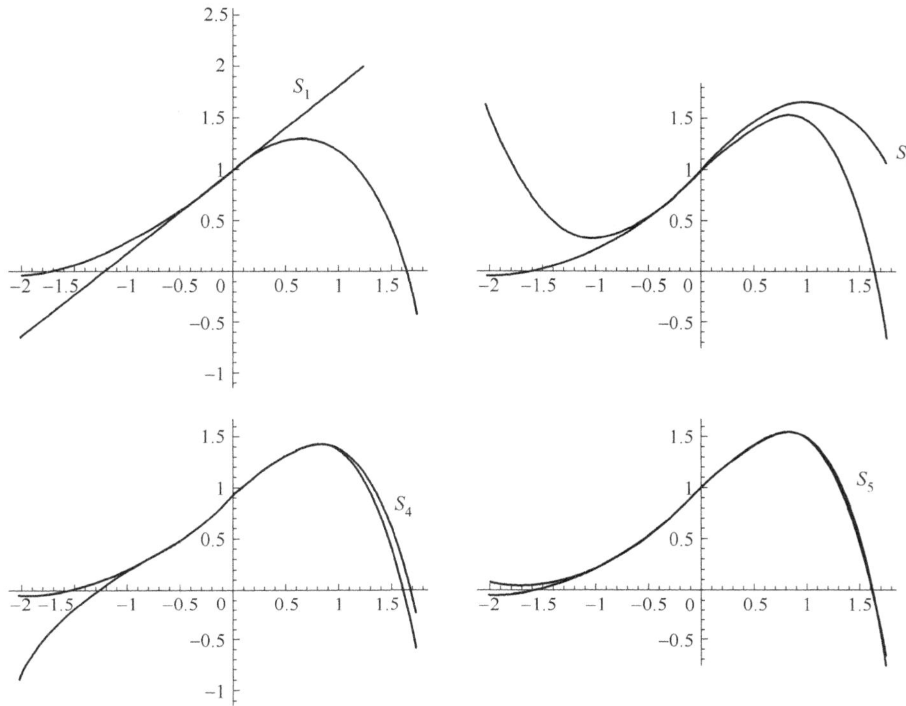

图　1.13.1

习题 1.13

1. 使用比值判别法证明二项级数在 $|x|<1$ 区间收敛.

2. 证明：二项式系数$\binom{-1}{n}=(-1)^n$.

3. 证明：如果 p 是一个正整数，那么当 $n>p$ 时，$\binom{p}{n}=0$，所以$(1+x)^p=\sum\binom{p}{n}x^n$ 就是从 $n=0$ 到 $n=p$，$p+1$个项的和. 例如，$(1+x)^2$ 有 3 个项，$(1+x)^3$ 有 4 个项等，这就是熟悉的二项式定理.

4. 用二项式系数表示法写出 $1/\sqrt{1+x}$ 在 $\sum$ 形式中的麦克劳林级数. 然后求出一个用 n 表示的二项式系数的公式，就像上面例 2 中做的那样.

使用本小节的方法：

(a) 为下列每一个函数求出麦克劳林级数的前几项；

(b) 求通项公式，并写出级数的求和公式；

(c) 用电脑检查问题 1 得出的结果；

(d) 使用计算机绘制函数图形和几个近似的级数部分和图形.

5. $x^2\ln(1-x)$　　6. $x\sqrt{1+x}$　　7. $\dfrac{1}{x}\sin x$

8. $\dfrac{1}{\sqrt{1-x^2}}$　　9. $\dfrac{1+x}{1-x}$　　10. $\sin x^2$

11. $\dfrac{\sin\sqrt{x}}{\sqrt{x}}$，$x>0$　　12. $\int_0^x \cos t^2\,\mathrm{d}t$　　13. $\int_0^x \mathrm{e}^{-t^2}\,\mathrm{d}t$

14. $\ln\sqrt{\frac{1+x}{1-x}}=\int_0^x\frac{dt}{1-t^2}$

15. $\arcsin x=\int_0^x\frac{dt}{\sqrt{1-t^2}}$

16. $\cosh x=\frac{e^x+e^{-x}}{2}$

17. $\ln\frac{1+x}{1-x}$

18. $\int_0^x\frac{\sin t dt}{t}$

19. $\ln(x+\sqrt{1+x^2})=\int_0^x\frac{dt}{\sqrt{1+t^2}}$

为下面的每个函数求出麦克劳林级数的前几项，并使用计算机检查结果.

20. $e^x\sin x$

21. $\tan^2 x$

22. $\frac{e^x}{1-x}$

23. $\frac{1}{1+x+x^2}$

24. $\sec x=\frac{1}{\cos x}$

25. $\frac{2x}{e^{2x}-1}$

26. $\frac{1}{\sqrt{\cos x}}$

27. $e^{\sin x}$

28. $\sin[\ln(1+x)]$

29. $\sqrt{1+\ln(1+x)}$

30. $\sqrt{\frac{1-x}{1+x}}$

31. $\cos(e^x-1)$

32. $\ln(1+xe^x)$

33. $\frac{1-\sin x}{1-x}$

34. $\ln(2-e^{-x})$

35. $\frac{x}{\sin x}$

36. $\int_0^u\frac{\sin x dx}{\sqrt{1-x^2}}$

37. $\ln\cos x$　提示：方法 1：写出 $\cos x=1+(\cos x-1)=1+u$；使用你所知道的 $\ln(1+u)$ 级数；使用关于 $(\cos x-1)$ 的麦克劳林级数代替 u。方法 2：$\ln\cos x=-\int_0^x\tan u\, du$，使用 1.13.2 节中示例 2 的级数.

38. $e^{\cos x}$　提示：$e^{\cos x}=e\cdot e^{\cos x-1}$.

使用上面 1.13.6 节中的方法，求出关于给定点的下列函数的泰勒级数的前几项.

39. $f(x)=\sin x,\quad a=\pi/2$

40. $f(x)=\frac{1}{x},\quad a=1$

41. $f(x)=e^x,\quad a=3$

42. $f(x)=\cos x,\quad a=\pi$

43. $f(x)=\cot x,\quad a=\pi/2$

44. $f(x)=\sqrt{x}\quad a=25$

1.14 级数逼近的精度

爱思考的学生可能会对上述数学过程感到疑惑，如何知道通过这些运算得到的展开级数真的是函数的近似？有些函数不能在幂级数中展开，因为当 $x=0$ 时，幂级数为 a_0，它不能等于任何在原点的值为无穷的函数（如 $1/x$ 或 $\ln x$）. 除了那些在原点的值为无穷的函数是否还有其他的函数不能在幂级数中展开？到目前为止，我们还只是介绍了求一个函数的幂级数（如果有幂级数的情况）的方法. 一些函数不能按幂级数展开，但按上述方法却得出一个级数来，这样的情况是否存在？不幸的是，答案是“是”. 幸运的是，这在实践中并不多见. 然而，我们应该知道这种可能性以及该怎么做. 比如以下方程：

$$\frac{1}{1+x}=1-x+x^2-x^3+\cdots.$$

当 $|x|\geqslant 1$ 时无效，这是一个很容易确定的限制，从一开始我们就明确只有收敛时才能对级数展开，但是还会出现另外的困难，上述方法得到的级数可能收敛，但不代表函数可以展开，这种情况是存在的. 例如 e^{-1/x^2}，其级数是 $0+0+0+\cdots$，因为 e^{-1/x^2} 及其所有导数在原点为

零（参见习题 1.15 的第 26 题）. 显然当 $x^2>0$ 时，$e^{-\frac{1}{x^2}}$不是 0，所以这个级数肯定是不正确的. 你可以用下面的物理解释吓吓朋友. 假设在 $t=0$ 时一辆汽车是静止的，速度为零，加速度为零，加速度的变化率为零，等等（位移关于时间的所有导数在 $t=0$ 时都为 0）. 根据牛顿第二定律（力等于质量乘以加速度），作用于汽车的瞬时力也是零（事实上，力的所有导数都是 0）. 现在我们问 "$t=0$ 后汽车是否可能立即移动?" 答案是肯定的！此时设汽车离原点的距离是关于时间的函数 e^{-1/t^2}.

这种奇怪的行为实际上是函数本身的错误，而不是获取级数的方法的问题. 最令人满意的避免这种困难的方法是用复变函数理论来判别函数是否有幂级数. 我们将在第 14 章 14.2 节中考虑这一点. 同时，让我们考虑两个重要的问题:

（1）式（12.8）或式（12.9）中的泰勒级数或麦克劳林级数是否收敛于展开的函数?

（2）在计算问题中，如果我们知道级数收敛于给定的函数，它收敛的速度有多快? 也就是说，我们需要使用多少项才能达到要求的精确度? 下面我们依次回答这些问题.

泰勒级数中的余项 $R_n(x)$ 是函数值与级数的 $n+1$ 项部分和的差:

$$R_n(x)=f(x)-\left[f(a)+(x-a)f'(a)+\frac{1}{2!}(x-a)^2f''(a)+\cdots+\frac{1}{n!}(x-a)^nf^{(n)}(a)\right] \tag{14.1}$$

级数收敛于函数，意味着$\lim\limits_{n\to\infty}|R_n(x)|=0$. $R_n(x)$ 有许多不同的公式，它们对于特殊目的是有用的，可以在微积分书上找到这些. 一个 $R_n(x)$ 的公式如下:

$$R_n(x)=\frac{(x-a)^{n+1}f^{(n+1)}(c)}{(n+1)!}. \tag{14.2}$$

其中，c 是 a 和 x 之间的某个点. 可用这个公式在一些简单情况中证明函数的泰勒级数或麦克劳林级数收敛于这个函数（参见习题 1.14 第 11 题~第 13 题）.

级数逼近的误差

现在假设知道一个函数的幂级数在收敛区间内收敛于该函数. 我们想用级数逼近函数，并估计仅使用级数的几个项所造成的误差.

当级数交替且满足交替级数收敛性判别法时（参见第 1.7 节），有一种简单的方法来估计这个误差. 这种情况下误差（绝对值）小于第一个略去的项的绝对值（参见习题 1.14 第 1 题）.

$$\begin{aligned}&\text{如果 } S=\sum_{n=1}^{\infty}a_n \text{ 是一个交替级数并且 } |a_{n+1}|<|a_n| \text{ 和} \lim_{n\to\infty}a_n=0,\\&\text{那么 } |S-(a_1+a_2+\cdots+a_n)|\leqslant|a_{n+1}|.\end{aligned} \tag{14.3}$$

例 1 考虑级数

$$1-\frac{1}{2}+\frac{1}{4}-\frac{1}{8}+\frac{1}{16}-\frac{1}{32}+\frac{1}{64}\cdots.$$

这个级数的和参见式（1.8），$a=1$，$r=-1/2$ 是 $S=2/3=0.666\cdots$，通过$-1/32$ 项的总和是 0.656+，与 S 的差约 0.01，它们的差小于下一项 $1/64=0.015+$.

通过第一个被忽略的项估计误差对于非交替收敛级数没有意义.

例 2 假设$\sum\limits_{n=1}^{\infty}\frac{1}{n^2}$与前五项的和近似，误差约为 0.18［参见习题 1.14 的第 2 题（a）］.

但第一个略去项为$\frac{1}{6^2}=0.028$，比误差小. 但要注意，上述计算是求当$x=1$时，幂级数$\sum_{n=1}^{\infty}\frac{x^n}{n^2}$的和，这是幂级数可收敛的最大$x$值. 如果求$x=1/2$时级数的和，有［参见习题1.14的第2题（b）］

$$S=\sum_{n=1}^{\infty}\frac{1}{n^2}\left(\frac{1}{2}\right)^n=0.5822+.$$

级数前五项的和是0.5815+，误差约0.0007. 下一项是$\left(\frac{1}{6}\right)^2\left(\frac{1}{2}\right)^6\approx 0.0004$，小于误差，但仍在同一数量级. 以下定理［参见习题1.14的第2题（c）］涵盖了许多实际问题.

$$\begin{aligned}&\text{如果 } S=\sum_{n=0}^{\infty}a_nx^n \text{ 在 } |x|<1 \text{ 区间收敛，并且如果当 } n>N \text{ 时有 } |a_{n+1}|<|a_n|,\\&\text{那么 } \left|S-\sum_{n=0}^{N}a_nx^n\right|<|a_{N+1}x^{N+1}|/(1-|x|).\end{aligned}\tag{14.4}$$

也就是说，如定理（14.3）所示，可以用第一个略去的项估计误差，但这里的误差可能是第一个略去项的几倍，而不是更小. 在例子$\sum\frac{x^n}{n^2}$中，当$x=\frac{1}{2}$时，有$1-x=\frac{1}{2}$，所以例2说误差小于下一项的2倍，就是0.0007小于2×0.0004.

对$|x|$值远小于1，$1-|x|$约等于1这种情况，下一项给出的误差估计是比较好的. 如果收敛的区间不是$|x|<1$，例如下式的收敛区间为$|x|<2$：

$$\sum_{n=1}^{\infty}\frac{1}{n^2}\left(\frac{x}{2}\right)^n$$

可以设$x/2=y$，通过y项应用上述定理估计误差.

习题 1.14

1. 证明定理（14.3）. 提示：将误差中的项分组为$(a_{n+1}+a_{n+2})+(a_{n+3}+a_{n+4})+\cdots$，以表明误差的符号与$a_{n+1}$相同. 然后将它们分组为$a_{n+1}+(a_{n+2}+a_{n+3})+(a_{n+4}+a_{n+5})+\cdots$，以表明误差的大小小于$|a_{n+1}|$.

2. （a）使用计算机或表格（或参见第7章7.11节）验证$\sum_{n=1}^{\infty}\frac{1}{n^2}=\frac{\pi^2}{6}=1.6449+$，并验证用前五项近似级数和的误差约为0.1813.

（b）通过计算机或表格验证$\sum_{n=1}^{\infty}\frac{1}{n^2}\left(\frac{1}{2}\right)^n=\frac{\pi^2}{12}-(1/2)(\ln 2)^2=0.5822+$，并验证前五项和是0.5815+.

（c）证明定理（14.4）. 提示：误差为$\left|\sum_{N+1}^{\infty}a_nx^n\right|$，使用和的绝对值小于或等于绝对值的和的结论. 然后由于$|a_{n+1}|\leqslant|a_n|$，用a_{N+1}替换所有的a_n，并写出相应的不等式，对几何级数求和得到结果.

在第3题到第7题中，假设麦克劳林级数收敛于这个函数.

3. 如果$0<x<\frac{1}{2}$，证明：$\sqrt{1+x}=1+\frac{1}{2}x$［使用定理（14.3）］，误差小于0.032. 提示：注意这个级数在第一项之后是交替的.

4. 证明：$\sin x=x$，对于$0<x<\frac{1}{2}$，误差小于0.021；对于$0<x<0.1$，误差小于0.0002. 提示：使用定理

(14.3) 并注意“下一项”是 x^3 项.

5. 证明：$1-\cos x=x^2/2$，对于 $|x|<\frac{1}{2}$，误差小于 0.003.

6. 证明：$\ln(1-x)=-x$，对于 $|x|<0.1$，误差小于 0.0056. 提示：使用定理 (14.4).

7. 证明：$2/\sqrt{4-x}=1+\frac{1}{8}x$，对于 $0<x<1$，误差小于 1/32. 提示：设 $x=4y$ 和使用定理 (14.4).

8. 对于 $|x|<1/2$，如果 $\sum_{n=1}^{\infty}x^n/n^3$ 近似为前三项之和，则估计误差.

9. 考虑级数 $\sum_{n=1}^{\infty}\frac{1}{n(n+1)}$ 并证明 n 项后的余项为 $R_n=1/(n+1)$. 对于 $n=3$，$n=10$，$n=100$，$n=500$，比较 $n+1$ 项的值与 R_n 的值，以说明第一个被忽略的项不是一个有用的误差估计.

10. 证明级数 $\sum_{n=1}^{\infty}x^n/(n^2+n)$ 的收敛区间为 $|x|\leqslant 1$，(对于 $x=1$，这是习题 1.14 第 9 题的级数). 使用定理 (14.4)，证明：对于 $x=\frac{1}{2}$，前四项将给出两位小数的精度.

11. 证明：$\sin x$ 的麦克劳林级数收敛于 $\sin x$. 提示：如果 $f(x)=\sin x$，$f^{(n+1)}(x)=\pm\sin x$ 或 $\pm\cos x$，所以对于所有的 x 和 n 有 $|f^{(n+1)}(x)|\leqslant 1$，在式 (14.2) 中设 $n\to\infty$.

12. 如第 11 题，证明：e^x 的麦克劳林级数收敛于 e^x.

13. 证明：当 $0<x<1$ 时，$(1+x)^p$ 的麦克劳林级数收敛于 $(1+x)^p$.

1.15　级数的一些用途

在这一节中，我们将考虑一些非常简单的级数的用法. 在后面的章节中，还会有许多情况需要用到它们.

1.15.1　数值计算

有了计算机和计算器，你可能会想，为什么还要用级数来进行数值计算呢？这里用一个例子说明盲目计算的陷阱.

例 1　当 $x=0.0015$ 时，计算 $f(x)=\ln\sqrt{(1+x)/(1-x)}-\tan x$.

下面是从几个计算器和计算机中得到的答案：-9×10^{-16}，3×10^{-10}，6.06×10^{-16}，5.5×10^{-16}. 所有这些答案都是错误的！让我们用级数来看看发生了什么. 由第 1.13 小节的方法，对于 $x=0.0015$：

$$\ln\sqrt{(1+x)/(1-x)}=x+\frac{x^3}{3}+\frac{x^5}{5}+\frac{x^7}{7}\cdots\quad=0.0015000011250015187524 41,$$

$$\tan x=x+\frac{x^3}{3}+\frac{2x^5}{15}+\frac{17x^7}{315}\cdots\quad=0.0015000011250010125009 22,$$

$$f(x)=\frac{x^5}{15}+\frac{4x^7}{45}\cdots\quad=5.0625\times10^{-16}.$$

可求出 x^7 或 10^{-21} 阶的误差. 现在我们看到答案是两个数字之间的差异，直到小数点后 16 位都是相同的，所以位数较少的计算机都将失去减法中的所有精度. 也有必要告诉你的计算机：x 的值是一个确切的数字，而不是小数点后 4 位的近似值. 计算机是一个非常有用的工具，但是当你用手算或计算机解决问题时，需要不断考虑答案是否合理，在应用问题中通常需要复杂函数的简单近似，而不是数值. 在这里，对较小的 x，$f(x)$ 可由$\frac{x^5}{15}$近似.

例 2 估算

$$\left.\frac{\mathrm{d}^5}{\mathrm{d}x^5}\left(\frac{1}{x}\sin x^2\right)\right|_{x=0}.$$

我们可以通过计算机做到这一点，但用 $\sin x^2=x^2-\frac{(x^2)^3}{3!}\cdots$更快. 当式子除以 x 并求 5 次导数时，x^2 项不见了. 第二项除以 x 是一个 x^5 项，x^5 的五次导数是 5!. 在 $x=0$ 处含有 x 的幂的任何其他项都为 0. 因此，我们有

$$\frac{\mathrm{d}^5}{\mathrm{d}x^5}\left(\frac{1}{x}\cdot\frac{-(x^2)^3}{3!}\right)_{x=0}=-\frac{5!}{3!}=-20.$$

1.15.2 求和级数

前面已经介绍了一些可以精确求和的数值级数（参见第 1.1 节和第 1.4 节），稍后还看到其他一些级数（见第 7 章 7.11 节）. 这里感兴趣的是，如果 $f(x)=\sum a_n x^n$，在收敛区间内 x 取一个特定值，就得到一个数值级数，其和是取 x 值时函数的值. 例如把 $x=1$ 代入式（13.4）中，可得

$$\ln(1+1)=\ln 2=1-\frac{1}{2}+\frac{1}{3}-\frac{1}{4}\cdots.$$

所以交替调和级数的总和是 ln2.

我们也可以从表格或计算机中求出级数的和，或者是已知的精确和，或者是数值近似(参见习题 1.15 第 20 题~第 22 题.).

1.15.3 积分

根据第 1.11 节的定理 1，我们可以逐项积分幂级数，因此，当不定积分在基本函数中求不出来的时候，可以求出一个积分的近似值. 以菲涅耳衍射为例，讨论了光学中菲涅耳衍射问题中出现的菲涅耳积分（$\sin x^2$ 和 $\cos x^2$ 积分）. 我们发现：

$$\begin{aligned}\int_0^t \sin x^2\mathrm{d}x&=\int_0^t\left(x^2-\frac{x^6}{3!}+\frac{x^{10}}{5!}-\cdots\right)\mathrm{d}x\\&=\frac{t^3}{3}-\frac{t^7}{7\cdot 3!}+\frac{t^{11}}{11\cdot 5!}-\cdots.\end{aligned}$$

由于这是交替级数，对于 $t<1$，积分近似为$\frac{t^3}{3}-\frac{t^7}{42}$，误差小于 0.00076［参见式（14.3）］.

1.15.4 不定式的计算

假设要求解：

$$\lim_{x\to 0}\frac{1-\mathrm{e}^x}{x}.$$

如果用 $x=0$ 代入，得到“0/0”. 在求极限时，代入值导致产生无意义结果的表达式称为不定式. 一方面可以用计算机计算，但简单的式子常常可以用级数快速计算. 例如，

$$\lim_{x\to 0}\frac{1-e^x}{x}=\lim_{x\to 0}\frac{1-(1+x+(x^2/2!)+\cdots)}{x}$$

$$=\lim_{x\to 0}\left(-1-\frac{x}{2!}-\cdots\right)=-1.$$

洛必达（L'Hopital）法则为

$$\lim_{x\to a}\frac{f(x)}{\phi(x)}=\lim_{x\to a}\frac{f'(x)}{\phi'(x)}.$$

当 $f(a)$ 和 $\phi(a)$ 都为零，并且 $x\to a$ 时，f'/ϕ' 有极限或趋向于无限大（即不振荡）. 让我们使用幂级数加以证明. 考虑函数 $f(x)$ 和 $\phi(x)$，可以在 $x=a$ 泰勒级数展开，并且假设 $\phi'(a)\neq 0$. 由式（12.8）有

$$\lim_{x\to a}\frac{f(x)}{\phi(x)}=\lim_{x\to a}\frac{f(a)+(x-a)f'(a)+(x-a)^2f''(a)/2!+\cdots}{\phi(a)+(x-a)\phi'(a)+(x-a)^2\phi''(a)/2!+\cdots}.$$

如果 $f(a)=0$ 且 $\phi(a)=0$，并且消去一个（$x-a$）因子，则变成

$$\lim_{x\to a}\frac{f'(a)+(x-a)f''(a)/2!\ +\cdots}{\phi'(a)+(x-a)\phi''(a)/2!\ +\cdots}=\frac{f'(a)}{\phi'(a)}=\lim_{x\to a}\frac{f'(x)}{\phi'(x)}.$$

正如洛必达法则所述. 如果 $f'(a)=0$ 且 $\phi'(a)=0$，并且 $\phi''(a)\neq 0$，则重复法则，极限为 $f''(a)/\varphi''(a)$，依此类推.

除了“0/0”之外，不定式还有“∞/∞”，“$0\cdot\infty$”等. 洛必达规则适用于“∞/∞”形式以及“0/0”的形式，级数对“0/0”形式最有用，其他可很容易转换成“0/0”形式. 例如，$\lim\limits_{x\to 0}(1/x)\sin x$ 极限是一个“$\infty\cdot 0$”形式，但很容易写成 $\lim\limits_{x\to 0}(\sin x)/x$，其为“0/0”形式. 还要仔细注意：$x$ 的幂级数主要在求当 $x\to 0$ 时的极限方面有用，因为对于 $x=0$，这样的级数可缩成常数项；对于 x 的任何其他值，我们都有一个无穷级数，它的和我们可能不知道（参见习题 1.15 第 25 题）.

1.15.5　级数近似值

当微分方程或物理中的一个问题的精确形式太难时，我们通常可以通过用无穷级数的一些项替换问题中的一个或多个函数来得到一个近似的答案，我们将用两个例子来说明这个观点.

例 3　在基础物理学中，我们发现单摆的运动方程为（参见第 11 章 11.8 节或相关物理教科书）

$$\frac{d^2\theta}{dt^2}=-\frac{g}{l}\sin\theta.$$

这个关于 θ 的微分方程在初等函数里没有解（见第 11 章 11.8 节）. 通常是以 θ 近似 $\sin\theta$，在 $\sin\theta$ 的无穷级数（13.1）里，θ 是 $\sin\theta$ 的级数的第一项.（记住，θ 是弧度；参见第 2 章 2.3 节末尾的讨论.）对于较小的 θ 值（比如 $\theta<1/2$ 弧度或约 30°），级数收敛迅速，用第一项可提供较优的近似值，微分方程的解是 $\theta=A\sin\sqrt{g/l}\,t$ 和 $\theta=B\cos\sqrt{g/l}\,t$（$A$ 和 B 是常数）. 可见单摆是在执行简谐运动（参见第 7 章 7.2 节）.

例 4　考虑在 $t=0$ 时含有 N_0 个原子的放射性物质，时间 t 后剩余原子数由以下公式给出（见第 8 章 8.3 节）：

$$N=N_0 e^{-\lambda t}. \tag{15.1}$$

其中，λ 是常数，是放射性物质的特征. 为求出给定物质的 λ，物理学家需在实验室里，在连续时间间隔 Δt 里测量 Δt 时间内衰减数量 ΔN，在相应的时间间隔 Δt 的中点绘制每个 $\Delta N/\Delta t$ 值，如果 $\lambda\Delta t$ 很小，就得到很好的 $\mathrm{d}N/\mathrm{d}t$ 近似图. 靠向中点偏左绘制 $\Delta N/\Delta t$，近似值更好，让我们证明中点确实给出了一个很好的近似值，同时也能找到更精确的 t 值（假定草图中已有计算修正好的 λ 近似值）. 要画出 $\mathrm{d}N/\mathrm{d}t$ 图，即图 1.15.1 中曲线斜率图. 测量值为每个 Δt 区间的 $\Delta N/\Delta t$. 考虑图 1.15.1 中从 t_1 到 t_2 的 Δt 间隔，为得到精确的图，应该在 t_1 和 t_2 之间的点画出 $\Delta N/\Delta t$ 测量值，这样 $\Delta N/\Delta t=\mathrm{d}N/\mathrm{d}t$. 把这个条件写下来，求出满足它的 t. ΔN 是 N 的变化值，即 $N(t_2)-N(t_1)$. 从式（15.1）得到 $\mathrm{d}N/\mathrm{d}t$ 的值. 于是 $\mathrm{d}N/\mathrm{d}t=\Delta N/\Delta t$ 成为

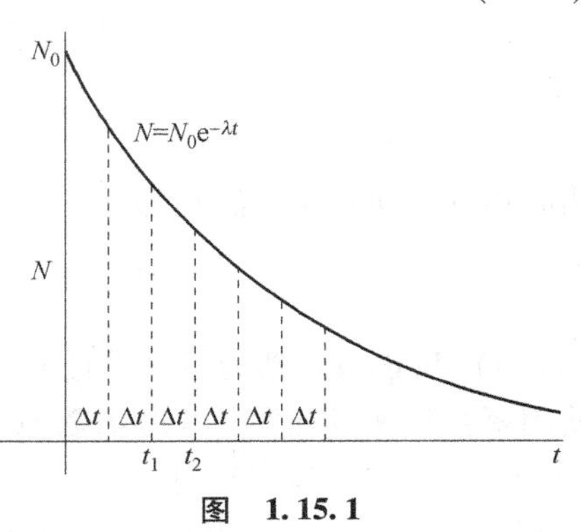

图　1.15.1

$$-\lambda N_0 e^{-\lambda t}=\frac{N_0 e^{-\lambda t_2}-N_0 e^{-\lambda t_1}}{\Delta t}. \tag{15.2}$$

这个方程乘以$\left(\dfrac{\Delta t}{N_0}\right)e^{\frac{\lambda(t_1+t_2)}{2}}$得

$$-\lambda\Delta t e^{-\lambda[t-(t_1+t_2)/2]}=e^{-\lambda(t_2-t_1)/2}-e^{\lambda(t_2-t_1)/2}=e^{-\lambda\Delta t/2}-e^{\lambda\Delta t/2}. \tag{15.3}$$

因为 $t_2-t_1=\Delta t$，由于假定 $\lambda\Delta t$ 较小，可以将式（15.3）右边指数函数在幂级数展开，得到

$$-\lambda\Delta t e^{-\lambda[t-(t_1+t_2)/2]}=-\lambda\Delta t-\frac{1}{3}\left(\frac{\lambda\Delta t}{2}\right)^3\cdots, \tag{15.4}$$

或者，消去（$-\lambda\Delta t$）得

$$e^{-\lambda[t-(t_1+t_2)/2]}=1+\frac{1}{24}(\lambda\Delta t)^2\cdots. \tag{15.5}$$

假定 $\lambda\Delta t$ 足够小，可忽略$\dfrac{1}{24}(\lambda\Delta t)^2$ 项，那么式（15.5）减少为

$$e^{-\lambda[t-(t_1+t_2)/2]}=1,$$

$$-\lambda\left(t-\frac{t_1+t_2}{2}\right)=0,$$

$$t=\frac{t_1+t_2}{2}.$$

这样证明了在时间间隔 Δt 的中点绘制 $\Delta N/\Delta t$ 的做法是合理的.

接下来考虑更准确的近似值. 从式（15.5）我们得到

$$-\lambda\left(t-\frac{t_1+t_2}{2}\right)=\ln\left(1+\frac{1}{24}(\lambda\Delta t)^2\cdots\right).$$

由于$\frac{1}{24}(\lambda\Delta t)^2\ll 1$，通过式（13.4）展开对数得到

$$-\lambda\left(t-\frac{t_1+t_2}{2}\right)=\frac{1}{24}(\lambda\Delta t)^2\cdots,$$

然后我们有

$$t=\frac{t_1+t_2}{2}-\frac{1}{24\lambda}(\lambda\Delta t)^2\cdots.$$

因此，测量点 $\Delta N/\Delta t$ 应该在 Δt 的中点左侧绘制.

习题 1.15

在第 1 题~第 4 题中，用幂级数求函数在给定点的值并与计算机结果进行比较. 使用计算机求出级数，也可以不用级数来求解. 从而解决结果中产生的任何分歧（参见例 1）.

1. $e^{\arcsin x}+\ln\left(\frac{1-x}{e}\right)$　在 $x=0.0003$

2. $\frac{1}{\sqrt{1+x^4}}-\cos x^2$　在 $x=0.012$

3. $\ln\left(x+\sqrt{1+x^2}\right)-\sin x$　在 $x=0.001$

4. $e^{\sin x}-(1/x^3)\ln(1+x^3e^x)$　在 $x=0.00035$

使用麦克劳林级数对下列各项求值. 虽然你可以用计算机算出来，但你在脑子里算出来的速度可能比你输入计算机的速度还快，所以用这些来练习快速熟练地使用基本级数，从而进行简单的计算.

5. $\frac{d^4}{dx^4}\ln(1+x^3)$　在 $x=0$

6. $\frac{d^3}{dx^3}\left(\frac{x^2e^x}{1-x}\right)$　在 $x=0$

7. $\frac{d^{10}}{dx^{10}}(x^8\tan^2 x)$　在 $x=0$

8. $\lim\limits_{x\to 0}\frac{1-\cos x}{x^2}$　9. $\lim\limits_{x\to 0}\frac{\sin x-x}{x^3}$　10. $\lim\limits_{x\to 0}\frac{1-e^{x^3}}{x^3}$

11. $\lim\limits_{x\to 0}\frac{\sin^2 2x}{x^2}$　12. $\lim\limits_{x\to 0}\frac{\tan x-x}{x^3}$　13. $\lim\limits_{x\to 0}\frac{\ln(1-x)}{x}$

求下列积分的两项近似和并求出给定 t 区间的误差范围.

14. $\int_0^t e^{-x^2}dx$，　$0<t<0.1$　15. $\int_0^t \sqrt{x}\,e^{-x}dx$，　$0<t<0.01$

求下列级数的和，通过把它作为一个函数在某一点的值的麦克劳林级数.

16. $\sum\limits_{n=1}^{\infty}\frac{2^n}{n!}$　17. $\sum\limits_{n=0}^{\infty}\frac{(-1)^n}{(2n)!}\left(\frac{\pi}{2}\right)^{2n}$

18. $\sum\limits_{n=1}^{\infty}\frac{1}{n2^n}$　19. $\sum\limits_{n=0}^{\infty}\binom{-1/2}{n}\left(-\frac{1}{2}\right)^n$

20. 用计算机或表格求下列级数的和.

(a) $\sum\limits_{n=1}^{\infty}\frac{n}{(4n^2-1)^2}$　(b) $\sum\limits_{n=1}^{\infty}\frac{n^3}{n!}$　(c) $\sum\limits_{n=1}^{\infty}\frac{n(n+1)}{3^n}$

21. 用计算机求下列级数和的数值近似值.

(a) $\sum_{n=1}^{\infty}\frac{n}{(n^2+1)^2}$　　(b) $\sum_{n=2}^{\infty}\frac{\ln n}{n^2}$　　(c) $\sum_{n=1}^{\infty}\frac{1}{n^n}$

22. 级数 $\sum_{n=1}^{\infty}1/n^s$，$s>1$ 叫作黎曼 ζ 函数 $\zeta(s)$.（在习题 1.14 第 2 题（a）问中你发现 $\zeta(2)=\pi^2/6$. 当 n 是一个偶数时，完全可以对这些级数求和，和为 π 的项的形式.）通过计算机或表格，求出：

(a) $\zeta(4)=\sum_{n=1}^{\infty}\frac{1}{n^4}$　　(b) $\zeta(3)=\sum_{n=1}^{\infty}\frac{1}{n^3}$　　(c) $\zeta\left(\frac{3}{2}\right)=\sum_{n=1}^{\infty}\frac{1}{n^{3/2}}$

23. 使用麦克劳林级数求出下列极限，并用计算机检查你的结果. 提示：首先合并分数，然后求分母级数的第一项和分子级数的第一项.

(a) $\lim\limits_{x\to0}\left(\frac{1}{x}-\frac{1}{e^x-1}\right)$　　(b) $\lim\limits_{x\to0}\left(\frac{1}{x^2}-\frac{\cos x}{\sin^2 x}\right)$

(c) $\lim\limits_{x\to0}\left(\csc^2 x-\frac{1}{x^2}\right)$　　(d) $\lim\limits_{x\to0}\left(\frac{\ln(1+x)}{x^2}-\frac{1}{x}\right)$

24. 使用洛必达法则计算以下不定式并用计算机检查你的结果.（注意，麦克劳林级数在这里没有用，因为 x 不趋向于零，或者一个函数（例如 $\ln x$）在麦克劳林级数中不可展开.）

(a) $\lim\limits_{x\to\pi}\frac{x\sin x}{x-\pi}$　　(b) $\lim\limits_{x\to\pi/2}\frac{\ln(2-\sin x)}{\ln(1+\cos x)}$

(c) $\lim\limits_{x\to1}\frac{\ln(2-x)}{x-1}$　　(d) $\lim\limits_{x\to\infty}\frac{\ln x}{\sqrt{x}}$

(e) $\lim\limits_{x\to0}x\ln 2x$　　(f) $\lim\limits_{x\to\infty}x^n e^{-x}$.　（$n$ 不一定是整数）

25. 一般来说，我们不期望麦克劳林级数在计算不定式时有用，除非 x 趋于 0（参见第 24 题）. 然而，证明通过写出 $x^n e^{-x}=x^n/e^x$ 和使用 e^x 的级数（13.3）可以求解第 24 题（f）问. 提示：取极限之前，分子和分母除以 x^n. e^x 的级数有什么特别之处使得我们可以知道无穷级数的极限是什么？

26. 求 $e^{-\frac{1}{t^2}}$ 在 $t=0$ 处的几阶导数. 提示：计算一些导数（作为 t 的函数），然后代入 $x=1/t^2$，使用第 24 题（f）问或第 25 题的结果.

27. 来自高能加速器的电子的速度 v 非常接近光速 c. 给定加速器的电压 V，我们通常要计算 v/c 的比值. 这个计算的相对论公式是（近似地，对于 $V\gg1$）

$$\frac{v}{c}=\sqrt{1-\left(\frac{0.511}{V}\right)^2}\text{，}V\text{ 的单位为百万伏特数}$$

使用二项级数（13.5）的两项求出 V 项中的 $1-v/c$，使用你的结果求解对于下面 V 值的 $1-v/c$. 注意：V 的单位为百万伏特数.

(a) $V=100$ 百万伏特数

(b) $V=500$ 百万伏特数

(c) $V=25,000$ 百万伏特数

(d) $V=100$ 千兆伏特数（100×10^9 伏特数 $=10^5$ 百万伏特数）

28. 在狭义相对论中，速度为 v 的一个电子的能量为 $mc^2(1-v^2/c^2)^{-1/2}$，其中 m 是电子质量，c 是光速. 能量因子 mc^2 叫作静质能（当 $v=0$ 时的能量）. 求出 $(1-v^2/c^2)^{-1/2}$ 的级数展开式的两项，并乘以 mc^2 得到速度为 v 时的能量. 能量级数的第二项是什么？（如果 v/c 很小，则可以忽略级数的其余部分，这对于日常速度来说是正确的.）

29. 图中显示的是一个重物被一根缆绳吊起来，被一个力 F 拉到一边. 给定被拉到一边的距离为 x（假设要正确放置一块基石），我们想知道使重物保持平衡需要多大的力 F. 从基本物理原理可知 $T\cos\theta=W$ 和 $T\sin\theta=F$.

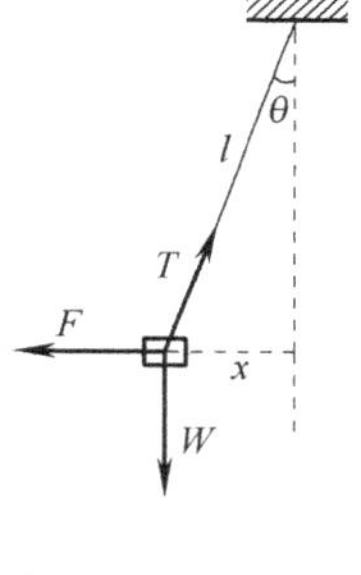

（a）求出 F/W，其为 θ 的幂级数.

（b）通常像这样的一个问题，我们知道的不是 θ，而是图中的 x 和 l. 求 F/W，其为 x/l 的幂级数.

30. 给你一条结实的链子和一棵方便捆绑的树，你能按照下面的方法把你的汽车从沟里拉出来吗？把链子拴在汽车和树上. 如下图所示，用力 F 拉动链条的中心. 从力学来说，$F=2T\sin\theta$ 或 $T=F/(2\sin\theta)$，其中 T 是链条上的拉力，也就是施加在汽车上的力.

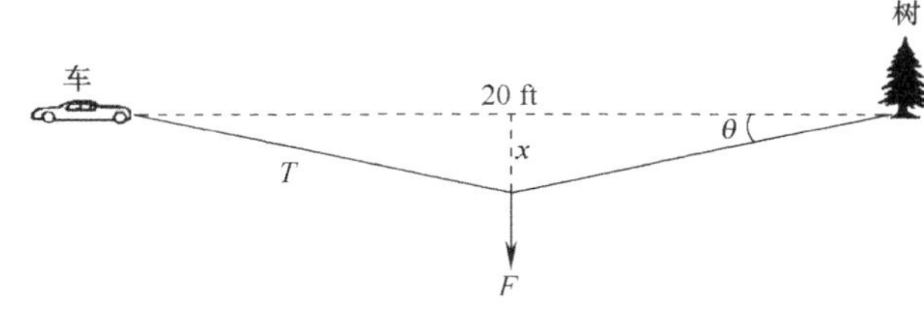

（a）求出 T，其为 x^{-1}乘以关于 x 的幂级数.

（b）求出 T，其为 θ^{-1}乘以关于 θ 的幂级数.

31. 圆形截面的高塔由水平圆形圆盘（像大硬币）加钢筋而成，间隔 1m，厚度可以忽略不计. 圆盘的半径在高度为 n 时是 $1/(n\ln n)$，$n\geqslant2$.

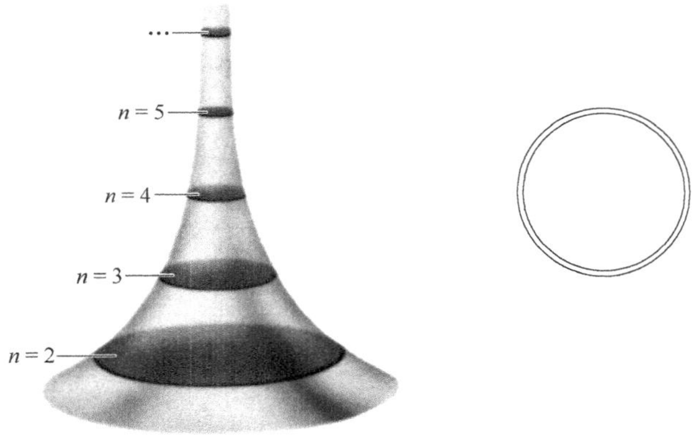

假设塔的高度为无穷大：

（a）圆盘的总面积是否有限？提示：你能比较一下这个级数和一个简单的级数吗？

（b）如果圆盘由绕其圆周的钢丝（如轮胎）来加固，那么所需的钢丝总长度是否有限？

（c）解释一下为什么在（a）和（b）的答案之间没有矛盾. 也就是说，怎么可能从一组面积有限的圆盘开始，去掉每个圆盘圆周上的一小条，得到这些圆盘的总长度是无限的？提示：考虑单位——你不能比较面积和长度. 考虑两种情况：(1) 让每条带子的宽度等于你切割它的圆盘半径的百分之一. 总长度是无限大的，那么总面积呢？(2) 尽量使条带宽度相同，会发生什么呢？另见第 5 章习题 5.3 第 31 题（b）问.

32. 证明“翻倍时间”（您的钱翻倍的时间）大约是 n 个周期，每个周期的利率为 $i\%$，$ni=69$. 证明近似的误差小于 10%，如果 $i\%\leqslant20\%$.（注意 n 不一定是年份数；它可以是 i=利率/月的月数，等等）. 提示：你想要 $(1+i/100)^n=2$，方程两边取 ln 和使用方程（13.4），参见定理（14.3）.

33. 如果你在地球表面上方高度为 h 的塔的顶部，证明你可以看到沿地球表面的距离大约是 $s=\sqrt{2Rh}$，

其中 R 是地球的半径. 提示：证明 $h/R=\sec\theta-1$；求出关于 $\sec\theta=1/\cos\theta$ 级数的两个项，使用 $s=R\theta$. 因此，以英里为单位的距离约为 $\sqrt{3h/2}$，h 以英尺为单位.

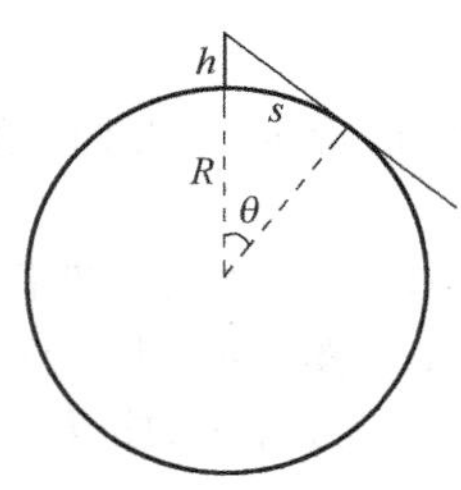

1.16 综合习题

1. （a）如下图堆叠一堆相同的书，这样最上面的书就会在最下面的书的右边，从书的顶部开始，每次都把已经完成的一摞书放在另一本书的顶部，这样书就刚好处在倾倒的点上.（当然，在实践中，不可能让它们悬在这么高的位置而不导致堆栈倾倒，可以用一副牌试试.）求每本书的右端到它下面那本书的右端之间的距离. 为了求出这个距离的一般公式，考虑作用在第 n 本书上的三个力，并写出关于其右端扭矩的方程. 证明这些扭矩的总和是一个发散级数（与调和级数成比例）（参见《物理评论的斜塔》，Am. J. Phys. 27，121-122（1959））.

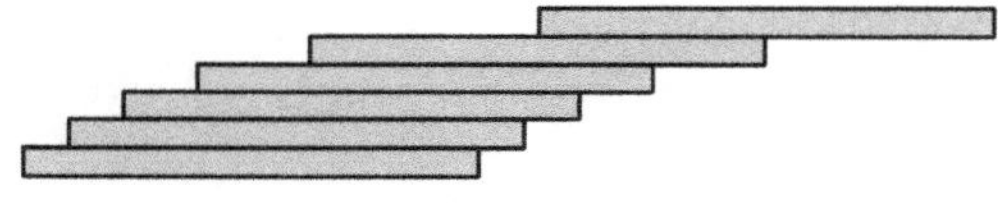

（b）使用计算机求 $N=25$，100，200，1000，10^6，10^{100} 的调和级数的 N 项的和.

（c）从（a）图中可以看到，有 5 本书（从上往下数），最上面的一本书完全在最下面一本书的右边，也就是说，悬垂部分略超过一本书. 使用（a）中的级数来验证这一点，然后根据需要使用（a）和（b）的内容和计算机，求出悬置 2 本书、3 本书、10 本书、100 本书所需的书的数量.

2. 这幅画是一个由螺纹连接的销钉（或苏打吸管）组成的移动装置. 每根线从杆的左边到下面杆上的一点. 从底部开始数杆，求出对于第 n 根杆，从它的左端到螺纹的距离，使所有的杆都是水平的. 提示：你能看出这个问题和第 1 题之间的关系吗？

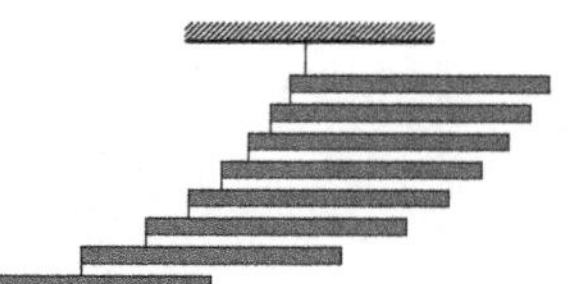

3. 证明：$\sum_{n=2}^{\infty} 1/n^{3/2}$ 收敛. 下面证明它发散的证明有什么问题？

$$\frac{1}{\sqrt{8}}+\frac{1}{\sqrt{27}}+\frac{1}{\sqrt{64}}+\frac{1}{\sqrt{125}}+\cdots>\frac{1}{\sqrt{9}}+\frac{1}{\sqrt{36}}+\frac{1}{\sqrt{81}}+\frac{1}{\sqrt{144}}+\cdots,$$

其中：

$$\frac{1}{3}+\frac{1}{6}+\frac{1}{9}+\frac{1}{12}+\cdots=\frac{1}{3}\left(1+\frac{1}{2}+\frac{1}{3}+\frac{1}{4}+\cdots\right).$$

因为调和级数发散，原来的级数发散. 提示：比较 $3n$ 和 $n\sqrt{n}$.

判别下面级数的收敛性.

4. $\sum_{n=1}^{\infty}\frac{2^n}{n!}$

5. $\sum_{n=2}^{\infty}\frac{(n-1)^2}{1+n^2}$

6. $\sum_{n=2}^{\infty}\frac{\sqrt{n-1}}{(n+1)^2-1}$

7. $\sum_{n=2}^{\infty}\frac{1}{n\ln(n^3)}$ 8. $\sum_{n=2}^{\infty}\frac{2n^3}{n^4-2}$

求收敛区间，包括终点判别.

9. $\sum_{n=1}^{\infty}\frac{x^n}{\ln(n+1)}$ 10. $\sum_{n=1}^{\infty}\frac{(n!)^2x^n}{(2n)!}$ 11. $\sum_{n=1}^{\infty}\frac{(-1)^n x^{2n-1}}{2n-1}$

12. $\sum_{n=1}^{\infty}\frac{x^n n^2}{5^n(n^2+1)}$ 13. $\sum_{n=1}^{\infty}\frac{(x+2)^n}{(-3)^n\sqrt{n}}$

求下面函数麦克劳林级数.

14. $\cos[\ln(1+x)]$ 15. $\ln\left(\frac{\sin x}{x}\right)$ 16. $\frac{1}{\sqrt{1+\sin x}}$

17. $e^{1-\sqrt{1-x^2}}$ 18. $\arctan x=\int_0^x\frac{du}{1+u^2}$

求关于给定点的下列函数的泰勒级数的前几项.

19. $\sin x$，$a=\pi$ 20. $\sqrt[3]{x}$，$a=8$ 21. e^x，$a=1$

使用你所知道的级数证明：

22. $1-\frac{1}{3}+\frac{1}{5}-\frac{1}{7}+\cdots=\frac{\pi}{4}$ 提示：参见第 18 题.

23. $\frac{\pi^2}{3!}-\frac{\pi^4}{5!}+\frac{\pi^6}{7!}-\cdots=1$

24. $\ln 3+\frac{(\ln 3)^2}{2!}+\frac{(\ln 3)^3}{3!}+\cdots=2$

25. 计算$\lim_{x\to 0}x^2/\ln\cos x$ 的极限，通过已知的级数、洛必达法则、计算机分别计算.

使用麦克劳林级数做第 26 题~第 29 题，并用计算机检查结果.

26. $\lim_{x\to 0}\left(\frac{1}{x^2}-\frac{1}{1-\cos^2 x}\right)$ 27. $\lim_{x\to 0}\left(\frac{1}{x^2}-\cot^2 x\right)$

28. $\lim_{x\to 0}\left(\frac{1+x}{x}-\frac{1}{\sin x}\right)$ 29. $\left.\frac{d^6}{dx^6}\left(x^4e^{x^2}\right)\right|_{x=0}$

30. (a) 很明显，你（或你的计算机）不能仅通过将这些项逐一相加就找到无限级数的和. 例如，要得到$\zeta(1.1)=\sum_{n=1}^{\infty}1/n^{1.1}$（参见习题 1.15 的第 22 题），要使其误差小于 0.005 大约需要 10^{33}项. 要查看一个简单的替代方案（针对正项递减的级数），请参见图 1.6.1 和图 1.6.2. 证明：当你对前 N 项求和时，级数的其余部分的余项和 R_N 在 $I_N=\int_N^{\infty}a_n dn$ 和 $I_{N+1}=\int_{N+1}^{\infty}a_n dn$ 之间.

(b) 求出 (a) 中的$\zeta(1.1)$ 级数的积分和验证误差小于 0.005 所需的项数. 提示：在 $I_N=0.005$ 中求出 N. 此外，为$\zeta(1.1)$ 求出上界和下界，通过计算$\sum_{n=1}^{N}1/n^{1.1}+\int_N^{\infty}n^{-1.1}dn$ 和 $\sum_{n=1}^{N}1/n^{1.1}+\int_{N+1}^{\infty}n^{-1.1}dn$，其中，$N$ 远远小于 10^{33}. 提示：若希望上、下限值之间的差异大约为 0.005，求 N 使得 $a_N=0.005$.

31. 如第 30 题所示，对于下面的每一个级数，求出能满足求取误差小于 0.005 的和所需要的项数，并求出使用较少项数的和的上界和下界.

(a) $\sum_{n=1}^{\infty}\frac{1}{n^{1.01}}$ (b) $\sum_{n=1}^{\infty}\frac{1}{n(1+\ln n)^2}$ (c) $\sum_{n=3}^{\infty}\frac{1}{n\ln n(\ln\ln n)^2}$

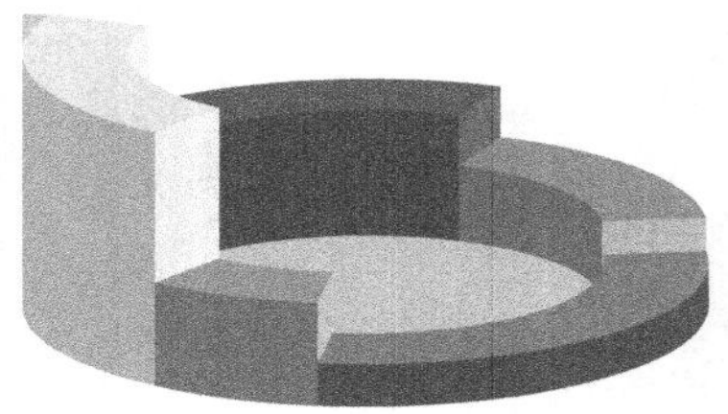

第 2 章

复　　数

2.1 简介

你可能还记得代数中虚数和复数的用法，如下所述：

$$az^2+bz+c=0. \tag{1.1}$$

上面二次方程的通解，对于未知数 z 来说，由二次根公式可以得出：

$$z=\frac{-b\pm\sqrt{b^2-4ac}}{2a}. \tag{1.2}$$

如果判别式 $d=(b^2-4ac)$ 是负数，那么则需要取负数的平方根才能求解 z. 由于只有非负数才有平方根，所以当 $d<0$ 时，式（1.2）没有解，除非引入一种新的数，叫作虚数. 使用符号 $\mathrm{i}=\sqrt{-1}$，则 $\mathrm{i}^2=-1$，那么：

$$\sqrt{-16}=4\mathrm{i},\quad \sqrt{-3}=\mathrm{i}\sqrt{3},\quad \mathrm{i}^3=-\mathrm{i}.$$

上面这些数是虚数，但是下面这些数是实数.

$$\mathrm{i}^2=-1,\quad \sqrt{-2}\sqrt{-8}=\mathrm{i}\sqrt{2}\cdot\mathrm{i}\sqrt{8}=-4,\quad \mathrm{i}^{4n}=1.$$

式（1.2）是实数和虚数的组合.

例　$z^2-2z+2=0$ 的解为

$$z=\frac{2\pm\sqrt{4-8}}{2}=\frac{2\pm\sqrt{-4}}{2}=1\pm\mathrm{i}.$$

复数为全部实数、虚数以及如 $1\pm\mathrm{i}$ 的实数和虚数组合数. 例如，$\mathrm{i}+5$，$17\mathrm{i}$，4，$3+\mathrm{i}\sqrt{5}$ 等都是复数.

一旦复数扩展到数系，就会有很多有趣的结果. 诸如 $\sin\mathrm{i}$，$\mathrm{e}^{\mathrm{i}\pi}$，$\ln(1+\mathrm{i})$ 的复数有什么意义？后面我们将看到这样的复数能解决物理、化学、工程等领域的问题.

最先采用负数的平方根时，人们对这个问题感到困惑. 认为复数不可能与现实有任何意义上的联系，是“虚构”的，不相信复数可能会有实际用途. 然而现在复数在各种应用领域中都具有非常重要的作用. 例如，没有复数，电气工程师会受到严重的影响. 复数常常简化了动力系统或电气系统中振动问题的建立和解决方法，并且在解决许多微分方程的问题上是很有用的，这些微分方程来自于物理各分支的问题（参见第 7 章和第 8 章）. 此外，有一个高度发展的处理复变函数（参见第 14 章）的数学领域，发现了许多解决关于流体流动、弹性、量子力学和其他应用问题的有效的方法，几乎每个纯数学或应用数学领域都使用复数.

2.2　复数的实部和虚部

复数如 5+3i 是两项之和，不包含 i 的实数项称为复数的**实部**，另一项中 i 的系数称为复数的虚部. 在 5+3i 中，5 是实部，3 是虚部. 注意：复数的虚部不是虚数.

复数的实部或虚部都可以为零. 当实部为零时，复数被称为**虚数**（或者称纯虚数）. 实部为零时，通常省略 0，因此 0+5i 只写为 5i. 如果复数的虚部为零，则复数就是实数，把 7+0i 写成 7. 复数也包括实数和纯虚数.

在代数中，一个复数通常写成如 5+3i. 还有一个非常有用的方法来代表一个复数. 如上所述，每一个复数都有一个实部和一个虚部（其中任何一个都可以是零）. 实部和虚部是两个实数，5+3i 可写成点（5,3）. 任何复数都可以写成实部在前和虚部在后的一对实数. 虽然写成一对实数不便于计算，但它是非常有用的复数的几何表示形式.

2.3　复平面

在解析几何中绘制点（5,3）如图 2.3.1 所示. 点（5,3）也指复数 5+3i，那么点（5,3）可标记为（5,3）或者 5+3i. 类似地，任何复数 $x+\mathrm{i}y$（x 和 y 为实数）都可以由（x,y）平面中的点（x,y）表示.（x,y）平面上的任何点（x,y）都可以表示为 $x+\mathrm{i}y$ 或（x,y）. 当（x,y）平面以这种方式表示复数时，该平面称为复平面，有时也称 Argand 图（阿干特图）. 其中 x 轴称为实轴，y 轴称为虚轴（注意：是 y 而不是 $\mathrm{i}y$）.

因为 x 和 y 是复平面上直角坐标系中的点的坐标，所以当复数写为 $x+\mathrm{i}y$ 的形式时，称为直角坐标表示法. 在解析几何中，可以通过给其极坐标定位一个点（r,θ），而不是其直角坐标（x,y），有一个相应的方法写出任何复数. 在图 2.3.2 中：

$$\begin{aligned} x &= r\cos\theta, \\ y &= r\sin\theta. \end{aligned} \tag{3.1}$$

那么得到

$$\begin{aligned} x+\mathrm{i}y &= r\cos\theta+\mathrm{i}r\sin\theta \\ &= r(\cos\theta+\mathrm{i}\sin\theta). \end{aligned} \tag{3.2}$$

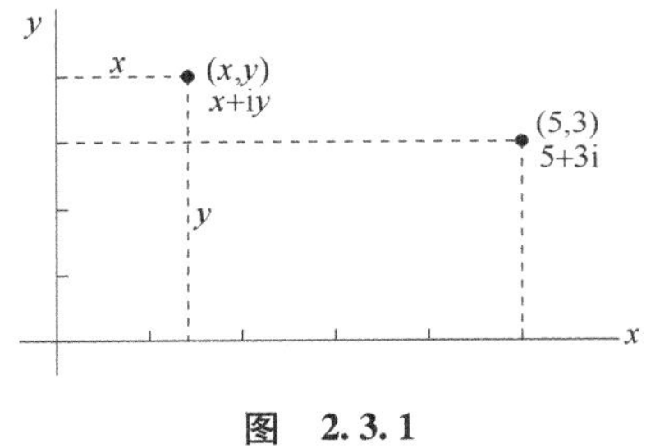

图　2.3.1

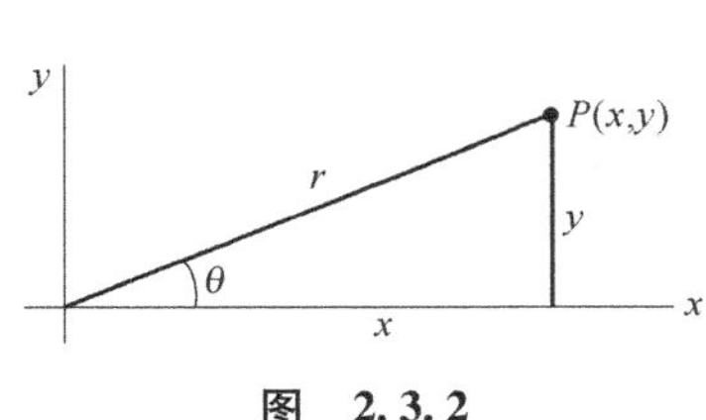

图　2.3.2

这是复数的极坐标形式. 从第 2.9 节至 2.16 节可看到，表达式 $\cos\theta+\mathrm{i}\sin\theta$ 可以写成 $\mathrm{e}^{\mathrm{i}\theta}$，所以一个复数的极坐标形式可用简便的方法表示为

$$x+\mathrm{i}y=r(\cos\theta+i\sin\theta)=re^{\mathrm{i}\theta}. \tag{3.3}$$

复数极坐标形式 $re^{\mathrm{i}\theta}$ 往往比直角坐标形式简单.

例 在图 2.3.3 中，点 A 标记为（$1,\sqrt{3}$）或 $1+\mathrm{i}\sqrt{3}$. 同样的，使用极坐标，点 A 可以用（r,θ）标记为$\left(2,\frac{\pi}{3}\right)$. 注意 r 总是取正值. 由式（3.3）有

$$1+\mathrm{i}\sqrt{3}=2\left(\cos\frac{\pi}{3}+\mathrm{i}\sin\frac{\pi}{3}\right)=2e^{\frac{\mathrm{i}\pi}{3}}.$$

图 2.3.3 给出了 A 点的两种表示方法.

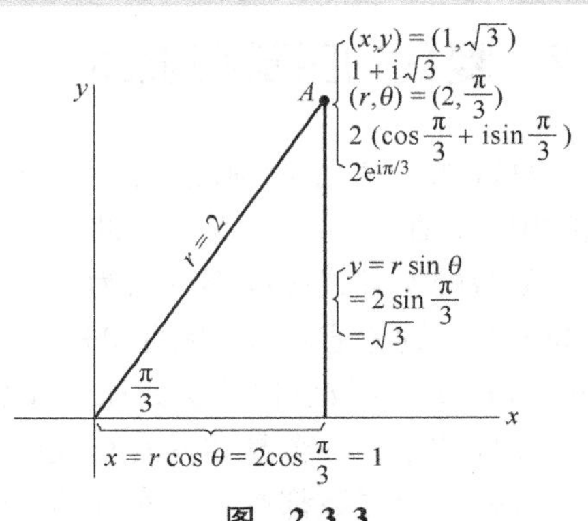

图 2.3.3

2.3.1 弧度和度

在图 2.3.3 中，角度$\frac{\pi}{3}$是弧度. 从学习微积分开始，人们就一直希望用弧度而不是角度来测量角度，为什么？求导公式$\frac{\mathrm{d}}{\mathrm{d}x}\sin x=\cos x$ 是用弧度的，否则不正确.（在微积分书里查一下推导！）你现在知道和使用的许多公式只有在使用弧度度量时才是正确的. 因此，这就是通常建议你使用弧度的原因. 而有时使用度来计算复数会很方便，所以要知道什么时候能、什么时候不能使用度. 只要最后一步是所计算角度的正弦、余弦或正切（计算器为度的模式），就可以使用度来度量角度并相加减. 例如，在图 2.3.3 中，可以说 $\theta=60°$，而不说 $\theta=\pi/3$. 以弧度的模式计算，$\sin\left(\frac{\pi}{3}-\frac{\pi}{4}\right)=\sin\frac{\pi}{12}=0.2588$；以度的模式计算，$\sin(60°-45°)=\sin 15°=0.2588$. 注意，除非使用度的符号，否则角度将以弧度来进行表示. 例如，在 $\sin 2$ 中，2 是 2 弧度或约 115°.

公式中应使用弧度. 例如在无限数列中，对非常小的 θ，有 $\sin\theta\approx\theta$，就是以弧度计算的，用度是不正确的. 又如，考虑$\int_0^1\frac{1}{1+x^2}\mathrm{d}x=\arctan 1=\pi/4=0.785$，这里的 arc tan1 不是一个角度，是积分的数值，所以答案 45 是错误的（从计算器的度的模式中获得）. 在读 arc tan（或 arc sin 或 arc cos）时不要用度，除非最后计算出度数（如在图 2.3.2 中，$\theta=\arctan(y/x)$，在图 2.3.3 中 $\theta=\arctan\sqrt{3}=\frac{\pi}{3}$或 60°）.

2.4 术语和符号

i 和 j 都可用于表示$\sqrt{-1}$. 通常在任何与电有关的问题中使用 j，因为电流需要 i. 物理学家应该能够轻松地使用任意一种符号，本书中一直使用 i.

我们常用一个字母标记一个点，如图 2.3.2 中的 P 点和图 2.3.3 中的 A 点，尽管每个点需两个坐标描述. 如果你学过向量，你会记得向量是由一个字母表示的，比如 $\boldsymbol{v}$，尽管它在

二维中有两个分量．习惯上对复数使用单个字母，即使知道它实际上是一对实数．因此我们写出：

$$z=x+\mathrm{i}y=r(\cos\theta+\mathrm{i}\sin\theta)=r\mathrm{e}^{\mathrm{i}\theta}. \tag{4.1}$$

这里 z 是复数，x 是 z 的实部，y 是 z 的虚部．r 为 z 的模，或称绝对值，θ 为 z 的角度（也称 z 的相位或幅角或振幅）．

$$\begin{aligned} &\mathrm{Re}z=x, && |z|=\mathrm{mod}z=r=\sqrt{x^2+y^2}, \\ &\mathrm{Im}z=y(\text{不是 } \mathrm{i}y), && z\text{ 的角度}=\theta. \end{aligned} \tag{4.2}$$

θ 的值应该从一个图而不是一个公式中得到，虽然我们有时写 $\theta=\arctan(y/x)$．下面的例子清楚地说明了这一点．

例 写出 $z=-1-\mathrm{i}$ 的极坐标形式．其中，$x=-1$，$y=-1$，$r=\sqrt{2}$，如图 2.4.1 所示，θ 的值有无限个．

$$\theta=\frac{5\pi}{4}+2n\pi. \tag{4.3}$$

其中，n 是任何整数，包括正数或负数，$\theta=\dfrac{5\pi}{4}$有时称为复数$z=-1-\mathrm{i}$ 的主角．注意，这跟微积分里 arctan1 的值 $\pi/4$ 不一样，复数角度必须与代表数的点在同一象限内．对于目前来说，式（4.3）中的任何一个值都可以：可以是$\dfrac{5\pi}{4}$，也可以是$-\dfrac{3\pi}{4}$，因此有

$$z=-1-\mathrm{i}=\sqrt{2}\left[\cos\left(\frac{5\pi}{4}+2n\pi\right)+\mathrm{i}\sin\left(\frac{5\pi}{4}+2n\pi\right)\right]=\sqrt{2}\left(\cos\frac{5\pi}{4}+\mathrm{i}\sin\frac{5\pi}{4}\right)=\sqrt{2}\,\mathrm{e}^{\frac{5\mathrm{i}\pi}{4}}.$$

也可以写成 $z=\sqrt{2}(\cos225°+\mathrm{i}\sin225°)$．

改变 $z=x+\mathrm{i}y$ 中 i 的符号得到复数 $z=x-\mathrm{i}y$，称为 z 的复共轭或简称为共轭．$z=x+\mathrm{i}y$ 的共轭通常写成 $\bar{z}=x-\mathrm{i}y$．在统计或量子力学中，上横线可能被用来表示平均值，有时共轭也用 z^* 而不是 $\bar{z}$．注意 7i−5 的共轭是−7i−5，改变的是 i 的正负号．

复数是共轭对，如 2+3i 的共轭是 2−3i，2−3i 的共轭是 2+3i．在复平面上共轭对是以 x 轴为对称轴的对称点（见图 2.4.2）．那么在极坐标中，z 和 $\bar{z}$ 具有相同的 r 值，θ 值相反．对于 $z=r(\cos\theta+\mathrm{i}\sin\theta)$，有

$$\bar{z}=r[\cos(-\theta)+\mathrm{i}\sin(-\theta)]=r(\cos\theta-\mathrm{i}\sin\theta)=r\mathrm{e}^{-\mathrm{i}\theta}. \tag{4.4}$$

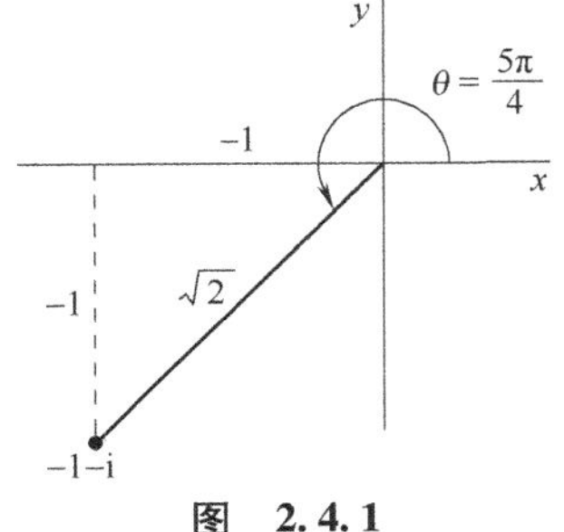

图 2.4.1

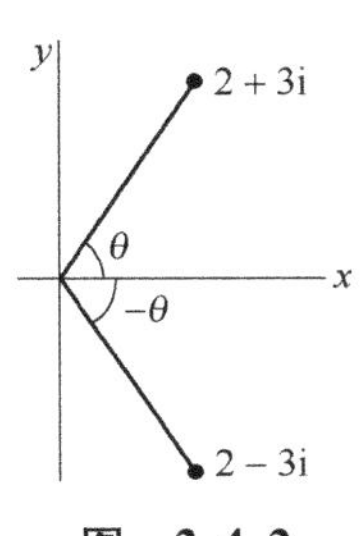

图 2.4.2

习题 2.4

对于下面的每一个数，首先想象它在复平面上的位置. 稍加练习，你可以在脑海中快速求出这些简单的问题的 x，y，r，θ. 然后绘制数字并以五种方式对其进行标记，如图 2.3.3 所示. 并画出这个数的复共轭.

1. $1+\mathrm{i}$
2. $\mathrm{i}-1$
3. $1-\mathrm{i}\sqrt{3}$
4. $-\sqrt{3}+\mathrm{i}$
5. $2\mathrm{i}$
6. $-4\mathrm{i}$
7. -1
8. 3
9. $2\mathrm{i}-2$
10. $2-2\mathrm{i}$
11. $2\left(\cos\frac{\pi}{6}+\mathrm{i}\sin\frac{\pi}{6}\right)$
12. $4\left(\cos\frac{2\pi}{3}-\mathrm{i}\sin\frac{2\pi}{3}\right)$
13. $\cos\frac{3\pi}{2}+\mathrm{i}\sin\frac{3\pi}{2}$
14. $2\left(\cos\frac{\pi}{4}+\mathrm{i}\sin\frac{\pi}{4}\right)$
15. $\cos\pi-\mathrm{i}\sin\pi$
16. $5(\cos 0+\mathrm{i}\sin 0)$
17. $\sqrt{2}\mathrm{e}^{-\mathrm{i}\pi/4}$
18. $3\mathrm{e}^{\mathrm{i}\pi/2}$
19. $5(\cos 20°+\mathrm{i}\sin 20°)$
20. $7(\cos 110°-\mathrm{i}\sin 110°)$

2.5 复数代数

2.5.1 简化为 $x+\mathrm{i}y$ 的形式

任何复数都可以写成直角坐标形式 $x+\mathrm{i}y$. 可按代数规则进行复数的加减乘运算并注意 $\mathrm{i}^2=-1$.

例 1

$$(1+\mathrm{i})^2=1+2\mathrm{i}+\mathrm{i}^2=1+2\mathrm{i}-1=2\mathrm{i}.$$

复数除以复数，首先将商写成一个分数，然后用分子分母乘以分母的共轭将分数化为直角坐标形式，这样就会使分母变成实数.

例 2

$$\frac{2+\mathrm{i}}{3-\mathrm{i}}=\frac{2+\mathrm{i}}{3-\mathrm{i}}\cdot\frac{3+\mathrm{i}}{3+\mathrm{i}}=\frac{6+5\mathrm{i}+\mathrm{i}^2}{9-\mathrm{i}^2}=\frac{5+5\mathrm{i}}{10}=\frac{1}{2}+\frac{1}{2}\mathrm{i}.$$

极坐标形式复数乘或除有时更容易.

例 3 求 $(1+\mathrm{i})^2$ 的极坐标形式，可先在草图画出点 (1,1). 从图 2.5.1 可看到 $r=\sqrt{2}$，$\theta=\frac{\pi}{4}$，这样 $1+\mathrm{i}=\sqrt{2}\mathrm{e}^{\frac{\mathrm{i}\pi}{4}}$. 由图 2.5.2 中可得到与例 1 相同的结果.

$$(1+\mathrm{i})^2=(\sqrt{2}\mathrm{e}^{\frac{\mathrm{i}\pi}{4}})^2=2\mathrm{e}^{\frac{\mathrm{i}\pi}{2}}=2\mathrm{i}.$$

例 4 写出 $\frac{1}{2(\cos 20°+\mathrm{i}\sin 20°)}$ 的 $x+\mathrm{i}y$ 形式. 因为 $20°=\frac{\pi}{9}$ 弧度，故有

$$\frac{1}{2(\cos 20°+\mathrm{i}\sin 20°)}=\frac{1}{2(\cos\pi/9+\mathrm{i}\sin\pi/9)}=\frac{1}{2\mathrm{e}^{\frac{\mathrm{i}\pi}{9}}}=0.5\mathrm{e}^{-\frac{\mathrm{i}\pi}{9}}=0.5\left(\cos\frac{\pi}{9}-\mathrm{i}\sin\frac{\pi}{9}\right)=0.47-0.17\mathrm{i}.$$

这是以弧度计算. 保留角度，在度的模式用计算器得到同样的结果：$0.5(\cos20°-\mathrm{i}\sin20°)=0.47-0.17\mathrm{i}$.

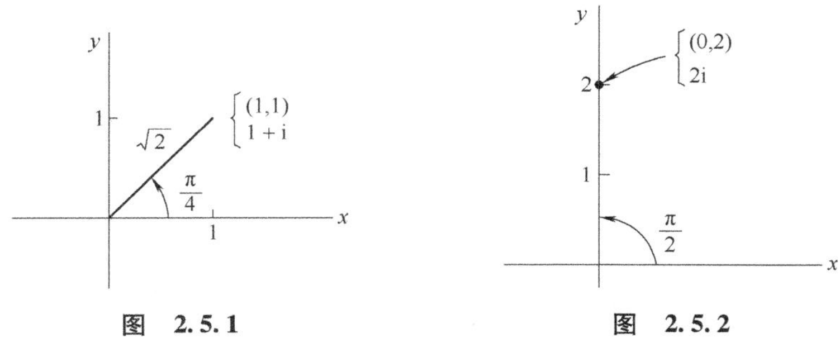

图　2.5.1　　　图　2.5.2

习题 2.5.1

首先简化以下数为 $x+\mathrm{i}y$ 形式或 $re^{\mathrm{i}\theta}$形式，然后在复平面上画出这些数.

1. $\dfrac{1}{1+\mathrm{i}}$　　2. $\dfrac{1}{\mathrm{i}-1}$　　3. i^4

4. $\mathrm{i}^2+2\mathrm{i}+1$　　5. $(\mathrm{i}+\sqrt{3})^2$　　6. $\left(\dfrac{1+\mathrm{i}}{1-\mathrm{i}}\right)^2$

7. $\dfrac{3+\mathrm{i}}{2+\mathrm{i}}$　　8. $1.6-2.7\mathrm{i}$

9. $25e^{2\mathrm{i}}$　注意，角度为 2 弧度.

10. $\dfrac{3\mathrm{i}-7}{\mathrm{i}+4}$　注意，不是 $3-7\mathrm{i}$.

11. $17-12\mathrm{i}$　　12. $3(\cos28°+\mathrm{i}\sin28°)$

13. $5\left(\cos\dfrac{2\pi}{5}+\mathrm{i}\sin\dfrac{2\pi}{5}\right)$　　14. $2.8e^{-\mathrm{i}(1.1)}$

15. $\dfrac{5-2\mathrm{i}}{5+2\mathrm{i}}$　　16. $\dfrac{1}{0.5(\cos40°+\mathrm{i}\sin40°)}$

17. $(1.7-3.2\mathrm{i})^2$　　18. $(0.64+0.77\mathrm{i})^4$

如果①$z=2-3\mathrm{i}$；②$z=x+\mathrm{i}y$，求出下列数的直角坐标形式（$a+b\mathrm{i}$）.

19. z^{-1}　　20. $\dfrac{1}{z^2}$　　21. $\dfrac{1}{z+1}$

22. $\dfrac{1}{z-\mathrm{i}}$　　23. $\dfrac{1+z}{1-z}$　　24. $z/\bar{z}$

2.5.2　复数表达式的复共轭

很容易看出，两个复数的和的共轭就是两个复数的共轭的和，如果有

$$z_1=x_1+\mathrm{i}y_1 \quad 和 \quad z_2=x_2+\mathrm{i}y_2,$$

那么，

$$\bar{z}_1+\bar{z}_2=x_1-\mathrm{i}y_1+x_2-\mathrm{i}y_2=x_1+x_2-\mathrm{i}(y_1+y_2).$$

z_1+z_2 的共轭是

$$\overline{(x_1+x_2)+\mathrm{i}(y_1+y_2)}=(x_1+x_2)-\mathrm{i}(y_1+y_2).$$

类似地，你可以证明两个复数的差（或积或商）的共轭等于两个复数的共轭（参见习题 2.5.2 第 25 题）的差（或积或商）．换句话说，你可以通过改变所有 i 项的符号得到包含 i 的表达式的共轭．

例 如果 $z=\dfrac{2-3i}{i+4}$，那么 $\bar{z}=\dfrac{2+3i}{-i+4}$

但如果 $z=f+ig$，其中 f 和 g 本身就是复数，那么 z 的共轭为 $\bar{z}=\bar{f}-i\bar{g}$，而不是 $f-ig$.

习题 2.5.2

25. 证明：两个复数商的共轭就是共轭的商．并证明相应表述的差和乘积．提示：使用极坐标 $re^{i\theta}$ 形式很容易证明关于乘积和商的描述；而使用直角坐标形式 $x+iy$ 更容易证明关于差的描述．

2.5.3 计算 z 的绝对值

$|z|$ 的定义是 $|z|=r=\sqrt{x^2+y^2}$（正的平方根）．由于 $z\bar{z}=(x+iy)(x-iy)=x^2+y^2$，或者在极坐标中，$z\bar{z}=(re^{i\theta})(re^{-i\theta})=r^2$．可看出 $|z|^2=z\bar{z}$，或 $|z|=\sqrt{z\bar{z}}$．$z\bar{z}$ 总是实数且大于等于 0，因为 x，y 和 r 是实数，有

$$|z|=r=\sqrt{x^2+y^2}=\sqrt{z\bar{z}}. \tag{5.1}$$

根据习题 2.5.2 第 25 题和式（5.1），两个复数的商的绝对值是绝对值的商（与乘积的描述类似）．

例

$$\left|\frac{\sqrt{5}+3i}{1-i}\right|=\frac{|\sqrt{5}+3i|}{|1-i|}=\frac{\sqrt{14}}{\sqrt{2}}=\sqrt{7}.$$

习题 2.5.3

使用上面的讨论求下列各项的绝对值．试着在头脑中做这些简单的习题（这样可以节省时间）．

26. $\dfrac{2i-1}{i-2}$
27. $\dfrac{2+3i}{1-i}$
28. $\dfrac{z}{\bar{z}}$
29. $(1+2i)^3$
30. $\dfrac{3i}{i-\sqrt{3}}$
31. $\dfrac{5-2i}{5+2i}$
32. $(2-3i)^4$
33. $\dfrac{25}{3+4i}$
34. $\left(\dfrac{1+i}{1-i}\right)^5$

2.5.4 复数方程

在处理涉及复数的方程时，必须始终记住，复数实际上是一对实数．两个复数相等，当且仅当它们的实部相等及虚部相等．例如，$x+iy=2+3i$，则 $x=2$，$y=3$．换句话说，涉及复数的任何方程实际上都是实数的两个方程．

例 求 x 和 y，已知：

$$(x+iy)^2=2i. \tag{5.2}$$

由于 $(x+iy)^2=x^2+2ixy-y^2$，式（5.2）等价于两个实数方程

$$x^2-y^2=0,$$
$$2xy=2.$$

从第一个方程 $y^2=x^2$，可得 $y=x$ 或 $y=-x$. 把这些代入第二个方程可得

$$2x^2=2 \quad 或者 \quad -2x^2=2.$$

由于 x 是实数，x^2 不能是负数，得到

$$x^2=1 \quad 且 \quad y=x,$$

即

$$x=y=1 \quad 和 \quad x=y=-1.$$

习题 2.5.4

求出下列方程中实数 x 和 y 的所有可能值.

35. $x+\mathrm{i}y=3\mathrm{i}-4$
36. $2\mathrm{i}x+3=y-\mathrm{i}$
37. $x+\mathrm{i}y=0$
38. $x+\mathrm{i}y=2\mathrm{i}-7$
39. $x+\mathrm{i}y=y+\mathrm{i}x$
40. $x+\mathrm{i}y=3\mathrm{i}-\mathrm{i}x$
41. $(2x-3y-5)+\mathrm{i}(x+2y+1)=0$
42. $(x+2y+3)+\mathrm{i}(3x-y-1)=0$
43. $(x+\mathrm{i}y)^2=2\mathrm{i}x$
44. $x+\mathrm{i}y=(1-\mathrm{i})^2$
45. $(x+\mathrm{i}y)^2=(x-\mathrm{i}y)^2$
46. $\dfrac{x+\mathrm{i}y}{x-\mathrm{i}y}=-\mathrm{i}$
47. $(x+\mathrm{i}y)^3=-1$
48. $\dfrac{x+\mathrm{i}y+2+3\mathrm{i}}{2x+2\mathrm{i}y-3}=\mathrm{i}+2$
49. $|1-(x+\mathrm{i}y)|=x+\mathrm{i}y$
50. $|x+\mathrm{i}y|=y-\mathrm{i}x$

2.5.5　图

在复平面，用图把复数 z 表示为点 (x,y)，可以给出包含复数 z 的方程和不等式的几何意义.

例 1　在 (x,y) 平面，满足方程 $|z|=3$ 的点是什么样的曲线？

因为

$$|z|=\sqrt{x^2+y^2},$$

所以方程是

$$\sqrt{x^2+y^2}=3 \quad 或 \quad x^2+y^2=9.$$

因此 $|z|=3$ 是以原点为中心的半径为 3 的圆的方程. 类似方程可用于描述电子或卫星的路径（参见下面的 2.5.6 物理应用）.

例 2

(a) $|z-1|=2$ 是方程为 $(x-1)^2+y^2=4$ 的圆.

(b) $|z-1|\leqslant 2$，是圆盘，边界是 (a) 所表示的圆.

注意，使用"圆"表示曲线，"圆盘"表示面积，圆盘内部由 $|z-1|<2$ 给出.

例 3　z 的角度是$\dfrac{\pi}{4}$.

这是 $y=x$ 且 $x>0$ 的半条直线. 这可能是从原点开始的光线的路径.

例 4　$\mathrm{Re}z>1/2$，这是 $x>1/2$ 的半个平面.

习题 2.5.5

用几何方法描述复平面上满足下面方程的点集.

51. $|z|=2$

52. $\mathrm{Re}\,z=0$

53. $|z-1|=1$

54. $|z-1|<1$

55. $z-\bar{z}=5\mathrm{i}$

56. z 的角 $=\dfrac{\pi}{2}$

57. $\mathrm{Re}(z^2)=4$

58. $\mathrm{Re}\,z>2$

59. $|z+3\mathrm{i}|=4$

60. $|z-1+\mathrm{i}|=2$

61. $\mathrm{Im}\,z<0$

62. $|z+1|+|z-1|=8$

63. $z^2=\bar{z}^2$

64. $z^2=-\bar{z}^2$

65. 证明：$|z_1-z_2|$ 是复平面上 z_1 和 z_2 点之间的距离. 使用这个结果画出第 53 题、54 题、59 题和 60 题中的图，不需要计算.

2.5.6 物理应用

物理学与几何学中的问题一样，常可以通过使用一个复数方程而不是两个实数方程进行简化. 请参阅下面示例以及第 2.16 节.

例 粒子在 (x,y) 平面移动，其位置 (x,y) 是时间 t 的函数，由下式给出：

$$z=x+\mathrm{i}y=\frac{\mathrm{i}+2t}{t-\mathrm{i}}.$$

求以 t 为自变量的速度和加速度大小的函数.

可以用 $x+\mathrm{i}y$ 形式表示 z，求出 x 和 y 关于 t 的函数. 这个问题比较容易，如以下式定义了复速度和复加速度：

$$\frac{\mathrm{d}z}{\mathrm{d}t}=\frac{\mathrm{d}x}{\mathrm{d}t}+\mathrm{i}\frac{\mathrm{d}y}{\mathrm{d}t} \quad 和 \quad \frac{\mathrm{d}^2z}{\mathrm{d}t^2}=\frac{\mathrm{d}^2x}{\mathrm{d}t^2}+\mathrm{i}\frac{\mathrm{d}^2y}{\mathrm{d}t^2}.$$

速度大小是 $v=\sqrt{\left(\dfrac{\mathrm{d}x}{\mathrm{d}t}\right)^2+\left(\dfrac{\mathrm{d}y}{\mathrm{d}t}\right)^2}=\left|\dfrac{\mathrm{d}z}{\mathrm{d}t}\right|$，同样加速度大小 $a=\left|\dfrac{\mathrm{d}^2z}{\mathrm{d}t^2}\right|$，因此有

$$\frac{\mathrm{d}z}{\mathrm{d}t}=\frac{2(t-\mathrm{i})-(\mathrm{i}+2t)}{(t-\mathrm{i})^2}=\frac{-3\mathrm{i}}{(t-\mathrm{i})^2},$$

$$v=\left|\frac{\mathrm{d}z}{\mathrm{d}t}\right|=\sqrt{\frac{-3\mathrm{i}}{(t-\mathrm{i})^2}\cdot\frac{+3\mathrm{i}}{(t+\mathrm{i})^2}}=\frac{3}{t^2+1},$$

$$\frac{\mathrm{d}^2z}{\mathrm{d}t^2}=\frac{(-3\mathrm{i})(-2)}{(t-\mathrm{i})^3}=\frac{6\mathrm{i}}{(t-\mathrm{i})^3},$$

$$a=\left|\frac{\mathrm{d}^2z}{\mathrm{d}t^2}\right|=\frac{6}{(t^2+1)^{3/2}}.$$

注意，所有物理量 x，y，v 和 a 都是实数. 复数表达式只是为了方便计算而已.

习题 2.5.6

66. 针对上面的例子，求出 x 和 y 关于 t 函数，并验证 v 和 a 可由上述例题的方法求出.

67. 如果 $z=\frac{1-\mathrm{i}t}{2t+\mathrm{i}}$，求出 v 和 a.

68. 如果 $z=\cos 2t+\mathrm{i}\sin 2t$，求出 v 和 a. 你能描述出这个运动吗？

2.6 复数的无限级数

在第 1 章中无穷级数的项是实数的. 复数项的级数更有趣. 下面我们考虑复数情况下级数的定义和有关定理. 复数级数的部分和也是复数，如 $S_n=X_n+\mathrm{i}Y_n$，其中，X_n 和 Y_n 是实数. 收敛的定义也如实数级数：如果 S_n 当 $n\to\infty$ 时存在极限 $S=X+\mathrm{i}Y$，则称级数收敛，其和是 S. 这意味着 $X_n\to X$ 和 $Y_n\to Y$，换句话说，复数级数的实部和虚部分别是收敛级数.

就像实数级数一样，先讨论绝对收敛. 可以证明（参见习题 2.6 第 1 题）级数绝对收敛则级数收敛. 在这里绝对收敛意味着项的绝对值的级数是收敛级数，这就像实数级数一样. 注意：$|z|=r=\sqrt{x^2+y^2}$ 是正数，所以在第 1 章给出的正数项级数的收敛判别法都可用于判别复数级数的绝对收敛.

例 1 判别收敛性

$$1+\frac{1+\mathrm{i}}{2}+\frac{(1+\mathrm{i})^2}{4}+\frac{(1+\mathrm{i})^3}{8}+\cdots+\frac{(1+\mathrm{i})^n}{2^n}+\cdots.$$

应用比值判别法求出：

$$\rho=\lim_{n\to\infty}\left|\frac{(1+\mathrm{i})^{n+1}}{2^{n+1}}\Big/\frac{(1+\mathrm{i})^n}{2^n}\right|=\lim_{n\to\infty}\left|\frac{1+\mathrm{i}}{2}\right|=\left|\frac{1+\mathrm{i}}{2}\right|=\frac{\sqrt{2}}{2}<1.$$

因为 $\rho<1$，级数绝对收敛，所以级数收敛.

例 2 判别 $\sum_{n=1}^{\infty}\frac{\mathrm{i}^n}{\sqrt{n}}$ 的敛散性.

这里使用比值判别法得出的比值为 1，所以换其他判别方法. 写出级数的一些项：

$$\mathrm{i}-\frac{1}{\sqrt{2}}-\frac{\mathrm{i}}{\sqrt{3}}+\frac{1}{\sqrt{4}}+\frac{\mathrm{i}}{\sqrt{5}}-\frac{1}{\sqrt{6}}\cdots.$$

级数的实部是

$$-\frac{1}{\sqrt{2}}+\frac{1}{\sqrt{4}}-\frac{1}{\sqrt{6}}+\cdots=\sum_{1}^{\infty}\frac{(-1)^n}{\sqrt{2n}},$$

级数的虚部是

$$\frac{1}{\sqrt{1}}-\frac{1}{\sqrt{3}}+\frac{1}{\sqrt{5}}+\cdots=\sum_{n=0}^{\infty}\frac{(-1)^n}{\sqrt{2n+1}}.$$

验证这两个级数均满足交替级数收敛条件，因此原级数收敛.

例 3 判别 $\sum_{n=0}^{\infty}z^n=\sum_{n=0}^{\infty}(r\mathrm{e}^{\mathrm{i}\theta})^n=\sum_{n=0}^{\infty}r^n\mathrm{e}^{\mathrm{i}n\theta}$ 的敛散性.

这是比值为 $z=r\mathrm{e}^{\mathrm{i}\theta}$ 的几何级数，当且仅当 $|z|<1$ 时其收敛. 由于 $|z|=r$，所以当且仅当 $r<1$ 时 $\sum_{n=0}^{\infty}r^n\mathrm{e}^{\mathrm{i}n\theta}$ 收敛.

习题 2.6

1. 证明：一个绝对收敛的复数级数是收敛的. 这意味着证明如果 $\sum\sqrt{a_n^2+b_n^2}$ 收敛，则 $\sum(a_n+\mathrm{i}b_n)$ 收敛（a_n 和 b_n 是实数）. 提示：$\sum(a_n+\mathrm{i}b_n)$ 的收敛意味着 $\sum a_n$ 和 $\sum b_n$ 都收敛. 比较 $\sum|a_n|$ 和 $\sum|b_n|$ 与 $\sum\sqrt{a_n^2+b_n^2}$ 的关系，并使用第 1 章习题 1.7 第 9 题.

判别下面级数的敛散性.

2. $\sum(1+\mathrm{i})^n$
3. $\sum\dfrac{1}{(1+\mathrm{i})^n}$
4. $\sum\left(\dfrac{1-\mathrm{i}}{1+\mathrm{i}}\right)^n$
5. $\sum\left(\dfrac{1}{n^2}+\dfrac{\mathrm{i}}{n}\right)$
6. $\sum\dfrac{1+\mathrm{i}}{n^2}$
7. $\sum\dfrac{(\mathrm{i}-1)^n}{n}$
8. $\sum\mathrm{e}^{\mathrm{i}n\pi/6}$
9. $\sum\dfrac{\mathrm{i}^n}{n}$
10. $\sum\left(\dfrac{1+\mathrm{i}}{1-\mathrm{i}\sqrt{3}}\right)^n$
11. $\sum\left(\dfrac{2+\mathrm{i}}{3-4\mathrm{i}}\right)^{2n}$
12. $\sum\dfrac{(3+2\mathrm{i})^n}{n!}$
13. $\sum\left(\dfrac{1+\mathrm{i}}{2-\mathrm{i}}\right)^n$

14. 证明：如果 $\rho>1$（ρ 为比值判别法中比值的极限），则复数级数发散. 提示：收敛级数的第 n 项趋于零.

2.7 复数的幂级数 收敛圆盘

在第 1 章中讨论了 x 的幂级数 $\sum a_nx^n$. 现在感兴趣的是 z 的幂级数，如：

$$\sum a_nz^n \tag{7.1}$$

其中，$z=x+\mathrm{i}y$，a_n 是复数.［注意，当 $y=0$ 时，$z=x$，式（7.1）包括实数级数这个特例.］

这里有些例子：

$$1-z+\frac{z^2}{2}-\frac{z^3}{3}+\frac{z^4}{4}+\cdots, \tag{7.2a}$$

$$1+\mathrm{i}z+\frac{(\mathrm{i}z)^2}{2!}+\frac{(\mathrm{i}z)^3}{3!}+\cdots=1+\mathrm{i}z-\frac{z^2}{2!}-\frac{\mathrm{i}z^3}{3!}+\cdots, \tag{7.2b}$$

$$\sum_{n=0}^{\infty}\frac{(z+1-\mathrm{i})^n}{3^nn^2}. \tag{7.2c}$$

使用比值判别法判别这些关于 z 的级数是绝对收敛的. 对于式（7.2a），有

$$\rho=\lim_{n\to\infty}\left|\frac{z\cdot n}{n+1}\right|=|z|.$$

如果 $\rho<1$，则级数收敛，即如果 $|z|<1$，或 $\sqrt{x^2+y^2}<1$，则级数收敛. 这是一个半径为 1 的圆盘的内部，中心位于复平面的原点. 这个圆盘称为无限级数的**收敛圆盘**，圆盘的半径称为收敛半径. 收敛圆盘代替了在实数级数中的收敛区间. 事实上（见图 2.7.1），级数 $\sum\dfrac{(-x)^n}{n}$ 的收敛区间在 x 轴上的区间为（$-1,1$），这包含在 $\sum\dfrac{(-z)^n}{n}$ 的收敛圆盘内，因为当 $y=0$ 时 z 就是 x. 因此，有时即使 z 只取实数，还是会讨论幂级数的收敛半径（另参见第 14 章方程（2.5）和方程（2.6）和图 14.2.4）.

接下来考虑（7.2b）级数，这里有

$$\rho=\lim_{n\to\infty}\left|\frac{(\mathrm{i}z)^{n+1}}{(n+1)!}\Big/\frac{(\mathrm{i}z)^{n}}{n!}\right|=\lim_{n\to\infty}\left|\frac{\mathrm{i}z}{n+1}\right|=0.$$

这是对 z 的所有值收敛的级数的例子，对于级数（7.2c），有

$$\rho=\lim_{n\to\infty}\left|\frac{(z+1-\mathrm{i})}{3}\frac{n^2}{(n+1)^2}\right|=\left|\frac{z+1-\mathrm{i}}{3}\right|.$$

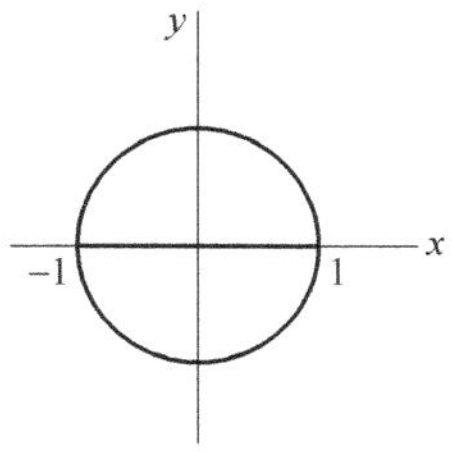

图 2.7.1

因此，级数收敛条件为

$$|z+1-\mathrm{i}|<3 \quad 或 \quad |z-(-1+\mathrm{i})|<3.$$

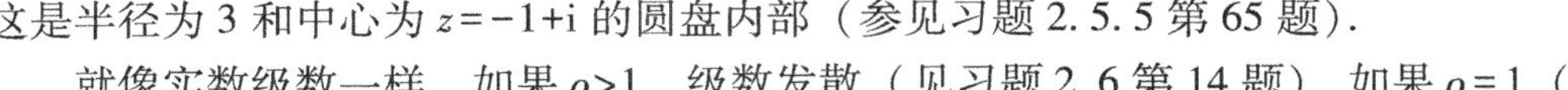

这是半径为 3 和中心为 $z=-1+\mathrm{i}$ 的圆盘内部（参见习题 2.5.5 第 65 题）.

就像实数级数一样，如果 $\rho>1$，级数发散（见习题 2.6 第 14 题）. 如果 $\rho=1$（即在收敛圆盘的边界上），无法判别级数的敛散性，也许很难求出它的敛散性，我们一般不需要考虑这个问题.

关于幂级数（第 1 章 1.11 节）的四个定理也适用于复数级数（用收敛圆盘代替收敛区间）. 同样，现在可以用定理 2 说明，对于 z 的两个幂级数的商，收敛圆盘是什么. 假定从任何公因子 z 被取消开始，令 r_1 和 r_2 为分子和分母级数的收敛半径，在分母为零的复平面中找到最接近原点的点；称从原点到这个点的距离为 s，那么级数的商至少收敛在以三个半径 r_1，r_2 和 s 的圆盘中的最小圆盘内，中心在原点（参见第 14 章 14.2 节）.

例 求出麦克劳林级数$\dfrac{\sin z}{z(1+z^2)}$的收敛圆盘.

很快就会看到，$\sin z$ 的级数与第一章中 $\sin x$ 的实数级数具有相同的形式. 利用这个结论（见习题 2.7 第 17 题）有

$$\frac{\sin z}{z(1+z^2)}=1-\frac{7z^2}{6}+\frac{47z^4}{40}-\frac{5923z^6}{5040}+\cdots. \tag{7.3}$$

从式（7.3）不能求出收敛的半径，但是使用上面的定理，令分子级数为 $(\sin z)/z$，通过比值判别法，级数 $(\sin z)/z$ 对于所有的 z（也可以为 $r_1=\infty$）收敛. 由于分母不是无穷级数，所以没有 r_2. 当 $z=\pm\mathrm{i}$ 时，分母 $1+z^2$ 为零，所以 $s=1$. 那么级数（7.3）收敛在以原点为中心的半径为 1 的圆盘内.

习题 2.7

求出下面复数的幂级数的收敛圆盘.

1. $\mathrm{e}^z=1+z+\dfrac{z^2}{2!}+\dfrac{z^3}{3!}\cdots$ ［等式（8.1）］

2. $z-\dfrac{z^2}{2}+\dfrac{z^3}{3}-\dfrac{z^4}{4}+\cdots$

3. $1-\dfrac{z^2}{3!}+\dfrac{z^4}{5!}-\cdots$

4. $\displaystyle\sum_{n=0}^{\infty}z^n$

5. $\displaystyle\sum_{n=0}^{\infty}\left(\frac{z}{2}\right)^n$

6. $\displaystyle\sum_{n=1}^{\infty}n^2(3\mathrm{i}z)^n$

7. $\displaystyle\sum_{n=0}^{\infty}\frac{(-1)^n z^{2n}}{(2n)!}$

8. $\displaystyle\sum_{n=1}^{\infty}\frac{z^{2n}}{(2n+1)!}$

9. $\displaystyle\sum_{n=1}^{\infty}\frac{z^n}{\sqrt{n}}$

10. $\displaystyle\sum_{n=1}^{\infty}\frac{(\mathrm{i}z)^n}{n^2}$

11. $\sum_{n=0}^{\infty}\frac{(n!)^3z^n}{(3n)!}$　　12. $\sum_{n=0}^{\infty}\frac{(n!)^2z^n}{(2n)!}$　　13. $\sum_{n=1}^{\infty}\frac{(z-\mathrm{i})^n}{n}$

14. $\sum_{n=0}^{\infty}n(n+1)(z-2\mathrm{i})^n$　　15. $\sum_{n=0}^{\infty}\frac{(z-2+\mathrm{i})^n}{2^n}$　　16. $\sum_{n=1}^{\infty}2^n(z+\mathrm{i}-3)^{2n}$

17. 用计算机验证（7.3）中的级数，并证明它可以写成这种形式：

$$\sum_{n=0}^{\infty}(-1)^n z^{2n}\sum_{k=0}^{n}\frac{1}{(2k+1)!}.$$

使用此形式通过比值判别法证明级数收敛于圆盘 $|z|<1$.

2.8 复数的初等函数

初等函数是指幂函数和根函数、三角函数和反三角函数、对数和指数函数等，以及这些函数的组合. 只要它们是实数的函数，所有这些都可以在表格中计算或找到. 现在要计算诸如 i^{i}，$\sin(1+\mathrm{i})$ 或 $\ln\mathrm{i}$ 之类的函数，这些不仅仅是数学上好玩的事情，而且能解决应用问题. 可以肯定的是，实验测量值不是虚数. $\mathrm{Re}z$，$\mathrm{Im}z$，$|z|$，z 的角度等这些都是实数，而且是具有实验意义的量. 在得到的最终实数结果与实验结果比较之前，问题的数学答案就可能涉及复数运算.

复数 z 的多项式和有理函数（多项式的商）容易计算.

例　如果 $f(z)=\frac{z^2+1}{z-3}$，把 $z=\mathrm{i}-2$ 代入函数，求解 $f(\mathrm{i}-2)$：

$$f(\mathrm{i}-2)=\frac{(\mathrm{i}-2)^2+1}{(\mathrm{i}-2-3)}=\frac{-4\mathrm{i}+4}{\mathrm{i}-5}\cdot\frac{-\mathrm{i}-5}{-\mathrm{i}-5}=\frac{8\mathrm{i}-12}{13}.$$

接下来要研究复数的其他函数的可能意义. 应该定义像 e^z 或 $\sin z$ 这样的表达式，这样它们就会遵守我们所知道的关于对应的实数表达式的规则 $\left(例如 \sin 2x=2\sin x\cos x 或 \frac{\mathrm{d}}{\mathrm{d}x}\mathrm{e}^x=\mathrm{e}^x\right)$. 为了保持一致性，必须定义复数的函数，使得当 $z=x+\mathrm{i}y$ 变成 $z=x$，即 $y=0$ 时，任何涉及的方程都能减少到正确的实数方程. 如果用幂级数定义 e^z，这些要求会被满足：

$$\mathrm{e}^z=\sum_{0}^{\infty}\frac{z^n}{n!}=1+z+\frac{z^2}{2!}+\frac{z^3}{3!}+\cdots. \tag{8.1}$$

这个级数收敛于复数 z 的所有值，所以给出了对于任意 z 的 e^z 的值. 如果 $z=x$（x 是实数），就得到熟悉 e^x 的级数.

通过乘以级数，很容易得到

$$\mathrm{e}^{z_1}\cdot\mathrm{e}^{z_2}=\mathrm{e}^{z_1+z_2}. \tag{8.2}$$

在第 14 章中，将详细讨论关于复数 z 的导数的意义. 值得一提的是 $\frac{\mathrm{d}}{\mathrm{d}z}z^n=nz^{n-1}$. 事实上，初等微积分中的其他微分积分公式也可用 z 代替 x. 可以验证 $\frac{\mathrm{d}}{\mathrm{d}z}\mathrm{e}^z=\mathrm{e}^z$，当 e^z 由式（8.1）通过逐项微分定义时（见习题 2.8 第 2 题）. 可以证明式（8.1）是 e^z 的唯一定义，保留了这些熟悉的公式. 我们现在要考虑这个定义引出的结果.

习题 2.8

从幂级数（8.1）中可以看出：

1. $e^{z_1} \cdot e^{z_2}=e^{z_1+z_2}$

2. $\frac{d}{dz}e^z=e^z$

3. 以下面方法从 e^z 的级数中求出 $e^x\cos x$ 和 $e^x\sin x$ 的幂级数：写出 e^z 的级数，设 $z=x+iy$，证明：$e^z=e^x(\cos y+i\sin y)$，取方程的实部和虚部，令 $y=x$.

2.9 欧拉公式

对于实数 θ，从第 1 章可知 $\sin\theta$ 和 $\cos\theta$ 的幂级数：

$$\begin{aligned}\sin\theta&=\theta-\frac{\theta^3}{3!}+\frac{\theta^5}{5!}-\cdots,\\ \cos\theta&=1-\frac{\theta^2}{2!}+\frac{\theta^4}{4!}-\cdots.\end{aligned}\tag{9.1}$$

由式（9.1），可以写出 e 的任何幂次、实数或虚数的级数. 对于级数 $e^{i\theta}$，其中 θ 是实数，有

$$\begin{aligned}e^{i\theta}&=1+i\theta+\frac{(i\theta)^2}{2!}+\frac{(i\theta)^3}{3!}+\frac{(i\theta)^4}{4!}+\frac{(i\theta)^5}{5!}+\cdots\\ &=1+i\theta-\frac{\theta^2}{2!}-i\frac{\theta^3}{3!}+\frac{\theta^4}{4!}+i\frac{\theta^5}{5!}\cdots\\ &=1-\frac{\theta^2}{2!}+\frac{\theta^4}{4!}+\cdots+i\left(\theta-\frac{\theta^3}{3!}+\frac{\theta^5}{5!}\cdots\right).\end{aligned}\tag{9.2}$$

（重新排列项是合理的，因为级数是绝对收敛的.）现在比较式（9.1）和式（9.2）. 式（9.2）最后一行正是 $\cos\theta+i\sin\theta$. 于是就有在第 2.3 节介绍的非常有用的欧拉公式：

$$e^{i\theta}=\cos\theta+i\sin\theta.\tag{9.3}$$

因此，对任何复数就有式（9.4）那样的结论：

$$z=x+iy=r(\cos\theta+i\sin\theta)=re^{i\theta}.\tag{9.4}$$

这里有一些应用式（9.3）和式（9.4）的例子. 这些问题可以通过图形方式很快完成，或者在脑海中描绘出来.

例 计算 $2e^{\frac{i\pi}{6}}$，$e^{i\pi}$，$3e^{-\frac{i\pi}{2}}$，$e^{2n\pi i}$.

$2e^{\frac{i\pi}{6}}$是 $r=2$，$\theta=\frac{\pi}{6}$时的 $re^{i\theta}$. 从图 2.9.1 看出 $x=\sqrt{3}$，$y=1$，$x+iy=\sqrt{3}+i$，所以 $2e^{\frac{i\pi}{6}}=\sqrt{3}+i$.

$e^{i\pi}$是 $r=1$，$\theta=\pi$ 时的 $re^{i\theta}$. 从图 2.9.2 看出 $x=-1$，$y=0$，$x+iy=-1+0i$，所以 $e^{i\pi}=-1$. 注意 $r=1$，$\theta=-\pi$，$\pm3\pi$，$\pm5\pi\cdots$是同一点，所以 $e^{-i\pi}=-1$，$e^{-i3\pi}=-1$，等.

$3e^{-\frac{i\pi}{2}}$是 $r=3$，$\theta=-\frac{\pi}{2}$时的 $re^{i\theta}$. 从图 2.9.3 看出 $x=0$，$y=-3$，所以 $3e^{-\frac{i\pi}{2}}=x+iy=0-3i=-3i$.

$e^{2n\pi i}$是 $r=1$，$\theta=2n\pi=n(2\pi)$ 时的 $re^{i\theta}$. θ 是 2π 的整数倍，从图 2.9.4 看出 $x=1$，$y=0$，所以 $e^{2n\pi i}=1+0i=1$.

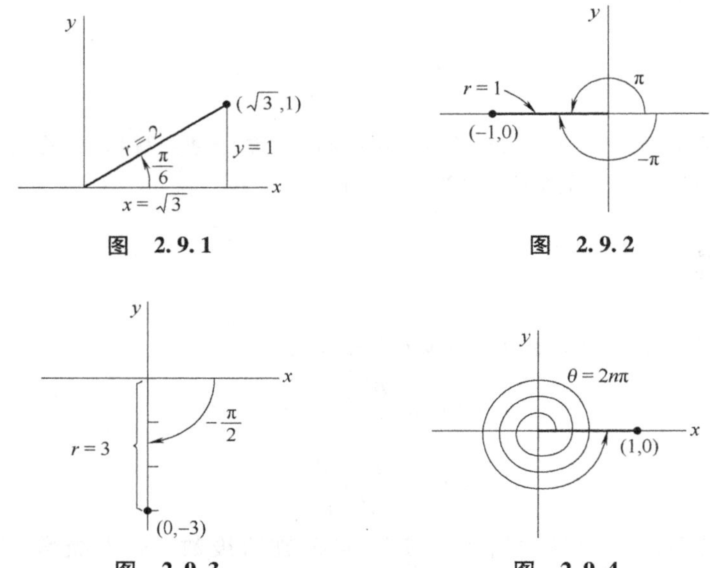

图　2.9.1

图　2.9.2

图　2.9.3

图　2.9.4

进行复数乘法除法时，使用欧拉公式常常是方便的. 从式（8.2）可以得到两个熟悉的指数法则，它们现在对于虚数指数是有效的：

$$e^{i\theta_1}\cdot e^{i\theta_2}=e^{i(\theta_1+\theta_2)},\quad e^{i\theta_1}/e^{i\theta_2}=e^{i(\theta_1-\theta_2)}. \tag{9.5}$$

记住，任何复数可以由式（9.4）写成 $re^{i\theta}$形式，得到

$$z_1\cdot z_2=r_1e^{i\theta_1}\cdot r_2e^{i\theta_2}=r_1r_2e^{i(\theta_1+\theta_2)},\quad z_1/z_2=\frac{r_1}{r_2}e^{i(\theta_1-\theta_2)}. \tag{9.6}$$

换句话说，两个复数相乘，等于它们的绝对值相乘并且它们的角度相加；两个复数相除，等于它们的绝对值相除并且它们的角度相减.

例　计算$\dfrac{(1+i)^2}{1-i}$.

从图 2.5.1 有 $1+i=\sqrt{2}e^{\frac{i\pi}{4}}$，在图 2.9.5 中画出 1−i 并求出 $r=\sqrt{2}$，$\theta=-\dfrac{\pi}{4}\left(或\dfrac{7\pi}{4}\right)$，所以 $1-i=\sqrt{2}e^{-\frac{i\pi}{4}}$，那么，

$$\frac{(1+i)^2}{1-i}=\frac{(\sqrt{2}e^{i\pi/4})^2}{\sqrt{2}e^{-i\pi/4}}=\frac{2e^{i\pi/2}}{\sqrt{2}e^{-i\pi/4}}=\sqrt{2}e^{3i\pi/4}.$$

根据图 2.9.6，可得 $x=-1$，$y=1$，所以有

$$\frac{(1+i)^2}{1-i}=x+iy=-1+i.$$

在这个例子中角度单位使用度. 通过式 (9.6), 求出$\frac{(1+i)^2}{1-i}$的角度是$2(45°)-(-45°)=135°$, 如图 2.9.6 所示.

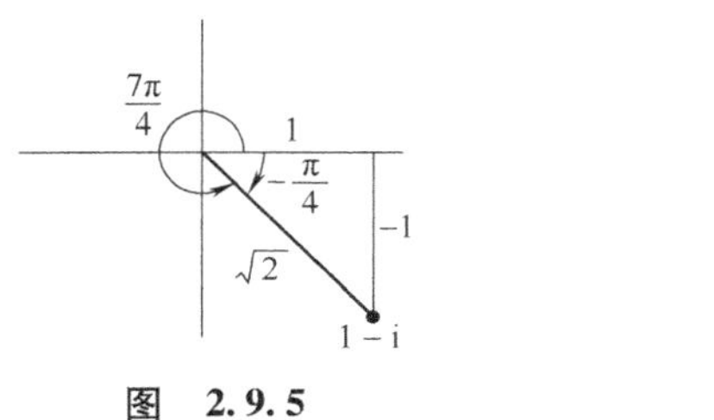

图 2.9.5

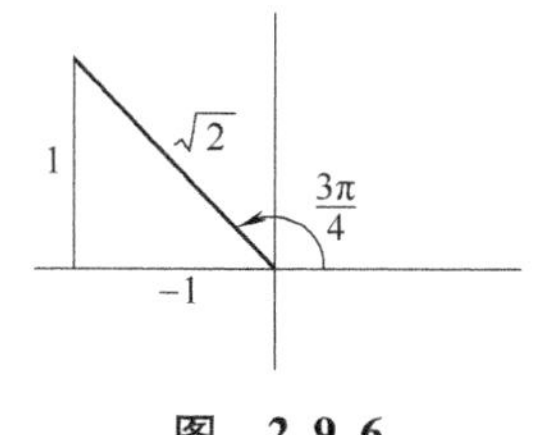

图 2.9.6

习题 2.9

用 $x+iy$ 的形式表示下列复数. 如有必要, 请使用示例中的示意图, 尝试将每个复数可视化. 前 12 个习题你应该能够在头脑中做 (也许尝试其他的一些方法), 用脑子快速地做一道题比用计算机省时. 记住, 做这类题的目的是获得处理复杂表达式的技巧, 所以一个好的学习方法是动手做这些题, 然后用计算机检查你的答案.

1. $e^{-i\pi/4}$
2. $e^{i\pi/2}$
3. $9e^{3\pi i/2}$
4. $e^{(1/3)(3+4\pi i)}$
5. $e^{5\pi i}$
6. $e^{-2\pi i}-e^{-4\pi i}+e^{-6\pi i}$
7. $3e^{2(1+i\pi)}$
8. $2e^{5\pi i/6}$
9. $2e^{-i\pi/2}$
10. $e^{i\pi}+e^{-i\pi}$
11. $\sqrt{2}e^{5i\pi/4}$
12. $4e^{-8i\pi/3}$
13. $\frac{(i-\sqrt{3})^3}{1-i}$
14. $(1+i\sqrt{3})^6$
15. $(1+i)^2+(1+i)^4$
16. $(i-\sqrt{3})(1+i\sqrt{3})$
17. $\frac{1}{(1+i)^3}$
18. $\left(\frac{1+i}{1-i}\right)^4$
19. $(1-i)^8$
20. $\left(\frac{\sqrt{2}}{i-1}\right)^{10}$
21. $\left(\frac{1-i}{\sqrt{2}}\right)^{40}$
22. $\left(\frac{1-i}{\sqrt{2}}\right)^{42}$
23. $\frac{(1+i)^{48}}{(\sqrt{3}-i)^{25}}$
24. $\frac{(1-i\sqrt{3})^{21}}{(i-1)^{38}}$
25. $\left(\frac{i\sqrt{2}}{1+i}\right)^{12}$
26. $\left(\frac{2i}{i+\sqrt{3}}\right)^{19}$
27. 证明: 对于任意实数 y, 有 $|e^{iy}|=1$. 由此可见, 对于每一个复数 z, 有 $|e^z|=e^x$.
28. 证明: 两个复数乘积的绝对值等于绝对值的乘积. 同时证明两个复数的商的绝对值就是绝对值的商. 提示: 复数写成 $re^{i\theta}$形式.

使用第 27 题和第 28 题求下列绝对值. 如果你理解了第 27 题和第 28 题以及方程 (5.1), 你应该能在脑子里算出来.

29. $|e^{i\pi/2}|$
30. $|e^{\sqrt{3}-i}|$
31. $|5e^{2\pi i/3}|$
32. $|3e^{2+4i}|$
33. $|2e^{3+i\pi}|$
34. $|4e^{2i-1}|$
35. $|3e^{5i}\cdot 7e^{-2i}|$
36. $|2e^{i\pi/6}|^2$
37. $\left|\frac{1+i}{1-i}\right|$
38. $\left|\frac{e^{i\pi}}{1+i}\right|$

2.10 复数的乘幂和方根

对复数乘法和除法，使用规则（9.6），有

$$z^n=(re^{i\theta})^n=r^n e^{in\theta}. \tag{10.1}$$

对任何整数 n，复数的 n 次幂就是取模的 n 次方和角度乘以 n. $r=1$ 的情况特别有趣，那么式（10.1）就成了棣莫弗（DeMoivre）定理：

$$(e^{i\theta})^n=(\cos\theta+i\sin\theta)^n=\cos n\theta+i\sin n\theta. \tag{10.2}$$

可以用这个方程计算 $\sin2\theta$，$\cos2\theta$，$\sin3\theta$ 等（见习题 2.10 第 27 题和第 28 题）.

z 的 n 次方根为 $z^{1/n}$，表示 n 次幂为 z 的复数. 从式（10.1）可以看出这是

$$z^{1/n}=(re^{i\theta})^{1/n}=r^{1/n}e^{i\theta/n}=\sqrt[n]{r}\left(\cos\frac{\theta}{n}+i\sin\frac{\theta}{n}\right). \tag{10.3}$$

必须小心使用此公式（请参阅下面的例 2~例 4）.

一些例子表明这些公式是多么有用.

例 1

$$[\cos(\pi/10)+i\sin(\pi/10)]^{25}=(e^{i\pi/10})^{25}=e^{2\pi i}e^{i\pi/2}=1\cdot i=i.$$

例 2 计算 8 的立方根.

我们都知道 2 是 8 的立方根，但是 8 还有两个复数立方根. 让我们来看看为什么. 画出复平面上的复数 8（即 $x=8$，$y=0$），该点的极坐标为 $r=8$，$\theta=0°$ 或 360°，720°，1080°等（可以用角度或者弧度；参阅第 2.3 节的结尾.）由方程（10.3）得 $z^{\frac{1}{3}}=r^{\left(\frac{1}{3}\right)}e^{\frac{i\theta}{3}}$，即要求 $re^{i\theta}$ 的立方根的极坐标，需求 r 的立方根和角度除以 3. 那么 $\sqrt[3]{8}$ 的极坐标是

$$\begin{aligned} r=2,\ \theta &=0°,\ 360°/3,\ 720°/3,\ 1080°/3\cdots \\ &=0°,\ 120°,\ 240°,\ 360°\cdots. \end{aligned} \tag{10.4}$$

在图 2.10.1 中绘制这些点，观察点（2,0°）与点（2,360°）是相同的. 式（10.4）中的点全部位于半径为 2 的圆上，相距 360°/3=120°，从 $\theta=0°$ 开始，如果重复加 120°，只是重复显示的三个角度.

因此，任何一个 z 都有三个立方根，都在半径为 $\sqrt[3]{|z|}$ 的圆周上，间隔为 120°.

现在求出 $\sqrt[3]{8}$ 的直角坐标形式，从图 2.10.1 可知，或者可以从 $z=r(\cos\theta+i\sin\theta)$ 计算，$r=2$，$\theta=0°$，$120°=\dfrac{2\pi}{3}$，$240°=\dfrac{4\pi}{3}$. 也可以用计算机来解出 $z^3=8$ 的方程. 由这些方法可得

$$\sqrt[3]{8}=\{2,-1+i\sqrt{3},-1-i\sqrt{3}\}.$$

例 3 计算和绘制 $\sqrt[4]{-64}$ 的所有值.

从图 2.10.2（或通过想象−64 曲线图）可知，−64 的极坐标是 $r=64$，$\theta=\pi+2k\pi$，其中 $k=0, 1, 2, 3, \cdots$.

由于 $z^{\frac{1}{4}}=r^{\frac{1}{4}}e^{\frac{i\theta}{4}}$，$\sqrt[4]{-64}$ 的极坐标是

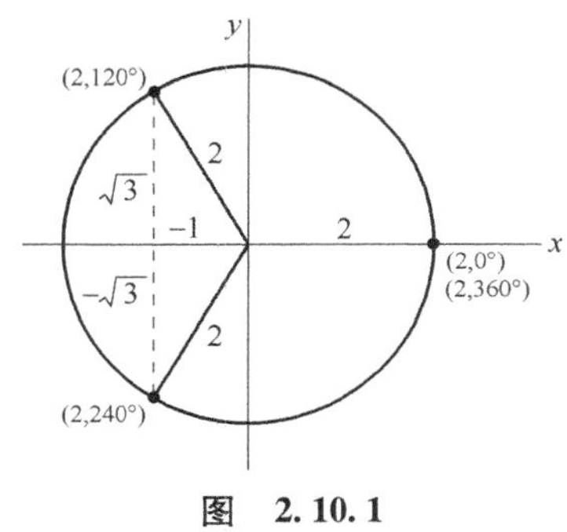

图 2.10.1

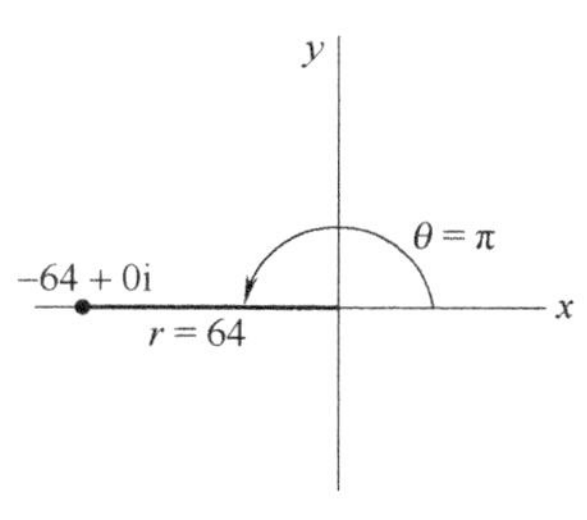

图 2.10.2

$$r=\sqrt[4]{64}=2\sqrt{2},$$

$$\theta=\frac{\pi}{4},\ \frac{\pi+2\pi}{4},\ \frac{\pi+4\pi}{4},\ \frac{\pi+6\pi}{4},\ \cdots=\frac{\pi}{4},\ \frac{3\pi}{4},\ \frac{5\pi}{4},\ \frac{7\pi}{4}.$$

在图 2.10.3 中绘制这些点，观察它们都在半径为 $2\sqrt{2}$ 的圆上，间隔为 $\frac{2\pi}{4}=\frac{\pi}{2}$. 开始于 $\theta=\frac{\pi}{4}$，重复加 $\frac{\pi}{2}$，得到 4 个四次方根. 图 2.10.3 中可看出 $\sqrt[4]{-64}$ 的直角坐标形式的值是

$$\sqrt[4]{-64}=\pm2\pm2\mathrm{i}\ (\pm\text{四种组合}).$$

或者可以像例 2 那样计算它们，或者可以通过计算机求解方程 $z^4=-64$.

例 4 求出和画出 $\sqrt[6]{-8\mathrm{i}}$ 的所有值.

$-8\mathrm{i}$ 的极坐标是 $r=8$，$\theta=270°+360°k=\frac{3\pi}{2}+2\pi k$，那么 $\sqrt[6]{-8\mathrm{i}}$ 的极坐标是

$$r=\sqrt{2},\quad \theta=\frac{270°+360°k}{6}=45°+60°k\quad 或\quad \theta=\frac{\pi}{4}+\frac{\pi}{3}k. \tag{10.5}$$

在图 2.10.4 中，画出半径为 $\sqrt{2}$ 的圆，在圆上画出 45° 的点，然后相隔 60° 绘出其余 6 个均匀的点. 为了求出直角坐标形式的根，需计算 $r(\cos\theta+\mathrm{i}\sin\theta)$ 所有的值，r 和 θ 由式（10.5）给出. 可以一次求一个根，或者更简单地用计算机解出方程 $z^6=-8\mathrm{i}$，可得（见习题 2.10 第 33 题）

$$\pm\left\{1+\mathrm{i},\frac{\sqrt{3}+1}{2}-\frac{\sqrt{3}-1}{2}\mathrm{i},\frac{\sqrt{3}-1}{2}-\frac{\sqrt{3}+1}{2}\mathrm{i}\right\}=\pm\{1+\mathrm{i},1.366-0.366\mathrm{i},0.366-1.366\mathrm{i}\}.$$

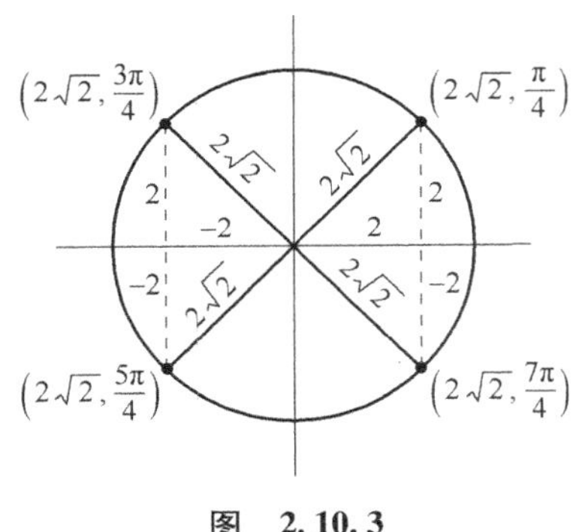

图 2.10.3

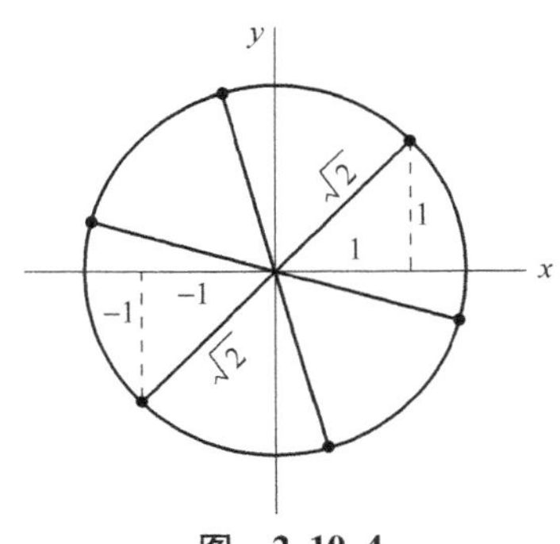

图 2.10.4

总结：在前面的例子中，计算$\sqrt[n]{re^{\mathrm{i}\theta}}$的步骤是：

（a）求出根的极坐标：取 r 的第 n 次根，$\theta+2k\pi$ 除以 n.

（b）画出草图：绘制一个半径为$\sqrt[n]{r}$的圆，以角度$\dfrac{\theta}{n}$绘制根，然后在圆上等间隔$\dfrac{2\pi}{n}$绘出其他 n 个根. 现在已经基本解决了这个问题. 从草图中可以看到根的近似直角坐标，并在（c）中检查你的答案. 因为绘制草图很快，也很容易，所以即使使用计算机求解（c）也是值得的.

（d）通过示例中的方法求根的 $x+\mathrm{i}y$ 坐标. 如果使用计算机，你可能想做根的计算机绘图，它应该是（b）中草图的完美复制.

习题 2.10

按照（a）、（b）、（c）的步骤求出所有指定根的值.

1. $\sqrt[3]{1}$
2. $\sqrt[3]{27}$
3. $\sqrt[4]{1}$
4. $\sqrt[4]{16}$
5. $\sqrt[6]{1}$
6. $\sqrt[6]{64}$
7. $\sqrt[8]{16}$
8. $\sqrt[8]{1}$
9. $\sqrt[5]{1}$
10. $\sqrt[5]{32}$
11. $\sqrt[3]{-8}$
12. $\sqrt[3]{-1}$
13. $\sqrt[4]{-4}$
14. $\sqrt[4]{-1}$
15. $\sqrt[6]{-64}$
16. $\sqrt[6]{-1}$
17. $\sqrt[5]{-1}$
18. $\sqrt{\mathrm{i}}$
19. $\sqrt[3]{\mathrm{i}}$
20. $\sqrt[3]{-8\mathrm{i}}$
21. $\sqrt{2+2\mathrm{i}\sqrt{3}}$
22. $\sqrt[3]{2\mathrm{i}-2}$
23. $\sqrt[4]{8\mathrm{i}\sqrt{3}-8}$
24. $\sqrt[8]{\dfrac{-1-\mathrm{i}\sqrt{3}}{2}}$
25. $\sqrt[5]{-1-\mathrm{i}}$
26. $\sqrt[5]{\mathrm{i}}$
27. 使用这个事实：一个复数方程是两个实数方程. 通过使用方程（10.2）求出 $\sin2\theta$ 和 $\cos2\theta$ 的倍角公式.
28. 如第 27 题一样，求出 $\sin3\theta$ 和 $\cos3\theta$ 的公式.
29. 证明：位于 z_1，z_2，z_3 这些点上的三个相同粒子的质心为 $(z_1+z_2+z_3)/3$.
30. 证明：8 的三个立方根的和为零.
31. 证明：任意复数的 n 个 n 次方根的和为零.
32. +1 的 3 个立方根通常被称为 1，ω，ω^2. 证明这是合理的，也就是说，证明：+1 的立方根是+1 和另外两个数（其中一个数是另一个数的平方）.
33. 验证例 4 中给出根的结果. 你可以用三角加法公式求出$\sqrt{3}$的精确值，或者用计算机求解 $z^6=-8\mathrm{i}$ 更容易.（你仍然需要手动把计算机得到的结果转换成给定的形式.）

2.11 指数函数和三角函数

尽管已经通过幂级数（8.1）定义了 e^z，但是用另一种形式求它也是值得的. 由式（8.2）可写出

$$\mathrm{e}^z=\mathrm{e}^{x+\mathrm{i}y}=\mathrm{e}^x\mathrm{e}^{\mathrm{i}y}=\mathrm{e}^x(\cos y+\mathrm{i}\sin y). \tag{11.1}$$

如果需要给定 z 的 e^z 值，那么上面的公式比无限级数更方便使用. 例如，从图 2.9.2 中有

$$e^{2-i\pi}=e^2e^{-i\pi}=e^2\cdot(-1)=-e^2.$$

已经看到，复数指数和实数角度的三角函数之间存在紧密的关系［欧拉公式（9.3）］. 以另一种形式写这个关系是有用的. 写出欧拉公式（9.3），并且以 $-\theta$ 替换 θ. 请记住，$\cos(-\theta)=\cos\theta$ 和 $\sin(-\theta)=-\sin\theta$，那么有

$$\begin{aligned}e^{i\theta}&=\cos\theta+i\sin\theta,\\ e^{-i\theta}&=\cos\theta-i\sin\theta.\end{aligned}\tag{11.2}$$

这两个方程可以解出 $\sin\theta$ 和 $\cos\theta$，得到（见习题 2.11 第 2 题）

$$\begin{aligned}\sin\theta&=\frac{e^{i\theta}-e^{-i\theta}}{2i},\\ \cos\theta&=\frac{e^{i\theta}+e^{-i\theta}}{2}.\end{aligned}\tag{11.3}$$

这些公式在积分计算中很有用，因为指数的乘积比正弦和余弦的乘积更容易积分（见习题 2.11 第 11～第 16 题和第 7 章 7.5 节）.

到目前为止，前面只讨论了实数角度的三角函数. 可以通过它们的幂级数定义复数 z 的 $\sin z$ 和 $\cos z$，就像为 e^z 做的那样. 然后，可以将这些级数与 e^{iz} 的级数进行比较，并推导出欧拉公式和式（11.3），其中用 z 代替 θ. 然而，使用对应于式（11.3）的复数方程作为对 $\sin z$ 和 $\cos z$ 的定义更简单. 定义：

$$\begin{aligned}\sin z&=\frac{e^{iz}-e^{-iz}}{2i},\\ \cos z&=\frac{e^{iz}+e^{-iz}}{2}.\end{aligned}\tag{11.4}$$

z 的其余三角函数通常用这些来定义，例如，$\tan z=\dfrac{\sin z}{\cos z}$.

例 1

$\cos i=\dfrac{e^{i\cdot i}+e^{-i\cdot i}}{2}=\dfrac{e^{-1}+e}{2}=1.543\cdots$（将在第 2.15 节看到这个表达式叫作 1 的双曲余弦）

例 2 通过式（8.2）有

$$\sin\left(\frac{\pi}{2}+i\ln 2\right)=\frac{e^{i\left(\frac{\pi}{2}+i\ln 2\right)}-e^{-i\left(\frac{\pi}{2}+i\ln 2\right)}}{2i}=\frac{e^{\frac{i\pi}{2}}e^{-\ln 2}-e^{-\frac{i\pi}{2}}e^{\ln 2}}{2i}$$

从图 2.5.2 和图 2.9.3 可知 $e^{\frac{i\pi}{2}}=i$，$e^{-\frac{i\pi}{2}}=-i$，通过 $\ln x$ 的定义［或见方程（13.1）和方程（13.2）］有 $e^{\ln 2}=2$，于是 $e^{-\ln 2}=\dfrac{1}{e^{\ln 2}}=\dfrac{1}{2}$，那么：

$$\sin\left(\frac{\pi}{2}+i\ln 2\right)=\frac{(i)(1/2)-(-i)(2)}{2i}=\frac{5}{4}$$

从这两个例子注意，复数的正弦和余弦可能大于 1. 正如我们将看到的（第 2.15 节），虽然对于实数 x 有 $|\sin x|\leqslant 1$ 和 $|\cos x|\leqslant 1$，但是当 z 是复数时，$\sin z$ 和 $\cos z$ 可以取任意值.

使用 $\sin z$ 和 $\cos z$ 的定义式（11.4），可以证明当用 z 代替 θ 时，三角恒等式和微积分公式成立.

例 3 证明：$\sin^2 z+\cos^2 z=1$.

$$\sin^2 z=\left(\frac{e^{iz}-e^{-iz}}{2i}\right)^2=\frac{e^{2iz}-2+e^{-2iz}}{-4},$$

$$\cos^2 z=\left(\frac{e^{iz}+e^{-iz}}{2}\right)^2=\frac{e^{2iz}+2+e^{-2iz}}{4},$$

$$\sin^2 z+\cos^2 z=\frac{2}{4}+\frac{2}{4}=1.$$

例 4 使用定义（11.4），验证$\frac{d}{dz}\sin z=\cos z$.

$$\sin z=\frac{e^{iz}-e^{-iz}}{2i},$$

$$\frac{d}{dz}\sin z=\frac{1}{2i}(ie^{iz}+ie^{-iz})=\frac{e^{iz}+e^{-iz}}{2}=\cos z.$$

习题 2.11

1. 通过幂级数定义 $\sin z$ 和 $\cos z$. 写出 e^{iz} 的幂级数，通过对这些级数的比较，得到 $\sin z$ 和 $\cos z$ 的定义（11.4）.

2. 求解方程 $e^{i\theta}=\cos\theta+i\sin\theta$，$e^{-i\theta}=\cos\theta-i\sin\theta$，求出 $\sin\theta$ 和 $\cos\theta$，并得到方程（11.3）.

求出下面式子的 $x+iy$ 直角坐标形式，然后用计算机检查结果. 记住要节省时间，在你的头脑中做尽可能多的事情.

3. $e^{-(i\pi/4)+\ln 3}$
4. $e^{3\ln 2-i\pi}$
5. $e^{(i\pi/4)+(\ln 2)/2}$
6. $\cos(i\ln 5)$
7. $\tan(i\ln 2)$
8. $\cos(\pi-2i\ln 3)$
9. $\sin(\pi-i\ln 3)$
10. $\sin(i\ln i)$

用正弦和余弦的指数形式表示下面积分式子，然后积分得到：

11. $\int_{-\pi}^{\pi}\cos 2x\cos 3x\,dx=0$
12. $\int_{-\pi}^{\pi}\cos^2 3x\,dx=\pi$
13. $\int_{-\pi}^{\pi}\sin 2x\sin 3x\,dx=0$
14. $\int_{0}^{2\pi}\sin^2 4x\,dx=\pi$
15. $\int_{-\pi}^{\pi}\sin 2x\cos 3x\,dx=0$
16. $\int_{-\pi}^{\pi}\sin 3x\cos 4x\,dx=0$

对$\int e^{(a+ib)x}dx$ 求值，取实部和虚部来表示：

17. $\int e^{ax}\cos bx\,dx=\frac{e^{ax}(a\cos bx+b\sin bx)}{a^2+b^2}$

18. $\int e^{ax}\sin bx\,dx=\frac{e^{ax}(a\sin bx-b\cos bx)}{a^2+b^2}$

2.12 双曲函数

对于纯虚数 z 的 $\sin z$ 和 $\cos z$，也就是 $z=iy$，有

$$\sin iy=\frac{e^{-y}-e^{y}}{2i}=i\,\frac{e^{y}-e^{-y}}{2},\quad \cos iy=\frac{e^{-y}+e^{y}}{2}=\frac{e^{y}+e^{-y}}{2}.\tag{12.1}$$

右边的实数函数有特殊的名称，因为这些特定的指数组合在问题中经常出现，它们被称为双曲正弦（缩写为 sinh）和双曲余弦（缩写为 cosh）. 对于所有的 z，它们的定义为

$$\sinh z=\frac{e^{z}-e^{-z}}{2},\quad \cosh z=\frac{e^{z}+e^{-z}}{2}.\tag{12.2}$$

其他双曲函数的命名和定义与三角函数类似：

$$\tanh z=\frac{\sinh z}{\cosh z},\quad \coth z=\frac{1}{\tanh z},\quad \operatorname{sech} z=\frac{1}{\cosh z},\quad \operatorname{csch} z=\frac{1}{\sinh z}.\tag{12.3}$$

（术语“双曲”函数背后的原因，请参见习题 2.12 第 38 题）

式（12.1）可写成

$$\sin iy=i\sinh y,\quad \cos iy=\cosh y.\tag{12.4}$$

然后我们看到 y 的双曲函数是（除了一个 i 因子）iy 的三角函数. 由式（12.2）我们可以看出式（12.4）用 z 代替 y 成立，由于双曲函数和三角函数之间的这种关系，双曲函数的公式看起来很像对应的三角恒等式和微积分公式. 然而，它们并不相同.

例 证明下面的公式（见习题 2.12 第 9，第 10，第 11 和第 38 题）.

$$\cosh^2 z-\sinh^2 z=1\quad（比较\ \sin^2 z+\cos^2 z=1），$$

$$\frac{d}{dz}\cosh z=\sinh z\quad（比较\ \frac{d}{dz}\cos z=-\sin z）.$$

习题 2.12

用式（11.4）、式（12.2）和式（12.3）验证下列各项.

1. $\sin z=\sin(x+iy)=\sin x\cosh y+i\cos x\sinh y$
2. $\cos z=\cos x\cosh y-i\sin x\sinh y$
3. $\sinh z=\sinh x\cos y+i\cosh x\sin y$
4. $\cosh z=\cosh x\cos y+i\sinh x\sin y$
5. $\sin 2z=2\sin z\cos z$
6. $\cos 2z=\cos^2 z-\sin^2 z$
7. $\sinh 2z=2\sinh z\cosh z$
8. $\cosh 2z=\cosh^2 z+\sinh^2 z$
9. $\frac{d}{dz}\cos z=-\sin z$
10. $\frac{d}{dz}\cosh z=\sinh z$
11. $\cosh^2 z-\sinh^2 z=1$
12. $\cos^4 z+\sin^4 z=1-\frac{1}{2}\sin^2 2z$
13. $\cos 3z=4\cos^3 z-3\cos z$
14. $\sin iz=i\sinh z$
15. $\sinh iz=i\sin z$

16. $\tan iz=i\tanh z$ 17. $\tanh iz=i\tan z$

18. $\tan z=\tan(x+iy)=\dfrac{\tan x+i\tanh y}{1-i\tan x\tanh y}$

19. $\tanh z=\dfrac{\tanh x+i\tan y}{1+i\tanh x\tan y}$

20. 证明：$e^{nz}=(\cosh z+\sinh z)^n=\cosh nz+\sinh nz$. 使用这个方程和 e^{-nz} 的类似方程，求出用 $\sinh z$ 和 $\cosh z$ 表示 $\cosh 3z$ 和 $\sinh 3z$ 的公式.

21. 使用计算机绘制 $\sinh x$、$\cosh x$ 和 $\tanh x$ 的图形.

22. 使用式（12.2）和式（8.1），求 $\sinh x$ 和 $\cosh x$ 的幂级数的和形式. 用计算机检查级数的前几项.

求下面式子的实部、虚部和绝对值.

23. $\cosh(ix)$ 24. $\cos(ix)$ 25. $\sin(x-iy)$

26. $\cosh(2-3i)$ 27. $\sin(4+3i)$ 28. $\tanh(1-i\pi)$

求出下面各项的 $x+iy$ 形式，并用计算机核对你的答案.

29. $\cosh 2\pi i$ 30. $\tanh\dfrac{3\pi i}{4}$ 31. $\sinh\left(\ln 2+\dfrac{i\pi}{3}\right)$

32. $\cosh\left(\dfrac{i\pi}{2}-\ln 3\right)$ 33. $\tan i$ 34. $\sin\dfrac{i\pi}{2}$

35. $\cosh(i\pi+2)$ 36. $\sinh\left(1+\dfrac{i\pi}{2}\right)$ 37. $\cos(i\pi)$

38. 函数 $\sin t$，$\cos t$，…称为“圆函数”，函数 $\sinh t$，$\cosh t$，…称为“双曲函数”. 为了找出原因，证明：$x=\cos t$，$y=\sin t$ 满足圆的方程 $x^2+y^2=1$，而 $x=\cosh t$，$y=\sinh t$ 满足双曲线方程 $x^2-y^2=1$.

2.13 对数

在初等数学中，只有正数才有对数，负数没有对数. 在实数域内，这是正确的，但在复数域是不正确的. 现在将看到如何求解任何复数 $z\neq 0$ 的对数（包括负实数作为一个特例）. 如果：

$$z=e^w \tag{13.1}$$

那么通过定义有

$$w=\ln z. \tag{13.2}$$

（用 ln 表示自然对数，以避免繁琐的 $\log_e$，并避免混淆 10 为基数的对数.）

使用式（13.1）可把指数定律（8.2）写成

$$z_1z_2=e^{w_1}\cdot e^{w_2}=e^{w_1+w_2}. \tag{13.3}$$

取这个方程的对数，根据式（13.1）和式（13.2）得到

$$\ln z_1z_2=w_1+w_2=\ln z_1+\ln z_2. \tag{13.4}$$

这是乘积对数的常见法则，现在用复数来证明. 那么可以从方程中求出复数对数的实部和虚部：

$$w=\ln z=\ln(re^{i\theta})=\mathrm{Ln}r+\ln e^{i\theta}=\mathrm{Ln}r+i\theta, \tag{13.5}$$

其中 Lnr 表示以 e 为底的正实数 r 的实数对数.

由于 θ 有无限数量的值（所有不同的 2π 的整数倍），一个复数有无限多的对数，通过 $2\pi i$ 倍数彼此不相同. $\ln z$（常写成 Lnz）的主值是 θ 的主值，即是 $0\leqslant\theta<2\pi$（一些文献也指

$-\pi<\theta\leqslant\pi$).

例 1 求 $\ln(-1)$. 从图 2.9.2 中可见点 $z=-1$ 的极坐标为 $r=1$, $\theta=\pi$, $-\pi$, $3\pi\cdots$, 那么:

$$\ln(-1)=\mathrm{Ln}(1)+\mathrm{i}(\pi\pm2n\pi)=\mathrm{i}\pi,-\mathrm{i}\pi,3\pi\mathrm{i},\cdots.$$

例 2 求 $\ln(1+\mathrm{i})$.

从 $z=1+\mathrm{i}$ 的图 2.5.1 中可求出 $r=\sqrt{2}$, $\theta=\frac{\pi}{4}\pm2n\pi$, 那么:

$$\ln(1+\mathrm{i})=\mathrm{Ln}\sqrt{2}+\mathrm{i}\left(\frac{\pi}{4}\pm2n\pi\right)=0.347\cdots+\mathrm{i}\left(\frac{\pi}{4}\pm2n\pi\right).$$

即使是正实数，其角度可视为 0, 2π, -2π 等，对数也是无限的. 这些对数中只有一个是实数，即主角度值 $\theta=0$ 这一个对数. 甚至一个正实数也有无限多的对数，因为它的角度可以取 0, 2π, -2π 等. 只有其中一个对数是实数，即角度 $\theta=0$ 时的主值 $\mathrm{Ln}r$.

2.14 复方根和复乘幂

对于正实数，公式 $\ln a^b=b\ln a$ 相当于 $a^b=\mathrm{e}^{b\ln a}$, 通过相同公式定义复数 a 和 $b(a\neq\mathrm{e})$ 的乘幂:

$$a^b=\mathrm{e}^{b\ln a}. \tag{14.1}$$

(把 $a=\mathrm{e}$ 这种情况排除在外，因为通过式 (8.1) 已定义了 e 的乘幂.) 由于 $\ln a$ 是多值的 (因为 θ 值有无限个), 所以幂 a^b 通常是多值的，必须使用所有的 θ 值，除非只取 $\ln z$ 或 a^b 的主值. 在下面的例子中，求出每个复乘幂的所有值，并将答案写成 $x+\mathrm{i}y$ 的形式.

例 1 求出 $\mathrm{i}^{-2\mathrm{i}}$的所有值.

从图 2.5.2 和方程 (13.5) 可知 $\ln\mathrm{i}=\mathrm{Ln}1+\mathrm{i}\left(\frac{\pi}{2}\pm2n\pi\right)=\mathrm{i}\left(\frac{\pi}{2}\pm2n\pi\right)$, $\mathrm{Ln}1=0$. 由公式 (14.1)得

$$\mathrm{i}^{-2\mathrm{i}}=\mathrm{e}^{-2\mathrm{i}\ln\mathrm{i}}=\mathrm{e}^{-2\mathrm{i}\cdot\mathrm{i}(\pi/2\pm2n\pi)}=\mathrm{e}^{\pi\pm4n\pi}=\mathrm{e}^{\pi},\mathrm{e}^{5\pi},\mathrm{e}^{-3\pi},\cdots,$$

其中, $\mathrm{e}^{\pi}=23.14\cdots$, $\mathrm{i}^{-2\mathrm{i}}$所有值都是实数. 参阅第 2.3 节末尾，这里注意，最后一步是没有求出 $\pi\pm4n\pi$ 的正弦或余弦，因此，在求 $\ln\mathrm{i}=\mathrm{i}\theta$ 时, θ 是弧度，不是度.

例 2 计算 $\mathrm{i}^{\frac{1}{2}}$的所有值.

应用例 1 中的 $\ln\mathrm{i}$, 有 $\mathrm{i}^{\frac{1}{2}}=\mathrm{e}^{\left(\frac{1}{2}\right)\ln\mathrm{i}}=\mathrm{e}^{\mathrm{i}\left(\frac{\pi}{4}+n\pi\right)}=\mathrm{e}^{\frac{\mathrm{i}\pi}{4}}\mathrm{e}^{\mathrm{i}n\pi}$. 当 n 是偶数时, $\mathrm{e}^{\mathrm{i}n\pi}=+1$ (见图 2.9.4); 当 n 是奇数时, $\mathrm{e}^{\mathrm{i}n\pi}=-1$ (见图 2.9.2), 因此使用图 2.5.1 有

$$\mathrm{i}^{1/2}=\pm\mathrm{e}^{\mathrm{i}\pi/4}=\pm\frac{1+\mathrm{i}}{\sqrt{2}}.$$

注意，尽管 $\ln\mathrm{i}$ 有无穷多的值，像平方根一样，但只给出 $\mathrm{i}^{1/2}$的两个值. (比较第 2.10 节中相对容易解决这个问题的方法.)

例 3 求解 $(1+\mathrm{i})^{1-\mathrm{i}}$所有的值.

根据式 (14.1) 和第 2.13 节例 2 的 $\ln(1+\mathrm{i})$ 的值，有

$$\begin{aligned}(1+\mathrm{i})^{1-\mathrm{i}} &= \mathrm{e}^{(1-\mathrm{i})\ln(1+\mathrm{i})} = \mathrm{e}^{(1-\mathrm{i})[\mathrm{Ln}\sqrt{2}+\mathrm{i}(\pi/4\pm 2n\pi)]} \\ &= \mathrm{e}^{\mathrm{Ln}\sqrt{2}}\mathrm{e}^{-\mathrm{i}\mathrm{Ln}\sqrt{2}}\mathrm{e}^{\mathrm{i}\pi/4}\mathrm{e}^{\pm 2n\pi\mathrm{i}}\mathrm{e}^{\pi/4}\mathrm{e}^{\pm 2n\pi} \\ &= \sqrt{2}\,\mathrm{e}^{\mathrm{i}(\pi/4-\mathrm{Ln}\sqrt{2})}\mathrm{e}^{\pi/4}\mathrm{e}^{\pm 2n\pi} \qquad (\text{因为 } \mathrm{e}^{\pm 2n\pi\mathrm{i}}=1) \\ &= \sqrt{2}\,\mathrm{e}^{\pi/4}\mathrm{e}^{\pm 2n\pi}[\cos(\pi/4-\mathrm{Ln}\sqrt{2})+\mathrm{i}\sin(\pi/4-\mathrm{Ln}\sqrt{2})] \\ &\approx \mathrm{e}^{\pm 2n\pi}(2.808+1.318\mathrm{i}).\end{aligned}$$

现在你可能想知道为什么不用计算机来解决这些问题. 最重要的一点是，对于高级工作来说，掌握复杂表达式的技巧很有用. 第二点是，答案可能有几种形式（参见第 2.15 节例 2），或者可能有很多答案（请参阅上面的示例），而且计算机可能无法提供想要的答案（请参阅习题 2.14 第 25 题）. 所以要获得必要的技能，一个好的学习方法就是动手解答问题并与计算机得到的结果进行比较.

习题 2.14

计算下列各式子，写成 $x+\mathrm{i}y$ 形式，并与计算机得到的结果进行比较.

1. $\ln(-\mathrm{e})$
2. $\ln(-\mathrm{i})$
3. $\ln(\mathrm{i}+\sqrt{3})$
4. $\ln(\mathrm{i}-1)$
5. $\ln(-\sqrt{2}-\mathrm{i}\sqrt{2})$
6. $\ln\left(\dfrac{1-\mathrm{i}}{\sqrt{2}}\right)$
7. $\ln\left(\dfrac{1+\mathrm{i}}{1-\mathrm{i}}\right)$
8. $\mathrm{i}^{2/3}$
9. $(-1)^{\mathrm{i}}$
10. $\mathrm{i}^{\ln \mathrm{i}}$
11. 2^{i}
12. $\mathrm{i}^{3+\mathrm{i}}$
13. $\mathrm{i}^{2\mathrm{i}/\pi}$
14. $(2\mathrm{i})^{1+\mathrm{i}}$
15. $(-1)^{\sin \mathrm{i}}$
16. $\left(\dfrac{1+\mathrm{i}\sqrt{3}}{2}\right)^{\mathrm{i}}$
17. $(\mathrm{i}-1)^{\mathrm{i}+1}$
18. $\cos(2\mathrm{i}\ln \mathrm{i})$
19. $\cos(\pi+\mathrm{i}\ln 2)$
20. $\sin\left(\mathrm{i}\ln\dfrac{1-\mathrm{i}}{1+\mathrm{i}}\right)$
21. $\cos[\mathrm{i}\ln(-1)]$
22. $\sin\left[\mathrm{i}\ln\left(\dfrac{\sqrt{3}+\mathrm{i}}{2}\right)\right]$
23. $(1-\sqrt{2\mathrm{i}})^{\mathrm{i}}$. 提示：先求出 $\sqrt{2\mathrm{i}}$.
24. 证明：$(a^b)^c$ 可以比 a^{bc} 有更多的值. 比较的例子：
(a) $[(-\mathrm{i})^{2+\mathrm{i}}]^{2-\mathrm{i}}$ 和 $(-\mathrm{i})^{(2+\mathrm{i})(2-\mathrm{i})}=(-\mathrm{i})^5$；
(b) $(\mathrm{i}^{\mathrm{i}})^{\mathrm{i}}$ 和 i^{-1}.
25. 使用计算机求出方程 $x^3-3x-1=0$ 的三个解. 找出一种方法证明结果可以写成 $2\cos(\pi/9)$，$-2\cos(2\pi/9)$，$-2\cos(4\pi/9)$.

2.15 反三角函数和双曲函数

我们已经定义了一个复数 z 的三角函数和双曲函数. 例如：

$$w=\cos z=\frac{\mathrm{e}^{\mathrm{i}z}+\mathrm{e}^{-\mathrm{i}z}}{2}. \tag{15.1}$$

定义了 $w=\cos z$，也就是说，对于每个复数 z，式（15.1）给出复数 ω，我们现在定义反余弦或 $\arccos w$：

$$z=\arccos w \quad \text{如果 } w=\cos z. \tag{15.2}$$

类似可定义其他反三角函数和双曲函数.

在实数时，$\sin x$ 和 $\cos x$ 永远不会大于1，但这对复数 z 的 $\sin z$ 和 $\cos z$ 不再成立. 为说明求取反三角函数（或反双曲函数）的方法，让我们计算 arccos2.

例 1　对 z，其中，$z=\arccos 2$ 或 $\cos z=2$，有

$$\frac{\mathrm{e}^{\mathrm{i}z}+\mathrm{e}^{-\mathrm{i}z}}{2}=2.$$

为了简化代数，设 $u=\mathrm{e}^{\mathrm{i}z}$，则 $\mathrm{e}^{-\mathrm{i}z}=u^{-1}$，方程为

$$\frac{u+u^{-1}}{2}=2.$$

两边同时乘以 $2u$，得 $u^2+1=4u$，或 $u^2-4u+1=0$，用二次公式求出这个方程的解：

$$u=\frac{4\pm\sqrt{16-4}}{2}=2\pm\sqrt{3},\qquad 或\quad \mathrm{e}^{\mathrm{i}z}=u=2\pm\sqrt{3}.$$

两边取对数，因为 $\mathrm{Ln}(2-\sqrt{3})=-\mathrm{Ln}\,(2+\sqrt{3})$，求出 z 的解：

$$\mathrm{i}z=\ln(2\pm\sqrt{3})=\mathrm{Ln}(2\pm\sqrt{3})+2n\pi\mathrm{i},$$

$$\arccos 2=z=2n\pi-\mathrm{i}\mathrm{Ln}(2\pm\sqrt{3})=2n\pi\pm\mathrm{i}\mathrm{Ln}(2+\sqrt{3}).$$

现在求 $\cos z$ 很有意义，它等于2. 由 $\mathrm{i}z=\ln(2\pm\sqrt{3})$，有

$$\mathrm{e}^{\mathrm{i}z}=\mathrm{e}^{\ln(2\pm\sqrt{3})}=2\pm\sqrt{3},$$

$$\mathrm{e}^{-\mathrm{i}z}=\frac{1}{\mathrm{e}^{\mathrm{i}z}}=\frac{1}{2\pm\sqrt{3}}=\frac{2\mp\sqrt{3}}{4-3}=2\mp\sqrt{3},$$

那么，

$$\cos z=\frac{\mathrm{e}^{\mathrm{i}z}+\mathrm{e}^{-\mathrm{i}z}}{2}=\frac{2\pm\sqrt{3}+2\mp\sqrt{3}}{2}=\frac{4}{2}=2.$$

结果正如所述的.

用同样的方法，可以用对数求出所有的反三角函数和双曲函数（见第2.17节综合习题）. 这里还有一个例子.

例 2　用积分表或计算机，可以计算不定积分：

$$\int\frac{\mathrm{d}x}{\sqrt{x^2+a^2}},\tag{15.3}$$

结果为

$$\sinh^{-1}\frac{x}{a}\quad 或\quad \ln(x+\sqrt{x^2+a^2}).\tag{15.4}$$

这些是如何联系起来的？设

$$z=\sinh^{-1}\frac{x}{a}\quad 或\quad \frac{x}{a}=\sinh z=\frac{\mathrm{e}^{z}-\mathrm{e}^{-z}}{2}.\tag{15.5}$$

我们像之前的例子那样解出 z. 令 $\mathrm{e}^{z}=u$，$\mathrm{e}^{-z}=1/u$，那么，

$$u-\frac{1}{u}=\frac{2x}{a},$$

$$au^2-2xu-a=0,$$

$$e^z=u=\frac{2x\pm\sqrt{4x^2+4a^2}}{2a}=\frac{x\pm\sqrt{x^2+a^2}}{a}. \tag{15.6}$$

对于实数积分，也就是说，对于实数 z，$e^z>0$，所以必须用正的符号．那么对式（15.6）取对数有

$$z=\ln(x+\sqrt{x^2+a^2})-\ln a. \tag{15.7}$$

比较式（15.5）和式（15.7）我们发现，式（15.4）中的两个答案只差一个常数 $\ln a$，这是一个积分常数．

习题 2.15

计算下列各式子，写成 $x+iy$ 形式，并与计算机得到的结果进行比较．

1. $\arcsin 2$
2. $\arctan 2i$
3. $\cosh^{-1}(1/2)$
4. $\sinh^{-1}(i/2)$
5. $\arccos(i\sqrt{8})$
6. $\tanh^{-1}(-i)$
7. $\arctan(i\sqrt{2})$
8. $\arcsin(5/3)$
9. $\tanh^{-1}(i\sqrt{3})$
10. $\arccos(5/4)$
11. $\sinh^{-1}(i/\sqrt{2})$
12. $\cosh^{-1}(\sqrt{3}/2)$
13. $\cosh^{-1}(-1)$
14. $\arcsin(3i/4)$
15. $\arctan(2+i)$
16. $\tanh^{-1}(1-2i)$
17. 证明：$\tan z$ 不能取 $\pm i$ 值．提示：试着解方程 $\tan z=i$，然后发现它会导致一个矛盾．
18. 证明：$\tanh z$ 不能取 ± 1 值．

2.16　一些应用

2.16.1　粒子运动

我们已经看到（第 2.5 节的末尾）粒子在 (x,y) 平面中的路径由 $z=z(t)$ 给出．作为另一个例子，假设 $z=1+3e^{2it}$，则有

$$|z-1|=|3e^{2it}|=3. \tag{16.1}$$

$|z-1|$ 是点 z 和 1 之间的距离，式（16.1）表示这个距离是 3．因此粒子轨迹为圆心在 $(1,0)$ 半径为 3 的圆，其速度的大小为 $\left|\frac{dz}{dt}\right|=|6ie^{2it}|=6$，因此它以恒定速度沿圆周运动（见习题 2.16.1 第 2 题）．

习题 2.16.1

1. 证明：如果通过原点和点 z 的直线绕原点旋转 90°，则它成为通过原点和点 iz 的直线．这一事实有时表示说，i 乘以一个复数，表示该复数旋转 90°．在下面的习题中使用这个概念．令 $z=ae^{i\omega t}$ 为一个粒子从原点

开始 t 时刻的位移，证明粒子沿半径为 a 的圆运动，速度为 $v=a\omega$，加速度大小为 v^2/a，加速度方向指向圆心.

在下面的每一个习题中，z 表示一个粒子从原点开始的位移. 求（作为 t 的函数）它的速度和加速度的大小，并描述其运动.

2. $z=5e^{i\omega t}$，$\omega=\text{const}$. 提示：参见第 1 题.

3. $z=(1+i)e^{it}$.

4. $z=(1+i)t-(2+i)(1-t)$. 提示：证明粒子沿通过点（1+i）和（−2−i）的直线运动.

5. $z=z_1t+z_2(1-t)$. 提示：参见第 4 题，这里的直线通过点 z_1 的 z_2.

2.16.2 电路

在电路理论中，如果 V_R 为通过电阻 R 的电压，I 为流过电阻的电流，则

$$V_R=IR\ (\text{欧姆定律}). \tag{16.2}$$

通过电感 L 的电流和电压的关系是

$$V_L=L\frac{\mathrm{d}I}{\mathrm{d}t}. \tag{16.3}$$

通过电容的电流和电压的关系是

$$\frac{\mathrm{d}V_C}{\mathrm{d}t}=\frac{I}{C}. \tag{16.4}$$

其中，C 是电容. 假设电流 I 和电压 V 在图 2.16.1 的电路中随时间变化，则电流 I 为

$$I=I_0\sin\omega t. \tag{16.5}$$

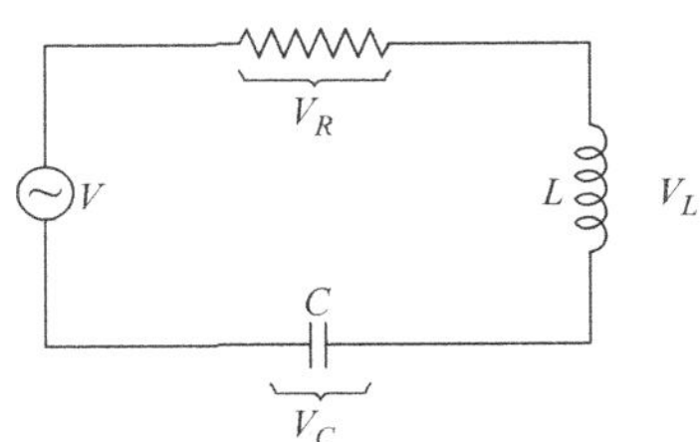

图 2.16.1

可以验证通过 R，L 和 C 的电压与式（16.2）、式（16.3）和式（16.4）一致：

$$V_R=RI_0\sin\omega t, \tag{16.6}$$

$$V_L=\omega LI_0\cos\omega t, \tag{16.7}$$

$$V_C=-\frac{1}{\omega C}I_0\cos\omega t. \tag{16.8}$$

总电压是一个复杂函数，为

$$V=V_R+V_L+V_C. \tag{16.9}$$

使用复数讨论 a-c 电路的一种简单方法如下. 式（16.5）可写为

$$I=I_0e^{i\omega t}. \tag{16.10}$$

实际的物理电流是由式（16.10）中 I 的虚部给出的，也即由式（16.5）给出. 通过比较式（16.5）和式（16.10），I 的最大值，即 I_0，由式（16.10）中的 $|I|$ 给出. 方程（16.6）~方程（16.9）化为

$$V_R=RI_0e^{i\omega t}=RI, \tag{16.11}$$

$$V_L=\mathrm{i}\omega LI_0\mathrm{e}^{\mathrm{i}\omega t}=\mathrm{i}\omega LI,\tag{16.12}$$

$$V_C=\frac{1}{\mathrm{i}\omega C}I_0\mathrm{e}^{\mathrm{i}\omega t}=\frac{1}{\mathrm{i}\omega C}I,\tag{16.13}$$

$$V=V_R+V_L+V_C=\left[R+\mathrm{i}\left(\omega L-\frac{1}{\omega C}\right)\right]I.\tag{16.14}$$

复数 Z 定义为

$$Z=R+\mathrm{i}\left(\omega L-\frac{1}{\omega C}\right),\tag{16.15}$$

称为复阻抗. 应用复阻抗可把式（16.14）写为

$$V=ZI,\tag{16.16}$$

这很像欧姆定律. 事实上，a-c 电路的 Z 对应于 d-c 电路的 R. 较为复杂的 a-c 电路方程与 d-c 电路方程有相同的简单形式，只是所有的量是复数的. 例如，电阻串联和电阻并联的规则，也可用于复阻抗（参见下面习题）.

习题 2.16.2

在电学中，我们知道两个串联电阻的总电阻为 R_1+R_2，两个并联电阻的总电阻为 $(R_1^{-1}+R_2^{-1})^{-1}$. 相应的公式适用于复阻抗. 求 Z_1 和 Z_2 串联和并联的阻抗，设：

6. (a) $Z_1=2+3\mathrm{i}$，　$Z_2=1-5\mathrm{i}$　(b) $Z_1=2\sqrt{3}\mathrm{e}^{\mathrm{i}\pi/6}$，　$Z_2=2\mathrm{e}^{2\mathrm{i}\pi/3}$

7. (a) $Z_1=1-\mathrm{i}$，　$Z_2=3\mathrm{i}$　(b) $|Z_1|=3.16$，$\theta_1=18.4°$；　$|Z_2|=4.47$，$\theta_2=63.4°$

8. 求图 2.16.2 中电路的阻抗（R 和 L 串联，然后 C 与它们并联）. 如果 Z 是实数，则电路称为共振电路：求出在共振的 R，L 和 C 中的 ω.

9. 对于图 2.16.1 中的电路：

(a) 如果 Z 的角度为 45°，求出 R，L 和 C 中的 ω.

(b) 求出共振频率 ω（见第 8 题）.

10. 对一个由 R，L 和 C 并联组成的电路重复第 9 题.

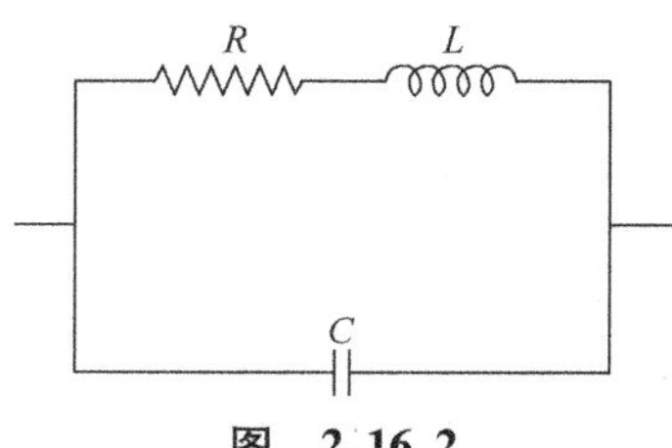

图　2.16.2

2.16.3　光学

在光学中，我们经常需要合成光波（可以用正弦函数来表示）. 通常光波都与前一波的"相位不一致"，这意味着波可以写成 $\sin t$，$\sin(t+\delta)$，$\sin(t+2\delta)$ 等. 假设我们要把所有的正弦函数相加，比较简单的方法是把每个正弦函数都当成复数的虚部，所以正弦函数相加的和就成了级数的虚部：

$$\mathrm{e}^{\mathrm{i}t}+\mathrm{e}^{\mathrm{i}(t+\delta)}+\mathrm{e}^{\mathrm{i}(t+2\delta)}+\cdots,\tag{16.17}$$

这是第一项为 $\mathrm{e}^{\mathrm{i}t}$ 和比值为 $\mathrm{e}^{\mathrm{i}\delta}$ 的几何级数. 如果有 n 个光波需要合成，可通过这个级数的前 n 项和完成，即是

$$\frac{\mathrm{e}^{\mathrm{i}t}(1-\mathrm{e}^{\mathrm{i}n\delta})}{1-\mathrm{e}^{\mathrm{i}\delta}}.\tag{16.18}$$

由式（11.3），通过下面式子可以简化上面的式子：

$$1-\mathrm{e}^{\mathrm{i}\delta}=\mathrm{e}^{\mathrm{i}\delta/2}(\mathrm{e}^{-\mathrm{i}\delta/2}-\mathrm{e}^{\mathrm{i}\delta/2})=-\mathrm{e}^{\mathrm{i}\delta/2}\cdot 2\mathrm{i}\sin\frac{\delta}{2}.\tag{16.19}$$

把式（16.19）和（$1-e^{in\delta}$）的更简公式代入式（16.18）可得

$$\frac{e^{it}e^{in\delta/2}}{e^{i\delta/2}}\frac{\sin(n\delta/2)}{\sin(\delta/2)}=e^{i\{t+[(n-1)/2]\delta\}}\frac{\sin(n\delta/2)}{\sin(\delta/2)}. \tag{16.20}$$

我们想得到的级数（16.17）的虚部就是级数（16.20）的虚部，即

$$\sin\left(t+\frac{n-1}{2}\delta\right)\sin\frac{n\delta}{2}\Big/\sin\frac{\delta}{2}.$$

习题 2.16.3

11. 证明：

$$\cos\theta+\cos3\theta+\cos5\theta+\cdots+\cos(2n-1)\theta=\frac{\sin2n\theta}{2\sin\theta},$$

$$\sin\theta+\sin3\theta+\sin5\theta+\cdots+\sin(2n-1)\theta=\frac{\sin^2n\theta}{\sin\theta}.$$

提示：使用欧拉公式和几何级数公式.

12. 在光学中，当计算薄膜表面多次反射后通过薄膜透射的光强时，需要计算如下表达式：

$$\left(\sum_{n=0}^{\infty}r^{2n}\cos n\theta\right)^2+\left(\sum_{n=0}^{\infty}r^{2n}\sin n\theta\right)^2.$$

证明：上面的式子等于 $\left|\sum_{n=0}^{\infty}r^{2n}e^{in\theta}\right|^2$. 所以假设 $|r|<1$ 时计算它（r 是每次反射的光的比例）.

2.16.4 简谐运动

即使是沿着直线运动，使用复数也是非常方便的. 考虑质块 m 附着在弹簧上，上下振动（见图 2.16.3）. 设 y 为质块离平衡位置的垂直位移（平衡位置即是静止时的位置）. 作用于质块 m 的力为弹簧拉伸或压缩所致，为$-ky$，其中 k 是弹簧常数，负号表示力和位移的方向相反. 由牛顿第二定律（力=质量乘以加速度）得

$$m\frac{d^2y}{dt^2}=-ky \quad 或 \quad \frac{d^2y}{dt^2}=-\frac{k}{m}y=-\omega^2y, \quad 其中 \quad \omega^2=\frac{k}{m}. \tag{16.21}$$

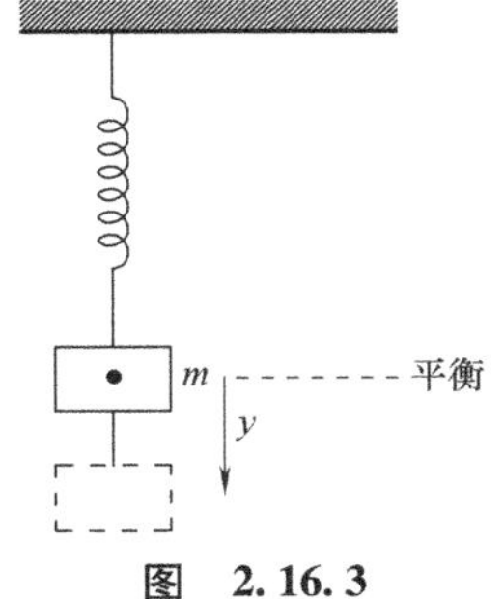

图 2.16.3

现在想得到一个函数 $y(t)$，它的性质是对它求导两次乘以一个常数. 可以很容易地验证这对于指数，正弦和余弦函数是正确的（见习题 2.16.4 第 13 题）. 就像讨论电路一样（见式（16.10）），可以把式（16.21）的解写成

$$y=y_0e^{i\omega t}. \tag{16.22}$$

同时理解实际的物理位移是式（16.22）的实部或虚部. 常数 $\omega=\sqrt{\frac{k}{m}}$ 称为角频率（见第 7 章 7.2 节）. 我们将在第 3 章 3.12 节中使用这个符号.

习题 2.16.4

13. 验证 $e^{i\omega t}$，$e^{-i\omega t}$，$\cos\omega t$ 和 $\sin\omega t$ 满足方程（16.21）.

2.17 综合习题

求出下列复数表达式的一个或多个值，并与计算机得到的结果进行比较.

1. $\left(\dfrac{1+\mathrm{i}}{1-\mathrm{i}}\right)^{2718}$　　2. $\left(\dfrac{1+\mathrm{i}\sqrt{3}}{\sqrt{2}+\mathrm{i}\sqrt{2}}\right)^{50}$　　3. $\sqrt[5]{-4-4\mathrm{i}}$

4. $\sinh(1+\mathrm{i}\pi/2)$　　5. $\tanh(\mathrm{i}\pi/4)$　　6. $(-\mathrm{e})^{\mathrm{i}\pi}$

7. $(-\mathrm{i})^{\mathrm{i}}$　　8. $\cos\left[2\mathrm{i}\ln\dfrac{1-\mathrm{i}}{1+\mathrm{i}}\right]$　　9. $\arcsin\left[\left(\dfrac{\sqrt{3}+\mathrm{i}}{\sqrt{3}-\mathrm{i}}\right)^{12}\right]$

10. $\mathrm{e}^{2\mathrm{i}\arctan(\mathrm{i}\sqrt{3})}$　　11. $\mathrm{e}^{2\tanh^{-1}\mathrm{i}}$　　12. $\mathrm{e}^{\mathrm{i}\arcsin\mathrm{i}}$

13. $|z+3|=1-\mathrm{i}z$，其中 $z=x+\mathrm{i}y$，求出式子中的实数 x 和 y.

14. 求出级数 $\sum(z-2\mathrm{i})^n/n$ 的收敛圆盘.

15. z 满足什么条件，级数 $\sum z^{\ln n}$ 是绝对收敛的？提示：使用公式（14.1）. 另参见第 1 章习题 1.6.2 第 15 题.

16. 求 $\mathrm{Re}(\mathrm{e}^{\mathrm{i}\pi/2}z)>2$，描述的点集 z.

验证第 17 题~第 24 题的公式.

17. $\arcsin z=-\mathrm{i}\ln(\mathrm{i}z\pm\sqrt{1-z^2})$

18. $\arccos z=\mathrm{i}\ln(z\pm\sqrt{z^2-1})$

19. $\arctan z=\dfrac{1}{2\mathrm{i}}\ln\dfrac{1+\mathrm{i}z}{1-\mathrm{i}z}$

20. $\sinh^{-1}z=\ln(z\pm\sqrt{z^2+1})$

21. $\cosh^{-1}z=\ln(z\pm\sqrt{z^2-1})=\pm\ln(z+\sqrt{z^2-1})$

22. $\tanh^{-1}z=\dfrac{1}{2}\ln\dfrac{1+z}{1-z}$

23. $\cos\mathrm{i}z=\cosh z$

24. $\cosh\mathrm{i}z=\cos z$

25. (a) 证明 $\overline{\cos z}=\cos\bar{z}$.

(b) $\overline{\sin z}=\sin\bar{z}$ 是否成立？

(c) 如果 $f(z)=1+\mathrm{i}z$，$\overline{f(z)}=f(\bar{z})$ 是否成立？

(d) 如果 $f(z)$ 展开成实系数幂级数，证明：$\overline{f(z)}=f(\bar{z})$.

(e) 使用（d），在不计算其值的情况下，验证 $\mathrm{i}[\sinh(1+\mathrm{i})-\sinh(1-\mathrm{i})]$ 是实数.

26. 计算 $\left|\dfrac{2\mathrm{e}^{\mathrm{i}\theta}-\mathrm{i}}{\mathrm{i}\mathrm{e}^{\mathrm{i}\theta}+2}\right|$. 提示：参见方程（5.1）.

27. (a) 证明：$\mathrm{Re}z=\dfrac{1}{2}(z+\bar{z})$ 和 $\mathrm{Im}z=(1/2\mathrm{i})(z-\bar{z})$.

(b) 证明：$|\mathrm{e}^z|^2=\mathrm{e}^{2\mathrm{Re}z}$.

(c) 使用（b）来计算量子力学中的 $\left|\mathrm{e}^{(1+\mathrm{i}x)^2(1-\mathrm{i}t)-|1+\mathrm{i}t|^2}\right|^2$.

28. 求下面复数的绝对值的平方（在量子力学问题中会出现）. 假设 a 和 b 是实数，用双曲函数来表示你的答案.

$$\left|\frac{(a+b\mathrm{i})^2\mathrm{e}^b-(a-b\mathrm{i})^2\mathrm{e}^{-b}}{4ab\mathrm{i}\mathrm{e}^{-\mathrm{i}a}}\right|^2.$$

29. 如果 $z=\frac{a}{b}$ 和 $\frac{1}{a+b}=\frac{1}{a}+\frac{1}{b}$，求 z.

30. 写出 $e^{x(1+i)}$ 的级数.写出 1+i 的 $re^{i\theta}$ 形式，所以容易获得 1+i 的幂.从而说明，例如，$e^x\cos x$ 级数没有 x^2 项，没有 x^6 项等，对于 $e^x\sin x$ 级数也有类似的结果.容易求出每个级数的通项的公式.

31. 证明：如果一个复数的级数趋于零，那么绝对值的级数也趋于零，反之亦然.提示：$a_n+ib_n\to 0$ 表示 $a_n\to 0$，$b_n\to 0$.

32. 使用你所知道的级数来证明 $\sum_{n=0}^{\infty}\frac{(1+i\pi)^n}{n!}=-e$.

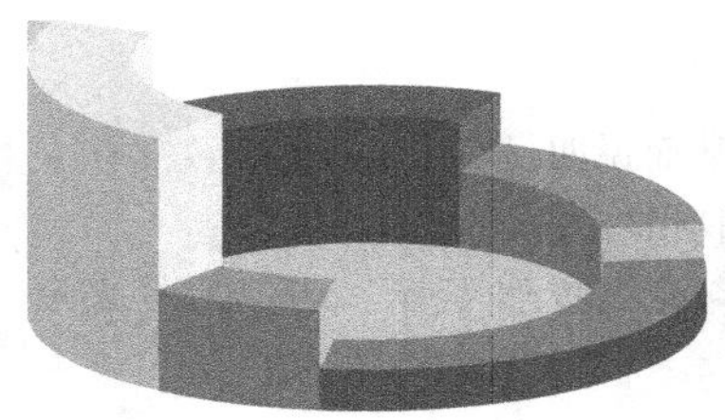

第 3 章

线性代数

3.1 简介

本章将讨论代数和几何的综合问题，这在许多应用中都很重要. 在科学和数学各个领域的问题均涉及一系列线性方程的解，这虽然听起来像代数，但它有一个合理的几何解释. 如，已知两个联立线性方程的两个解为：$x=2$，$y=-3$. 可以认为 $x=2$，$y=-3$ 是 (x,y) 平面上的点 $(2,-3)$. 由于两个线性方程表示直线，因此方程的解就是直线的交点. 几何可以帮助我们进一步理解问题，如果方程无解，则表示两个方程是平行线；如果方程有无穷解，则两个方程是同一条直线.

矢量在研究联立方程组时非常有用. 你熟悉的一些量，比如物体的速度，作用于物体的力，或者空间一点的磁场，这些量既有方向又有大小，称为**矢量**. 质量、时间或温度等与矢量相比较，只有大小没有方向，称为**标量**. 矢量可以用箭头表示，并用黑体字标记（如图 3.1.1中的 $\boldsymbol{A}$；参见第 3.4 节）. 箭头的长度表示矢量的大小，箭头的方向表示矢量的方向. 如图 3.1.1 所示的坐标轴不是必须的. 例如，可以在不知道北方方向的情况下，用手指指出去城镇的路，这是讨论矢量的几何方法（参见第 3.4 节）. 但是，如果使用如图 3.1.1 所示的坐标系，可以通过给出它的分量 A_x 和 A_y 来指定这个矢量，它们是这个矢量在 x 轴和 y 轴上的投影. 因此，有两种不同的方法来定义和处理矢量. 矢量可以是一个几何实体（箭头），也可以是一组数字（相对于一个坐标系的分量），用代数方法来表示它们. 我们将看到，这种对我们所做的一切的双重解释使得矢量的使用在应用中成为一个非常强大的工具.

矢量公式的一大优点是它们不依赖于坐标系的选择. 例如，在物体运动中，质量为 m 的物体从斜面向下滑动，无论如何选择坐标轴，牛顿第二定律 $\boldsymbol{F}=m\boldsymbol{a}$ 都是适用的方程. 可以取 x 轴水平，y 轴垂直；或者取 x 轴沿着斜面，y 轴垂直于斜面. 在这两种情况下 F_x 是不一样的，但任何一种情况下 $F_x=ma_x$ 和 $F_y=ma_y$ 是成立的，即矢量方程 $\boldsymbol{F}=m\boldsymbol{a}$ 是成立的.

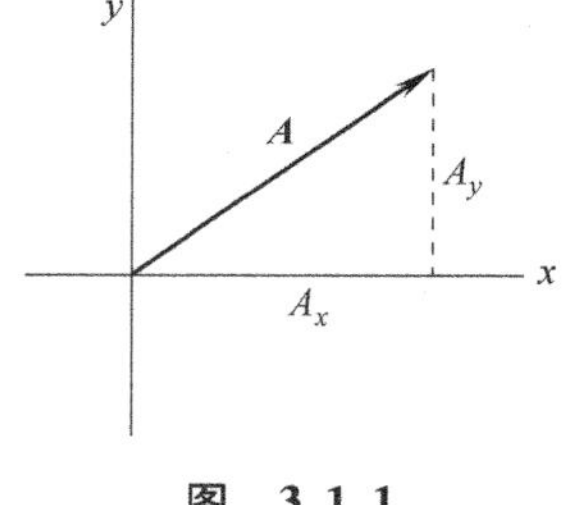

图 3.1.1

正如我们刚才看到的，一个二维矢量方程等价于两个分量方程. 在三维空间中，矢量方程等价于三个分量方程. 我们发现将其推广到 n 维是有用的，n 个未知量的 n 个方程可看成 n 维空间中一个矢量的分量方程（见第 3.10 节）.

我们也对线性方程组感兴趣，你可以把它看成变量的变化，即

$$\begin{cases}x'=ax+by,\\ y'=cx+dy,\end{cases} \tag{1.1}$$

其中，a，b，c，d 是常量. 在几何上，方程组（1.1）表示将点（x,y）移动到另一个点（x',y'），我们称之为平面的一个变换. 如果把（x,y）和（x',y'）看成是矢量从原点到给定点的分量，那么方程组（1.1）告诉我们的是如何将平面中的一个矢量变换到另一个矢量. 方程组（1.1）也可表示坐标轴的变化（比如绕原点的轴的旋转），其中（x,y）和（x',y'）是同一点相对于不同坐标轴的坐标. 我们将学习（参见第 3.11 节和第 3.12 节）如何选择最佳的坐标系或变量集来解决各种问题. 同样的方法和工具（如矩阵和行列式）可以用来求解一组数值方程，这时我们需要处理的变换是坐标系统的变换. 在我们考虑了二维、三维空间之后，我们将把这些想法扩展到 n 维空间，最后将这些概念扩展到一个空间，其中“矢量”是函数. 这种一般化处理在应用中非常重要.

3.2 矩阵 行简化

矩阵（复数：矩阵）只是矩形排列的一组数，通常包含在括号内，如：

$$\boldsymbol{A}=\begin{pmatrix}1 & 5 & -2\\ -3 & 0 & 6\end{pmatrix}. \tag{2.1}$$

通常用字母表示一个矩阵，例如 $\boldsymbol{A}$（或 $\boldsymbol{B}$，$\boldsymbol{C}$，$\boldsymbol{M}$，$\boldsymbol{r}$ 等），但是字母没有数值，它只是代表一组数. 为了表示数组中的一个数字，用 A_{ij}表示，其中 i 为行号，j 为列号. 例如，在矩阵（2.1）中，$A_{11}=1$，$A_{12}=5$，$A_{13}=-2$，$A_{21}=-3$，$A_{22}=0$，$A_{23}=6$. 我们称矩阵为 m 行 n 列的 $m\times n$矩阵. 因此，矩阵（2.1）是一个 2×3 矩阵，下面的矩阵（2.2）是一个 3×2 矩阵.

3.2.1 矩阵的转置

矩阵：

$$\boldsymbol{A}^{\mathrm{T}}=\begin{pmatrix}1 & -3\\ 5 & 0\\ -2 & 6\end{pmatrix}, \tag{2.2}$$

$\boldsymbol{A}^{\mathrm{T}}$ 称为（2.1）中矩阵 $\boldsymbol{A}$ 的转置. 转置矩阵，只需把行写成列，即交换行和列. 注意，使用下标有 $(\boldsymbol{A}^{\mathrm{T}})_{ij}=A_{ji}$，在后面第 3.9 节中有关于矩阵下标的说明.

3.2.2 线性方程组

从历史上看，线性代数的发展是为了找出有效的方法来求解线性方程组. 正如我们所说，这门学科的发展远远超出了数值方程组的求解（计算机可以很容易地解出这些方程组），但为此而发展的思想和方法在以后的工作中需要用到. 学习这些技巧的一个简单方法就是用笔算来解决一些数值问题. 在本节和下一节中，我们将介绍求解线性方程组的方法，并引入定义和符号，这些将在以后用到. 同样，正如你接下来看到的，我们将发现如何辨别给定的方程组是否真的有解.

例 1 解方程组：

$$\begin{cases}2x \quad\quad -z=2,\\ 6x+5y+3z=7,\\ 2x-y \quad\quad =4.\end{cases} \tag{2.3}$$

用这种标准形式来写一组方程：x 项列在一列中（其他变量也是如此），方程的右边是常数. 那么有几个与这些方程相关的矩阵. 首先是系数的矩阵，我们称之为 $\boldsymbol{M}$：

$$\boldsymbol{M}=\begin{pmatrix}2 & 0 & -1\\ 6 & 5 & 3\\ 2 & -1 & 0\end{pmatrix}. \tag{2.4}$$

然后有两个 3×1 矩阵，我们称之为 $\boldsymbol{r}$ 和 $\boldsymbol{k}$：

$$\boldsymbol{r}=\begin{pmatrix}x\\ y\\ z\end{pmatrix},\quad \boldsymbol{k}=\begin{pmatrix}2\\ 7\\ 4\end{pmatrix}. \tag{2.5}$$

如果使用下标量 x_1，x_2，x_3 代替 x，y，z，并调用常数 k_1、k_2、k_3，那么方程组（2.3）可写成（见习题 3.2 第 1 题）：

$$\sum_{j=1}^{3} M_{ij}x_j=k_i,\quad i=1,\ 2,\ 3. \tag{2.6}$$

值得注意的是，这是矩阵相乘的问题，将会在第 3.6 节介绍. 我们将学习把如方程组（2.3）的式子写成 $\boldsymbol{Mr}=\boldsymbol{k}$.

可以将方程组（2.3）中的所有基本数字写成一个矩阵，称为**增广矩阵**，记为 $\boldsymbol{A}$. 注意，$\boldsymbol{A}$ 的前三列只是 $\boldsymbol{M}$ 的列，第四列是等式右边的常数列.

$$\boldsymbol{A}=\begin{pmatrix}2 & 0 & -1 & 2\\ 6 & 5 & 3 & 7\\ 2 & -1 & 0 & 4\end{pmatrix}. \tag{2.7}$$

可以用增广矩阵（2.7）表示一组方程和所有的变量. 我们接下来将要介绍的这个过程叫作行简化，它本质上是计算机解一组线性方程的方法. 行简化是一种系统的方法，它让给定方程的线性组合得到一个更简单但等价的方程组. 我们将介绍这个过程，并排写出方程和对应的矩阵.

（a）第一步是使用方程组（2.3）中的第一个方程来消掉另外两个方程中的 x 项. 在增广矩阵（2.7）中对应的矩阵变换是从第二行减去第一行的 3 倍，从第三行减去第一行. 得到

$$\begin{cases}2x \quad\quad -z=2,\\ \quad\ 5y+6z=1,\\ \quad -y+z=2.\end{cases}\qquad \begin{pmatrix}2 & 0 & -1 & 2\\ 0 & 5 & 6 & 1\\ 0 & -1 & 1 & 2\end{pmatrix}$$

（b）交换第二个和第三个方程可得

$$\begin{cases}2x \quad\quad -z=2,\\ \quad -y+z=2,\\ \quad\ 5y+6z=1.\end{cases}\qquad \begin{pmatrix}2 & 0 & -1 & 2\\ 0 & -1 & 1 & 2\\ 0 & 5 & 6 & 1\end{pmatrix}$$

（c）用第二个方程来消去其他方程中的 y 项：

$$\begin{cases}2x\quad -\quad z=2,\\ \quad -y+\quad z=2,\\ \qquad\quad 11z=11.\end{cases}\qquad\qquad \begin{pmatrix}2&0&-1&2\\0&-1&1&2\\0&0&11&11\end{pmatrix}$$

（d）最后，第三个方程除以 11，再用它消去其他方程中的 z 项：

$$\begin{cases}2x\qquad =3,\\ \quad -y\quad =1,\\ \qquad\quad z=1.\end{cases}\qquad\qquad \begin{pmatrix}2&0&0&3\\0&-1&0&1\\0&0&1&1\end{pmatrix}$$

习惯上每个方程除以首项系数，方程组变换成 $x=3/2$，$y=-1$，$z=1$. 行简化矩阵为

$$\begin{pmatrix}1&0&0&3/2\\0&1&0&-1\\0&0&1&1\end{pmatrix}.$$

这里需要理解的重要一点是：在求解行简化矩阵时，只是取原始方程的线性组合. 这个过程是可逆的，所以最后的简单方程等价于原方程. 总结一下矩阵行简化变换，称为初等行变换：

（1）两行交换（参见步骤（b））；

（2）将一行乘以或除以一个非零常数（参见步骤（d））；

（3）将一行的倍数加或减另一行（参见步骤（a）和（c））.　　（2.8）

例 2　写出行简化方程的增广矩阵：

$$\begin{cases}x-\ y+4z=5,\\2x-3y+8z=4,\\x-2y+4z=9.\end{cases}\tag{2.9}$$

这次不写方程，只写增广矩阵. 记住这个过程：使用第一行清除第一列的其余部分，使用新的第二行清除第二列的其余部分等. 而且，由于矩阵只有在它们每个元素都相等时才相等，所以在矩阵与矩阵之间只用箭头表示，不使用等号.

$$\begin{pmatrix}1&-1&4&5\\2&-3&8&4\\1&-2&4&9\end{pmatrix}\to\begin{pmatrix}1&-1&4&5\\0&-1&0&-6\\0&-1&0&4\end{pmatrix}\to\begin{pmatrix}1&0&4&11\\0&-1&0&-6\\0&0&0&10\end{pmatrix}.$$

到此不需要再往前走. 最后一行是 $0\cdot z=10$，对任何取有限值的 z 都是错的. 如果用计算机计算，计算机不会出现答案，此时，我们说方程是不一致的. 如果这是求解物理问题的一组方程，则需要我们重新找出错误所在.

3.2.3　矩阵的秩

还有另一种方法可以使用下面的定义来讨论例 2：当一个矩阵行简化后，剩余的非零行数称为矩阵的秩.（有一个定理：$\boldsymbol{A}^{\mathrm{T}}$ 的秩等于 $\boldsymbol{A}$ 的秩.）现在看看例 2 中简化后的增广矩阵，它有三个非零行所以它的秩是 3. 但是矩阵 $\boldsymbol{M}$（系数矩阵 $=\boldsymbol{A}$ 的前三列）只有两个非零行，所以它的秩是 2. 注意 $\boldsymbol{M}$ 的秩小于 $\boldsymbol{A}$ 的秩，方程是不一致的.

例 3　矩阵

$$\begin{cases}x+2y-z=\ \ 4,\\2x\qquad -z=\ \ 1,\\x-2y\qquad =-3.\end{cases}\tag{2.10}$$

通过动手运算或计算机对增广矩阵进行行简化得到

$$\begin{pmatrix}1&2&-1&4\\2&0&-1&1\\1&-2&0&-3\end{pmatrix}\to\begin{pmatrix}1&0&-1/2&1/2\\0&1&-1/4&7/4\\0&0&0&0\end{pmatrix}.$$

最后一行为 0，表示方程有无穷多个解. 对于任意 z，从前两行得 $x=(z+1)/2$ 和 $y=(z+7)/4$. $\boldsymbol{M}$ 的秩和 $\boldsymbol{A}$ 的秩都是 2，但未知数的个数是 3，可以用第三个未知数求出另两个未知数.

让我们来看一些结果很明显的简单例子，上述情况就更清楚了. 写出三个方程组和行简化矩阵：

$$\begin{cases}x+y=2,\\x+y=5.\end{cases}\qquad\begin{pmatrix}1&1&2\\0&0&3\end{pmatrix},\tag{2.11}$$

$$\begin{cases}x+\ y=2,\\2x+2y=4.\end{cases}\qquad\begin{pmatrix}1&1&2\\0&0&0\end{pmatrix},\tag{2.12}$$

$$\begin{cases}x+y=2,\\x-y=4.\end{cases}\qquad\begin{pmatrix}1&0&3\\0&1&-1\end{pmatrix}.\tag{2.13}$$

在方程组（2.11）中，由于 $x+y$ 不能同时等于 2 和 5，很明显没有解，方程是不一致的. 注意，除最后一个元素外，矩阵最后一行其他项都是 0，所以 $\boldsymbol{M}$ 的秩小于 $\boldsymbol{A}$ 的秩. 在方程组（2.12）中，第二个方程是第一个的两倍，它们是相同的方程，是相互依赖的，方程组有无穷解，即直线 $y=2-x$ 上的所有点. 注意，矩阵的最后一行都是 0，线性相关. $\boldsymbol{A}$ 的秩 $=\boldsymbol{M}$ 的秩 $=1$，可以用一个未知数解出另一个未知数. 最后方程组（2.13）中有一个解：$x=3$，$y=-1$，行简化矩阵给出了结果. 注意，$\boldsymbol{A}$ 的秩 $=\boldsymbol{M}$ 的秩 $=$ 未知数的个数 $=2$.

现在我们来考虑解 n 个未知数 m 个方程的一般问题，则 $\boldsymbol{M}$ 有 m 行（对应于 m 个方程）和 n 列（对应于 n 个未知数），$\boldsymbol{A}$ 还有一常数列. 下面的总结概述了可能的情况：

a. 如果（$\boldsymbol{M}$ 的秩）<（$\boldsymbol{A}$ 的秩），方程是不一致的，没有解.
b. 如果（$\boldsymbol{M}$ 的秩）=（$\boldsymbol{A}$ 的秩）$=n$（未知数的个数），有一个解.
c. 如果（$\boldsymbol{M}$ 的秩）=（$\boldsymbol{A}$ 的秩）$=R<n$，则 R 个未知数可以由其余 $n-R$ 个未知数表示. (2.14)

例 4 一个方程组及其行简化矩阵如下：

$$\begin{cases}x+\ y-\ \ z=7,\\2x-\ y-\ 5z=2,\\-5x+4y+14z=1,\\3x-\ y-\ 7z=5.\end{cases}\qquad\begin{pmatrix}1&0&-2&3\\0&1&1&4\\0&0&0&0\\0&0&0&0\end{pmatrix}.\tag{2.15}$$

从行简化矩阵得到方程组的解 $x=3+2z$，$y=4-z$. 这其实是式（2.14c）的例子，方程个数为 $m=4$，未知数个数为 $n=3$. $\boldsymbol{M}$ 的秩 $=\boldsymbol{A}$ 的秩 $=R=2<n=3$，则由式（2.14c），$R=2$ 个未知数（x 和 y）可由 $n-R=1$ 个未知数（z）给出.

习题 3.2

1. 详细写出式（2.6）中的第一个方程为

$$M_{11}x_1+M_{12}x_2+M_{13}x_3=k_1.$$

用同样的方式写出另外两个方程，然后用 x，y，z 替换 x_1，x_2，x_3，则从矩阵（2.4）和矩阵（2.5）中的 M_{ij} 和 k_i 中验证式（2.6）实际上是方程（2.3）.

2. 如第1题，以式（2.6）的形式用 M_{ij}，x_j 和 k_i 表示：具有四个未知数的两个方程，具有两个未知数的四个方程.

对下面的问题，写出并行简化增广矩阵，求出给定方程组是否有一个解、没有解或者有无穷解. 用计算机验证结果. 提示：方程须用标准格式写出. 注意：请记住，做这些习题的目的不只是为了得到一个答案（计算机会给出答案），而是为了熟悉我们使用的术语、思想和符号.

3. $\begin{cases} x-2y+13=0 \\ y-4x=17 \end{cases}$

4. $\begin{cases} 2x+y-z=2 \\ 4x+y-2z=3 \end{cases}$

5. $\begin{cases} 2x+y-z=2 \\ 4x+2y-2z=3 \end{cases}$

6. $\begin{cases} x+y-z=1 \\ 3x+2y-2z=3 \end{cases}$

7. $\begin{cases} 2x+3y=1 \\ x+2y=2 \\ x+3y=5 \end{cases}$

8. $\begin{cases} -x+y-z=4 \\ x-y+2z=3 \\ 2x-2y+4z=6 \end{cases}$

9. $\begin{cases} x-y+2z=5 \\ 2x+3y-z=4 \\ 2x-2y+4z=6 \end{cases}$

10. $\begin{cases} x+2y-z=1 \\ 2x+3y-2z=-1 \\ 3x+4y-3z=-4 \end{cases}$

11. $\begin{cases} x-2y=4 \\ 5x+z=7 \\ x+2y-z=3 \end{cases}$

12. $\begin{cases} 2x+5y+z=2 \\ x+y+2z=1 \\ x+5z=3 \end{cases}$

13. $\begin{cases} 4x+6y-12z=7 \\ 5x-2y+4z=-15 \\ 3x+4y-8z=4 \end{cases}$

14. $\begin{cases} 2x+3y-z=-2 \\ x+2y-z=4 \\ 4x+7y-3z=11 \end{cases}$

求出下列矩阵的秩：

15. $\begin{pmatrix} 1 & 1 & 2 \\ 2 & 4 & 6 \\ 3 & 2 & 5 \end{pmatrix}$

16. $\begin{pmatrix} 2 & -3 & 5 & 3 \\ 4 & -1 & 1 & 1 \\ 3 & -2 & 3 & 4 \end{pmatrix}$

17. $\begin{pmatrix} 1 & 1 & 4 & 3 \\ 3 & 1 & 10 & 7 \\ 4 & 2 & 14 & 10 \\ 2 & 0 & 6 & 4 \end{pmatrix}$

18. $\begin{pmatrix} 1 & 0 & 1 & 0 \\ -1 & -2 & -1 & 0 \\ 2 & 2 & 5 & 3 \\ 2 & 4 & 8 & 6 \end{pmatrix}$

3.3　行列式　克拉默法则

我们说过，矩阵只是一组数字的显示，它没有数值. 然而，对于一个方阵，有一个有用的数字叫作这个矩阵的**行列式**. 虽然计算机会很快给出一个行列式的值，但是为了在应用中使用它，我们需要知道这个值的含义［参见式（4.19）、式（6.24）和式（8.5）］. 我们还需要知道如何处理行列式. 学习这些东西的一个简单方法是动手计算来解决一些数值问题. 我们将在没有证明的情况下概述一些关于行列式的性质（更多有关细节，请参阅线性代数的书）.

3.3.1　行列式计算

为了表示我们指的是方阵 $\boldsymbol{A}$ 的行列式（写为 $\det\boldsymbol{A}$），我们用单杠替换了 $\boldsymbol{A}$ 的括号. 如果

A 是一个 1×1 矩阵，那么 det$A$ 的值就是单个元素的值. 对于一个 2×2 矩阵有

$$A=\begin{pmatrix} a & b \\ c & d \end{pmatrix},\qquad \det A=\begin{vmatrix} a & b \\ c & d \end{vmatrix}=ad-bc. \tag{3.1}$$

式（3.1）给出了二阶行列式的值. 我们将描述如何计算高阶行列式.

首先，我们需要一些符号和定义. 这样写一个 n 阶行列式很方便，如：

$$\begin{vmatrix} a_{11} & a_{12} & a_{13} & \cdots & a_{1n} \\ a_{21} & a_{22} & a_{23} & \cdots & a_{2n} \\ a_{31} & a_{32} & a_{33} & \cdots & a_{3n} \\ \vdots & \vdots & \vdots & & \vdots \\ a_{n1} & a_{n2} & a_{n3} & \cdots & a_{nn} \end{vmatrix} \tag{3.2}$$

注意，a_{23}是第二行和第三列中的元素，也就是说，第一个下标是行号，第二个下标是元素所在的列号. 因此，元素 a_{ij}在第 i 行和第 j 列. 作为行列式（3.2）中的行列式的缩写，我们有时将它简写为 $|a_{ij}|$，即其元素为 a_{ij}的行列式. 在这种形式下，它看起来与元素 a_{ij}的绝对值完全一样，你必须从上下文判断它们的含义.

如果我们从一个 n 阶行列式中移去一行和一列，就得到一个 $n-1$ 阶行列式. 让我们删除包含 a_{ij}元素的行和列，则称剩余的行列式为 M_{ij}. 行列式 M_{ij}称为 a_{ij}的余子式. 例如，行列式：

$$\begin{vmatrix} 1 & -5 & 2 \\ 7 & 3 & 4 \\ 2 & 1 & 5 \end{vmatrix}, \tag{3.3}$$

元素 $a_{23}=4$ 的余子式是

$$M_{23}=\begin{vmatrix} 1 & -5 \\ 2 & 1 \end{vmatrix}.$$

由删掉包含元素 4 的行和列而得到. 加上符号的余子式$(-1)^{i+j}M_{ij}$称为 a_{ij}的代数余子式. 在式（3.3）中，元素 4 位于第 2 行（$i=2$）和第 3 列（$j=3$），所以 $i+j=5$，元素 4 的代数余子式为（$-1)^5\boldsymbol{M}_{23}=-11$. 通过像这样的正负符号棋盘，很容易得到因子（$-1)^{i+j}$的适当符号（加号或减号）：

$$\begin{vmatrix} + & - & + & - & & & \\ - & + & - & + & & & \\ + & - & + & - & & & \\ - & + & - & + & & & \\ & & & & \ddots & & \\ & & & & & + & - \\ & & & & & - & + \end{vmatrix}. \tag{3.4}$$

那么 $\boldsymbol{M}_{ij}$的正负号（$-1)^{i+j}$与 a_{ij}在棋盘中相应位置的符号一样. 对于元素 a_{23}，可以看到棋盘中符号是负的.

现在，可以很容易地求出行列式的值：将一行（或一列）中的每个元素乘以它的代数余子式，并将结果相加. 可以看出，无论使用哪一行或哪一列，得到的答案都是相同的.

例 1 用第 3 列元素计算式（3.3）中行列式，得到

$$\begin{vmatrix}1 & -5 & 2\\7 & 3 & 4\\2 & 1 & 5\end{vmatrix}=2\begin{vmatrix}7 & 3\\2 & 1\end{vmatrix}-4\begin{vmatrix}1 & -5\\2 & 1\end{vmatrix}+5\begin{vmatrix}1 & -5\\7 & 3\end{vmatrix}=2\cdot 1-4\cdot 11+5\cdot 38=148.$$

作为检验，使用第 1 行的元素，得到

$$1\begin{vmatrix}3 & 4\\1 & 5\end{vmatrix}+5\begin{vmatrix}7 & 4\\2 & 5\end{vmatrix}+2\begin{vmatrix}7 & 3\\2 & 1\end{vmatrix}=11+135+2=148.$$

这种行列式计算方法称为行列式的拉普拉斯展开式. 如果行列式是四阶的（或更高阶的），利用拉普拉斯展开，得到了一组比开始时小一阶的行列式；然后再次使用拉普拉斯展开式计算每一个行列式，以此类推直到得到二阶行列式求得最终结果. 这样做明显工作量很大！我们将在下面看到如何简化计算. 请注意：如果你已经学习了一种特殊的方法，可以通过重新选择右边的列并沿着对角线相乘来计算三阶行列式，但这种方法不适用于四阶（或更高阶）行列式.

如下是行列式一些有用的性质.（这些性质没有进行证明，相关证明可见有关线性代数的参考书.）

1. 如果行列式某一行（或一列）的每个元素乘以一个数 k，则行列式的值为原来的 k 倍.
2. 如果满足下面其中之一的条件，则该行列式的值是零：
   (a) 某一行（或列）的所有元素都是零；
   (b) 两行（或两列）元素相同；
   (c) 两行（或两列）元素成比例.
3. 如果行列式的两行（或两列）互换，则行列式的值改变符号.
4. 如果满足下面其中之一的条件，则行列式的值不变：
   (a) 行改为列，列改为行；
   (b) 将一行的每个元素乘以 k 加到另一行，其中 k 是任意数（对列同样成立）.

让我们看几个使用这些性质的例子.

例 2 求通过三个已知点（0,0,0），（1,2,5）和（2,-1,0）的平面方程.

我们将证明行列式形式的答案是

$$\begin{vmatrix}x & y & z & 1\\0 & 0 & 0 & 1\\1 & 2 & 5 & 1\\2 & -1 & 0 & 1\end{vmatrix}=0.$$

将第一行元素进行拉普拉斯展开，可知这是 x，y，z 的线性方程，即为一个平面方程. 现在需要证明所给出的三点在这个平面上. 如果 $(x,y,z)=(0,0,0)$，那么行列式的前两行是相同的，由性质 2b 可知，行列式为 0. 类似地，如果点（x，y，z）是其他两个给定点，则行列式有两行相同，行列式值为零. 因此这三点都在平面上.

例 3 计算行列式

$$D=\begin{vmatrix}0 & a & -b\\-a & 0 & c\\b & c & 0\end{vmatrix}.$$

如果在 D 中交换行和列，那么根据性质 4a 和性质 1 得到

$$D=\begin{vmatrix} 0 & -a & b \\ a & 0 & -c \\ -b & c & 0 \end{vmatrix}=(-1)^3\begin{vmatrix} 0 & a & -b \\ -a & 0 & c \\ b & -c & 0 \end{vmatrix}.$$

其中，在最后一步中，通过性质 1，每一列都提取出因子 -1，因此 $D=-D$，所以 $D=0$.

用性质 1~4 求行列式的值. 首先根据性质 2a、性质 2b 和性质 2c，看行列式是否等于零；然后使行或列的元素尽可能多的为 0，以便在拉普拉斯展开中剩下更少的项，可以合并行（或列）使元素为 0（由性质 4b）. 虽然这有点像行简化，但既可以对行也可以对列进行操作. 然而，不能仅仅从一行（或一列）中取消一个数字；通过性质 1，必须把它作为答案中的一个因素，而且必须跟踪任何行（或列）交换，因为根据性质 3，每个交换则行列式乘以（-1）.

例 4 计算行列式

$$D=\begin{vmatrix} 4 & 3 & 0 & 1 \\ 9 & 7 & 2 & 3 \\ 4 & 0 & 2 & 1 \\ 3 & -1 & 4 & 0 \end{vmatrix}.$$

第 1 列减去第 4 列的四倍，第三列减去第四列的两倍，得到

$$D=\begin{vmatrix} 0 & 3 & -2 & 1 \\ -3 & 7 & -4 & 3 \\ 0 & 0 & 0 & 1 \\ 3 & -1 & 4 & 0 \end{vmatrix}.$$

将第 3 行进行拉普拉斯展开：

$$D=(-1)\begin{vmatrix} 0 & 3 & -2 \\ -3 & 7 & -4 \\ 3 & -1 & 4 \end{vmatrix}. \tag{3.5}$$

第 2 行加到第 3 行：

$$D=(-1)\begin{vmatrix} 0 & 3 & -2 \\ -3 & 7 & -4 \\ 0 & 6 & 0 \end{vmatrix}.$$

用第一列进行拉普拉斯展开：

$$D=(-1)(-1)(-3)\begin{vmatrix} 3 & -2 \\ 6 & 0 \end{vmatrix}=(-3)[0-6(-2)]=-36.$$

这就是答案，但你可能想找一些更快的解法. 例如，考虑上面的行列式（3.5）. 如果马上用第一行做另一个拉普拉斯展开，第一行的 3 的余子式为

$$\begin{vmatrix} -3 & -4 \\ 3 & 4 \end{vmatrix},$$

不需要计算它，通过性质 2（c）可知它的结果是零. 然后利用第一行继续行列式（3.5）的拉普拉斯展开给出：

$$D=(-1)(-2)\begin{vmatrix}-3 & 7\\ 3 & -1\end{vmatrix}=2(3-21)=-36.$$

跟上面所求结果一致.

现在你可能会想，既然计算机可以帮你做这件事，你为什么还要学它呢？假设你有一个行列式，它的元素是代数表达式，你想把它写成另一种形式. 然后你需要知道在不更改其值的情况下可以进行哪些操作. 同样，如果你知道规则，你可能会发现一个行列式是零而不用计算它. 学习这些东西的一个简单方法是动手运算一些简单的数字行列式.

3.3.2 克拉默法则

这是一个关于 n 个未知数 n 个线性方程当只有一个解时，其解的行列式的公式. 就像我们说的行简化和行列式的计算，计算机会很快给出一个线性方程组的解（当其只有一个解时）. 然而，出于理论目的，我们需要克拉默法则公式，学习它的一个简单方法是用它来手动求解带有数值系数行列式的线性方程组.

首先说明如何使用克拉默法则来求解 2 个未知数的 2 个方程. 然后将它推广到 n 个未知数的 n 个方程. 如方程组：

$$\begin{cases}a_1x+b_1y=c_1,\\ a_2x+b_2y=c_2.\end{cases}\tag{3.6}$$

第一个方程乘以 b_2，第二个方程乘以 b_1，然后两式相减，当 $a_1b_2-a_2b_1\neq0$ 时，求出 x 为

$$x=\frac{c_1b_2-c_2b_1}{a_1b_2-a_2b_1}.\tag{3.7a}$$

同样可求出 y 为

$$y=\frac{a_1c_2-a_2c_1}{a_1b_2-a_2b_1}.\tag{3.7b}$$

利用二阶行列式的定义（3.1），方程组（3.6）的解（3.7a、b）可写成以下形式：

$$x=\frac{\begin{vmatrix}c_1 & b_1\\ c_2 & b_2\end{vmatrix}}{\begin{vmatrix}a_1 & b_1\\ a_2 & b_2\end{vmatrix}},\qquad y=\frac{\begin{vmatrix}a_1 & c_1\\ a_2 & c_2\end{vmatrix}}{\begin{vmatrix}a_1 & b_1\\ a_2 & b_2\end{vmatrix}}.\tag{3.8}$$

用语言描述如何找到正确的行列式，对记忆式（3.8）很有帮助. 首先，方程必须以行简化的标准形式写（见第 3.2 节），然后如果简单地写出方程组（3.6）左边的系数数组，那么这些就构成了式（3.8）中的分母行列式. 这个行列式（将用 D 表示）称为系数的行列式. 要找到 x 的分子行列式，从 D 开始，擦掉 x 系数 a_1 和 a_2，用方程右边的常数 c_1 和 c_2 替换它们. 类似地，用常数项替换 D 中的 y 系数来求 y 中的分子行列式.

例 5 用公式（3.8）求解方程组

$$\begin{cases}2x+3y=3,\\ x-2y=5.\end{cases}$$

解：

$$D=\begin{vmatrix}2 & 3\\ 1 & -2\end{vmatrix}=-4-3=-7,$$

$$x=\frac{1}{D}\begin{vmatrix}3 & 3\\ 5 & -2\end{vmatrix}=\frac{-6-15}{-7}=3,$$

$$y=\frac{1}{D}\begin{vmatrix}2 & 3\\ 1 & 5\end{vmatrix}=\frac{10-3}{-7}=-1.$$

这种解线性方程组的方法称为克拉默法则. 当 $D\neq 0$ 时，可用于求解 n 个未知数的 n 个方程；方程的解由每个未知数的一个值组成. 当方程以标准形式排列时，分母行列式 D 是系数的 $n\times n$ 行列式. 每个未知数的分子行列式是由方程右边的常数项代替 D 中该未知数的系数列得到的行列式. 然后为了求出未知数，必须对每个行列式求值并相除.

3.3.3 矩阵的秩

下面是求矩阵秩的另一种方法（见第 3.2 节）. 子矩阵是指如果从原始矩阵中删除一些行和（或）删除一些列后剩下的矩阵. 为了找到一个矩阵的秩，看所有的方矩阵并求出它们的行列式. 最大非零行列式的阶是矩阵的秩.

例 6 求矩阵的秩

$$\begin{pmatrix}1 & -1 & 2 & 3\\ -2 & 2 & -1 & 0\\ 4 & -4 & 5 & 6\end{pmatrix}.$$

需要看 4 个 3×3 的行列式，包括 1、2、3 列，或 1、2、4 列，或 1、3、4 列，或 2，3，4 列. 注意前两列互为负数，因此根据性质 2（c）可知，前两个行列式都为零. 最后两个行列式只在第一列的符号上不同，所以只需要看其中一个，即

$$\begin{pmatrix}1 & 2 & 3\\ -2 & -1 & 0\\ 4 & 5 & 6\end{pmatrix}.$$

第三行减去第一行乘以 2：

$$\begin{pmatrix}1 & 2 & 3\\ -2 & -1 & 0\\ 2 & 1 & 0\end{pmatrix}.$$

由性质 2c 可知，此行列式是零，所以矩阵的秩小于 3. 为了证明它是 2，只需要找到一个 2×2 的非零行列式子矩阵，这样的可能有几个，找一个即可，因此矩阵的秩是 2.（如果需要证明秩是 1，就必须证明所有 2×2 的子矩阵的行列式都等于零.）

习题 3.3

用例 4 所示的方法计算第 1 题~第 6 题中的行列式. 记住，这样做的原因不仅仅是为了得到答案（计算机可以给出答案），还是为了学习如何正确地处理行列式. 用计算机检验你的答案.

1. $\begin{vmatrix}-2 & 3 & 4\\ 3 & 4 & -2\\ 5 & 6 & -3\end{vmatrix}$

2. $\begin{vmatrix}5 & 17 & 3\\ 2 & 4 & -3\\ 11 & 0 & 2\end{vmatrix}$

3. $\begin{vmatrix} 1 & 1 & 1 & 1 \\ 1 & 2 & 3 & 4 \\ 1 & 3 & 6 & 10 \\ 1 & 4 & 10 & 20 \end{vmatrix}$

4. $\begin{vmatrix} -2 & 4 & 7 & 3 \\ 8 & 2 & -9 & 5 \\ -4 & 6 & 8 & 4 \\ 2 & -9 & 3 & 8 \end{vmatrix}$

5. $\begin{vmatrix} 7 & 0 & 1 & -3 & 5 \\ 2 & -1 & 0 & 1 & 4 \\ 7 & -3 & 2 & -1 & 4 \\ 8 & 6 & -2 & -7 & 4 \\ 1 & 3 & -5 & 7 & 5 \end{vmatrix}$

6. $\begin{vmatrix} 0 & 1 & 1 & 1 & 1 \\ 1 & 0 & 1 & 1 & 1 \\ 1 & 1 & 0 & 1 & 1 \\ 1 & 1 & 1 & 0 & 1 \\ 1 & 1 & 1 & 1 & 0 \end{vmatrix}$

7. 使用性质 1~性质 4，通过适当的操作证明下面内容，不只是计算行列式.

$$\begin{vmatrix} 1 & a & bc \\ 1 & b & ac \\ 1 & c & ab \end{vmatrix} = \begin{vmatrix} 1 & a & a^2 \\ 1 & b & b^2 \\ 1 & c & c^2 \end{vmatrix} = (c-a)(b-a)(c-b) \begin{vmatrix} 1 & a & a^2 \\ 0 & 1 & b+a \\ 0 & 0 & 1 \end{vmatrix} = (c-a)(b-a)(c-b).$$

8. 证明：如果在使用拉普拉斯展开时，你不小心把一行的元素乘以了另一行的余子式，则结果为 0. 提示：考虑性质 2b.

9. 不经计算证明下列行列式等于零.（提示：考虑行和列互换）

$$\begin{vmatrix} 0 & 2 & -3 \\ -2 & 0 & 4 \\ 3 & -4 & 0 \end{vmatrix}$$

10. 如果 $a_{ij}=-a_{ji}$，行列式或方阵称为斜对称.（第 9 题的行列式就是一个斜对称行列式.）证明：奇次阶的斜对称行列式等于零.

计算第 11 题和第 12 题的行列式.

11. $\begin{vmatrix} 0 & 5 & -3 & -4 & 1 \\ -5 & 0 & 2 & 6 & -2 \\ 3 & -2 & 0 & -3 & 7 \\ 4 & -6 & 3 & 0 & -3 \\ -1 & 2 & -7 & 3 & 0 \end{vmatrix}$

12. $\begin{vmatrix} 0 & 1 & 2 & -1 \\ -1 & 0 & -3 & 0 \\ -2 & 3 & 0 & 1 \\ 1 & 0 & -1 & 0 \end{vmatrix}$

13. 证明：

$$\begin{vmatrix} \cos\theta & 1 & 0 \\ 1 & 2\cos\theta & 1 \\ 0 & 1 & 2\cos\theta \end{vmatrix} = \cos 3\theta.$$

14. 证明：n 行的行列式

$$\begin{vmatrix} \cos\theta & 1 & 0 & 0 & & & 0 \\ 1 & 2\cos\theta & 1 & 0 & \cdots & \cdots & 0 \\ 0 & 1 & 2\cos\theta & 1 & & & 0 \\ 0 & 0 & 1 & 2\cos\theta & & & 0 \\ & & \vdots & & \ddots & & \vdots \\ & & \vdots & & & 2\cos\theta & 1 \\ 0 & 0 & 0 & 0 & \cdots & 1 & 2\cos\theta \end{vmatrix} = \cos n\theta.$$

提示：从最后一行或列的元素展开，使用数学归纳法和三角加法公式.

15. 使用克拉默法则计算习题 3.2 第 3 题和第 11 题.

16. 在下列方程组中（来自量子力学问题），A 和 B 为未知数，k 和 K 已知，$\mathrm{i}=\sqrt{-1}$. 使用克拉默法则

求 A，并证明 $|\boldsymbol{A}|^2=1$.

$$\begin{cases} A-\ \ B=-1, \\ \mathrm{i}kA-KB=\mathrm{i}k. \end{cases}$$

17. 使用克拉默法则求解狭义相对论中的洛伦兹方程的 x 和 t：

$$\begin{cases} x'=\gamma(x-vt), \\ t'=\gamma(t-vx/c^2). \end{cases} \qquad 其中\ \gamma^2(1-v^2/c^2)=1.$$

注意：把方程整理成标准形式.

18. 由克拉默法则求 z：

$$\begin{cases} (a-b)x-\ (a-b)y+\qquad 3b^2z=3ab, \\ (a+2b)x-(a+2b)y-(3ab+3b^2)z=3b^2, \\ \qquad bx+\qquad ay-\ (2b^2+a^2)z=\ 0. \end{cases}$$

3.4　矢量

符号：以粗体字表示矢量（如 $\boldsymbol{A}$），下标表示矢量的分量（如 A_x 是 $\boldsymbol{A}$ 的 x 分量），如图 3.4.1所示. 由于手写时不容易写粗体字母，矢量字母上应加一个箭头（如 $\vec{A}$）. 分清一个字母是否代表矢量很重要，因为同样的斜体字母（不是粗体）通常是有不同意义的.

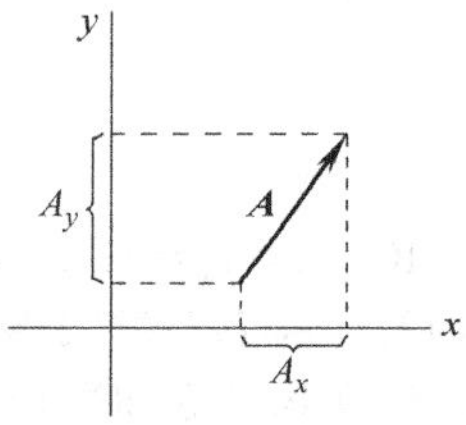

矢量的大小：表示矢量 $\boldsymbol{A}$ 的箭线的长度称为 $\boldsymbol{A}$ 的长度或大小（写为 $|\boldsymbol{A}|$ 或 A）或（见第 3.10 节）$\boldsymbol{A}$ 的范数（写为 $\|\boldsymbol{A}\|$）. 注意用 A 表示 $\boldsymbol{A}$ 的大小；因此，很重要的一点是要弄清楚你指的是一个矢量还是它的大小（它是一个标量）. 根据勾股定理，有

图　3.4.1

$$A=|\boldsymbol{A}|=\sqrt{A_x^2+A_y^2} \qquad 在二维空间,$$

$$A=|\boldsymbol{A}|=\sqrt{A_x^2+A_y^2+A_z^2} \qquad 在三维空间. \tag{4.1}$$

例 1　在图 3.4.2 中，力 $\boldsymbol{F}$ 的 x 分量为 4，y 分量为 3. 于是有

$$F_x=4,$$
$$F_y=3,$$
$$|\boldsymbol{F}|=5,$$
$$\theta=\arctan\frac{3}{4}.$$

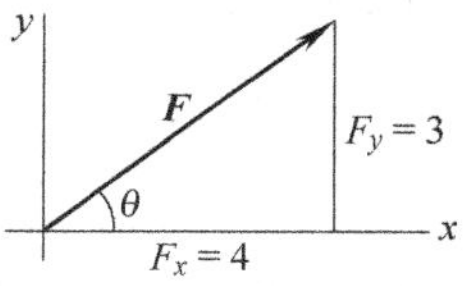

图　3.4.2

矢量加法：有两种方法求两个矢量的和. 一是平行四边形法则，为了求 $\boldsymbol{A}+\boldsymbol{B}$，将 $\boldsymbol{B}$ 的尾部放在 $\boldsymbol{A}$ 的头部，从 $\boldsymbol{A}$ 的尾部画出矢量到 $\boldsymbol{B}$ 的头部，如图 3.4.3 和图 3.4.4 所示.

第二种求 $\boldsymbol{A}+\boldsymbol{B}$ 的方法是它们的分量相加，$\boldsymbol{A}+\boldsymbol{B}$ 有分量 A_x+B_x 和 A_y+B_y. 从图 3.4.3 中可以看出，这两种求 $\boldsymbol{A}+\boldsymbol{B}$ 的方法是等价的. 从图 3.4.4 和矢量加法的任何一个定义，都可以得出：

$$\boldsymbol{A}+\boldsymbol{B}=\boldsymbol{B}+\boldsymbol{A} \qquad （加法的交换律）;$$

$$(\boldsymbol{A}+\boldsymbol{B})+\boldsymbol{C}=\boldsymbol{A}+(\boldsymbol{B}+\boldsymbol{C}) \qquad （加法的结合律）.$$

换句话说，矢量可以用代数的一般定律相加.

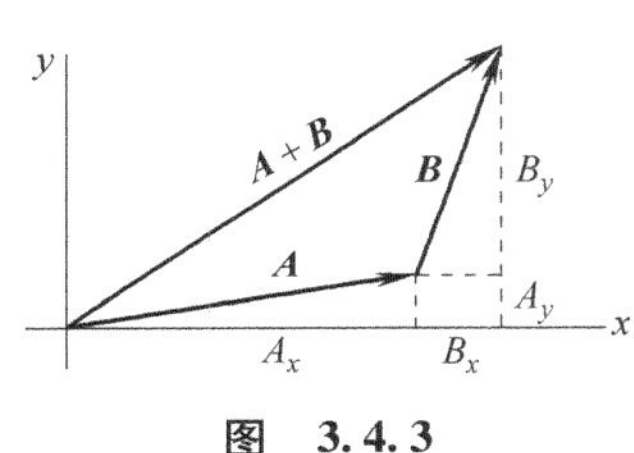

图 3.4.3

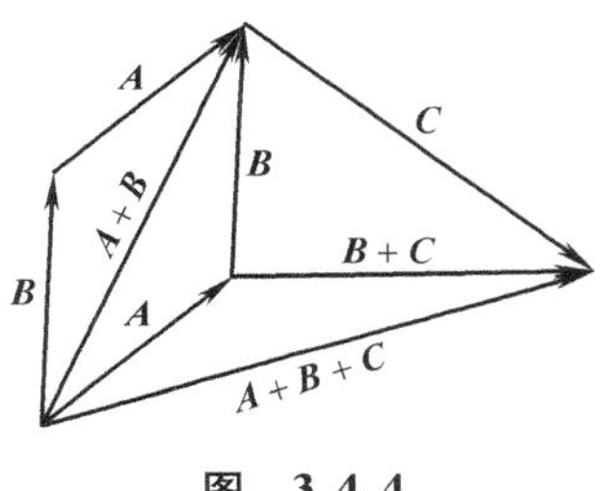

图 3.4.4

使用符号 3$\boldsymbol{A}$ 表示矢量 $\boldsymbol{A}+\boldsymbol{A}+\boldsymbol{A}$ 是合理的，通过上面的矢量相加的方法，可以说，$\boldsymbol{A}+\boldsymbol{A}+\boldsymbol{A}$ 是 $\boldsymbol{A}$ 矢量的三倍长，方向相同，并且 3$\boldsymbol{A}$ 的每个分量是 $\boldsymbol{A}$ 相应分量的三倍. 作为这些性质的自然延伸，定义矢量 $c\boldsymbol{A}$（c 是任意正实数）与 $\boldsymbol{A}$ 方向相同，长度变为 c 倍；$c\boldsymbol{A}$ 的每个分量是 $\boldsymbol{A}$ 相应分量的 c 倍（见图 3.4.5）.

矢量的负数定义为大小相同方向相反的矢量. 因此，$-\boldsymbol{B}$ 的每个分量是 $\boldsymbol{B}$ 的相应分量的负数（见图 3.4.6）. 现在可以通过 $\boldsymbol{A}-\boldsymbol{B}$ 表示矢量 $\boldsymbol{A}$ 与 $-\boldsymbol{B}$ 的和来定义矢量的减法. $\boldsymbol{A}-\boldsymbol{B}$ 的每个分量是 $\boldsymbol{A}$ 和 $\boldsymbol{B}$ 对应分量之差，即是 $(A-B)_x=A_x-B_x$ 等. 就像加法一样，矢量的减法可以用几何方法（通过平行四边形定律）来完成，也可以用代数方法通过分量相减来完成（见图 3.4.6）.

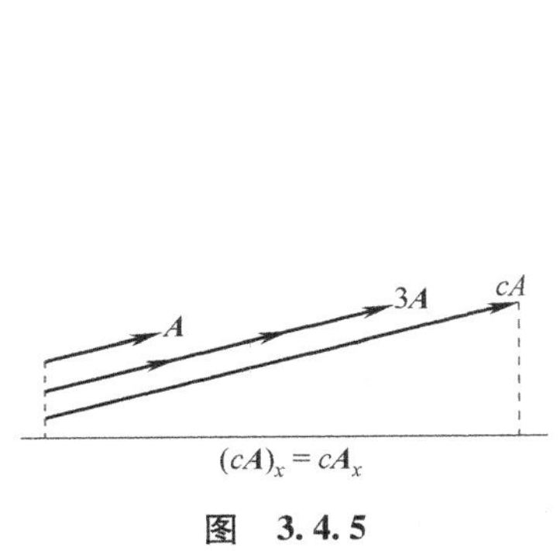

图 3.4.5

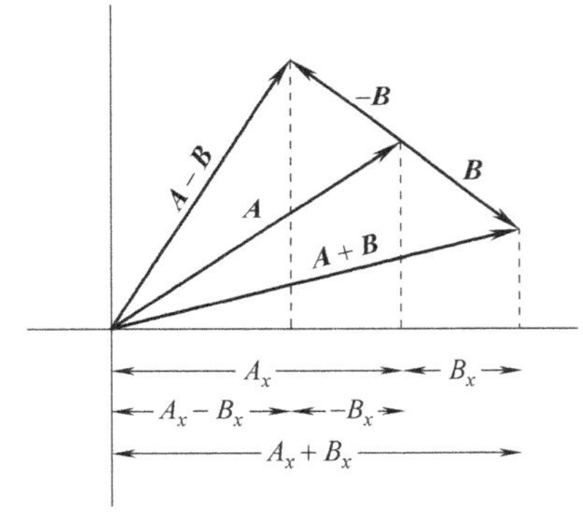

图 3.4.6

$\boldsymbol{0}$ 矢量是（可能会出现 $\boldsymbol{A}=\boldsymbol{B}-\boldsymbol{B}=0$，或 $\boldsymbol{A}=c\boldsymbol{B}$，其中，$c=0$）大小为 $\boldsymbol{0}$ 的矢量，所有分量都是 $\boldsymbol{0}$，没有方向. 长度或大小为 1 的矢量称为单位矢量，因此，对任何 $\boldsymbol{A}\neq\boldsymbol{0}$，矢量 $\boldsymbol{A}/|\boldsymbol{A}|$ 为单位矢量. 在例 1 中，$\boldsymbol{F}/5$ 是单位矢量.

以上为两种矢量相加的方法：头尾相加的几何法和使用分量的代数法. 让我们先看一个几何方法的例子，然后再考虑代数方法. 下面的例 2 说明了几何方法. 通过类似的证明，许多初等几何的性质可以很容易地用矢量证明，而不需要参考分量或坐标系（参见习题 3.4.1 第 3~8 题）.

例 2 证明：三角形中线相交于一点，该点处于从顶点到另一边中点的三分之二.

为了证明命题，把三角形两条边称为 $\boldsymbol{A}$ 和 $\boldsymbol{B}$，由平行四边形法则得到第三条边是 $\boldsymbol{A}+\boldsymbol{B}$，其中，$\boldsymbol{A}$、$\boldsymbol{B}$ 和 $\boldsymbol{A}+\boldsymbol{B}$ 的方向如图 3.4.7a 所示. 如果矢量 $\boldsymbol{A}$ 加上矢量 $\frac{1}{2}\boldsymbol{B}$（头到尾相加，见

图3.4.7b)，则得到从 O 点到三角形对边中点的矢量，即是得到 $\boldsymbol{B}$ 边的中线，接着，取这个矢量的$\frac{2}{3}$，有$\frac{2}{3}\left(\boldsymbol{A}+\frac{1}{2}\boldsymbol{B}\right)=\frac{2}{3}\boldsymbol{A}+\frac{1}{3}\boldsymbol{B}$，方向为从 O 到 P（见图3.4.7b）. 要证明 P 是三条中线的交点，且为每条中线的“$\frac{2}{3}$点”，可通过证明 P 是 $\boldsymbol{A}$ 边中线的“2/3 点”来证明. 因为 A 和 B 代表三角形的任意两条边，证明对所有三个中线都成立. 从 R 到 Q 的矢量为$\frac{1}{2}\boldsymbol{A}+\boldsymbol{B}$（见图3.4.7c），这是 $\boldsymbol{A}$ 的中线，该中线上的“$\frac{2}{3}$点”是点 P'（见图3.4.7d）；从 R 到 P'的矢量等于$\frac{1}{3}\left(\frac{1}{2}\boldsymbol{A}+\boldsymbol{B}\right)$，从 O 到 P'的矢量是$\frac{1}{2}\boldsymbol{A}+\frac{1}{3}\left(\frac{1}{2}\boldsymbol{A}+\boldsymbol{B}\right)=\frac{2}{3}\boldsymbol{A}+\frac{1}{3}\boldsymbol{B}$. 因此，$P$ 和 P'是同一点，并且三条中线的“$\frac{2}{3}$点”为该点. 注意，在这个证明中没有提到坐标系或分量.

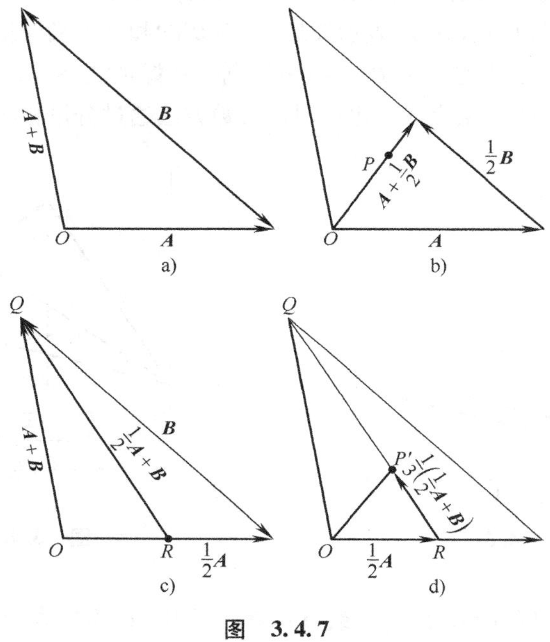

图 3.4.7

习题 3.4.1

1. 绘制图并证明式（4.1）.

2. 给定的矢量与 x 正轴的夹角为 θ：

$\boldsymbol{A}$ 的大小为 5，$\theta=45°$，

$\boldsymbol{B}$ 的大小为 3，$\theta=-30°$，

$\boldsymbol{C}$ 的大小为 7，$\theta=120°$，

（a）在图上画出 $2\boldsymbol{A}$，$\boldsymbol{A}-2\boldsymbol{B}$，$\boldsymbol{C}-\boldsymbol{B}$，$\frac{2}{5}\boldsymbol{A}-\frac{1}{7}\boldsymbol{C}$.

（b）画图并验证：

$$\boldsymbol{A}+\boldsymbol{B}=\boldsymbol{B}+\boldsymbol{A} \qquad \boldsymbol{A}-(\boldsymbol{B}-\boldsymbol{C})=(\boldsymbol{A}-\boldsymbol{B})+\boldsymbol{C},$$
$$(\boldsymbol{A}+\boldsymbol{B})+\boldsymbol{C}=(\boldsymbol{A}+\boldsymbol{C})+\boldsymbol{B}, \quad (\boldsymbol{A}+\boldsymbol{B})_x=A_x+B_x,$$
$$(\boldsymbol{B}-\boldsymbol{C})_x=B_x-C_x.$$

用矢量证明下面的几何定理.

3. 平行四边形对角线互相平分.

4. 连接任意三角形两条边的中点的线段，平行于第三条边并且是第三条边长度的一半.

5. 在平行四边形中，从一个角顶点到两条对边中点的连线，三等分它们交叉的对角线.

6. 任何四边形（有不同长度和不同角度的四边形）两边中点的连线互相平分. 提示：三条边标为 $\boldsymbol{A}$，$\boldsymbol{B}$，$\boldsymbol{C}$，第四条边的矢量是什么？

7. 通过三角形一条边的中点平行于第二条边的直线，平分第三条边. 提示：调用平行矢量 $\boldsymbol{A}$ 和 $c\boldsymbol{A}$.

8. 梯形（只有两个平行边的四边形）中线是连接两个非平行边的中点的直线. 证明：中线平分对角线，中线平行于两条平行边，等于它们长度之和的一半.

我们已经详细讨论了矢量相加的几何方法（平行四边形定理或首尾相加）及其在不引入特殊坐标系的情况下描述和证明几何和物理性质的重要性. 然而，在许多情况下，使用特定坐标系分量的代数方法更方便. 我们接下来将讨论这个问题.

矢量的分量：考虑一组矩形轴，如图 3.4.8 所示. 让矢量 $\boldsymbol{i}$ 是正 x 方向上的单位矢量（从纸上指向你），让 $\boldsymbol{j}$ 和 $\boldsymbol{k}$ 是正 y 和 z 方向上的单位矢量. 如果 A_x 和 A_y 是（x,y）平面上一个矢量的标量分量，那么 $\boldsymbol{i}A_x$ 和 $\boldsymbol{j}A_y$ 是它的矢量分量，它们的和是矢量 $\boldsymbol{A}$（见图 3.4.9）：

$$\boldsymbol{A}=\boldsymbol{i}A_x+\boldsymbol{j}A_y.$$

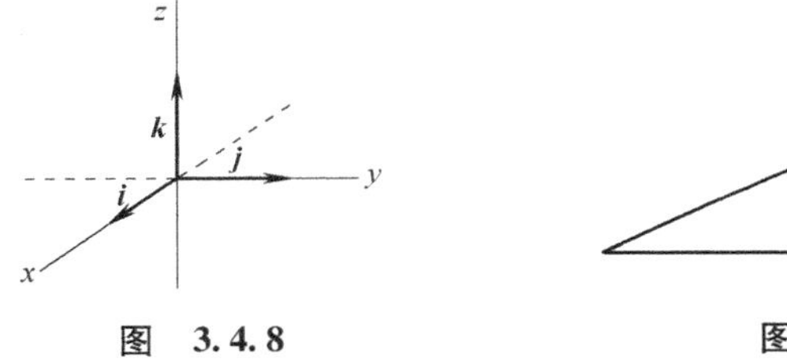

图 3.4.8

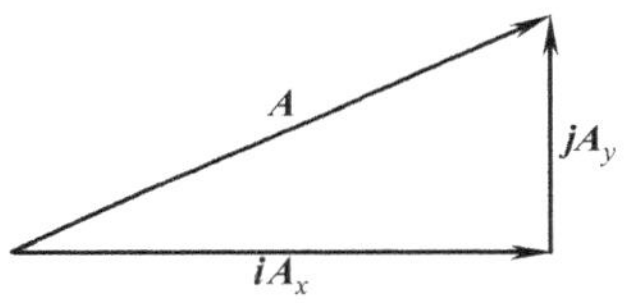

图 3.4.9

同样，在三维空间有

$$\boldsymbol{A}=\boldsymbol{i}A_x+\boldsymbol{j}A_y+\boldsymbol{k}A_z.$$

在这种形式下，矢量的加减是很方便的. 若 $\boldsymbol{A}$ 和 $\boldsymbol{B}$ 是二维矢量，则

$$\boldsymbol{A}+\boldsymbol{B}=(\boldsymbol{i}A_x+\boldsymbol{j}A_y)+(\boldsymbol{i}B_x+\boldsymbol{j}B_y)=\boldsymbol{i}(A_x+B_x)+\boldsymbol{j}(A_y+B_y).$$

这只是分量相加的常见结果；单位矢量 $\boldsymbol{i}$ 和 $\boldsymbol{j}$ 用于跟踪单独的分量并允许把 $\boldsymbol{A}$ 写成一个代数表达式. 矢量 $\boldsymbol{i}$，$\boldsymbol{j}$，$\boldsymbol{k}$ 叫作单位基矢量.

矢量的乘法：两个矢量的乘积有两种，一种称为标量积（或称点积、内积），结果是标量；另一种称为矢量积（或叉积），结果是矢量.

标量积：通过定义，$\boldsymbol{A}$ 和 $\boldsymbol{B}$ 的标量积（写为 $\boldsymbol{A}\cdot\boldsymbol{B}$）是一个标量，它等于 $\boldsymbol{A}$ 的大小乘以 $\boldsymbol{B}$ 的大小再乘以 $\boldsymbol{A}$ 和 $\boldsymbol{B}$ 夹角 θ 的余弦：

$$\boldsymbol{A}\cdot\boldsymbol{B}=|\boldsymbol{A}||\boldsymbol{B}|\cos\theta. \tag{4.2}$$

从式（4.2）可见交换律（4.3）适用于标量积：

$$\boldsymbol{A}\cdot\boldsymbol{B}=\boldsymbol{B}\cdot\boldsymbol{A}. \tag{4.3}$$

点积的一个有用解释如图 3.4.10 所示.

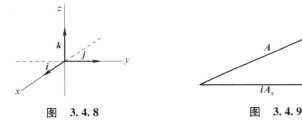

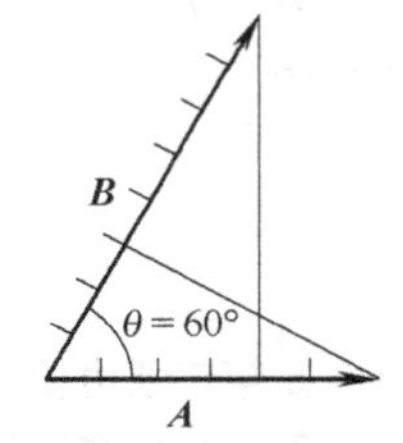

$|\boldsymbol{B}|=8$，$|\boldsymbol{A}|=6$.
$\boldsymbol{B}$ 在 $\boldsymbol{A}$ 上的投影等于 4：
$\boldsymbol{A}\cdot\boldsymbol{B}=6\times4=24$.
或者，$\boldsymbol{A}$ 在 $\boldsymbol{B}$ 上的投影等于 3：
$\boldsymbol{B}\cdot\boldsymbol{A}=3\times8=24$.

图　3.4.10

由于 $|\boldsymbol{B}|\cos\theta$ 是 $\boldsymbol{B}$ 在 $\boldsymbol{A}$ 上的投影，可写出：

$$\boldsymbol{A}\cdot\boldsymbol{B}=|\boldsymbol{A}|\text{乘以（}\boldsymbol{B}\text{ 在 }\boldsymbol{A}\text{ 上的投影）}. \tag{4.4}$$

此外，或者可写出：

$$\boldsymbol{A}\cdot\boldsymbol{B}=|\boldsymbol{B}|\text{乘以（}\boldsymbol{A}\text{ 在 }\boldsymbol{B}\text{ 上的投影）}.$$

由式（4.2）可得

$$\boldsymbol{A}\cdot\boldsymbol{A}=|\boldsymbol{A}|^2\cos0^\circ=|\boldsymbol{A}|^2=\boldsymbol{A}^2. \tag{4.5}$$

有时 $\boldsymbol{A}^2$ 可代替 $|\boldsymbol{A}|^2$ 或 A^2. 你应该明白一个矢量的平方总是它的大小的平方或者它与自身的点积.

从图 3.4.11 可以看出，$\boldsymbol{B}+\boldsymbol{C}$ 在 $\boldsymbol{A}$ 上的投影等于 $\boldsymbol{B}$ 在 $\boldsymbol{A}$ 上的投影加上 $\boldsymbol{C}$ 在 $\boldsymbol{A}$ 上的投影，则由式（4.3）得

$$\begin{aligned}\boldsymbol{A}\cdot(\boldsymbol{B}+\boldsymbol{C})&=|\boldsymbol{A}|\text{乘以}((\boldsymbol{B}+\boldsymbol{C})\text{在 }\boldsymbol{A}\text{ 上的投影})\\&=|\boldsymbol{A}|\text{乘以}(\boldsymbol{B}\text{ 在 }\boldsymbol{A}\text{ 上的投影}+\boldsymbol{C}\text{ 在 }\boldsymbol{A}\text{ 上的投影})\\&=\boldsymbol{A}\cdot\boldsymbol{B}+\boldsymbol{A}\cdot\boldsymbol{C}.\end{aligned} \tag{4.6}$$

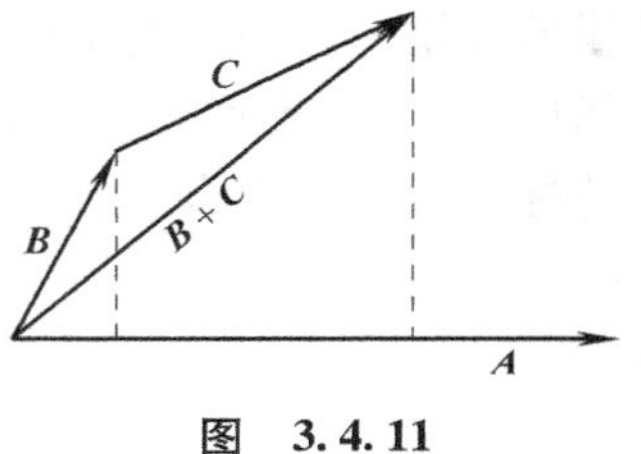

图　3.4.11

这是标量积的分配律. 由交换律（4.3）可得

$$(\boldsymbol{B}+\boldsymbol{C})\cdot\boldsymbol{A}=\boldsymbol{B}\cdot\boldsymbol{A}+\boldsymbol{C}\cdot\boldsymbol{A}=\boldsymbol{A}\cdot\boldsymbol{B}+\boldsymbol{A}\cdot\boldsymbol{C}. \tag{4.7}$$

$\boldsymbol{A}\cdot\boldsymbol{B}$ 的分量形式也很有用，可写为

$$\boldsymbol{A}\cdot\boldsymbol{B}=(\boldsymbol{i}A_x+\boldsymbol{j}A_y+\boldsymbol{k}A_z)\cdot(\boldsymbol{i}B_x+\boldsymbol{j}B_y+\boldsymbol{k}B_z). \tag{4.8}$$

根据分配律，各分量分别相乘得到 9 项，比如 $A_xB_x\boldsymbol{i}\cdot\boldsymbol{i}$，$A_xB_y\boldsymbol{i}\cdot\boldsymbol{j}$ 等. 利用标量积的定义有

$$\begin{aligned}&\boldsymbol{i}\cdot\boldsymbol{i}=|\boldsymbol{i}|\cdot|\boldsymbol{i}|\cos0^\circ=1\cdot1\cdot1=1,\ \text{同样},\ \boldsymbol{j}\cdot\boldsymbol{j}=1,\ \boldsymbol{k}\cdot\boldsymbol{k}=1.\\&\boldsymbol{i}\cdot\boldsymbol{j}=|\boldsymbol{i}|\cdot|\boldsymbol{j}|\cos90^\circ=1\cdot1\cdot0=0,\ \text{同样},\ \boldsymbol{i}\cdot\boldsymbol{k}=0,\ \boldsymbol{j}\cdot\boldsymbol{k}=0.\end{aligned} \tag{4.9}$$

在式（4.8）中代入式（4.9）有

$$\boldsymbol{A}\cdot\boldsymbol{B}=A_xB_x+A_yB_y+A_zB_z. \tag{4.10}$$

式子（4.10）是一个重要的公式，应该记住. 这个公式和点积有几种直接的用法.

两个矢量的夹角： 对给定的两个矢量，由式（4.2）和式（4.10）计算出 $\cos\theta$，可以求出两个矢量之间的夹角.

例 3　计算矢量 $\boldsymbol{A}=3\boldsymbol{i}+6\boldsymbol{j}+9\boldsymbol{k}$ 和 $\boldsymbol{B}=-2\boldsymbol{i}+3\boldsymbol{j}+\boldsymbol{k}$ 的夹角.

由式（4.2）和式（4.10）得到

$$\begin{aligned}&\boldsymbol{A}\cdot\boldsymbol{B}=|\boldsymbol{A}||\boldsymbol{B}|\cos\theta=3\cdot(-2)+6\cdot3+9\cdot1=21,\\&|\boldsymbol{A}|=\sqrt{3^2+6^2+9^2}=3\sqrt{14},\quad |\boldsymbol{B}|=\sqrt{2^2+3^2+1^2}=\sqrt{14},\\&3\sqrt{14}\sqrt{14}\cos\theta=21,\quad \cos\theta=\frac{1}{2},\quad \theta=60^\circ.\end{aligned} \tag{4.11}$$

垂直和平行矢量：如果两个矢量垂直，则 $\cos\theta=0$，因此有

$$A_xB_x+A_yB_y+A_zB_z=0 \qquad \text{如果} \boldsymbol{A} \text{和} \boldsymbol{B} \text{是两个垂直矢量}. \tag{4.12}$$

如果两个矢量平行，它们的分量成比例，当分量都不为零时有

$$\frac{A_x}{B_x}=\frac{A_y}{B_y}=\frac{A_z}{B_z} \qquad \text{如果} \boldsymbol{A} \text{和} \boldsymbol{B} \text{是两个平行矢量}. \tag{4.13}$$

（当然，如果 $B_x=0$，则 $A_x=0$，等等）

矢量积：矢量 $\boldsymbol{A}$ 和 $\boldsymbol{B}$ 的矢量积或叉积记为 $\boldsymbol{A}\times\boldsymbol{B}$. 通过定义，$\boldsymbol{A}\times\boldsymbol{B}$ 是一个矢量，其大小和方向如下所示.

$\boldsymbol{A}\times\boldsymbol{B}$ 的大小为

$$|\boldsymbol{A}\times\boldsymbol{B}|=|\boldsymbol{A}|\,|\boldsymbol{B}|\sin\theta. \tag{4.14}$$

其中 θ 是 $\boldsymbol{A}$ 和 $\boldsymbol{B}$ 的正夹角（$\leqslant 180°$），$\boldsymbol{A}\times\boldsymbol{B}$ 的方向垂直于 $\boldsymbol{A}$ 和 $\boldsymbol{B}$ 确定的平面，并且以右旋螺杆从 $\boldsymbol{A}$ 旋转到 $\boldsymbol{B}$ 的方向，如图 3.4.12 所示.

通过右手定则求 $\boldsymbol{C}=\boldsymbol{A}\times\boldsymbol{B}$ 的方向很方便. 想象一下用右手握住 $\boldsymbol{C}$ 线，然后手指沿着 $\boldsymbol{A}$ 旋转成 $\boldsymbol{B}$ 的方向卷曲（如图 3.4.12 中的箭头），拇指指向 $\boldsymbol{C}=\boldsymbol{A}\times\boldsymbol{B}$.

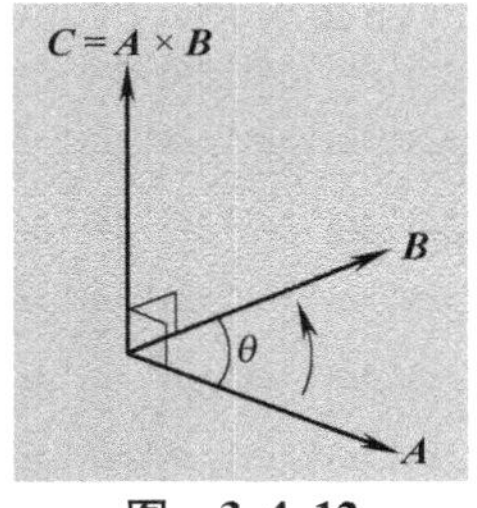

图 3.4.12

也许矢量积定义最令人吃惊的结果是 $\boldsymbol{A}\times\boldsymbol{B}$ 和 $\boldsymbol{B}\times\boldsymbol{A}$ 不相等，事实上，$\boldsymbol{A}\times\boldsymbol{B}=-\boldsymbol{B}\times\boldsymbol{A}$. 在数学语言中，矢量乘法是不可交换的.

从式（4.14）可知，任何两个平行（或反平行）矢量的叉乘的大小为 $|\boldsymbol{A}\times\boldsymbol{B}|=AB\sin 0°=0$（或 $AB\sin 180°=0$），因此有

$$\begin{aligned}&\boldsymbol{A}\times\boldsymbol{B}=0 \qquad \text{如果} \boldsymbol{A} \text{和} \boldsymbol{B} \text{平行或反平行},\\&\boldsymbol{A}\times\boldsymbol{A}=0 \qquad \text{对任何} \boldsymbol{A}.\end{aligned} \tag{4.15}$$

于是得到有用的结果：

$$\boldsymbol{i}\times\boldsymbol{i}=\boldsymbol{j}\times\boldsymbol{j}=\boldsymbol{k}\times\boldsymbol{k}=0. \tag{4.16}$$

从式（4.14）可得

$$|\boldsymbol{i}\times\boldsymbol{j}|=|\boldsymbol{i}|\,|\boldsymbol{j}|\sin 90°=1\cdot 1\cdot 1=1.$$

对于任意两个不同的单位矢量 $\boldsymbol{i}$，$\boldsymbol{j}$，$\boldsymbol{k}$ 的叉乘的大小也是类似的，从右手定则和图 3.4.13中，可看到 $\boldsymbol{i}\times\boldsymbol{j}$ 的方向是 $\boldsymbol{k}$，因为它的大小是 **1**，所以有 $\boldsymbol{i}\times\boldsymbol{j}=\boldsymbol{k}$；然而，$\boldsymbol{j}\times\boldsymbol{i}=-\boldsymbol{k}$. 同样计算其他的叉乘，有

$$\begin{aligned}&\boldsymbol{i}\times\boldsymbol{j}=\boldsymbol{k} \quad \boldsymbol{j}\times\boldsymbol{k}=\boldsymbol{i} \quad \boldsymbol{k}\times\boldsymbol{i}=\boldsymbol{j}.\\&\boldsymbol{j}\times\boldsymbol{i}=-\boldsymbol{k} \quad \boldsymbol{k}\times\boldsymbol{j}=-\boldsymbol{i} \quad \boldsymbol{i}\times\boldsymbol{k}=-\boldsymbol{j}.\end{aligned} \tag{4.17}$$

记住这些的一个好方法是循环地写出它们（围绕一个圆圈，如图 3.4.14 所示）. 逆时针（θ 正方向）读取这些单位矢量，就可得到相应的正的矢量积（如 $\boldsymbol{i}\times\boldsymbol{j}=\boldsymbol{k}$），顺时针即得到负的矢量积（如 $\boldsymbol{i}\times\boldsymbol{k}=-\boldsymbol{j}$）.

值得注意的是，结果（4.17）取决于在图 3.4.13 中标记坐标轴的方式. 我们已经设定（x,y,z）轴，使 x 轴到 y 轴的一个旋转（通过 90°）对应于右手螺旋指向正 z 方向的旋转.

这样的坐标系称为右手坐标系．如果使用左手坐标系（比如交换 x 和 y），那么结果（4.17）中的所有方程的符号都会改变．这会让人困惑；因此，实际上总是使用右手坐标系，在绘制图表时必须注意这一点（见第 10 章 10.6 节）．

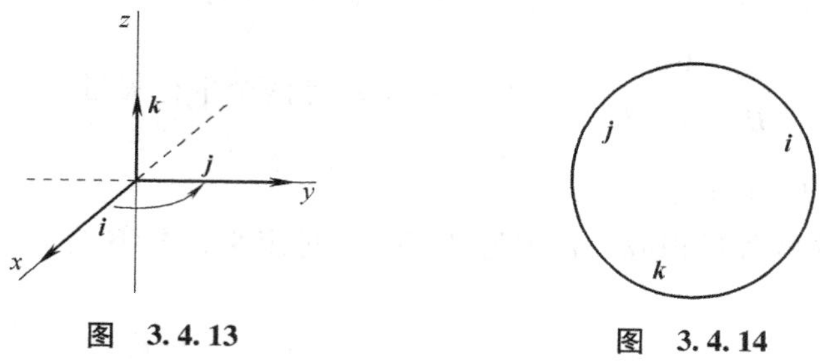

图 3.4.13　　　图 3.4.14

$\boldsymbol{A}\times\boldsymbol{B}$ 的分量形式需用到分配律，即

$$\boldsymbol{A}\times(\boldsymbol{B}+\boldsymbol{C})=\boldsymbol{A}\times\boldsymbol{B}+\boldsymbol{A}\times\boldsymbol{C}. \tag{4.18}$$

（见习题 3.7 第 18 题.）

那么可得

$$\begin{aligned}\boldsymbol{A}\times\boldsymbol{B}&=(\boldsymbol{i}A_x+\boldsymbol{j}A_y+\boldsymbol{k}A_z)\times(\boldsymbol{i}B_x+\boldsymbol{j}B_y+\boldsymbol{k}B_z)\\&=\boldsymbol{i}(A_yB_z-A_zB_y)+\boldsymbol{j}(A_zB_x-A_xB_z)+\boldsymbol{k}(A_xB_y-A_yB_x)\\&=\begin{vmatrix}\boldsymbol{i}&\boldsymbol{j}&\boldsymbol{k}\\A_x&A_y&A_z\\B_x&B_y&B_z\end{vmatrix}.\end{aligned} \tag{4.19}$$

式（4.19）中第二行是通过将第一行相乘和根据式（4.16）与式（4.17）得到的．式（4.19）中的行列式是记忆矢量积的分量形式最方便的方法．可以验证，使用第一行的元素对行列式拉普拉斯展开就得到了上面一行的结果．

由于 $\boldsymbol{A}\times\boldsymbol{B}$ 是一个垂直于 $\boldsymbol{A}$ 和 $\boldsymbol{B}$ 的矢量，应用式（4.19）可找到垂直于两个给定矢量的矢量．

例 4　求垂直于 $\boldsymbol{A}=2\boldsymbol{i}+\boldsymbol{j}-\boldsymbol{k}$ 和 $\boldsymbol{B}=\boldsymbol{i}+3\boldsymbol{j}-2\boldsymbol{k}$ 的矢量．

$$\begin{aligned}\boldsymbol{A}\times\boldsymbol{B}=\begin{vmatrix}\boldsymbol{i}&\boldsymbol{j}&\boldsymbol{k}\\2&1&-1\\1&3&-2\end{vmatrix}&=\boldsymbol{i}(-2+3)-\boldsymbol{j}(-4+1)+\boldsymbol{k}(6-1)\\&=\boldsymbol{i}+3\boldsymbol{j}+5\boldsymbol{k}.\end{aligned}$$

习题 3.4.2

9. 设 $\boldsymbol{A}=2\boldsymbol{i}+3\boldsymbol{j}$，$\boldsymbol{B}=4\boldsymbol{i}-4\boldsymbol{j}$，用图示及代数运算求以下矢量：$-\boldsymbol{A}$，$3\boldsymbol{B}$，$\boldsymbol{A}-\boldsymbol{B}$，$\boldsymbol{B}+2\boldsymbol{A}$，$\frac{1}{2}(\boldsymbol{A}+\boldsymbol{B})$．

10. 如果 $\boldsymbol{A}+\boldsymbol{B}=4\boldsymbol{j}-\boldsymbol{i}$，$\boldsymbol{A}-\boldsymbol{B}=\boldsymbol{i}+3\boldsymbol{j}$，用代数运算求 $\boldsymbol{A}$ 和 $\boldsymbol{B}$．画图以几何方式求 $\boldsymbol{A}$ 和 $\boldsymbol{B}$．

11. 设 $3\boldsymbol{i}-\boldsymbol{j}+4\boldsymbol{k}$，$7\boldsymbol{j}-2\boldsymbol{k}$，$\boldsymbol{i}-3\boldsymbol{j}+\boldsymbol{k}$ 是尾部在原点的 3 个矢量，然后它们的头部决定空间中的三个点 A，B，C 组成一个三角形．求出代表 AB，BC，CA 边的矢量，按顺序和方向（例如，A 到 B，而不是 B 到 A），并证明这些矢量的和为零．

12. 计算矢量 $\boldsymbol{A}=-2\boldsymbol{i}+\boldsymbol{j}-2\boldsymbol{k}$ 和 $\boldsymbol{B}=2\boldsymbol{i}-2\boldsymbol{j}$ 的夹角.

13. 如果 $\boldsymbol{A}=4\boldsymbol{i}-3\boldsymbol{k}$，$\boldsymbol{B}=-2\boldsymbol{i}+2\boldsymbol{j}-\boldsymbol{k}$. 求：$\boldsymbol{A}$ 到 $\boldsymbol{B}$ 投影的标量值，$\boldsymbol{B}$ 到 $\boldsymbol{A}$ 投影的标量值，及 $\boldsymbol{A}$ 和 $\boldsymbol{B}$ 夹角的余弦.

14. 求夹角：(a) 立方体空间对角线的夹角；(b) 空间对角线和边的夹角；(c) 一个空间对角线和一个面对角线的夹角.

15. 设 $\boldsymbol{A}=2\boldsymbol{i}-\boldsymbol{j}+2\boldsymbol{k}$，(a) 求 $\boldsymbol{A}$ 方向上的单位矢量. 提示：$\boldsymbol{A}$ 除以 $|\boldsymbol{A}|$. (b) 求出与 $\boldsymbol{A}$ 方向相同，大小为 12 的矢量. (c) 求出垂直于 $\boldsymbol{A}$ 的矢量. 提示：这样的矢量有很多，只求一个. (d) 求出垂直于 $\boldsymbol{A}$ 的单位矢量. 见 (a) 的提示.

16. 求出一个与矢量 $\boldsymbol{A}=4\boldsymbol{i}-2\boldsymbol{j}+4\boldsymbol{k}$ 方向相同的单位矢量，另一个与 $\boldsymbol{B}=-4\boldsymbol{i}+3\boldsymbol{k}$ 方向相同的单位矢量. 证明这些单位矢量的矢量和平分 $\boldsymbol{A}$ 和 $\boldsymbol{B}$ 的夹角. 提示：画一个菱形，将这两个单位矢量作为相邻的边.

17. 求出三个矢量（它们都不平行于坐标轴），它们的长度和方向都可以构成直角三角形.

18. 证明 $2\boldsymbol{i}-\boldsymbol{j}+4\boldsymbol{k}$ 和 $5\boldsymbol{i}+2\boldsymbol{j}-2\boldsymbol{k}$ 是正交的（垂直的），并求出垂直于两者的第三个矢量.

19. 求垂直于 $\boldsymbol{i}-3\boldsymbol{j}+2\boldsymbol{k}$ 和 $5\boldsymbol{i}-\boldsymbol{j}-4\boldsymbol{k}$ 的矢量.

20. 求垂直于 $\boldsymbol{i}+\boldsymbol{j}$ 和 $\boldsymbol{i}-2\boldsymbol{k}$ 的矢量.

21. 证明 $\boldsymbol{B}|\boldsymbol{A}|+\boldsymbol{A}|\boldsymbol{B}|$ 和 $\boldsymbol{A}|\boldsymbol{B}|-\boldsymbol{B}|\boldsymbol{A}|$ 是正交的.

22. 求 $(\boldsymbol{A}+\boldsymbol{B})$ 的平方，用几何的方法解释你的结果. 提示：答案是你在三角函数中学过的一条定律.

23. 如果 $\boldsymbol{A}=2\boldsymbol{i}-3\boldsymbol{j}+\boldsymbol{k}$ 和 $\boldsymbol{A}\cdot\boldsymbol{B}=0$，$\boldsymbol{B}=0$ 成立吗？（要么证明它成立，要么给出一个具体的例子来证明它不成立.）如果 $\boldsymbol{A}\times\boldsymbol{B}=0$，回答同样的问题. 如果 $\boldsymbol{A}\cdot\boldsymbol{B}=0$ 和 $\boldsymbol{A}\times\boldsymbol{B}=0$，这样又会如何？

24. $(\boldsymbol{A}\times\boldsymbol{B})^2+(\boldsymbol{A}\cdot\boldsymbol{B})^2$ 的值是多少？注意：这是拉格朗日等式的一个特例（见第6章习题6.3第12题b问).

使用如第 3~8 题中的矢量，以及点积和叉积，从几何角度证明下面的定理.

25. 平行四边形对角线的平方和等于两条邻边平方和的两倍.

26. 等腰三角形底边的中线垂直底边.

27. 在筝形（由两对相等邻边组成的四边形）中，对角线是相互垂直的.

28. 菱形（四条边长度相等的四边形）的对角线相互垂直且相互平分.

3.5 直线和平面

利用矢量表示可以简化解析几何的大量问题，如物理中经常出现的直线和平面的方程、点之间的距离、直线和平面之间的距离等. 我们将主要讨论三维空间，但这些思想也适用于二维空间. 在解析几何中，点是三个坐标 (x,y,z) 的集合，可以把点看作是尾部在原点的矢量 $\boldsymbol{r}=\boldsymbol{i}x+\boldsymbol{j}y+\boldsymbol{k}z$ 的头部. 大多数时候，矢量会在我们的脑海中，不会被画出来；我们只要画出点 (x,y,z)，它是矢量的头部. 换句话说，点 (x,y,z) 和矢量 $\boldsymbol{r}$ 等同. 我们还将使用连接两个点的矢量. 在图 3.5.1 中，从 $(1,2,3)$ 到 (x,y,z) 的矢量 $\boldsymbol{A}$ 是

$$\boldsymbol{A}=\boldsymbol{r}-\boldsymbol{C}=(x,y,z)-(1,2,3)=(x-1,y-2,z-3)$$

或者

$$\boldsymbol{A}=\boldsymbol{i}x+\boldsymbol{j}y+\boldsymbol{k}z-(\boldsymbol{i}+2\boldsymbol{j}+3\boldsymbol{k})=\boldsymbol{i}(x-1)+\boldsymbol{j}(y-2)+\boldsymbol{k}(z-3).$$

因此有两种方法表示矢量方程，可以任由选择. 注意对于 $\boldsymbol{i}-2\boldsymbol{k}$ 写出 $(1,0,-2)$ 的可能优势；由于 0 是显式的，因此不小心将 $\boldsymbol{i}-2\boldsymbol{k}$ 与 $\boldsymbol{i}-2\boldsymbol{j}=(1,-2,0)$ 混淆的可能性较小. 另一方面，$5\boldsymbol{j}$ 比 $(0,5,0)$ 简单.

在二维中，通过点 (x_0,y_0)，斜率为 m 的直线方程可写为

$$\frac{y-y_0}{x-x_0}=m. \tag{5.1}$$

假设给出直线方向上的矢量，而不是斜率，如 $\boldsymbol{A}=\boldsymbol{i}a+\boldsymbol{j}b$（见图 3.5.2），则在 $\boldsymbol{A}$ 方向上通过点（x_0,y_0）确定一条直线，并可得出直线方程. 从（x_0,y_0）到直线上任意点（x,y）的有向线段为矢量 $\boldsymbol{r}-\boldsymbol{r}_0$，分量为 $x-x_0$ 和 $y-y_0$：

$$\boldsymbol{r}-\boldsymbol{r}_0=\boldsymbol{i}(x-x_0)+\boldsymbol{j}(y-y_0). \tag{5.2}$$

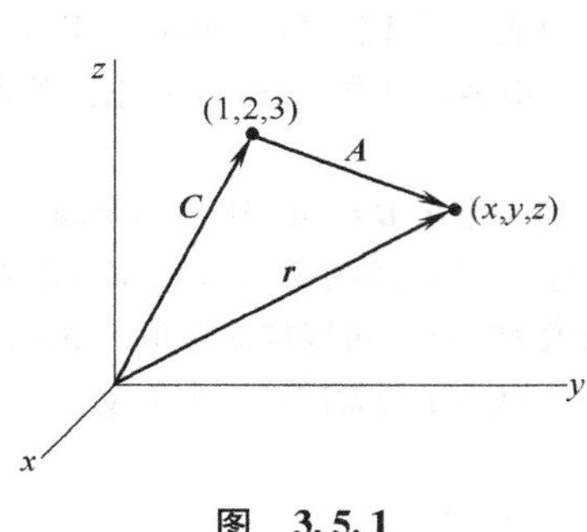

图 3.5.1

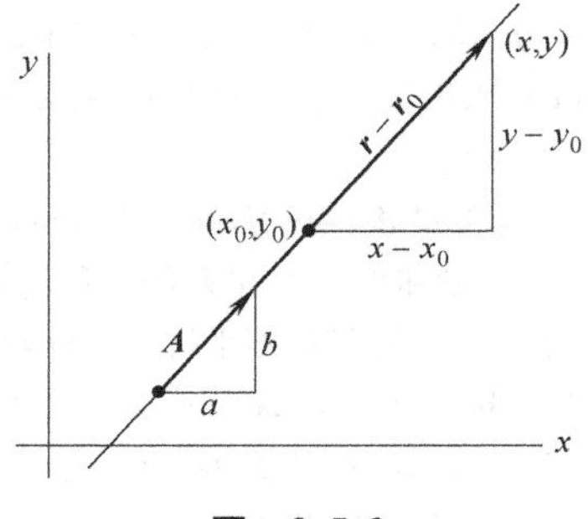

图 3.5.2

这个矢量平行于 $\boldsymbol{A}=\boldsymbol{i}a+\boldsymbol{j}b$. 如果两个矢量平行，其分量成比例. 因此当 a，$b\neq0$ 时有

$$\frac{x-x_0}{a}=\frac{y-y_0}{b} \quad 或 \quad \frac{y-y_0}{x-x_0}=\frac{b}{a}. \tag{5.3}$$

这就是给定直线的方程. 直线的斜率是 $m=b/a$，所以式（5.3）和式（5.1）是一样的.

求直线方程的另一种方法是，若 $\boldsymbol{r}-\boldsymbol{r}_0$ 与 $\boldsymbol{A}$ 是平行的矢量，则一个是另一个的常数倍，即

$$\boldsymbol{r}-\boldsymbol{r}_0=\boldsymbol{A}t, \quad 或 \quad \boldsymbol{r}=\boldsymbol{r}_0+\boldsymbol{A}t. \tag{5.4}$$

其中，t 是常数倍数，可以把 t 当成一个参数. 式（5.4）的分量形式是直线的参数方程，即

$$\begin{matrix} x-x_0=at, \\ y-y_0=bt, \end{matrix} \quad 或 \quad \begin{matrix} x=x_0+at, \\ y=y_0+bt. \end{matrix} \tag{5.5}$$

消去 t 就得到了式（5.3）中的直线方程.

在三维空间中也可用同样方法. 求通过给定点（x_0,y_0,z_0）并与矢量 $\boldsymbol{A}=a\boldsymbol{i}+b\boldsymbol{j}+c\boldsymbol{k}$ 平行的直线. 如果（x,y,z）是直线上任意点，连接（x_0,y_0,z_0）和（x,y,z）的矢量平行于 $\boldsymbol{A}$，那么它的分量 $x-x_0$，$y-y_0$，$z-z_0$ 正比于 $\boldsymbol{A}$ 的分量 a，b，c，于是有

$$\frac{x-x_0}{a}=\frac{y-y_0}{b}=\frac{z-z_0}{c} \quad (a,b,c\neq0\text{ 时直线的对称方程}). \tag{5.6}$$

如果 c 为零，方程（5.6）的形式可写为

$$\frac{x-x_0}{a}=\frac{y-y_0}{b}, \quad z=z_0 \quad (c=0\text{ 时直线的对称方程}). \tag{5.7}$$

如二维情况下，方程（5.6）和方程（5.7）可写成

$$\boldsymbol{r}=\boldsymbol{r}_0+\boldsymbol{A}t, \quad 或 \quad \begin{cases} x=x_0+at, \\ y=y_0+bt, \\ z=z_0+ct, \end{cases} \quad (\text{直线的参数方程}). \tag{5.8}$$

当参数 t 表示时间时，参数方程（5.8）有一个特别有用的解释. 考虑一个粒子 m（电子、台球或恒星）沿直线 L 运动，如图 3.5.3 所示. 在原点观察 m 沿着 L 从 P_0 移动到 P. 视线是矢量 $\boldsymbol{r}$，它从 $t=0$ 时的 $\boldsymbol{r}_0$ 摆到 t 时刻的 $\boldsymbol{r}=\boldsymbol{r}_0+\boldsymbol{A}t$，注意：$m$ 的速度是 $\mathrm{d}\boldsymbol{r}/\mathrm{d}t=\boldsymbol{A}$，$\boldsymbol{A}$ 是沿直线运动的矢量.

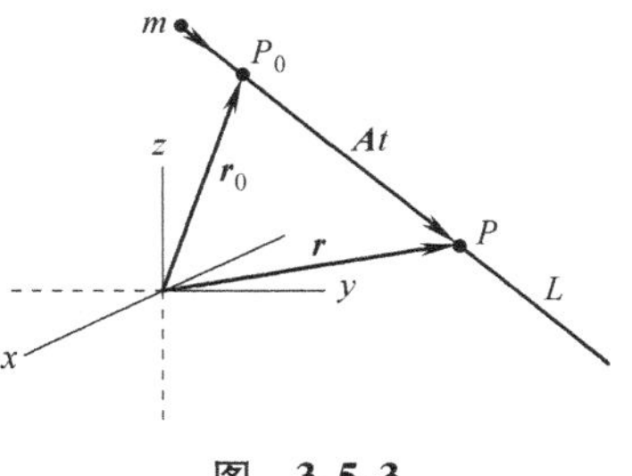

图　3.5.3

回到二维空间，假设想要一条直线 L 穿过点 (x_0,y_0) 并垂直于给定的矢量 $\boldsymbol{N}=a\boldsymbol{i}+b\boldsymbol{j}$. 如上所述，矢量为

$$\boldsymbol{r}-\boldsymbol{r}_0=(x-x_0)\boldsymbol{i}+(y-y_0)\boldsymbol{j}$$

矢量在直线 L 上. 要使所求的矢量垂直矢量 $\boldsymbol{N}$，回忆一下，如果两个矢量的点积为零则它们相互垂直. 设 $\boldsymbol{N}$ 和 $\boldsymbol{r}-\boldsymbol{r}_0$ 的点积等于 0，则给出

$$a(x-x_0)+b(y-y_0)=0 \quad 或 \quad \frac{y-y_0}{x-x_0}=-\frac{a}{b}. \tag{5.9}$$

这就是垂直于 $\boldsymbol{N}$ 的直线 L 的方程，从图 3.5.4 中可以看出直线 L 的斜率为

$$\tan\theta=-\cot\phi=-a/b.$$

在三维空间中，可用这个方法求平面的方程. 如果 (x_0,y_0,z_0) 是平面上的一个给定点，(x,y,z) 是平面上任何点，矢量（见图 3.5.5）

$$\boldsymbol{r}-\boldsymbol{r}_0=(x-x_0)\boldsymbol{i}+(y-y_0)\boldsymbol{j}+(z-z_0)\boldsymbol{k}$$

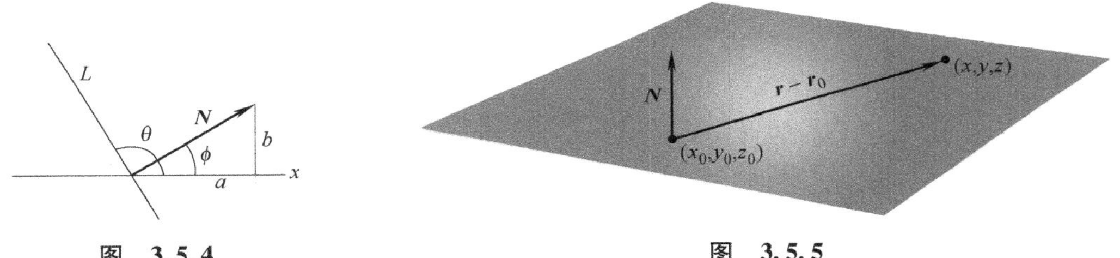

图　3.5.4　　　　图　3.5.5

在平面上. 如果 $\boldsymbol{N}=a\boldsymbol{i}+b\boldsymbol{j}+c\boldsymbol{k}$ 是平面的法矢量（垂直于平面），那么 $\boldsymbol{N}$ 和 $\boldsymbol{r}-\boldsymbol{r}_0$ 垂直，所以平面方程是 $\boldsymbol{N}\cdot(\boldsymbol{r}-\boldsymbol{r}_0)=0$，或者

$$a(x-x_0)+b(y-y_0)+c(z-z_0)=0,$$
$$或 \quad ax+by+cz=d, \quad （平面的方程） \tag{5.10}$$

其中 $d=ax_0+by_0+cz_0$.

如果给定一个如上所述的方程，则可以反过来求出一个 $\boldsymbol{A}$ 或 $\boldsymbol{N}$. 因此，可以说方程（5.6）、方程（5.7）和方程（5.8）是平行于矢量 $\boldsymbol{A}=a\boldsymbol{i}+b\boldsymbol{j}+c\boldsymbol{k}$ 的直线方程，并且方程（5.10）是垂直于矢量 $\boldsymbol{N}=a\boldsymbol{i}+b\boldsymbol{j}+c\boldsymbol{k}$ 的平面方程.

例 1　求通过三点 $A(-1,1,1),B(2,3,0),C(0,1,-2)$ 的平面方程.

连接在平面上任意两个给定点的矢量，有两个这样的矢量 $\overrightarrow{AB}=(2,3,0)-(-1,1,1)=(3,2,-1)$ 和 $\overrightarrow{AC}=(1,0,-3)$，它们的叉积垂直于平面，即

$$\boldsymbol{N}=(\overrightarrow{AB})\times(\overrightarrow{AC})=\begin{vmatrix}\boldsymbol{i} & \boldsymbol{j} & \boldsymbol{k}\\ 3 & 2 & -1\\ 1 & 0 & -3\end{vmatrix}=-6\boldsymbol{i}+8\boldsymbol{j}-2\boldsymbol{k}.$$

现在用式（5.10）写出法向为 $\boldsymbol{N}$ 的平面通过给定点的方程，例如 B：

$$-6(x-2)+8(y-3)-2z=0 \quad 或 \quad 3x-4y+z+6=0.$$

（注意，可以用 $\boldsymbol{N}$ 除以 -2 来简化运算.）

例 2 求通过点 $(1,0,-2)$ 并垂直于例 1 平面的直线方程.

矢量 $3\boldsymbol{i}-4\boldsymbol{j}+\boldsymbol{k}$ 垂直于例 1 的平面，因此平行于所求直线. 所以通过方程（5.6），直线对称方程是

$$\frac{(x-1)}{3}=\frac{y}{-4}=\frac{(z+2)}{1}.$$

由方程（5.8），直线参数方程是 $\boldsymbol{r}=\boldsymbol{i}-2\boldsymbol{k}+(3\boldsymbol{i}-4\boldsymbol{j}+\boldsymbol{k})t$，或者是 $\boldsymbol{r}=(1,0,-2)+(3,-4,1)t$.

矢量为求点到线或平面之间的距离提供了简便的方法. 假设求从点 P 到平面方程（5.10）的垂直距离，如图 3.5.6 所示. 选择平面上任意一个我们喜欢的点 Q ［只要看一下这个平面的方程并考虑一些满足它的简单的数 (x,y,z)］，距离 PR 就是我们想要的. 由于 PR 和 RQ 垂直（因为 PR 垂直于平面），由图 3.5.6 可知

$$PR=PQ\cos\theta. \tag{5.11}$$

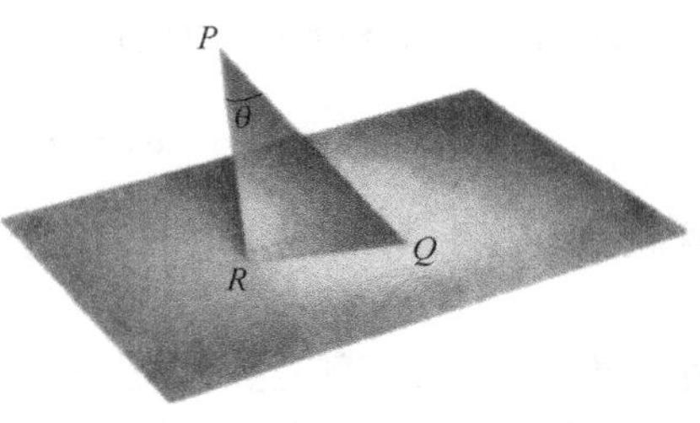

图 3.5.6

通过平面方程可求出垂直于平面的法矢量 $\boldsymbol{N}$，如果 $\boldsymbol{N}$ 除以其大小则得到平面法向的单位法矢量，记为 $\boldsymbol{n}$，那么 $|\overrightarrow{PQ}\cdot\boldsymbol{n}|=(PQ)\cos\theta$，这是式（5.11）中求 PR 需要的.（$\overrightarrow{PQ}\cdot\boldsymbol{n}$ 加上绝对值符号，是因为它也可能有负值，如图 3.5.6 所示，由于 θ 是锐角，$(PQ)\cos\theta$ 是正的.）

例 3 求点 $P(1,-2,3)$ 到平面 $3x-2y+z+1=0$ 的距离.

平面上一点 $Q(1,2,0)$，记为 Q. 从 P 到 Q 的矢量是

$$\overrightarrow{PQ}=(1,2,0)-(1,-2,3)=(0,4,-3)=4\boldsymbol{j}-3\boldsymbol{k}.$$

从平面方程可得垂直矢量：

$$\boldsymbol{N}=3\boldsymbol{i}-2\boldsymbol{j}+\boldsymbol{k}.$$

$\boldsymbol{N}$ 除以 $|\boldsymbol{N}|=\sqrt{14}$ 得单位矢量 $\boldsymbol{n}$. 于是有

$$|PR|=|\overrightarrow{PQ}\cdot\boldsymbol{n}|=|(4\boldsymbol{j}-3\boldsymbol{k})\cdot(3\boldsymbol{i}-2\boldsymbol{j}+\boldsymbol{k})/\sqrt{14}|$$
$$=|(-8-3)/\sqrt{14}|=11/\sqrt{14}.$$

可以用类似的方法求出点 P 到直线的距离，如图 3.5.7 中的垂直距离 PR. 选取直线上的任意点［也就是选取满足直线方程的任何点 (x,y,z)］，记为 Q. 那么如图 3.5.7 所示，$PR=PQ\sin\theta$. 设 $\boldsymbol{A}$ 是沿直线的任一矢量，$\boldsymbol{u}$ 是相应的单位矢量（$\boldsymbol{A}$ 除以其大小得到），于是有

$$|\overrightarrow{PQ}\times\boldsymbol{u}|=|PQ|\sin\theta.$$

所以可得

$$|PR|=|\overrightarrow{PQ}\times\boldsymbol{u}|.$$

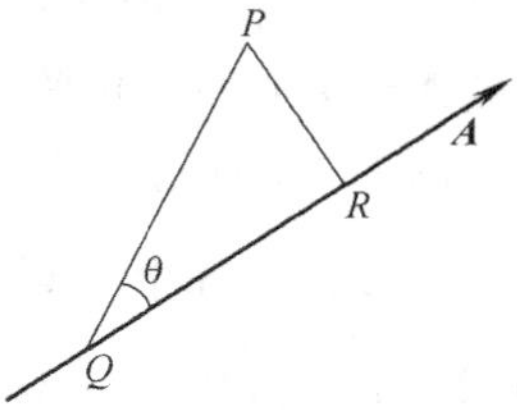

图 3.5.7

例 4 求点 $P(1,2-1)$ 到 $P_1(0,0,0)$ 和 $P_2(-1,0,2)$ 连线的距离.

设 $\boldsymbol{A}=\overrightarrow{P_1P_2}=-\boldsymbol{i}+2\boldsymbol{k}$，$\boldsymbol{A}$ 沿着直线，那么沿着直线的单位矢量 $\boldsymbol{u}=\frac{1}{\sqrt{5}}(-\boldsymbol{i}+2\boldsymbol{k})$. $P_1(0,0,0)$ 记为 Q 点，则 $\overrightarrow{PQ}=-\boldsymbol{i}-2\boldsymbol{j}+\boldsymbol{k}$，可得距离 $|PR|$ 为

$$|PR|=\frac{1}{\sqrt{5}}|(-\boldsymbol{i}-2\boldsymbol{j}+\boldsymbol{k})\times(-\boldsymbol{i}+2\boldsymbol{k})|=\frac{1}{\sqrt{5}}|-4\boldsymbol{i}+\boldsymbol{j}-2\boldsymbol{k}|=\sqrt{21/5}.$$

两条斜线之间距离也很容易求解（矢量更详细的部分可以在解析几何书上查询）. 在两条直线上各取点 P 和 Q（见图 3.5.8），那么 $|\overrightarrow{PQ}\cdot\boldsymbol{n}|$ 就是要求的距离，其中，$\boldsymbol{n}$ 是垂直于两条直线的单位矢量，如果 $\boldsymbol{A}$ 和 $\boldsymbol{B}$ 是沿着这两条线的矢量，那么 $\boldsymbol{A}\times\boldsymbol{B}$ 垂直于这两条直线，则 $\boldsymbol{n}=\frac{\boldsymbol{A}\times\boldsymbol{B}}{|\boldsymbol{A}\times\boldsymbol{B}|}$.

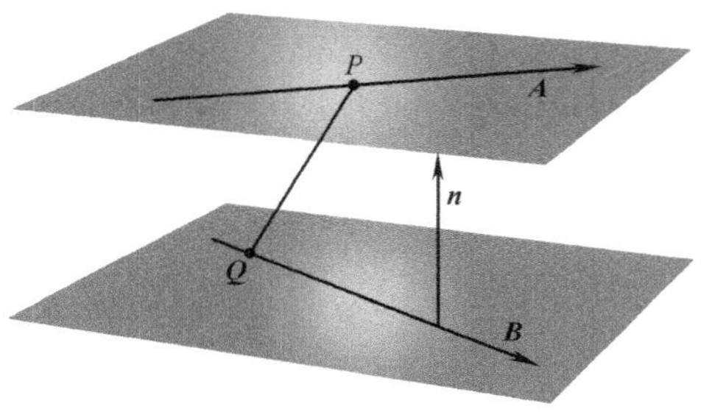

图 3.5.8

例 5 求直线 $\boldsymbol{r}=\boldsymbol{i}-2\boldsymbol{j}+(\boldsymbol{i}-\boldsymbol{k})t$ 和 $\boldsymbol{r}=2\boldsymbol{j}-\boldsymbol{k}+(\boldsymbol{j}-\boldsymbol{i})t$ 之间的距离.

若取第一条直线为 $\boldsymbol{r}=\boldsymbol{r}_0+\boldsymbol{A}t$ 的形式，那么 $\boldsymbol{r}_0$ 的头部是 P 的一个简单的选择，所以有

$$P=(1,-2,0) \quad 和 \quad \boldsymbol{A}=\boldsymbol{i}-\boldsymbol{k}.$$

同样，从第二条直线得到

$$Q=(0,2-1) \quad 和 \quad \boldsymbol{B}=\boldsymbol{j}-\boldsymbol{i}.$$

则 $\boldsymbol{A}\times\boldsymbol{B}=\boldsymbol{i}+\boldsymbol{j}+\boldsymbol{k},\boldsymbol{n}=\left(\frac{1}{\sqrt{3}}\right)(\boldsymbol{i}+\boldsymbol{j}+\boldsymbol{k})$，并且：

$$\overrightarrow{PQ}=(0,2,-1)-(1,-2,0)=(-1,4,-1)=-\boldsymbol{i}+4\boldsymbol{j}-\boldsymbol{k}.$$

这样就得到了直线之间的距离：

$$|\overrightarrow{PQ}\cdot\boldsymbol{n}|=|(-\boldsymbol{i}+4\boldsymbol{j}-\boldsymbol{k})\cdot(\boldsymbol{i}+\boldsymbol{j}+\boldsymbol{k})/\sqrt{3}|=|-1+4-1|/\sqrt{3}=2/\sqrt{3}.$$

例 6 求平面 $x-2y+3z=4$ 和 $2x+y-z=5$ 的相交线的方向.

所求直线位于两个平面内，因此垂直于两个平面的两个法向矢量，即 $\boldsymbol{i}-2\boldsymbol{j}+3\boldsymbol{k}$ 和 $2\boldsymbol{i}+\boldsymbol{j}-\boldsymbol{k}$. 那么相交线的方向是法向矢量叉积的方向，即 $-\boldsymbol{i}+7\boldsymbol{j}+5\boldsymbol{k}$.

例 7 求出例 6 的平面之间角度的余弦.

平面之间的角度与平面法线之间的角度相同，因此我们的问题等同于求矢量 $\boldsymbol{A}=\boldsymbol{i}-2\boldsymbol{j}+3\boldsymbol{k}$ 和 $\boldsymbol{B}=2\boldsymbol{i}+\boldsymbol{j}-\boldsymbol{k}$ 之间的角度. 由 $\boldsymbol{A}\cdot\boldsymbol{B}=|\boldsymbol{A}||\boldsymbol{B}|\cos\theta$，有 $-3=\sqrt{14}\sqrt{6}\cos\theta$，所以 $\cos\theta=-\sqrt{\frac{3}{28}}$. 这给出了平面之间的钝角，相应的锐角是 $\pi-\theta$，或者 $\arccos\sqrt{3/28}$.

习题 3.5

在第 1 题~第 5 题中，所有直线都在 (x,y) 平面中.

1. 以参数方程 $\boldsymbol{r}=\boldsymbol{r}_0+\boldsymbol{A}t$ 的形式写出经过点 $(2,-3)$，斜率为 3/4 的直线方程.
2. 求参数方程 $\boldsymbol{r}=(\boldsymbol{i}-\boldsymbol{j})+(2\boldsymbol{i}+3\boldsymbol{j})t$ 的直线的斜率.
3. 以参数方程的形式（如第 1 题），求点 $(1,-2)$ 和 $(3,0)$ 连线的直线方程.

4. 以参数方程的形式，求经过点（1,0）和垂直于 $\boldsymbol{r}=(2\boldsymbol{i}+4\boldsymbol{j})+(\boldsymbol{i}-2\boldsymbol{j})t$ 的直线的方程.

5. 以参数方程的形式求 y 轴的方程.

求出满足下列给定条件的直线对称方程（5.6）或方程（5.7）和直线参数方程（5.8），以及（或者）平面方程（5.10）.

6. 通过点（1,-1,-5）和点（2,-3,-3）的直线.

7. 通过点（2,3,4）和点（5,1,-2）的直线.

8. 通过点（0,-2,4）和点（3,-2,-1）的直线.

9. 通过点（-1,3,7）和点（-1,-2,7）的直线.

10. 通过点（3,4,-1），且平行于 $2\boldsymbol{i}-3\boldsymbol{j}+6\boldsymbol{k}$ 的直线.

11. 通过点（4,-1,3），且平行于 $\boldsymbol{i}-2\boldsymbol{k}$ 的直线.

12. 通过点（5,-4,2），且平行于直线 $\boldsymbol{r}=\boldsymbol{i}-\boldsymbol{j}+(5\boldsymbol{i}-2\boldsymbol{j}+\boldsymbol{k})t$ 的直线.

13. 通过点（3,0,-5），且平行于直线 $\boldsymbol{r}=(2,1,-5)+(0,-3,1)t$ 的直线.

14. 包含习题 3.4.2 第 11 题中的 $\triangle ABC$ 的平面.

15. 通过原点和第 8 题中的点的平面.

16. 通过点（5,-4,2），垂直于第 12 题中的直线的平面.

17. 通过点（3,0,-5），垂直于第 13 题中的直线的平面.

18. 包含第 12 题中两条平行直线的平面.

19. 包含第 13 题中两条平行直线的平面.

20. 包含三点（0,1,1），（2,1,3），（4,2,1）的平面.

在第 21 题~第 23 题中，求出给定平面之间的夹角.

21. $2x+6y-3z=10$ 和 $5x+2y-z=12$.

22. $2x-y-z=4$ 和 $3x-2y-6z=7$.

23. $2x+y-2z=3$ 和 $3x-6y-2z=4$.

24. 求出在第 21 题中两个平面上的一个点（即在它们的交线上）. 求出一个平行于交线的矢量；写出平面相交直线的方程；求出从原点到直线的距离.

25. 如第 24 题，求出第 22 题中平面相交直线的方程. 求点（2,1,-1）到直线的距离.

26. 如第 24 题，求出第 23 题中平面相交直线的方程. 求点（1,0,0）到直线的距离.

27. 求出通过点（2,3,-2）和垂直于第 21 题中的两个平面的平面方程.

28. 求出通过点（-4,-1,2）和垂直于第 22 题中的两个平面的平面方程.

29. 求平面 $2x-y-z=13$ 上的一个点. 求点（7,1,-2）到平面的距离.

30. 求原点到平面 $3x-2y-6z=7$ 的距离.

31. 求点（-2,4,5）到平面 $2x+6y-3z=10$ 的距离.

32. 求点（3,-1,2）到平面 $5x-y-z=4$ 的距离.

33. 求第 12 题中两条平行线之间的垂直距离.

34. 求第 13 题中两条平行线之间的距离（垂线是已知的）.

35. 求从点（2,5,1）到第 10 题中的直线的距离.

36. 求从点（3,2,5）到第 11 题中的直线的距离.

37. 判断直线 $\dfrac{x-1}{2}=\dfrac{y+3}{1}=\dfrac{z-4}{-3}$ 和 $\dfrac{x+3}{4}=\dfrac{y+4}{1}=\dfrac{8-z}{4}$ 是否相交. 两个建议：（1）如果有交点，你能找到吗?（2）考虑线与线之间的距离.

38. 求第 37 题中直线之间的夹角.

在第 39 题和第 40 题中，证明给定的直线相交，并求出它们之间的锐角.

39. $\boldsymbol{r}=2\boldsymbol{j}+\boldsymbol{k}+(3\boldsymbol{i}-\boldsymbol{k})t_1$ 和 $\boldsymbol{r}=7\boldsymbol{i}+2\boldsymbol{k}+(2\boldsymbol{i}-\boldsymbol{j}+\boldsymbol{k})t_2$.

40. $\boldsymbol{r}=(5,-2,0)+(1,-1,-1)t_1$ 和 $\boldsymbol{r}=(4,-4,-1)+(0,3,2)t_2$.

在第41题~第44题中，求出两个给定直线之间的距离.

41. $\boldsymbol{r}=(4,3,-1)+(1,1,1)t$ 和 $\boldsymbol{r}=(4,-1,1)+(1,-2,-1)t$.

42. 连接（0,0,0）和（1,2,-1）的直线，和连接（1,1,1）和（2,3,4）的直线.

43. $\dfrac{x-1}{2}=\dfrac{y+2}{3}=\dfrac{2z-1}{4}$和$\dfrac{x+2}{-1}=\dfrac{2-y}{2}$，$z=\dfrac{1}{2}$.

44. x 轴和 $\boldsymbol{r}=\boldsymbol{j}-\boldsymbol{k}+(2\boldsymbol{i}-3\boldsymbol{j}+\boldsymbol{k})t$.

45. 粒子沿直线$(x-3)/2=(y+1)/(-2)=z-1$ 运动. 把它的路径方程写成 $\boldsymbol{r}=\boldsymbol{r}_0+\boldsymbol{A}t$ 的形式. 求粒子离原点最近的距离（即从原点到直线的距离）. 如果 t 表示时间，证明最接近的距离的时间为 $t=-(\boldsymbol{r}_0\cdot\boldsymbol{A})/|\boldsymbol{A}|^2$.（可用得到的 t 值来检验最接近距离的答案，提示：参见图 3.5.3. 如果 P 是最接近的点，$\boldsymbol{A}\cdot\boldsymbol{r}$ 是多少?

3.6 矩阵运算

在第 3.2 节中，我们只是简单将矩阵当成一组数. 现在深入讨论矩阵的问题，包括矩阵与数相乘，矩阵加法、减法、乘法、甚至除法，将会看到能求出像 e^M 这样的矩阵函数. 当然，这些都是定义的问题，但我们将展示一些应用，这些应用可能会给出合理定义的建议；或者，根据定义，你会看到我们可以将矩阵运算应用到什么地方.

3.6.1 矩阵方程

再次强调，只有相同的两个矩阵才是相等的. 因此，矩阵方程

$$\begin{pmatrix} x & r & u \\ y & s & v \end{pmatrix}=\begin{pmatrix} 2 & 1 & -5 \\ 3 & -7\mathrm{i} & 1-\mathrm{i} \end{pmatrix}$$

实际上是六个方程的方程组

$$x=2,\ y=3,\ r=1,\ s=-7\mathrm{i},\ u=-5,\ v=1-\mathrm{i}.$$

（回想一下以前遇到过的类似情况：方程 $z=x+\mathrm{i}y=2-3\mathrm{i}$ 等价于两个实方程 $x=2$，$y=-3$；一个三维的矢量方程等价于三个分量方程.）在涉及许多数字或变量的复杂问题中，使用一个矩阵方程代替一组普通方程通常可以节省大量的书写. 任何时候都可以这样缩写数学方程的书写（比如用一个字母表示一个复杂的括号），这不仅节省了时间，而且常常能让我们思考得更清晰.

3.6.2 矩阵与数相乘

矢量 $\boldsymbol{A}=2\boldsymbol{i}+3\boldsymbol{j}$ 的分量可写成矩阵形式：$\boldsymbol{A}=\begin{pmatrix}2\\3\end{pmatrix}$，这称为列矩阵或列矢量；或者 $\boldsymbol{A}^{\mathrm{T}}=(2,\ 3)$，称为行矩阵或行矢量.

行矩阵 $\boldsymbol{A}^{\mathrm{T}}$ 是列矩阵 $\boldsymbol{A}$ 的转置. 通常会用同样的字母来表示一个矢量和它的列矩阵.

一个矢量，假如其方向与 $\boldsymbol{A}$ 相同，长度是 $\boldsymbol{A}$ 的两倍，则可写为 $2\boldsymbol{A}=4\boldsymbol{i}+6\boldsymbol{j}$，那么矩阵表达式可写为

$$2\boldsymbol{A}=2\begin{pmatrix}2\\3\end{pmatrix}=\begin{pmatrix}4\\6\end{pmatrix},\qquad 2\boldsymbol{A}^{\mathrm{T}}=2(2,3)=(4,6).$$

这就是矩阵与数相乘：矩阵的每个元素都乘以这个数，即

$$k\begin{pmatrix} a & c & e \\ b & d & f \end{pmatrix} = \begin{pmatrix} ka & kc & ke \\ kb & kd & kf \end{pmatrix}$$

和

$$\begin{pmatrix} -\frac{1}{2} & \frac{3}{4} \\ -1 & -\frac{5}{8} \end{pmatrix} = -\frac{1}{8}\begin{pmatrix} 4 & -6 \\ 8 & 5 \end{pmatrix}.$$

注意行列式和矩阵的区别：矩阵乘以 k 意味着每个元素乘以 k，但行列式乘以 k 则只有一行乘以 k. 因此对 2×2 的矩阵有 $\det(k\boldsymbol{A}) = k^2 \det\boldsymbol{A}$，对 3×3 矩阵有 $\det(k\boldsymbol{A}) = k^3\det\boldsymbol{A}$，等等.

3.6.3 矩阵的加法

矢量相加时是分量相加. 矩阵相加相同，是对应的元素相加. 例如，

$$\begin{pmatrix} 1 & 3 & -2 \\ 4 & 7 & 1 \end{pmatrix} + \begin{pmatrix} 2 & -1 & 4 \\ 3 & -7 & -2 \end{pmatrix} = \begin{pmatrix} 1+2 & 3-1 & -2+4 \\ 4+3 & 7-7 & 1-2 \end{pmatrix} = \begin{pmatrix} 3 & 2 & 2 \\ 7 & 0 & -1 \end{pmatrix}. \tag{6.1}$$

注意：如果 $\boldsymbol{A}+\boldsymbol{A}$ 按照上面定义可得 $2\boldsymbol{A}$.

若 $\boldsymbol{A} = \begin{pmatrix} 1 & 3 & -2 \\ 4 & 7 & 1 \end{pmatrix}$ 和 $\boldsymbol{B} = \begin{pmatrix} 2 & -1 \\ 3 & 5 \end{pmatrix}$，则 $\boldsymbol{A}$ 和 $\boldsymbol{B}$ 不能进行加法运算. 我们说这个和没有定义或者没有意义.

因此，在应用中，矩阵在表示由分量相加的东西时很有用. 例如，假设加和矩阵（6.1）中的列表示三个粒子的位移. 第一个粒子第一次位移为 $\boldsymbol{i}+4\boldsymbol{j}$（第一个矩阵的第一列），第二次位移为 $2\boldsymbol{i}+3\boldsymbol{j}$（第二个矩阵的第一列），则总位移是 $3\boldsymbol{i}+7\boldsymbol{j}$（矩阵和的第一列）. 类似地，第二列和第三列表示第二个和第三个粒子的位移.

3.6.4 矩阵的乘法

先定义两个矩阵的乘积，再看如何利用这个过程. 以下例子说明了矩阵 $\boldsymbol{A}$ 和 $\boldsymbol{B}$ 的乘积 $\boldsymbol{AB}=\boldsymbol{C}$：

$$\boldsymbol{AB} = \begin{pmatrix} a & b \\ c & d \end{pmatrix}\begin{pmatrix} e & f \\ g & h \end{pmatrix} = \begin{pmatrix} ae+bg & af+bh \\ ce+dg & cf+dh \end{pmatrix} = \boldsymbol{C}. \tag{6.2a}$$

可以看出，乘积矩阵 $\boldsymbol{C}$ 中，第一行和第一列中的元素是通过将 $\boldsymbol{A}$ 中第一行每个元素乘以 $\boldsymbol{B}$ 中第一列对应元素相加而得，就是“行乘以列”，$ae+bg$ 即为“$\boldsymbol{A}$ 的第一行乘以 $\boldsymbol{B}$ 的第一列”；$\boldsymbol{C}$ 中第一行第二列的元素 $af+bh$ 为“$\boldsymbol{A}$ 的第一行乘以 $\boldsymbol{B}$ 第二列”. 类似的，$\boldsymbol{C}$ 中第二行第一列的元素 $ce+dg$ 为“$\boldsymbol{A}$ 的第二行乘以 $\boldsymbol{B}$ 的第一列”；$\boldsymbol{C}$ 中第二行第二列的元素 $cf+dh$ 为“$\boldsymbol{A}$ 的第二行乘以 $\boldsymbol{B}$ 的第二列”. 因此，$\boldsymbol{C}$ 的所有元素都可以通过以下简单的规则获得：

乘积矩阵 $\boldsymbol{AB}$ 第 i 行和第 j 列的元素等于 $\boldsymbol{A}$ 的第 i 行乘以 $\boldsymbol{B}$ 的第 j 列，符号表示：

$$(AB)_{ij} = \sum_k A_{ik}B_{kj}. \tag{6.2b}$$

这里有另一种有用的说法：将矩阵的行（或列）中的元素看作矢量的分量，然后矩阵

乘积 $\boldsymbol{AB}$ 的乘法行乘以列，相当于 $\boldsymbol{A}$ 的行矢量与 $\boldsymbol{B}$ 的列矢量的点积.

矩阵相乘不要求为方阵. 考虑下面的例子.

例 1 求矩阵 $\boldsymbol{A}$ 和 $\boldsymbol{B}$ 的乘积，已知

$$\boldsymbol{A}=\begin{pmatrix}4 & 2\\ -3 & 1\end{pmatrix},\ \boldsymbol{B}=\begin{pmatrix}1 & 5 & 3\\ 2 & 7 & -4\end{pmatrix}.$$

根据矩阵乘法，得到

$$\begin{aligned}\boldsymbol{AB}&=\begin{pmatrix}4 & 2\\ -3 & 1\end{pmatrix}\begin{pmatrix}1 & 5 & 3\\ 2 & 7 & -4\end{pmatrix}\\ &=\begin{pmatrix}4\cdot 1+2\cdot 2 & 4\cdot 5+2\cdot 7 & 4\cdot 3+2(-4)\\ -3\cdot 1+1\cdot 2 & -3\cdot 5+1\cdot 7 & -3\cdot 3+1(-4)\end{pmatrix}\\ &=\begin{pmatrix}8 & 34 & 4\\ -1 & -8 & -13\end{pmatrix}.\end{aligned}$$

注意：$\boldsymbol{B}$ 虽有第三列，但应用乘法规则没有问题，都只是将 $\boldsymbol{A}$ 的每一行乘以 $\boldsymbol{B}$ 的第三列得到 $\boldsymbol{AB}$ 第三列元素. 但是假设我们试着求乘积 $\boldsymbol{BA}$，在 $\boldsymbol{B}$ 的行中包含 3 个元素，而在 $\boldsymbol{A}$ 的列中只包含 2 个元素，因此，不能应用“行乘以列”方法. 当这种情况发生时，乘积 $\boldsymbol{BA}$ 没有定义（也就是说，它没有意义，我们不使用它）.

当且仅当 $\boldsymbol{A}$ 行的元素数目等于 $\boldsymbol{B}$ 列中的元素数目时，乘积 $\boldsymbol{AB}$（按这个顺序）才成立；然后按这个顺序排列的矩阵 $\boldsymbol{A}$ 和 $\boldsymbol{B}$ 被称为可相乘矩阵.（注意，$\boldsymbol{A}$ 中的行数和 $\boldsymbol{B}$ 中的列数与我们能否找到 $\boldsymbol{AB}$ 无关.）

例 2 计算 $\boldsymbol{AB}$ 和 $\boldsymbol{BA}$，已知 $\boldsymbol{A}=\begin{pmatrix}3 & -1\\ -4 & 2\end{pmatrix}$，$\boldsymbol{B}=\begin{pmatrix}5 & 2\\ -7 & 3\end{pmatrix}$.

注意，这里的矩阵在这两个顺序中是可相乘的，所以可以找到 $\boldsymbol{AB}$ 和 $\boldsymbol{BA}$.

$$\begin{aligned}\boldsymbol{AB}&=\begin{pmatrix}3 & -1\\ -4 & 2\end{pmatrix}\begin{pmatrix}5 & 2\\ -7 & 3\end{pmatrix}\\ &=\begin{pmatrix}3\cdot 5-1(-7) & 3\cdot 2-1\cdot 3\\ -4\cdot 5+2(-7) & -4\cdot 2+2\cdot 3\end{pmatrix}=\begin{pmatrix}22 & 3\\ -34 & -2\end{pmatrix}.\end{aligned}$$

$$\begin{aligned}\boldsymbol{BA}&=\begin{pmatrix}5 & 2\\ -7 & 3\end{pmatrix}\begin{pmatrix}3 & -1\\ -4 & 2\end{pmatrix}\\ &=\begin{pmatrix}5\cdot 3+2(-4) & 5(-1)+2\cdot 2\\ -7\cdot 3+3(-4) & -7(-1)+3\cdot 2\end{pmatrix}=\begin{pmatrix}7 & -1\\ -33 & 13\end{pmatrix}.\end{aligned}$$

从结果可见 $\boldsymbol{AB}$ 不等于 $\boldsymbol{BA}$. 矩阵乘法不满足交换律. 或者，一般来说，矩阵不会在乘法下交换.（当然，两个特定的矩阵可能会交换.）定义矩阵 $\boldsymbol{A}$ 和 $\boldsymbol{B}$ 的交换子如下：

$$[\boldsymbol{A},\boldsymbol{B}]=\boldsymbol{AB}-\boldsymbol{BA}=\boldsymbol{A}\text{ 和 }\boldsymbol{B}\text{ 的交换子}. \tag{6.3}$$

（交换子在经典力学和量子力学中都很有趣）. 由于矩阵一般不可以交换，所以要注意不要改变矩阵乘积中因子的顺序，除非你知道它们是可交换的. 例如：

$$(\boldsymbol{A}-\boldsymbol{B})(\boldsymbol{A}+\boldsymbol{B})=\boldsymbol{A}^2+\boldsymbol{AB}-\boldsymbol{BA}-\boldsymbol{B}^2=\boldsymbol{A}^2-\boldsymbol{B}^2+[\boldsymbol{A},\boldsymbol{B}].$$

当 $\boldsymbol{A}$ 和 $\boldsymbol{B}$ 不可交换时，上式不等于 $\boldsymbol{A}^2-\boldsymbol{B}^2$. 参见后面的讨论（6.17）. 另一方面，结合律是有

效的，也就是说，$\boldsymbol{A}(\boldsymbol{BC})=(\boldsymbol{AB})\boldsymbol{C}$，所以可以简单地写成 $\boldsymbol{ABC}$. 分配律也成立：$\boldsymbol{A}(\boldsymbol{B}+\boldsymbol{C})=\boldsymbol{AB}+\boldsymbol{AC}$ 和 $(\boldsymbol{A}+\boldsymbol{B})\boldsymbol{C}=\boldsymbol{AC}+\boldsymbol{BC}$，就像我们上面假设的那样（见第 3.9 节）.

3.6.5 零矩阵

所有元素都为 0 的矩阵称为零矩阵，简写为 $\boldsymbol{O}$，但是必须小心使用. 例如，

$$\text{如果 } M=\begin{pmatrix}2 & -4\\ 1 & -2\end{pmatrix}，\text{则 } M^2=\begin{pmatrix}0 & 0\\ 0 & 0\end{pmatrix}. \tag{6.4}$$

也就是说 $M^2=\boldsymbol{O}$，但 $M\neq\boldsymbol{O}$. 也参见习题 3.6 第 9 题和第 10 题.

3.6.6 单位矩阵

这是一个方阵，主对角线的每个元素（从左上角到右下角）都等于 1，其他所有元素都等于 0. 例如，

$$\begin{pmatrix}1 & 0 & 0\\ 0 & 1 & 0\\ 0 & 0 & 1\end{pmatrix}. \tag{6.5}$$

这是一个 3 阶单位矩阵（即是 3 行和 3 列）. 在不同引用中，单位矩阵可称为 $\boldsymbol{I}$、$\boldsymbol{U}$ 或 $\boldsymbol{E}$. 在矩阵乘法中，单位矩阵的作用类似于数字 1，即如果 $\boldsymbol{A}$ 是任意矩阵，$\boldsymbol{I}$ 是一个单位矩阵，那么 $\boldsymbol{IA}=\boldsymbol{AI}=\boldsymbol{A}$（见习题 3.6 第 11 题）.

3.6.7 行列式运算

我们不定义行列式的加法，但是，乘法也是十分有用的. 行列式相乘的方法跟矩阵相乘的方法一样. 可以证明，如果 $\boldsymbol{A}$ 和 $\boldsymbol{B}$ 是相同阶数的方阵，那么：

$$\det \boldsymbol{AB}=\det \boldsymbol{BA}=(\det \boldsymbol{A})\cdot(\det \boldsymbol{B}). \tag{6.6}$$

请看上面的例 2，可以看出式（6.6）是正确的，即使矩阵 $\boldsymbol{AB}$ 和 $\boldsymbol{BA}$ 不相等（当 $\boldsymbol{A}$ 和 $\boldsymbol{B}$ 不能交换时），式（6.6）也成立.

3.6.8 矩阵乘法的应用

现在可以用矩阵以简单形式写出线性方程组. 考虑矩阵方程

$$\begin{pmatrix}1 & 0 & -1\\ -2 & 3 & 0\\ 1 & -3 & 2\end{pmatrix}\begin{pmatrix}x\\ y\\ z\end{pmatrix}=\begin{pmatrix}5\\ 1\\ -10\end{pmatrix}. \tag{6.7}$$

如果前面两个矩阵相乘，有

$$\begin{pmatrix}x-z\\ -2x+3y\\ x-3y+2z\end{pmatrix}=\begin{pmatrix}5\\ 1\\ -10\end{pmatrix}. \tag{6.8}$$

现在回想一下，只有当两个矩阵相同时，它们才相等. 因此矩阵（6.8）是三个方程的集合：

$$\begin{cases}x \qquad - z= 5,\\ -2x+3y \qquad = 1,\\ x-3y+2z=-10.\end{cases} \tag{6.9}$$

因此式（6.7）是方程组（6.9）的矩阵形式. 这样就可以把任何线性方程组写成矩阵的形式. 如果用字母来表示式（6.7）中的矩阵，有

$$M=\begin{pmatrix}1&0&-1\\-2&3&0\\1&-3&2\end{pmatrix},\quad r=\begin{pmatrix}x\\y\\z\end{pmatrix},\quad k=\begin{pmatrix}5\\1\\-10\end{pmatrix}. \tag{6.10}$$

于是式（6.7）或方程组（6.9）可写成

$$Mr=k, \tag{6.11}$$

或者用索引下标可写成$\sum_j M_{ij}x_j=k_j$［见第3.2节方程（2.3）~（2.6）］. 注意，式（6.11）可以表示任意数量的方程或未知数（可以表示100个未知数的100个方程）. 因此，在符号上有了很大的简化，这可以帮助我们更清楚地思考问题. 例如，如果式（6.11）是一个普通的代数方程，将求解出$\boldsymbol{r}$为

$$r=M^{-1}k. \tag{6.12}$$

由于$\boldsymbol{M}$是矩阵，只有在给出$\boldsymbol{M}^{-1}$的一个意义，使方程（6.12）的解满足式（6.7）或方程组（6.9）时，方程（6.12）才有意义，可以自我试验一下.

3.6.9　矩阵的逆

一个数x的倒数是x^{-1}，因此乘积$xx^{-1}=1$. 矩阵$\boldsymbol{M}$如果存在逆矩阵，定义逆矩阵为$\boldsymbol{M}^{-1}$，因此$\boldsymbol{MM}^{-1}$和$\boldsymbol{M}^{-1}\boldsymbol{M}$都等于单位矩阵$\boldsymbol{I}$. 注意只有方阵有逆矩阵（否则$\boldsymbol{MM}^{-1}$和$\boldsymbol{M}^{-1}\boldsymbol{M}$就不能同时运算）. 实际上，有些方阵也不一定有逆矩阵. 从式（6.6）可知，如果$\boldsymbol{M}^{-1}\boldsymbol{M}=\boldsymbol{I}$，则$(\det\boldsymbol{M}^{-1})(\det\boldsymbol{M})=\det(\boldsymbol{I})=1$. 如果两个数的乘积为1，那么两个数都不为0，因此$\det\boldsymbol{M}\neq 0$是$\boldsymbol{M}$有逆矩阵的必要条件.

如果一个矩阵存在逆矩阵，则称该矩阵可逆；如果没有逆矩阵，则称该矩阵奇异. 对于简单数字矩阵，计算机将很容易计算出一个可逆矩阵的逆矩阵. 然而，出于理论目的，我们需要一个求逆的公式，下面我们讨论这个公式. 方阵$\boldsymbol{M}$中一个元素的代数余子式与该元素在$\det\boldsymbol{M}$中的代数余子式完全相同［参见式（3.3）和式（3.4）］. 因此，i行j列元素m_{ij}的代数余子式C_{ij}等于$(-1)^{i+j}$乘以去除i行j列后的行列式的值. 则计算$\boldsymbol{M}^{-1}$的步骤：计算所有元素的代数余子式C_{ij}，C_{ij}构成矩阵$\boldsymbol{C}$，行列转置（交换行和列），除以$\det\boldsymbol{M}$（参见习题3.6第23题）.

$$M^{-1}=\frac{1}{\det M}C^{\mathrm{T}}\qquad 其中，C_{ij}=m_{ij}的代数余子式. \tag{6.13}$$

虽然式（6.13）在理论工作中特别有用，但是为了学习公式的含义，应该在简单的数值问题上练习使用它（就像我们说的克拉默法则）.

例3　$\boldsymbol{M}$为方程（6.7）或方程（6.9）系数矩阵，求$\boldsymbol{M}^{-1}$.

$$M=\begin{pmatrix}1&0&-1\\-2&3&0\\1&-3&2\end{pmatrix}.$$

可解出$\det\boldsymbol{M}=3$. 元素代数余子式为

第一行：$\begin{vmatrix}3&0\\-3&2\end{vmatrix}=6$，$-\begin{vmatrix}-2&0\\1&2\end{vmatrix}=4$，$\begin{vmatrix}-2&3\\1&-3\end{vmatrix}=3$.

第二行：$-\begin{vmatrix}0 & -1\\ -3 & 2\end{vmatrix}=3$，$\begin{vmatrix}1 & -1\\ 1 & 2\end{vmatrix}=4$，$-\begin{vmatrix}1 & 0\\ 1 & -3\end{vmatrix}=3.$

第三行：$\begin{vmatrix}0 & -1\\ 3 & 0\end{vmatrix}=3$，$-\begin{vmatrix}1 & -1\\ -2 & 0\end{vmatrix}=2$，$\begin{vmatrix}1 & 0\\ -2 & 3\end{vmatrix}=3.$

于是有

$$\boldsymbol{C}=\begin{pmatrix}6 & 4 & 3\\ 3 & 3 & 3\\ 3 & 2 & 3\end{pmatrix}，所以 \boldsymbol{M}^{-1}=\frac{1}{\det\boldsymbol{M}}\boldsymbol{C}^{\mathrm{T}}=\frac{1}{3}\begin{pmatrix}6 & 3 & 3\\ 4 & 3 & 2\\ 3 & 3 & 3\end{pmatrix}.$$

通过 $\boldsymbol{M}^{-1}$可解方程（6.9），通过方程（6.12），方程的解为列矩阵 $\boldsymbol{r}=\boldsymbol{M}^{-1}\boldsymbol{k}$，于是有

$$\begin{pmatrix}x\\ y\\ z\end{pmatrix}=\frac{1}{3}\begin{pmatrix}6 & 3 & 3\\ 4 & 3 & 2\\ 3 & 3 & 3\end{pmatrix}\begin{pmatrix}5\\ 1\\ -10\end{pmatrix}=\begin{pmatrix}1\\ 1\\ -4\end{pmatrix}.$$

或者 $x=1$，$y=1$，$z=-4$（参见习题 3.6 第 12 题）.

3.6.10 旋转矩阵

作为矩阵乘法的另一个例子，我们考虑一个已知答案的例子，看看矩阵乘法的定义是怎样的. 你可能知道旋转方程［作为参考，请参阅下一节，方程（7.12）和图 3.7.4］. 方程（7.12）给出了矢量 $\boldsymbol{r}=\boldsymbol{i}x+\boldsymbol{j}y$ 旋转 θ 角变成矢量 $\boldsymbol{R}=\boldsymbol{i}X+\boldsymbol{j}Y$ 的矩阵. 假设 $\boldsymbol{R}$ 再旋转 ϕ 变成 $\boldsymbol{R}'=\boldsymbol{i}X'+\boldsymbol{j}Y'$，则两次旋转的矩阵方程可写为 $\boldsymbol{R}=\boldsymbol{M}\boldsymbol{r}$ 和 $\boldsymbol{R}'=\boldsymbol{M}'\boldsymbol{R}$，其中，$\boldsymbol{M}$ 和 $\boldsymbol{M}'$是旋转 θ 和 ϕ 角的旋转矩阵（7.12），则用 $\boldsymbol{r}$ 来求解 $\boldsymbol{R}'$，得到 $\boldsymbol{R}'=\boldsymbol{M}'\boldsymbol{M}\boldsymbol{r}$. 我们期望矩阵乘积 $\boldsymbol{M}'\boldsymbol{M}$ 是旋转 $\theta+\phi$ 角后的矩阵，即是

$$\begin{pmatrix}\cos\phi & -\sin\phi\\ \sin\phi & \cos\phi\end{pmatrix}\begin{pmatrix}\cos\theta & -\sin\theta\\ \sin\theta & \cos\theta\end{pmatrix}=\begin{pmatrix}\cos(\theta+\phi) & -\sin(\theta+\phi)\\ \sin(\theta+\phi) & \cos(\theta+\phi)\end{pmatrix}. \tag{6.14}$$

将两个矩阵相乘（见习题 3.6 第 25 题）并验证（通过使用三角恒等式）式（6.14）是否正确是很简单的. 还要注意，这两个旋转矩阵是可交换的（也就是说，依次旋转 θ，ϕ 角，与反过来依次旋转 ϕ，θ 角，结果相同）. 在二维空间上这个问题是成立的，我们将在第 3.7 节中看到，如果两个旋转轴不同，三维旋转矩阵一般不会交换（参见习题 3.7 第 30 题和第 31 题），但是 (x,y) 平面上的所有旋转都是绕 z 轴的旋转，所以它们是可交换的.

3.6.11 矩阵函数

因为现在已知道矩阵如何相乘和如何相加，可以计算矩阵 $\boldsymbol{A}$ 的任意乘方和多项式. 多项式中的常数项 c 或 $c\boldsymbol{A}^0$ 定义为单位矩阵 $\boldsymbol{I}$ 的 c 倍.（见下面的式（6.16））.

例 4

$$如果 \boldsymbol{A}=\begin{pmatrix}1 & \sqrt{2}\\ -\sqrt{2} & -1\end{pmatrix}，则 \boldsymbol{A}^2=\begin{pmatrix}-1 & 0\\ 0 & -1\end{pmatrix}=-\boldsymbol{I}, \tag{6.15}$$

$$\boldsymbol{A}^3=-\boldsymbol{A}，\boldsymbol{A}^4=\boldsymbol{I}，等等.$$

（验证计算结果，更高次的乘方都是重复 $\boldsymbol{A}$，$-\boldsymbol{I}$，$-\boldsymbol{A}$，$\boldsymbol{I}$ 四个结果）. 则可以求出（见习题 3.6 第 28 题）

$$
\begin{aligned}
f(\boldsymbol{A}) &= 3-2\boldsymbol{A}^2-\boldsymbol{A}^3-5\boldsymbol{A}^4+\boldsymbol{A}^6 \\
&= 3\boldsymbol{I}+2\boldsymbol{I}+\boldsymbol{A}-5\boldsymbol{I}-\boldsymbol{I}=\boldsymbol{A}-\boldsymbol{I}=\begin{pmatrix} 0 & \sqrt{2} \\ -\sqrt{2} & -2 \end{pmatrix}.
\end{aligned} \tag{6.16}
$$

如果需要用到的所有级数恰好收敛，则通过在幂级数中展开一个给定的$f(x)$，我们可以把式（6.16）推广到其他函数. 例如，对所有z，e^z 的级数收敛，所以当$\boldsymbol{A}$ 是一个给定的矩阵和k是任意数、实数或复数时，可以计算$e^{k\boldsymbol{A}}$. 设$\boldsymbol{A}$ 为（6.15）中的矩阵，有（参见习题3.6第28题）

$$
\begin{aligned}
e^{k\boldsymbol{A}} &= 1+k\boldsymbol{A}+\frac{k^2\boldsymbol{A}^2}{2!}+\frac{k^3\boldsymbol{A}^3}{3!}+\frac{k^4\boldsymbol{A}^4}{4!}+\frac{k^5\boldsymbol{A}^5}{5!}+\cdots \\
&= \left(1-\frac{k^2}{2!}+\frac{k^4}{4!}+\cdots\right)\boldsymbol{I}+\left(k-\frac{k^3}{3!}+\frac{k^5}{5!}\right)\boldsymbol{A} \\
&= (\cos k)\boldsymbol{I}+(\sin k)\boldsymbol{A}=\begin{pmatrix} \cos k+\sin k & \sqrt{2}\sin k \\ -\sqrt{2}\sin k & \cos k-\sin k \end{pmatrix}.
\end{aligned} \tag{6.17}
$$

关于两个矩阵的函数在$\boldsymbol{A}$ 和$\boldsymbol{B}$ 不能交换时的一个警告：熟悉的公式可能会误导你；见式（6.3）及其后的讨论. $(\boldsymbol{A}+\boldsymbol{B})^2=\boldsymbol{A}^2+\boldsymbol{AB}+\boldsymbol{BA}+\boldsymbol{B}^2$ 中$\boldsymbol{AB}+\boldsymbol{BA}$ 不能写成$2\boldsymbol{AB}$. 同样，当$\boldsymbol{A}$ 和$\boldsymbol{B}$ 不能交换时，你可以证明，$e^{\boldsymbol{A}+\boldsymbol{B}}$与$e^{\boldsymbol{A}}e^{\boldsymbol{B}}$ 是不一样的（见习题3.6第29题和综合习题3.15第34题）.

习题 3.6

在第1题～第3题中，求出$\boldsymbol{AB}$，$\boldsymbol{BA}$，$\boldsymbol{A}+\boldsymbol{B}$，$\boldsymbol{A}-\boldsymbol{B}$，$\boldsymbol{A}^2$，$\boldsymbol{B}^2$，$5\boldsymbol{A}$，$3\boldsymbol{B}$，观察$\boldsymbol{AB}\neq\boldsymbol{BA}$，证明：$(\boldsymbol{A}-\boldsymbol{B})(\boldsymbol{A}+\boldsymbol{B})\neq(\boldsymbol{A}+\boldsymbol{B})(\boldsymbol{A}-\boldsymbol{B})\neq\boldsymbol{A}^2-\boldsymbol{B}^2$. 证明：$\det\boldsymbol{AB}=\det\boldsymbol{BA}=(\det\boldsymbol{A})(\det\boldsymbol{B})$，但是$\det(\boldsymbol{A}+\boldsymbol{B})\neq\det\boldsymbol{A}+\det\boldsymbol{B}$. 证明：$\det(5\boldsymbol{A})\neq 5\det\boldsymbol{A}$，及求出$\det(5\boldsymbol{A})=5^n\det\boldsymbol{A}$ 的n，在$\det(3\boldsymbol{B})$ 中求出类似的结果. 记住：用笔手动做这些简单习题的目的是学习如何正确地处理行列式和矩阵，用计算机检验你的答案.

1. $\boldsymbol{A}=\begin{pmatrix} 3 & 1 \\ 2 & 5 \end{pmatrix}$，　$\boldsymbol{B}=\begin{pmatrix} -2 & 2 \\ 1 & 4 \end{pmatrix}$.

2. $\boldsymbol{A}=\begin{pmatrix} 2 & -5 \\ -1 & 3 \end{pmatrix}$，　$\boldsymbol{B}=\begin{pmatrix} -1 & 4 \\ 0 & 2 \end{pmatrix}$.

3. $\boldsymbol{A}=\begin{pmatrix} 1 & 0 & 2 \\ 3 & -1 & 0 \\ 0 & 5 & 1 \end{pmatrix}$，　$\boldsymbol{B}=\begin{pmatrix} 1 & 1 & 0 \\ 0 & 2 & 1 \\ 3 & -1 & 0 \end{pmatrix}$.

4. 已知矩阵：

$$
\boldsymbol{A}=\begin{pmatrix} 2 & 3 & 1 & -4 \\ 2 & 1 & 0 & 5 \end{pmatrix},\quad \boldsymbol{B}=\begin{pmatrix} 2 & 4 \\ 1 & -1 \\ 3 & -1 \end{pmatrix},\quad \boldsymbol{C}=\begin{pmatrix} 2 & 1 & 3 \\ 4 & -1 & -2 \\ -1 & 0 & 1 \end{pmatrix},
$$

计算或标记两个矩阵（$\boldsymbol{AB}$、$\boldsymbol{BA}$、$\boldsymbol{A}^2$ 等）的所有无意义的乘积和三个矩阵（$\boldsymbol{ABC}$、$\boldsymbol{A}^2\boldsymbol{C}$、$\boldsymbol{A}^3$ 等）的所有无意义的乘积.

5. 以两个顺序计算习题4中每个矩阵与其转置的乘积［参见式（2.2）或式（9.1）］，即$\boldsymbol{AA}^{\mathrm{T}}$ 和$\boldsymbol{A}^{\mathrm{T}}\boldsymbol{A}$，等.

6. 量子力学中的泡利自旋（Pauli spin）矩阵是

$$
\boldsymbol{A}=\begin{pmatrix} 0 & 1 \\ 1 & 0 \end{pmatrix},\quad \boldsymbol{B}=\begin{pmatrix} 0 & -\mathrm{i} \\ \mathrm{i} & 0 \end{pmatrix},\quad \boldsymbol{C}=\begin{pmatrix} 1 & 0 \\ 0 & -1 \end{pmatrix}.
$$

（你可能会发现这些在量子力学参考书中称为 σ_x，σ_y，σ_z.）证明：$\boldsymbol{A}^2=\boldsymbol{B}^2=\boldsymbol{C}^2=$单位矩阵. 还证明了这些矩阵中的任意两个是反变换的，即 $\boldsymbol{AB}=-\boldsymbol{BA}$，等等. 证明了 $\boldsymbol{A}$ 和 $\boldsymbol{B}$ 的交换子，即 $\boldsymbol{AB}-\boldsymbol{BA}=2\mathrm{i}\boldsymbol{C}$，同样可以证明循环顺序中的其他一对矩阵的交换子.

7. 求矩阵乘积：

$$(2,3)\begin{pmatrix}-1 & 4\\ 2 & -1\end{pmatrix}\begin{pmatrix}-1\\ 2\end{pmatrix}.$$

通过用两种方法求值，验证矩阵乘法的结合律，即 $\boldsymbol{A}(\boldsymbol{BC})=(\boldsymbol{AB})\boldsymbol{C}$，这证明了只写 $\boldsymbol{ABC}$ 是正确的.

8. 通过矩阵相乘，证明下面的方程表示一个椭圆.

$$(x,y)\begin{pmatrix}5 & -7\\ 7 & 3\end{pmatrix}\begin{pmatrix}x\\ y\end{pmatrix}=30.$$

9. 求解 $\boldsymbol{AB}$ 和 $\boldsymbol{BA}$，已知：

$$\boldsymbol{A}=\begin{pmatrix}1 & 2\\ 3 & 6\end{pmatrix},\quad \boldsymbol{B}=\begin{pmatrix}10 & 4\\ -5 & -2\end{pmatrix}.$$

观察 $\boldsymbol{AB}$ 是零矩阵；如果我们叫它为 $\boldsymbol{O}$，那么 $\boldsymbol{AB}=\boldsymbol{O}$，但是 $\boldsymbol{A}$ 和 $\boldsymbol{B}$ 都不等于 $\boldsymbol{O}$. 证明 $\boldsymbol{A}$ 是奇异的.

10. 已知：

$$\boldsymbol{C}=\begin{pmatrix}7 & 6\\ 2 & 3\end{pmatrix},\quad \boldsymbol{D}=\begin{pmatrix}-3 & 2\\ 7 & 5\end{pmatrix}.$$

和已知第 9 题中的 $\boldsymbol{A}$，证明：$\boldsymbol{AC}=\boldsymbol{AD}$，但是 $\boldsymbol{C}\neq\boldsymbol{D}$ 和 $\boldsymbol{A}\neq\boldsymbol{O}$.

11. 证明：单位矩阵 $\boldsymbol{I}$ 具有与数字 1 相关联的性质，即：假设矩阵是可交换的，则 $\boldsymbol{IA}=\boldsymbol{A}$ 和 $\boldsymbol{AI}=\boldsymbol{A}$.

12. 对于例 3 中的矩阵，验证 $\boldsymbol{MM}^{-1}$ 和 $\boldsymbol{M}^{-1}\boldsymbol{M}$ 都等于一个单位矩阵. 将乘积 $\boldsymbol{M}^{-1}\boldsymbol{k}$ 用来验证方程（6.9）的解.

在第 13 题~第 16 题中，使用式（6.13）求出给定矩阵的逆.

13. $\begin{pmatrix}6 & 9\\ 3 & 5\end{pmatrix}$

14. $\begin{pmatrix}2 & 1\\ 0 & -3\end{pmatrix}$

15. $\begin{pmatrix}-1 & 2 & 3\\ 2 & 0 & -4\\ -1 & -1 & 1\end{pmatrix}$

16. $\begin{pmatrix}-2 & 0 & 1\\ 1 & -1 & 2\\ 3 & 1 & 0\end{pmatrix}$

17. 已知矩阵：

$$\boldsymbol{A}=\begin{pmatrix}1 & -1 & 1\\ 4 & 0 & -1\\ 4 & -2 & 0\end{pmatrix},\quad \boldsymbol{B}=\begin{pmatrix}1 & 0 & 1\\ 2 & 1 & 1\\ 2 & 1 & 2\end{pmatrix}.$$

(a) 求 $\boldsymbol{A}^{-1}$，$\boldsymbol{B}^{-1}$，$\boldsymbol{B}^{-1}\boldsymbol{AB}$ 和 $\boldsymbol{B}^{-1}\boldsymbol{A}^{-1}\boldsymbol{B}$.

(b) 证明后两个矩阵是可逆的，也就是说，它们的乘积是单位矩阵.

18. 第 17（b）题是一般定理的一个特例，即矩阵乘积的逆是反顺序的矩阵的逆的乘积. 证明这一点. 提示：用 $\boldsymbol{ABCD}$ 乘以 $\boldsymbol{D}^{-1}\boldsymbol{C}^{-1}\boldsymbol{B}^{-1}\boldsymbol{A}^{-1}$来证明你得到了一个单位矩阵.

在第 19 题~第 22 题中，用求系数矩阵的逆的方法解每一组方程. 提示：参见例题 3.

19. $\begin{cases}x-2y=5\\ 3x+y=15\end{cases}$

20. $\begin{cases}2x+3y=-1\\ 5x+4y=8\end{cases}$

21. $\begin{cases}x+2z=8\\ 2x-y=-5\\ x+y+z=4\end{cases}$

22. $\begin{cases}x-y+z=4\\ 2x+y-z=-1\\ 3x+2y+2z=5\end{cases}$

23. 验证公式（6.13）. 提示：考虑矩阵的乘积 $\boldsymbol{MC}^{\mathrm{T}}$，使用式（3.8）.

24. 使用通过求出系数矩阵的逆来求解联立方程的方法，结合矩阵求逆的公式（6.13），得到克拉默法则.

25. 通过矩阵相乘和使用三角加法公式来验证式（6.14）.

26. 在式（6.14）中，设 $\theta=\phi=\pi/2$，用数值方法验证结果.

27. 如果 $\theta=\pi/2$，$\phi=\pi/4$，完成第 26 题.

28. 验证式（6.15）、式（6.16）和式（6.17）中的计算.

29. 证明：如果 $\boldsymbol{A}$ 和 $\boldsymbol{B}$ 是不能交换的矩阵，那么 $e^{\boldsymbol{A}+\boldsymbol{B}}\neq e^{\boldsymbol{A}}e^{\boldsymbol{B}}$；如果它们可以交换，那么关系成立. 提示：写出 $e^{\boldsymbol{A}}$、$e^{\boldsymbol{B}}$ 和 $e^{\boldsymbol{A}+\boldsymbol{B}}$ 的无穷级数的几项，并在假设 $\boldsymbol{A}$ 和 $\boldsymbol{B}$ 不能交换的前提下小心地做乘法，然后看看如果它们可以交换，那么会发生什么.

30. 对于第 6 题中的泡利自旋（Pauli spin）矩阵 $\boldsymbol{A}$，求出矩阵 $\sin k\boldsymbol{A}$，$\cos k\boldsymbol{A}$，$e^{k\boldsymbol{A}}$ 和 $e^{ik\boldsymbol{A}}$，其中，$i=\sqrt{-1}$.

31. 对第 6 题中的泡利自旋（Pauli spin）矩阵 $\boldsymbol{C}$ 重复第 30 题. 提示：证明：如果一个矩阵是对角的，即 $\boldsymbol{D}=\begin{pmatrix}a&0\\0&b\end{pmatrix}$，则 $f(\boldsymbol{D})=\begin{pmatrix}f(a)&0\\0&f(b)\end{pmatrix}$.

32. 对第 6 题中的泡利自旋（Pauli spin）矩阵 $\boldsymbol{B}$，求出 $e^{i\theta\boldsymbol{B}}$，证明你的结果是一个旋转矩阵，重复计算 $e^{-i\theta\boldsymbol{B}}$.

3.7 线性组合 线性函数 线性算子

已知两个矢量 $\boldsymbol{A}$ 和 $\boldsymbol{B}$，矢量 $3\boldsymbol{A}-2\boldsymbol{B}$ 称为 $\boldsymbol{A}$ 和 $\boldsymbol{B}$ 的“线性组合”. 通常 $\boldsymbol{A}$ 和 $\boldsymbol{B}$ 的线性组合即为 $a\boldsymbol{A}+b\boldsymbol{B}$，其中，$a$ 和 b 是标量. 几何上，如果 $\boldsymbol{A}$ 和 $\boldsymbol{B}$ 有相同的尾部但不在同一条直线上，则它们确定一个平面，你应该确信所有 $\boldsymbol{A}$ 和 $\boldsymbol{B}$ 的线性组合都在这个平面上，平面上的每个矢量都可以写成 $\boldsymbol{A}$ 和 $\boldsymbol{B}$ 的线性组合；我们将在第 3.8 节中考虑这个问题. 尾部在原点的矢量 $\boldsymbol{r}=\boldsymbol{i}x+\boldsymbol{j}y+\boldsymbol{k}z$（在写直线和平面方程时用到它）是单位基矢量 $\boldsymbol{i}$，$\boldsymbol{j}$，$\boldsymbol{k}$ 的线性组合.

一个矢量函数，如 $f(\boldsymbol{r})$，如果满足：

$$f(\boldsymbol{r}_1+\boldsymbol{r}_2)=f(\boldsymbol{r}_1)+f(\boldsymbol{r}_2)\text{，并且}f(a\boldsymbol{r})=af(\boldsymbol{r})\text{，}\tag{7.1}$$

则称该函数是线性函数.（其中 a 为标量）

例如，如果已知矢量 $\boldsymbol{A}=2\boldsymbol{i}+3\boldsymbol{j}-\boldsymbol{k}$，则函数 $f(\boldsymbol{r})=\boldsymbol{A}\cdot\boldsymbol{r}=2x+3y-z$ 为线性函数，因为

$$f(\boldsymbol{r}_1+\boldsymbol{r}_2)=\boldsymbol{A}\cdot(\boldsymbol{r}_1+\boldsymbol{r}_2)=\boldsymbol{A}\cdot\boldsymbol{r}_1+\boldsymbol{A}\cdot\boldsymbol{r}_2=f(\boldsymbol{r}_1)+f(\boldsymbol{r}_2),$$

$$f(a\boldsymbol{r})=\boldsymbol{A}\cdot(a\boldsymbol{r})=a\boldsymbol{A}\cdot\boldsymbol{r}=af(\boldsymbol{r}).$$

另一方面，$f(\boldsymbol{r})=|\boldsymbol{r}|$ 不是线性函数，因为两个矢量和的长度一般不等于矢量长度之和. 即

$$f(\boldsymbol{r}_1+\boldsymbol{r}_2)=|\boldsymbol{r}_1+\boldsymbol{r}_2|\neq|\boldsymbol{r}_1|+|\boldsymbol{r}_2|=f(\boldsymbol{r}_1)+f(\boldsymbol{r}_2).$$

如图 3.7.1 所示，还要注意，虽然我们称 $y=mx+b$ 为线性方程（它是直线方程），但函数 $f(x)=mx+b$ 不是线性的（除非 $b=0$），因为

$$f(x_1+x_2)=m(x_1+x_2)+b\neq(mx_1+b)+(mx_2+b)=f(x_1)+f(x_2).$$

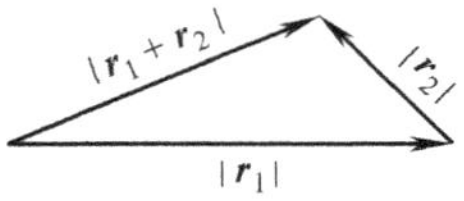

$|\boldsymbol{r}_1+\boldsymbol{r}_2|$　$|\boldsymbol{r}_2|$　$|\boldsymbol{r}_1|$

图 3.7.1

也可以考虑矢量 $\boldsymbol{r}$ 的矢量函数. 在磁场中，每个点 (x,y,z) 即是矢量 $\boldsymbol{r}$ 的头部，为矢量 $\boldsymbol{B}=\boldsymbol{i}B_x+\boldsymbol{j}B_y+\boldsymbol{k}B_z$. 分量 B_x，B_y，B_z 在各点不同，是 (x,y,z) 或 $\boldsymbol{r}$ 的函数，那么：

$\boldsymbol{F}(\boldsymbol{r})$ 是线性矢量函数，如果：

$$\boldsymbol{F}(\boldsymbol{r}_1+\boldsymbol{r}_2)=\boldsymbol{F}(\boldsymbol{r}_1)+\boldsymbol{F}(\boldsymbol{r}_2)\quad\text{且}\quad\boldsymbol{F}(a\boldsymbol{r})=a\boldsymbol{F}(\boldsymbol{r}),\tag{7.2}$$

其中，a 为标量.

例如，$\boldsymbol{F}(\boldsymbol{r})=b\boldsymbol{r}$（$b$ 是标量）是 $\boldsymbol{r}$ 的线性矢量函数.

从微积分中可以知道：

$$\frac{\mathrm{d}}{\mathrm{d}x}[f(x)+g(x)]=\frac{\mathrm{d}}{\mathrm{d}x}f(x)+\frac{\mathrm{d}}{\mathrm{d}x}g(x), \tag{7.3}$$

$$\frac{\mathrm{d}}{\mathrm{d}x}[kf(x)]=k\frac{\mathrm{d}}{\mathrm{d}x}f(x).$$

其中，k 是常量. $\frac{\mathrm{d}}{\mathrm{d}x}$是“线性算子”［比较式（7.3）与式（7.1）、式（7.2）］.“算子”或“运算”只是指一条规则或某种指令，告诉我们如何处理它后面的内容. 换句话说，线性算子是一个线性函数.

O 是一个线性算子，如果：

$$O(A+B)=O(A)+O(B) \text{ 和 } O(kA)=kO(A), \tag{7.4}$$

其中，k 是常数，A 和 B 是数字、函数或矢量等. 人们犯的许多错误是因为他们假设算子是线性的，而实际上它们不是线性的（参见习题）.

例 1 平方根是线性算子吗？我们问的是，$\sqrt{A+B}$是否等于$\sqrt{A}+\sqrt{B}$？答案是否定的；求平方根不是一个线性运算.

例 2 取复数共轭是不是线性运算？我们想知道$\overline{A+B}=\bar{A}+\bar{B}$ 和$\overline{kA}=k\bar{A}$是否成立. 第一个方程成立；如果我们把 k 限制为实数则第二个方程也是成立的.

3.7.1 矩阵算子 线性变换

考虑一组方程：

$$\begin{cases}X=ax+by,\\Y=cx+dy,\end{cases} \quad \text{或} \quad \begin{pmatrix}X\\Y\end{pmatrix}=\begin{pmatrix}a&b\\c&d\end{pmatrix}\begin{pmatrix}x\\y\end{pmatrix}, \quad \text{或} \quad \boldsymbol{R}=\boldsymbol{M}\boldsymbol{r}, \tag{7.5}$$

其中，a，b，c，d 是常数. 对于每个点（x，y），这些方程给出一个点（X,Y）. 如果（x,y）平面的每一个点都移动到其他点（有些点像原点那样不移动），这个过程称为平面映射或变换. 变换的信息包含在矩阵 $\boldsymbol{M}$ 中，矩阵 $\boldsymbol{M}$ 是一个将平面映射到自身的算子. 任何矩阵都可以认为是列矩阵 $\boldsymbol{r}$ 上的一个算子. 由于

$$\boldsymbol{M}(\boldsymbol{r}_1+\boldsymbol{r}_2)=\boldsymbol{M}\boldsymbol{r}_1+\boldsymbol{M}\boldsymbol{r}_2 \text{ 且 } \boldsymbol{M}(k\boldsymbol{r})=k(\boldsymbol{M}\boldsymbol{r}), \tag{7.6}$$

矩阵 M 是线性算子.

方程（7.5）可以用两种方式来几何解释. 在图 3.7.2 中，有一组坐标轴和矢量 $\boldsymbol{r}$ 通过方程组（7.5）变换为矢量 $\boldsymbol{R}$. 在图 3.7.3 中，有 2 组坐标轴（x,y）和（x',y'），及一个矢量 $\boldsymbol{r}=\boldsymbol{r}'$，其在两坐标系中有相对应的坐标. 这次变换为

$$\begin{cases}x'=ax+by\\y'=cx+dy\end{cases}, \quad \text{或} \quad \begin{pmatrix}x'\\y'\end{pmatrix}=\begin{pmatrix}a&b\\c&d\end{pmatrix}\begin{pmatrix}x\\y\end{pmatrix}, \quad \text{或 } \boldsymbol{r}'=\boldsymbol{M}\boldsymbol{r}. \tag{7.7}$$

它告诉我们如何得到矢量 $\boldsymbol{r}=\boldsymbol{r}'$相对于坐标轴（$x',y'$）的分量，当我们知道它相对于坐标轴（$x,y$）的分量时.

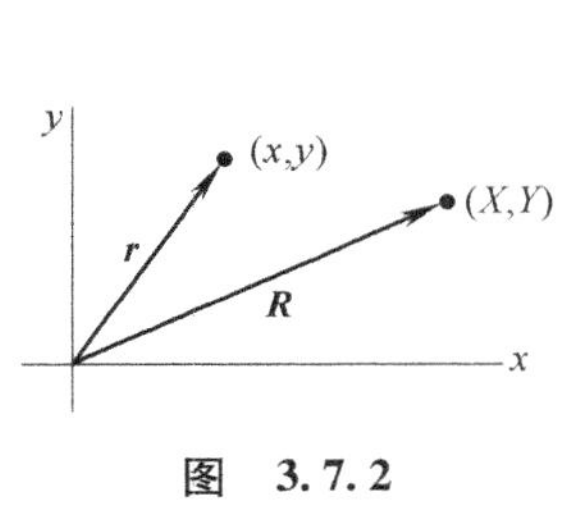

图 3.7.2

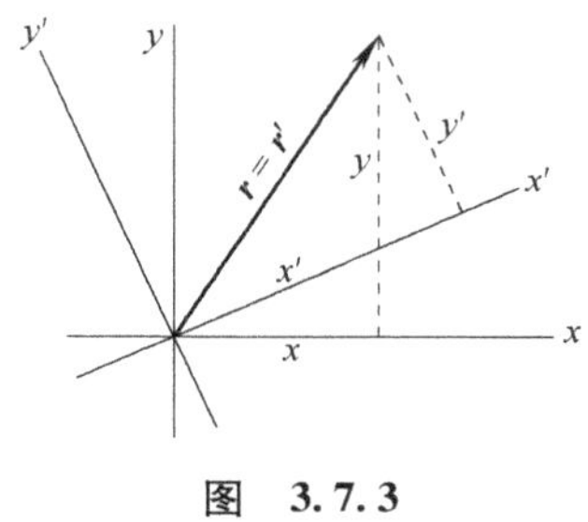

图 3.7.3

3.7.2 正交变换

我们感兴趣的是线性变换中矢量的长度不变的特殊情况. 式（7.7）称为**正交变换**，如果有

$$x'^2+y'^2=x^2+y^2, \tag{7.8}$$

式（7.5）类似. 从图中可以看出，这个要求表明矢量的长度不受正交变换的影响. 在图 3.7.2中，矢量将被旋转（或者反射），保持其长度不变（即 $R=r$ 用于正交变换）. 在图 3.7.3中，轴被旋转（或反射），而矢量保持不变. 正交变换的矩阵 $\boldsymbol{M}$ 称为正交矩阵. 我们来证明一个正交矩阵的逆等于它的转置；在符号中有

$$\boldsymbol{M}^{-1}=\boldsymbol{M}^{\mathrm{T}}，\boldsymbol{M} \text{ 为正交矩阵}. \tag{7.9}$$

从在式（7.7）和式（7.8）可以得到：

$$\begin{aligned} x'^2+y'^2 &= (ax+by)^2+(cx+dy)^2 \\ &= (a^2+c^2)x^2+2(ab+cd)xy+(b^2+d^2)y^2 \equiv x^2+y^2. \end{aligned}$$

于是有 $a^2+c^2=1$，$b^2+d^2=1$，$ab+cd=0$. 则

$$\begin{aligned} \boldsymbol{M}^{\mathrm{T}}\boldsymbol{M} &= \begin{pmatrix} a & c \\ b & d \end{pmatrix}\begin{pmatrix} a & b \\ c & d \end{pmatrix} \\ &= \begin{pmatrix} a^2+c^2 & ab+cd \\ ab+cd & b^2+d^2 \end{pmatrix} \equiv \begin{pmatrix} 1 & 0 \\ 0 & 1 \end{pmatrix}. \end{aligned} \tag{7.10}$$

由于 $\boldsymbol{M}^{\mathrm{T}}\boldsymbol{M}$ 是单位矩阵，所以正如我们在定义（7.9）中所说，$\boldsymbol{M}$ 和 $\boldsymbol{M}^{\mathrm{T}}$ 互为逆矩阵. 我们定义了二维正交变换，并证明了定义（7.9）对于二维的一些情况. 然而，任何阶次的方阵如果满足式（7.9）都称正交矩阵，且容易证明在相应的正交变换下，矢量长度不变（见第 3.9 节习题 3.9 第 24 题）.

现在，如果把式（7.9）写成 $\boldsymbol{M}^{\mathrm{T}}\boldsymbol{M}=\boldsymbol{I}$，并根据第 3.3 节的性质有 $\det(\boldsymbol{M}^{\mathrm{T}}\boldsymbol{M})=(\det\boldsymbol{M}^{\mathrm{T}})(\det\boldsymbol{M})$，且 $\det\boldsymbol{M}^{\mathrm{T}}=\det\boldsymbol{M}$，于是有 $(\det\boldsymbol{M})^2=\det(\boldsymbol{M}^{\mathrm{T}}\boldsymbol{M})=\det\boldsymbol{I}=1$，所以，

$$\det\boldsymbol{M}=\pm1，\boldsymbol{M} \text{ 是正交矩阵}. \tag{7.11}$$

这对于任何阶 $\boldsymbol{M}$ 都适用，因为只用到正交矩阵的定义（7.9）和行列式的一些性质. 正如我们将要看到的，$\det \boldsymbol{M}=1$ 在几何上相当于旋转，$\det\boldsymbol{M}=-1$ 相当于反射.

3.7.3 二维中的旋转

在图 3.7.4 中，画出了矢量 $\boldsymbol{r}=(x,y)$ 和矢量 $\boldsymbol{R}=(X,Y)$，$\boldsymbol{R}$ 是矢量 $\boldsymbol{r}$ 旋转 θ 角度得到的矢量. 用矩阵形式写出关于 $\boldsymbol{r}$ 和 $\boldsymbol{R}$ 的分量方程（见习题 3.7 第 19 题）.

$$\begin{pmatrix}X\\Y\end{pmatrix}=\begin{pmatrix}\cos\theta & -\sin\theta\\ \sin\theta & \cos\theta\end{pmatrix}\begin{pmatrix}x\\y\end{pmatrix}\text{，矢量旋转.}\tag{7.12}$$

在图 3.7.5 中，绘制了两组坐标轴，其中主坐标轴旋转了 θ 角度得到非主坐标轴. 矢量 $\boldsymbol{r}=(x,y)$ 和矢量 $\boldsymbol{r}'=(x',y')$ 是相同的矢量，但具有相对于不同坐标轴的分量. 这些分量与方程相关（参见习题 3.7 第 20 题）.

$$\begin{pmatrix}x'\\y'\end{pmatrix}=\begin{pmatrix}\cos\theta & \sin\theta\\ -\sin\theta & \cos\theta\end{pmatrix}\begin{pmatrix}x\\y\end{pmatrix}\text{，坐标轴旋转.}\tag{7.13}$$

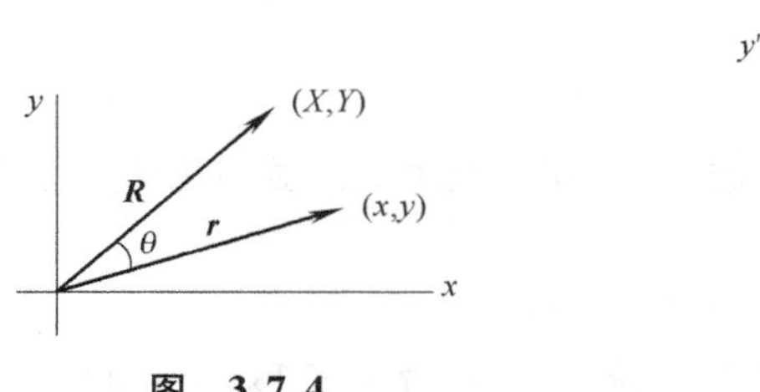

图　3.7.4

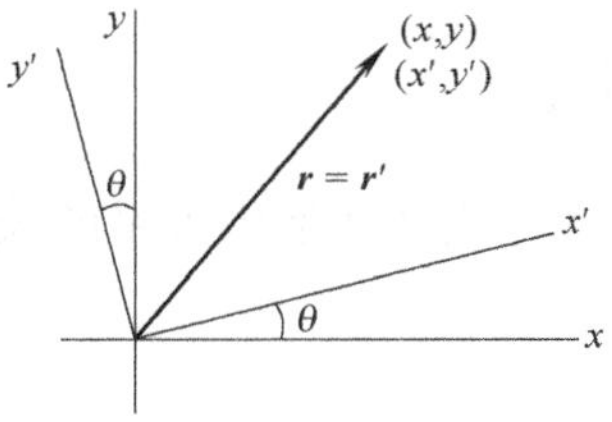

图　3.7.5

方程（7.12）和方程（7.13）都称为“旋转方程”，含有 θ 的矩阵为“旋转矩阵”. 为了区分它们，将旋转方程（7.12）称为“主动”变换（矢量旋转），并将方程（7.13）称为“被动”变换（矢量不移动，而是坐标轴旋转改变了分量）. 方程（7.7）或（7.13）也被称为“基变换”.（$\boldsymbol{i}$，$\boldsymbol{j}$，$\boldsymbol{k}$ 称为单位基矢量. 这里已经从 $\boldsymbol{i}$，$\boldsymbol{j}$，$\boldsymbol{k}$ 基变为 $\boldsymbol{i}'$，$\boldsymbol{j}'$，$\boldsymbol{k}'$ 基. 另见第 3.10 节.）方程（7.12）和（7.13）的矩阵是互逆的. 从图中可以看出为什么会这样. 例如，矢量逆时针方向的旋转与坐标轴反方向（顺时针）的旋转产生相同的结果.

要注意对一个旋转矩阵，$\det\boldsymbol{M}=\cos^2\theta+\sin^2\theta=1$. 任何行列式值为 1 的 2×2 正交矩阵对应旋转，任何行列式值为−1 的 2×2 正交矩阵对应通过一条直线的反射.

例 3　计算以下每个矩阵的变换.

$$\boldsymbol{A}=\frac{1}{2}\begin{pmatrix}-1 & \sqrt{3}\\ -\sqrt{3} & -1\end{pmatrix},\quad \boldsymbol{B}=\begin{pmatrix}1 & 0\\ 0 & -1\end{pmatrix},\quad \boldsymbol{C}=\boldsymbol{AB},\quad \boldsymbol{D}=\boldsymbol{BA}.\tag{7.14}$$

首先证明所有矩阵都是正交的，并且 $\det\boldsymbol{A}=1$，其他三个矩阵的行列式值是−1（见习题 3.7 第 21 题），从而 $\boldsymbol{A}$ 是旋转矩阵，$\boldsymbol{B}$，$\boldsymbol{C}$ 和 $\boldsymbol{D}$ 是反射矩阵. 让我们把这些看作主动变换（坐标轴固定，矢量旋转或反射）. 然后通过与式（7.12）比较 $\boldsymbol{A}$，有 $\cos\theta=-1/2$，$\sin\theta=-\frac{\sqrt{3}}{2}$，所以这是一个 240°（或−120°）的旋转. 或者，可以问矢量 $\boldsymbol{i}$ 发生了什么，用矩阵 $\boldsymbol{A}$ 乘以列矩阵 $\begin{pmatrix}1\\0\end{pmatrix}$ 得到

$$\frac{1}{2}\begin{pmatrix}-1 & \sqrt{3}\\ -\sqrt{3} & -1\end{pmatrix}\begin{pmatrix}1\\0\end{pmatrix}=\frac{1}{2}\begin{pmatrix}-1\\ -\sqrt{3}\end{pmatrix}\quad\text{或}\quad -\frac{1}{2}\left(\boldsymbol{i}+\boldsymbol{j}\sqrt{3}\right).$$

其中，$\boldsymbol{i}$ 旋转了 240°.

$\boldsymbol{B}$ 乘以 $\begin{pmatrix}x\\y\end{pmatrix}$ 的运算结果为 x 不变，y 的符号相反，即 $\boldsymbol{B}$ 对应于通过 x 轴的反射.

通过矩阵相乘得到 $\boldsymbol{C}=\boldsymbol{AB}$ 和 $\boldsymbol{D}=\boldsymbol{BA}$（参见习题 3.7 第 21 题）：

$$C=AB=\frac{1}{2}\begin{pmatrix}-1 & -\sqrt{3}\\ -\sqrt{3} & 1\end{pmatrix},\qquad D=BA=\frac{1}{2}\begin{pmatrix}-1 & \sqrt{3}\\ \sqrt{3} & 1\end{pmatrix}. \tag{7.15}$$

由于 $\boldsymbol{C}$ 和 $\boldsymbol{D}$ 的行列式是 -1，所以它们都是反射矩阵. 为了求出反射平面的反射轴，我们意识到这条直线上的矢量不会因为反射而改变，所以需要求出 x 和 y，也就是矢量 $\boldsymbol{r}$，它通过变换映射到自身. 对于矩阵 $\boldsymbol{C}$，写出 $\boldsymbol{Cr}=\boldsymbol{r}$：

$$\frac{1}{2}\begin{pmatrix}-1 & -\sqrt{3}\\ -\sqrt{3} & 1\end{pmatrix}\begin{pmatrix}x\\ y\end{pmatrix}=\begin{pmatrix}x\\ y\end{pmatrix}. \tag{7.16}$$

可以验证式（7.16）中的两个方程是相同的方程（参见习题 3.7 第 21 题），即 $y=-x\sqrt{3}$. 矢量沿着这条直线，即 $\boldsymbol{i}-\boldsymbol{j}\sqrt{3}$ 反射后，矢量没有改变［见式（7.17）］，所以这条直线是反射轴. 进一步可以证明，一个矢量垂直于这条直线［见式（7.17）］，即 $\boldsymbol{i}\sqrt{3}+\boldsymbol{j}$ 变成了负值，也就是说通过这直线反射.

$$\begin{aligned}&\frac{1}{2}\begin{pmatrix}-1 & -\sqrt{3}\\ -\sqrt{3} & 1\end{pmatrix}\begin{pmatrix}1\\ -\sqrt{3}\end{pmatrix}=\begin{pmatrix}1\\ -\sqrt{3}\end{pmatrix},\\ &\frac{1}{2}\begin{pmatrix}-1 & -\sqrt{3}\\ -\sqrt{3} & 1\end{pmatrix}\begin{pmatrix}\sqrt{3}\\ 1\end{pmatrix}=\begin{pmatrix}-\sqrt{3}\\ -1\end{pmatrix}.\end{aligned} \tag{7.17}$$

备注：方程 $\boldsymbol{Cr}=\boldsymbol{r}$ 的解是特征值、特征矢量问题的一个例子. 我们将在第 3.11 节详细讨论这些问题.

用同样方法分析变换 $\boldsymbol{D}$（见习题 3.7 第 21 题），可知反射轴是 $y=x\sqrt{3}$. 注意矩阵 $\boldsymbol{A}$ 和 $\boldsymbol{B}$ 不可交换，变换 $\boldsymbol{C}$ 和 $\boldsymbol{D}$ 是不同的.

3.7.4 三维中的旋转和反射

3×3 正交矩阵作为旋转或反射矢量 $\boldsymbol{r}=(x,y,z)$ 的主动变换. 旋转矩阵的一个简单形式是

$$A=\begin{pmatrix}\cos\theta & -\sin\theta & 0\\ \sin\theta & \cos\theta & 0\\ 0 & 0 & 1\end{pmatrix}. \tag{7.18}$$

这个变换产生一个绕 z 轴旋转 θ 角度的旋转. 如二维的情况一样，可从方程（7.12）中求出旋转角度，类似的矩阵：

$$B=\begin{pmatrix}\cos\theta & -\sin\theta & 0\\ \sin\theta & \cos\theta & 0\\ 0 & 0 & -1\end{pmatrix}. \tag{7.19}$$

这个矩阵产生绕 z 轴旋转 θ 角度的旋转以及通过 (x,y) 平面的反射.

将在第 3.11 节证明任何行列式值为 1 的 3×3 正交矩阵可以写为式（7.18）的形式，z 轴为旋转轴；任何行列式值为 -1 的 3×3 正交矩阵可以写为式（7.19）的形式. 让我们看看几个简单的例题，如何通过矩阵映射某些矢量.

例 4 绕 y 轴旋转的矩阵是

$$F=\begin{pmatrix}\cos\theta & 0 & \sin\theta\\ 0 & 1 & 0\\ -\sin\theta & 0 & \cos\theta\end{pmatrix}. \tag{7.20}$$

元素$-\sin\theta$对于主动变换是在正确的位置. 设$\theta=90°$，然后矢量$\boldsymbol{i}=(1,0,0)$被矩阵$\boldsymbol{F}$映射到矢量$-\boldsymbol{k}=(0,0,-1)$，这对于绕y轴旋转90°是正确的. 验证（0,0,1）被映射到（1,0,0）.

例 5 求矩阵产生的映射.

$$G=\begin{pmatrix}0 & 0 & 1\\ 0 & -1 & 0\\ 1 & 0 & 0\end{pmatrix},\quad K=\begin{pmatrix}0 & 0 & 1\\ -1 & 0 & 0\\ 0 & -1 & 0\end{pmatrix} \tag{7.21}$$

首先我们发现，行列式的值是1，所以这些是旋转矩阵. 对于$\boldsymbol{G}$，通过检验或通过求解$\boldsymbol{Gr}=\boldsymbol{r}$如式（7.16），我们发现矢量（1,0,1）是不变的，因此$\boldsymbol{i}+\boldsymbol{k}$是旋转轴. $\boldsymbol{G}^2$是单位矩阵（相当于一个360°的旋转），因此$\boldsymbol{G}$的旋转角度为180°.

类似地，对于$\boldsymbol{K}$，我们发现矢量（1,−1,1）通过变换是不变的，所以$\boldsymbol{i}-\boldsymbol{j}+\boldsymbol{k}$是旋转轴. 现在验证通过$\boldsymbol{K}$，$\boldsymbol{i}$映射到$-\boldsymbol{j}$，$-\boldsymbol{j}$映射到$\boldsymbol{k}$，$\boldsymbol{k}$映射到$\boldsymbol{i}$（或者，$\boldsymbol{K}^3$是单位矩阵），所以$\boldsymbol{K}^3$的旋转角度是±360°. 从几何我们看到旋转$\boldsymbol{i}\to-\boldsymbol{j}\to\boldsymbol{k}\to\boldsymbol{i}$是一个关于$\boldsymbol{i}-\boldsymbol{j}+\boldsymbol{k}$直线轴的−120°的旋转（另见第3.11节）.

例 6 求出由下面矩阵产生的映射.

$$L=\begin{pmatrix}0 & -1 & 0\\ -1 & 0 & 0\\ 0 & 0 & 1\end{pmatrix}.$$

由于$\det\boldsymbol{L}=-1$，这是通过某个平面的反射. 垂直于反射平面的矢量被反射所反转，所以我们要求一个满足$\boldsymbol{Lr}=-\boldsymbol{r}$的矢量. 要么通过求解这些等式或通过检验可求出$\boldsymbol{r}=(1,1,0)=\boldsymbol{i}+\boldsymbol{j}$. 反射平面是通过与该矢量垂直的原点的平面，即平面$x+y=0$（见第3.5节）.

习题 3.7

以下是线性函数吗？通过证明$f(\boldsymbol{r})$满足方程（7.1）或者至少不满足其中一个方程来证明你的结论.

1. $f(\boldsymbol{r})=\boldsymbol{A}\cdot\boldsymbol{r}+3$，其中$\boldsymbol{A}$是已知的矢量.
2. $f(\boldsymbol{r})=\boldsymbol{A}\cdot(\boldsymbol{r}-\boldsymbol{k}z)$.
3. $\boldsymbol{r}\cdot\boldsymbol{r}$.

以下是线性矢量函数吗？用式（7.2）证明你的结论.

4. $\boldsymbol{F}(\boldsymbol{r})=\boldsymbol{r}-\boldsymbol{i}x=\boldsymbol{j}y+\boldsymbol{k}z$.
5. $\boldsymbol{F}(\boldsymbol{r})=\boldsymbol{A}\times\boldsymbol{r}$，其中$\boldsymbol{A}$是已知的矢量.
6. $\boldsymbol{F}(\boldsymbol{r})=\boldsymbol{r}+\boldsymbol{A}$，其中$\boldsymbol{A}$是已知的矢量.

以下运算是线性的吗？

7. 从0到1关于x的定积分；被操作的对象是x的函数.
8. 求解对数；对正实数进行运算.
9. 求解平方根；对数字或函数进行运算.
10. 求解倒数；对数字或函数进行运算.
11. 求解绝对值；对复数进行运算.
12. 设D表示$\frac{\mathrm{d}}{\mathrm{d}x}$，$D^2$表示$\frac{\mathrm{d}^2}{\mathrm{d}x^2}$，$D^3$表示$\frac{\mathrm{d}^3}{\mathrm{d}x^3}$，等等. 那么$D$，$D^2$，$D^3$是线性的吗？对$x$的函数进行运

算，该函数可以根据需要多次求导.

13.（a）与第 12 题一样，D^2+2D+1 是线性的吗？

（b）$x^2D^2-2xD+7$ 是线性运算吗？

14. 求解最大值；对 x 的函数进行运算.

15. 求解转置；对矩阵进行运算.

16. 求解逆；对方阵进行运算.

17. 求解行列式；对方阵进行运算.

18. 用式（4.14）定义的两个矢量的叉积证明求解叉积是一个线性运算，即证明式（4.18）是有效的. 提示：不要通过写出分量来证明这一点. 例如，写出 $\boldsymbol{i}A_x\times(\boldsymbol{j}B_y+\boldsymbol{k}B_z)=\boldsymbol{i}A_x\times\boldsymbol{j}B_y+\boldsymbol{i}A_x\times\boldsymbol{k}B_z$ 是假设你想证明什么. 更多提示：首先证明式（4.18）是有效的，如果 $\boldsymbol{B}$ 和 $\boldsymbol{C}$ 都垂直于 $\boldsymbol{A}$，通过（在垂直于 $\boldsymbol{A}$ 的一个平面上）画出矢量 $\boldsymbol{B}$，$\boldsymbol{C}$，$\boldsymbol{B}+\boldsymbol{C}$ 和它们与 $\boldsymbol{A}$ 的矢量积的草图. 然后，一般情况下，首先证明 $\boldsymbol{A}\times\boldsymbol{B}$ 和 $\boldsymbol{A}\times\boldsymbol{B}_\perp$（其中 $\boldsymbol{B}_\perp$ 是 $\boldsymbol{B}$ 垂直于 $\boldsymbol{A}$ 的矢量分量）有相同的大小和方向相同.

19. 如果用 $\mathrm{e}^{\mathrm{i}\theta}$ 乘以复数 $z=r\mathrm{e}^{\mathrm{i}\phi}$，得到 $\mathrm{e}^{\mathrm{i}\theta}z=r\mathrm{e}^{\mathrm{i}(\phi+\theta)}$. 即，得到的复数中 r 相同，但其角度增加 θ. 可以说，从原点到点 $z=x+\mathrm{i}y$ 的矢量 $\boldsymbol{r}$ 已经被旋转了 θ 角度，如图 3.7.4 所示，旋转后的矢量 $\boldsymbol{R}$ 从原点到点 $Z=X+\mathrm{i}Y$. 然后，我们可以写出 $X+\mathrm{i}Y=\mathrm{e}^{\mathrm{i}\theta}z=\mathrm{e}^{\mathrm{i}\theta}$（$x+\mathrm{i}y$），取这个方程的实部和虚部来得到方程（7.12）.

20. 使用图 3.7.5 验证方程（7.13）. 提示：把 $\boldsymbol{r}'=\boldsymbol{r}$ 写成 $\boldsymbol{i}'x'+\boldsymbol{j}'y'=\boldsymbol{i}x+\boldsymbol{j}y$，并把这个方程与 $\boldsymbol{i}'$ 和 $\boldsymbol{j}'$ 进行点积得到 x' 和 y'. 使用图 3.7.5 计算单位矢量的点积（用 θ 来表示）. 例如，$\boldsymbol{i}'\cdot\boldsymbol{j}$ 是 x' 轴和 y 轴之间角度的余弦.

21. 完成例 3 的细节如下：

（a）验证式（7.14）中的四个矩阵都是正交的，并验证它们的行列式的值.

（b）验证式（7.15）中的乘积 $\boldsymbol{C}=\boldsymbol{AB}$ 和 $\boldsymbol{D}=\boldsymbol{BA}$.

（c）通过解方程（7.16）求出反射轴.

（d）分析变换矩阵 $\boldsymbol{D}$，像分析矩阵 $\boldsymbol{C}$ 一样.

下面每个矩阵表示（x,y）平面中矢量的主动变换（轴固定，矢量旋转或反射）. 如例 3 所示，证明每个矩阵是正交的，求出它的行列式值，并求出旋转角度，或求出反射轴.

22. $\dfrac{1}{\sqrt{2}}\begin{pmatrix}1 & 1\\ -1 & 1\end{pmatrix}$

23. $\dfrac{1}{2}\begin{pmatrix}-\sqrt{3} & 1\\ -1 & -\sqrt{3}\end{pmatrix}$

24. $\begin{pmatrix}0 & -1\\ -1 & 0\end{pmatrix}$

25. $\dfrac{1}{3}\begin{pmatrix}-1 & 2\sqrt{2}\\ 2\sqrt{2} & 1\end{pmatrix}$

26. $\dfrac{1}{5}\begin{pmatrix}3 & 4\\ 4 & -3\end{pmatrix}$

27. $\dfrac{1}{\sqrt{2}}\begin{pmatrix}-1 & -1\\ 1 & -1\end{pmatrix}$

28. 写出产生绕 x 轴旋转 θ 角度的矩阵，或者写出再通过（y,z）平面反射的结合旋转矩阵. [比较矩阵（7.18）和矩阵（7.19），绕 z 轴的旋转.]

29. 构造绕 y 轴旋转 90°，再通过（x,z）平面反射的矩阵.

30. 对于式（7.21）中的矩阵 $\boldsymbol{G}$ 和 $\boldsymbol{K}$，求出矩阵 $\boldsymbol{R}=\boldsymbol{GK}$ 和 $\boldsymbol{S}=\boldsymbol{KG}$. 需要注意的是 $\boldsymbol{R}\neq\boldsymbol{S}$.（在三维中，关于两个不同轴的旋转通常不是可交换的.）求出由 $\boldsymbol{R}$ 和 $\boldsymbol{S}$ 产生的几何变换.

31. 要查看非交换旋转的物理示例，请操作以下实验. 把一本书放在书桌上，想象一组直角坐标轴，x 轴和 y 轴在书桌平面上，z 轴垂直. 把书放在第一象限，沿着书的边缘画上 x 轴和 y 轴. 书关于 x 轴旋转 90°，然后关于 z 轴旋转 90°，注意它的位置. 现在重复实验，这一次先绕 z 轴旋转 90°，然后绕 x 轴旋转 90°，注意不同的结果. 写出表示旋转 90°的矩阵，并且它们用两个不同顺序相乘. 在每种情况下，求出旋转轴和旋转角度.

对于下面每个矩阵，求出它的行列式，看它是否产生旋转或反射. 如果产生一个旋转，求出旋转的轴和角度. 如果产生一个反射，求出反射平面和绕该平面法线的旋转（如果有的话）.

32. $\begin{pmatrix} 0 & 0 & -1 \\ 0 & -1 & 0 \\ -1 & 0 & 0 \end{pmatrix}$　　33. $\begin{pmatrix} 0 & 0 & -1 \\ -1 & 0 & 0 \\ 0 & 1 & 0 \end{pmatrix}$

34. $\begin{pmatrix} 1 & 0 & 0 \\ 0 & 0 & -1 \\ 0 & -1 & 0 \end{pmatrix}$　　35. $\begin{pmatrix} 0 & -1 & 0 \\ 1 & 0 & 0 \\ 0 & 0 & -1 \end{pmatrix}$

3.8　线性相关和线性无关

我们说三个矢量 $\boldsymbol{A}=\boldsymbol{i}+\boldsymbol{j}$，$\boldsymbol{B}=\boldsymbol{i}+\boldsymbol{k}$ 和 $\boldsymbol{C}=2\boldsymbol{i}+\boldsymbol{j}+\boldsymbol{k}$ 是线性相关的，因为 $\boldsymbol{A}+\boldsymbol{B}-\boldsymbol{C}=\boldsymbol{0}$. 两个矢量 $\boldsymbol{i}$ 和 $\boldsymbol{j}$ 是线性无关的，因为没有数字 a 和 b（不能全为零），使得线性组合 $a\boldsymbol{i}+b\boldsymbol{j}$ 是零. 一般来说，如果一组矢量的线性组合为零（不是所有的系数都等于零），则一组矢量是线性相关的. 在上面的简单例子中，通过检验可以很容易地看到矢量是否是线性无关的. 在更复杂的情况下，需要一个确定线性相关的方法. 考虑一组矢量：

$$(1,4,-5),(5,2,1),(2,-1,3)\text{和}(3,-6,11)\text{；} \tag{8.1}$$

我们想知道它们是否是线性相关的，如果是，我们想找到一个更小的线性无关的集合. 让我们行简化矩阵，它的行是已知的矢量（参见第 3.2 节）：

$$\begin{pmatrix} 1 & 4 & -5 \\ 5 & 2 & 1 \\ 2 & -1 & 3 \\ 3 & -6 & 11 \end{pmatrix} \to \begin{pmatrix} 9 & 0 & 7 \\ 0 & -9 & 13 \\ 0 & 0 & 0 \\ 0 & 0 & 0 \end{pmatrix}. \tag{8.2}$$

在行简化中，我们正在通过基本行操作形成行的线性组合［参见式（2.8）］. 所有这些操作是可逆的，所以我们可以（如果你喜欢）反过来计算，并结合两个矢量（9,0,7）和（0,−9,13），得到四个原始矢量（见习题 3.8 第 1 题）. 因此，在式（8.1）中只有两个线性无关的矢量；我们把这些线性无关的矢量称为基矢量，因为所有的原始矢量都可以写成它们的线性组合（参见第 3.10 节）. 注意式（8.2）中矩阵的秩（参见第 3.2 节）等于线性无关或基矢量的数目.

3.8.1　函数的线性无关

根据与矢量类似的定义，如果函数 $f_1(x)$，$f_2(x)$，⋯，$f_n(x)$ 的线性组合恒等于零，那么它们是线性相关的，即如果有常数 k_1，k_2，⋯，k_n 不全部为零，则有

$$k_1 f_1(x)+k_2 f_2(x)+\cdots+k_n f_n(x)\equiv 0. \tag{8.3}$$

例如，$\sin^2 x$ 和 $(1-\cos^2 x)$ 是线性相关的，因为

$$\sin^2 x-(1-\cos^2 x)\equiv 0.$$

但 $\sin x$ 和 $\cos x$ 是线性无关的，因为没有两个不全为零的数字 k_1 和 k_2，使下面式子对于所有的 x 恒等于零（见习题 3.8 第 8 题）：

$$k_1\sin x+k_2\cos x. \tag{8.4}$$

我们特别感兴趣的是知道给定的一组函数是线性无关的. 为此，下面的定理是有用的

（参见习题 3.8 第 8 题~第 16 题和第 8 章 8.5 节）.

如果 $f_1(x)$，$f_2(x)$，…，$f_n(x)$ 具有 $n-1$ 阶的导数，并且如果行列式满足下式：

$$W=\begin{vmatrix} f_1(x) & f_2(x) & \cdots & f_n(x) \\ f_1'(x) & f_2'(x) & \cdots & f_n'(x) \\ f_1''(x) & f_2''(x) & \cdots & f_n''(x) \\ \vdots & \vdots & & \vdots \\ f_1^{(n-1)}(x) & f_2^{(n-1)}(x) & \cdots & f_n^{(n-1)}(x) \end{vmatrix}\neq 0, \tag{8.5}$$

那么，这些函数是线性无关的（参见习题 3.8 第 16 题）. 行列式 W 被称为函数的伏朗斯基行列式（Wronskian）.

例 1 使用行列式（8.5），证明：函数 1，x，$\sin x$ 是线性无关的.

写出和计算伏朗斯基行列式：

$$W=\begin{vmatrix} 1 & x & \sin x \\ 0 & 1 & \cos x \\ 0 & 0 & -\sin x \end{vmatrix}=-\sin x.$$

由于 $-\sin x$ 不恒等于零，所以函数是线性无关的.

例 2 当函数是线性相关的情况，计算以下伏朗斯基行列式.

$$W=\begin{vmatrix} x & \sin x & 2x-3\sin x \\ 1 & \cos x & 2-3\cos x \\ 0 & -\sin x & 3\sin x \end{vmatrix}=\begin{vmatrix} x & \sin x & 2x \\ 1 & \cos x & 2 \\ 0 & -\sin x & 0 \end{vmatrix}=(\sin x)(2x-2x)\equiv 0.$$

如我们所料，但是请注意，“函数相关”意味着 $W\equiv 0$，但是 $W\equiv 0$ 不一定意味着“函数相关”（见习题 3.8 第 16 题）.

3.8.2 齐次方程

在第 3.2 节中，考虑了一组线性方程. 这里要考虑右边的常数都为零时的这种方程的特例；这些方程被称为齐次方程. 把与方程（2.12）和方程（2.13）对应的齐次方程连同行简化矩阵一起写出来：

$$\begin{cases} x+y=0 \\ x-y=0 \end{cases} \qquad \begin{pmatrix} 1 & 0 & 0 \\ 0 & 1 & 0 \end{pmatrix}, \tag{8.6}$$

$$\begin{cases} x+\ y=0 \\ 2x+2y=0 \end{cases} \qquad \begin{pmatrix} 1 & 1 & 0 \\ 0 & 0 & 0 \end{pmatrix}. \tag{8.7}$$

可以从这些例子中得出几个结论. 注意在方程组（8.6）中唯一的解是 $x=y=0$，矩阵的秩为 2，与未知数的个数相同. 在方程组（8.7）中，矩阵的秩为 1，比未知数的个数少，这反映了在方程组（8.7）中可以看到，在两个未知数中只有一个方程，所有的点满足 $x+y=0$ 的直线方程.（8.8）总结了齐次方程的性质：

齐次方程永远不会不一致；它们总是有“全部未知数 = 0”的解（通常被称为“零解”）. 如果线性无关的方程的个数（即矩阵的秩）与未知数的个数相同，则方程有唯一的解. 如果矩阵的秩小于未知数的个数，那么有无穷多个解. (8.8)

一个非常重要的特例是 n 个未知数的 n 个齐次方程组. 由总结（8.8）所述，除非矩阵的秩小于 n，否则这些方程只有零解. 这意味着行简化的 $n\times n$ 系数矩阵中至少有一行是零行，但因为系数矩阵的行列式 D 是零，因此，得到了一个重要的结论（参见习题 3.8 第 21~第 25 题；另参见第 3.11 节）：

n 个未知数 n 个齐次方程的方程组，当且仅当系数矩阵的行列式为零时，其才会具有除零解之外的解. (8.9)

3.8.3 矢量形式的解

在几何上，线性方程组的解可以是点或线或平面.

例 3 在第 3.2 节例 4 中，求解方程（2.15）为

$$x=3+2z,\qquad y=4-z. \tag{8.10}$$

这个解的集合包括这两个平面相交的线上的所有点. 解的一种有趣的写法是矢量形式：

$$\boldsymbol{r}=(x,y,z)=(3+2z,4-z,z)=(3,4,0)+(2,-1,1)z. \tag{8.11}$$

如果令 $z=t$，这是直线方程的参数形式，$\boldsymbol{r}=\boldsymbol{r}_0+\boldsymbol{A}t$（参见方程（5.8））.

现在考虑方程（2.15）对应的齐次方程（右边为零）. 方程和行简化矩阵为

$$\begin{pmatrix}1&1&-1\\2&-1&-5\\-5&4&14\\3&-1&-7\end{pmatrix}\begin{pmatrix}x\\y\\z\end{pmatrix}=\begin{pmatrix}0\\0\\0\\0\end{pmatrix},\qquad\begin{pmatrix}1&0&-2&0\\0&1&1&0\\0&0&0&0\\0&0&0&0\end{pmatrix}, \tag{8.12}$$

所以方程的解是

$$x=2z,\qquad y=-z,\qquad \text{或}\quad \boldsymbol{r}=(2,-1,1)z. \tag{8.13}$$

比较式（8.11）和式（8.13），看到齐次方程 $\boldsymbol{Mr}=\boldsymbol{0}$ 的解是通过原点的直线；方程 $\boldsymbol{Mr}=\boldsymbol{k}$ 的解是通过点（3,4,0）的一条平行直线. 可以说，$\boldsymbol{Mr}=\boldsymbol{k}$ 的解是对应齐次方程的解加上特定解 $\boldsymbol{r}=(3,4,0)$.

这里有结论（8.9）的一个重要用法的例子.

例 4 对于 λ 取哪些值，下面的一组方程对于 x 和 y 有非零解？对于 λ 的每个值，求出 x 和 y 之间的对应关系. 这是一个**特征值**问题的例子；我们将在第 3.11 节和 3.12 节中详细讨论这些问题. λ 的值被称为特征值，对应的矢量（x,y）被称为特征矢量.

$$\begin{cases}(1-\lambda)x+2y=0,\\2x+(4-\lambda)y=0.\end{cases} \tag{8.14}$$

由结论（8.9）所述，设系数矩阵 $\boldsymbol{M}$ 的行列式等于零，然后求解 λ，以及对于每个 λ 值求出关于 x 和 y 的解.

$$\begin{vmatrix}1-\lambda&2\\2&4-\lambda\end{vmatrix}=\lambda^2-5\lambda+4-4=\lambda(\lambda-5)=0,\lambda=0,5.$$

对于 $\lambda=0$，求出 $x+2y=0$；对于 $\lambda=5$，求出 $2x-y=0$. 在矢量表示中，特征矢量为：对于 $\lambda=0$，$\boldsymbol{r}=(2,-1)s$；对于 $\lambda=5$，$\boldsymbol{r}=(1,2)t$，其中，s 和 t 是通过原点的直线的这些矢量方程的参数.

习题 3.8

1. 写出式（8.1）中每个矢量作为矢量（9,0,7）和（0,−9,13）的线性组合. 提示：为了得到（1,4,

-5）中正确的 x 分量，则必须使用（1／9）(9,0,7)．你如何得到正确的 y 分量？z 分量现在是否正确？

在第 2 题～第 4 题中，求出给定的矢量是线性相关的还是线性无关的；如果它们是线性相关的，求出一个线性相关的子集．将每个给定的矢量写成线性无关矢量的线性组合．

2. (1,-2,3),(1,1,1),(-2,1,-4),(3,0,5)

3. (0,1,1),(-1,5,3),(1,0,2),(2,-15,1)

4. (3,5,-1),(1,4,2),(-1,0,5),(6,14,5)

5. 证明：平面中的任意矢量 $\boldsymbol{V}$ 可以写成平面中两个非平行矢量 $\boldsymbol{A}$ 和 $\boldsymbol{B}$ 的线性组合；即是求出 a 和 b 使 $\boldsymbol{V}=a\boldsymbol{A}+b\boldsymbol{B}$．提示：求出叉积 $\boldsymbol{A}\times\boldsymbol{V}$ 和 $\boldsymbol{B}\times\boldsymbol{V}$；$\boldsymbol{A}\times\boldsymbol{A}$ 和 $\boldsymbol{B}\times\boldsymbol{B}$ 是什么？以垂直于平面的分量来证明：

$$a=\frac{(\boldsymbol{B}\times\boldsymbol{V})\cdot\boldsymbol{n}}{(\boldsymbol{B}\times\boldsymbol{A})\cdot\boldsymbol{n}},$$

其中，$\boldsymbol{n}$ 是平面的法矢量．b 的公式相似．

6. 使用第 5 题将 $\boldsymbol{V}=3\boldsymbol{i}+5\boldsymbol{j}$ 写成 $\boldsymbol{A}=2\boldsymbol{i}+\boldsymbol{j}$ 和 $\boldsymbol{B}=3\boldsymbol{i}-2\boldsymbol{j}$ 的线性组合．证明：第 5 题中的公式，写成 2×2 的行列式的商，就是 a 和 b 的联立方程的克拉默法则的解．

7. 如在第 6 题，将 $\boldsymbol{V}=4\boldsymbol{i}-5\boldsymbol{j}$ 写成基矢量 $\boldsymbol{i}-4\boldsymbol{j}$ 和 $5\boldsymbol{i}+2\boldsymbol{j}$ 的线性组合．在第 8 题～第 15 题中，使用行列式（8.5）来证明给定的函数是线性无关的．

8. $\sin x$，$\cos x$

9. e^{ix}，$\sin x$

10. x，e^x，xe^x

11. $\sin x$，$\cos x$，$x\sin x$，$x\cos x$

12. 1，x^2，x^4，x^6

13. $\sin x$，$\sin 2x$

14. e^{ix}，e^{-ix}

15. e^x，e^{ix}，$\cosh x$

16. (a) 证明：如果伏朗斯基（Wronskian）行列式（8.5）不恒为零，则函数 f_1，f_2，…，f_n 是线性无关的．请注意，这相当于证明如果函数是线性相关的，则 W 恒等于零．提示：假设式（8.3）是正确的；你想求出 $k's$．不断重复求导式（8.3），直到有一组 n 个未知数 $k's$ 的 n 个方程的方程组，然后使用结论（8.9）．

(b) 在（a）部分，证明了如果 $W\neq0$，则函数是线性无关的．你可能会认为如果 $W\equiv0$，函数将是线性相关的．这不一定是真的；如果 $W\equiv0$，函数可能是线性相关的或线性无关的．例如，考虑函数 x^3 和 $|x^3|$，在 $(-1,1)$ 区间，证明 $W\equiv0$，但函数在 $(-1,1)$ 区间不是线性相关的（画出它们的图）．另一方面，它们在 $(0,1)$ 区间是线性相关的（事实上一样）．

在第 17 题～第 20 题中，通过行简化矩阵来求解齐次方程组．

17. $\begin{cases}x-2y+3z=0\\x+4y-6z=0\\2x+2y-3z=0\end{cases}$

18. $\begin{cases}2x+3z=0\\4x+2y+5z=0\\x-y+2z=0\end{cases}$

19. $\begin{cases}3x+y+3z+6w=0\\4x-7y-3z+5w=0\\x+3y+4z-3w=0\\3x+2z+7w=0\end{cases}$

20. $\begin{cases}2x-3y+5z=0\\x+2y-z=0\\x-5y+6z=0\\4x+y+3z=0\end{cases}$

21. 求出空间中四个点在一个平面上的一个条件．你的答案应该是一个必须等于零的行列式．提示：一个平面方程的形式是 $ax+by+cz=d$，其中，a，b，c，d 是常数．四个点 (x_1,y_1,z_1)，(x_2,y_2,z_2) 等，都满足该方程．你什么时候可以求出 a，b，c，d 不全是零？

22. 求出一个平面上的三条直线相交于一点的一个条件．提示：参见第 21 题，将直线的方程写为 $ax+by=c$．假设没有两条直线是平行的．

使用结论（8.9），求出 λ 的值，使得下面的方程有非零解，并且对于每个 λ，求解方程（参见例 4）．

23. $\begin{cases}(4-\lambda)x-2y=0\\-2x+(7-\lambda)y=0\end{cases}$

24. $\begin{cases}(6-\lambda)x+3y=0\\3x-(2+\lambda)y=0\end{cases}$

25. $\begin{cases} -(1+\lambda)x+y+3z=0, \\ x+(2-\lambda)y=0, \\ 3x+(2-\lambda)z=0. \end{cases}$

对于下面的每一个方程组，写出矢量形式的解［参见矢量（8.11）和矢量（8.13）］.

26. $\begin{cases} 2x-3y+5z=3 \\ x+2y-z=5 \\ x-5y+6z=-2 \\ 4x+y+3z=13 \end{cases}$

27. $\begin{cases} x-y+2z=3 \\ -2x+2y-z=0 \\ 4x-4y+5z=6 \end{cases}$

28. $\begin{cases} 2x+y-5z=7 \\ x-2y=1 \\ 3x-5y-z=4 \end{cases}$

3.9 特殊的矩阵和公式

本节讨论在矩阵中使用的各种术语，并且证明一些重要的公式. 首先，列出所需的矩阵定义和性质，以供参考.

有几个与给定矩阵 $\boldsymbol{A}$ 相关的特殊矩阵. 在式（9.1）中概述了这些矩阵的名称、符号，以及如何从 $\boldsymbol{A}$ 中得到它们.

	矩阵的名称	矩阵的符号	如何从 $\boldsymbol{A}$ 中得到它
(9.1)	$\boldsymbol{A}$ 的转置，或 $\boldsymbol{A}$ 调换	$\boldsymbol{A}^{\mathrm{T}}$ 或 $\widetilde{\boldsymbol{A}}$ 或 $\boldsymbol{A}'$或 $\boldsymbol{A}^{t}$	交换 $\boldsymbol{A}$ 中的行和列
	$\boldsymbol{A}$ 的复共轭	$\overline{\boldsymbol{A}}$ 或 $\boldsymbol{A}^*$	取每个元素的复共轭
	转置共轭，厄米共轭，伴随（参见习题 3.9 第 9 题），厄米伴随	$\boldsymbol{A}^{\dagger}$（$\boldsymbol{A}$ 匕首）	取每个元素的复共轭并转置
	$\boldsymbol{A}$ 的逆	$\boldsymbol{A}^{-1}$	参见公式（6.13）

对于特殊类型的矩阵，还有另一组名称. 在式（9.2）中，列出了这些矩阵和它们的定义，以供参考.

	$\boldsymbol{A}$ 矩阵被称为	如果满足条件
(9.2)	实数矩阵	$\boldsymbol{A}=\overline{\boldsymbol{A}}$
	对称的矩阵	$\boldsymbol{A}=\boldsymbol{A}^{\mathrm{T}}$，一个实数矩阵（矩阵=本身的转置）
	斜对称的或反对称的矩阵	$\boldsymbol{A}=-\boldsymbol{A}^{\mathrm{T}}$，一个实数矩阵
	正交矩阵	$\boldsymbol{A}^{-1}=\boldsymbol{A}^{\mathrm{T}}$，一个实数矩阵（矩阵的逆=矩阵的转置）
	纯虚数矩阵	$\boldsymbol{A}=-\overline{\boldsymbol{A}}$
	厄米共轭	$\boldsymbol{A}=\boldsymbol{A}^{\dagger}$（矩阵=本身的转置共轭）
	反厄米共轭	$\boldsymbol{A}=-\boldsymbol{A}^{\dagger}$
	酉矩阵	$\boldsymbol{A}^{-1}=\boldsymbol{A}^{\dagger}$（矩阵的逆=矩阵的转置共轭）
	正规矩阵	$\boldsymbol{A}\boldsymbol{A}^{\dagger}=\boldsymbol{A}^{\dagger}\boldsymbol{A}$（$\boldsymbol{A}$ 和 $\boldsymbol{A}^{\dagger}$ 可交换）

现在让我们考虑一些使用这些术语的例子和证明.

索引表示式：在下面的一些工作中需要索引表示式，所以作为参考我们重申式（6.2b）中矩阵乘法的规则.

$$(\boldsymbol{AB})_{ij}=\sum_k A_{ik}B_{kj}. \tag{9.3}$$

仔细研究“行乘以列”乘法的索引表示式. 为了求出乘积矩阵 $\boldsymbol{AB}$ 中的第 i 行和第 j 列元素，用 $\boldsymbol{A}$ 的第 i 行乘以 $\boldsymbol{B}$ 的第 j 列. 注意方程（9.3）中的 k（从头到尾对 k 求和）是相邻的. 如果碰巧有 $\sum_k B_{kj}A_{ik}$，应该把它重写为 $\sum_k A_{ik}B_{kj}$（k 相邻），把它看作矩阵 $\boldsymbol{AB}$（不是 $\boldsymbol{BA}$）的一个元素. 将在下面的式（9.10）中看到一个例子.

克罗内克 δ

克罗内克 δ 定义为

$$\delta_{ij}=\begin{cases}1, & \text{如果 } i=j,\\ 0, & \text{如果 } i\neq j.\end{cases} \tag{9.4}$$

例如，$\delta_{11}=1$，$\delta_{12}=0$，$\delta_{22}=1$，$\delta_{31}=0$，等. 应用这个符号，一个单位矩阵的元素是δ_{ij}，可以写成

$$\boldsymbol{I}=(\delta_{ij}). \tag{9.5}$$

（另请参阅第 10 章 10.5 节.）克罗内克符号 δ 也用于其他情形. 例如，由于（对于正整数 m 和 n）

$$\int_{-\pi}^{\pi}\cos nx\cos mx\,\mathrm{d}x=\begin{cases}\pi, & \text{当 } m=n \text{ 时},\\ 0, & \text{当 } m\neq n \text{ 时}.\end{cases} \tag{9.6a}$$

可写出

$$\int_{-\pi}^{\pi}\cos nx\cos mx\,\mathrm{d}x=\pi\cdot\delta_{nm}. \tag{9.6b}$$

这个式子跟式（9.6a）相同，如果 $m\neq n$，$\delta_{nm}=0$ 以及如果 $m=n$，$\delta_{nm}=1$.

使用克罗内克 δ，可以给出一个正式的证明：对于任何矩阵 $\boldsymbol{M}$ 和合适的单位矩阵 $\boldsymbol{I}$，$\boldsymbol{I}$ 和 $\boldsymbol{M}$ 的乘积就是 $\boldsymbol{M}$. 使用索引表示式和方程（9.3）和式（9.4），有

$$(\boldsymbol{IM})_{ij}=\sum\delta_{ik}M_{kj}=M_{ij}\quad \text{或}\quad \boldsymbol{IM}=\boldsymbol{M} \tag{9.7}$$

由于 $\delta_{ik}=0$，除非 $k=i$.

更有用的定理　使用索引表示式来证明矩阵乘法的结合律，也就是

$$\boldsymbol{A}(\boldsymbol{BC})=(\boldsymbol{AB})\boldsymbol{C}=\boldsymbol{ABC}. \tag{9.8}$$

首先写出 $(\boldsymbol{BC})_{kj}=\sum_l B_{kl}C_{lj}$，然后有

$$\begin{aligned}[\boldsymbol{A}(\boldsymbol{BC})]_{ij}&=\sum_k A_{ik}(\boldsymbol{BC})_{kj}=\sum_k A_{ik}\sum_l B_{kl}C_{lj}\\&=\sum_k\sum_l A_{ik}B_{kl}C_{lj}=(\boldsymbol{ABC})_{ij}.\end{aligned} \tag{9.9}$$

这是式（9.8）中 $\boldsymbol{A}(\boldsymbol{BC})=\boldsymbol{ABC}$ 的索引表示式. 可以用相同的方法证明 $(\boldsymbol{AB})\boldsymbol{C}=\boldsymbol{ABC}$（参见习题 3.9 第 1 题）.

在公式中，可能需要两个矩阵乘积的转置. 首先注意到 $A^{\mathrm{T}}_{ik}=A_{ki}$ [参见式（2.1）或式（9.1）]. 那么，

$$(\boldsymbol{AB})^{\mathrm{T}}_{ik}=(\boldsymbol{AB})_{ki}=\sum_j A_{kj}B_{ji}=\sum_j A^{\mathrm{T}}_{jk}B^{\mathrm{T}}_{ij}$$

$$=\sum_j B^{\mathrm{T}}_{ij}A^{\mathrm{T}}_{jk}=(\boldsymbol{B}^{\mathrm{T}}\boldsymbol{A}^{\mathrm{T}})_{ik},\quad \text{或} \tag{9.10}$$

$$(\boldsymbol{AB})^{\mathrm{T}}=\boldsymbol{B}^{\mathrm{T}}\boldsymbol{A}^{\mathrm{T}}.$$

该定理适用于任意数量矩阵的乘积（参见习题 3.9 第 8 题（b）问）. 例如，

$$(\boldsymbol{ABCD})^{\mathrm{T}}=\boldsymbol{D}^{\mathrm{T}}\boldsymbol{C}^{\mathrm{T}}\boldsymbol{B}^{\mathrm{T}}\boldsymbol{A}^{\mathrm{T}}. \tag{9.11}$$

矩阵乘积的转置等于反顺序的转置的乘积.

对于乘积的逆来说，类似的定理是正确的（参见第 3.6 节习题 3.6 第 18 题）.

$$(\boldsymbol{ABCD})^{-1}=\boldsymbol{D}^{-1}\boldsymbol{C}^{-1}\boldsymbol{B}^{-1}\boldsymbol{A}^{-1}. \tag{9.12}$$

矩阵乘积的逆等于反顺序的逆的乘积.

矩阵的迹 方阵 $\boldsymbol{A}$ 的迹（写成 $\mathrm{Tr}\,\boldsymbol{A}$）是主对角线上元素的总和. 因此，$n\times n$ 单位矩阵的迹为 n，在式（6.10）中矩阵 $\boldsymbol{M}$ 的迹为 6. 这是一个定理：矩阵乘积的迹按照循环次序是不会改变的. 例如，

$$\mathrm{Tr}(\boldsymbol{ABC})=\mathrm{Tr}(\boldsymbol{BCA})=\mathrm{Tr}(\boldsymbol{CAB}). \tag{9.13}$$

我们可以证明这一点：

$$\mathrm{Tr}(\boldsymbol{ABC})=\sum_i(\boldsymbol{ABC})_{ii}=\sum_i\sum_j\sum_k A_{ij}B_{jk}C_{ki}$$

$$=\sum_i\sum_j\sum_k B_{jk}C_{ki}A_{ij}=\mathrm{Tr}(\boldsymbol{BCA})$$

$$=\sum_i\sum_j\sum_k C_{ki}A_{ij}B_{jk}=\mathrm{Tr}(\boldsymbol{CAB}).$$

注意：$\mathrm{Tr}(\boldsymbol{ABC})$ 一般不等于 $\mathrm{Tr}(\boldsymbol{ACB})$.

定理：如果 $\boldsymbol{H}$ 是一个厄米矩阵，那么 $\boldsymbol{U}=\mathrm{e}^{\mathrm{i}\boldsymbol{H}}$ 是一个酉矩阵（这是在量子力学中的重要关系）. 通过式（9.2）我们需要证明如果 $\boldsymbol{H}^{\dagger}=\boldsymbol{H}$ 则有 $\boldsymbol{U}^{\dagger}=\boldsymbol{U}^{-1}$. 首先，$\mathrm{e}^{\mathrm{i}\boldsymbol{H}}\mathrm{e}^{-\mathrm{i}\boldsymbol{H}}=\mathrm{e}^{\mathrm{i}\boldsymbol{H}-\mathrm{i}\boldsymbol{H}}$，因为 $\boldsymbol{H}$ 和它自己交换（参见第 3.6 节习题 3.6 第 29 题）. 但这是 e^0，是单位矩阵（参见第 3.6 节），所以 $\boldsymbol{U}^{-1}=\mathrm{e}^{-\mathrm{i}\boldsymbol{H}}$. 为了求出 $\boldsymbol{U}^{\dagger}=(\mathrm{e}^{\mathrm{i}\boldsymbol{H}})^{\dagger}$，在幂级数中扩展 $\boldsymbol{U}=\mathrm{e}^{\mathrm{i}\boldsymbol{H}}$ 得到 $\boldsymbol{U}=\sum_k(\mathrm{i}\boldsymbol{H})^k/k!$，然后进行转置共轭. 要做到这一点，只需要认识到矩阵和的转置是转置的总和，并且矩阵的幂的转置等于转置的幂，例如 $(\boldsymbol{M}^n)^{\mathrm{T}}$ 等于 $(\boldsymbol{M}^{\mathrm{T}})^n$（参见习题 3.9 第 21 题）. 还要回顾第 2 章，通过改变所有 i 的符号来求出一个表达式的复共轭. 这意味着，$(\mathrm{i}\boldsymbol{H})^{\dagger}=-\mathrm{i}\boldsymbol{H}^{\dagger}=-\mathrm{i}\boldsymbol{H}$，因为 $\boldsymbol{H}$ 是厄米共轭. 然后级数相加得到 $\boldsymbol{U}^{\dagger}=\mathrm{e}^{-\mathrm{i}\boldsymbol{H}}$，这正是上面所求出的 $\boldsymbol{U}^{-1}$. 因此 $\boldsymbol{U}^{\dagger}=\boldsymbol{U}^{-1}$，所以 $\boldsymbol{U}$ 是一个酉矩阵（另请参阅习题 3.11 第 61 题）.

习题 3.9

1. 使用式（9.9）中的索引表示法来证明矩阵乘法的结合律的第二部分：$(\boldsymbol{AB})\boldsymbol{C}=\boldsymbol{ABC}$.
2. 用索引表示法来证明矩阵乘法的分配律，即：$\boldsymbol{A}(\boldsymbol{B}+\boldsymbol{C})=\boldsymbol{AB}+\boldsymbol{AC}$.
3. 给定下面矩阵，求出 $\boldsymbol{A}$ 的转置、逆、复共轭和转置共轭. 验证 $\boldsymbol{AA}^{-1}=\boldsymbol{A}^{-1}\boldsymbol{A}=$ 单位矩阵.

$$A=\begin{pmatrix}1&0&5\mathrm{i}\\-2\mathrm{i}&2&0\\1&1+\mathrm{i}&0\end{pmatrix}.$$

4. 给定下面矩阵，重复第3题的求取和验证.

$$A=\begin{pmatrix}0&2\mathrm{i}&-1\\-\mathrm{i}&2&0\\3&0&0\end{pmatrix}.$$

5. 证明：乘积 AA^{T} 是一个对称矩阵.

6. 给出数值例子：一个对称矩阵；一个斜对称矩阵；一个实数矩阵；一个纯虚数矩阵.

7. 用索引表示法写式（9.2）第二列中的每一项.

8. （a）证明：$(AB)^{\dagger}=B^{\dagger}A^{\dagger}$. 提示：参见式（9.10）.

（b）验证式（9.11），即证明式（9.10）适用于任意个数量的矩阵的乘积. 提示：使用式（9.10）和式（9.8）.

9. 在式（9.1）中，我们已经定义了矩阵的伴随是矩阵的转置共轭. 这是通常的定义，除了在代数中，矩阵的伴随被定义为余子式的转置矩阵［参见式（6.13）］. 证明两个定义对于行列式＝+1的酉矩阵是相同的.

10. 证明：如果一个矩阵是正交的，并且它的行列式为+1，则该矩阵的每个元素都等于它自己的余式子. 提示：使用式（6.13）和正交矩阵的定义.

11. 证明：一个实厄米矩阵是对称的. 证明：一个实酉矩阵是正交的. 注：由此可见，厄米矩阵是对称的复相似矩阵，酉矩阵是正交的复相似矩阵（参见第3.11节）.

12. 证明：一个厄米矩阵（$A=A^{\dagger}$）的定义可以写成 $a_{ij}=\overline{a}_{ji}$（即对角线元素是实数，其他元素具有 $a_{12}=\overline{a}_{21}$ 的性质等）. 构造一个厄米矩阵的例子.

13. 证明下面矩阵是一个酉矩阵：

$$\begin{pmatrix}(1+\mathrm{i}\sqrt{3})/4 & \dfrac{\sqrt{3}}{2\sqrt{2}}(1+\mathrm{i})\\[2ex] \dfrac{-\sqrt{3}}{2\sqrt{2}}(1+\mathrm{i}) & (\sqrt{3}+\mathrm{i})/4\end{pmatrix}.$$

14. 使用式（9.11）和式（9.12）简化 $(AB^{\mathrm{T}}C)^{\mathrm{T}}$，$(C^{-1}MC)^{-1}$，$(AH)^{-1}\ (AHA^{-1})^{3}\ (HA^{-1})^{-1}$.

15. （a）证明泡利自旋（Pauli spin）矩阵（参见第3.6节习题3.6第6题）是厄米矩阵.

（b）证明泡利自旋（Pauli spin）矩阵满足雅可比恒等式 $[A,[B,C]]+[B,[C,A]]+[C,[A,B]]=0$，其中 $[A,B]$ 是 A，B 的交换子［参见式（6.3）］.

（c）推广（b）来证明任何（可整合的）矩阵 A，B，C 的雅可比恒等式，另参见第6章6.3节习题6.3第14题.

16. 设 $C_{ij}=(-1)^{i+j}M_{ij}$ 为 $\det A$ 中 a_{ij} 元素的余子式. 证明：拉普拉斯展开式和第3.3节习题3.3第8题的表述可以在下面方程中结合起来：

$$\sum_j a_{ij}C_{kj}=\delta_{ik}\cdot\ \det A\quad 或者\quad \sum_i a_{ij}C_{ik}=\delta_{jk}\cdot\ \det A.$$

17. （a）证明：如果 A 和 B 是对称的，那么 AB 不是对称的，除非 A 和 B 是可交换的.

（b）证明：正交矩阵的乘积是正交的.

（c）证明：如果 A 和 B 是厄米矩阵，那么 AB 不是厄米矩阵，除非 A 和 B 是可交换的.

（d）证明：酉矩阵的乘积是酉矩阵.

18. 如果 A 和 B 是对称矩阵，证明它们的交换子是反对称的［参见式（6.3）］.

19. （a）证明 $\mathrm{Tr}(AB)=\mathrm{Tr}(BA)$. 提示：参见式（9.13）的证明.

（b）构造 $\mathrm{Tr}(\boldsymbol{ABC})\neq\mathrm{Tr}(\boldsymbol{CBA})$ 的 $\boldsymbol{A}$，$\boldsymbol{B}$，$\boldsymbol{C}$ 矩阵，证明：$\mathrm{Tr}(\boldsymbol{ABC})=\mathrm{Tr}(\boldsymbol{CBA})$.

（c）如果 $\boldsymbol{S}$ 是对称矩阵，$\boldsymbol{A}$ 是反对称矩阵，则 $\mathrm{Tr}(\boldsymbol{SA})=0$. 提示：考虑 $\mathrm{Tr}(\boldsymbol{SA})^{\mathrm{T}}$，证明：$\mathrm{Tr}(\boldsymbol{SA})=-\mathrm{Tr}(\boldsymbol{SA})$.

20. 证明：一个酉矩阵的行列式是绝对值为 1 的复数. 提示：参见方程（7.11）的证明.

21. 证明：矩阵和的转置等于转置的和，并且证明 $(\boldsymbol{M}^{n})^{\mathrm{T}}=(\boldsymbol{M}^{\mathrm{T}})^{n}$. 提示：使用式（9.11）和式（9.8）.

22. 证明：一个酉矩阵是一个正规矩阵，即它与它的转置共轭［参见式（9.2）］是可交换的，并且证明正交矩阵、对称矩阵、反对称矩阵、厄米矩阵和反厄米矩阵是正规矩阵.

23. 证明下面的矩阵是厄米矩阵，其中 $\boldsymbol{A}$ 是厄米矩阵或者不是厄米矩阵：$\boldsymbol{AA}^{\dagger}$，$\boldsymbol{A}+\boldsymbol{A}^{\dagger}$，$\mathrm{i}(\boldsymbol{A}-\boldsymbol{A}^{\dagger})$.

24. 证明正交变换保留了矢量的长度. 提示：如果 $\boldsymbol{r}$ 是矢量 $\boldsymbol{r}$ 的列矩阵［参见式（6.10）］，写出 $\boldsymbol{r}^{\mathrm{T}}\boldsymbol{r}$ 来证明它是 $\boldsymbol{r}$ 的长度的平方. 类似的，可证明 $\boldsymbol{R}^{\mathrm{T}}\boldsymbol{R}=|\boldsymbol{R}|^{2}$ 和 $|\boldsymbol{R}|^{2}=|\boldsymbol{r}|^{2}$，即如果 $\boldsymbol{R}=\boldsymbol{Mr}$ 并且 $\boldsymbol{M}$ 是正交矩阵，则 $\boldsymbol{R}^{\mathrm{T}}\boldsymbol{R}=\boldsymbol{r}^{\mathrm{T}}\boldsymbol{r}$. 使用式（9.11）.

25. （a）证明正交矩阵的逆是正交的. 提示：让 $\boldsymbol{A}=\boldsymbol{O}^{-1}$；从式（9.2）中，写出 $\boldsymbol{O}$ 正交的条件并证明 $\boldsymbol{A}$ 满足它.

（b）证明：一个酉矩阵的逆是酉矩阵［参见（a）中的提示］.

（c）如果 $\boldsymbol{H}$ 是厄米矩阵，$\boldsymbol{U}$ 是酉矩阵，则证明 $\boldsymbol{U}^{-1}\boldsymbol{HU}$ 是厄米矩阵.

3.10 线性矢量空间

我们已经广泛地使用矢量 $\boldsymbol{r}=\boldsymbol{i}x+\boldsymbol{j}y+\boldsymbol{k}z$ 来表示从原点到点 (x,y,z) 的矢量. 矢量 $\boldsymbol{r}$ 和点 (x,y,z) 之间存在一一对应关系. 所有这些点或所有这些矢量的集合构成了通常称为 R_3（R 为实数）或 V_3（V 为矢量）或 E_3（E 为欧几里德）的三维空间. 同样，我们可以考虑一个二维空间 V_2 矢量 $\boldsymbol{r}=\boldsymbol{i}x+\boldsymbol{j}y$ 或构成 (x,y) 平面的点 (x,y). V_2 也可能意味着通过原点的任何平面. V_1 表示从原点到通过原点的一些线上的点的所有矢量.

我们还使用 x，y，z 来表示问题中的变量或未知数. 现在应用的问题通常涉及三个以上的变量，通过扩展 V_3 的思想，很容易将 n 个数的有序集合称为 n 维空间 V_n 中的点或矢量. 例如，狭义相对论的四矢量是四个数字的有序集合，我们说时空是四维的. 经典和量子力学中**相空间**的一个点是六个数的有序集合，一个粒子位置的三个分量和它的动量的三个分量，因此粒子的相空间是六维空间 V_6.

在这种情况下，不能将变量表示为物理空间中一个点的坐标，因为物理空间只有三个维度. 但无论如何，扩展几何术语是方便和习惯的. 因此，可以互换地使用术语变量和坐标，例如说“五维空间中的点”，意味着五个变量的值的有序集合，并且对于任何数量的变量都是类似的. 在三维中，将一个点的坐标视为从原点到点的矢量的分量. 通过类推，称一组有序的五个数的集合为“五维空间中的矢量”或称一组有序的 n 个数的集合为“在 n 维空间中的矢量”.

很多在二维和三维中熟悉的几何术语可以通过使用与几何平行的代数来扩展到 n 维问题（即 n 个变量）. 例如，从原点到点 (x,y,z) 的距离是 $\sqrt{x^2+y^2+z^2}$. 通过类比，在五个变量 x，y，z，u，v 的一个问题中，定义从原点 $(0,0,0,0,0)$ 到点 (x,y,z,u,v) 的距离为 $\sqrt{x^2+y^2+z^2+u^2+v^2}$，通过使用符合几何的代数，可以很容易地扩展矢量的长度，两个矢量的点积，以及矢量之间的角度和正交性等概念. 在第 3.7 节，二维或三维的正交变换对应于旋转. 因此可以说，在 n 个变量的问题中，满足"新变量的平方和=旧变量平方和"的线性变换（即变量的线性变化）[对比式（7.8）] 对应于"n 维空间中的旋转".

例1 求出点 $(3,0,5,-2,1)$ 和 $(0,1,-2,3,0)$ 之间的距离.

推广在三维中求取的公式，则有 $d^2=(3-0)^2+(0-1)^2+(5+2)^2+(-2-3)^2+(1-0)^2=9+1+49+25+1=85, d=\sqrt{85}$.

如果从几个矢量开始，然后以代数方式（通过分量）求出它们的线性组合，那么说原来的一组矢量及其所有线性组合形成一个**线性矢量空间**（或者只是**矢量空间**或**线性空间**或**空间**）. 请注意，如果 $\boldsymbol{r}$ 是原始矢量之一，则 $\boldsymbol{r}-\boldsymbol{r}=\boldsymbol{0}$ 是线性组合之一，因此零矢量（即原点）必须是每个矢量空间中的一个点. 不通过原点的线或平面不是矢量空间.

子空间、跨度、基、维度 假设从式（8.1）中的四个矢量开始，发现在式（8.2）中它们是两个矢量 $(9,0,7)$ 和 $(0,-9,13)$ 的所有线性组合. 现在两个线性无关的矢量（记住它们的尾巴在原点）确定一个平面，两个矢量的所有线性组合位于平面中. [在此示例中谈到的平面是通过三个点 $(9,0,7)$，$(0,-9,13)$ 和原点的平面]. 由于所有矢量构成的平面 V_2 也是三维空间 V_3 的一部分，称 V_2 为 V_3 的**子空间**. 类似地，位于这个平面上并穿过原点的任何线都是 V_2 和 V_3 的子空间. 即是，无论是原始的四个矢量还是两个线性无关的矢量**跨越**空间 V_2，如果空间中的所有矢量都可以写成一组矢量的线性组合，则这组矢量跨越一个空间. 跨越矢量空间的一组线性无关矢量被称为基. 这里的矢量 $(9,0,7)$ 和 $(0,-9,13)$ 是空间 V_2 的一组基的一个可能的选择，另一个选择是任何两个原始矢量，因为在式（8.2）中没有两个矢量是相关的.

矢量空间的**维度**等于基矢量的数量. 请注意，这个陈述意味着（正确地，参见习题3.10第8题），无论如何为给定的矢量空间选择基矢量，它们的个数总是相同的，该个数是空间的维度. 在三维空间中，经常使用单位基矢量 $\boldsymbol{i}$，$\boldsymbol{j}$，$\boldsymbol{k}$，也可以写成 $(1,0,0)$，$(0,1,0)$，$(0,0,1)$. 那么在五维空间中表示一组相应的单位基矢量将是 $(1,0,0,0,0)$，$(0,1,0,0,0)$，$(0,0,1,0,0)$，$(0,0,0,1,0)$，$(0,0,0,0,1)$. 你应该确信，这些五个矢量是线性无关的，并且跨越一个5维的空间.

例2 求出以下矢量所跨越的空间的维度，以及一组该空间的基：$(1,0,1,5,-2)$，$(0,1,0,6,-3)$，$(2,-1,2,4,1)$，$(3,0,3,15,-6)$.

写出矩阵，它的行是矢量的分量，行简化矩阵得到三个线性无关的矢量：$(1,0,1,5,0)$，$(0,1,0,6,0)$，$(0,0,0,0,1)$. 这三个矢量是这个空间的一组基，因此所跨越的空间为三维空间.

内积、范数、正交性 从式（4.10）可知，两个矢量 $\boldsymbol{A}=(A_1,A_2,A_3)$ 和 $\boldsymbol{B}=(B_1,B_2,B_3)$ 的标量积（或点积、内积）是 $A_1B_1+A_2B_2+A_3B_3=\sum_{i=1}^{3}A_iB_i$，这很容易推广到 n 维. 根据定义，n 维空间中两个矢量的内积为

$$\boldsymbol{A}\cdot\boldsymbol{B}=(\boldsymbol{A}\text{ 和 }\boldsymbol{B}\text{ 的内积})=\sum_{i=0}^{n}A_iB_i. \tag{10.1}$$

类似地，推广式（4.1），可以用下面的公式来定义 n 维矢量的长度或者范数：

$$\boldsymbol{A}=\boldsymbol{A}\text{ 的范数}=\|\boldsymbol{A}\|=\sqrt{\boldsymbol{A}\cdot\boldsymbol{A}}=\sqrt{\sum_{i=1}^{n}A_i^2}. \tag{10.2}$$

在三维中，还可以写出标量积为 $AB\cos\theta$ [参见式（4.2）]，因此，如果两个矢量是正交（垂直）的，它们的标量积是 $AB\cos\pi/2=0$，把它推广到 n 维空间，则如果在 n 维空间中两个矢量的内积是零，则它们是正交的：

$$\text{如果}\sum_{i=1}^{n}A_iB_i=0\text{，则 }\boldsymbol{A}\text{ 和 }\boldsymbol{B}\text{ 正交.} \tag{10.3}$$

施瓦茨不等式 在二维或三维中，通过公式 $\boldsymbol{A}\cdot\boldsymbol{B}=AB\cos\theta$ 可以求出两个矢量的夹角 [参见式（4.11）]. 很容易在 n 维空间中使用相同的公式，但在此之前，应该确保 $\cos\theta$ 的值满足 $|\cos\theta|\leqslant 1$，即

$$|\boldsymbol{A}\cdot\boldsymbol{B}|\leqslant AB\text{，或}\left|\sum_{i=1}^{n}A_iB_i\right|\leqslant\sqrt{\sum_{i=1}^{n}A_i^2}\sqrt{\sum_{i=1}^{n}B_i^2}. \tag{10.4}$$

这被称为施瓦茨（Schwarz）不等式（对于 n 维欧几里得空间）. 可以证明如下：首先注意的是，如果 $\boldsymbol{B}=\boldsymbol{0}$，则代入式（10.4）中有 $0\leqslant 0$，这当然是对的. 对于 $\boldsymbol{B}\neq\boldsymbol{0}$，考虑矢量 $\boldsymbol{C}=B\boldsymbol{A}-(\boldsymbol{A}\cdot\boldsymbol{B})\boldsymbol{B}/B$，并求出 $\boldsymbol{C}\cdot\boldsymbol{C}$. 现在 $\boldsymbol{C}\cdot\boldsymbol{C}=\sum C_i^2\geqslant 0$，所以有

$$\begin{aligned}\boldsymbol{C}\cdot\boldsymbol{C}&=B^2(\boldsymbol{A}\cdot\boldsymbol{A})-2B(\boldsymbol{A}\cdot\boldsymbol{B})(\boldsymbol{A}\cdot\boldsymbol{B})/|\boldsymbol{B}|+(\boldsymbol{A}\cdot\boldsymbol{B})^2(\boldsymbol{B}\cdot\boldsymbol{B})/|\boldsymbol{B}|^2\\&=|\boldsymbol{A}|^2|\boldsymbol{B}|^2-2(\boldsymbol{A}\cdot\boldsymbol{B})^2+(\boldsymbol{A}\cdot\boldsymbol{B})^2=|\boldsymbol{A}|^2|\boldsymbol{B}|^2-(\boldsymbol{A}\cdot\boldsymbol{B})^2=C^2\geqslant 0.\end{aligned} \tag{10.5}$$

这给出了式（10.4）. 因此，如果我们喜欢，我们可以定义在 n 维空间中两个矢量夹角的余弦值为 $\cos\theta=\boldsymbol{A}\cdot\boldsymbol{B}/|AB|$.需要注意的是施瓦茨不等式中当且仅当 $\cos\theta=\pm1$ 时等号成立，即是当 $\boldsymbol{A}$ 和 $\boldsymbol{B}$ 是平行或反平行时，即 $\boldsymbol{B}=k\boldsymbol{A}$ 时，等号成立.

例 3 求出在例 2 中所求的每对基矢量之间夹角的余弦值.

由式（10.2）发现前两个基矢量的范数是 $\sqrt{1+1+25}=\sqrt{27}$ 和 $\sqrt{1+36}=\sqrt{37}$. 通过式（10.1），这两个矢量的内积为 $1\cdot0+0\cdot1+1\cdot0+5\cdot6+0\cdot0=30$. 因此 $\cos\theta=30/(\sqrt{27\cdot37})\approx 0.949$，正如施瓦茨不平等所说的那样，其值小于 1. 在例 2 中的第三个基矢量是正交于另外两个矢量，因为内积是零，即，$\cos\theta=0$.

正交基，格拉姆-施密特正交化方法 一组矢量集，如果它们两两都相互正交（垂直），并且每个矢量都是归一化的（即，它的范数为 1，为一个单位长度），则称这组矢量集**正交**. 例如，矢量 $\boldsymbol{i}$，$\boldsymbol{j}$，$\boldsymbol{k}$ 形成一个正交集. 如果有一个空间的基矢量集，通常将它们组合起来形成一个正交基. 格拉姆-施密特（Gram-Schmidt）方法就是这样一个系统的过程. 尽管计算的细节可能会变得混乱，但它的想法非常简单. 假设有基矢量 $\boldsymbol{A}$，$\boldsymbol{B}$，$\boldsymbol{C}$. 规范化 $\boldsymbol{A}$ 得到一组正交基矢量的第一个矢量. 为了得到第二个基矢量，从 $\boldsymbol{B}$ 中减去沿 $\boldsymbol{A}$ 的分量；剩下的是与 $\boldsymbol{A}$ 正交的，[参见公式（4.4）和图 3.4.10]，将这个余数归一化，则得到正交基的第二个矢量. 类似地，从 $\boldsymbol{C}$ 中减去沿着 $\boldsymbol{A}$ 和 $\boldsymbol{B}$ 的分量来得到与 $\boldsymbol{A}$ 和 $\boldsymbol{B}$ 都正交的第三个矢量，并归一化这第三个矢量. 现在有 3 个相互正交的单位矢量，这是一组标准正交基矢量. 在更高维度的空间中，这个过程可以继续下去.（我们将在第 3.11 节看到这种方法的用法.）

例 4 给定下面的基矢量 $\boldsymbol{A}$，$\boldsymbol{B}$，$\boldsymbol{C}$，使用格拉姆-施密特方法来求出一组正交的基矢量

$\boldsymbol{e}_1,\boldsymbol{e}_2,\boldsymbol{e}_3$. 按照上面的概述，可求出：

$\boldsymbol{A}=(0,0,5,0)$；　　　　$\boldsymbol{e}_1=\boldsymbol{A}/|\boldsymbol{A}|=(0,0,1,0)$；

$\boldsymbol{B}=(2,0,3,0)$；　　　　$\boldsymbol{B}-(\boldsymbol{e}_1\cdot\boldsymbol{B})\boldsymbol{e}_1=\boldsymbol{B}-3\boldsymbol{e}_1=(2,0,0,0)$；

$\boldsymbol{e}_2=(1,0,0,0)$；

$\boldsymbol{C}=(7,1,-5,3)$；　$\boldsymbol{C}-(\boldsymbol{e}_1\cdot\boldsymbol{C})\boldsymbol{e}_1-(\boldsymbol{e}_2\cdot\boldsymbol{C})\boldsymbol{e}_2=\boldsymbol{C}-(-5)\boldsymbol{e}_1-7\boldsymbol{e}_2$

$=(0,1,0,3)$；

$\boldsymbol{e}_3=(0,1,0,3)/\sqrt{10}$.

复数的欧几里得空间　在应用中，允许矢量分量为复数是有用的. 例如，在三维中，可以考虑矢量，如 $(5+2\mathrm{i},3-\mathrm{i},1+\mathrm{i})$. 看看在复数这种情况下上面的公式需要哪些修改. 在式（10.2）中，平方根符号下的数是正数. 为了确保这一点，将 A_i 的绝对平方替换为 A_i 的平方，即 $|A_i|^2=A_i^*A_i$. 其中，A_i^* 是 A_i 的复共轭（请参阅第 2 章）. 同样，在式（10.1）和式（10.3）中，将 $A_i^*B_i$ 替换 A_iB_i. 因此定义：

$$\boldsymbol{A}\text{ 和 }\boldsymbol{B}\text{ 的内积}=\sum_{i=1}^{n}A_i^*B_i,\tag{10.6}$$

$$\boldsymbol{A}\text{ 的范数}=\|\boldsymbol{A}\|=\sqrt{\sum_{i=1}^{n}A_i^*A_i},\tag{10.7}$$

$$\boldsymbol{A}\text{ 和 }\boldsymbol{B}\text{ 正交，如果 }\sum_{i=1}^{n}A_i^*B_i=0.\tag{10.8}$$

施瓦茨不等式变为（参见习题 3.10 第 6 题）：

$$\left|\sum_{i=1}^{n}A_i^*B_i\right|\leqslant\sqrt{\sum_{i=1}^{n}A_i^*A_i}\sqrt{\sum_{i=1}^{n}B_i^*B_i}.\tag{10.9}$$

请注意，可以用矩阵形式写出内积. 如果 $\boldsymbol{A}$ 是一个列矩阵，其元素为 A_i，则转置共轭矩阵 $\boldsymbol{A}^\dagger$ 是行矩阵，元素为 A_i^*. 使用这个符号，可以写出 $\sum A_i^*B_i=\boldsymbol{A}^\dagger\boldsymbol{B}$（参见习题 3.10 第 9 题）.

例 5　已知 $\boldsymbol{A}=(3\mathrm{i},1-\mathrm{i},2+3\mathrm{i},1+2\mathrm{i})$，$\boldsymbol{B}=(-1,1+2\mathrm{i},3-\mathrm{i},\mathrm{i})$，$\boldsymbol{C}=(4-2\mathrm{i},2-\mathrm{i},1,\mathrm{i}-2)$，通过式（10.6）和式（10.8），求出：

$\boldsymbol{A}$ 和 $\boldsymbol{B}$ 的内积 $=(-3\mathrm{i})(-1)+(1+\mathrm{i})(1+2\mathrm{i})+(2-3\mathrm{i})(3-\mathrm{i})+(1-2\mathrm{i})\mathrm{i}=4-4\mathrm{i}$；

$(\boldsymbol{A}\text{ 的范数})^2=(-3\mathrm{i})(3\mathrm{i})+(1+\mathrm{i})(1-\mathrm{i})+(2-3\mathrm{i})(2+3\mathrm{i})+(1-2\mathrm{i})(1+2\mathrm{i})$

$=9+2+13+5=29,\quad\|\boldsymbol{A}\|=\sqrt{29}$；

$(\boldsymbol{B}\text{ 的范数})^2=1+5+10+1=17,\quad\|\boldsymbol{B}\|=\sqrt{17}$.

注意，根据施瓦茨不等式（10.9）有 $|4-4\mathrm{i}|=4\sqrt{2}<\sqrt{29}\sqrt{17}$.

由式（10.8）可知，$\boldsymbol{B}$ 和 $\boldsymbol{C}$ 是正交的.

$\boldsymbol{B}$ 和 $\boldsymbol{C}$ 的内积 $=(-1)(4-2\mathrm{i})+(1-2\mathrm{i})(2-\mathrm{i})+(3+\mathrm{i})(1)$

$+(-\mathrm{i})(\mathrm{i}-2)=-4+2\mathrm{i}-5\mathrm{i}+3+\mathrm{i}+1+2\mathrm{i}=0.$

因此，通过式（10.8），$\boldsymbol{B}$ 和 $\boldsymbol{C}$ 正交.

习题 3.10

1. 求两点之间的距离.

(a) $(4,-1,2,7)$ 和 $(2,3,1,9)$；

(b) $(-1,5,-3,2,4)$ 和 $(2,6,2,7,6)$；

(c) $(5,-2,3,3,1,0)$ 和 $(0,1,5,7,2,1)$.

2. 对于给定的矢量集，求它们跨越的空间的维数以及这个空间的基.

(a) $(1,-1,0,0)$，$(0,-2,5,1)$，$(1,-3,5,1)$，$(2,-4,5,1)$；

(b) $(0,1,2,0,0,4)$，$(1,1,3,5,-3,5)$，$(1,0,0,5,0,1)$，$(-1,1,3,-5,-3,3)$，$(0,0,1,0,-3,0)$；

(c) $(0,10,-1,1,10)$，$(2,-2,-4,0,-3)$，$(4,2,0,4,5)$，$(3,2,0,3,4)$，$(5,-4,5,6,2)$.

3. (a) 求出第 2 题 (a) 中矢量对的夹角的余弦值.

(b) 在第 2 题 (b) 中找出两个正交矢量.

4. 对于每个给定的基矢量集，使用格拉姆-施密特方法求出一个正交集.

(a) $\boldsymbol{A}=(0,2,0,0)$，$\boldsymbol{B}=(3,-4,0,0)$，$\boldsymbol{C}=(1,2,3,4)$.

(b) $\boldsymbol{A}=(0,0,0,7)$，$\boldsymbol{B}=(2,0,0,5)$，$\boldsymbol{C}=(3,1,1,4)$.

(c) $\boldsymbol{A}=(6,0,0,0)$，$\boldsymbol{B}=(1,0,2,0)$，$\boldsymbol{C}=(4,1,9,2)$.

5. 通过式（10.6）和式（10.7），求出 $\boldsymbol{A}$ 和 $\boldsymbol{B}$ 的范数以及 $\boldsymbol{A}$ 和 $\boldsymbol{B}$ 的内积，注意满足施瓦茨不等式（10.9）.

(a) $\boldsymbol{A}=(3+\mathrm{i},1,2-\mathrm{i},-5\mathrm{i},\mathrm{i}+1)$，$\boldsymbol{B}=(2\mathrm{i},4-3\mathrm{i},1+\mathrm{i},3\mathrm{i},1)$；

(b) $\boldsymbol{A}=(2,2\mathrm{i}-3,1+\mathrm{i},5\mathrm{i},\mathrm{i}-2)$，$\boldsymbol{B}=(5\mathrm{i}-2,1,3+\mathrm{i},2\mathrm{i},4)$.

6. 写出一个复欧几里德空间的施瓦茨不等式（10.9）的证明. 提示：遵循式（10.5）中的式（10.4）的证明，将式（10.1）和式（10.2）中的范数和内积的定义替换为式（10.6）和式（10.7）中的定义. 记住，范数是实数且大于等于 0.

7. 证明：在 n 维空间中，任何 $n+1$ 矢量都是线性相关的. 提示：请参阅第 3.8 节.

8. 证明：相同矢量空间的两组不同基矢量必须包含相同数量的矢量. 提示：假设给定矢量空间的一组基包含 n 个矢量. 使用第 7 题来证明这个空间的一组基中不可能有超过 n 个矢量. 相反，如果有少于 n 个矢量的正确基，那么对于所声称的 n 矢量基，你能说些什么？

9. 把方程（10.6）~（10.9）写成矩阵形式，就像方程（10.9）后面讨论的那样.

10. 证明：$\|\boldsymbol{A}+\boldsymbol{B}\|\leqslant\|\boldsymbol{A}\|+\|\boldsymbol{B}\|$. 这被称为三角不等式；在二维或三维中，简单地说，三角形一条边的长度 ≤ 三角形另外两边的长度的总和. 提示：要在 n 维空间中证明它，使用式（10.2）写出期望的不等式的平方，并使用施瓦茨不等式（10.4）. 使用式（10.7）和式（10.9）将该定理推广到复欧几里德空间.

3.11 特征值和特征矢量 对角化矩阵

对于图 3.7.2 和方程（7.5）的物理解释：假设 (x, y) 平面被弹性膜所覆盖，在原点固定条件下，弹性膜可被拉伸、收缩或旋转. 那么弹性膜上任意点 (x,y) 变形后变成点 (X,Y)，可以说矩阵 $\boldsymbol{M}$ 描述了变形. 现在看是否有矢量 $\boldsymbol{R}=\lambda\boldsymbol{r}$，其中，$\lambda=$常数. 这种矢量称为变换的特征矢量，$\lambda$ 的值称为变换的矩阵 $\boldsymbol{M}$ 的特征值.

3.11.1 特征值

为了说明如何求出特征值，考虑如下变换：

$$\begin{pmatrix}X\\Y\end{pmatrix}=\begin{pmatrix}5&-2\\-2&2\end{pmatrix}\begin{pmatrix}x\\y\end{pmatrix}. \tag{11.1}$$

在矩阵表示法中，特征矢量条件 $\boldsymbol{R}=\lambda\boldsymbol{r}$ 是

$$\begin{pmatrix}X\\Y\end{pmatrix}=\begin{pmatrix}5&-2\\-2&2\end{pmatrix}\begin{pmatrix}x\\y\end{pmatrix}=\lambda\begin{pmatrix}x\\y\end{pmatrix}=\begin{pmatrix}\lambda x\\\lambda y\end{pmatrix}.$$

或者写出方程的形式：

$$\begin{aligned}5x-2y&=\lambda x,\\-2x+2y&=\lambda y,\end{aligned}\quad\text{或者}\quad\begin{aligned}(5-\lambda)x-2y&=0,\\-2x+(2-\lambda)y&=0.\end{aligned}\tag{11.2}$$

这些方程是齐次的. 由式（8.9）可知，一组齐次方程只有当系数矩阵的行列式为 0 时才有除了 $x=y=0$ 之外的非零解. 因此有

$$\begin{vmatrix}5-\lambda&-2\\-2&2-\lambda\end{vmatrix}=0.\tag{11.3}$$

这被称为矩阵 $\boldsymbol{M}$ 的**特征方程**，式（11.3）中的行列式称为特征行列式.

为得到矩阵 $\boldsymbol{M}$ 的特征方程，将 $\boldsymbol{M}$ 主对角线上的元素减去 λ，然后设得到矩阵的行列式为零.

由式（11.3）解出 $\boldsymbol{M}$ 的特征值 λ：

$$\begin{gathered}(5-\lambda)(2-\lambda)-4=\lambda^2-7\lambda+6=0,\\\lambda=1\quad\text{或}\quad\lambda=6.\end{gathered}\tag{11.4}$$

3.11.2　特征矢量

将式（11.4）中的 λ 值代入式（11.2），得

$$\begin{aligned}&2x-y=0\quad\text{当 }\lambda=1\text{ 时从方程组（11.2）中的任意一个方程得到；}\\&x+2y=0\quad\text{当 }\lambda=6\text{ 时从方程组（11.2）中的任意一个方程得到.}\end{aligned}\tag{11.5}$$

求矢量 $\boldsymbol{r}=\boldsymbol{i}x+\boldsymbol{j}y$，使得通过变换（11.1），$\boldsymbol{R}$ 平行于 $\boldsymbol{r}$. 任何满足方程组（11.5）中任意一个方程的矢量 $\boldsymbol{r}(x,y)$ 都具有这个性质. 由于方程组（11.5）是通过原点的直线方程，所以这些矢量都位于这些线上（见图 3.11.1）. 那么方程组表明，任何从原点到直线 $2x-y=0$ 上的点的矢量 $\boldsymbol{r}$，在变换（11.1）下，变成方向相同但长度为六倍的矢量. 这些矢量（沿着 $x+2y=0$ 和 $2x-y=0$）是变换的特征矢量. 沿这两个方向（只有这两个方向），弹性膜的变形是纯拉伸，没有剪切（旋转）.

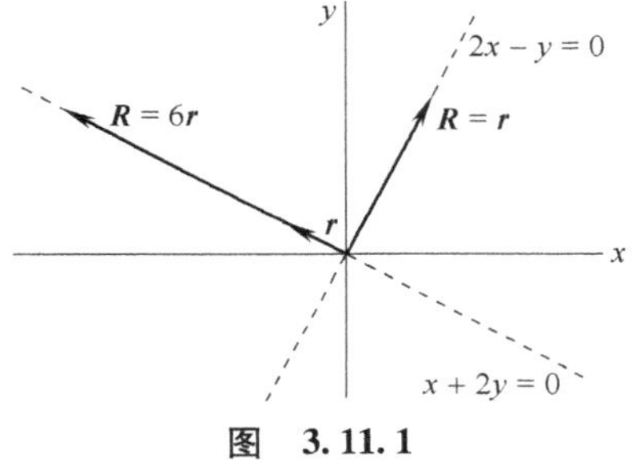

图　3.11.1

3.11.3　对角化矩阵

用 $\lambda=1$ 和 $\lambda=6$ 各代入方程（11.2），使用下标 1 和 2 标识相应的特征矢量：

$$\begin{aligned}5x_1-2y_1&=x_1,&\quad 5x_2-2y_2&=6x_2,\\-2x_1+2y_1&=y_1,&\quad -2x_2+2y_2&=6y_2.\end{aligned}\tag{11.6}$$

这四个方程可以写成一个矩阵方程，可以很容易地通过两边相乘来验证（习题 3.11 第 1 题）：

$$\begin{pmatrix}5&-2\\-2&2\end{pmatrix}\begin{pmatrix}x_1&x_2\\y_1&y_2\end{pmatrix}=\begin{pmatrix}x_1&x_2\\y_1&y_2\end{pmatrix}\begin{pmatrix}1&0\\0&6\end{pmatrix}.\tag{11.7}$$

关于 (x_1,y_1) 有 $2x_1-y_1=0$，然而，取 x_1 和 y_1 的数值使 $\boldsymbol{r}_1=(x_1,y_1)$ 成为单位矢量是很方便

的，对于 $\boldsymbol{r}_2=(x_2,y_2)$ 也类似，则有

$$x_1=\frac{1}{\sqrt{5}},\ y_1=\frac{2}{\sqrt{5}},\qquad x_2=\frac{-2}{\sqrt{5}},\qquad y_2=\frac{1}{\sqrt{5}}. \tag{11.8}$$

方程（11.7）变成

$$\begin{pmatrix}5 & -2\\ -2 & 2\end{pmatrix}\begin{pmatrix}\frac{1}{\sqrt{5}} & \frac{-2}{\sqrt{5}}\\ \frac{2}{\sqrt{5}} & \frac{1}{\sqrt{5}}\end{pmatrix}=\begin{pmatrix}\frac{1}{\sqrt{5}} & \frac{-2}{\sqrt{5}}\\ \frac{2}{\sqrt{5}} & \frac{1}{\sqrt{5}}\end{pmatrix}\begin{pmatrix}1 & 0\\ 0 & 6\end{pmatrix}. \tag{11.9}$$

用字母表示这些矩阵，有

$$\boldsymbol{MC}=\boldsymbol{CD}$$

其中，

$$\boldsymbol{M}=\begin{pmatrix}5 & -2\\ -2 & 2\end{pmatrix},\qquad \boldsymbol{C}=\begin{pmatrix}\frac{1}{\sqrt{5}} & \frac{-2}{\sqrt{5}}\\ \frac{2}{\sqrt{5}} & \frac{1}{\sqrt{5}}\end{pmatrix},\qquad \boldsymbol{D}=\begin{pmatrix}1 & 0\\ 0 & 6\end{pmatrix}. \tag{11.10}$$

这里，如果 $\boldsymbol{C}$ 的行列式不为零，那么 $\boldsymbol{C}$ 的逆为 $\boldsymbol{C}^{-1}$. 将式（11.10）乘以 $\boldsymbol{C}^{-1}$，$\boldsymbol{C}^{-1}\boldsymbol{C}$ 是单位矩阵，那么 $\boldsymbol{C}^{-1}\boldsymbol{MC}=\boldsymbol{C}^{-1}\boldsymbol{CD}=\boldsymbol{D}$.

$$\boldsymbol{C}^{-1}\boldsymbol{MC}=\boldsymbol{D}. \tag{11.11}$$

矩阵 $\boldsymbol{D}$ 只有在主对角线上的元素不等于零，它被称为**对角矩阵**. 矩阵 $\boldsymbol{D}$ 被称为矩阵 $\boldsymbol{M}$ 的相似矩阵，当已知 $\boldsymbol{M}$ 求 $\boldsymbol{D}$ 时，我们说这是通过相似变换使 $\boldsymbol{M}$ 对角化.

很快会看到，这实际上意味着通过更好的变量选择来简化问题. 例如，在膜的问题中，如果使用沿着特征矢量的轴，则描述变形更简单. 稍后，将看到更多使用对角化过程的示例.

注意到很容易求出 $\boldsymbol{D}$，只需要求解 $\boldsymbol{M}$ 的特征方程，然后 $\boldsymbol{D}$ 是一个主对角线上的元素为这些特征值、其他元素为零的矩阵. 也可以求出 $\boldsymbol{C}$，但是对于很多目的来说只需要 $\boldsymbol{D}$.

请注意，$\boldsymbol{D}$ 的主对角线上的特征值的顺序是任意的，例如式（11.6）可以写为

$$\begin{pmatrix}5 & -2\\ -2 & 2\end{pmatrix}\begin{pmatrix}x_2 & x_1\\ y_2 & y_1\end{pmatrix}=\begin{pmatrix}x_2 & x_1\\ y_2 & y_1\end{pmatrix}\begin{pmatrix}6 & 0\\ 0 & 1\end{pmatrix}, \tag{11.12}$$

这可以代替式（11.7）. 那么式（11.11）仍然成立，当然 $\boldsymbol{C}$ 是不同的，并且 $\boldsymbol{D}$ 为

$$\boldsymbol{D}=\begin{pmatrix}6 & 0\\ 0 & 1\end{pmatrix},$$

这可代替式（11.10）中的 $\boldsymbol{D}$（参见习题 3.11 第 1 题）.

3.11.4 $\boldsymbol{C}$ 和 $\boldsymbol{D}$ 的意义

为了更清楚地看到式（11.11）的意义，让我们找出矩阵 $\boldsymbol{C}$ 和矩阵 $\boldsymbol{D}$ 的物理意义. 考虑两组坐标系 (x,y) 和 (x',y')，(x,y) 通过旋转 θ 得到 (x',y')（见图 3.11.2）. 一个点（或一个矢量 $\boldsymbol{r}=\boldsymbol{r}'$ 的分量）相对于这两个坐标系的坐标 (x,y) 和 (x',y') 的关系为

式（7.13）. 求解式（7.13）得到 x 和 y，即有

$$x=x'\cos\theta-y'\sin\theta,\qquad(11.13)$$
$$y=x'\sin\theta+y'\cos\theta,$$

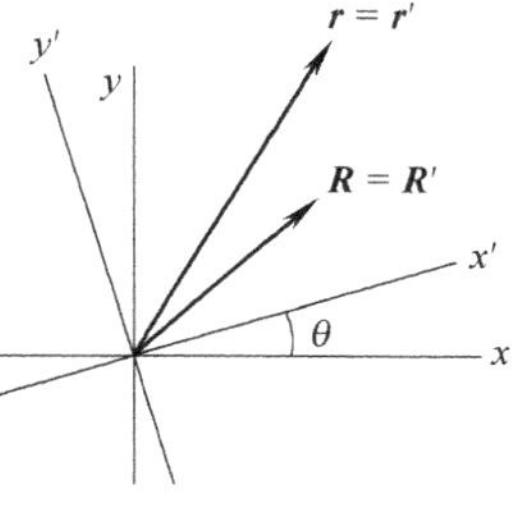

图 3.11.2

或者矩阵形式为

$$r=Cr' \quad 其中，C=\begin{pmatrix}\cos\theta & -\sin\theta\\ \sin\theta & \cos\theta\end{pmatrix}.\qquad(11.14)$$

对于在两个坐标系中分量已知的任何单个矢量，这个等式是正确的. 假设有另一个矢量 $\boldsymbol{R}=\boldsymbol{R}'$（见图 3.11.2），其分量为 X，Y 和 X'，Y'. 这些分量的关系为

$$\boldsymbol{R}=\boldsymbol{C}\boldsymbol{R}'.\qquad(11.15)$$

现在令 $\boldsymbol{M}$ 是描述（x,y）坐标系中平面变形的矩阵，则有方程

$$\boldsymbol{R}=\boldsymbol{M}\boldsymbol{r}.\qquad(11.16)$$

该方程表明矢量 $\boldsymbol{r}$ 在变形后变成了矢量 $\boldsymbol{R}$，这两个矢量都是相对于（x,y）坐标轴的. 看看如何描述（x',y'）坐标系中的变形，也就是，哪个矩阵使 $\boldsymbol{r}'$ 变成 $\boldsymbol{R}'$？将式（11.14）和式（11.15）代入式（11.16），求出 $\boldsymbol{C}\boldsymbol{R}'=\boldsymbol{M}\boldsymbol{C}\boldsymbol{r}'$ 或者

$$\boldsymbol{R}'=\boldsymbol{C}^{-1}\boldsymbol{M}\boldsymbol{C}\boldsymbol{r}'.\qquad(11.17)$$

因此，问题的答案是这样的：

$\boldsymbol{D}=\boldsymbol{C}^{-1}\boldsymbol{M}\boldsymbol{C}$ 在（x',y'）坐标系中描述与 $\boldsymbol{M}$ 在（x,y）坐标系中描述相同变形的矩阵.

接下来要证明，如果选择矩阵 $\boldsymbol{C}$ 使 $\boldsymbol{D}=\boldsymbol{C}^{-1}\boldsymbol{M}\boldsymbol{C}$ 成为一个对角矩阵，那么新的坐标轴（x',y'）沿着 $\boldsymbol{M}$ 的特征矢量的方向. 从式（11.10）可以看出，$\boldsymbol{C}$ 的列是单位特征矢量的分量. 如果特征矢量是垂直的，就像它们在例子中一样（参见习题 3.11 第 2 题），那么沿特征矢量方向的新坐标轴（x',y'）就是一组垂直的通过坐标轴（x,y）旋转 θ 角度得到的坐标轴（见图 3.11.3）. 一个单位特征矢量 $\boldsymbol{r}_1$ 和 $\boldsymbol{r}_2$ 如图 3.11.3 所示，从图中可以看出：

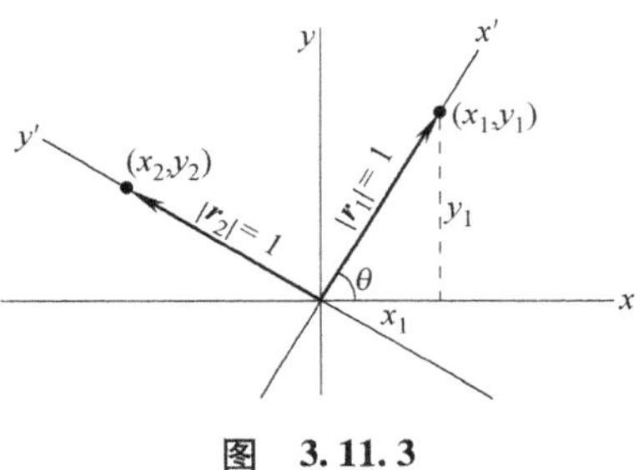

图 3.11.3

$$\begin{aligned}x_1&=|\boldsymbol{r}_1|\cos\theta=\cos\theta, & x_2&=-|\boldsymbol{r}_2|\sin\theta=-\sin\theta;\\ y_1&=|\boldsymbol{r}_1|\sin\theta=\sin\theta, & y_2&=|\boldsymbol{r}_2|\cos\theta=\cos\theta;\end{aligned}\qquad(11.18)$$
$$C=\begin{pmatrix}x_1 & x_2\\ y_1 & y_2\end{pmatrix}=\begin{pmatrix}\cos\theta & -\sin\theta\\ \sin\theta & \cos\theta\end{pmatrix}.$$

因此，当（x',y'）坐标轴沿着 $\boldsymbol{M}$ 的特征矢量方向时，对角化 $\boldsymbol{M}$ 的矩阵 $\boldsymbol{C}$ 是式（11.14）中的旋转矩阵 $\boldsymbol{C}$.

相对于这些新的坐标轴，对角矩阵 $\boldsymbol{D}$ 描述了变形. 对于例子有

$$\boldsymbol{R}'=\boldsymbol{D}\boldsymbol{r}' \quad 或 \quad \begin{pmatrix}X'\\ Y'\end{pmatrix}=\begin{pmatrix}1 & 0\\ 0 & 6\end{pmatrix}\begin{pmatrix}x'\\ y'\end{pmatrix} \quad 或\qquad(11.19)$$
$$X'=x',\quad Y'=6y'.$$

换句话说，式（11.19）表示［在（x',y'）坐标系中］每个点（x',y'）的 x' 坐标通过变形

后不变，其 y' 坐标乘以 6，也就是变形是在 y' 方向上的拉伸. 这是对变形的一种更简单的描述，比式（11.1）给出的描述在物理上更清晰.

现在可以看到为什么 $\boldsymbol{D}$ 中主对角线上特征值的顺序是任意的，为什么式（11.12）像式（11.7）一样令人满意. 新的坐标轴（x',y'）沿着特征矢量方向，称哪个特征矢量为 x' 和哪个特征矢量为 y' 并不重要. 在做一个问题时，简单地选择一个具有 $\boldsymbol{M}$ 的特征值的 $\boldsymbol{D}$，特征值在主对角线的顺序是任意的，则 $\boldsymbol{D}$ 的选择决定了哪个特征矢量的方向是 x' 轴和哪个特征矢量的方向是 y' 轴.

在上面的讨论中没有必要使 x' 轴和 y' 轴垂直，虽然这是最有用的情况. 如果 $\boldsymbol{r}=\boldsymbol{C}\boldsymbol{r}'$ 但是 $\boldsymbol{C}$ 只是任何（非奇异的）矩阵［不一定是式（11.14）中的正交旋转矩阵］，则式（11.17）依然如此. 也就是说，$\boldsymbol{C}^{-1}\boldsymbol{M}\boldsymbol{C}$ 描述了使用（x',y'）轴的变形. 但如果 $\boldsymbol{C}$ 不是正交矩阵，则（x',y'）坐标轴不是垂直的（见图 3.11.4），并且 $x^2+y^2\neq x'^2+y'^2$. 也就是说，变换不是坐标轴的旋转. 回想一下，$\boldsymbol{C}$ 是单位特征矢量的矩阵，如果这些单位特征矢量是垂直的，那么 C 是一个正交矩阵（参见习题 3.11 第 6 题），可以证明，当且仅当矩阵 $\boldsymbol{M}$ 是对称的时，才是这种情况［参见式（11.27）及其之前的讨论. 另请参阅习题 3.11 第 33 题~第 35 题］.

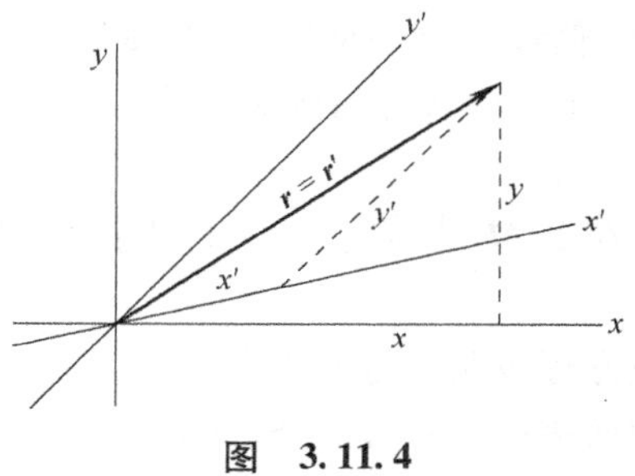

图 3.11.4

3.11.5 退化

对于对称矩阵，已经看到对应于不同特征值的特征矢量是正交的. 如果两个（或更多）特征值相同，则该特征值被称为**退化**. 退化意味着两个（或更多）线性无关的特征矢量对应相同的特征值.

例 1 考虑以下矩阵：

$$\boldsymbol{M}=\begin{pmatrix}1 & -4 & 2\\ -4 & 1 & -2\\ 2 & -2 & -2\end{pmatrix}. \tag{11.20}$$

$\boldsymbol{M}$ 的特征值是 $\lambda=6$，-3，-3，对应于 $\lambda=6$ 的特征矢量为（2,−2,1）（参见习题 3.11 第 36 题）. 对于 $\lambda=-3$，特征矢量条件是 $2x-2y+z=0$. 这是一个与 $\lambda=6$ 特征矢量正交的平面，在这个平面上的任何矢量都是对应于 $\lambda=-3$ 的特征矢量. 也就是说，$\lambda=-3$ 的特征空间是一个平面. 在 $\lambda=-3$ 的特征平面上选择两个正交特征矢量作为基矢量是很方便的，例如（1,1,0）和（−1,1,4）（参见习题 3.11 第 36 题）.

除了通过验证，你可能会问如何找到这些正交特征矢量. 回想一下，两个矢量的叉积垂直于这两个矢量. 因此在目前的情况下，可以在 $\lambda=-3$ 的特征平面中选择一个矢量，然后与 $\lambda=6$ 的特征矢量进行叉积. 这给出了 $\lambda=-3$ 的特征平面中的第二个矢量，其垂直于特征平面上选择的第一个矢量. 但是，这只能在三维空间中起作用；如果正在处理更高维的空间（参见第 3.10 节），那么需要另一种方法. 假设首先只写下特征平面中的任何两个（不同的）矢量，而不试图使这两个矢量正交. 然后可以使用格兰姆-施密特（Gram-Schmidt）法（参见第 3.10 节）求出一个正交集. 例如，在上面的问题中，假设已经想到（或计算机曾经给出）

矢量 $\boldsymbol{A}=(1,1,0)$ 和 $\boldsymbol{B}=(-1,0,2)$，这些都是 $\lambda=-3$ 的特征平面上不相互正交的矢量. 使用格兰姆-施密特（Gram-Schmidt）法，可以求出：

$$\boldsymbol{A}=(1,1,0),\qquad \boldsymbol{e}=\boldsymbol{A}/|\boldsymbol{A}|=(1,1,0)/\sqrt{2},$$

$$\boldsymbol{B}-(\boldsymbol{e}\cdot\boldsymbol{B})\boldsymbol{e}=(-1,0,2)-\frac{-1}{2}(1,1,0)=\left(\frac{-1}{2},\frac{1}{2},2\right),$$

或者 $\boldsymbol{B}$ 为 $(-1,1,4)$ 跟上面一样. 对于 $m>2$ 维空间的退化子空间，只需要写出 m 个线性无关的特征矢量，然后用格兰姆-施密特（Gram-Schmidt）法求出一个正交集.

3.11.6 对角化厄米矩阵

已经看到了如何通过正交相似变换对角化对称矩阵. 对称矩阵（$\boldsymbol{S}^{\mathrm{T}}=\boldsymbol{S}$）的复共轭是厄米（Hermitian）矩阵（$\boldsymbol{H}^{\dagger}=\boldsymbol{H}$），正交矩阵（$\boldsymbol{O}^{\mathrm{T}}=\boldsymbol{O}^{-1}$）的复共轭是一个酉矩阵（$\boldsymbol{U}^{\dagger}=\boldsymbol{U}^{-1}$）. 那么让我们讨论一下通过酉相似变换可以对角化厄米矩阵，这在量子力学中是非常重要的.

尽管厄米矩阵可能具有复数的非对角元素，但是厄米矩阵的特征值总是实数. 我们来证明这一点.（根据需要参见第 3.9 节的定义和定理.）设 $\boldsymbol{H}$ 是一个厄米矩阵，$\boldsymbol{r}$ 是对应于特征值 λ 的 $\boldsymbol{H}$ 的非零特征矢量的列矩阵. 那么特征矢量条件是 $\boldsymbol{H}\boldsymbol{r}=\lambda\boldsymbol{r}$. 要取这个方程的转置共轭，使用方程（9.10）的复共轭，由于对于厄米矩阵有 $\boldsymbol{H}^{\dagger}=\boldsymbol{H}$，所以可以得到 $(\boldsymbol{H}\boldsymbol{r})^{\dagger}=\boldsymbol{r}^{\dagger}\boldsymbol{H}^{\dagger}=\boldsymbol{r}^{\dagger}\boldsymbol{H}$. $\lambda\boldsymbol{r}$ 转置共轭为 $\lambda^{*}\boldsymbol{r}^{\dagger}$（由于 λ 为一个数，只需要取它的复共轭）. 现在有两个方程：

$$\boldsymbol{H}\boldsymbol{r}=\lambda\boldsymbol{r},\quad \boldsymbol{r}^{\dagger}\boldsymbol{H}=\lambda^{*}\boldsymbol{r}^{\dagger}. \tag{11.21}$$

在（11.21）的第一个方程的左边乘以行矩阵 $\boldsymbol{r}^{\dagger}$［参见式（10.9）之后的讨论］，在第二个方程的右边乘以列矩阵 $\boldsymbol{r}$，得到

$$\boldsymbol{r}^{\dagger}\boldsymbol{H}\boldsymbol{r}=\lambda\boldsymbol{r}^{\dagger}\boldsymbol{r},\quad \boldsymbol{r}^{\dagger}\boldsymbol{H}\boldsymbol{r}=\lambda^{*}\boldsymbol{r}^{\dagger}\boldsymbol{r}. \tag{11.22}$$

两个方程相减得到 $(\lambda-\lambda^{*})\boldsymbol{r}^{\dagger}\boldsymbol{r}=0$. 由于假设 $\boldsymbol{r}\neq0$，有 $\lambda^{*}=\lambda$，即 λ 是实数.

还可以证明对于厄米矩阵，对应于两个不同特征值的特征矢量是正交的. 从两个特征矢量条件开始：

$$\boldsymbol{H}\boldsymbol{r}_1=\lambda_1\boldsymbol{r}_1,\quad \boldsymbol{H}\boldsymbol{r}_2=\lambda_2\boldsymbol{r}_2. \tag{11.23}$$

从这些公式可以证明（参见习题 3.11 第 37 题）：

$$\boldsymbol{r}_1^{\dagger}\boldsymbol{H}\boldsymbol{r}_2=\lambda_1\boldsymbol{r}_1^{\dagger}\boldsymbol{r}_2=\lambda_2\boldsymbol{r}_1^{\dagger}\boldsymbol{r}_2\quad \text{或}\quad (\lambda_1-\lambda_2)\boldsymbol{r}_1^{\dagger}\boldsymbol{r}_2=0. \tag{11.24}$$

因此，如果 $\lambda_1\neq\lambda_2$，则 $\boldsymbol{r}_1$ 和 $\boldsymbol{r}_2$ 的内积为零，即它们是正交的［参见式（10.8）］.

还可以证明，如果一个矩阵 $\boldsymbol{M}$ 具有实数特征值并且可以通过一个酉相似变换进行对角化，那么它就是厄米矩阵. 在符号中，写为 $\boldsymbol{U}^{-1}\boldsymbol{M}\boldsymbol{U}=\boldsymbol{D}$，并求这个方程的转置共轭，得到（参见习题 3.11 第 38 题）

$$(\boldsymbol{U}^{-1}\boldsymbol{M}\boldsymbol{U})^{\dagger}=\boldsymbol{U}^{-1}\boldsymbol{M}^{\dagger}\boldsymbol{U}=\boldsymbol{D}^{\dagger}=\boldsymbol{D}. \tag{11.25}$$

因此 $\boldsymbol{U}^{-1}\boldsymbol{M}\boldsymbol{U}=\boldsymbol{D}=\boldsymbol{U}^{-1}\boldsymbol{M}^{\dagger}\boldsymbol{U}$，所以 $\boldsymbol{M}=\boldsymbol{M}^{\dagger}$，即 $\boldsymbol{M}$ 是厄米矩阵，所以已经证明：

当且仅当一个矩阵是厄米（Hermitian）矩阵时，它具有实数特征值，并且可以通过一个酉相似变换进行对角化. （11.26）

由于实数厄米矩阵是一个对称矩阵，一个实数酉矩阵是一个正交矩阵，对称矩阵的对应表述就是（参见习题 3.11 第 39 题）：

当且仅当一个矩阵是对称矩阵时，它具有实数特征值，并且可以通过一个正交相似变换进行对角化. (11.27)

回顾（9.2）和习题3.9第22题，正规矩阵包括对称矩阵、厄米矩阵、正交矩阵和酉矩阵（以及其他矩阵）. 知道下面的一般定理可能是有用的，在没有证明的情况下陈述它［例如，参阅 Am. J. Phys. 52，513-515(1984)］.

一个矩阵当且仅当它是正规矩阵时，则可以通过一个酉相似变换进行对角化. (11.28)

例 2 为了说明通过一个酉相似变换对厄米矩阵进行对角化，考虑矩阵：

$$\boldsymbol{H}=\begin{pmatrix}2 & 3-\mathrm{i}\\ 3+\mathrm{i} & -1\end{pmatrix}. \tag{11.29}$$

（验证 $\boldsymbol{H}$ 是厄米矩阵）. 使用与求对称矩阵的特征值和特征矢量同样的方法，特征值由下式给出：

$$(2-\lambda)(-1-\lambda)-(3+\mathrm{i})(3-\mathrm{i})=0,$$

$$\lambda^2-\lambda-12=0, \quad \lambda=-3,\ 4.$$

对于 $\lambda=-3$，特征矢量满足方程：

$$\begin{pmatrix}5 & 3-\mathrm{i}\\ 3+\mathrm{i} & 2\end{pmatrix}\begin{pmatrix}x\\ y\end{pmatrix}=0, \quad \text{或者} \quad 5x+(3-\mathrm{i})y=0, \quad (3+\mathrm{i})x+2y=0.$$

$x=2$，$y=(-3-\mathrm{i})$ 满足这些方程. 对于单位特征矢量的一个选择为 $(2,-3-\mathrm{i})/\sqrt{14}$. 对于 $\lambda=4$，类似可求出方程：

$$-2x+(3-\mathrm{i})y=0, \quad (3+\mathrm{i})x-5y=0.$$

$x=2$，$y=(-3-\mathrm{i})$ 满足这些方程，所以单位特征矢量是 $(3-\mathrm{i},2)/\sqrt{14}$. 通过求两个特征矢量的内积［参见式（10.8）］是 $(2,-3-\mathrm{i})^*\cdot(3-\mathrm{i},2)=2(3-\mathrm{i})+2(-3+\mathrm{i})=0$. 可以验证两个特征矢量是正交的（正如在上面所证明的那样）. 如在式（11.10）中一样，把单位特征矢量写成矩阵 $\boldsymbol{U}$ 的列矢量，$\boldsymbol{U}$ 通过相似变换对角化 $\boldsymbol{H}$：

$$\boldsymbol{U}=\frac{1}{\sqrt{14}}\begin{pmatrix}2 & 3-\mathrm{i}\\ -3-\mathrm{i} & 2\end{pmatrix}, \quad \boldsymbol{U}^{\dagger}=\frac{1}{\sqrt{14}}\begin{pmatrix}2 & -3+\mathrm{i}\\ 3+\mathrm{i} & 2\end{pmatrix}.$$

可以很容易地验证 $\boldsymbol{U}^{\dagger}\boldsymbol{U}=$单位矩阵，所以 $\boldsymbol{U}^{-1}=\boldsymbol{U}^{\dagger}$. 那么（见习题3.11第40题）：

$$\boldsymbol{U}^{-1}\boldsymbol{H}\boldsymbol{U}=\boldsymbol{U}^{\dagger}\boldsymbol{H}\boldsymbol{U}=\begin{pmatrix}-3 & 0\\ 0 & 4\end{pmatrix}, \tag{11.30}$$

即 $\boldsymbol{H}$ 通过酉相似变换进行对角化.

3.11.7 三维中的正交变换

在第3.7节中，考虑了由给定的3乘3正交矩阵产生的矢量 $\boldsymbol{r}$ 的主动旋转和/或反射. 仔细研究方程（7.18）和方程（7.19）可以看出，作用于一个列矢量 $\boldsymbol{r}$，使列矢量 $\boldsymbol{r}$ 绕 z 轴旋转 θ 角度和/或通过 (x,y) 平面反射. 现在看看如何发现更复杂正交矩阵的作用. 可以通过使用正交相似变换来写出一个给定的相对于一个新的坐标系的正交矩阵，其中旋转轴是 z 轴，和/或 (x,y) 平面是反射平面（在矢量空间语言中，这是一个基的变化）. 然后与方程（7.18）或方程（7.19）比较得到旋转角度. 回想一下如何构造一个 $\boldsymbol{C}$ 矩阵，使 $\boldsymbol{C}^{-1}\boldsymbol{M}\boldsymbol{C}$ 描述了相对于一组新的坐标轴的相同变换，而 $\boldsymbol{M}$ 描述了相对于原始坐标轴的变换：$\boldsymbol{C}$ 矩阵的列是沿着新坐标轴的单位矢量的分量［参见式（11.18）和图 3.11.3］.

例 3　考虑以下矩阵.

$$\boldsymbol{A}=\frac{1}{2}\begin{pmatrix}1 & \sqrt{2} & 1\\ -\sqrt{2} & 0 & \sqrt{2}\\ 1 & -\sqrt{2} & 1\end{pmatrix},\quad \boldsymbol{B}=\frac{1}{3}\begin{pmatrix}-2 & -1 & -2\\ 2 & -2 & -1\\ 1 & 2 & -2\end{pmatrix}. \tag{11.31}$$

可以验证 $\boldsymbol{A}$ 和 $\boldsymbol{B}$ 都是正交的，并且 $\det\boldsymbol{A}=1$，$\det\boldsymbol{B}=-1$（参见习题 3.11 第 45 题）. 因此，$\boldsymbol{A}$ 是一个旋转矩阵，而 $\boldsymbol{B}$ 涉及一个反射（也许还有一个旋转）. 对于 $\boldsymbol{A}$，沿着旋转轴的矢量不受变换的影响，所以通过求解方程 $\boldsymbol{Ar}=\boldsymbol{r}$ 求出旋转轴. 在第 3.7 节做了这些，但现在应该认识到这是一个特征矢量方程. 需要对应于特征值 1 的特征矢量，通过手动或计算机（参见习题 3.11 第 45 题）可以求出对应于 $\lambda=1$ 的特征矢量为 $(1,0,1)$ 或 $\boldsymbol{i}+\boldsymbol{k}$；这是旋转轴. 想要新的 z 轴沿着这个方向，所以取矩阵 $\boldsymbol{C}$ 第三列的元素作为单位矢量 $\boldsymbol{u}=(1,0,1)/\sqrt{2}$ 的分量. 对于第一列（新的 x 坐标轴），选择一个垂直于旋转轴的单位矢量，比如 $\boldsymbol{v}=(1,0,-1)/\sqrt{2}$；对于第二列（新的 y 坐标轴），使用叉乘 $\boldsymbol{u}\times\boldsymbol{v}=(0,1,0)$，（这样新的坐标轴就形成了一个右手正交三元组），这给出了（参见习题 3.11 第 45 题）：

$$\boldsymbol{C}=\frac{1}{\sqrt{2}}\begin{pmatrix}1 & 0 & 1\\ 0 & \sqrt{2} & 0\\ -1 & 0 & 1\end{pmatrix},\quad \boldsymbol{C}^{-1}\boldsymbol{AC}=\begin{pmatrix}0 & 1 & 0\\ -1 & 0 & 0\\ 0 & 0 & 1\end{pmatrix}. \tag{11.32}$$

这个结果与式（7.18）比较，可以看出，$\cos\theta=0$ 且 $\sin\theta=-1$，因此矩阵 $\boldsymbol{A}$ 产生绕轴线 $\boldsymbol{i}+\boldsymbol{k}$ 旋转 $-90°$（或者，如果愿意，绕 $-\boldsymbol{i}-\boldsymbol{k}$ 旋转 $+90°$）.

例 4　对于矩阵 $\boldsymbol{B}$，垂直于反射平面的一个矢量通过反射使其方向相反. 因此，要求解方程 $\boldsymbol{Br}=-\boldsymbol{r}$，即是求出对应于 $\lambda=-1$ 的特征矢量. 可以验证（参见习题 45）这个特征矢量为 $(1,-1,1)$ 或 $\boldsymbol{i}-\boldsymbol{j}+\boldsymbol{k}$. 反射是通过平面 $x-y+z=0$ 的反射，旋转（如果有）是关于矢量 $\boldsymbol{i}-\boldsymbol{j}+\boldsymbol{k}$ 的旋转. 正如对矩阵 $\boldsymbol{A}$ 所做的那样，通过这个矢量和两个垂直矢量构造一个矩阵 $\boldsymbol{C}$，得到（参见习题 3.11 第 45 题）

$$\boldsymbol{C}=\begin{pmatrix}\frac{1}{\sqrt{6}} & \frac{1}{\sqrt{2}} & \frac{1}{\sqrt{3}}\\ \frac{-1}{\sqrt{6}} & \frac{1}{\sqrt{2}} & \frac{-1}{\sqrt{3}}\\ \frac{-2}{\sqrt{6}} & 0 & \frac{1}{\sqrt{3}}\end{pmatrix},\quad \boldsymbol{C}^{-1}\boldsymbol{BC}=\begin{pmatrix}\frac{-1}{2} & \frac{-\sqrt{3}}{2} & 0\\ \frac{\sqrt{3}}{2} & \frac{-1}{2} & 0\\ 0 & 0 & -1\end{pmatrix}. \tag{11.33}$$

与式（7.19）比较得到 $\cos\theta=-\frac{1}{2}$，$\sin\theta=\frac{\sqrt{3}}{2}$，所以矩阵 $\boldsymbol{B}$ 产生一个绕轴 $\boldsymbol{i}-\boldsymbol{j}+\boldsymbol{k}$ 的 $120°$ 旋转以及通过平面 $x-y+z=0$ 的反射.

你可能已经发现矩阵 $\boldsymbol{A}$ 和 $\boldsymbol{B}$ 有两个复杂的特征值（参见习题 3.11 第 46 题）. 相应的特征矢量也是复杂的，我们并没有使用它们，因为这将把我们带入复杂的矢量空间（参见第 3.10 节和习题 3.11 第 47 题），我们的旋转和反射问题在普通的实数三维空间中.（还要注意的是，我们并没有对 $\boldsymbol{A}$ 和 $\boldsymbol{B}$ 进行对角化，只使用相似变换来显示它们相对于旋转轴的关系.）然而，当一个正交矩阵的所有特征值都是实数时（参见习题 3.11 第 48 题），那么这个过程产生一个对角化的矩阵，其特征值在主对角线上.

例 5 考虑矩阵：

$$\boldsymbol{F}=\frac{1}{7}\begin{pmatrix}2 & 6 & 3\\ 6 & -3 & 2\\ 3 & 2 & -6\end{pmatrix}. \tag{11.34}$$

可以验证（见习题 3.11 第 49 题）$\det \boldsymbol{F}=1$，即旋转轴（对应于特征值 $\lambda=1$ 的特征矢量）为 $3\boldsymbol{i}+2\boldsymbol{j}+\boldsymbol{k}$. 其他两个特征值是$-1$，$-1$，则对角化的 $\boldsymbol{F}$（相对于新的坐标轴，其中新的 z 轴沿着旋转轴的方向）是

$$\begin{pmatrix}-1 & 0 & 0\\ 0 & -1 & 0\\ 0 & 0 & 1\end{pmatrix}. \tag{11.35}$$

与方程（7.18）比较，可以看出，$\cos\theta=-1$，$\sin\theta=0$. 因此 $\boldsymbol{F}$ 产生绕轴 $3\boldsymbol{i}+2\boldsymbol{j}+\boldsymbol{k}$ 旋转 180°的旋转.

在这个问题中，求出旋转角度更简单的方法是使用 $\boldsymbol{F}$ 的迹（参见习题 3.11 第 50 题）. 从式（7.18）和式（11.34）有 $2\cos\theta+1=-1$，因此如前面 $\cos\theta=-1$，$\theta=180°$. 该方法为任何旋转或反射矩阵给出的 $\cos\theta$，但除非 $\cos\theta=\pm1$，否则还需要更多的信息（比如 $\sin\theta$ 的值）以确定 θ 是正值还是负值.

3.11.8 矩阵的幂和函数

在第 3.6 节中，我们找到了一些矩阵 $\boldsymbol{A}$ 的函数，由于它们是周期性地重复的［参见方程（6.15）~（6.17）］，所以很容易求出它们的幂函数. 当这种情况没有发生时，要直接求出它们的幂并不容易（参见习题 3.11 第 58 题）. 但是很容易求出一个对角矩阵的幂，你也可以证明（参见习题 3.11 第 57 题）：

$$\boldsymbol{M}^n=\boldsymbol{C}\boldsymbol{D}^n\boldsymbol{C}^{-1},\qquad \text{其中 } \boldsymbol{C}^{-1}\boldsymbol{M}\boldsymbol{C}=\boldsymbol{D}，\boldsymbol{D} \text{ 为对角矩阵.} \tag{11.36}$$

这个结果不仅可以用来计算数值矩阵的幂和函数，还可以用来证明定理（参见习题 3.11 第 60 题）.

例 6 可以证明：如果 $\boldsymbol{C}^{-1}\boldsymbol{M}\boldsymbol{C}=\boldsymbol{D}$ 如上面所示，则

$$\det \mathrm{e}^{\boldsymbol{M}}=\mathrm{e}^{\mathrm{Tr}(\boldsymbol{M})}. \tag{11.37}$$

如式（6.17），通过幂级数定义 $\mathrm{e}^{\boldsymbol{M}}$. 对于（11.36）中 $\boldsymbol{M}^n=\boldsymbol{C}\boldsymbol{D}^n\boldsymbol{C}^{-1}$级数的每一项，有 $\mathrm{e}^{\boldsymbol{M}}=\boldsymbol{C}\mathrm{e}^{\boldsymbol{D}}\boldsymbol{C}^{-1}$. 通过式（6.6），乘积的行列式=行列式的乘积，并且 $\det \boldsymbol{C}\boldsymbol{C}^{-1}=1$，所以有 $\det \mathrm{e}^{\boldsymbol{M}}=\det \mathrm{e}^{\boldsymbol{D}}$. 现在矩阵 $\mathrm{e}^{\boldsymbol{D}}$ 是对角矩阵，并且对角元素为 e^{λ_i}，其中，λ_i 是 $\boldsymbol{M}$ 的特征值. 因此 $\det \mathrm{e}^{\boldsymbol{D}}=\mathrm{e}^{\lambda_1}\mathrm{e}^{\lambda_2}\mathrm{e}^{\lambda_3}\cdots=\mathrm{e}^{\mathrm{Tr}\,\boldsymbol{D}}$. 但是通过式（9.13），有 $\mathrm{Tr}\,\boldsymbol{D}=\mathrm{Tr}(\boldsymbol{C}\boldsymbol{C}^{-1}\boldsymbol{M})=\mathrm{Tr}\,\boldsymbol{M}$，所以得到式（11.37）.

3.11.9 同时对角化

可以使用相同的相似变换对角化两个（或更多）矩阵吗？有时可以，也就是说，当且仅当它们可以互换时，可以使用相同的相似变换对角化它们. 让我们看看为什么这是正确的. 回想一下，对角化 $\boldsymbol{C}$ 矩阵得到的矩阵中各列为对角化矩阵的互相正交的单位特征矢量.

假设可以求出两个矩阵 $\boldsymbol{F}$ 和 $\boldsymbol{G}$ 有相同的特征矢量集合，那么相同的 $\boldsymbol{C}$ 就会对它们进行对角化．所以这个问题就等于说明如何为能相互交换的 $\boldsymbol{F}$ 和 $\boldsymbol{G}$ 求出一组通用的特征矢量．

例7　首先对角化 $\boldsymbol{F}$，假设 $\boldsymbol{r}$（一个列矩阵）是特征值 λ 对应的特征矢量，即 $\boldsymbol{Fr}=\lambda\boldsymbol{r}$．用 $\boldsymbol{G}$ 乘以方程的左边，并且使用 $\boldsymbol{GF}=\boldsymbol{FG}$（矩阵交换），得到

$$\boldsymbol{GFr}=\lambda\boldsymbol{Gr},\qquad \text{或者}\quad \boldsymbol{F}(\boldsymbol{Gr})=\lambda(\boldsymbol{Gr}). \tag{11.38}$$

这就是说，$\boldsymbol{Gr}$ 是对应于特征值 λ 的 $\boldsymbol{F}$ 的一个特征矢量．如果 λ 不退化（也就是说如果只有一个对应于 λ 的特征矢量），那么 $\boldsymbol{Gr}$ 必须和 $\boldsymbol{r}$ 相同（除了长度），也就是说 $\boldsymbol{Gr}$ 是 $\boldsymbol{r}$ 的倍数，或者 $\boldsymbol{Gr}=\lambda'\boldsymbol{r}$．这是 $\boldsymbol{G}$ 的特征矢量方程，它表示 $\boldsymbol{r}$ 是 $\boldsymbol{G}$ 的一个特征矢量．如果 $\boldsymbol{F}$ 的所有特征值都是非退化的，那么 $\boldsymbol{F}$ 和 $\boldsymbol{G}$ 有相同的特征矢量集合，因此可以用相同的 $\boldsymbol{C}$ 矩阵对它们进行对角化．

例8　假设有两个（或更多）线性无关的特征矢量对应于 $\boldsymbol{F}$ 的特征值 λ，那么对应于 λ 的退化特征空间中的每个矢量都是矩阵 $\boldsymbol{F}$ 的特征矢量（参见上面的特征值的讨论）．接下来考虑矩阵 $\boldsymbol{G}$，对应于所有非退化的 $\boldsymbol{F}$ 的特征值，$\boldsymbol{F}$ 已经有了与 $\boldsymbol{G}$ 相同的特征矢量集合，因此只需要在 $\boldsymbol{F}$ 的退化特征空间中求出 $\boldsymbol{G}$ 的特征矢量．由于在这个子空间中的所有矢量都是 $\boldsymbol{F}$ 的特征矢量，可以自由地选择 $\boldsymbol{G}$ 的特征矢量．因此，现在对于两个矩阵都有相同的特征矢量集合，所以可以构造一个 $\boldsymbol{C}$ 矩阵，它将 $\boldsymbol{F}$ 和 $\boldsymbol{G}$ 对角化．反过来，可以参见习题3.11第62题．

习题 3.11

1. 验证式（11.7）．同时验证式（11.12），并在式（11.11）中求出对应的不同 $\boldsymbol{C}$．提示：为了求出 $\boldsymbol{C}$，先从式（11.12）而不是式（11.7）开始，然后按照从式（11.7）得到式（11.10）的方法进行．

2. 验证式（11.8）中的两个特征矢量是垂直的，式（11.10）中的 $\boldsymbol{C}$ 满足正交矩阵的条件（7.9）．

3. （a）如果 $\boldsymbol{C}$ 是正交的且 $\boldsymbol{M}$ 是对称的，则证明 $\boldsymbol{C}^{-1}\boldsymbol{MC}$ 是对称的．

（b）如果 $\boldsymbol{C}$ 是正交的且 $\boldsymbol{M}$ 是反对称的，则证明 $\boldsymbol{C}^{-1}\boldsymbol{MC}$ 是反对称的．

4. 在式（7.13）中求出旋转矩阵的逆．你应该得到式（11.14）中的 $\boldsymbol{C}$，在式（7.13）中用 $-\theta$ 代替 θ，看出矩阵 $\boldsymbol{C}$ 对应于一个通过 $-\theta$ 的旋转．

5. 证明式（11.10）中的 $\boldsymbol{C}$ 矩阵通过求出旋转角度确实表示一个旋转．写出这个旋转的方程（7.13）和方程（11.13）．

6. 证明：如果 $\boldsymbol{C}$ 是一个矩阵，它的列是两个相互垂直的单位矢量的分量 (x_1,y_1) 和 (x_2,y_2)，则 $\boldsymbol{C}$ 是一个正交矩阵．提示：求出 $\boldsymbol{C}^{\mathrm{T}}\boldsymbol{C}$．

7. 将习题6推广到三维空间、n 维空间．

8. 证明：在式（11.1）下，通过原点的给定直线上的所有点 (x,y) 都变成通过原点的另一条直线上的点 (X,Y)．提示：根据 X 和 Y 求解式（11.1）中的 x 和 y，代入方程 $y=mx$ 得到方程 $Y=kX$，其中，k 是一个常数．进一步提示：如果 $\boldsymbol{R}=\boldsymbol{Mr}$，那么 $\boldsymbol{r}=\boldsymbol{M}^{-1}\boldsymbol{R}$．

9. 证明 $\det(\boldsymbol{C}^{-1}\boldsymbol{MC})=\det\boldsymbol{M}$．提示：参见式（6.6）．$\det(\boldsymbol{C}^{-1})$ 和 $\det\boldsymbol{C}$ 的乘积是什么？由此证明 $\boldsymbol{M}$ 的特征值的乘积等于 $\det\boldsymbol{M}$．

10. 证明：$\mathrm{Tr}(\boldsymbol{C}^{-1}\boldsymbol{MC})=\mathrm{Tr}\,\boldsymbol{M}$．提示：参见式（9.13）．由此可见，$\boldsymbol{M}$ 的特征值之和等于 $\mathrm{Tr}\,\boldsymbol{M}$．

11. 求出变换 $x'=2x-3y$，$y'=x+y$ 的逆，即用 x'，y' 求出 x，y．（提示：使用矩阵．）变换是正交的吗？

求出下列矩阵的特征值和特征矢量．动手算一些习题，以确保你了解过程的含义，然后通过计算机检验你的结果．

12. $\begin{pmatrix}1&3\\2&2\end{pmatrix}$　　13. $\begin{pmatrix}2&2\\2&-1\end{pmatrix}$　　14. $\begin{pmatrix}3&-2\\-2&0\end{pmatrix}$

15. $\begin{pmatrix}2&3&0\\3&2&0\\0&0&1\end{pmatrix}$　　16. $\begin{pmatrix}2&0&2\\0&2&0\\2&0&-1\end{pmatrix}$　　17. $\begin{pmatrix}5&0&2\\0&3&0\\2&0&5\end{pmatrix}$

18. $\begin{pmatrix}-1&1&3\\1&2&0\\3&0&2\end{pmatrix}$　　19. $\begin{pmatrix}1&2&2\\2&3&0\\2&0&3\end{pmatrix}$　　20. $\begin{pmatrix}-1&2&1\\2&3&0\\1&0&3\end{pmatrix}$

21. $\begin{pmatrix}1&1&1\\1&-1&1\\1&1&-1\end{pmatrix}$　　22. $\begin{pmatrix}-3&2&2\\2&1&3\\2&3&1\end{pmatrix}$　　23. $\begin{pmatrix}13&4&-2\\4&13&-2\\-2&-2&10\end{pmatrix}$

24. $\begin{pmatrix}3&2&4\\2&0&2\\4&2&3\end{pmatrix}$　　25. $\begin{pmatrix}1&1&-1\\1&1&1\\-1&1&-1\end{pmatrix}$　　26. $\begin{pmatrix}2&1&1\\1&2&1\\1&1&2\end{pmatrix}$

让下面每个矩阵 $\boldsymbol{M}$ 描述 (x,y) 平面的变形. 对于每个给定的 $\boldsymbol{M}$，求出变换的特征值和特征矢量，对角化 $\boldsymbol{M}$ 的矩阵 $\boldsymbol{C}$，并指定沿着特征矢量的新坐标轴 (x',y') 的旋转，以及求出相对于新坐标轴的变形的矩阵 $\boldsymbol{D}$. 描述相对于新坐标轴的变形.

27. $\begin{pmatrix}2&-1\\-1&2\end{pmatrix}$　　28. $\begin{pmatrix}5&2\\2&2\end{pmatrix}$　　29. $\begin{pmatrix}3&4\\4&9\end{pmatrix}$

30. $\begin{pmatrix}3&1\\1&3\end{pmatrix}$　　31. $\begin{pmatrix}3&2\\2&3\end{pmatrix}$　　32. $\begin{pmatrix}6&-2\\-2&3\end{pmatrix}$

33. 求出实数对称矩阵的特征值和特征矢量.

$$\boldsymbol{M}=\begin{pmatrix}A&H\\H&B\end{pmatrix}$$

证明：特征值是实数，特征矢量相互垂直.

34. 通过乘以 $\boldsymbol{M}=\boldsymbol{CDC}^{-1}$，其中，$\boldsymbol{C}$ 是旋转矩阵（11.14），$\boldsymbol{D}$ 是对角矩阵 $\begin{pmatrix}\lambda_1&0\\0&\lambda_2\end{pmatrix}$，证明：如果 $\boldsymbol{M}$ 可以通过一个旋转被对角化，那么 $\boldsymbol{M}$ 是对称矩阵.

35. 二阶矩阵 $\boldsymbol{M}$ 的特征方程是一个二次方程. 我们详细考虑了 $\boldsymbol{M}$ 是一个实数对称矩阵的情况，并且特征方程（特征值）的根是实根、正根和不等根. 讨论一些其他的可能性如下：

(a) $\boldsymbol{M}$ 是实数对称矩阵，特征值是实数，一个是正数，另一个是负数. 证明平面在其中的一条特征矢量轴线上被反射（以及拉伸或收缩）. 考虑一个简单的特例：

$$\boldsymbol{M}=\begin{pmatrix}1&0\\0&-1\end{pmatrix}$$

(b) $\boldsymbol{M}$ 是实数对称矩阵，特征值相等（因此是实数）. 证明：$\boldsymbol{M}$ 必须是单位矩阵的倍数. 由此可见，变形包括径向拉伸或收缩（在所有方向相同），没有旋转（如果根为负数，则关于原点反射）.

(c) $\boldsymbol{M}$ 是实数非对称矩阵，特征值是实数而不是相等的. 证明在这种情况下，特征矢量不是正交的. 提示：求出它们的点积.

(d) $\boldsymbol{M}$ 是实数非对称矩阵，特征值是复数. 证明：所有矢量都是旋转的，即没有实数特征矢量通过变换后方向不变，考虑旋转矩阵的特征方程作为一个特例.

36. 验证在式（11.20）中的矩阵 $\boldsymbol{M}$ 的特征值和特征矢量. 在 $\lambda=-3$ 特征平面上求出其他正交特征矢量对.

37. 从式（11.23）开始，得到式（11.24）. 提示：取式（11.23）中的第一个方程的转置共轭，（记住，$\boldsymbol{H}$ 是厄米矩阵，λ 是实数），在方程的右边乘以 $\boldsymbol{r}_2$. 在式（11.23）中第二个方程的左边乘以 $\boldsymbol{r}_1^{\dagger}$.

38. 验证方程（11.25）. 提示：请记住，从第3.9节中可以看出，矩阵乘积的转置共轭是反顺序转置共轭的乘积，并且 $\boldsymbol{U}^{\dagger}=\boldsymbol{U}^{-1}$. 另外请记住，我们已经假设实数特征值，所以 $\boldsymbol{D}$ 是一个实数对角矩阵.

39. 写出表述（11.27）的详细证明. 提示：按照方程（11.21）~（11.25）中和表述（11.26）的证明，将厄米矩阵 $\boldsymbol{H}$ 替换为一个实数对称矩阵 $\boldsymbol{M}$. 但是，不要假设特征值 λ 是实数，直到你证明这一点.

40. 验证细节，如式（11.29）中对角化 $\boldsymbol{H}$.

验证以下每个矩阵是厄米矩阵. 求出它的特征值和特征矢量，写出一个酉矩阵 $\boldsymbol{U}$，它通过相似变换对 $\boldsymbol{H}$ 进行对角化，并且证明 $\boldsymbol{U}^{-1}\boldsymbol{H}\boldsymbol{U}$ 是特征值的对角矩阵.

41. $\begin{pmatrix} 2 & \mathrm{i} \\ -\mathrm{i} & 2 \end{pmatrix}$　　42. $\begin{pmatrix} 3 & 1-\mathrm{i} \\ 1+\mathrm{i} & 2 \end{pmatrix}$

43. $\begin{pmatrix} 1 & 2\mathrm{i} \\ -2\mathrm{i} & -2 \end{pmatrix}$　　44. $\begin{pmatrix} -2 & 3+4\mathrm{i} \\ 3-4\mathrm{i} & -2 \end{pmatrix}$

45. 在式（11.31）的矩阵讨论中验证细节.

46. 我们已经看到，行列式值为1的正交矩阵具有至少一个特征值为1，并且行列式值为−1的正交矩阵具有至少一个特征值为−1. 证明：在两种情况下，其他两个特征值是 $\mathrm{e}^{\mathrm{i}\theta}$，$\mathrm{e}^{-\mathrm{i}\theta}$，当然，包括实数值1（当 $\theta=0$ 时）和 −1（当 $\theta=\pi$ 时）. 提示：参见第9题，记住旋转和反射不会改变矢量的长度，因此特征值必须有绝对值为1.

47. 求出在式（11.31）中对矩阵 $\boldsymbol{A}$ 进行对角化的酉矩阵 $\boldsymbol{U}$，并验证 $\boldsymbol{U}^{-1}\boldsymbol{A}\boldsymbol{U}$ 是对角线矩阵，其主对角线上的元素为特征值.

48. 证明：具有全部实数特征值的正交矩阵 $\boldsymbol{M}$ 是对称的. 提示：方法1，当特征值是实数时，特征矢量也是实数，并且对角化 $\boldsymbol{M}$ 的酉矩阵是正交的，使用式（11.27）；方法2，由第46题，请注意，正交 $\boldsymbol{M}$ 的唯一实数特征值是±1，因此可证明 $\boldsymbol{M}=\boldsymbol{M}^{-1}$. 请记住，$\boldsymbol{M}$ 是正交矩阵，因此有 $\boldsymbol{M}=\boldsymbol{M}^{\mathrm{T}}$.

49. 验证式（11.34）的讨论中 $\boldsymbol{F}$ 的结果.

50. 证明：旋转矩阵的迹等于 $2\cos\theta+1$. 其中，θ 是旋转角度，并且证明反射矩阵的迹等于 $2\cos\theta-1$. 提示：参见方程（7.18）、方程（7.19）和第10题.

证明：以下每个矩阵是正交矩阵，并且求出作为一个作用于矢量的算子所产生的旋转和/或反射. 如果是一个旋转，求出旋转轴和角度；如果是一个反射，求出反射平面和绕平面法矢量的旋转（如果有）.

51. $\dfrac{1}{11}\begin{pmatrix} 2 & 6 & 9 \\ 6 & 7 & -6 \\ 9 & -6 & 2 \end{pmatrix}$　　52. $\dfrac{1}{2}\begin{pmatrix} -1 & -1 & \sqrt{2} \\ 1 & 1 & \sqrt{2} \\ \sqrt{2} & -\sqrt{2} & 0 \end{pmatrix}$

53. $\dfrac{1}{3}\begin{pmatrix} -1 & 2 & 2 \\ 2 & -1 & 2 \\ 2 & 2 & -1 \end{pmatrix}$　　54. $\dfrac{1}{2}\begin{pmatrix} 1 & \sqrt{2} & -1 \\ \sqrt{2} & 0 & \sqrt{2} \\ 1 & -\sqrt{2} & -1 \end{pmatrix}$

55. $\dfrac{1}{9}\begin{pmatrix} -1 & 8 & 4 \\ -4 & -4 & 7 \\ -8 & 1 & -4 \end{pmatrix}$　　56. $\dfrac{1}{2\sqrt{2}}\begin{pmatrix} 2 & \sqrt{2} & \sqrt{2} \\ -\sqrt{2} & 1+\sqrt{2} & 1-\sqrt{2} \\ -\sqrt{2} & 1-\sqrt{2} & 1+\sqrt{2} \end{pmatrix}$

57. 证明：如果 $\boldsymbol{D}$ 是一个对角矩阵，那么 $\boldsymbol{D}^n$ 是元素等于 $\boldsymbol{D}$ 的元素的 n 次幂的对角矩阵. 并且证明：如果 $\boldsymbol{D}^n=\boldsymbol{C}^{-1}\boldsymbol{M}^n\boldsymbol{C}$，则 $\boldsymbol{M}^n=\boldsymbol{C}\boldsymbol{D}^n\boldsymbol{C}^{-1}$. 提示：对于 $n=2$，$(\boldsymbol{C}^{-1}\boldsymbol{M}\boldsymbol{C})^2=\boldsymbol{C}^{-1}\boldsymbol{M}\boldsymbol{C}\boldsymbol{C}^{-1}\boldsymbol{M}\boldsymbol{C}$；什么是 $\boldsymbol{C}\boldsymbol{C}^{-1}$？

58. 注意在第3.6节［参见式（6.15）］，对于给定的矩阵 $\boldsymbol{A}$，求出 $\boldsymbol{A}^2=-\boldsymbol{I}$，因此很容易求出 $\boldsymbol{A}$ 的所有幂. 直接求矩阵的高次幂通常不那么容易. 尝试用式（11.1）中的方阵 $\boldsymbol{M}$，然后使用第57题中概述的方法求出 $\boldsymbol{M}^4$，$\boldsymbol{M}^{10}$，$\mathrm{e}^{\boldsymbol{M}}$.

59. 对矩阵 $\boldsymbol{M}=\begin{pmatrix}3 & -1\\ -1 & 3\end{pmatrix}$ 重复第 58 题的最后部分.

60. 凯利-哈密顿（Caley-Hamilton）定理说“一个矩阵满足它自己的特征方程”. 对于在式（11.1）中矩阵 $\boldsymbol{M}$ 验证这个定理. 提示：在特征方程（11.4）中用矩阵 $\boldsymbol{M}$ 替代 λ，并验证得到一个正确的矩阵方程. 进一步提示：不要做所有的算术. 使用式（11.36）来写出方程的左边为 $\boldsymbol{C}(\boldsymbol{D}^2-7\boldsymbol{D}+6)\boldsymbol{C}^{-1}$，并证明括号里的值为 0. 记住，通过定义，特征值满足特征方程.

61. 在第 3.9 节结束的地方，证明了如果 $\boldsymbol{H}$ 是一个厄米矩阵，那么矩阵 $e^{i\boldsymbol{H}}$ 是酉矩阵. 通过写 $\boldsymbol{H}=\boldsymbol{CDC}^{-1}$ 给出另一个证明，记住现在 $\boldsymbol{C}$ 是酉矩阵，$\boldsymbol{D}$ 中的特征值是实数. 证明：$e^{i\boldsymbol{D}}$ 是酉矩阵和 $e^{i\boldsymbol{H}}$ 是三个酉矩阵的乘积. 参见第 3.9 节第 17 题（d）问.

62. 证明：如果矩阵 $\boldsymbol{F}$ 和 $\boldsymbol{G}$ 可以被相同的 $\boldsymbol{C}$ 矩阵对角化，那么它们就可以互换. 提示：对角矩阵是否能互换?

3.12 对角化的应用

接下来考虑使用对角化过程的一些例子. 以原点为中心的圆锥截面曲线（椭圆或双曲线）具有方程：

$$Ax^2+2Hxy+By^2=K, \tag{12.1}$$

其中，A，B，H 和 K 是常数. 以矩阵形式可以这样写：

$$(x,y)\begin{pmatrix}A & H\\ H & B\end{pmatrix}\begin{pmatrix}x\\ y\end{pmatrix}=K \quad 或者 \quad (x,y)\boldsymbol{M}\begin{pmatrix}x\\ y\end{pmatrix}=K, \tag{12.2}$$

其中，

$$\begin{pmatrix}A & H\\ H & B\end{pmatrix}=\boldsymbol{M},$$

（你可以通过矩阵相乘来验证.）我们要选择圆锥截面的主轴作为参考轴，以便以更简单的形式写出方程. 考虑图 3.11.2，设坐标轴 (x',y') 由坐标轴 (x,y) 旋转某个角度 θ 得到，那么一个点的 (x',y') 和 (x,y) 坐标由式（11.13）或式（11.14）给出它们的关系：

$$\begin{pmatrix}x\\ y\end{pmatrix}=\begin{pmatrix}\cos\theta & -\sin\theta\\ \sin\theta & \cos\theta\end{pmatrix}\begin{pmatrix}x'\\ y'\end{pmatrix} \qquad 或者 \qquad \begin{pmatrix}x\\ y\end{pmatrix}=\boldsymbol{C}\begin{pmatrix}x'\\ y'\end{pmatrix}. \tag{12.3}$$

由式（9.11）得到式（12.3）的转置是

$$(x,y)=(x',y')\begin{pmatrix}\cos\theta & \sin\theta\\ -\sin\theta & \cos\theta\end{pmatrix} \quad 或者 \quad (x,y)=(x',y')\boldsymbol{C}^{\mathrm{T}}=(x',y')\boldsymbol{C}^{-1}. \tag{12.4}$$

因为 $\boldsymbol{C}$ 是正交矩阵，用式（12.3）和式（12.4）代入式（12.2），得到

$$(x',y')\boldsymbol{C}^{-1}\boldsymbol{MC}\begin{pmatrix}x'\\ y'\end{pmatrix}=K. \tag{12.5}$$

如果 $\boldsymbol{C}$ 是对角化 $\boldsymbol{M}$ 的矩阵，则式（12.5）是圆锥截面相对于其主轴的方程.

例 1 考虑二次曲线：

$$5x^2-4xy+2y^2=30. \tag{12.6}$$

以矩阵形式可以这样写：

$$(x,y)\begin{pmatrix}5 & -2\\ -2 & 2\end{pmatrix}\begin{pmatrix}x\\ y\end{pmatrix}=30. \tag{12.7}$$

在这里有矩阵：

$$\boldsymbol{M}=\begin{pmatrix}5 & -2\\ -2 & 2\end{pmatrix},$$

其特征值在第3.11节中已求出. 在那一节中, 求出一个满足下面式子的 $\boldsymbol{C}$:

$$\boldsymbol{C}^{-1}\boldsymbol{M}\boldsymbol{C}=\boldsymbol{D}=\begin{pmatrix}1 & 0\\ 0 & 6\end{pmatrix}.$$

那么相对于主轴的圆锥截面的方程 (12.5) 为

$$(x',y')\begin{pmatrix}1 & 0\\ 0 & 6\end{pmatrix}\begin{pmatrix}x'\\ y'\end{pmatrix}=x'^2+6y'^2=30. \tag{12.8}$$

观察到在 $\boldsymbol{D}$ 中改变1和6的顺序会给出 $6x'^2+y'^2=30$ 作为椭圆的新方程而不是方程 (12.8). 这仅仅是交换 x'轴和 y'轴.

通过比较式 (11.10) 中的单位特征矢量的矩阵 $\boldsymbol{C}$ 与式 (11.14) 中的旋转矩阵, 可以看出, 从原始坐标轴 (x,y) 到主坐标轴 (x',y') 的旋转角度 θ 为

$$\theta=\arccos\frac{1}{\sqrt{5}}. \tag{12.9}$$

注意, 在用矩阵形式 (12.2) 和 (12.7) 写圆锥截面方程时, 在矩阵的两个非主对角元素之间平分 xy 项, 这使得 $\boldsymbol{M}$ 对称. 回顾一下 (第3.11节结束的地方), $\boldsymbol{M}$ 可以通过一个相似变换 $\boldsymbol{C}^{-1}\boldsymbol{M}\boldsymbol{C}$ 被对角化, 当且仅当 $\boldsymbol{M}$ 是对称矩阵时, $\boldsymbol{C}$ 是正交矩阵 (也就是坐标轴的旋转). 选择 $\boldsymbol{M}$ 对称 (将 xy 项对半分割) 来使我们的过程起作用.

尽管为了简单起见, 我们一直在二维空间上计算, 但相同的思想也适用于三维 (或更高维) 空间 (即三个或更多变量). 正如我们所说的 (参见第3.10节), 尽管在物理空间中只能表示3个坐标, 但即使变量的数量大于3, 使用相同的几何术语也是非常方便的. 因此, 如果对任意阶的矩阵进行对角化, 那么仍然使用特征值、特征矢量、主轴、到主轴的旋转等术语.

例2　旋转到主轴的二次曲面:

$$x^2+6xy-2y^2-2yz+z^2=24.$$

这个方程的矩阵形式为

$$(x,y,z)\begin{pmatrix}1 & 3 & 0\\ 3 & -2 & -1\\ 0 & -1 & 1\end{pmatrix}\begin{pmatrix}x\\ y\\ z\end{pmatrix}=24.$$

这个矩阵的特征方程为

$$\begin{vmatrix}1-\lambda & 3 & 0\\ 3 & -2-\lambda & -1\\ 0 & -1 & 1-\lambda\end{vmatrix}=0=-\lambda^3+13\lambda-12$$

$$=-(\lambda-1)(\lambda+4)(\lambda-3).$$

特征值是

$$\lambda=1,\qquad \lambda=-4,\qquad \lambda=3.$$

相对于主轴 (x',y',z'), 二次曲面方程变为

$$(x',y',z')\begin{pmatrix}1 & 0 & 0\\ 0 & -4 & 0\\ 0 & 0 & 3\end{pmatrix}\begin{pmatrix}x'\\ y'\\ z'\end{pmatrix}=24.$$

或者

$$x'^2-4y'^2+3z'^2=24.$$

从这个方程中可以确定一个平面的二次曲面（双曲面），并使用（x',y',z'）坐标轴画出它的大小和形状，而不需要求出它们与原始坐标轴（x,y,z）的关系. 但是，如果想知道两组坐标轴之间的关系，那么就需要按以下方法求出 $\boldsymbol{C}$ 矩阵. 回想第 3. 11 节，$\boldsymbol{C}$ 是其列为单位特征矢量的分量的矩阵，其中一个特征矢量可以通过将特征值 $\lambda=1$ 代入方程得到：

$$\begin{pmatrix}1 & 3 & 0\\ 3 & -2 & -1\\ 0 & -1 & 1\end{pmatrix}\begin{pmatrix}x\\ y\\ z\end{pmatrix}=\begin{pmatrix}\lambda x\\ \lambda y\\ \lambda z\end{pmatrix}.$$

并解出 x，y，z. 那么 $\boldsymbol{i}x+\boldsymbol{j}y+\boldsymbol{k}z$ 是对应于 $\lambda=1$ 的特征矢量，通过除以它的大小得到一个单位特征矢量（参见习题 3. 12 第 8 题）. 对于 λ 的每个其他值重复这个过程，得到以下三个单位特征矢量：

当 $\lambda=1$ 时，$\left(\dfrac{1}{\sqrt{10}},0,\dfrac{3}{\sqrt{10}}\right)$；

当 $\lambda=-4$ 时，$\left(\dfrac{-3}{\sqrt{35}},\dfrac{5}{\sqrt{35}},\dfrac{1}{\sqrt{35}}\right)$；

当 $\lambda=3$ 时，$\left(\dfrac{-3}{\sqrt{14}},\dfrac{-2}{\sqrt{14}},\dfrac{1}{\sqrt{14}}\right)$.

那么旋转矩阵 $\boldsymbol{C}$ 是

$$\boldsymbol{C}=\begin{pmatrix}\dfrac{1}{\sqrt{10}} & \dfrac{-3}{\sqrt{35}} & \dfrac{-3}{\sqrt{14}}\\ 0 & \dfrac{5}{\sqrt{35}} & \dfrac{-2}{\sqrt{14}}\\ \dfrac{3}{\sqrt{10}} & \dfrac{1}{\sqrt{35}} & \dfrac{1}{\sqrt{14}}\end{pmatrix}.$$

$\boldsymbol{C}$ 中的数字是（x,y,z）和（x',y',z'）坐标轴之间的 9 个角度的余弦值.（比较图 3. 11. 3 及其讨论.）

这个方法的一个有用的物理应用发生在讨论振动中. 用一个简单的问题说明这一点.

例 3 求出质量和弹簧系统的特征振动频率，如图 3. 12. 1 所示.

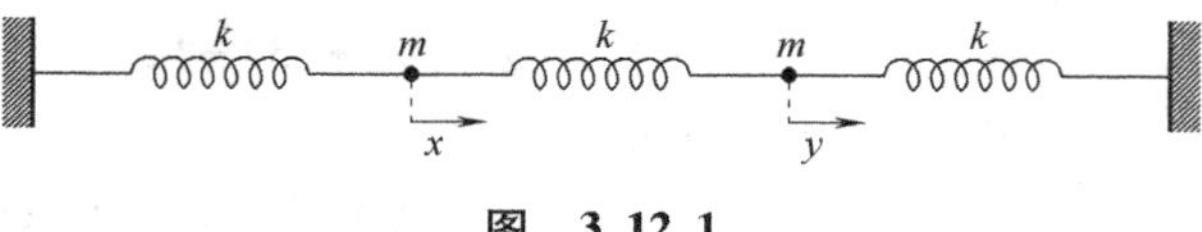

图 3. 12. 1

设 x 和 y 为时间 t 时两个质量相对于其平衡位置的坐标，如图 3. 12. 1 所示. 我们要写出两个质量的运动方程（质量乘以加速度=力）（参见第 2 章 2. 16 节的结尾部分）. 我们可以像第 2 章那样通过检验来写出力，但是对于更复杂的问题，有一个系统的方法是有用的. 如果先写出势能；对于弹簧来说，这是 $V=\dfrac{1}{2}ky^2$，其中，y 是弹簧相对于其平衡位置压缩或伸长的长度. 那么施加于附着在弹簧上的一个质量的力是$-ky=-\mathrm{d}V/\mathrm{d}y$；如果$V$是两个（或更多）变量的函数，比如图 3.12.1 中的x和y，那么两个质量上的力分别为$-\partial V/\partial x$和$-\partial V/\partial y$（对于更多变量依此类推）. 对于图 3.12.1 中间弹簧的伸展或压缩的长度为$x-y$，所以它的势能是$\frac{1}{2}k(x-y)^2$；对于另外两个弹簧，势能是$\frac{1}{2}kx^2$和$\frac{1}{2}ky^2$，所以总势能是

$$V=\frac{1}{2}kx^2+\frac{1}{2}k(x-y)^2+\frac{1}{2}ky^2=k(x^2-xy+y^2). \tag{12.10}$$

在写出运动方程时，使用点来表示时间导数很方便（因为我们经常使用带撇号来表示一个x导数），如$\dot{x}=\mathrm{d}x/\mathrm{d}t$，$\ddot{x}=\mathrm{d}^2x/\mathrm{d}t^2$等. 然后运动方程是

$$\begin{cases}m\ddot{x}=-\partial V/\partial x=-2kx+ky,\\ m\ddot{y}=-\partial V/\partial y=kx-2ky.\end{cases} \tag{12.11}$$

在正常或特征振动模式下，x和y振动具有相同的频率. 如在第 2 章中的方程（16.22），我们假设解为$x=x_0\mathrm{e}^{\mathrm{i}\omega t}$，$y=y_0\mathrm{e}^{\mathrm{i}\omega t}$，$x$和$y$具有相同的频率$\omega$［或者，如果你愿意，我们可以用$\sin\omega t$或$\cos\omega t$或$\sin(\omega t+\alpha)$等替换$\mathrm{e}^{\mathrm{i}\omega t}$］. 注意（对于这些解中的任何一个）有

$$\ddot{x}=-\omega^2x \quad 和 \quad \ddot{y}=-\omega^2y. \tag{12.12}$$

把式（12.12）代入式（12.11）中，我们得到（参见习题 3.12 第 10 题）

$$\begin{cases}-m\omega^2x=-2kx+ky,\\ -m\omega^2y=\quad kx-2ky.\end{cases} \tag{12.13}$$

这些方程的矩阵形式是

$$\lambda\begin{pmatrix}x\\ y\end{pmatrix}=\begin{pmatrix}2 & -1\\ -1 & 2\end{pmatrix}\begin{pmatrix}x\\ y\end{pmatrix}，其中，\lambda=\frac{m\omega^2}{k}. \tag{12.14}$$

请注意，这是一个特征值问题（参见第 3.11 节）. 为了求出特征值λ，我们写出：

$$\begin{vmatrix}2-\lambda & -1\\ -1 & 2-\lambda\end{vmatrix}=0, \tag{12.15}$$

并求解λ以求出$\lambda=1$或$\lambda=3$. 因此［通过式（12.14）中λ的定义］特征频率是

$$\omega_1=\sqrt{\frac{k}{m}} \quad 和 \quad \omega_2=\sqrt{\frac{3k}{m}}. \tag{12.16}$$

对应于这些特征值的特征矢量（未规范化）为

$$对于\ \lambda=1：y=x\ 或\ \boldsymbol{r}=(1,1)；\ 对于\ \lambda=3：y=-x\ 或者\ \boldsymbol{r}=(1,-1). \tag{12.17}$$

因此，在频率ω_1（当$y=x$）时，两个质量来回振荡，正像这样“→→”然后这样“←←”. 在频率ω_2（当$y=-x$）时，它们以相反方向振荡，像这样“←→”然后这样“→←”. 这两种简单系统振动的方式，每一种只涉及一个振动频率，称为振动的特征（或正常）模式；相应的频率被称为系统的特征（或正常）频率.

我们刚刚做的这个例题说明了一个可以在许多不同的应用中使用的重要方法. 在物理学中有许多振动问题的例子——在声学中：乐器弦的振动，鼓的振动，风琴管或房间里空气的振动；在力学及其工程应用中：从单摆到桥梁、飞机等复杂结构的机械系统振动；在电磁学中：无线电波、电流和电压的振动，如在调谐的收音机中等. 在这类问题中，找出所考虑系统的特征振动频率和振动的特征模式往往是有用的. 然后可以将更复杂的振动作为这些更简单的正常振动模式的组合进行讨论.

例 4 在例 3 和图 3.12.1 中，两个质量相等，所有弹簧常数相同. 将弹簧常数改变为不同的值不会产生任何问题，但是当质量不同时，我们要讨论的可能是一个难题. 考虑一组质量和弹簧，如图 3.12.1 所示，但质量和弹簧常数如下：$2k$，$2m$，$6k$，$3m$，$3k$. 我们要求出振动的特征频率和模式. 为了求出特征频率，在例题 3 所做的工作之后，我们可以写出势能 V，求出力，写出运动方程，并代入 $\ddot{x}=-\omega^2x$ 和 $\ddot{y}=-\omega^2y$.（细节见习题 3.12 第 11 题）

$$V=\frac{1}{2}2kx^2+\frac{1}{2}6k(x-y)^2+\frac{1}{2}3ky^2=\frac{1}{2}k(8x^2-12xy+9y^2). \tag{12.18}$$

$$\begin{cases}2m\ddot{x}=-\partial V/\partial x,\\3m\ddot{y}=-\partial V/\partial y,\end{cases}\quad 或 \quad \begin{cases}-2m\omega^2x=-k(8x-6y),\\-3m\omega^2y=-k(-6x+9y).\end{cases} \tag{12.19}$$

接下来将每个方程除以其质量，并以矩阵形式写出方程：

$$\omega^2\begin{pmatrix}x\\y\end{pmatrix}=\frac{k}{m}\begin{pmatrix}4&-3\\-2&3\end{pmatrix}\begin{pmatrix}x\\y\end{pmatrix}, \tag{12.20}$$

其中，$\lambda=m\omega^2/k$. 方形矩阵的特征值是 $\lambda=1$ 和 $\lambda=6$. 因此振动的特征频率是

$$\omega_1=\sqrt{\frac{k}{m}} \quad 和 \quad \omega_2=\sqrt{\frac{6k}{m}}, \tag{12.21}$$

相应的特征矢量是

$$对于\ \lambda=1:\ y=x\ 或\ \boldsymbol{r}=(1,1)；\ 对于\ \lambda=6:\ 3y=-2x\ 或\ \boldsymbol{r}=(3,-2). \tag{12.22}$$

因此，在频率 ω_1 时，两个质量一起来回振荡具有相等振幅，振荡像这样“←←”再这样“→→”；在频率 ω_2 时，两个质量沿相反方向振荡，振幅为 3 比 2，如同“←→”然后像这样“→←”.

现在我们似乎已经解决了这个问题. 哪里是困难？请注意，式（12.20）中的方阵不是对称的［比较式（12.14）的对称方阵］. 在第 3.11 节中，我们讨论了（对于实矩阵）只有对称矩阵具有正交特征矢量并且可以通过正交变换对角化的性质. 在这里指出，例 3 中的特征矢量是正交的［(1,1) 和 (1,−1) 的点积是零］，但对于式（12.20）的特征矢量是不正交的［(1,1) 和 (3,−2) 的点积不是零］. 如果我们想要正交特征矢量，可以做变量的变化（也参见例 6）：

$$X=x\sqrt{2}, \qquad Y=y\sqrt{3}, \tag{12.23}$$

其中，常数是质量为 $2m$ 和 $3m$ 的数值因子的平方根.（请注意，几何上这只是两个坐标轴上的不同变化，而不是旋转.）然后式（12.20）变成

$$\omega^2\begin{pmatrix}X\\Y\end{pmatrix}=\frac{k}{m}\begin{pmatrix}4&-\sqrt{6}\\-\sqrt{6}&3\end{pmatrix}\begin{pmatrix}X\\Y\end{pmatrix}. \tag{12.24}$$

通过检验我们可以看到，式（12.24）中方阵的特征方程与式（12.20）的特征方程相同，所以特征值和特征频率与以前相同（因为它们必须通过物理推理）. 然而式（12.24）矩阵是对称的，所以我们知道它的特征矢量是正交的. 通过将式（12.23）直接代入式（12.22）［或者通过求解矩阵（12.24）中的特征矢量］，我们求出 X，Y 坐标中的特征矢量：

$$对于\ \lambda=1:\ \boldsymbol{R}=(X,Y)=(\sqrt{2},-\sqrt{3})；\ 对于\ \lambda=6:\ \boldsymbol{R}=(3\sqrt{2},2\sqrt{3}). \tag{12.25}$$

正如所料，这些特征矢量是正交的.

例 5 考虑一个线性三原子分子模型，在这个模型中，我们通过弹簧产生的力来近似原

子间的力（见图 3.12.2）.

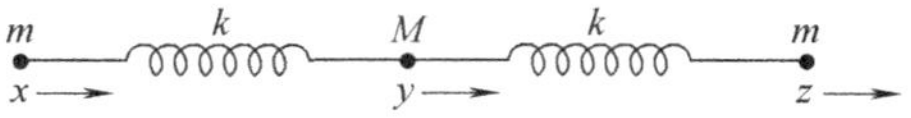

图　3.12.2

如例 3 所示，令 x，y，z 为三个质量相对于其平衡位置的坐标. 我们要求出分子的特征振动频率. 根据在例 3 和例 4 中的工作，我们求出（见习题 3.12 第 12 题）

$$V=\frac{1}{2}k(x-y)^2+\frac{1}{2}k(y-z)^2=\frac{1}{2}k(x^2+2y^2+z^2-2xy-2yz), \tag{12.26}$$

$$\begin{cases} m\ddot{x}=-\partial V/\partial x=-k(x-y), \\ M\ddot{y}=-\partial V/\partial y=-k(2y-x-z), \\ m\ddot{z}=-\partial V/\partial z=-k(z-y), \end{cases}$$

或者

$$\begin{cases} -m\omega^2 x=-k(x-y), \\ -M\omega^2 y=-k(2y-x-z), \\ -m\omega^2 z=-k(z-y). \end{cases} \tag{12.27}$$

为了学习一些有用的技术，我们将考虑几种不同的方法来解决这个问题. 首先，如果我们把这三个方程相加，有

$$m\ddot{x}+M\ddot{y}+m\ddot{z}=0. \tag{12.28}$$

从物理上来说，式（12.28）表明质心处于静止状态或以恒定速度运动（即零加速度）. 由于我们只是对振动感兴趣，所以假设质心在原点静止，那么有 $mx+My+mz=0$，解这个方程得到 y 为

$$y=-\frac{m}{M}(x+z). \tag{12.29}$$

把式（12.29）代入式（12.27）中的第二组方程得到 x 和 z 的方程：

$$\begin{aligned} -m\omega^2 x&=-k\left(1+\frac{m}{M}\right)x-k\,\frac{m}{M}z, \\ -m\omega^2 z&=-k\,\frac{m}{M}x-k\left(1+\frac{m}{M}\right)z. \end{aligned} \tag{12.30}$$

方程（12.30）的矩阵形式变成［比较式（12.14）］

$$\lambda\begin{pmatrix} x \\ y \end{pmatrix}=\begin{pmatrix} 1+\frac{m}{M} & \frac{m}{M} \\ \frac{m}{M} & 1+\frac{m}{M} \end{pmatrix}\begin{pmatrix} x \\ y \end{pmatrix},\text{其中}, \lambda=\frac{m\omega^2}{k}. \tag{12.31}$$

通过求解这个特征值问题来求出

$$\omega_1=\sqrt{\frac{k}{m}}, \qquad \omega_2=\sqrt{\frac{k}{m}\left(1+\frac{2m}{M}\right)}. \tag{12.32}$$

对于 ω_1 求出 $z=-x$，因此由式（12.29）得到 $y=0$；对于 ω_2 求出 $z=x$，所以 $y=-\frac{2m}{M}x$. 因此，

在频率 ω_1 时质心 M 是静止的，两个质量 m 以相反的方向振动，如同这样“$\leftarrow mMm\rightarrow$”然后这样“$m\rightarrow M\leftarrow m$”. 在较高的频率 ω_2 时，质心 M 在一个方向上运动，同时两个质量 m 以相反的方向运动，首先像这样“$m\rightarrow\leftarrow Mm\rightarrow$”然后像这样“$\leftarrow mM\rightarrow\leftarrow m$”.

现在假设我们没有想过要消除平移运动，并把这个问题作为一个 3 变量问题来解决. 我们回到式（12.27）中的第二组方程，并划分通过 m 的 x 和 z 方程和通过 M 的 y 方程. 然后用矩阵形式表示这些方程可以写成

$$\omega^2\begin{pmatrix}x\\y\\z\end{pmatrix}=\frac{k}{m}\begin{pmatrix}1 & -1 & 0\\ \dfrac{-m}{M} & \dfrac{2m}{M} & \dfrac{-m}{M}\\ 0 & -1 & 1\end{pmatrix}\begin{pmatrix}x\\y\\z\end{pmatrix},\tag{12.33}$$

其中，$\lambda=m\omega^2/k$，方阵的特征值为 $\lambda=0,\ 1,\ 1+\dfrac{2m}{M}$. 相对应的特征矢量是（检验这些）

$$\text{对于 }\lambda=0,\ \boldsymbol{r}=(1,1,1)\text{；对于 }\lambda=1,\ \boldsymbol{r}=(1,0,-1)\text{；对于 }\lambda=1+\frac{2m}{M},\ \boldsymbol{r}=\left(1,-\frac{2m}{M},1\right).\tag{12.34}$$

我们认识到，因为 $\omega=0$（因此没有振动），并且因为 $\boldsymbol{r}=(1,1,1)$，对应于平移的解 $\lambda=0$，表明任何运动对这 3 个质量都是一样的. 另外两种振动模式与上面的相同. 我们注意到式（12.33）中的方阵不是对称的，所以如预期的那样，式（12.34）中的特征矢量不是一个正交集. 然而，最后两个（对应于振动）是正交的，所以如果我们只是对振动模式感兴趣，可以忽略平移特征矢量. 如果我们想要考虑分子沿着它的轴（包括平移和振动）的所有运动，并且想要一个正交的特征矢量集，可以让例 4 中讨论的变量进行变化，即

$$X=x,\qquad Y=y\sqrt{\frac{M}{m}},\qquad Z=z.\tag{12.35}$$

那么特征矢量变为

$$(1,\sqrt{M/m},1),\qquad(1,0,-1),\qquad(1,-2\sqrt{m/M},1).\tag{12.36}$$

这是一个正交集合. 第一个特征矢量（对应于平移）可能看起来很混乱，好像质心 M 不与其他的一起移动（因为它必须用于纯平移）. 但是，从例 4 中可以看出，像式（12.23）和式（12.35）这样的变量的变化对应于比例的变化，所以在 XYZ 系统中，我们没有使用相同的测量棒来求出其他两个质量质心的位置. 它们在物理上的位移实际上是一样的.

例 6 让我们再次考虑例 4，以说明特征值方程的一个非常紧凑的形式. 为了满足你（参见习题 3.12 第 13 题），我们可以写出式（12.18）中的势能 V 为

$$V=\frac{1}{2}k\boldsymbol{r}^T\boldsymbol{V}\boldsymbol{r}\text{，其中，}V=\begin{pmatrix}8 & -6\\ -6 & 9\end{pmatrix},\ r=\begin{pmatrix}x\\y\end{pmatrix},\ r^{\mathrm{T}}=(x,y).\tag{12.37}$$

类似地，动能 $T=\dfrac{1}{2}(2m\dot{x}^2+3m\dot{y}^2)$ 可以写成

$$T=\frac{1}{2}m\dot{\boldsymbol{r}}^T\boldsymbol{T}\dot{\boldsymbol{r}}\text{，其中，}T=\begin{pmatrix}2 & 0\\ 0 & 3\end{pmatrix},\ \dot{r}=\begin{pmatrix}\dot{x}\\ \dot{y}\end{pmatrix},\ \dot{r}^{\mathrm{T}}=(\dot{x},\dot{y}).\tag{12.38}$$

（注意 $\boldsymbol{T}$ 矩阵是对角矩阵，质量相等时是一个单位矩阵；否则 $\boldsymbol{T}$ 矩阵的主对角线上是质量因子，其他地方是零.）现在使用矩阵 $\boldsymbol{T}$ 和 $\boldsymbol{V}$，我们可以写出运动方程（12.19）为

$$m\omega^2\begin{pmatrix}2&0\\0&3\end{pmatrix}\begin{pmatrix}x\\y\end{pmatrix}=k\begin{pmatrix}8&-6\\-6&9\end{pmatrix}\begin{pmatrix}x\\y\end{pmatrix}，或者$$

$$\lambda \boldsymbol{Tr}=\boldsymbol{Vr}，其中，\lambda=\frac{m\omega^2}{k}. \tag{12.39}$$

我们可以把式（12.39）看作基本的特征值方程. 如果 $\boldsymbol{T}$ 是单位矩阵，那么我们就只有如式（12.14）中的 $\lambda\boldsymbol{r}=\boldsymbol{Vr}$；如果 $\boldsymbol{T}$ 不是单位矩阵，那么我们可以用 $\boldsymbol{T}^{-1}$ 乘以式（12.39）得到

$$\lambda\boldsymbol{r}=\boldsymbol{T}^{-1}\boldsymbol{Vr}=\begin{pmatrix}1/2&0\\0&1/3\end{pmatrix}\begin{pmatrix}8&-6\\-6&9\end{pmatrix}\boldsymbol{r}=\begin{pmatrix}4&-3\\-2&3\end{pmatrix}\begin{pmatrix}x\\y\end{pmatrix}. \tag{12.40}$$

如式（12.20）所述. 但是，我们看到这个矩阵不是对称的，所以特征矢量将不是正交的. 如果我们希望特征矢量如式（12.23）所示是正交的，那么我们选择新的变量使得 $\boldsymbol{T}$ 矩阵是单位矩阵，即变量 X 和 Y 如下：

$$T=\frac{1}{2}(2m\dot{x}^2+3m\dot{y}^2)=\frac{1}{2}m(\dot{X}^2+\dot{Y}^2). \tag{12.41}$$

但是这意味着我们需要如式（12.23）中的 $X^2=2x^2$ 和 $Y^2=3y^2$，或者矩阵形式：

$$R=\begin{pmatrix}X\\Y\end{pmatrix}=\begin{pmatrix}x\sqrt{2}\\y\sqrt{3}\end{pmatrix}=\begin{pmatrix}\sqrt{2}&0\\0&\sqrt{3}\end{pmatrix}\begin{pmatrix}x\\y\end{pmatrix}=T^{\frac{1}{2}}r$$

或者

$$\boldsymbol{r}=\boldsymbol{T}^{-1/2}\boldsymbol{R}=\begin{pmatrix}1/\sqrt{2}&0\\0&1/\sqrt{3}\end{pmatrix}\begin{pmatrix}X\\Y\end{pmatrix}. \tag{12.42}$$

把式（12.42）代入式（12.39），得到 $\lambda\boldsymbol{TT}^{-\frac{1}{2}}\boldsymbol{R}=\boldsymbol{VT}^{-\frac{1}{2}}\boldsymbol{R}$，然后左乘 $\boldsymbol{T}^{-\frac{1}{2}}$，并且有 $\boldsymbol{T}^{-\frac{1}{2}}\boldsymbol{TT}^{-\frac{1}{2}}=\boldsymbol{I}$ 则得到

$$\lambda\boldsymbol{R}=\boldsymbol{T}^{-\frac{1}{2}}\boldsymbol{VT}^{-\frac{1}{2}}\boldsymbol{R}. \tag{12.43}$$

上式作为新变量 X 和 Y 的特征值方程. 从式（12.42）中得到 $\boldsymbol{T}^{-\frac{1}{2}}$，代入式（12.43）得到式（12.24）中的结果.

我们已经简单地证明了式（12.39）和式（12.43）给出的例题 4 特征值方程的紧凑形式. 然而，通过写出势能和动能矩阵，并将与矩阵形式的运动方程进行比较，我们可以很直观地看出，这些方程只是对任何类似振动问题的运动方程的一个简洁总结，适用于任何数量的变量.

例 7 求出如图 3.12.3 所示的质量和弹簧系统振动的特征频率和特征模式，其中运动是沿着垂直线方向的.

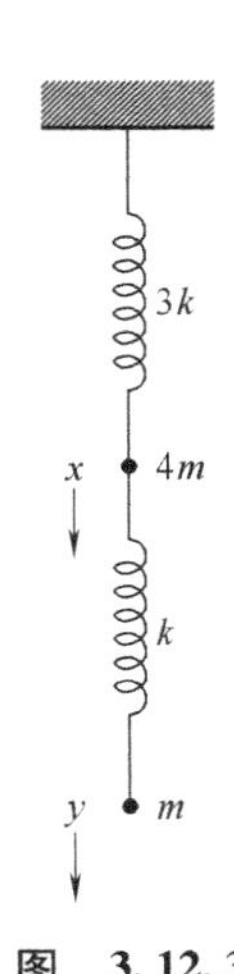

图 3.12.3

我们使用例 6 的简化方法来求解这个问题. 首先写出如前面例子中动能和势能的表达式.（注意，当质量静止悬吊时从它们的平衡位置测量 x 和 y，那么重力已经平衡了，重力势能没有得到 V 的表达式.）

$$\begin{aligned}&T=\frac{1}{2}m(4\dot{x}^2+\dot{y}^2),\\&V=\frac{1}{2}k[3x^2+(x-y)^2]=\frac{1}{2}k(4x^2-2xy+y^2).\end{aligned} \tag{12.44}$$

相应的矩阵［参见公式（12.37）和式（12.38）］：

$$T=\begin{pmatrix}4&0\\0&1\end{pmatrix},\quad V=\begin{pmatrix}4&-1\\-1&1\end{pmatrix}\tag{12.45}$$

如在等式（12.40）中，我们求出 $T^{-1}V$ 和它的特征值和特征矢量：

$$T^{-1}V=\begin{pmatrix}1/4&0\\0&1\end{pmatrix}\begin{pmatrix}4&-1\\-1&1\end{pmatrix}=\begin{pmatrix}1&-1/4\\-1&1\end{pmatrix},\qquad \lambda=\frac{m\omega^2}{k}=\frac{1}{2},\ \frac{3}{2}.$$

$$\text{对于 }\omega=\sqrt{\frac{k}{2m}},\ r=(1,2)\text{；对于 }\omega=\sqrt{\frac{3k}{2m}},\ r=(1,-2).\tag{12.46}$$

正如所料（由于 $T^{-1}V$ 是不对称的），特征矢量不是正交的. 如果想得到正交的特征矢量，我们使变量变为 $X=2x$，$Y=y$，从而求出特征矢量 $R=(1,1)$ 和 $R=(1,-1)$，它们是正交的. 另外，我们可以求出 $T^{-\frac{1}{2}}VT^{-\frac{1}{2}}$：

$$\begin{pmatrix}1/2&0\\0&1\end{pmatrix}\begin{pmatrix}4&-1\\-1&1\end{pmatrix}\begin{pmatrix}1/2&0\\0&1\end{pmatrix}=\begin{pmatrix}1&-1/2\\-1/2&1\end{pmatrix},\tag{12.47}$$

并且可求出它的特征值和特征矢量.

习题 3.12

1. 验证式（12.2）乘出来就是式（12.1）.

求下列圆锥曲面和二次曲面相对于主轴的方程.

2. $2x^2+4xy-y^2=24$
3. $8x^2+8xy+2y^2=35$
4. $3x^2+8xy-3y^2=8$
5. $5x^2+3y^2+2z^2+4xz=14$
6. $x^2+y^2+z^2+4xy+2xz-2yz=12$
7. $x^2+3y^2+3z^2+4xy+4xz=60$
8. 通过例 2 的细节求出单位特征矢量. 证明生成的旋转矩阵 C 是正交的.（提示：求出 CC^{T}）
9. 对于第 2 题至第 7 题，求出与主轴和原轴相关的旋转矩阵 C.（参见例 2）
10. 验证式（12.13）和式（12.14）. 求解式（12.15）来求出特征值并验证式（12.16）. 根据式（12.17）所述求出相应的特征矢量.
11. 验证例 4 中式（12.18）~式(12.25）的细节.
12. 验证例 5 中式（12.26）~式(12.36）的细节.
13. 验证例 6 中式（12.37）~式(12.43）的细节.

求出质量系统和弹簧系统振动的特征频率和特征模式，如图 3.12.1 和例 3、例 4 和例 6 所示，用于下面列阵.

14. k，m，$2k$，m，k
15. $5k$，m，$2k$，m，$2k$
16. $4k$，m，$2k$，m，k
17. $3k$，$3m$，$2k$，$4m$，$2k$
18. $2k$，m，k，$5m$，$10k$
19. $4k$，$2m$，k，m，k
20. 执行例 7 的细节.

在图 3.12.3 所示的图中，从上到下，求出下面列阵质量和弹簧振动的特征频率和特征模式，如例 7 所示.

21. $3k$，m，$2k$，m
22. $4k$，$3m$，k，m
23. $2k$，$4m$，k，$2m$

3.13 群的简介

我们不会深入到群的理论——有关这个主题的整本书以及它在物理学中的应用. 但是由于我们在这一章讨论的很多想法都涉及它，所以快速浏览一下“群”是很有趣的.

例1 考虑四个数字± 1，$\pm \mathrm{i}$. 请注意，无论对它们计算什么样的乘积和幂，除了这四个数字之外，没有得到其他任何数字. 具有组合规则的一组元素的这个性质被称为闭包. 现在考虑一下这些数字的极坐标形式：$e^{i\pi/2}$，$e^{i\pi}$，$e^{3i\pi/2}$，$e^{2i\pi}=1$，或一个矢量（在xOy平面上，矢量尾部在原点）的对应旋转，或对应于一个矢量的这些连续90°旋转（见习题3.13第1题）的一组旋转矩阵. 还要注意，这些数字是1的4个四次方根，所以我们可以将它们写成A，A^2，A^3，$A^4=1$. 所有这些集合都是群的例子，或者更确切地说，它们都是同一个群的所有表示，称为4阶循环群. 由于矩阵的群在应用中非常重要，我们将对矩阵的群特别感兴趣，也就是群的矩阵表示. 那么什么是一个群?

一个群的定义：一个群指的是元素的集合$\{A,B,C,\cdots\}$，这些元素可以是数字、矩阵、运算(如上面的旋转)，也可以是两个元素组合的规则（通常称为“乘积”，并写为AB——参见下面讨论），群满足以下四个条件：

1. 闭包：任何两个元素的组合是该群的一个元素.
2. 结合律：组合规则满足结合律：$(AB)C=A(BC)$.
3. 单位元素：存在一个单位元素I，对于群的每一个元素，其有$IA=AI=A$的性质.
4. 逆：群中的每个元素在群中都有它的逆. 也就是说，对于任何元素A都有一个元素B使得$AB=BA=I$.

我们可以很容易地证明，对于乘法运算下的集合±1，$\pm \mathrm{i}$，这四个条件是满足的.

1. 我们已经讨论过闭包.
2. 数字的乘法满足结合律.
3. 单位元素是1.
4. 数字i和$-\mathrm{i}$互为逆（因为它们的乘积是1）；-1是它自己的逆，1是它自己的逆.

因此，乘法运算下的集合±1，$\pm \mathrm{i}$是一个群. 有限群的阶是群中元素的数量. 当一个n阶群的元素的形式为A，A^2，A^3，$\cdots$，$A^n=1$，它被称为一个循环群. 因此，在乘法运算下的群±1，$\pm \mathrm{i}$是一个如上所述的阶数为4的循环群.

子群是群的一个子集，它本身就是一个群. 整个群，或单位元素，称为平凡子群；任何其他子群都称为真子群. 群±1，$\pm \mathrm{i}$有真子群±1.

乘积，乘法表：在一个群的定义和迄今为止的讨论中，我们已经使用了“乘积”这个术语，并且写了两个元素相结合的AB. 然而，像“乘积”或“乘法”这样的术语在这里被广义地用来指代组合群元素的任何运算. 在应用中，群元素通常是矩阵，运算指的是矩阵乘法. 在一般的数学群论中，运算可能是，例如，两个元素的加法，当我们说“乘积”时，意思是“和”，这听起来很混乱！看看我们讨论的第一个例子，即一个矢量的旋转，旋转角度为$\pi/2$，π，$3\pi/2$，2π或0. 如果群元素是旋转矩阵，那么我们将它们相乘，但是如果群元素是角度，那么我们将它们相加，但是两种情况下的物理问题都是完全一样的. 所以请记住，群乘法是指组合的规律，而不仅仅是算术中的普通乘法.

群的乘法表非常有用. 式（13.1）、式（13.2）和式（13.4）说明了一些示例. 看看关于群±1, ±i 的式（13.1），第一列和第一行（通过行设置）列出群元素. 这些元素的 16 种可能的乘积在表的正文中. 请注意，群中的每个元素在每行和每列中只出现一次（见习题 3.13 第 3 题）. 在以 i 开头的行和以-i 开头的列的交叉点处，可以找到乘积 $(\mathrm{i})(-\mathrm{i})=1$，对于其他乘积也是如此.

$$\begin{array}{c|cccc} & 1 & \mathrm{i} & -1 & -\mathrm{i} \\ \hline 1 & 1 & \mathrm{i} & -1 & -\mathrm{i} \\ \mathrm{i} & \mathrm{i} & -1 & -\mathrm{i} & 1 \\ -1 & -1 & -\mathrm{i} & 1 & \mathrm{i} \\ -\mathrm{i} & -\mathrm{i} & 1 & \mathrm{i} & -1 \end{array} \tag{13.1}$$

在下面式（13.2）中，请注意，如上所述角度相加. 然而，不仅仅是相加——一个很熟悉的过程，角度相加直到 2π，然后再从零开始一遍. 在数学语言中这被称为加法（对 2π 取余），并且我们写 $\pi/2+3\pi/2\equiv0$（对 2π 取余）. 在一个普通的时钟上以一个类似的方法相加，如果现在是 10 点，然后 4 个小时后，时钟表示是 2 点，我们可写出 $10+4\equiv2$（对 12 取余）.（更多示例请参见习题 3.13 第 6 题和第 7 题.）

$$\begin{array}{c|cccc} & 0 & \pi/2 & \pi & 3\pi/2 \\ \hline 0 & 0 & \pi/2 & \pi & 3\pi/2 \\ \pi/2 & \pi/2 & \pi & 3\pi/2 & 0 \\ \pi & \pi & 3\pi/2 & 0 & \pi/2 \\ 3\pi/2 & 3\pi/2 & 0 & \pi/2 & \pi \end{array} \tag{13.2}$$

如果两个群的乘法表除了我们附加到元素上的名称［比较式（13.1）和式（13.2）］之外是相同的，那么它们就称为**同构的**. 因此，到目前为止我们讨论的所有 4 个元素群都是同构的，也就是说，它们实际上都是相同的群. 然而，有两个不同的 4 阶群，即我们讨论过的循环群和另一个称为 4 阶群的群（见习题 3.13 第 4 题）.

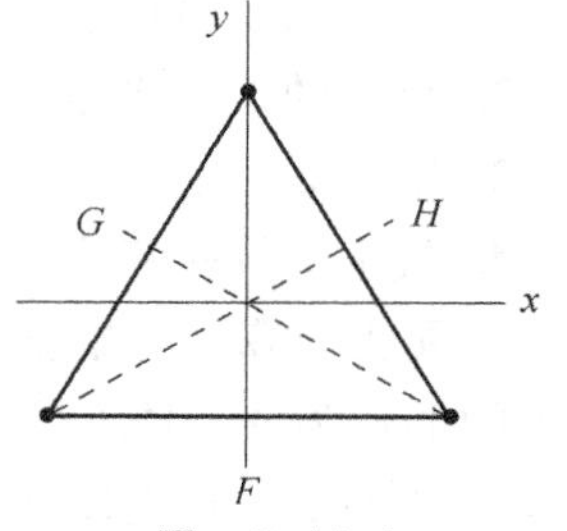

图 3.13.1

等边三角形的对称群：考虑 xOy 平面上一个等边三角形的角上有三个相同的原子，三角形的中心在原点处，如图 3.13.1 所示. 矢量在 xOy 平面上的旋转和反射（如第 3.7 节所示）将产生相同的原子阵列？通过考虑图 3.13.1，我们看到有三种可能的旋转：0°，120°，240°；以及三种可能的反射：通过三条线 F，G，H（沿三角形的高度线）. 考虑只移动三角形（即原子），将坐标轴和直线 F，G，H 固定在背景中. 正如在第 3.7 节中，我们可以为这 6 个变换中的每一个写一个 2×2 的旋转或反射矩阵，并建立一个乘法表来表明它们确实构成了一个 6 阶群，这个群称为等边三角形的对称群. 可求出（见习题 3.13 第 8 题）：

$$一致，0°旋转：\boldsymbol{I}=\begin{pmatrix}1 & 0\\ 0 & 1\end{pmatrix}；$$

$$120°旋转：\boldsymbol{A}=\frac{1}{2}\begin{pmatrix}-1 & -\sqrt{3}\\ \sqrt{3} & -1\end{pmatrix}$$

$$240°旋转：\boldsymbol{B}=\frac{1}{2}\begin{pmatrix}-1 & \sqrt{3}\\ -\sqrt{3} & -1\end{pmatrix};$$

$$沿着\ \boldsymbol{F}\ 直线（y\ 轴）的反射：\boldsymbol{F}=\begin{pmatrix}-1 & 0\\ 0 & 1\end{pmatrix};$$

$$沿着\ \boldsymbol{G}\ 直线的反射：\boldsymbol{G}=\frac{1}{2}\begin{pmatrix}1 & -\sqrt{3}\\ -\sqrt{3} & -1\end{pmatrix};$$

$$沿着\ \boldsymbol{H}\ 直线的反射：\boldsymbol{H}=\frac{1}{2}\begin{pmatrix}1 & \sqrt{3}\\ \sqrt{3} & -1\end{pmatrix}. \qquad (13.3)$$

群的乘法表为

	I	*A*	*B*	*F*	*G*	*H*
I	*I*	*A*	*B*	*F*	*G*	*H*
A	*A*	*B*	*I*	*G*	*H*	*F*
B	*B*	*I*	*A*	*H*	*F*	*G*
F	*F*	*H*	*G*	*I*	*B*	*A*
G	*G*	*F*	*H*	*A*	*I*	*B*
H	*H*	*G*	*F*	*B*	*A*	*I*

（13.4）

这里注意 $GF=A$，但 $FG=B$，这并不奇怪，因为我们知道矩阵不一定是可交换的. 在群论中，如果每两个群元素可交换，那么该群称为**交换群**. 我们以前的群的例子都是交换群，但式（13.4）中的群不是交换群.

这只是对称群的一个例子，群论在应用中非常重要，因为它提供了一种利用物理问题的对称性来简化解的系统方法. 正如我们所看到的，群可以由一组矩阵来表示，这在应用中被广泛使用.

共轭元素，类，特性：如果有一个群元素 C，使得 $C^{-1}AC=B$，那么两个群元素 A 和 B 被称为**共轭**元素. 通过让 C 依次为另一个群元素，我们可以发现所有的群元素都共轭于 A. 这个共轭元素的集合被称为一个**类**. 回想一下第 3.11 节，如果 A 是一个描述变换的矩阵（比如旋转或者空间到自身的映射），那么 $B=C^{-1}AC$ 描述了相同的映射，但是相对于一组不同的轴（不同的基）. 因此，一个类的所有元素实际上描述了相同的映射，只是相对于不同的基.

例 2 求出式（13.3）和式（13.4）中群的类. 我们发现与 F 共轭的元素如下［用式（13.4)来求出逆和积］：

$$\begin{aligned}
&I^{-1}FI=F;\\
&A^{-1}FA=BFA=BH=G;\\
&B^{-1}FB=AFB=AG=H;\\
&F^{-1}FF=F;\\
&G^{-1}FG=GFG=GB=H;\\
&H^{-1}FH=HFH=HA=G.
\end{aligned} \qquad (13.5)$$

因此，元素 F，G 和 H 彼此互为共轭并组成一个类. 可以很容易地证明（见习题 3.13 第 12 题）元素 A 和 B 是另一个类，而单位元素 I 本身就是一个类. 现在注意我们上面所观察到的，元素 F，G 和 H 都只是交换了两个原子，也就是说，它们都做了同样的事情，只是从不同的观点来看. 元素 A 和 B 旋转了原子，A 旋转了 120°，B 旋转了 240°，倒过来看它们都同样旋转了 120°. 最后，单位元素 I 保持不变，所以它本身是一个类. 注意，一个类不是一个群（除了由 I 组成的类），因为一个群必须包含单位元素. 所以一个类是一个群的子集，而不是子群.

回顾式（9.13）和习题 3.11 第 10 题，矩阵的迹（对角元素之和）不会被相似变换所改变. 因此，一个类的所有矩阵都有相同的迹. 注意，这对群（13.3）来说是正确的：矩阵 I 的迹 $=2$，A 和 B 的迹 $=-\frac{1}{2}-\frac{1}{2}=-1$. F，G 和 H 的迹 $=0$. 在这种情况下，一个矩阵的迹被称为它的特性，所以我们看到一个类的所有矩阵都具有相同的特性. 还要注意，我们可以通过旋转参考坐标轴，即进行相似变换，便可以以（无限）多种方式写出矩阵（13.3）. 但是由于相似变换不会改变迹，也就是特性，所以我们现在为每个类附加了一个数字，每个类独立于特定的坐标系（基）的选择. 类及其相关特性在群论的应用中具有重要的意义.

这里还有一个重要的数字，那就是表示的维数. 在式（13.3）中，我们使用了 2×2 矩阵（2 维），但它也可以在 3 维中工作. 那么，例如，A 矩阵将描述一个绕 z 轴旋转 120°的旋转，它将是

$$A=\begin{pmatrix}-1/2 & -\sqrt{3}/2 & 0\\ \sqrt{3}/2 & -1/2 & 0\\ 0 & 0 & 1\end{pmatrix}. \tag{13.6}$$

在式（13.3）中的其他矩阵也将有一个相似的形式，被称为块对角化. 但是现在所有矩阵的迹都加 1. 为了避免对特性有任何歧义，我们在特性中使用所谓的“不可约表示”，让我们来讨论一下.

不可约表示：如果所有的群矩阵都可以通过相同的酉相似变换（即相同的基变换）对角化，那么二维表示就称为可约的. 例如，习题 3.13 第 1 题中的矩阵和习题 3.13 第 4 题中的矩阵都给出了它们群的二维可约表示（参见习题 3.13 第 13、15 和 16 题）. 另一方面，式（13.3）中的矩阵不能同时对角化（参见习题 3.13 第 13 题），因此式（13.3）被称为等边三角形对称群的二维不可约表示. 如果一个 3×3 矩阵的群都可以对角化，或者通过相同的酉相似变换得到式（13.6）（块对角化）的形式，那么表示为可约的；否则，它就是一个三维不可约表示. 对于更大的矩阵，想象矩阵块对角化沿着主对角线的块是不可约表示的矩阵.

因此，我们看到任何表示都是由不可约表示组成的. 对于每个不可约表示，我们求出每个类的特性，这样的列表被称为特性表，但是它们的构建超出了我们的学习范围.

有限群：在这里我们考察一些有限群的例子以及一些不是群的集合.

（a）在普通加法情况下，所有整数，正整数、负整数和零的集合是一个群. 证明：两个整数的和是整数. 普通加法遵循结合律. 单位元素是 0. 整数 N 的逆是 $-N$，因为 $N+(-N)=0$.

（b）在普通乘法情况下，与上面相同的集合不是一个群，因为 0 没有逆. 但是即使我们省略 0，其他整数的逆也是不在这个集合中的分数.

（c）在普通乘法情况下，除 0 外的所有有理数的集合是一个群. 证明：两个有理数的乘积是一个有理数. 普通乘法遵循结合律. 单位元素是 1. 有理数的逆就是它的倒数.

类似地，可以证明以下集合在普通乘法情况下是群（见习题 3.13 第 17 题）：除了 0 的

所有实数，除了0的所有复数，$r=1$ 的所有复数 $re^{i\theta}$.

（d）普通减法或除法不能是群运算，因为它们不满足结合律；例如，$x-(y-z)\neq(x-y)-z$，（见习题3.13第18题）.

（e）在矩阵乘法情况下，所有正交 2×2 矩阵的集合是一个被称为 O(2) 的群. 如果要求矩阵是旋转矩阵，即行列式为+1，则集合是一个被称为 SO(2) 的群（S代表特殊）. 同样，以下矩阵集合在矩阵乘法情况下是群：所有正交 3×3 矩阵的集合被称为 O(3)，其子群 SO(3) 的行列式为1；或者任意 n 维的正交矩阵的对应集合，被称为 O(n) 和 SO(n)（见习题3.13第19题）.

（f）在矩阵乘法情况下，所有 $n\times n$ 酉矩阵的集合是一个群，$n=1$，2，3，…，被称为 U(n)，并且行列式=1 的酉矩阵的子群 SU(n) 也是一个群. 证明：我们已经多次注意到矩阵乘法是遵循结合律的，单位矩阵是一个矩阵的群的单位元素. 我们只需要验证闭包和逆. 两个酉矩阵的乘积是酉矩阵（参见第3.9节）. 如果两个矩阵的行列式=1，那么它们的乘积的行列式=1［见式（6.6）］. 一个酉矩阵的逆是酉矩阵（见习题3.9第25题）. （13.7）

习题 3.13

1. 写出在 xy 平面上矢量旋转的4个旋转矩阵，角度分别为90°，180°，270°，360°（或0°）［见方程（7.12）］. 验证在矩阵乘法情况下的这4个矩阵满足四个群的要求，并且是4阶循环群的矩阵表示. 写出它们的乘法表并与式（13.1）和式（13.2）进行比较.

2. 根据本章讨论的4阶循环群和第1题，讨论：

（a）3阶循环群（见第2章习题2.10第32题）；

（b）6阶循环群.

3. 证明：在一个群乘法表中，每个元素在每行和每列中只出现一次. 提示：假设一个元素出现两次，并说明这导致了一个矛盾，即两个假定不同的元素是相同的元素.

4. 在矩阵乘法情况下，证明下面矩阵能组成一个群：

$$\boldsymbol{I}=\begin{pmatrix}1&0\\0&1\end{pmatrix},\quad \boldsymbol{A}=\begin{pmatrix}0&1\\1&0\end{pmatrix},\quad \boldsymbol{B}=\begin{pmatrix}0&-1\\-1&0\end{pmatrix},\quad \boldsymbol{C}=\begin{pmatrix}-1&0\\0&-1\end{pmatrix}.$$

写出群乘法表来说明这个群（被称为4阶群）与第1题中的4阶循环群不是同构的. 证明该4阶群是交换群而不是循环群.

5. 考虑单位元素 I 和其他元素 A，B，C 组成的4阶群，其中，$AB=BA=C$，$A^2=B^2=I$. 写出群乘法表，并验证它是一个群. 有两个4阶群（在第1题和第4题中讨论过），它们是否是同构的？提示：比较乘法表.

6. 考虑加法情况下的整数0，1，2，3（对4取余）. 写出群“乘法”表，并证明它是4阶群. 这个群与4阶循环群或4阶群是否是同构的？

7. 考虑乘法情况下的数字1，3，5，7的集合（对8取余）. 写出乘法表，证明这是一个群.［要对两个数相乘（对8取余），先把它们相乘，然后除以8再取余数］. 例如，$5\times7=35\equiv3$（对8取余）. 这个群与4阶循环群或4阶群是否是同构的？

8. 验证式（13.3）和式（13.4）. 提示：对于旋转矩阵和反射矩阵，请参见第3.7节. 在检验乘法表时，确保按照正确的顺序将矩阵相乘. 请记住，矩阵是平面矢量上的运算符（第3.7节），矩阵可能不能交换. $\boldsymbol{GFA}$ 意味着先对 $\boldsymbol{A}$ 进行操作，然后再对 $\boldsymbol{F}$ 进行操作，最后再对 $\boldsymbol{G}$ 进行操作.

9. 证明：任何循环群都是交换群. 提示：矩阵与它本身是否能交换？

10. 正如我们对等边三角形做的那样，求出正方形的对称群. 提示：画一个圆心在原点的正方形，它的边平行于 x 轴和 y 轴. 求出能将正方形映射到它自身的8个 2×2 矩阵（4个旋转和4个反射矩阵）的集合，并写出乘法表来证明它是一个群.

11. 针对长方形完成第 10 题. 注意，现在只有两个旋转和两个反射让长方形保持不变，所以它是一个 4 阶群，它与哪个群是同构的？循环群还是 4 阶群？

12. 验证式（13.5）然后也证明 A，B 是一个类的元素，而 I 本身是一个类. 证明这个观点总是正确的：在任何群中 I 本身是一个类. 提示：对于一个群的任意元素 C，$C^{-1}IC$ 是什么？

13. 利用第 3.11 节末尾关于同时对角化的讨论，证明第 1 题和第 4 题中的二维矩阵是它们群的可约表示，式（13.5）中的矩阵给出了等边三角形对称群的不可约表示. 提示：查看乘法表，看看哪个矩阵是可交换的.

14. 使用第 10 题中求出的乘法表求出正方形对称群中的类. 证明你所求出的 2×2 矩阵是这个群的不可约表示（参见第 13 题），并求出不可约表示的每个类的特性. 注意，两个类的特性可能相同，但是同一个类的两个元素的特性不可能是不同的.

15. 由第 13 题可知，第 4 题中的矩阵是 4 阶群的可约表示，也就是说它们都可以通过相同酉相似变换（在这种情况下正交，因为矩阵是对称的）而被对角化. 通过求出矩阵 $\boldsymbol{C}$ 并对所有 4 个矩阵进行对角化直接证明这一点.

16. 针对第 1 题中求出的矩阵的群完成第 15 题. 这里要小心——这是复矢量空间，并且 $\boldsymbol{C}$ 矩阵是酉矩阵但不是正交矩阵（见第 3.10 节和 3.11 节）. 注释：数字 1，i，-1，-i 给出了一个一维表示——注意，一个数字可以被看作是一个一维矩阵.

17. 验证表述（13.7c）中所列出的集合是群.

18. 证明：除法不能是一个群操作. 提示：见表述（13.7d）.

19. 验证表述（13.7e）中所列出的集合是群. 提示：见表述（13.7f）中的证明.

20. 行列式 = -1 的所有正交 3×3 矩阵的集合是否是一个群？如果是，单位元素是什么？

21. 群 SO(2) 是交换群吗？SO(3) 是交换群吗？提示：请看下面的公式（6.14）的讨论.

3.14 一般矢量空间

在本节中，我们将介绍在应用中非常重要的矢量空间图的一般化. 这将仅仅是一个介绍，因为这里的思想将在许多后续章节中使用. 其基本思想是建立三维矢量空间要求的概要（如我们列出了对一个群的要求），然后证明这些熟悉的三维矢量空间的要求是由诸如函数或者我们通常不会将其视为矢量的矩阵来满足的.

矢量空间的定义：矢量空间是一个称为矢量的元素 $\{\boldsymbol{U}, \boldsymbol{V}, \boldsymbol{W}, \cdots\}$ 的集合，并加上两个运算：矢量的加法和矢量与标量（标量是一个实数或一个复数）的乘法，并满足以下要求：

1. 闭包：任何两个矢量的总和是空间中的一个矢量.
2. 矢量加法：
   (a) 交换律：$\boldsymbol{U}+\boldsymbol{V}=\boldsymbol{V}+\boldsymbol{U}$；
   (b) 结合律：$(\boldsymbol{U}+\boldsymbol{V})+\boldsymbol{W}=\boldsymbol{U}+(\boldsymbol{V}+\boldsymbol{W})$.
3. (a) 有一个零矢量 $\boldsymbol{0}$ 使得空间中的每个元素 $\boldsymbol{V}$ 有 $0+V=V+0=V$；
   (b) 每个元素 $\boldsymbol{V}$ 都有一个加法逆元 $(-\boldsymbol{V})$ 使得 $\boldsymbol{V}+(-\boldsymbol{V})=\boldsymbol{0}$.
4. 矢量与标量的乘法具有期望的性质：
   (a) $k(\boldsymbol{U}+\boldsymbol{V})=k\boldsymbol{U}+k\boldsymbol{V}$；
   (b) $(k_1+k_2)\boldsymbol{V}=k_1\boldsymbol{V}+k_2\boldsymbol{V}$；
   (c) $(k_1k_2)\boldsymbol{V}=k_1(k_2\boldsymbol{V})$；

(d) $0 \cdot \boldsymbol{V}=0$,并且 $1 \cdot \boldsymbol{V}=\boldsymbol{V}$.

你应该复习一下这些，并且确信它们对于普通的二维和三维矢量空间都是成立的. 现在来看看一些我们通常不认为是矢量的例子，但是它们满足了上述要求.

例 1 考虑三次或更低次的多项式的集合，即形式如 $f(x)=a_0+a_1x+a_2x^2+a_3x^3$ 的函数. 这是一个矢量空间吗？如果是，求出空间的基. 空间的维度是什么？

我们回顾上面列出的要求：

1. 次数大于等于 3 的两个多项式之和是一个次数小于等于 3 的多项式，因此它是该集合的一个成员.

2. 代数表达式的加法是可交换和结合的.

3. “零矢量”为一个多项式，其所有系数 a_i 等于 0，并将其与任何其他多项式相加等于其他多项式. 一个函数 $f(x)$ 的加法逆函数为 $-f(x)$，并且 $-f(x)+f(x)=0$，满足矢量空间的要求.

4. 所有列出的熟悉规则都是我们每次处理代数表达式时要用到的.

所以我们有一个矢量空间！现在我们来尝试求出它的基. 考虑函数集：$\{1,x,x^2,x^3\}$. 它们跨越空间，因为任何次数小于等于 3 的多项式都是它们的线性组合. 通过计算伏朗斯基行列式［方程（8.5)］，可以很容易地证明（见习题 3.14 第 1 题）它们是线性无关的. 因此它们是一组基，因为有 4 个基矢量，空间的维度是 4.

例 2 考虑函数的线性组合的集合

$$\{e^{ix},e^{-ix},\sin x,\cos x,x\sin x\}.$$

验证上面所有的要求都被满足是很简单的（见习题 3.14 第 1 题）. 为了求出一个基，我们必须求出一个跨越空间线性无关的函数集. 我们注意到，给定的函数不是线性无关的，因为 e^{ix} 和 e^{-ix} 是 $\sin x$ 和 $\cos x$ 的线性组合（第 2 章 2.4 节）. 然而，集合 $\{\sin x,\cos x,x\sin x\}$ 是一个线性无关集合，它跨越了空间，所以这是一个可能的基，空间的维度是 3. 另一个可能的基是 $\{e^{ix},e^{-ix},x\sin x\}$. 你将会遇到这样一组函数作为微分方程的解（见第 8 章习题 8.5 第 13 题~第 18 题）.

例 3 修改例 1，考虑次数 $\leqslant 3$ 且 $f(1)=1$ 的多项式集合. 这是一个矢量空间吗？假设两个多项式相加，那么 $x=1$ 时它们的和为 2，所以它不是集合的一个元素，因此不满足要求 1，所以这不是一个矢量空间. 注意，矢量空间的矢量子集不一定是子空间. 另一方面，如果我们考虑 $f(1)=0$ 且次数 $\leqslant 3$ 的多项式，那么它们的和在 $x=1$ 时为 0，这是一个矢量空间. 你可以很容易地验证（见习题 3.14 第 1 题）它是一个 3 维的子空间，并且可能的基是 $\{x-1,x^2-1,x^3-1\}$.

例 4 考虑任何次数 $\leqslant N$ 的所有多项式的集合. 次数 $\leqslant N$ 的两个多项式的和是另一个这样的多项式，并且可以容易地验证（见习题 3.14 第 1 题）满足其余的要求，所以这是一个矢量空间. 一个简单的基的选择是 x 从 $x^0=1$ 到 x^N 的幂集合. 因此，我们看到这个空间的维度是 $N+1$.

例 5 考虑所有 2×3 矩阵的集合，其中矩阵加法作为组合法则，并按第 3.6 节定义的标量乘法. 回想一下，通过相应元素相加得到矩阵相加，因此两个 2×3 矩阵的和就是另一个 2×3 矩阵. 对于标量矩阵的加法和乘法，可以直接证明满足上面列出的其他要求（见习题 3.14 第 1 题）. 作为基，我们可以使用 6 个矩阵：

$$\begin{pmatrix}1&0&0\\0&0&0\end{pmatrix},\begin{pmatrix}0&1&0\\0&0&0\end{pmatrix},\begin{pmatrix}0&0&1\\0&0&0\end{pmatrix},$$
$$\begin{pmatrix}0&0&0\\1&0&0\end{pmatrix},\begin{pmatrix}0&0&0\\0&1&0\end{pmatrix},\begin{pmatrix}0&0&0\\0&0&1\end{pmatrix}.$$

确信它们是线性无关的并且它们跨越空间（也就是说，你可以把任何 2×3 矩阵写成这 6 个矩阵的线性组合）. 因为有 6 个基矢量，这个空间的维度是 6.

内积、范数、正交性： 当我们的“矢量”是函数时，这些项的定义需要被推广，也就是说，我们想要用通式表示式（10.1）~式（10.3）. 求和的自然推广是一个积分，所以我们可以合理地用 $\int A(x)B(x)\mathrm{d}x$ 替换 $\sum A_iB_i$，用 $\int[A(x)]^2\mathrm{d}x$ 替换 $\sum A_i^2$. 但是，在应用中我们经常需要考虑实变量 x 的复函数（如例 2 中的 $\mathrm{e}^{\mathrm{i}x}$），因此，给定函数 $A(x)$ 和 $B(x)$ 在 $a\leqslant x\leqslant b$ 上，我们定义：

$$A(x)\ \text{和}\ B(x)\ \text{的内积}=\int_a^b A^*(x)B(x)\mathrm{d}x, \tag{14.1}$$

$$A(x)\ \text{的范数}=\|A(x)\|=\sqrt{\int_a^b A^*(x)A(x)\mathrm{d}x}, \tag{14.2}$$

$$\text{如果}\int_a^b A^*(x)B(x)\mathrm{d}x=0,\ A(x)\ \text{和}\ B(x)\ \text{在}\ (a,b)\ \text{上正交}. \tag{14.3}$$

那么这个矢量空间就称为内积空间

现在我们进一步推广内积的定义式（14.1）. 设 $\boldsymbol{A}$，$\boldsymbol{B}$，$\boldsymbol{C}$，…为矢量空间的元素，令 a，b，c，… 为标量. 我们将使用括号 $\langle\boldsymbol{A}\mid\boldsymbol{B}\rangle$ 表示 $\boldsymbol{A}$ 和 $\boldsymbol{B}$ 的内积. 这个矢量空间被称为内积空间，如果内积是根据下面条件定义的：

$$\langle\boldsymbol{A}\mid\boldsymbol{B}\rangle^*=\langle\boldsymbol{B}\mid\boldsymbol{A}\rangle; \tag{14.4a}$$
$$\langle\boldsymbol{A}\mid\boldsymbol{A}\rangle\geqslant0,\ \langle\boldsymbol{A}\mid\boldsymbol{A}\rangle=0\ \text{且仅当}\ \boldsymbol{A}=\boldsymbol{0}; \tag{14.4b}$$
$$\langle\boldsymbol{C}\mid a\boldsymbol{A}+b\boldsymbol{B}\rangle=a\langle\boldsymbol{C}\mid\boldsymbol{A}\rangle+b\langle\boldsymbol{C}\mid\boldsymbol{B}\rangle. \tag{14.4c}$$

（见习题 3.14 第 11 题），由式(14.4)可知（见习题 3.14 第 12 题）：

$$\langle a\boldsymbol{A}+b\boldsymbol{B}\mid\boldsymbol{C}\rangle=a^*\langle\boldsymbol{A}\mid\boldsymbol{C}\rangle+b^*\langle\boldsymbol{B}\mid\boldsymbol{C}\rangle, \tag{14.5a}$$

及

$$\langle a\boldsymbol{A}\mid b\boldsymbol{B}\rangle=a^*b\langle\boldsymbol{A}\mid\boldsymbol{B}\rangle. \tag{14.5b}$$

你将会发现关于内积的其他各种符号，比如 $(\boldsymbol{A},\boldsymbol{B})$ 或 $[\boldsymbol{A},\boldsymbol{B}]$ 或 $\langle\boldsymbol{A},\boldsymbol{B}\rangle$. 量子力学中使用的符号是 $\langle\boldsymbol{A}\mid\boldsymbol{B}\rangle$. 大多数数学书籍把复共轭放在式（14.1）中的第二个因子上，并对式（14.4）和式（14.5）做相应的改变. 大多数物理和数学方法书籍都像我们一样处理复共轭. 如果你对这个符号和式（14.4）、式（14.5）感到困惑，请继续返回式（14.1），其中，$\langle\boldsymbol{A}\mid\boldsymbol{B}\rangle=\int\boldsymbol{A}^*\boldsymbol{B}$，直到你习惯括号符号. 还要仔细学习下一节中括号符号的用法，并完成习题 3.14 第 11 题~14 题.

施瓦兹（Schwarz）**不等式：** 在第 3.10 节中，我们证明了 n 维欧氏空间的施瓦兹不等式. 对于一个满足式（14.4）的内积空间，可以得出［比较式（10.9）］

$$|\langle A\mid B\rangle|^2\leqslant\langle A\mid A\rangle\langle B\mid B\rangle. \tag{14.6}$$

为了证明这一点，我们首先注意，如果 $B=0$，上面不等式成立. 对于 $B\neq0$，设 $C=A-\mu B$，

其中，$\mu=\langle B|A\rangle/\langle B|B\rangle$，通过式（14.4b）求出大于等于0的$\langle C|C\rangle$. 使用式（14.4）和式（14.5），我们写出：

$$\langle A-\mu B|A-\mu B\rangle=\langle A|A\rangle-\mu^*\langle B|A\rangle-\mu\langle A|B\rangle+\mu^*\mu\langle B|B\rangle\geqslant 0. \tag{14.7}$$

现在代入μ和μ^*的值得到（见习题3.14第13题）：

$$\begin{aligned}&\langle A|A\rangle-\frac{\langle A|B\rangle}{\langle B|B\rangle}\langle B|A\rangle-\frac{\langle B|A\rangle}{\langle B|B\rangle}\langle A|B\rangle+\frac{\langle A|B\rangle}{\langle B|B\rangle}\frac{\langle B|A\rangle}{\langle B|B\rangle}\langle B|B\rangle\\&=\langle A|A\rangle-\frac{\langle A|B\rangle\langle A|B\rangle^*}{\langle B|B\rangle}=\langle A|A\rangle-\frac{|\langle A|B\rangle|^2}{\langle B|B\rangle}\geqslant 0.\end{aligned} \tag{14.8}$$

从这个式子得到了式（14.6）.

对于式（14.1）~式（14.3）中的函数空间，施瓦兹不等式变为（见习题3.14第14题）：

$$\left|\int_a^b A^*(x)B(x)\,\mathrm{d}x\right|^2\leqslant\left(\int_a^b A^*(x)A(x)\,\mathrm{d}x\right)\left(\int_a^b B^*(x)B(x)\,\mathrm{d}x\right). \tag{14.9}$$

正交基　格兰姆-施密特（Gram-Schmidt）**法**：如果两个函数满足式（14.3），那么称它们为正交函数. 如果式（14.2）中的范数是1，则函数被归一化. 通过这两个词的组合，如果它们全都是相互正交的，并且它们都具有范数1，则称这些函数为正交函数. 用正交基来表示一个矢量空间的函数通常比较方便（比较用$\boldsymbol{i}$，$\boldsymbol{j}$，$\boldsymbol{k}$表示的三维的普通矢量）. 让我们来看看格兰姆-施密特法是如何应用于由式（14.1）~式（14.3）定义的具有内积、范数和正交性的函数的矢量空间的.（比较第3.10节例题4和之前的段落.）

例6　在例题1中，我们发现次数$\leqslant 3$的所有多项式的集合是具有基1，x，x^2，x^3的一个4维矢量空间. 让我们考虑在$-1\leqslant x\leqslant 1$区间的这些多项式，并建立一个正交基. 为了跟踪我们正在做什么，设f_0，f_1，f_2，$f_3=1$，x，x^2，x^3，设p_0，p_1，p_2，p_3是相应的正交基（我们通过格兰姆-施密特法求出）；设e_0，e_1，e_2，e_3为正交基（通过归一化函数p_i得到）. 回顾格兰姆-施密特法的步骤（见第3.10节例4）：归一化第一个函数得到e_0；然后对于剩下的函数，从f_i中减去前面的每一个e_j乘以e_j和f_i的内积，也就是得到

$$p_i=f_i-\sum_{j<i}e_j\langle e_j|f_i\rangle=f_i-\sum_{j<i}e_j\int_{-1}^1 e_jf_i\,\mathrm{d}x. \tag{14.10}$$

最后，将p_i归一化得到e_i.

我们可以通过提前注意到需要的许多内积都是零来节省工作. 你可以很容易地证明（见习题3.14第15题）x的奇次幂从$x=-1$到1的积分是零，因此x的任何偶次幂正交于任何奇次幂. 观察f_i是交替的x偶次幂和奇次幂，则可以证明相应的p_i和e_i也将只包含x的偶次幂或奇次幂. 格兰姆-施密特法给出了以下结果（见习题3.14第16题）：

$f_0=1=p_0$，$\|p_0\|^2=\int_{-1}^1 1^2\mathrm{d}x=2$，$e_0=\dfrac{1}{\sqrt{2}}$.

$f_1=x$；$p_1=x$，因为x正交于e_0.

$f_2=x^2$，由于x^2正交于e_1而不是e_0，

$p_2=x^2-\dfrac{1}{\sqrt{2}}\displaystyle\int_{-1}^1\dfrac{1}{\sqrt{2}}x^2\mathrm{d}x=x^2-\dfrac{1}{3}$.

$$\|p_2\|^2=\int_{-1}^{1}\left(x^2-\frac{1}{3}\right)^2\mathrm{d}x=\frac{8}{45},\ e_2=(3x^2-1)\sqrt{\frac{5}{8}}.$$

$f_3=x^3$，由于 x^3 正交于 e_0 和 e_2，

$$p_3=x^3-x\sqrt{\frac{3}{2}}\int_{-1}^{1}x\sqrt{\frac{3}{2}}x^3\mathrm{d}x=x^3-\frac{3}{5}x.$$

$$\|p_3\|^2=\int_{-1}^{1}\left(x^3-\frac{3}{5}x\right)^2\mathrm{d}x=\frac{8}{175},\ e_3=(5x^3-3x)\sqrt{\frac{7}{8}}.$$

这个过程可以在以 1，x，x^2，…，x^N 为基底的矢量空间中继续进行（但不是很有效）. 正交函数 e_i 是众所周知的函数，被称为（归一化）勒让德（Legendre）多项式. 在第 12 章和第 13 章，我们将发现这些函数作为微分方程的解，并看到它们在物理问题中的应用.

有限维空间：如果一个矢量空间没有有限的基，那么它就被称为无限维矢量空间. 对这种空间进行详细的数学研究超出了我们的范围. 但是，你应该知道，通过与有限维矢量空间类比，我们仍然使用术语基函数来表示函数集合（如 x^n 或 $\sin nx$），在这些函数集合中，我们可以在无穷级数中展开适当的受限函数. 到目前为止，我们只讨论了幂级数（见第 1 章）. 在后面的章节中，你将会发现许多其他的函数集合，它们在应用中提供了有用的基：第 7 章的正弦和余弦，第 12 章和第 13 章中的各种特殊函数. 当介绍它们时，我们将讨论无穷级数的收敛性问题以及基函数集合的完备性问题.

习题 3.14

1. 验证上面例 1~例 5 中的陈述.

对于下面的每个集合，或者验证（见例题 1）它是一个矢量空间，或者证明哪些要求不满足. 如果它是一个矢量空间，求出空间的基和维度.

2. 函数集合 $\{e^x,\sinh x,xe^x\}$ 的线性组合.
3. 函数集合 $\{x,\cos x,x\cos x,e^x\cos x,(2-3e^x)\cos x,x(1+5\cos x)\}$ 的线性组合.
4. 当 $a_2=0$ 时，次数小于等于 3 的多项式.
5. 当 $a_1=a_3$ 时，次数小于等于 5 的多项式.
6. 当 $a_3=3$ 时，次数小于等于 6 的多项式.
7. 所有偶数系数相等，并且所有奇数系数相等的次数小于等于 7 的多项式.
8. 次数小于等于 7 的多项式，但缺少所有奇次幂.
9. 次数小于等于 10 的多项式，但所有偶次幂都有正系数.
10. 次数小于等于 13 的多项式，但每个奇次幂的系数等于其前面偶次幂的系数的一半.
11. 验证式（14.1）和式（14.2）中的定义是否满足式（14.4）和式（14.5）中列出的内积的要求. 提示：用式（14.1）和式（14.2）的积分形式写出所有方程（14.4）和方程（14.5）.
12. 验证式（14.5）中的关系遵循式（14.4）中的关系. 提示：对于式（14.5a），取式（14.4c）的复共轭，使用式（14.4a）取一个括号的复共轭.
13. 验证式（14.7）和式（14.8）. 提示：请记住，像 $\langle B\mid B\rangle$ 这样的范数平方是一个实数和非负数的标量，所以它的复共轭就是它本身. 但是 $\langle B\mid A\rangle$ 是一个复数标量，并通过式（14.4）有 $\langle B\mid A\rangle=\langle A\mid B\rangle^*$. 证明：$\mu^*=\langle A\mid B\rangle/\langle B\mid B\rangle$.
14. 用式（14.1）中标量积的定义验证式（14.9）为式（14.6）.
15. 对于例题 6，验证 x 的偶次幂和 x 的奇次幂在 $(-1,1)$ 上的正交性. 提示：例如，考虑 $\int_{-1}^{1}x^2x^3\mathrm{d}x$.

16. 对于例题6，验证函数 p_i 中由于正交性而省略的项的细节. 提示：参见习题3.14第15题，同时验证内积、范数和正交集 e_i 的计算.

3.15 综合习题

1. 证明：如果一个行列式的一行（或一列）的每个元素是两项的和，那么行列式就可以写成两个行列式的和. 例如：

$$\begin{vmatrix} a_{11} & a_{12}+b_{12} & a_{13} \\ a_{21} & a_{22}+b_{22} & a_{23} \\ a_{31} & a_{32}+b_{32} & a_{33} \end{vmatrix} = \begin{vmatrix} a_{11} & a_{12} & a_{13} \\ a_{21} & a_{22} & a_{23} \\ a_{31} & a_{32} & a_{33} \end{vmatrix} + \begin{vmatrix} a_{11} & b_{12} & a_{13} \\ a_{21} & b_{22} & a_{23} \\ a_{31} & b_{32} & a_{33} \end{vmatrix}.$$

使用这个结果来验证第3.3节的性质4b.

2. 下面的论点有什么问题？"如果我们把行列式的第一行加到第二行，第二行加到第一行，那么行列式的前两行是相同的，行列式的值是零. 因此，所有行列式的值都为零."

3. (a) 求出通过点 $(4,-1,2)$ 和 $(3,1,4)$ 的直线方程.

(b) 求出通过点 $(0,0,0)$，$(1,2,3)$ 和 $(2,1,1)$ 的平面方程.

(c) 求出从点 $(1,1,1)$ 到平面 $3x-2y+6z=12$ 的距离.

(d) 求出从点 $(1,0,2)$ 到直线 $\boldsymbol{r}=2\boldsymbol{i}+\boldsymbol{j}-\boldsymbol{k}+(\boldsymbol{i}-2\boldsymbol{j}+2\boldsymbol{k})t$ 的距离.

(e) 求出 (c) 中的平面与 (d) 中的直线之间的角度.

4. 已知直线 $\boldsymbol{r}=3\boldsymbol{i}-\boldsymbol{j}+(2\boldsymbol{i}+\boldsymbol{j}-2\boldsymbol{k})t$，

(a) 求出包含直线与点 $(2,1,0)$ 的平面方程.

(b) 求出直线和 (y,z) 平面之间的角度.

(c) 求出直线和 x 轴之间的垂直距离.

(d) 求出通过点 $(2,1,0)$ 和垂直于直线的平面方程.

(e) 求出 (d) 中的平面和平面 $y=2z$ 的交线的方程.

5. (a) 写出通过点 $(2,7,-1)$ 和 $(5,7,3)$ 的直线方程.

(b) 求出由两条直线 $\boldsymbol{r}=(\boldsymbol{i}-2\boldsymbol{j}+\boldsymbol{k})t$ 和 $\boldsymbol{r}=(6\boldsymbol{i}-3\boldsymbol{j}+2\boldsymbol{k})t$ 确定的平面方程.

(c) 求出 (a) 中的直线与 (b) 中的平面所成的角度.

(d) 求出从点 $(1,1,1)$ 到 (b) 中平面的距离.

(e) 求出从点 $(1,6,-3)$ 到 (a) 中直线的距离.

6. 推导从点 (x_0,y_0,z_0) 到 $ax+by+cz=d$ 的距离公式为

$$D=\frac{|ax_0+by_0+cz_0-d|}{\sqrt{a^2+b^2+c^2}}.$$

7. 已知下面矩阵 $\boldsymbol{A}$，$\boldsymbol{B}$，$\boldsymbol{C}$，求出或标记无意义的矩阵：$\boldsymbol{A}^{\mathrm{T}}$，$\boldsymbol{A}^{-1}$，$\boldsymbol{AB}$，$\overline{\boldsymbol{A}}$，$\boldsymbol{A}^{\mathrm{T}}\boldsymbol{B}^{\mathrm{T}}$，$\boldsymbol{B}^{\mathrm{T}}\boldsymbol{A}^{\mathrm{T}}$，$\boldsymbol{BA}^{\mathrm{T}}$，$\boldsymbol{ABC}$，$\boldsymbol{AB}^{\mathrm{T}}\boldsymbol{C}$，$\boldsymbol{B}^{\mathrm{T}}\boldsymbol{AC}$，$\boldsymbol{A}^{\dagger}$，$\boldsymbol{B}^{\mathrm{T}}\boldsymbol{C}$，$\boldsymbol{B}^{-1}\boldsymbol{C}$，$\boldsymbol{C}^{-1}\boldsymbol{A}$，$\boldsymbol{CB}^{\mathrm{T}}$.

$$\boldsymbol{A}=\begin{pmatrix} 1 & -1 \\ 0 & \mathrm{i} \end{pmatrix},\ \boldsymbol{B}=\begin{pmatrix} 2 & 1 & -1 \\ 0 & 3 & 5 \end{pmatrix},\ \boldsymbol{C}=\begin{pmatrix} 0 & 1 \\ -1 & 0 \end{pmatrix}.$$

8. 已知：

$$\boldsymbol{A}=\begin{pmatrix} 1 & 0 & 2\mathrm{i} \\ \mathrm{i} & -3 & 0 \\ 1 & 0 & \mathrm{i} \end{pmatrix},$$

求出 $\boldsymbol{A}^{\mathrm{T}}$，$\overline{\boldsymbol{A}}$，$\boldsymbol{A}^{\dagger}$，$\boldsymbol{A}^{-1}$.

9. 下面矩阵乘积用于讨论空气中的厚镜片：

$$A=\begin{pmatrix}1 & (n-1)/R_2\\ 0 & 1\end{pmatrix}\begin{pmatrix}1 & 0\\ d/n & 1\end{pmatrix}\begin{pmatrix}1 & -(n-1)/R_1\\ 0 & 1\end{pmatrix},$$

其中，d 是透镜的厚度，n 是它的折射率，R_1 和 R_2 是透镜表面曲率的半径. 可以看出，$\boldsymbol{A}$ 的元素 A_{12} 为 $-1/f$，其中 f 为透镜的焦距. 计算 $\boldsymbol{A}$ 和 $\det \boldsymbol{A}$（应该等于 1），然后求 $1/f$. ［参阅 Am. J. Phys. 48，397-399（1980）.］

10. 下面矩阵乘积用于讨论空气中的两个薄镜片：

$$M=\begin{pmatrix}1 & -1/f_2\\ 0 & 1\end{pmatrix}\begin{pmatrix}1 & 0\\ d & 1\end{pmatrix}\begin{pmatrix}1 & -1/f_1\\ 0 & 1\end{pmatrix},$$

其中，f_1 和 f_2 是透镜的焦距，d 是它们之间的距离. 如第 9 题一样，元素 M_{12} 是 $-1/f$，其中，f 是组合的焦距. 求出 $\boldsymbol{M}$，$\det \boldsymbol{M}$ 和 $1/f$.

11. 二维矢量与复数之间存在一一对应关系. 证明：乘积 $z_1z_2^*$（星号表示复共轭）的实部和虚部分别是标量乘积和对应于 z_1 和 z_2 的矢量积大小的±值.

12. 矢量 $\boldsymbol{A}=a\boldsymbol{i}+b\boldsymbol{j}$ 和 $\boldsymbol{B}=c\boldsymbol{i}+d\boldsymbol{j}$ 构成平行四边形的两边. 证明平行四边形的面积是由下列行列式的绝对值给出的（见第 6 章第 6.3 节）：

$$\begin{vmatrix}a & b\\ c & d\end{vmatrix}.$$

13. 平面 $2x+3y+6z=6$ 与坐标轴相交于点 P，Q，R 三点，构成一个三角形. 求出矢量 $\overrightarrow{PQ}$ 和 $\overrightarrow{PR}$. 写出 $\triangle PQR$ 面积的一个矢量公式，并求出面积.

在第 14 题～17 题中，用矩阵乘法来求出结果变换. 注意：确保矩阵相乘的顺序正确.

14. $\begin{cases}x'=(x+y\sqrt{3})/2\\ y'=(-x\sqrt{3}+y)/2\end{cases}$ $\begin{cases}x''=(-x'+y'\sqrt{3})/2\\ y''=-(x'\sqrt{3}+y')/2\end{cases}$

15. $\begin{cases}x'=2x+5y\\ y'=x+3y\end{cases}$ $\begin{cases}x''=x'-2y'\\ y''=3x'-5y'\end{cases}$

16. $\begin{cases}x'=(x+y\sqrt{2}+z)/2\\ y'=(x\sqrt{2}-z\sqrt{2})/2\\ z'=(-x+y\sqrt{2}-z)/2\end{cases}$ $\begin{cases}x''=(x'\sqrt{2}+z'\sqrt{2})/2\\ y''=(-x'-y'\sqrt{2}+z')/2\\ z''=(x'-y'\sqrt{2}-z')/2\end{cases}$

17. $\begin{cases}x'=(2x+y+2z)/3\\ y'=(x+2y-2z)/3\\ z'=(2x-2y-z)/3\end{cases}$ $\begin{cases}x''=(2x'+y'+2z')/3\\ y''=(-x'-2y'+2z')/3\\ z''=(-2x'+2y'+z')/3\end{cases}$

求出下面习题中矩阵的特征值和特征矢量.

18. $\begin{pmatrix}1 & 0\\ 3 & -2\end{pmatrix}$　19. $\begin{pmatrix}5 & 1\\ 4 & 2\end{pmatrix}$　20. $\begin{pmatrix}5 & -4\\ -4 & 5\end{pmatrix}$　21. $\begin{pmatrix}4 & 2\\ 2 & 1\end{pmatrix}$

22. $\begin{pmatrix}3 & 0 & -2\\ 0 & 4 & 0\\ -2 & 0 & 3\end{pmatrix}$　23. $\begin{pmatrix}3 & 0 & 1\\ 0 & 3 & 1\\ 1 & 1 & 2\end{pmatrix}$　24. $\begin{pmatrix}2 & -3 & 4\\ -3 & 2 & 0\\ 4 & 0 & 2\end{pmatrix}$

25. 求出使第 18 题的矩阵 $\boldsymbol{M}$ 对角化的 $\boldsymbol{C}$ 矩阵. 观察到 $\boldsymbol{M}$ 不是对称的，$\boldsymbol{C}$ 不是正交的（参见第 3.11 节）. 然而，$\boldsymbol{C}$ 确实有一个逆；求出 $\boldsymbol{C}^{-1}$，并证明：$\boldsymbol{C}^{-1}\boldsymbol{MC}=\boldsymbol{D}$.

26. 针对第 19 题，重复完成习题 25.

在第 27 题～第 30 题中，将已知的二次曲面旋转到主轴. 这是什么曲面？从原点到曲面的最短距离是多少？

27. $x^2+y^2-5z^2+4xy=15$

28. $7x^2+4y^2+z^2-8xz=36$

29. $3x^2+5y^2-3z^2+6yz=54$

30. $7x^2+7y^2+7z^2+10xz-24yz=20$

31. 如图 3.12.1 所示，如果弹簧常数为 k，$3k$，k，求出质量和弹簧系统的特征振动频率.

32. 如果弹簧常数为 $6k$，$2k$，$3k$，完成第 31 题.

33. 证明：任何矩阵 $\boldsymbol{M}$ 的凯利-哈密顿（Caley-Hamilton）定理（见习题 3.11 第 60 题），其中，$\boldsymbol{D}=\boldsymbol{C}^{-1}\boldsymbol{M}\boldsymbol{C}$ 是对角的. 请参阅习题 3.11 第 60 题中的提示.

34. 在习题 3.6 第 30 题~习题 3.6 第 31 题中，求出矩阵 e^{A} 和 e^{C}（令 $k=1$），其中 $\boldsymbol{A}$ 和 $\boldsymbol{C}$ 是习题 3.6 第 6 题的泡利（Pauli）矩阵. 现在求出矩阵（$\boldsymbol{A}+\boldsymbol{C}$）和它的幂，因此可以求出矩阵 e^{A+C} 来证明 $\mathrm{e}^{A+C}\neq\mathrm{e}^{A}\mathrm{e}^{C}$（见习题 3.6 第 29 题）.

35. 证明：方阵 $\boldsymbol{A}$ 当且仅当 $\lambda=0$ 不是 $\boldsymbol{A}$ 的特征值时具有逆. 提示：写出 $\boldsymbol{A}$ 具有逆的条件（第 3.6 节），并写出 $\boldsymbol{A}$ 具有特征值 $\lambda=0$ 的条件（见第 3.11 节）.

36. 写出 3 个分别关于 x，y，z 轴旋转 180°的 3×3 矩阵. 证明：这三个矩阵是可交换的（与我们通常期望的相反）通过写出乘法表，证明这三个矩阵与单位矩阵构成一个群. 哪些 4 阶群是同构的？提示：见习题 3.13 第 5 题

37. 证明：对于已知一个群的不可约表示，由恒等式组成的类的特性总是不可约表示的维度. 提示：单位 $n\times n$ 矩阵的迹是什么？

38. 对于一个循环群，证明每个元素本身就是一个类，对于交换群也证明这一点.

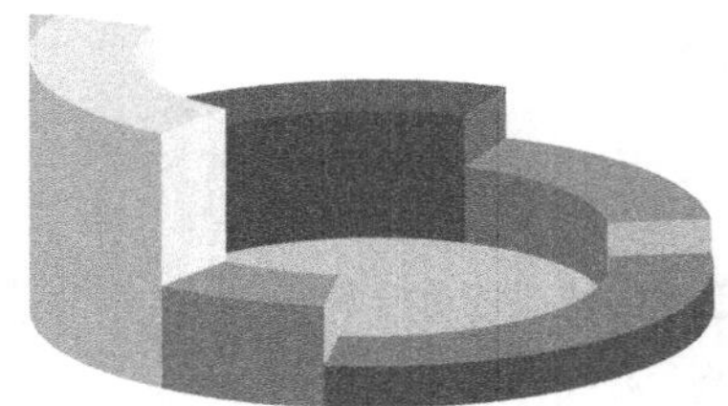

第 4 章 偏 微 分

4.1 简介和符号

如果 $y=f(x)$，那么 $\mathrm{d}y/\mathrm{d}x$ 可以被认为是曲线 $y=f(x)$ 的斜率或者是 y 关于 x 的变化率. 速率在物理学中经常出现，时间速率（如速度、加速度）和热体的冷却速率是明显的例子. 还有其他的速率：气体体积对施加的压力的变化率，汽车油箱内燃料对行驶距离的减少速率等等. 在应用问题中，涉及速率的方程（微分方程）常常需要求解. 导数还可用于求曲线的极大值和极小值，以及求函数的幂级数. 当我们考虑一个有多个变量的函数时，所有这些应用以及更多的应用也会出现.

设 z 是两个变量 x 和 y 的函数，写成 $z=f(x,y)$，就像我们把 $y=f(x)$ 看成是二维空间中的曲线一样，从几何上解释 $z=f(x,y)$ 是很有用的. 如果 x，y，z 是直角坐标，那么对于每个 x 和 y，方程都能得到一个 z 的值，从而确定了三维空间中的一个点 (x,y,z). 所有满足方程的点在三维空间中通常形成一个曲面（见图 4.1.1).（可能会出现这样的情况，方程不能满足任何实点，例如 $x^2+y^2+z^2=-1$，但我们将对图为实曲面的方程感兴趣.）假设 x 是常数；考虑平面 $x=$ 常数，它与曲面相交（见图 4.1.1)，则满足 $z=f(x,y)$ 和 $x=$ 常数的点在曲线上（曲面与平面 $x=$ 常数的交线). 这是图 4.1.1 中的 AB，我们可能想要得到曲线的斜率、极大值和极小值等. 因为 z 是 y（在这条曲线上）的函数，所以斜率可以写成 $\mathrm{d}z/\mathrm{d}y$. 然而，为了证明 z 实际上是两个变量 x 和 y 的函数，其中一个变量 (x) 临时是一个常数，则写出 $\partial z/\partial y$；我们称 $\partial z/\partial y$ 为 z 对 y 的偏导数. 类似地，我们可以保持 y 为常数，求出 z 关于 x 的偏导数 $\partial z/\partial x$. 如果这些偏导数进一步求导，我们写为

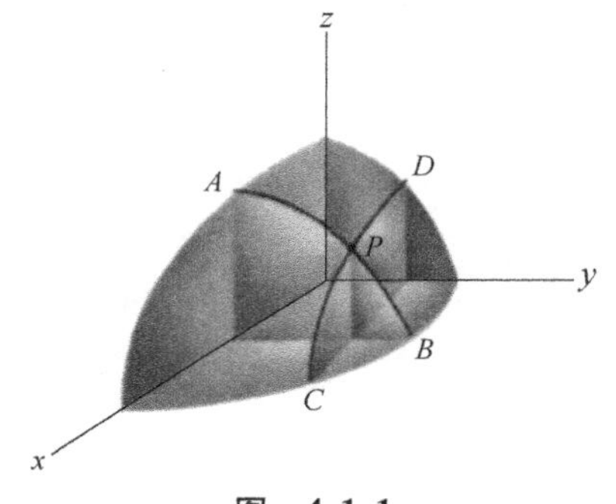

图 4.1.1

$$\frac{\partial}{\partial x}\frac{\partial z}{\partial x}=\frac{\partial^2 z}{\partial x^2},\qquad \frac{\partial}{\partial x}\frac{\partial z}{\partial y}=\frac{\partial^2 z}{\partial x\,\partial y},\qquad \frac{\partial}{\partial x}\frac{\partial^2 z}{\partial x\,\partial y}=\frac{\partial^3 z}{\partial x^2\,\partial y},\cdots.$$

其他符号通常也很有用. 如果 $z=f(x,y)$，$\partial f/\partial x$ 可以用 z_x 或 f_x 或 f_1 表示，那么对于高阶导数可以用相应的记号.

例 已知 $z=f(x,y)=x^3y-\mathrm{e}^{xy}$，那么

$$\frac{\partial f}{\partial x}\equiv\frac{\partial z}{\partial x}\equiv f_x\equiv z_x\equiv f_1=3x^2y-ye^{xy},$$

$$\frac{\partial f}{\partial y}\equiv\frac{\partial z}{\partial y}\equiv f_y\equiv z_y\equiv f_2=x^3-xe^{xy},$$

$$\frac{\partial^2 f}{\partial x\,\partial y}\equiv\frac{\partial^2 z}{\partial x\,\partial y}\equiv f_{yx}\equiv z_{yx}\equiv f_{21}=3x^2-e^{xy}-xye^{xy},$$

$$\frac{\partial^2 f}{\partial x^2}\equiv\frac{\partial^2 z}{\partial x^2}\equiv f_{xx}\equiv z_{xx}\equiv f_{11}=6xy-y^2e^{xy},$$

$$\frac{\partial^3 f}{\partial y^3}\equiv\frac{\partial^3 z}{\partial y^3}\equiv f_{yyy}\equiv z_{yyy}\equiv f_{222}=-x^3e^{xy},$$

$$\frac{\partial^3 f}{\partial x^2\,\partial y}\equiv\frac{\partial^3 z}{\partial x^2\,\partial y}\equiv f_{yxx}\equiv z_{yxx}\equiv f_{211}=6x-2ye^{xy}-xy^2e^{xy}.$$

我们也可以考虑多于两个变量的函数，尽管在这种情况下很难给出一个几何解释. 例如，房间里空气的温度 T 可能取决于我们测量它的点（x,y,z）和时间 t，我们可以写出 $T=T(x,y,z,t)$. 于是$\partial T/\partial y$ 就是 x 和 z 固定，T 在某个时刻 t 随 y 变化的速度.

在应用中经常使用的一个符号（尤其是热力学）是（$\partial z/\partial x$）$_y$，它表示为当 z 是 x 和 y 的函数时的$\partial z/\partial x$.（注意，下标 y 的两种不同用法；在上面的例子中，f_y 表示$\partial f/\partial y$，然而偏导数的下标并不表示另一个导数，而只是表示在所表示的偏微分中该变量保持不变.）例如，设 $z=x^2-y^2$，然后利用极坐标 r 和 θ（回想一下，$x=r\cos\theta$，$y=r\sin\theta$，$x^2+y^2=r^2$），我们可以用其他几种方法写出 z，对于每个新的表达式都求出$\partial z/\partial r$.

$$z=x^2-y^2,$$

$$z=r^2\cos^2\theta-r^2\sin^2\theta,\qquad \left(\frac{\partial z}{\partial r}\right)_\theta=2r(\cos^2\theta-\sin^2\theta),$$

$$z=2x^2-x^2-y^2=2x^2-r^2,\qquad \left(\frac{\partial z}{\partial r}\right)_x=-2r,$$

$$z=x^2+y^2-2y^2=r^2-2y^2,\qquad \left(\frac{\partial z}{\partial r}\right)_y=+2r.$$

这 3 个$\partial z/\partial r$ 的表达式有不同值，是 3 个不同函数的导数，所以我们通过把第二个自变量写成下标来区分它们. 注意，我们不写 $z(x,y)$ 或 $z(r,\theta)$；z 是一个变量，但它等于几个不同的函数. 纯数学书通常避免下标符号，而比如写成 $z=f(r,\theta)=g(r,x)=h(r,y)$ 等；那么（$\partial z/\partial r$）$_\theta$ 可以写成$\partial f/\partial r$，类似地有

$$\left(\frac{\partial z}{\partial r}\right)_x=\frac{\partial g}{\partial r}\quad 和\quad \left(\frac{\partial z}{\partial r}\right)_y=\frac{\partial h}{\partial r}.$$

然而，这种符号的多样性（$z=f=g=h$ 等）在字母具有物理意义的应用中会带来不便和混乱. 例如，在热力学中，我们可能需要：

$$\left(\frac{\partial T}{\partial p}\right)_v,\quad \left(\frac{\partial T}{\partial v}\right)_s,\quad \left(\frac{\partial T}{\partial p}\right)_u,\quad \left(\frac{\partial T}{\partial s}\right)_p\cdots$$

它们和许多其他类似的偏导数一样. 现在 T 表示温度（其他字母同样有物理意义，必须识别）. 如果我们写 $T=A(p,v)=B(v,s)=C(p,u)=D(s,p)$ 和热力学中常用的 8 个量的类似公

式，每一个量都是其他 7 个量的函数，我们不仅会有一个笨拙的系统，而且方程的物理意义将会丢失，直到我们翻译它们回到标准的字母. 因此下标符号是必不可少的.

符号 $(\partial z/\partial r)_x$ 通常读为“z 关于 r 的偏导数，x 保持不变”. 然而，要理解的重点是，这个符号意味着 z 被写成了变量 r 和 x 的函数，然后对 r 求导.

对不同的函数 $f(x,y)$ 做个小实验，可能会说服你 $(\partial/\partial x)(\partial f/\partial y)=(\partial/\partial y)(\partial f/\partial x)$；这在应用问题中通常（但不总是）是正确的. 可以证明（见高级微积分教材），如果 f 的一阶和二阶偏导数是连续的，那么 $\partial^2 f/\partial x\partial y$ 和 $\partial^2 f/\partial y\partial x$ 是相等的，在许多应用问题中，这些条件都得到了满足. 例如，在热力学中，它们通常被假定并称为互反关系.

习题 4.1

1. 如果 $u=x^2/(x^2+y^2)$，求出 $\partial u/\partial x$, $\partial u/\partial y$.
2. 如果 $s=t^u$，求出 $\partial s/\partial t$, $\partial s/\partial u$.
3. 如果 $z=\ln\sqrt{u^2+v^2+w^2}$，求出 $\partial z/\partial u$，$\partial z/\partial v$，$\partial z/\partial w$.
4. 对于 $w=x^3-y^3-2xy+6$，在点 $\partial w/\partial x=\partial w/\partial y=0$ 处求出 $\partial^2 w/\partial x^2$ 和 $\partial^2 w/\partial y^2$.
5. 对于 $w=8x^4+y^4-2xy^2$，在点 $\partial w/\partial x=\partial w/\partial y=0$ 处求出 $\partial^2 w/\partial x^2$ 和 $\partial^2 w/\partial y^2$.
6. 对于 $u=e^x\cos y$，

(a) 验证：$\partial^2 u/\partial x\partial y=\partial^2 u/\partial y\partial x$；

(b) 验证：$\partial^2 u/\partial x^2+\partial^2 u/\partial y^2=0$.

如果 $z=x^2+2y^2$，$x=r\cos\theta$，$y=r\sin\theta$，求下面的偏导数.

7. $\left(\dfrac{\partial z}{\partial x}\right)_y$　8. $\left(\dfrac{\partial z}{\partial x}\right)_r$　9. $\left(\dfrac{\partial z}{\partial x}\right)_\theta$　10. $\left(\dfrac{\partial z}{\partial y}\right)_x$　11. $\left(\dfrac{\partial z}{\partial y}\right)_r$　12. $\left(\dfrac{\partial z}{\partial y}\right)_\theta$

13. $\left(\dfrac{\partial z}{\partial \theta}\right)_x$　14. $\left(\dfrac{\partial z}{\partial \theta}\right)_y$　15. $\left(\dfrac{\partial z}{\partial \theta}\right)_r$　16. $\left(\dfrac{\partial z}{\partial r}\right)_\theta$　17. $\left(\dfrac{\partial z}{\partial r}\right)_x$　18. $\left(\dfrac{\partial z}{\partial r}\right)_y$

19. $\dfrac{\partial^2 z}{\partial r\partial y}$　20. $\dfrac{\partial^2 z}{\partial x\partial \theta}$　21. $\dfrac{\partial^2 z}{\partial y\partial \theta}$　22. $\dfrac{\partial^2 z}{\partial r\partial x}$　23. $\dfrac{\partial^2 z}{\partial r\partial \theta}$　24. $\dfrac{\partial^2 z}{\partial x\partial y}$

7′~24′. 重复习第 7 题~第 24 题，$z=r^2\tan^2\theta$.

4.2 两个变量的幂级数

正如在第 1 章中讨论的单变量情况一样，两个变量函数的幂级数（关于给定点）是唯一的，我们可以使用任何方便的方法来求出它（方法见第 1 章）.

例 1 在一个两变量麦克劳林级数中展开 $f(x,y)=\sin x\cos y$. 我们写出 $\sin x$ 和 $\cos y$ 的级数，并使它们相乘得

$$\sin x\cos y=\left(x-\frac{x^3}{3!}+\cdots\right)\left(1-\frac{y^2}{2!}+\cdots\right)=x-\frac{x^3}{3!}-\frac{xy^2}{2!}+\cdots.$$

例 2 求 $\ln(1+x-y)$ 的两变量麦克劳林级数. 我们用 $x-y$ 代替第 1 章式（13.4）中的 x 得到

$$\begin{aligned}\ln(1+x-y)&=(x-y)-(x-y)^2/2+(x-y)^3/3+\cdots\\&=x-y-x^2/2+xy-y^2/2+x^3/3-x^2y+xy^2-y^3/3+\cdots.\end{aligned}$$

第 1 章的方法，作为我们刚刚展示的方法，为许多简单函数 $f(x,y)$ 获得它的幂级数提供一种简单的方法. 然而，从理论上讲，对于获得 $f(x,y)$ 的泰勒级数或麦克劳林级数的系

数的公式也很方便（比如习题4.8的第2题）. 按照与第1章1.12节类似的方法，我们可以求出两个变量$f(x,y)$ 函数的幂级数系数（假设它可以在幂级数中展开）. 为了求出$f(x,y)$关于点 (a,b) 的级数展开式，我们把$f(x,y)$ 写成 $(x-a)$ 和 $(y-b)$ 的幂级数，然后对这个方程重复求导如下.

$$f(x,y)=a_{00}+a_{10}(x-a)+a_{01}(y-b)+a_{20}(x-a)^2+a_{11}(x-a)(y-b)$$
$$+a_{02}(y-b)^2+a_{30}(x-a)^3+a_{21}(x-a)^2(y-b)$$
$$+a_{12}(x-a)(y-b)^2+a_{03}(y-b)^3+\cdots. \tag{2.1}$$
$$f_x=a_{10}+2a_{20}(x-a)+a_{11}(y-b)+\cdots,$$
$$f_y=a_{01}+a_{11}(x-a)+2a_{02}(y-b)+\cdots,$$
$$f_{xx}=2a_{20}+\text{包括}(x-a)\text{和/或}(y-b)\text{的项},$$
$$f_{xy}=a_{11}+\text{包括}(x-a)\text{和/或}(y-b)\text{的项}.$$

[我们只写了几个导数来说明这个思想. 你应该能够用同样的方法计算其他的（见习题4.2的第7题）.] 现在把 $x=a$，$y=b$ 代入式（2.1），得到

$$f(a,b)=a_{00},\quad f_x(a,b)=a_{10},\quad f_y(a,b)=a_{01},$$
$$f_{xx}(a,b)=2a_{20},\quad f_{xy}(a,b)=a_{11},\quad \text{等}. \tag{2.2}$$

（记住$f_x(a,b)$ 的意思是求f关于 x 的偏导数，然后令 $x=a$，$y=b$，其他导数也是一样.）将系数的值代入式（2.1），得到

$$f(x,y)=f(a,b)+f_x(a,b)(x-a)+f_y(a,b)(y-b)+$$
$$\frac{1}{2!}[f_{xx}(a,b)(x-a)^2+2f_{xy}(a,b)(x-a)(y-b)+f_{yy}(a,b)(y-b)^2]\cdots. \tag{2.3}$$

如果令 $x-a=h$ 和 $y-b=k$，那么可以写成一种更简单的形式，二阶项（例如）变成

$$\frac{1}{2!}[f_{xx}(a,b)h^2+2f_{xy}(a,b)hk+f_{yy}(a,b)k^2]. \tag{2.4}$$

我们可以把它写成

$$\frac{1}{2!}\left(h\frac{\partial}{\partial x}+k\frac{\partial}{\partial y}\right)^2 f(a,b). \tag{2.5}$$

如果我们理解了括号是需要平方的，那么形式 $h(\partial/\partial x)k(\partial/\partial y)f(a,b)$ 的一项就是 $hkf_{xy}(a,b)$，可以证明（见习题4.2第7题）三阶项可以用这种符号写出：

$$\frac{1}{3!}\left(h\frac{\partial}{\partial x}+k\frac{\partial}{\partial y}\right)^3 f(a,b)=\frac{1}{3!}[h^3f_{xxx}(a,b)+3h^2kf_{xxy}(a,b)+\cdots]. \tag{2.6}$$

对于任意阶的项也是如此. 因此，我们可以把级数（2.3）写成这种形式：

$$f(x,y)=\sum_{n=0}^{\infty}\frac{1}{n!}\left(h\frac{\partial}{\partial x}+k\frac{\partial}{\partial y}\right)^n f(a,b). \tag{2.7}$$

n 阶项中出现的数字是我们熟悉的二项式系数（在 $(p+q)^n$ 的展开式中）除以 $(n!)$（见第1章1.13节）.

习题 4.2

求下列函数的两变量麦克劳林级数.

1. $\cos x\sinh y$　　2. $\cos(x+y)$　　3. $\dfrac{\ln(1+x)}{1+y}$

4. e^{xy}　　5. $\sqrt{1+xy}$　　6. e^{x+y}

7. 通过求式（2.1）中的三阶偏导数，代入 $x=a$，$y=b$，验证 $f(x,y)$ 的幂级数的三阶项（见式（2.6）或式（2.7）中的 $n=3$）的系数.

8. 通过求出 $e^z=e^{x+iy}$ 的级数并取实部和虚部，求出 $e^x\cos y$ 和 $e^x\sin y$ 的两变量麦克劳林级数（见第 2 章）.

4.3 全微分

方程 $y=f(x)$ 的图像(见图 4.3.1)是 (x,y) 平面上的一条曲线,且

$$y'=\frac{\mathrm{d}y}{\mathrm{d}x}=\frac{\mathrm{d}}{\mathrm{d}x}f(x). \tag{3.1}$$

上面式子是曲线在 (x,y) 点处切线的斜率. 在微积分中，我们使用 Δx 来表示 x 的变化量，Δy 表示 y 的相应变化量（见图 4.3.1）. 通过定义有

$$\frac{\mathrm{d}y}{\mathrm{d}x}=\lim_{\Delta x\to 0}\frac{\Delta y}{\Delta x}. \tag{3.2}$$

我们现在定义自变量的微分 $\mathrm{d}x$ 为

$$\mathrm{d}x=\Delta x. \tag{3.3}$$

然而，$\mathrm{d}y$ 与 Δy 是不一样的. 从图 4.3.1 和式（3.1）可以看到，Δy 是沿着曲线 y 的变化量，但 $\mathrm{d}y=y'\mathrm{d}x$ 是沿着切线 y 的变化量. 我们说 $\mathrm{d}y$ 是 Δy 的切线近似(或线性近似).

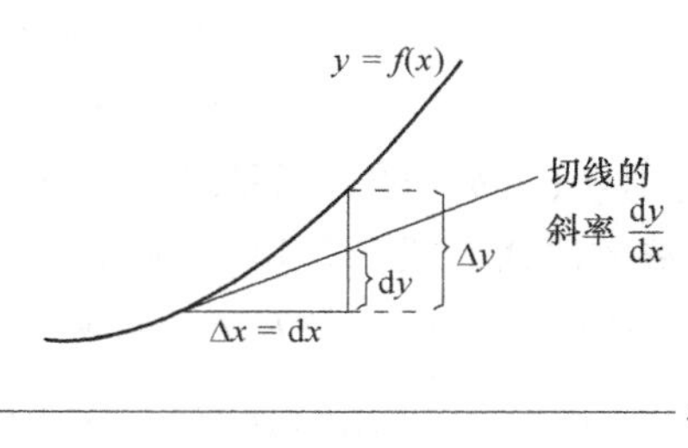

图　4.3.1

例　如果 $y=f(t)$ 表示粒子经过的距离，为 t 的函数，那么 $\mathrm{d}y/\mathrm{d}t$ 就是速度. 在时间 t 和 $t+\mathrm{d}t$ 之间粒子实际经过的距离是 Δy. 如果它以和 t 时刻相同的速度继续前进，那么切线近似值 $\mathrm{d}y=(\mathrm{d}y/\mathrm{d}t)\mathrm{d}t$ 是粒子经过的距离.

从图 4.3.1 中可以看出，如果 $\mathrm{d}x$ 很小，$\mathrm{d}y$ 是 Δy 的一个很好的近似. 我们可以用式（3.2）更准确地说，$\mathrm{d}y/\mathrm{d}x$ 是当 $\Delta x\to 0$ 时，$\Delta y/\Delta x$ 的极限，意味着当 $\Delta x\to 0$ 时，微分 $\Delta y/\Delta x-\mathrm{d}y/\mathrm{d}x\to 0$. 我们称之为 ε，那么我们可以说，

$$\frac{\Delta y}{\Delta x}=\frac{\mathrm{d}y}{\mathrm{d}x}+\varepsilon\text{，其中，}\varepsilon\to 0\text{，当 }\Delta x\to 0\text{ 时.} \tag{3.4}$$

或者由于 $\mathrm{d}x=\Delta x$ 有

$$\Delta y=(y'+\varepsilon)\mathrm{d}x\text{，其中，}\varepsilon\to 0\text{，当 }\Delta x\to 0\text{ 时.} \tag{3.5}$$

微分 $\mathrm{d}y=y'\mathrm{d}x$ 叫作 Δy 的主要部分；由于 $\mathrm{d}x$ 很小时 ε 很小，你可以从式（3.5）看到 $\mathrm{d}y$ 是 Δy 的很好近似.

在我们的例子中，假设 $y=t^2$，$t=1$，$\mathrm{d}t=0.1$，那么

$$\Delta y=(1.1)^2-1^2=0.21,$$

$$\mathrm{d}y=\frac{\mathrm{d}y}{\mathrm{d}t}\mathrm{d}t=2\cdot 1\cdot(0.1)=0.2,$$

$$\varepsilon=\frac{\Delta y}{\Delta t}-\frac{\mathrm{d}y}{\mathrm{d}t}=2.1-2=0.1.$$

$$\Delta y=(y'+\varepsilon)\,\mathrm{d}t=(2+0.1)\times 0.1=\mathrm{d}y+\varepsilon\mathrm{d}t=0.2+0.01.$$

因此 $\mathrm{d}y$ 是 Δy 的一个很好的近似.

对于一个有两个变量的函数 $z=f(x,y)$，我们想做一些类似的事情. 我们说过这个方程表示一个曲面，在某一点处的导数 $\partial f/\partial x$，$\partial f/\partial y$ 是曲面在该点处 x 和 y 方向上的两条切线的斜率. 符号 $\Delta x=\mathrm{d}x$ 和 $\Delta y=\mathrm{d}y$ 代表自变量 x 和 y 的变化量. Δz 意味着沿表面 z 的相应变化量. 我们通过下面方程定义 $\mathrm{d}z$：

$$\mathrm{d}z=\frac{\partial z}{\partial x}\mathrm{d}x+\frac{\partial z}{\partial y}\mathrm{d}y. \tag{3.6}$$

微分 $\mathrm{d}z$ 称为 z 的全微分. 让我们考虑一下 $\mathrm{d}z$ 的几何意义. 回想一下（见图 4.3.1），对于 $y=f(x)$，$\mathrm{d}y$ 是 y 沿切线的变化量；这里我们可以看到 $\mathrm{d}z$ 是 z 沿着切平面的变化量. 在图 4.3.2 中，$PQRS$ 是一个曲面，平面 $PABC$ 是在 P 点与曲面相切的平面，$PDEF$ 是通过 P 点的水平面，因此 $PSCF$ 是平面 $y=$常数（通过 P），PS 是这个平面与曲面相交的曲线，PC 是这个曲线的切线，斜率为 $\partial f/\partial x$；那么（见图 4.3.1），如果 $PF=\mathrm{d}x$，就有 $CF=(\partial f/\partial x)\,\mathrm{d}x$. 同样，$PQAD$ 是一个平面 $x=$常数，与曲面相交于曲线 PQ，PQ 的切线为 PA；对于 $PD=\mathrm{d}y$，就有 $DA=(\partial f/\partial y)\,\mathrm{d}y$. 从图 4.3.2 中可以看出，$GE=CF$ 和 $BG=AD$，所以有

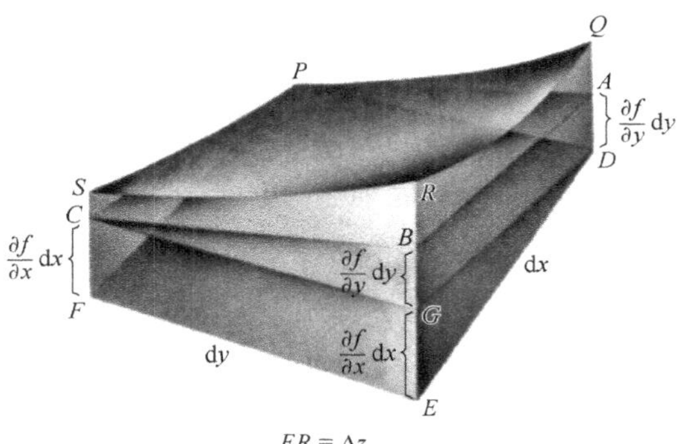

图 4.3.2

$$EB=CF+DA=\frac{\partial f}{\partial x}\mathrm{d}x+\frac{\partial f}{\partial y}\mathrm{d}y=\mathrm{d}z.$$

因此，如我们所说，当 $\mathrm{d}x$ 表示 x 的变化量，$\mathrm{d}y$ 表示 y 的变化量，那么 $\mathrm{d}z$ 是 z 沿着切平面的变化量. 在图中，$ER=\Delta z$，为 z 沿表面的变化量.

从几何图形中，我们可以合理地预期，当 $\mathrm{d}x$ 和 $\mathrm{d}y$ 很小时，$\mathrm{d}z$ 是 Δz 的一个很好的近似. 然而，我们想在与式（3.5）相对应的方程中更准确地说明这一点. 如果 $\partial f/\partial x$ 和 $\partial f/\partial y$ 是连续函数. 通过定义有

$$\Delta z=f(x+\Delta x,y+\Delta y)-f(x,y). \tag{3.7}$$

通过加和减一项，我们得到

$$\Delta z=f(x+\Delta x,y)-f(x,y)+f(x+\Delta x,y+\Delta y)-f(x+\Delta x,y). \tag{3.8}$$

回想一下微积分中的中值定理说过，对于一个可微函数 $f(x)$，有

$$f(x+\Delta x)-f(x)=(\Delta x)f'(x_1), \tag{3.9}$$

其中，x_1 在 x 和 $x+\Delta x$ 之间. 几何上说（见图 4.3.3），x 和 $x+\Delta x$ 之间某一点处有一条切线，其斜率与直线 AB 相同. 在式（3.8）右边的前两项中，y 是常数，如果用 $\partial f/\partial x$ 表示 f'，我们可以使用式（3.9）. 在式（3.8）右边的后两项中，x 是常数，我们可以用类似式（3.9）这样的方程，y 是变量；y_1 是 y 和 $y+\Delta y$ 之间的值. 那么式（3.8）变为

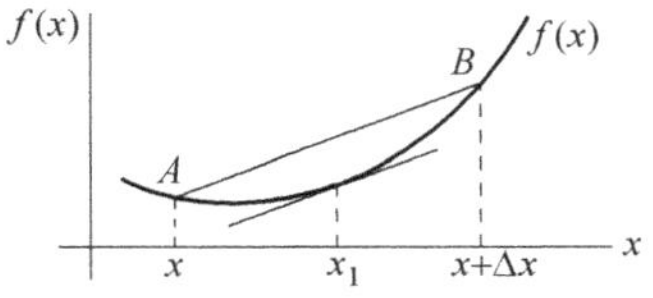

图 4.3.3

$$\Delta z=\frac{\partial f(x_1,y)}{\partial x}\Delta x+\frac{\partial f(x+\Delta x,y_1)}{\partial y}\Delta y. \tag{3.10}$$

如果f的偏导数是连续的，当Δx和Δy趋向零时，那么它们在点(x,y)附近在式（3.10）中的值与在点(x,y)处的函数值的差值趋向于零. 假设我们称这些量为ε_1和ε_2，那么可以写出：

$$\Delta z=\left(\frac{\partial f}{\partial x}+\varepsilon_1\right)\Delta x+\left(\frac{\partial f}{\partial y}+\varepsilon_2\right)\Delta y=\mathrm{d}z+\varepsilon_1\Delta x+\varepsilon_2\Delta y$$

（当Δx和Δy趋向于零时，ε_1和ε_2趋向于零），　　(3.11)

其中在式（3.11）中的$\partial f/\partial x$和$\partial f/\partial y$在点(x,y)处计算其值. 式（3.11）（如式（3.5）$y=f(x)$的情况）从代数上告诉我们从几何中推测出，（如果$\partial f/\partial x$和$\partial f/\partial y$是连续的）当$\mathrm{d}x$和$\mathrm{d}y$很小时，$\mathrm{d}z$是Δz的一个很好的近似，微分$\mathrm{d}z$叫作Δz的主要部分.

我们所说的关于两个变量的函数的所有内容都适用于任意数量变量的函数. 如果$u=f(x,y,z,\cdots)$，则根据定义有

$$\mathrm{d}u=\frac{\partial f}{\partial x}\mathrm{d}x+\frac{\partial f}{\partial y}\mathrm{d}y+\frac{\partial f}{\partial z}\mathrm{d}z+\cdots. \tag{3.12}$$

如果f的偏导数是连续的，并且$\mathrm{d}x$，$\mathrm{d}y$，$\mathrm{d}z$等都很小，那么$\mathrm{d}u$是Δu的一个很好的近似.

习题 4.3

1. 考虑一个函数$f(x,y)$，可以展开成一个两变量幂级数式（2.3）或式（2.7）. 设$x-a=h=\Delta x$，$y-b=k=\Delta y$，那么$x=a+\Delta x$，$y=b+\Delta y$，因此$f(x,y)$变为$f(a+\Delta x,b+\Delta y)$. 当x从a到$a+\Delta x$变化和y从b到$b+\Delta y$变化，则在$z=f(x,y)$中的变化量Δz为

$$\Delta z=f(a+\Delta x,b+\Delta y)-f(a,b).$$

使用级数（2.7）获得式（3.11），可以显式地看到ε_1和ε_2是什么，并且当Δx和Δy趋向零时，它们也趋向于零.

4.4 使用微分的近似

让我们考虑一些例子.

例 1 求下面式子的近似值：

$$\frac{1}{\sqrt{0.25-10^{-20}}}-\frac{1}{\sqrt{0.25}}.$$

如果$f(x)=1/\sqrt{x}$，期望的微分为$\Delta f=f(0.25-10^{-20})-f(0.25)$. 但是$\Delta f$近似$\mathrm{d}f=\mathrm{d}(1/\sqrt{x})$，$x=0.25$，$\mathrm{d}x=-10^{-20}$.

$$\mathrm{d}(1/\sqrt{x})=(-1/2)x^{-3/2}\mathrm{d}x=(-1/2)(0.25)^{-3/2}(-10^{-20})=4\times10^{-20}.$$

为什么不用计算机或计算器来解决这样的问题呢？首先注意，这是两个几乎相等的数相减. 如果你的计算机或计算器没有足够的位数，你可能在相减中失去所有的准确性（见第1章1.15节例题1）. 因此，这可能需要更多的时间来检查这个问题并把这个问题输入计算机，而你可以在脑海中直接求出$\mathrm{d}f$！然而，这里还有另一个重要的点，我们会在下一个例题中说明. 出于理论目的，我们可能需要一个公式，而不是一个数值结果.

例 2 当 n 很大时，证明：

$$\frac{1}{n^2}-\frac{1}{(n+1)^2}\cong\frac{2}{n^3}$$

（$\cong$表示“近似相等”）. 如果 $f(x)=1/x^2$，期望微分为 $\Delta f=f(n)-f(n+1)$，但是 Δf 近似 $df=d(1/x^2)$，$x=n$，$dx=-1$.

$$d\left(\frac{1}{x^2}\right)=-\frac{2}{x^3}dx=-\frac{2}{n^3}(-1)=\frac{2}{n^3}.$$

（这一结果被用于获得量子力学中的“对应原理”，参见量子物理学教材.）也见习题 4.4 的第 17 题.

例 3 两个质量为 m_1 和 m_2 的质点组成的一个系统的约化质量 μ 被定义为 $\mu^{-1}=m_1^{-1}+m_2^{-1}$. 如果 m_1 增加 1%，μ 不变的情况下，那么 m_2 的分数如何改变？取方程的微分，代入 $dm_1=0.01m_1$，得到

$$0=-m_1^{-2}dm_1-m_2^{-2}dm_2,$$

$$\frac{dm_2}{m_2^2}=-\frac{dm_1}{m_1^2}=-\frac{0.01m_1}{m_1^2}\quad 或 \quad \frac{dm_2}{m_2}=-0.01m_2/m_1.$$

例如，如果 $m_1=m_2$，m_2 将减少 1%；如果 $m_2=3m_1$，那么 m_2 将减少 3%….

例 4 导线的电阻 R 与导线的长度成正比，与导线半径的平方成反比，即 $R=kl/r^2$. 如果长度测量的相对误差为 5%，半径测量的相对误差为 10%，那么在最坏的情况下求出 R 的相对误差.

l 的相对误差是测量 l 的实际误差除以测量的长度. 由于我们测量的 l 可能太大或太小，所以在最坏的情况下，相对误差 dl/l 可能是+0.05 或-0.05. 类似地，$|dr/r|$ 可能高达 0.10. 要求 $|dR/R|$ 的极大值，可以通过微分 $\ln R$ 得到 dR/R. 从 $R=kl/r^2$ 可得到

$$\ln R=\ln k+\ln l-2\ln r.$$

那么

$$\frac{dR}{R}=\frac{dl}{l}-2\frac{dr}{r}.$$

在最坏的情况下（即 $|dR/R|$ 的极大值），dl/l 和 dr/r 可能有相反的符号，所以这两项可以相加，则有

$$极大\left|\frac{dR}{R}\right|=\left|\frac{dl}{l}\right|+2\left|\frac{dr}{r}\right|=0.05+2(0.10)=0.25，或者 25\%.$$

例 5 x 从 $\pi/2$ 到 $(1+\varepsilon)\pi/2$ 变化，$\varepsilon\ll1/10$，估计下面式子中的变化：

$$f(x)=\int_0^x\frac{\sin t}{t}dt.$$

回顾一下微积分，有 $df/dx=(\sin x)/x$，那么我们需要求出 $df=(df/dx)dx$，$x=\pi/2$ 和 $dx=\varepsilon\pi/2$，因此有

$$df=\frac{\sin\pi/2}{\pi/2}(\varepsilon\pi/2)=\varepsilon.$$

注意我们所做的近似相当于通过 f' 项使用泰勒级数. 可以在第 1 章方程（12.8）中使用替换 $x\to x+\Delta x$，$a\to x$，$x-a\to\Delta x$ 来得到

$$f(x+\Delta x)=f(x)+f'(x)\Delta x+f''(x)(\Delta x)^2/2!\ +\cdots.$$

让 $(\Delta x)^2$ 和我们一直在使用的近似的更高项降幂，有

$$\mathrm{d}f\cong\Delta f=f(x+\Delta x)-f(x)\cong f'(x)\Delta x=f'(x)\mathrm{d}x.$$

习题 4.4

1. 使用微分证明，对于很大的 n，有$\dfrac{1}{(n+1)^3}-\dfrac{1}{n^3}\cong-\dfrac{3}{n^4}$.

2. 使用微分证明，对于很大的 n 和很小的 a，有 $\sqrt{n+a}-\sqrt{n}\cong\dfrac{a}{2\sqrt{n}}$.

3. 薄透镜公式为

$$\frac{1}{i}+\frac{1}{o}=\frac{1}{f}.$$

其中，f 是透镜的焦距，o 和 i 是透镜到物体和图像的距离. 如果当 $o=10$ 时，$i=15$，使用微分求出当 $o=10.1$ 时的 i.

4. 完成第 3 题. 如果当 $o=18$ 时 $i=12$，求出当 $o=17.5$ 时的 i.

5. 设 R 为 $R_1=25\Omega$ 和 $R_2=15\Omega$ 并联的电阻（见第 2 章习题 2.16.2 的第 6 题）. 如果 R_1 变为 25.1Ω，求出使 R 不变的 R_2.

6. 从一个摆的长度 l 和周期 T 可以求出重力加速度. 这个公式是 $g=4\pi^2l/T^2$. 如果 l 的相对误差为 5%，T 的相对误差为 2%，求出最坏情况下 g 的相对误差.

7. 库仑定律中，距离为 r 的两个电荷 q_1 和 q_2 之间的作用力是 $F=kq_1q_2/r^2$. 如果 q_1 的相对误差为 3%，r 的相对误差为 5%，F 的相对误差为 2%，求最坏情况下 q_2 的相对误差.

8. a 和 b 的相对误差为 1%时，其对 a^2b^3 的影响有多大（在百分比上）?

9. 证明：一个乘积 $f=gh$ 的近似相对误差 $(\mathrm{d}f)/f$ 是各因子的近似相对误差之和.

10. 一个 500N 力的测量误差可能为 1N. 需要求出与力的作用线成 60° 角方向上的力，其中方向角度的误差为 0.5°. 该方向上的力最大的可能误差是多少（大约）?

11. 说明如何在不使用计算机或计算器的情况下快速估算（小数点后两位）$\sqrt{(4.98)^2-(3.03)^2}$. 提示：考虑 $f(x,y)=\sqrt{x^2-y^2}$.

12. 如第 11 题，估计 $\sqrt[3]{(2.05)^2+(1.98)^2}$.

13. 在不使用计算机或计算器的情况下，估计盒子尺寸从 200×200×100 到 201×202×99 变化时，其空间对角线长度的变化.

14. 如果 x 从 0.7 变化到 0.71，估计下面式子的变化:

$$f(x)=\int_0^x\frac{\mathrm{e}^{-t}}{t^2+0.51}\mathrm{d}t.$$

15. 对于含有 N 个分子的理想气体，速度 $\leqslant v$ 的分子数由以下公式给出:

$$n(v)=\frac{4a^3N}{\sqrt{\pi}}\int_0^v x^2\mathrm{e}^{-a^2x^2}\mathrm{d}x,$$

其中，a 是常数，N 是分子总数. 如果 $N=10^{26}$，估计速度在 $v=1/a$ 和 $1.01/a$ 之间的分子数.

16. 同步加速器在相对论范围内的工作方程为

$$qB=\omega m[1-(\omega R)^2/c^2]^{-1/2},$$

其中，q 和 m 是加速粒子的电荷和静止质量，B 是磁感应强度，R 是轨道半径，ω 是角频率，c 是光速. 如果 ω 和 B 是变化的（其他所有量不变），证明：$\mathrm{d}\omega$ 和 $\mathrm{d}B$ 的关系可以写成

$$\frac{\mathrm{d}B}{B^3}=\left(\frac{q}{m}\right)^2\frac{\mathrm{d}\omega}{\omega^3},\qquad \text{或者}\quad \frac{\mathrm{d}B}{B}=\frac{\mathrm{d}\omega}{\omega}[1-(\omega R/c)^2]^{-1}.$$

17. 下面是获得例 2 中的公式的一些其他方法.

(a) 将两个分数合并得到$(2n+1)/[n^2(n+1)^2]$，然后注意对于很大的 n 有：$2n+1\cong 2n$ 和 $n+1\cong n$.

(b) 因子表达式为$\left(\frac{1}{n^2}\right)\left(1-\frac{1}{\left(1+\frac{1}{n}\right)^2}\right)$，$\left(1+\frac{1}{n}\right)^{-2}$由二项式级数展开到两项，然后化简.

4.5 链式法则或函数的微分

你们已经知道链式法则了，不管你们以前怎么叫它. 看看下面这个例子.

例 1 如果 $y=\ln\sin 2x$，求 $\mathrm{d}y/\mathrm{d}x$.

你会说：

$$\frac{\mathrm{d}y}{\mathrm{d}x}=\frac{1}{\sin 2x}\cdot\frac{\mathrm{d}}{\mathrm{d}x}(\sin 2x)=\frac{1}{\sin 2x}\cdot\cos 2x\cdot\frac{\mathrm{d}}{\mathrm{d}x}(2x)=2\cot 2x.$$

我们可以把这个问题写成

$$y=\ln u,\ \text{其中},\ u=\sin v\ \text{和}\ v=2x.$$

那么我们会说，

$$\frac{\mathrm{d}y}{\mathrm{d}x}=\frac{\mathrm{d}y}{\mathrm{d}u}\frac{\mathrm{d}u}{\mathrm{d}v}\frac{\mathrm{d}v}{\mathrm{d}x}.$$

这是链式法则的一个例子. 我们想要一个关于多元函数的类似方程，考虑另一个例子.

例 2 如果 $z=2t^2\sin t$，求 $\mathrm{d}z/\mathrm{d}t$.

对乘积求导，得到

$$\frac{\mathrm{d}z}{\mathrm{d}t}=4t\sin t+2t^2\cos t.$$

我们可以把这个问题写成

$$z=xy,\ \text{其中},\ x=2t^2,\ y=\sin t,$$

$$\frac{\mathrm{d}z}{\mathrm{d}t}=y\frac{\mathrm{d}x}{\mathrm{d}t}+x\frac{\mathrm{d}y}{\mathrm{d}t}$$

但是由于 $x=\partial z/\partial y$，$y=\partial z/\partial x$，我们也可以写成

$$\frac{\mathrm{d}z}{\mathrm{d}t}=\frac{\partial z}{\partial x}\frac{\mathrm{d}x}{\mathrm{d}t}+\frac{\partial z}{\partial y}\frac{\mathrm{d}y}{\mathrm{d}t}. \tag{5.1}$$

我们想要确定式（5.1）是一个一般的正确公式，当给出任意带有连续偏导的 $z(x,y)$ 函数，并且 x 和 y 是 t 的可微函数. 为了看到这一点，回想一下我们讨论过的微分有

$$\Delta z=\frac{\partial z}{\partial x}\Delta x+\frac{\partial z}{\partial y}\Delta y+\varepsilon_1\Delta x+\varepsilon_2\Delta y, \tag{5.2}$$

其中，当 Δx 和 Δy 趋向于零时 ε_1 和 ε_2 趋向于零. 这个方程两边除以 Δt，并让 $\Delta t\to 0$；由于 Δx 和 Δy 趋向于零时 ε_1 和 ε_2 也趋向于零，可得到式（5.1）.

使用微分而不是如式（5.1）中的导数通常是方便的. 我们希望能够使用式（3.6），但在式（3.6）中 x 和 y 是自变量并且现在他们是 t 的函数. 但是，可以证明（见习题4.5的第8题），尽

管 x 和 y 是相关的，式（3.6）中定义的 $\mathrm{d}z$ 是 Δz 的一个很好的近似. 那么我们可以这样写：

$$\mathrm{d}z=\frac{\partial z}{\partial x}\mathrm{d}x+\frac{\partial z}{\partial y}\mathrm{d}y. \tag{5.3}$$

不管 x 和 y 是否是自变量，我们可以考虑用式（5.3）除以 $\mathrm{d}t$ 得到式（5.1），这在解题时很方便. 因此，我们可以用下面的方法来做例题 2：

$$\mathrm{d}z=x\mathrm{d}y+y\mathrm{d}x=x\cos t\mathrm{d}t+y\cdot 4t\mathrm{d}t=(2t^2\cos t+4t\sin t)\mathrm{d}t,$$

$$\frac{\mathrm{d}z}{\mathrm{d}t}=2t^2\cos t+4t\sin t.$$

在做习题时，我们可以使用微分或导数. 这是另一个例子.

例 3 已知 $z=x^y$，其中 $y=\arctan t$，$x=\sin t$，求 $\mathrm{d}z/\mathrm{d}t$.

使用微分可求出

$$\mathrm{d}z=yx^{y-1}\mathrm{d}x+x^y\ln x\mathrm{d}y=yx^{y-1}\cos t\mathrm{d}t+x^y\ln x\cdot\frac{\mathrm{d}t}{1+t^2},$$

$$\frac{\mathrm{d}z}{\mathrm{d}t}=yx^{y-1}\cos t+x^y\ln x\cdot\frac{1}{1+t^2}.$$

你可能想知道在这样的问题中为什么我们不把 x 和 y 作为 t 的函数代入 $z=x^y$ 得到 z 作为 t 的函数，然后再求导. 有时这可能是最好的做法，但并不总是这样. 例如，得到的公式可能非常复杂，使用式（5.1）或式（5.3）可能会节省大量代数运算. 如果我们想要用 $\mathrm{d}z/\mathrm{d}t$ 来表示 t 的值，尤其是这样. 那么这种情况不能使用代替法，例如，如果 x 作为 t 的函数由 $x+e^x=t$ 给出，我们不能用初等函数来解出 x 作为 t 的函数. 但是我们可以求出 $\mathrm{d}x/\mathrm{d}t$，所以可以通过式（5.1）求出 $\mathrm{d}z/\mathrm{d}t$. 从这样一个方程中求出 $\mathrm{d}x/\mathrm{d}t$ 叫作隐式微分；我们将在下一节中讨论这个过程.

计算机可以求出导数，那么我们为什么要学习这里和下面的方法呢？也许最重要的原因是在理论推导中需要技巧. 然而，还有一个实际的原因：当一个问题涉及许多变量时，可能有许多方法来表达答案.（你可以验证 $\mathrm{d}z/\mathrm{d}t=z(y\cot t+\ln x\cos^2 y)$ 是上面例题 3 中答案的另一种形式.）你的计算机可能不会给出你想要的形式，笔算做这道题可能和使用计算机转换结果一样容易. 但是在涉及大量代数的问题上，计算机可以节省时间，所以一个好的学习方法是用手和计算机同时做习题，并比较结果.

习题 4.5

1. 已知 $z=xe^{-y}$，$x=\cosh t$，$y=\cos t$，求 $\mathrm{d}z/\mathrm{d}t$.
2. 已知 $w=\sqrt{u^2+v^2}$，$u=\cos\left[\ln\tan\left(p+\frac{1}{4}\pi\right)\right]$，$v=\sin\left[\ln\tan\left(p+\frac{1}{4}\pi\right)\right]$，求 $\mathrm{d}w/\mathrm{d}p$.
3. 已知 $r=e^{-p^2-q^2}$，$p=e^s$，$q=e^{-s}$，求 $\mathrm{d}r/\mathrm{d}s$.
4. 已知 $x=\ln(u^2-v^2)$，$u=t^2$，$v=\cos t$，求 $\mathrm{d}x/\mathrm{d}t$.
5. 如果已知 $z=z(x,y)$，$y=y(x)$，证明：根据式（5.1）链式法则给出：
$$\frac{\mathrm{d}z}{\mathrm{d}x}=\frac{\partial z}{\partial x}+\frac{\partial z}{\partial y}\frac{\mathrm{d}y}{\mathrm{d}x}.$$
6. 已知 $z=(x+y)^5$，$y=\sin 10x$，求 $\mathrm{d}z/\mathrm{d}x$.

7. 已知 $c=\sin(a-b)$，$b=ae^{2a}$，求 dc/da.

8. 证明式（5.2）后面的阐述，即证明 dz 是 Δz 的一个很好的近似，尽管 x 和 y 不是自变量. 提示：设 x 和 y 是 t 的函数；那么式（5.2）是正确的，但 $\Delta x\neq dx$ 且 $\Delta y\neq dy$.（因为 x 和 y 不是自变量）. 然而，由于 t 是自变量，对于很小的 dt，$\Delta x/\Delta t$ 近似等于 dx/dt 且 $dt=\Delta t$，那么你可以证明：

$$\Delta x=\left(\frac{dx}{dt}+\varepsilon_x\right)dt=dx+\varepsilon_x dt.$$

可以简化 Δy 公式，得到

$$\Delta z=\frac{\partial z}{\partial x}dx+\frac{\partial z}{\partial y}dy+(\text{包含 }\varepsilon\text{ 项})\cdot dt=dz+\varepsilon dt.$$

其中，当 $\Delta t\to 0$ 时，$\varepsilon\to 0$.

4.6 隐式微分法

一些例子会说明隐式微分法的应用.

例1 已知 $x+e^x=t$，求 dx/dt 和 d^2x/dt^2.

如果我们给 x 赋值，求出相应的 t 值，然后画出 x 和 t 的图，我们就得到了斜率为 dx/dt 的图形. 换句话说，x 是 t 的函数，即使我们不能用 t 的初等函数形式求解 x 的方程. 为了求出 dx/dt，如果我们知道 x 是 t 的函数，那么对方程的每一项关于 t 求导（这叫作隐式微分法），得到

$$\frac{dx}{dt}+e^x\frac{dx}{dt}=1. \tag{6.1}$$

求解 dx/dt，得到

$$\frac{dx}{dt}=\frac{1}{1+e^x}.$$

或者，我们可以用微分法，先写出 $dx+e^x dx=dt$，除以 dt 得到式（6.1）.

我们也可以用隐式微分法求出更高阶的导数（但不要用微分法，因为我们没有给一个微分的导数或微分赋予任何意义）. 将式（6.1）的每一项对 t 求导，得到

$$\frac{d^2x}{dt^2}+e^x\frac{d^2x}{dt^2}+e^x\left(\frac{dx}{dt}\right)^2=0. \tag{6.2}$$

求解 d^2x/dt^2，代入 dx/dt 的值，得到

$$\frac{d^2x}{dt^2}=\frac{-e^x\left(\frac{dx}{dt}\right)^2}{1+e^x}=\frac{-e^x}{(1+e^x)^3}. \tag{6.3}$$

如果只要求某一点处导数的数值，这个问题就更简单了. 对于 $x=0$ 和 $t=1$，由式（6.1）给出：

$$\frac{dx}{dt}+1\times\frac{dx}{dt}=1 \quad \text{或者} \quad \frac{dx}{dt}=\frac{1}{2}.$$

隐式微分法是求解复杂方程曲线斜率的最佳方法.

例2 求出在点（1,2）处曲线 $x^3-3y^3+xy+21=0$ 的切线方程.

我们对给定的方程隐式地对 x 求导，得到

$$3x^2-9y^2\frac{dy}{dx}+x\frac{dy}{dx}+y=0,$$

代入 $x=1$，$y=2$，有

$$3-36\frac{\mathrm{d}y}{\mathrm{d}x}+\frac{\mathrm{d}y}{\mathrm{d}x}+2=0,\qquad \frac{\mathrm{d}y}{\mathrm{d}x}=\frac{5}{35}=\frac{1}{7},$$

那么切线的方程是

$$\frac{y-2}{x-1}=\frac{1}{7}\quad 或者\quad x-7y+13=0.$$

通过计算机绘制同一坐标轴上的曲线和切线，你可以检查以确保该线与曲线相切.

习题 4.6

1. 如果 $pv^a=C$（其中，a 和 C 是常数），求 $\mathrm{d}v/\mathrm{d}p$ 和 $\mathrm{d}^2v/\mathrm{d}p^2$.
2. 如果 $y\mathrm{e}^{xy}=\sin x$，求在（0,0）处的 $\mathrm{d}y/\mathrm{d}x$ 和 $\mathrm{d}^2y/\mathrm{d}x^2$.
3. 如果 $x^y=y^x$，求在（2,4）处的 $\mathrm{d}y/\mathrm{d}x$.
4. 如果 $x\mathrm{e}^y=y\mathrm{e}^x$，求对于 $y\neq1$ 的 $\mathrm{d}y/\mathrm{d}x$ 和 $\mathrm{d}^2y/\mathrm{d}x^2$.
5. 如果 $xy^3-yx^3=6$ 是一条曲线的方程，求点（1,2）处切线的斜率和方程. 使用计算机在同一坐标轴上绘制曲线和切线.
6. 在第 5 题中求出在点（1,2）处的 $\mathrm{d}^2y/\mathrm{d}x^2$.
7. 如果 $y^3-x^2y=8$ 是一条曲线的方程，求点（3,−1）处切线的斜率和方程. 使用计算机在同一坐标轴上绘制曲线和切线.
8. 在第 7 题中求出在点（3,−1）处的 $\mathrm{d}^2y/\mathrm{d}x^2$.
9. 对于曲线 $x^{2/3}+y^{2/3}=4$，求点 $(2\sqrt{2},-2\sqrt{2})$，（8,0）和（0,8）处切线的方程. 使用计算机在同一坐标轴上绘制曲线和切线.
10. 对于曲线 $x\mathrm{e}^y+y\mathrm{e}^x=0$，求原点处切线的方程. 提示：微分后，代入 $x=y=0$，使用计算机在同一坐标轴上绘制曲线和切线.
11. 在第 10 题中，求出在原点处的 y''.

4.7 更多的链式法则

上面我们已经考虑 $z=f(x,y)$，其中，x 和 y 是 t 的函数. 现在假设 $z=f(x,y)$ 和之前一样，但 x 和 y 分别是两个变量 s 和 t 的函数. 那么 z 是 s 和 t 的函数，我们想要求出 $\partial z/\partial s$ 和 $\partial z/\partial t$. 下面用一些例子来说明怎样做这样的问题.

例 1 求 $\partial z/\partial s$ 和 $\partial z/\partial t$，已知：

$$z=xy,\qquad x=\sin(s+t),\qquad y=s-t.$$

我们取 3 个方程的微分，得到

$$\mathrm{d}z=y\mathrm{d}x+x\mathrm{d}y,\qquad \mathrm{d}x=\cos(s+t)(\mathrm{d}s+\mathrm{d}t),\qquad \mathrm{d}y=\mathrm{d}s-\mathrm{d}t.$$

把 $\mathrm{d}x$ 和 $\mathrm{d}y$ 代入 $\mathrm{d}z$，得到

$$\begin{aligned}\mathrm{d}z&=y\cos(s+t)(\mathrm{d}s+\mathrm{d}t)+x(\mathrm{d}s-\mathrm{d}t)\\&=[y\cos(s+t)+x]\mathrm{d}s+[y\cos(s+t)-x]\mathrm{d}t.\end{aligned}\tag{7.1}$$

现在，如果 s 是常数，$\mathrm{d}s=0$，z 是一个变量 t 的一个函数，我们可以用式（7.1）除以 $\mathrm{d}t$（参见式（5.1）及其后面的讨论）. 至于 $\mathrm{d}z/\mathrm{d}t$，在左边就写成 $\partial z/\partial t$，因为这个记号很好地描述了我们的结果，也就是当 s 是常数时它是 z 关于 t 的变化率. 因此我们有

$$\frac{\partial z}{\partial t}=y\cos(s+t)-x,$$

类似的，

$$\frac{\partial z}{\partial s}=y\cos(s+t)+x.$$

注意到在式（7.1）中，ds 的系数是$\partial z/\partial s$，而 dt 的系数是$\partial z/\partial t$（也可比较式（5.3））. 如果你意识到这点，就可以从式（7.1）中读取$\partial z/\partial s$ 和$\partial z/\partial t$.

我们可以用同样的方法处理更多变量的问题.

例 2 求$\partial u/\partial s$，$\partial u/\partial t$，已知 $u=x^2+2xy-y\ln z$ 和 $x=s+t^2$，$y=s-t^2$，$z=2t$.

可以求出

$$\begin{aligned}\mathrm{d}u &= 2x\mathrm{d}x+2x\mathrm{d}y+2y\mathrm{d}x-\frac{y}{z}\mathrm{d}z-\ln z\mathrm{d}y\\ &=(2x+2y)(\mathrm{d}s+2t\mathrm{d}t)+(2x-\ln z)(\mathrm{d}s-2t\mathrm{d}t)-\frac{y}{z}(2\mathrm{d}t)\\ &=(4x+2y-\ln z)\mathrm{d}s+\left(4yt+2t\ln z-\frac{2y}{z}\right)\mathrm{d}t.\end{aligned}$$

那么有

$$\frac{\partial u}{\partial s}=4x+2y-\ln z,\qquad \frac{\partial u}{\partial t}=4yt+2t\ln z-\frac{2y}{z}.$$

如果只需要求一个导数，即$\partial u/\partial t$，那么就可以让 ds=0 来节省一些工作. 为了说明我们已经做到了这一点，可以这样写：

$$\begin{aligned}\mathrm{d}u_s &=(2x+2y)(2t\mathrm{d}t)+(2x-\ln z)(-2t\mathrm{d}t)-\frac{y}{z}(2\mathrm{d}t)\\ &=\left(4yt+2t\ln z-\frac{2y}{z}\right)\mathrm{d}t.\end{aligned}$$

下标 s 表示 s 保持不变. 除以 dt，就等于$\partial u/\partial t$，如之前一样. 我们也可以用导数代替微分. 通过一个如式（5.1）一样的方程，得到

$$\frac{\partial u}{\partial t}=\frac{\partial u}{\partial x}\frac{\partial x}{\partial t}+\frac{\partial u}{\partial y}\frac{\partial y}{\partial t}+\frac{\partial u}{\partial z}\frac{\partial z}{\partial t}. \tag{7.2}$$

其中我们把所有 t 的导数写成偏导数形式，因为 u，x，y 和 z 都依赖于 s 和 t. 使用式（7.2）得到

$$\frac{\partial u}{\partial t}=(2x+2y)(2t)+(2x-\ln z)(-2t)+\left(-\frac{y}{z}\right)(2)=4yt+2t\ln z-\frac{2y}{z}.$$

有时用矩阵形式写出链式法则公式是有用的（矩阵乘法见第 3 章 3.6 节）. 如上所述，已知 $u=f(x,y,z)$，$x(s,t)$，$y(s,t)$，$z(s,t)$，我们可以用下面的矩阵形式写出如式（7.2）的方程：

$$\begin{pmatrix}\frac{\partial u}{\partial s} & \frac{\partial u}{\partial t}\end{pmatrix}=\begin{pmatrix}\frac{\partial u}{\partial x} & \frac{\partial u}{\partial y} & \frac{\partial u}{\partial z}\end{pmatrix}\begin{pmatrix}\frac{\partial x}{\partial s} & \frac{\partial x}{\partial t}\\ \frac{\partial y}{\partial s} & \frac{\partial y}{\partial t}\\ \frac{\partial z}{\partial s} & \frac{\partial z}{\partial t}\end{pmatrix}. \tag{7.3}$$

有时式（7.3）用缩写形式写成

$$\frac{\partial(u)}{\partial(s,t)}=\frac{\partial(u)}{\partial(x,y,z)}\frac{\partial(x,y,z)}{\partial(s,t)}.$$

这让人想起下面的式子：

$$\frac{\mathrm{d}y}{\mathrm{d}t}=\frac{\mathrm{d}y}{\mathrm{d}x}\frac{\mathrm{d}x}{\mathrm{d}t}.$$

但要注意两个点：(a) 记住这个公式可能有帮助，但要使用它，你必须理解它意味着矩阵乘积式（7.3）. (b) 符号$\partial(u,v)/\partial(x,y)$ 通常表示行列式而不是偏导数矩阵（见第 5 章 5.4 节）.

在这些问题中，你可能会说，为什么不代入呢？看看下面的问题.

例 3　求 $\mathrm{d}z/\mathrm{d}t$，已知 $z=x-y$ 和下面式子：

$$x^2+y^2=t^2,$$
$$x\sin t=y\mathrm{e}^y.$$

从 z 的方程，有

$$\mathrm{d}z=\mathrm{d}x-\mathrm{d}y.$$

我们需要 $\mathrm{d}x$ 和 $\mathrm{d}y$；这里我们不能用 t 来表示 x 和 y，但我们可以用其他两个方程的 $\mathrm{d}t$ 来表示 $\mathrm{d}x$ 和 $\mathrm{d}y$，这就是我们需要的. 两个方程两边取微分得到

$$2x\mathrm{d}x+2y\mathrm{d}y=2t\mathrm{d}t,$$
$$\sin t\mathrm{d}x+x\cos t\mathrm{d}t=(y\mathrm{e}^y+\mathrm{e}^y)\mathrm{d}y.$$

重新组合：

$$x\mathrm{d}x+y\mathrm{d}y=t\mathrm{d}t,$$
$$\sin t\mathrm{d}x-(y+1)\mathrm{e}^y\mathrm{d}y=-x\cos t\mathrm{d}t.$$

用行列式求出 $\mathrm{d}x$ 和 $\mathrm{d}y$（用 $\mathrm{d}t$ 表示）：

$$\mathrm{d}x=\frac{\begin{vmatrix} t\mathrm{d}t & y \\ -x\cos t\mathrm{d}t & -(y+1)\mathrm{e}^y \end{vmatrix}}{\begin{vmatrix} x & y \\ \sin t & -(y+1)\mathrm{e}^y \end{vmatrix}}=\frac{-t(y+1)\mathrm{e}^y+xy\cos t}{-x(y+1)\mathrm{e}^y-y\sin t}\mathrm{d}t,$$

$\mathrm{d}y$ 类似. 把 $\mathrm{d}x$ 和 $\mathrm{d}y$ 代入的 $\mathrm{d}z$ 方程，除以 $\mathrm{d}t$，得到 $\mathrm{d}z/\mathrm{d}t$. 计算机可以为我们节省一些计算代数时间.

当 x 和 y 以 s 和 t 的函数隐式给出时，我们也可以做这样的问题.

例 4　求$\partial z/\partial s$ 和$\partial z/\partial t$，已知：

$$z=x^2+xy,$$
$$x^2+y^3=st+5,$$
$$x^3-y^2=s^2+t^2.$$

我们有 $\mathrm{d}z=2x\mathrm{d}x+x\mathrm{d}y+y\mathrm{d}x$. 为了从其他两个方程中求出 $\mathrm{d}x$ 和 $\mathrm{d}y$，我们对每个方程求微分：

$$\begin{aligned}2x\mathrm{d}x+3y^2\mathrm{d}y&=s\mathrm{d}t+t\mathrm{d}s,\\3x^2\mathrm{d}x-2y\mathrm{d}y&=2s\mathrm{d}s+2t\mathrm{d}t.\end{aligned}\tag{7.4}$$

我们可以求解用 $\mathrm{d}s$ 和 $\mathrm{d}t$ 表示的 $\mathrm{d}x$ 和 $\mathrm{d}y$ 的这两个方程，得到

$$dx=\frac{\begin{vmatrix} s\mathrm{d}t+t\mathrm{d}s & 3y^2 \\ 2s\mathrm{d}s+2t\mathrm{d}t & -2y \end{vmatrix}}{\begin{vmatrix} 2x & 3y^2 \\ 3x^2 & -2y \end{vmatrix}}=\frac{(-2ys-6ty^2)\mathrm{d}t+(-2yt-6sy^2)\mathrm{d}s}{-4xy-9x^2y^2}.$$

并且可求出 dy 类似的表达式. 把 dx 和 dy 的这些值代入 dz，求出用 ds 和 dt 表示的 dz，就像例题 1 一样；则可以写出 $\partial z/\partial s$ 和 $\partial z/\partial t$，像刚才一样（见习题 4.7 第 11 题）. 注意，如果只求一个导数，如 $\partial z/\partial t$，把 $ds=0$ 代入式（7.4）可以节省一些代数计算. 还需要注意，如果只求某一点的导数，也可以节省一些代数运算. 假设在 $x=3$，$y=1$，$s=1$，$t=5$ 处求 $\partial z/\partial s$ 和 $\partial z/\partial t$，我们把这些值代入式（7.4）得到

$$6dx+3dy=dt+5ds,$$

$$27dx-2dy=10dt+2ds.$$

我们解出了 dx 和 dy 的这些方程，并把它们代入 dz，和之前一样，但是用数值系数做代数运算更简单（见习题 4.7 第 11 题）.

到目前为止，我们已经假设自变量是“自然”对，像 x 和 y，或 s 和 t. 例如，上面我们写的 $\partial x/\partial s$，理所当然地认为变量 t 保持不变. 在某些应用中（特别是热力学），不清楚其他自变量是什么，我们必须更明确地指出. 我们写出 $(\partial x/\partial s)_t$，它指的是 s 和 t 是两个自变量，x 是它们的函数，那么 x 对 s 求偏导数. 假设我们试着从例题 4 的 3 个方程中求出一个看起来很奇怪的导数.

例 5 给定例 4 的方程，求 $(\partial s/\partial z)_x$.

首先，让我们看看这个问题是否有意义. 这 3 个方程中有 5 个变量，如果我们给其中 2 个赋值，就能求出另外 3 个. 也就是说，有两个自变量，另外 3 个是这 2 个的函数. 如果 z 和 x 是自变量，那么 s，t，y 是 z 和 x 的函数. 我们应该能够求出它们的偏导，比如 $(\partial s/\partial z)_x$，这是我们想求的. 为了进行必要的工作，我们首先重新整理方程（7.4）和 dz 方程，得到

$$-x\,dy=(2x+y)\,dx-dz,$$

$$t\,ds+s\,dt-3y^2dy=2x\,dx,$$

$$2s\,ds+2t\,dt+2y\,dy=3x^2dx.$$

从这 3 个方程中，我们可以用 dx 和 dz 来表示 ds，dt 和 dy（用行列式或消元法——和你用来解任何线性方程组的方法一样）. 那么我们可以求出 $s(x,z)$，$t(x,z)$ 或 $y(x,z)$ 对 x 和对 z 的偏导，例如，为了求出 $(\partial y/\partial z)_x$，我们从第一个方程得到

$$dy=\frac{1}{x}dz-\frac{2x+y}{x}dx,$$

$$\left(\frac{\partial y}{\partial z}\right)_x=\frac{1}{x}.$$

注意，如果我们只想求这个导数，就不需要微分这 3 个方程；你需要先知道有多少微分是必要的！为了求出 $(\partial s/\partial z)_x$，我们必须用 dx 和 dz 来求解 ds 的 3 个方程；通过先令 $dx=0$，这样就节省了一些工作. 为了说明这一点，我们写出 ds_x 和 dz_x，则得到

$$ds_x=\frac{\begin{vmatrix}-dz_x & 0 & -x\\ 0 & s & -3y^2\\ 0 & 2t & 2y\end{vmatrix}}{\begin{vmatrix}0 & 0 & -x\\ t & s & -3y^2\\ 2s & 2t & 2y\end{vmatrix}}=\frac{-(2sy+6ty^2)\,dz_x}{-x(2t^2-2s^2)},$$

$$\left(\frac{\partial s}{\partial z}\right)_x=\frac{sy+3ty^2}{x(t^2-s^2)}.$$

在这个问题上，我们可以用计算机来节省一些代数运算.

例 6 设 x，y 是直角坐标；r，θ 是一个平面极坐标. 那么它们之间关系的方程是

$$x=r\cos\theta,\quad y=r\sin\theta, \tag{7.5}$$

或者

$$r=\sqrt{x^2+y^2},\quad \theta=\arctan\frac{y}{x}. \tag{7.6}$$

假设我们想要求出 $\partial\theta/\partial x$. 记住，如果 $y=f(x)$，dy/dx 和 dx/dy 互为倒数，你可以通过取 $\partial x/\partial\theta$ 的倒数求出 $\partial\theta/\partial x$，这比直接求出 $\partial\theta/\partial x$ 更容易. 但这是错误的，从式（7.6）我们得到

$$\frac{\partial\theta}{\partial x}=\frac{-y/x^2}{1+(y^2/x^2)}=-\frac{y}{r^2}. \tag{7.7}$$

根据 $x=r\cos\theta$ 得到

$$\frac{\partial x}{\partial\theta}=-r\sin\theta=-y. \tag{7.8}$$

它们不是倒数，你应该仔细想想这其中的原因. $\partial\theta/\partial x$ 指的是 $(\partial\theta/\partial x)_y$，而 $\partial x/\partial\theta$ 指的是 $(\partial x/\partial\theta)_r$. 一种情况下，$y$ 保持不变，另一种情况下，r 保持不变；这就是为什么这两个导数不是倒数的原因. 的确，$(\partial\theta/\partial x)_y$ 和 $(\partial x/\partial\theta)_y$ 是互为倒数，但是直接求出 $(\partial x/\partial\theta)_y$，我们必须把 x 表达为 θ 和 y 的函数. 求出 $x=y\cot\theta$，因此得到

$$\left(\frac{\partial x}{\partial\theta}\right)_y=y(-\csc^2\theta)=\frac{-y}{\sin^2\theta}=\frac{-y}{y^2/r^2}=-\frac{r^2}{y}. \tag{7.9}$$

这是在式（7.7）中 $\partial\theta/\partial x$ 的倒数.

这是一个一般规则：$\partial u/\partial v$ 和 $\partial v/\partial u$ 通常不是倒数. 如果其他自变量（除了 u 和 v）在这两种情况下相同，那它们互为倒数.

你可以从微分方程中清楚地看到这一点. 从方程 $\theta=\arctan(y/x)$，我们可以求出

$$d\theta=\frac{x\,dy-y\,dx}{x^2}\bigg/\left(1+\frac{y^2}{x^2}\right)=\frac{x\,dy-y\,dx}{r^2}. \tag{7.10}$$

根据 $x=r\cos\theta$，得到

$$dx=\cos\theta\,dr-r\sin\theta\,d\theta=\frac{x}{r}dr-y\,d\theta. \tag{7.11}$$

根据式（7.10），如果 y 是常数，$\mathrm{d}y=0$，我们可以这样写出

$$\mathrm{d}\theta_y=-\frac{y}{r^2}\mathrm{d}x_y. \tag{7.12}$$

其中，下标 y 表示 y 是常数. 根据式（7.12），我们求出

$$\left(\frac{\partial\theta}{\partial x}\right)_y=\frac{\mathrm{d}\theta_y}{\mathrm{d}x_y}\quad 或者\quad \left(\frac{\partial x}{\partial\theta}\right)_y=\frac{\mathrm{d}x_y}{\mathrm{d}\theta_y}.$$

这些是互为倒数. 然而，根据式（7.11），我们可以求出 $(\partial x/\partial\theta)_r$ 或 $(\partial\theta/\partial x)_r$；它们也是彼此互为倒数，但与从式（7.12）中求出的导数不同.

用矩阵表示像式（7.11）这样的方程是很有趣的：

$$\begin{pmatrix}\mathrm{d}x\\ \mathrm{d}y\end{pmatrix}=\begin{pmatrix}\dfrac{\partial x}{\partial r} & \dfrac{\partial x}{\partial\theta}\\ \dfrac{\partial y}{\partial r} & \dfrac{\partial y}{\partial\theta}\end{pmatrix}\begin{pmatrix}\mathrm{d}r\\ \mathrm{d}\theta\end{pmatrix}=\begin{pmatrix}\cos\theta & -r\sin\theta\\ \sin\theta & r\cos\theta\end{pmatrix}\begin{pmatrix}\mathrm{d}r\\ \mathrm{d}\theta\end{pmatrix}=\boldsymbol{A}\begin{pmatrix}\mathrm{d}r\\ \mathrm{d}\theta\end{pmatrix}. \tag{7.13}$$

其中 $\boldsymbol{A}$ 为式（7.13）中的方阵. 类似地，我们可以这样写：

$$\begin{pmatrix}\mathrm{d}r\\ \mathrm{d}\theta\end{pmatrix}=\begin{pmatrix}\dfrac{\partial r}{\partial x} & \dfrac{\partial r}{\partial y}\\ \dfrac{\partial\theta}{\partial x} & \dfrac{\partial\theta}{\partial y}\end{pmatrix}\begin{pmatrix}\mathrm{d}x\\ \mathrm{d}y\end{pmatrix}=\boldsymbol{A}^{-1}\begin{pmatrix}\mathrm{d}x\\ \mathrm{d}y\end{pmatrix}. \tag{7.14}$$

通过式（7.13），我们可以把方阵写成 $\boldsymbol{A}^{-1}$：

$$\boldsymbol{A}^{-1}\begin{pmatrix}\mathrm{d}x\\ \mathrm{d}y\end{pmatrix}=\boldsymbol{A}^{-1}\boldsymbol{A}\begin{pmatrix}\mathrm{d}r\\ \mathrm{d}\theta\end{pmatrix}=\begin{pmatrix}\mathrm{d}r\\ \mathrm{d}\theta\end{pmatrix}.$$

那么，求出 $\boldsymbol{A}^{-1}$（见习题 4.7 第 9 题）并使用式（7.14），我们得到

$$\begin{pmatrix}\dfrac{\partial r}{\partial x} & \dfrac{\partial r}{\partial y}\\ \dfrac{\partial\theta}{\partial x} & \dfrac{\partial\theta}{\partial y}\end{pmatrix}=\begin{pmatrix}\cos\theta & \sin\theta\\ -\dfrac{1}{r}\sin\theta & \dfrac{1}{r}\cos\theta\end{pmatrix}. \tag{7.15}$$

我们可以从方程（7.15）简单地读出 r，θ 对 x，y 的 4 个偏导数（也见习题 4.7 第 9 题）. 同样使用式（7.5），并特别注意到 x 和 y 是自变量，我们有

$$\begin{aligned}&\frac{\partial r}{\partial x}=\left(\frac{\partial r}{\partial x}\right)_y=\cos\theta=\frac{x}{r}, \qquad \frac{\partial r}{\partial y}=\left(\frac{\partial r}{\partial y}\right)_x=\sin\theta=\frac{y}{r},\\ &\frac{\partial\theta}{\partial x}=\left(\frac{\partial\theta}{\partial x}\right)_y=-\frac{1}{r}\sin\theta=-\frac{y}{r^2}, \qquad \frac{\partial\theta}{\partial y}=\left(\frac{\partial\theta}{\partial y}\right)_x=\frac{1}{r}\cos\theta=\frac{x}{r^2}.\end{aligned} \tag{7.16}$$

（在式（7.3）后面提到的符号中，我们可以这样写：

$$\boldsymbol{A}\boldsymbol{A}^{-1}=\frac{\partial(x,y)}{\partial(r,\theta)}\frac{\partial(r,\theta)}{\partial(x,y)}=\text{单位矩阵}.$$

因此，尽管上面讨论的各个偏导数对不是互为倒数，但这两个偏导数矩阵是互为逆矩阵.）

习题 4.7

1. 如果 $x=yz$，$y=2\sin(y+z)$，求 $\mathrm{d}x/\mathrm{d}y$ 和 $\mathrm{d}^2x/\mathrm{d}y^2$.

2. 如果 $P=r\cos t$，$r\sin t-2te^{r}=0$，求 dP/dt.

3. 如果 $z=xe^{-y}$，$x=\cosh t$，$y=\cos s$，求 $\partial z/\partial s$ 和 $\partial z/\partial t$.

4. 如果 $w=e^{-r^2-s^2}$，$r=uv$，$s=u+2v$，求 $\partial w/\partial u$ 和 $\partial w/\partial v$.

5. 如果 $u=x^2y^3z$，$x=\sin(s+t)$，$y=\cos(s+t)$，$z=e^{st}$，求 $\partial u/\partial s$ 和 $\partial u/\partial t$.

6. 如果 $w=f(x,y)$，$x=r\cos\theta$，$y=r\sin\theta$，求 $\partial w/\partial r, \partial w/\partial\theta$ 和 $\partial^2 w/\partial r^2$ 的公式.

7. 如果 $x=r\cos\theta$，$y=r\sin\theta$，求 $(\partial y/\partial\theta)_r$ 和 $(\partial y/\partial\theta)_x$. 还可以用两种方法求 $(\partial\theta/\partial y)_x$.（从给定的方程中消去 r，然后微分，或通过在两个方程中微分然后消去 dr）. 什么情况下 $\partial y/\partial\theta$ 和 $\partial\theta/\partial y$ 互为倒数？

8. 如果 $xs^2+yt^2=1$ 和 $x^2s+y^2t=xy-4$，在 $(x,y,s,t)=(1,-3,2,-1)$ 处求 $\partial x/\partial s$，$\partial x/\partial t$，$\partial y/\partial s$，$\partial y/\partial t$. 提示：为了简化工作，只需在微分之后替换数值即可.

9. 以三种方式验证式（7.16）：

（a）微分方程（7.6）.

（b）微分式（7.5）并求出 dr 和 $d\theta$.

（c）从式（7.13）中的 $\boldsymbol{A}$ 求出在式（7.15）中的 $\boldsymbol{A}^{-1}$；注意这是矩阵形式的（b）.

10. 如果 $x^2+y^2=2st-10$ 和 $2xy=s^2-t^2$，在 $(x,y,s,t)=(4,2,5,3)$ 处求 $\partial x/\partial s$，$\partial x/\partial t$，$\partial y/\partial s$，$\partial y/\partial t$.

11. 对于一般情况和给定的数值，完成上面的例题 4. 把这些数值代入一般公式来检查你的答案.

12. 如果 $w=x+y$，$x^3+xy+y^3=s$，$x^2y+xy^2=t$，求 $\partial w/\partial s$，$\partial w/\partial t$.

13. 如果 $m=pq$，$a\sin p-p=q$，$b\cos q+q=p$，求 $(\partial p/\partial q)_m$，$(\partial p/\partial q)_a$，$(\partial p/\partial q)_b$，$(\partial b/\partial a)_p$，$(\partial a/\partial q)_m$.

14. 如果 $u=x^2+y^2+xyz$，$x^4+y^4+z^4=2x^2y^2z^2+10$，那么在点 $(x,y,z)=(2,1,1)$ 处求 $(\partial u/\partial x)_z$.

15. 已知 $x^2u-y^2v=1$，$x+y=uv$，求 $(\partial x/\partial u)_v$，$(\partial x/\partial u)_y$.

16. 令 $w=x^2+xy+z^2$，

（a）如果 $x^3+x=3t$，$y^4+y=4t$，$z^5+z=5t$，求 dw/dt.

（b）如果 $y^3+xy=1$，$z^3-xz=2$，求 dw/dx.

（c）如果 $x^3z+z^3y+y^3x=0$，求 $(\partial w/\partial x)_y$.

17. 如果 $p^3+sq=t$，$q^3+tp=s$，在 $(p,q,s,t)=(-1,2,3,5)$ 处求 $(\partial p/\partial s)_t$，$(\partial p/\partial s)_q$.

18. 如果 $m=a+b$，$n=a^2+b^2$，求 $(\partial b/\partial m)_n$ 和 $(\partial m/\partial b)_a$.

19. 如果 $z=r+s^2$，$x+y=s^3+r^3-3$，$xy=s^2-r^2$，在 $(r,s,x,y,z)=(-1,2,3,1,3)$ 处求 $(\partial x/\partial z)_s$，$(\partial x/\partial z)_r$，$(\partial x/\partial z)_y$.

20. 如果 $u^2+v^2=x^3-y^3+4$，$u^2-v^2=x^2y^2+1$，在 $(x,y,u,v)=(2,-1,3,2)$ 处求 $(\partial u/\partial x)_y$，$(\partial u/\partial x)_v$，$(\partial x/\partial u)_y$，$(\partial x/\partial u)_v$.

21. 已知 $x^2+y^2+z^2=6$，$w^3+z^3=5xy+12$，在点 $(x,y,z,w)=(1,-2,1,1)$ 处求下面偏导数.

$$\left(\frac{\partial z}{\partial x}\right)_y,\ \left(\frac{\partial z}{\partial x}\right)_w,\ \left(\frac{\partial z}{\partial y}\right)_x,\ \left(\frac{\partial z}{\partial y}\right)_w,\ \left(\frac{\partial w}{\partial x}\right)_z,\ \left(\frac{\partial x}{\partial w}\right)_z.$$

22. 如果 $w=f(ax+by)$，证明：$b\dfrac{\partial w}{\partial x}-a\dfrac{\partial w}{\partial y}=0.$

提示：令 $ax+by=z$.

23. 如果 $u=f(x-ct)+g(x+ct)$，证明：$\dfrac{\partial^2 u}{\partial x^2}=\dfrac{1}{c^2}\dfrac{\partial^2 u}{\partial t^2}.$

24. 如果 $z=\cos(xy)$，证明：$x\dfrac{\partial z}{\partial x}-y\dfrac{\partial z}{\partial y}=0.$

25. 这个问题的公式在热力学中很有用.

（a）已知 $f(x,y,z)=0$，求下面式子的公式：

$$\left(\frac{\partial y}{\partial x}\right)_z,\ \left(\frac{\partial x}{\partial y}\right)_z,\ \left(\frac{\partial y}{\partial z}\right)_x \text{和} \left(\frac{\partial z}{\partial x}\right)_y.$$

(b) 证明：

$$\left(\frac{\partial x}{\partial y}\right)_z\left(\frac{\partial y}{\partial x}\right)_z=1,$$

和

$$\left(\frac{\partial x}{\partial y}\right)_z\left(\frac{\partial y}{\partial z}\right)_x\left(\frac{\partial z}{\partial x}\right)_y=-1.$$

(c) 如果 x，y，z 分别是 t 的函数，证明：$\left(\frac{\partial y}{\partial z}\right)_x=\left(\frac{\partial y}{\partial t}\right)_x\Big/\left(\frac{\partial z}{\partial t}\right)_x$ 与 $\left(\frac{\partial z}{\partial x}\right)_y$ 和 $\left(\frac{\partial x}{\partial y}\right)_z$ 对应的公式.

26. 已知 $f(x,y,z)=0$，$g(x,y,z)=0$，求 $\mathrm{d}y/\mathrm{d}x$ 的公式.

27. 已知 $u(x,y)$，$y(x,z)$，证明：

$$\left(\frac{\partial u}{\partial x}\right)_z=\left(\frac{\partial u}{\partial x}\right)_y+\left(\frac{\partial u}{\partial y}\right)_x\left(\frac{\partial y}{\partial x}\right)_z.$$

28. 已知 $s(v,T)$ 和 $v(p,T)$，我们定义 $c_p=T(\partial s/\partial T)_p$，$c_v=T(\partial s/\partial T)_v$（$c$ 是热力学中的比热）. 证明：

$$c_p-c_v=T\left(\frac{\partial s}{\partial v}\right)_T\left(\frac{\partial v}{\partial T}\right)_p.$$

4.8 偏微分在极大值和极小值问题中的应用

你会回想起导数给出了斜率和速率，通过设 $\mathrm{d}y/\mathrm{d}x=0$，求出 $y=f(x)$ 的极大值和极小值. 通常在应用问题中，我们希望求出一个以上变量的函数的极大值或极小值. $z=f(x,y)$ 表示一个曲面，如果有一个极大值点（比如山顶），那么它为 $x=\text{const}$ 和 $y=\text{const}$ 的曲线，极大值点也为最大值点. 即，$\partial z/\partial x$ 和 $\partial z/\partial y$ 在极大值点为 0. 回想一下，$\mathrm{d}y/\mathrm{d}x=0$ 是 $y=f(x)$ 的极大值点的必要条件，但不是充分条件. 这个点可能是极小值点，也可能是水平切线的拐点；$\partial z/\partial x=0$ 和 $\partial z/\partial y=0$ 的点可能是极大值点，或极小值点，或两者都不是.（一个有趣的例子就是“鞍点”——从马鞍前面到后面的曲线有一个极小值，从一边到另一边有一个极大值，见图 4.8.1.）在求 $y=f(x)$ 的极大值时，有时可以从几何或物理中看出有一个极大值. 如果需要，你可以求出 $\mathrm{d}^2y/\mathrm{d}x^2$；如果它是负的，那么你知道有一个极大值点. 对于两个变量的函数有一个类似的（相当复杂的）二阶导数检验（见习题 4.8 第 1 题~第 7 题），但我们只在必要时才使用它. 通常我们能从问题中分辨出我们有一个极大值，一个极小值，或者两者都没有. 让我们考虑一些关于极大值或极小值问题的例子.

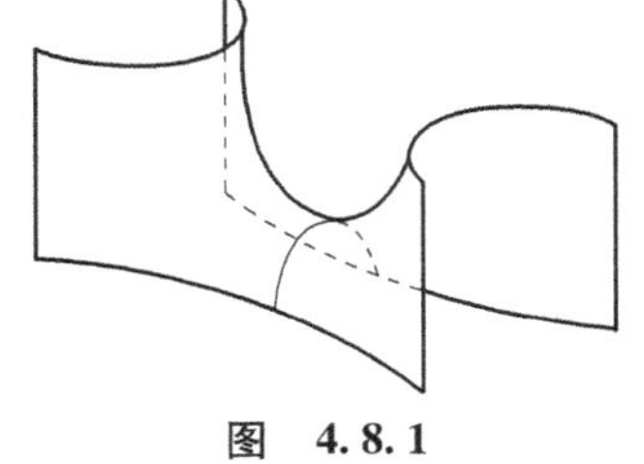

图 4.8.1

例 1 使用尽可能少的材料制做体积为 V，有侧表面但没有底面的小帐篷（见图 4.8.2）. 求出其比例.

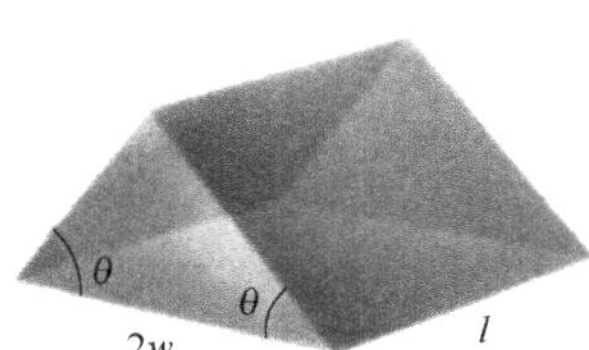

图 4.8.2

用图中所示的字母，我们求出体积 V 和面积 A：

$$V=\frac{1}{2}\cdot 2w\cdot l\cdot w\tan\theta=w^2l\tan\theta,$$

$$A=2w^2\tan\theta+\frac{2lw}{\cos\theta}.$$

由于 V 已知，3 个变量 w，l 和 θ 中只有两个变量是独立的，在我们尝试最小化 A 时，必须从 A 中消去其中一个变量，求解出关于 l 的 V 方程，并代入 A，我们得到

$$A=2w^2\tan\theta+\frac{2w}{\cos\theta}\frac{V}{w^2\tan\theta}=2w^2\tan\theta+\frac{2V}{w}\csc\theta.$$

我们现在得到了作为两个独立变量 w 和 θ 的函数 A. 为了最小化 A，我们求出 $\partial A/\partial w$ 和 $\partial A/\partial\theta$，并设它们等于零：

$$\frac{\partial A}{\partial w}=4w\tan\theta-\frac{2V\csc\theta}{w^2}=0,$$

$$\frac{\partial A}{\partial\theta}=2w^2\sec^2\theta-\frac{2V}{w}\csc\theta\cot\theta=0.$$

解出 w^3 的每一个方程并设结果相等，我们得到

$$w^3=\frac{V\csc\theta}{2\tan\theta}=\frac{V\csc\theta\cot\theta}{\sec^2\theta}\quad 或\quad \frac{\cos\theta}{2\sin^2\theta}=\frac{\cos\theta\cos^2\theta}{\sin^2\theta}.$$

你应该说服自己，无论是 $\sin\theta=0$ 还是 $\cos\theta=0$ 是可能的（帐篷在这两种情况下倒塌为零体积）. 因此我们可以假设 $\sin\theta\neq0$ 和 $\cos\theta\neq0$ 并取消这些因子，得到 $\cos^2\theta=\frac{1}{2}$或 $\theta=45°$. 那么 $\tan\theta=1$，$V=w^2l$，并从 $\partial A/\partial w$ 方程得到 $2w=l\sqrt{2}$. 那么帐篷的高度（峰值）是 $w\tan\theta=w=1/\sqrt{2}$.

习题 4.8

1. 利用关于 $x=a$ 的泰勒级数来验证我们熟悉的求出极大值或极小值点的“二阶导数检验”. 也就是，证明如果 $f'(a)=0$，那么 $f''(a)>0$ 意味着在 $x=a$ 处有一个极小值点和 $f''(a)<0$ 意味着在 $x=a$ 处有一个极大值点. 提示：对于一个极小值点，你必须证明对于所有足够靠近 a 的 x 有 $f(x)>f(a)$.

2. 利用两变量泰勒级数［见式（2.7）］证明以下关于两个变量函数的极大值点和极小值点的“二阶导数检验”. 如果在 (a,b) 处有 $f_x=f_y=0$，则：

如果在 (a,b) 处有 $f_{xx}>0$，$f_{yy}>0$，$f_{xx}f_{yy}>f_{xy}^2$，那么 (a,b) 是极小值点；

如果在 (a,b) 处有 $f_{xx}<0$，$f_{yy}<0$，$f_{xx}f_{yy}>f_{xy}^2$，那么 (a,b) 是极大值点；

如果 $f_{xx}f_{yy}<f_{xy}^2$，(a,b) 既不是极大值点也不是极小值点（注意，这里包括 $f_{xx}f_{yy}<0$，即是 f_{xx} 和 f_{yy} 的符号相反）.

提示：设 $f_{xx}=A$，$f_{xy}=B$，$f_{yy}=C$，那么泰勒级数的二阶导数项是 $Ah^2+2Bhk+Ck^2$，这可以写成 $A(h+Bk/A)^2+(C-B^2/A)k^2$. 求出什么时候这个表达式对于所有小的 h，k（即，所有 (x,y) 在 (a,b) 附近）是正的；还要求出什么时候对于所有小的 h，k，这个表达式是负的，并求出什么时候对于所有小的 h，k，这个表达式有正值和负值.

利用习题 2 中的性质求出第 3 题～第 6 题中函数的极大值和极小值.

3. $x^2+y^2+2x-4y+10$
4. $x^2-y^2+2x-4y+10$
5. $4+x+y-x^2-xy-\frac{1}{2}y^2$
6. $x^3-y^3-2xy+2$

7. 已知 $z=(y-x^2)(y-2x^2)$，证明：z 在 $(0,0)$ 处既没有极大值也没有极小值，尽管 z 在通过点 $(0,0)$ 的每条直线上都有最小值.

8. 天沟是由 24cm 宽的长条金属片制成的，每边弯曲的角度相等，如图 4.8.3 所示，求出使水槽的承

载能力尽可能大的角度和尺寸.

9. 一个有矩形边和底部（没有顶部）的鱼缸可以容纳 5gal 的水. 求出使用最少材料制作鱼缸的比例.

10. 如果底部的厚度是侧边的三倍，重复完成第 9 题.

11. 如图 4.8.4 所示，求出最经济的帐篷比例，没有底面.

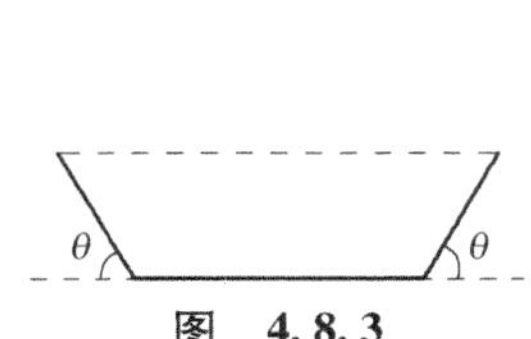

图 4.8.3

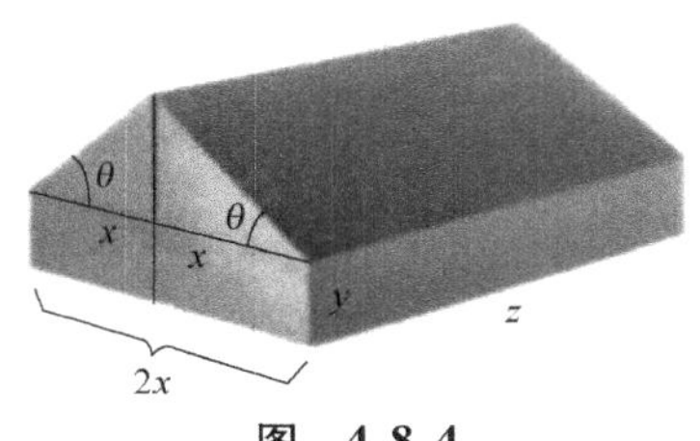

图 4.8.4

12. 求出从原点到曲面 $z=xy+5$ 的最短距离.

13. 给定在（0,1），（1,0），（2,3）处的质量分别为 m，$2m$ 和 $3m$ 的质点，求出使它们的总惯性矩最小的点 P.（回想一下，为了求 m 关于 P 的转动惯量，用 m 乘以它到 P 的距离的平方.）

14. 对于在（x_1,y_1），（x_2,y_2），（x_3,y_3）处的质量分别为 m_1，m_2，m_3 的质点，重复第 13 题. 证明你求出的点是质心.

15. 求出在通过（1,0,0）和（0,1,0）的直线上最靠近直线 $x=y=z$ 的点，并求出在直线 $x=y=z$ 上最靠近直线（通过（1,0,0）和（0,1,0））的点.

16. 寻找最佳直线拟合一组数据点（x_n,y_n），在"最小二乘法"意义上意味着：假设直线的方程是 $y=mx+b$，并验证从点（x_n,y_n）到直线的垂线偏差是 $y_n-(mx_n+b)$. 写出 S=偏差的平方和，把 x_n，y_n 的已知值代入 m 和 b 表示的函数 S，然后求出使 S 最小化的 m 和 b.

对这组数据点：(−1,−2)，(0,0)，(1,3) 执行这个规则. 通过计算机检查你的结果，同时使用计算机绘制（在同一坐标轴上）给定的点和近似直线.

17. 对下列每组数据点重复第 16 题.

(a) (1,0)，(2,−1)，(3,−8)

(b) (−2,−6)，(−1,−3)，(0,0)，(1,9/2)，(2, 7)

(c) (−2, 4)，(−1,0)，(0,−1)，(1,−8)，(2,−10)

4.9 具有约束的极大值和极小值问题 拉格朗日乘数法

一些例子将说明这些方法.

例 1 将导线弯曲以拟合成曲线 $y=1-x^2$（见图 4.9.1）. 弦从原点被拉伸到曲线上的一点（x,y），求出使弦的长度最小的（x,y）.

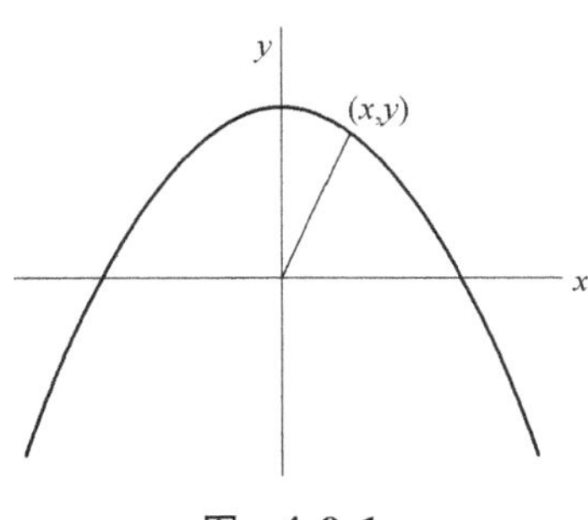

图 4.9.1

我们想最小化从原点到点（x,y）的距离 $d=\sqrt{x^2+y^2}$，这等价于最小化 $f=d^2=x^2+y^2$. 但是 x 和 y 不是独立的，它们由曲线方程联系起来. 变量之间的这种额外关系就是我们所说的约束. 在应用中，涉及约束的问题经常发生.

解决这类问题有几种方法. 我们将讨论以下方法：(a) 消元法，(b) 隐式微分法，(c) 拉格朗日乘数法.

（a）**消元法** 最明显的方法是消去 y，然后最小化下面的式子：

$$f=x^2+(1-x^2)^2=x^2+1-2x^2+x^4=x^4-x^2+1.$$

这只是一个普通的微积分问题：

$$\frac{\mathrm{d}f}{\mathrm{d}x}=4x^3-2x=0,\quad x=0,\quad \text{或}\quad x=\pm\sqrt{\frac{1}{2}}.$$

这些点中哪个是极大值哪个是极小值并不是很明显，所以在这个简单的问题中有必要求二阶导数：

$$\frac{\mathrm{d}^2f}{\mathrm{d}x^2}=12x^2-2=\begin{cases}-2,\ x=0, & \text{（相对极大值）}\\ 4,\ x=\pm\sqrt{1/2}, & \text{（极小值）}\end{cases}$$

我们想要的最小值出现在 $x=\pm\sqrt{1/2}$，$y=1/2$ 处.

（b）**隐式微分法** 假设无法解出 y 并代入，我们仍然可以做这个问题. 根据 $f=x^2+y^2$，求出

$$\mathrm{d}f=2x\mathrm{d}x+2y\mathrm{d}y\quad \text{或者}\quad \frac{\mathrm{d}f}{\mathrm{d}x}=2x+2y\frac{\mathrm{d}y}{\mathrm{d}x}. \tag{9.1}$$

从一个方程如关于 x 和 y 的方程 $y=1-x^2$ 中，我们可以用 $\mathrm{d}x$ 表示 $\mathrm{d}y$，即使这个方程对 y 是不可解的. 在这里我们得到

$$\mathrm{d}y=-2x\mathrm{d}x.$$

从 $\mathrm{d}f$ 中消去 $\mathrm{d}y$，有

$$\mathrm{d}f=(2x-4xy)\mathrm{d}x\quad \text{或者}\quad \frac{\mathrm{d}f}{\mathrm{d}x}=2x-4xy.$$

为了最小化 f，我们令 $\mathrm{d}f/\mathrm{d}x=0$（或者在微分符号中，对于任意的 $\mathrm{d}x$，我们令 $\mathrm{d}f=0$）. 这给出

$$2x-4xy=0.$$

这个方程联立曲线 $y=1-x^2$ 的方程求解，得到 $2x-4x(1-x^2)=0$，$x=0$ 或 $\pm\sqrt{1/2}$，如前面一样.

为了测试极大值或极小值，我们需要 $\mathrm{d}^2f/\mathrm{d}x^2$. 对式（9.1）中的 $\mathrm{d}f/\mathrm{d}x$ 对 x 求导，得到

$$\frac{\mathrm{d}^2f}{\mathrm{d}x^2}=2+2\left(\frac{\mathrm{d}y}{\mathrm{d}x}\right)^2+2y\frac{\mathrm{d}^2y}{\mathrm{d}x^2}.$$

在 $x=0$ 处，求出 $y=1$，$\mathrm{d}y/\mathrm{d}x=0$，$\mathrm{d}^2y/\mathrm{d}x^2=-2$，所以有

$$\frac{\mathrm{d}^2f}{\mathrm{d}x^2}=2-4=-2.$$

这是一个极大值点. 在 $x=\pm\sqrt{1/2}$ 处，求出

$$y=\frac{1}{2},\quad \frac{\mathrm{d}y}{\mathrm{d}x}=\mp\sqrt{2},\quad \frac{\mathrm{d}^2y}{\mathrm{d}x^2}=-2.$$

所以有

$$\frac{\mathrm{d}^2f}{\mathrm{d}x^2}=2+4-2=4.$$

这一点是要求的最小值. 特别要注意的是，你可以做（b）的每一步，即使曲线方程不能解出 y.

我们可以使用与例题 1 中类似的方法来处理几个独立变量的问题. 考虑这个问题.

例 2 求出从原点到平面 $x-2y-2z=3$ 的最短距离.

我想最小化从原点到平面上的一个点 (x,y,z) 的距离 $d=\sqrt{x^2+y^2+z^2}$. 这等价于当 $x-2y-2z=3$ 时，求 $f=d^2=x^2+y^2+z^2$ 的最小值. 我们可以用平面方程从 f 中消去一个变量，比如 x. 然后我们有

$$f=(3+2y+2z)^2+y^2+z^2.$$

这里 f 是两个自变量 y 和 z 的函数，为了最小化 f，我们设 $\partial f/\partial y=0$，$\partial f/\partial z=0$.

$$\frac{\partial f}{\partial y}=2(3+2y+2z)\cdot 2+2y=0,$$

$$\frac{\partial f}{\partial z}=2(3+2y+2z)\cdot 2+2z=0.$$

解出 y 和 z 的方程，得到 $y=z=-2/3$，所以从平面方程得到 $x=1/3$. 那么，

$$f_{\min}=\left(\frac{1}{3}\right)^2+\left(\frac{2}{3}\right)^2+\left(\frac{2}{3}\right)^2=1,\quad d_{\min}=1.$$

从几何学上可以清楚地看出，这是从原点到平面的最小距离. 因此，这是没有二阶导数检验的.（见第 3 章 3.5 节，了解解决这个问题的另一种方法.）

有任意数量变量的问题可以用这种方法来解决，如果方程是隐式的，也可以用方法（b）来解决.

（c）**拉格朗日乘数法** 方法（a）和（b）可能涉及大量的代数. 我们可以用拉格朗日乘数法或者待定乘数法来简化这个代数. 我们要考虑一个问题就像我们在（a）或（b）中讨论过的. 一般来说，我们想要求出一个函数 $f(x,y)$ 的极大值或极小值，其中 x 和 y 由方程 $\phi(x,y)=\text{const}$关联起来. 那么 f 实际上是一个单变量函数（比如 x），为了求出 f 的极大值或极小值点，我们令 $\mathrm{d}f/\mathrm{d}x=0$ 或 $\mathrm{d}f=0$，如在式（9.1）一样，由于 $\phi=\text{const}$，我们得到 $\mathrm{d}\phi=0$.

$$\mathrm{d}f=\frac{\partial f}{\partial x}\mathrm{d}x+\frac{\partial f}{\partial y}\mathrm{d}y=0,$$

$$\mathrm{d}\phi=\frac{\partial \phi}{\partial x}\mathrm{d}x+\frac{\partial \phi}{\partial y}\mathrm{d}y=0. \tag{9.2}$$

在方法（b）中，我们求解了用 $\mathrm{d}x$ 表示 $\mathrm{d}y$ 的 $\mathrm{d}\phi$ 方程，并把它代入 $\mathrm{d}f$；这通常涉及复杂的代数运算. 相反，我们用 λ 乘以 $\mathrm{d}\phi$ 方程（这是待定乘数法——将在稍后求出它的值），并将它加到 $\mathrm{d}f$ 方程，那么有

$$\left(\frac{\partial f}{\partial x}+\lambda\frac{\partial \phi}{\partial x}\right)\mathrm{d}x+\left(\frac{\partial f}{\partial y}+\lambda\frac{\partial \phi}{\partial y}\right)\mathrm{d}y=0. \tag{9.3}$$

我们现在选择 λ，所以有

$$\frac{\partial f}{\partial y}+\lambda\frac{\partial \phi}{\partial y}=0. \tag{9.4}$$

（也就是说，我们选择 $\lambda=-(\partial f/\partial y)/(\partial\phi/\partial y)$，但它没有必要用这个复杂的形式写出！事实上，这正是拉格朗日乘数 λ 的意义所在，通过使用缩写 λ 来代表一个复杂的表达式，我们可以避免一些代数）. 那么从式（9.3）到式（9.4）得到

$$\frac{\partial f}{\partial x}+\lambda\frac{\partial \phi}{\partial x}=0. \tag{9.5}$$

由式（9.4）、式（9.5）和 $\phi(x,y)=\text{const}$ 现在可以求解出 3 个未知数 x，y，λ. 事实上，我们并不用求出 λ 的值，但是如果我们求出它，通常代数很简单，并使用它求出 x 和 y. 注意，式（9.4）和式（9.5）就是在有一个下面函数的情况下会写出的方程：

$$F(x,y)=f(x,y)+\lambda\phi(x,y). \tag{9.6}$$

上面函数有两个自变量 x 和 y，我们想要求出它的极大值和极小值. 实际上，当然，x 和 y 不是独立的；它们与 ϕ 方程相关. 然而，式（9.6）为我们提供了一种描述和记忆如何得到式（9.4）和式（9.5）的简单方法. 因此，拉格朗日乘数法可以表述为：

当 x 和 y 与方程 $\phi(x,y)=$ 常数相关，为了求出 $f(x,y)$ 的极大或极小值，如式（9.6）所示，构造函数 $F(x,y)$ 并设 F 的两个偏导数为零［式（9.4）和式（9.5）］. 然后求解这两个方程和方程 $\phi(x,y)=$ 常数，得到 3 个未知数 x，y 和 λ. (9.7)

作为该方法的一个简单说明，我们将用拉格朗日乘数法来做例题 1 的问题. 在这里有

$$f(x,y)=x^2+y^2, \qquad \phi(x,y)=y+x^2=1.$$

写出用于最小化的方程：

$$F(x,y)=f+\lambda\phi=x^2+y^2+\lambda(y+x^2),$$

即

$$\begin{aligned}\frac{\partial F}{\partial x}&=2x+\lambda\cdot 2x=0,\\ \frac{\partial F}{\partial y}&=2y+\lambda=0.\end{aligned} \tag{9.8}$$

这些方程与 ϕ 方程 $y+x^2=1$ 联合求解. 从式（9.8）中的第一个方程可知，$x=0$ 或 $\lambda=-1$. 如果 $x=0$，从 ϕ 方程可知 $y=1$（并且 $\lambda=-2$）. 如果 $\lambda=-1$，从第二个方程给出了 $y=1/2$，那么 ϕ 方程给出了 $x^2=\frac{1}{2}$. 这些是我们之前得到的值，该方法在测试我们是否求出了极大值或极小值方面没有提供任何新内容，因此我们将不再重复这项工作，如果能够从几何学或物理学中看出我们所求出的值，我们就不会费心去验证.

拉格朗日乘数法极大地简化了更为复杂的问题。考虑下面这个问题.

例 3 求出最大的矩形平行六面体（即长方体）的体积，其每条边与坐标轴平行，并与椭球面内切，椭球面为

$$\frac{x^2}{a^2}+\frac{y^2}{b^2}+\frac{z^2}{c^2}=1.$$

设点 (x,y,z) 是第一卦限中长方体与椭球面接触的角. 那么 (x,y,z) 满足椭球面方程，长方体的体积是 $8xyz$（因为有 8 个卦限）. 我们的问题是最大化 $f(x,y,z)=8xyz$，其中，x，y，z 与椭球面方程相关

$$\phi(x,y,z)=\frac{x^2}{a^2}+\frac{y^2}{b^2}+\frac{z^2}{c^2}=1$$

用拉格朗日乘数法：

$$F(x,y,z)=f+\lambda\phi=8xyz+\lambda\left(\frac{x^2}{a^2}+\frac{y^2}{b^2}+\frac{z^2}{c^2}\right),$$

令 F 的 3 个偏导数为 0：

$$\frac{\partial F}{\partial x}=8yz+\lambda\cdot\frac{2x}{a^2}=0,$$

$$\frac{\partial F}{\partial y}=8xz+\lambda\cdot\frac{2y}{b^2}=0,$$

$$\frac{\partial F}{\partial z}=8xy+\lambda\cdot\frac{2z}{c^2}=0.$$

这 3 个方程与方程 $\phi=1$ 联合求解得出 x，y，z 和 λ.（虽然我们不需要求出 λ，但是先求出它可能更简单.）第一个方程乘以 x，第二个乘以 y，第三个乘以 z，相加得到

$$3\cdot 8xyz+2\lambda\left(\frac{x^2}{a^2}+\frac{y^2}{b^2}+\frac{z^2}{c^2}\right)=0.$$

利用椭球面的方程，我们可以把它简化为

$$24xyz+2\lambda=0 \quad 或者 \quad \lambda=-12xyz.$$

把 λ 代入 $\partial F/\partial x$ 方程，得到

$$8yz-12xyz\cdot\frac{2x}{a^2}=0.$$

从几何的角度来看，很明显长方体的角不应该在 y 或 z 等于 0 的地方，所以我们除以 yz，然后解出 x，得到

$$x^2=\frac{1}{3}a^2.$$

另外两个方程也可以用同样的方法求解. 然而，从对称性可以很清楚地看出，解是 $y^2=\frac{1}{3}b^2$ 和 $z^2=\frac{1}{3}c^2$. 那么最大体积是

$$8xyz=\frac{8abc}{3\sqrt{3}}.$$

你可能会把这个相当简单的代数与方法（a）中所涉及的内容进行对比，在这里你需要解出椭球面方程，比如 z，把它代入体积公式，然后对平方根求导，即使是通过方法（b），你也会从椭球面方程中求出 $\partial z/\partial x$ 或类似的表达式.

我们应该证明拉格朗日乘数法对于涉及多个独立变量的问题是合理的. 我们想求出当 $\phi(x,y,z)$ = 常数时 $f(x,y,z)$ 的极大或极小值.（你可能会注意到，每一步证明都可以很容易地扩展到更多的变量.）我们取 f 和 ϕ 方程的导数. 由于 ϕ = 常数，则有 $\mathrm{d}\phi=0$. 令 $\mathrm{d}f=0$，因为我们想求出 f 的极大值和极小值，因此可写出

$$\mathrm{d}f=\frac{\partial f}{\partial x}\mathrm{d}x+\frac{\partial f}{\partial y}\mathrm{d}y+\frac{\partial f}{\partial z}\mathrm{d}z=0,$$

$$\mathrm{d}\phi=\frac{\partial \phi}{\partial x}\mathrm{d}x+\frac{\partial \phi}{\partial y}\mathrm{d}y+\frac{\partial \phi}{\partial z}\mathrm{d}z=0. \tag{9.9}$$

我们能从 $\mathrm{d}\phi$ 方程求出 $\mathrm{d}z$，把它代入 $\mathrm{d}f$ 方程；这相当于方法（b），可能涉及复杂的代数. 相反，我们构造和 $F=f+\lambda\phi$，使用式（9.9）求出

$$\begin{aligned}\mathrm{d}F &= \mathrm{d}f+\lambda\mathrm{d}\phi \\ &= \left(\frac{\partial f}{\partial x}+\lambda\frac{\partial \phi}{\partial x}\right)\mathrm{d}x+\left(\frac{\partial f}{\partial y}+\lambda\frac{\partial \phi}{\partial y}\right)\mathrm{d}y+\left(\frac{\partial f}{\partial z}+\lambda\frac{\partial \phi}{\partial z}\right)\mathrm{d}z.\end{aligned} \tag{9.10}$$

在这个问题上有两个自变量（由于 x，y 和 z 通过 $\phi=\mathrm{const}$ 相关）. 假设 x 和 y 是独立的，那么从 ϕ 方程可知 z 是因变量. 类似地，$\mathrm{d}x$ 和 $\mathrm{d}y$ 可以取任意值，而 $\mathrm{d}z$ 是因变量. 让我们选择 λ，因此有

$$\frac{\partial f}{\partial z}+\lambda\frac{\partial \phi}{\partial z}=0. \tag{9.11}$$

则根据式（9.10），对于 $\mathrm{d}y=0$，我们得到

$$\frac{\partial f}{\partial x}+\lambda\frac{\partial \phi}{\partial x}=0. \tag{9.12}$$

对于 $\mathrm{d}x=0$，我们得到

$$\frac{\partial f}{\partial y}+\lambda\frac{\partial \phi}{\partial y}=0. \tag{9.13}$$

我们可以使用类似式（9.7）的规则来得到式（9.11）、式（9.12）和式（9.13）.

当 $\phi(x,y,z)=$ 常数时，为了求出 $f(x,y,z)$ 的极大和极小值，构造函数 $F=f+\lambda\phi$，并设 F 的 3 个偏导数为零. 联合求解这些方程和方程 $\phi=$ 常数，得到 x，y，z 和 λ.（对于变量更多的问题，方程更多，但方法不变.） (9.14)

考虑式（9.9）~式（9.13）的几何意义是很有趣的. 回想一下，x，y，z 由方程 $\phi(x,y,z)=\mathrm{const}$ 相关. 例如，我们可能会想到求解 ϕ 方程得到 $z=z(x,y)$. 那么 x 和 y 是独立变量，z 是它们的一个函数. 几何上，$z=z(x,y)$ 是一个平面，如图 4.3.2 所示. 如果我们开始于表面上的点 P（见图 4.3.2），在 x 方向增加 $\mathrm{d}x$，在 y 方向增加 $\mathrm{d}y$，在 z 方向增加 $\mathrm{d}z$，如在方程（3.6）给出的一样，我们正处于与表面相切于点 P 的平面上的一个点. 也就是说，矢量 $\mathrm{d}\boldsymbol{r}=\boldsymbol{i}\mathrm{d}x+\boldsymbol{j}\mathrm{d}y+\boldsymbol{k}\mathrm{d}z$（在图 4.3.2 中的$\overrightarrow{PB}$）在表面的切平面上. 现在式（9.9）中的第二个方程是 $\mathrm{d}\boldsymbol{r}$ 与下面矢量的点积（见第 3 章，方程（4.10））：

$$\boldsymbol{i}\frac{\partial \phi}{\partial x}+\boldsymbol{j}\frac{\partial \phi}{\partial y}+\boldsymbol{k}\frac{\partial \phi}{\partial z},$$

（称为 ϕ 的梯度，写为 $\mathrm{grad}\phi$，见第 6 章 6.6 节）. 我们可以把式（9.9）中的第二个方程写为 $\mathrm{d}\phi=(\mathrm{grad}\phi)\cdot\mathrm{d}\boldsymbol{r}=0$. 回想一下（见第 3 章，方程（4.12）），如果两个矢量的点积是零，那么它们是垂直的. 因此，由于 $\mathrm{d}\boldsymbol{r}$ 是表面 $\phi=$ 常数的切平面上的任意矢量，所以式（9.9）说明，$\mathrm{grad}\phi$ 在 P 点垂直于这个平面，或垂直于表面 $\phi=$ 常数. 式（9.9）的第一个方程说明，$\mathrm{grad}f$ 也垂直于这个平面. 因此 $\mathrm{grad}\phi$ 和 $\mathrm{grad}f$ 在同一个方向，所以它们的分量成比例，这就是式（9.11）、式（9.12）、式（9.13）所说明的. 我们也可以说表面 $\phi=$ 常数和 $f=$ 常数在点 P 处相切；也就是说，它们有相同的切平面和法线，$\mathrm{grad}\phi$ 和 $\mathrm{grad}f$ 在同一个方向.

如果有几个条件（ϕ 方程），我们还可以使用拉格朗日乘数法. 如果 $\phi_1(x,y,z,w)=$ 常数，$\phi_2(x,y,z,w)=$ 常数，假设我们想求出 $f(x,y,z,w)$ 的极大或极小值，有两个自变量，比如 x 和 y，写出

$$
\begin{aligned}
\mathrm{d}f&=\frac{\partial f}{\partial x}\mathrm{d}x+\frac{\partial f}{\partial y}\mathrm{d}y+\frac{\partial f}{\partial z}\mathrm{d}z+\frac{\partial f}{\partial w}\mathrm{d}w=0,\\
\mathrm{d}\phi_1&=\frac{\partial \phi_1}{\partial x}\mathrm{d}x+\frac{\partial \phi_1}{\partial y}\mathrm{d}y+\frac{\partial \phi_1}{\partial z}\mathrm{d}z+\frac{\partial \phi_1}{\partial w}\mathrm{d}w=0,\\
\mathrm{d}\phi_2&=\frac{\partial \phi_2}{\partial x}\mathrm{d}x+\frac{\partial \phi_2}{\partial y}\mathrm{d}y+\frac{\partial \phi_2}{\partial z}\mathrm{d}z+\frac{\partial \phi_2}{\partial w}\mathrm{d}w=0.
\end{aligned}
\tag{9.15}
$$

我们可以再次使用 $\mathrm{d}\phi_1$ 和 $\mathrm{d}\phi_2$ 方程从 $\mathrm{d}f$（方法 b）中消除 $\mathrm{d}z$ 和 $\mathrm{d}w$，但代数是禁止的. 相反，通过拉格朗日乘数法构造函数 $F=f+\lambda_1\phi_1+\lambda_2\phi_2$ 和使用式（9.15）写出

$$
\begin{aligned}
\mathrm{d}F&=\mathrm{d}f+\lambda_1\mathrm{d}\phi_1+\lambda_2\mathrm{d}\phi_2\\
&=\left(\frac{\partial f}{\partial x}+\lambda_1\frac{\partial \phi_1}{\partial x}+\lambda_2\frac{\partial \phi_2}{\partial x}\right)\mathrm{d}x+\left(\frac{\partial f}{\partial y}+\lambda_1\frac{\partial \phi_1}{\partial y}+\lambda_2\frac{\partial \phi_2}{\partial y}\right)\mathrm{d}y+\\
&\quad\left(\frac{\partial f}{\partial z}+\lambda_1\frac{\partial \phi_1}{\partial z}+\lambda_2\frac{\partial \phi_2}{\partial z}\right)\mathrm{d}z+\left(\frac{\partial f}{\partial w}+\lambda_1\frac{\partial \phi_1}{\partial w}+\lambda_2\frac{\partial \phi_2}{\partial w}\right)\mathrm{d}w.
\end{aligned}
\tag{9.16}
$$

从下面两个方程得到 λ_1 和 λ_2：

$$
\begin{aligned}
\frac{\partial f}{\partial z}+\lambda_1\frac{\partial \phi_1}{\partial z}+\lambda_2\frac{\partial \phi_2}{\partial z}&=0,\\
\frac{\partial f}{\partial w}+\lambda_1\frac{\partial \phi_1}{\partial w}+\lambda_2\frac{\partial \phi_2}{\partial w}&=0.
\end{aligned}
\tag{9.17}
$$

对于 $\mathrm{d}y=0$，我们有

$$
\frac{\partial f}{\partial x}+\lambda_1\frac{\partial \phi_1}{\partial x}+\lambda_2\frac{\partial \phi_2}{\partial x}=0,
\tag{9.18}
$$

对于 $\mathrm{d}x=0$，我们有

$$
\frac{\partial f}{\partial y}+\lambda_1\frac{\partial \phi_1}{\partial y}+\lambda_2\frac{\partial \phi_2}{\partial y}=0.
\tag{9.19}
$$

如前所述，我们可以通过以下方法来记住求式（9.17）、式（9.18）和式（9.19）的方法：

当 $\phi_1=$常数和 $\phi_2=$常数时，为了求出 f 的极大或极小值，定义 $F=f+\lambda_1\phi_1+\lambda_2\phi_2$，并设 F 的每个偏导数为零. 联合求解这些方程和 ϕ 方程，得到所有变量和 λ. (9.20)

例 4 求出从原点到 $xy=6$ 与 $7x+24z=0$ 交点之间的最小距离.

我们要在 $xy=6$ 和 $7x+24z=0$ 两个条件下最小化 $x^2+y^2+z^2$. 利用拉格朗日乘数法，求出下面式子的 3 个偏导数：

$$F=x^2+y^2+z^2+\lambda_1(7x+24z)+\lambda_2xy$$

并令每个偏导数都等于 0，得到

$$
\begin{aligned}
2x+7\lambda_1+\lambda_2y&=0,\\
2y+\lambda_2x&=0,\\
2z+24\lambda_1&=0.
\end{aligned}
\tag{9.21}
$$

这些方程可以联合 $xy=6$ 和 $7x+24z=0$ 来求解（见习题 4.9 第 10 题）：

$$x=\pm 12/5,\qquad y=\pm 5/2,\qquad z=\mp 7/10.$$

那么要求的最小距离是（见习题 4.9 第 10 题）

$$d=\sqrt{x^2+y^2+z^2}=5/\sqrt{2}=3.54.$$

习题 4.9

1. 在给定周长的情况下，什么样的比例能使图中所示的面积最大化（矩形的两端是等腰三角形）?

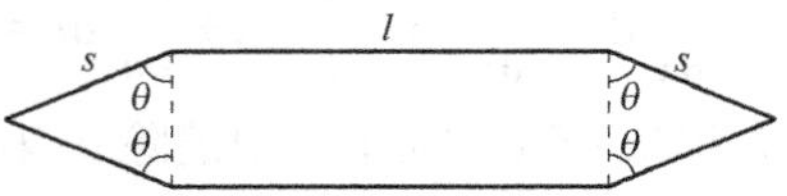

2. 在给定表面积的情况下，什么样的比例能使弹丸的体积达到最大？弹丸由一个圆柱体和一个圆锥体组成.

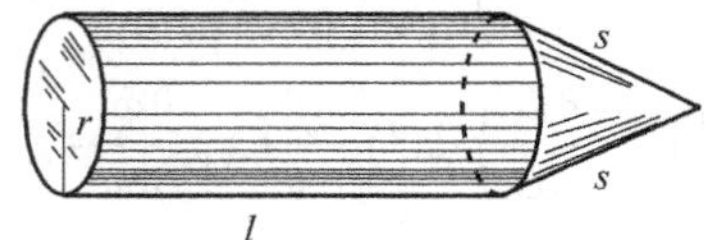

3. 求出最大的矩形平行六面体（长方体)，它可以通过邮包运输（长度加上周长 = 108in).

4. 求出下面曲面中内切的最大长方体（长方体的各表面与坐标轴平行):

$$\frac{x^2}{4}+\frac{y^2}{9}+\frac{z^2}{25}=1.$$

5. 求出使 $4x^2+y^2+z^2$ 有最小值，并在 $2x+3y+z-11=0$ 上的点.

6. 一个长方体，它有三个面在坐标平面上，一个顶点在平面 $2x+3y+4z=6$ 上，求出该长方体的最大体积.

7. 如果平面是 $ax+by+cz=d$，重复第 6 题.

8. 在 (x,y) 平面内的一个点在直线 $2x+3y-4=0$ 上移动. 当它离 $(1,0)$ 和 $(-1,0)$ 的距离的平方和最小时，它在哪里?

9. 求出椭圆 $(x^2/a^2)+(y^2/b^2)=1$ 的内切最大三角形（假设三角形关于椭圆的一个轴对称，且一条边垂直于这个轴).

10. 完成上面的例题 4.

11. 求出原点到平面 $2x+y-z=1$ 和 $x-y+z=2$ 的交线的最短距离.

12. 如果要求底面为直角三角形，求出给定体积和最小面积的直角三棱柱.

4.10 端点或边界点问题

到目前为止，我们一直假设，如果有一个极大值或极小值点，利用微积分能够求出它. 一些简单的例子（见图 4.10.1～图 4.10.4）说明这可能不正确. 假设在一个给定的问题中，x 的值只能在 0 和 1 之间，这种限制在应用中经常发生. 例如 $f(x)=2-x^2$ 的图对于所有实数 x 都存在，但如果 $x=|\cos\theta|$，θ 是实数，除了 $0\leqslant x\leqslant 1$，图没有意义. 另一个例子，假设 x 是周长为 2 的矩形的边长；那么因为 x 是长度，$x<0$ 在这个问题中没有意义，而 $x>1$ 是不可能的，因为周长是 2. 在 $0\leqslant x\leqslant 1$ 的情况下，让我们求图 4.10.1～图 4.10.4 中每个函数的最大值和最小值. 在图 4.10.1 中，微积分会给出最小值点，但是对于 x 在 0 和 1 之间，$f(x)$ 的最大值发生在 $x=1$ 处，不能通过微积分得到，因为在那里 $f'(x)\neq 0$. 在图 4.10.2 中，

$f(x)$的最大值和最小值都在端点处，绝对最大值在 $x=0$ 处，绝对最小值在 $x=1$ 处. 在图 4.10.3中，由微积分给出了 P 处的相对最大值和 Q 处的相对最小值，但 0 和 1 之间的绝对最小值出现在 $x=0$ 处，而绝对最大值出现在 $x=1$ 处. 这是这类函数的一个实际例子. 据说，地理学家过去常把最高的山的山顶作为佛罗里达州的最高点，然后发现最高点在阿拉巴马州的边界上！（参见 H. A. 瑟斯顿，《美国数学月刊》，第 68 卷（1961），第 650-652 页. 后来的一篇论文，同样的期刊，第 98 卷（1991），第 752-3 页，报告说最高点实际上就在阿拉巴马州边界的南边，但它给出了另一个地理边界点最大值的例子）. 图 4.10.4 说明了另一种情况，在这种情况下，利用微积分可能无法给出我们想要的最大值或最小值点，这里的导数在最大值点是不连续的.

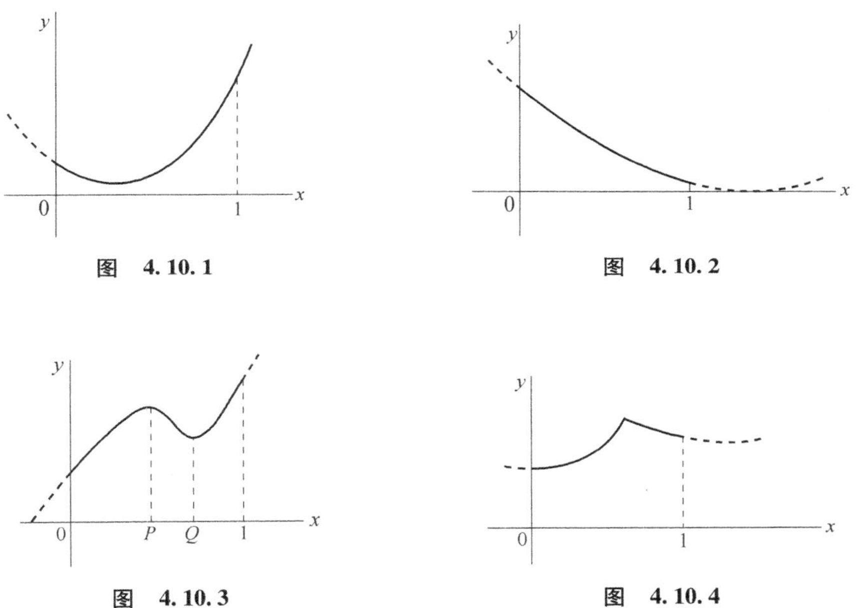

图 4.10.1　图 4.10.2　图 4.10.3　图 4.10.4

这些都是我们必须注意的困难，当任何变量的取值有任何限制时（或函数或其导数有任何不连续时），这些限制通常不会说得那么多，你得自己去看. 例如，如果 $x^2+y^2=25$，则 x 和 y 都在-5 和$+5$ 之间. 如果 $y^2=x^2-1$，那么 $|x|$ 必须大于或等于 1. 如果 $x=\csc\theta$，其中，θ 是第一象限角，那么 $x\geqslant 1$. 如果 $y=\sqrt{x}$，那么 y'在原点处是不连续的.

例 1　用一根 40cm 长的铁丝围成一个正方形和一个圆形，使正方形和圆形的总面积达到最大值. 设圆的半径为 r，那么这个圆的周长是 $2\pi r$. 一段 $40-2\pi r$ 的长度围成了正方形的四条边，则一条边的长度为 $10-\frac{1}{2}\pi r$. 总面积是

$$A=\pi r^2+\left(10-\frac{1}{2}\pi r\right)^2.$$

那么有

$$\frac{\mathrm{d}A}{\mathrm{d}r}=2\pi r+2\left(10-\frac{1}{2}\pi r\right)\left(-\frac{1}{2}\pi\right)=2\pi r\left(1+\frac{\pi}{4}\right)-10\pi.$$

如果 $\mathrm{d}A/\mathrm{d}r=0$，得到

$$r\left(1+\frac{\pi}{4}\right)=5,\qquad r=2.8,\qquad A=56+.$$

现在我们可以认为这是最大面积，但是我们用二阶导数来检验一下是否有最大值，得到

$$\frac{\mathrm{d}^2A}{\mathrm{d}r^2}=2\pi\left(1+\frac{\pi}{4}\right)>0,$$

我们得到最小面积了！这个问题要求一个最大值. 求解它的一种方法是把 A 当成 r 的函数画出图，然后看一下这个图中 A 在哪里有最大值. 一个更简单的方法是这样，A 是 r 的连续函数，导数是连续的，如果在一个区间内有最大值（即 $r=0$ 和 $2\pi r=40$ 之间有最大值），利用微积分能求出它. 因此，最大值必须在一端或另一端.

在 $r=0$，$A=100$.

在 $2\pi r=40$，$r=20/\pi$，$A=400/\pi=127+$.

我们看到，其最大值在 $r=20/\pi$ 处；那么 $A=400/\pi=127+$是期望最大值. 它相当于用所有的导线围成一个圆，正方形的边长是零.

在变量较多的问题中也会出现类似的困难.

例 2 在 $x=0$，$y=0$，$x=3$，$y=5$ 的矩形板上的温度是

$$T=xy^2-x^2y+100$$

求出盘中最热和最冷的点.

首先令 T 的偏导为零，从而求出内部的极大值和极小值. 我们得到

$$\frac{\partial T}{\partial x}=y^2-2xy=0,$$

$$\frac{\partial T}{\partial y}=2xy-x^2=0.$$

这些方程的唯一解是 $x=y=0$，$T=100$.

接下来我们要问的是，在板块的边界附近是否有 T 值大于或小于 100 的点. 要知道这是可能发生的，想象一下把 T 作为 x 和 y 的函数绘图，这是 (x,y) 平面上的曲面. 数学曲面不一定要在 $x=3$ 和 $y=5$ 处停止，但是除了这些值之外，它对我们的问题没有任何意义. 正如图 4.10.1～图 4.10.4 中的曲线一样，当我们越过边界时，温度的曲线图可能会上升或下降，即使边界处的温度可能比板上其他点的温度大（或小），微积分也不会给我们一个零阶导数. 因此，我们必须考虑板块的完整边界（不仅是边角!）. 直线 $x=0$，$y=0$，$x=3$，$y=5$ 是边界，我们依次考虑它们. 当 $x=0$ 和 $y=0$ 时，温度是 100. 在直线 $x=3$ 上，我们有

$$T=3y^2-9y+100.$$

我们可以用微积分来讨论 T 在这条直线上关于 y 的函数有极大值还是有极小值. 我们有

$$\frac{\mathrm{d}T}{\mathrm{d}y}=6y-9=0,$$

$$y=\frac{3}{2},\quad T=93\,\frac{1}{4}.$$

类似地，沿直线 $y=5$，我们求出

$$T=25x-5x^2+100,$$

$$\frac{\mathrm{d}T}{\mathrm{d}x}=25-10x=0,$$

$$x=\frac{5}{2},\ T=131\frac{1}{4}.$$

最后，我们必须在边角求出 T:

在（0,0），（0,5）和（3,0），$T=100$；

在（3,5），$T=130$.

将所有结果放在一起，我们看到最热的点是（5/2,5），$T=131\frac{1}{4}$；最冷的点是（3,3/2），$T=93\frac{1}{4}$.

例 3 求出下面曲面上离原点最近的点：

$$x^2-4yz=8, \tag{10.1a}$$

$$z^2-x^2=1. \tag{10.1b}$$

我们要在满足条件（a）或条件（b）的情况下最小化 $f=x^2+y^2+z^2$. 如果我们消去 x^2，得到

$$f=8+4yz+y^2+z^2, \tag{10.2a}$$

$$f=z^2-1+y^2+z^2=2z^2+y^2-1. \tag{10.2b}$$

在问题（a）和问题（b）中，数学函数 $f(y,z)$ 是为所有的 y 和 z 定义的，但是对于我们的问题，这不正确. 在问题（a）中，由于 $x^2\geqslant 0$，我们有 $x^2=8+4yz\geqslant 0$，所以我们只对（a）中 $yz\geqslant -2$ 区域的 $f(y,z)$ 的最小值感兴趣.（比较例 2，其中，$T(x,y)$ 只在矩形内有效）. 因此，我们在（a）中求出"内部"极小值，满足 $yz\geqslant -2$；然后把 $z=-2/y$ 代入式（10.2a）中，得到感兴趣区域边界上的任何极小值. 在问题（b）中，由于 $x^2=z^2-1\geqslant 0$，我们必须有 $z^2\geqslant 1$. 再次，我们试图求出"内部"最小值，满足 $z^2\geqslant 1$. 然后令 $z^2=1$，求出边界极小值. 我们现在执行这些步骤.

根据式（10.2a），我们求出：

$$\left.\begin{aligned}\frac{\partial f}{\partial y}=z+2y=0,\\ \frac{\partial f}{\partial z}=y+2z=0,\end{aligned}\right\}\qquad y=z=0. \tag{10.3a}$$

这些值满足条件 $yz>-2$，因此给出感兴趣区域内的点. 根据式（10.1a）有 $x^2=8$，$x=\pm 2\sqrt{2}$，点（$\pm 2\sqrt{2}$,0,0）在距离原点 $2\sqrt{2}$ 处. 然后我们考虑边界 $x=0$，$z=-2/y$，根据式（10.2a），

$$f=0+y^2+\frac{4}{y^2},\ \frac{\mathrm{d}f}{\mathrm{d}y}=2y-\frac{8}{y^3}=0,$$

$$y^4=4,\ y=\pm\sqrt{2},\ z=-2/y=\mp\sqrt{2}.$$

记住，当 $x=0$ 时，点（$0,\sqrt{2},-\sqrt{2}$）和（$0,-\sqrt{2},\sqrt{2}$）到原点的距离为 2. 因为 $2<2\sqrt{2}$，这些边界点离原点最近.

$$\text{问题(a)的答案}:(0,\sqrt{2},-\sqrt{2}),(0,-\sqrt{2},\sqrt{2}). \tag{10.4a}$$

从式（10.2b）我们求出

$$\left.\begin{array}{l}\dfrac{\partial f}{\partial y}=2y=0,\\ \dfrac{\partial f}{\partial z}=4z=0.\end{array}\right\}\qquad y=z=0. \tag{10.3b}$$

因为 $z=0$ 不满足 $z^2\geqslant 1$，所以在感兴趣区域内没有最小值点，所以我们看边界 $z^2=1$. 根据式（10.1b），$x=0$；根据式（10.2b）有

$$f=y^2+1,\qquad \frac{\mathrm{d}f}{\mathrm{d}y}=2y=0,\qquad y=0.$$

因此，我们求出点 $(0,0,\pm1)$，它们离原点的距离为 1. 根据几何图形可知，一定有一个或多个点最接近原点，而微积分告诉我们，这些是唯一可能的极小点，这些是我们想要的点.

$$\text{问题(b)的答案:}(0,0,\pm1). \tag{10.4b}$$

在这两个问题中，我们可以避免不得不考虑感兴趣区域的边界，通过消元 z 获得 f 作为 x 和 y 的函数. 由于 x 和 y 通过式（10.1a）或式（10.1b）是允许采取任何值的，没有感兴趣区域的边界. 在问题（b）中这是一种令人满意的方法；在问题（a）中，代数运算是复杂的. 在这两个问题中，拉格朗日乘数法提供了一种更为常规的方法. 例如，在问题（a）中我们写出

$$F=x^2+y^2+z^2+\lambda(x^2-4yz);$$

$$\frac{\partial F}{\partial x}=2x(1+\lambda)=0,\qquad x=0 \text{ 或者 } \lambda=-1;$$

$$\frac{\partial F}{\partial y}=2y-4\lambda z=0;\qquad \text{如果 } \lambda=-1,\ y=z=0,\ x^2=8;$$

$$\frac{\partial F}{\partial z}=2z-4\lambda y=0;\qquad \text{如果 } x=0,\ \lambda=\frac{y}{2z}=\frac{z}{2y},\ y^2=z^2=2.$$

我们得到了与上述相同的结果，即点 $(\pm2\sqrt{2},0,0)$，$(0,\pm\sqrt{2},\mp\sqrt{2})$；通过检验，点 $(0,\sqrt{2},-\sqrt{2})$，$(0,-\sqrt{2},\sqrt{2})$ 更接近原点. 也可以用类似的方法做问题（b）部分（见习题 4.10 第 14 题）.

我们发现使用拉格朗日乘数法可以简化极大值和极小值问题，然而，拉格朗日乘数法仍然依赖于微积分. 因此，它只能在用一些变量集（在例 3 中，x 和 y，而不是 y 和 z）通过微积分求出极大值和极小值的情况下工作. 例如，在所有变量的端点处出现最大值或最小值的问题，不能由任何依赖于将导数设为零的方法解决.

例 4 求 $y-x$ 的最大值，x 和 y 为非负数，$x^2+y^2=1$.

这里 x 和 y 都在 0 和 1 之间. 当 $y=1$ 和 $x=0$ 时，$y-x$ 为最大值，这两个端点值不能通过微积分求出.

习题 4.10

1. 求从原点到 $x^2-y^2=1$ 的最短距离.
2. 求出方程为 $5x^2-6xy+5y^2-32=0$ 的圆锥曲线到原点的最大和最小距离，从而确定该圆锥曲线半轴的长度.
3. 对于二次曲线 $6x^2+4xy+3y^2=28$ 重复第 2 题.

求出从原点到下面每个二次曲面的最短距离. 提示：参见上面的例 3.

4. $3x^2+y^2-4xz=4$.

5. $2z^2+6xy=3$.

6. $4y^2+2z^2+3xy=18$.

7. 求出最大的 z，其中，$2x+4y=5$，$x^2+z^2=2y$.

8. 如果点 (x,y,z) 的温度是 $T=xyz$，求出球面 $x^2+y^2+z^2=12$ 上最热的点（或多个点），然后求出那里的温度.

9. 圆盘 $x^2+y^2\leqslant 1$ 的温度 T 由 $T=2x^2-3y^2-2x$ 给出，求出圆盘上最热和最冷的点.

10. 在球 $x^2+y^2+z^2\leqslant 1$ 中点 (x,y,z) 的温度由 $T=y^2+xz$ 给出，求出 T 取下面情况时的最大值和最小值.

(a) 在圆 $y=0$，$x^2+z^2=1$ 上；

(b) 在曲面 $x^2+y^2+z^2=1$ 上；

(c) 在整个球内.

11. 以 $x=\pm 1$，$y=\pm 1$ 为边界的矩形板的温度由 $T=2x^2-3y^2-2x+10$ 给出. 求出盘中最热和最冷的点.

12. 求过原点的直线与三个坐标轴的锐角之和的最大值和最小值.

13. 求过原点的直线与三个坐标平面的锐角之和的最大值和最小值.

14. 用拉格朗日乘数法求解例 3 的 b 问.

4.11 变量替换

偏微分的一个重要用途是改变变量（例如，从直角坐标到极坐标）. 这可能会给出一个更简单的表达式或者一个更简单的微分方程或者一个更适合物理问题的方程. 例如，如果你研究的是一个圆膜的振动，或者一个圆筒形的热量流动，那么采用极坐标更好. 对于关于房间内声波的问题，直角坐标更好. 考虑以下问题.

例 1 改变下面波动方程中的变量 $r=x+vt$，$s=x-vt$，波动方程为

$$\frac{\partial^2 F}{\partial x^2}-\frac{1}{v^2}\frac{\partial^2 F}{\partial t^2}=0. \tag{11.1}$$

然后求解这个方程.（见第 13 章 13.1、13.4、13.6 节.）

使用方程

$$\begin{aligned} r&=x+vt,\\ s&=x-vt, \end{aligned} \tag{11.2}$$

和像式（7.2）那样的方程求出

$$\begin{aligned} \frac{\partial F}{\partial x}&=\frac{\partial F}{\partial r}\frac{\partial r}{\partial x}+\frac{\partial F}{\partial s}\frac{\partial s}{\partial x}=\frac{\partial F}{\partial r}+\frac{\partial F}{\partial s}=\left(\frac{\partial}{\partial r}+\frac{\partial}{\partial s}\right)F,\\ \frac{\partial F}{\partial t}&=\frac{\partial F}{\partial r}\frac{\partial r}{\partial t}+\frac{\partial F}{\partial s}\frac{\partial s}{\partial t}=v\frac{\partial F}{\partial r}-v\frac{\partial F}{\partial s}=v\left(\frac{\partial}{\partial r}-\frac{\partial}{\partial s}\right)F. \end{aligned} \tag{11.3}$$

用我们在式（11.3）中写过的东西来描述它是有帮助的：求函数关于 x 的偏导，我们求它关于 r 的偏导加上它关于 s 的偏导. 为了求出关于 t 的偏导，我们求出关于 r 的偏导减去关于 s 的偏导，再乘以常数 v. 用算子符号来写是很有用的（见第 3 章 3.7 节）：

$$\frac{\partial}{\partial x}=\frac{\partial}{\partial r}+\frac{\partial}{\partial s},\quad \frac{\partial}{\partial t}=v\left(\frac{\partial}{\partial r}-\frac{\partial}{\partial s}\right). \tag{11.4}$$

那么从式（11.3）和式（11.4）得到

$$\frac{\partial^2 F}{\partial x^2}=\frac{\partial}{\partial x}\left(\frac{\partial F}{\partial x}\right)=\left(\frac{\partial}{\partial r}+\frac{\partial}{\partial s}\right)\left(\frac{\partial F}{\partial r}+\frac{\partial F}{\partial s}\right)=\frac{\partial^2 F}{\partial r^2}+2\frac{\partial^2 F}{\partial r\partial s}+\frac{\partial^2 F}{\partial s^2},$$
$$\frac{\partial^2 F}{\partial t^2}=\frac{\partial}{\partial t}\left(\frac{\partial F}{\partial t}\right)=v\left(\frac{\partial}{\partial r}-\frac{\partial}{\partial s}\right)\left(v\frac{\partial F}{\partial r}-v\frac{\partial F}{\partial s}\right)=v^2\left(\frac{\partial^2 F}{\partial r^2}-2\frac{\partial^2 F}{\partial r\partial s}+\frac{\partial^2 F}{\partial s^2}\right).\tag{11.5}$$

将式（11.5）代入式（11.1）得到

$$\frac{\partial^2 F}{\partial x^2}-\frac{1}{v^2}\frac{\partial^2 F}{\partial t^2}=4\frac{\partial^2 F}{\partial r\partial s}=0.\tag{11.6}$$

我们可以很容易地解出式（11.6）. 我们有

$$\frac{\partial^2 F}{\partial r\partial s}=\frac{\partial}{\partial r}\left(\frac{\partial F}{\partial s}\right)=0,$$

即是$\partial F/\partial s$对r的偏导为0，那么$\partial F/\partial s$一定是独立于r的，所以$\partial F/\partial s$为只关于s的某个函数. 我们对s积分，得到$F=f(s)+\text{const}$；就s而言，const是一个常数，但它可能是r的任何函数，比如$g(r)$，因为$(\partial/\partial s)g(r)=0$. 因此，式（11.6）的解为

$$F=f(s)+g(r).\tag{11.7}$$

那么利用式（11.2）求得式（11.1）的解：

$$F=f(x-vt)+g(x+vt).\tag{11.8}$$

其中，f和g是任意函数. 这就是著名的波动方程的达朗贝尔解.

例 2 写出下面拉普拉斯方程的极坐标r，θ的形式：

$$\frac{\partial^2 F}{\partial x^2}+\frac{\partial^2 F}{\partial y^2}=0\tag{11.9}$$

其中：

$$x=r\cos\theta,$$
$$y=r\sin\theta.\tag{11.10}$$

注意，方程（11.10）给出旧变量x和y的新变量r和θ形式，而式（11.2）给出新变量r和s的旧变量形式. 在这种情况下，有几种方法可以得到像式（11.3）这样的方程，一种方法写为

$$\frac{\partial F}{\partial r}=\frac{\partial F}{\partial x}\frac{\partial x}{\partial r}+\frac{\partial F}{\partial y}\frac{\partial y}{\partial r}=\cos\theta\frac{\partial F}{\partial x}+\sin\theta\frac{\partial F}{\partial y},$$
$$\frac{\partial F}{\partial \theta}=\frac{\partial F}{\partial x}\frac{\partial x}{\partial \theta}+\frac{\partial F}{\partial y}\frac{\partial y}{\partial \theta}=-r\sin\theta\frac{\partial F}{\partial x}+r\cos\theta\frac{\partial F}{\partial y},\tag{11.11}$$

然后求解式（11.11）得到$\partial F/\partial x$和$\partial F/\partial y$（见习题4.11第5题）. 另一种方法是求出r和θ关于x和y所需的偏导数（对于方法和结果，见第4.7节例题6方程（7.16）和习题4.7第9题），然后，如式（11.3），使用式（7.16）写出

$$\frac{\partial F}{\partial x}=\frac{\partial F}{\partial r}\frac{\partial r}{\partial x}+\frac{\partial F}{\partial \theta}\frac{\partial \theta}{\partial x}=\cos\theta\frac{\partial F}{\partial r}-\frac{\sin\theta}{r}\frac{\partial F}{\partial \theta},$$
$$\frac{\partial F}{\partial y}=\frac{\partial F}{\partial r}\frac{\partial r}{\partial y}+\frac{\partial F}{\partial \theta}\frac{\partial \theta}{\partial y}=\sin\theta\frac{\partial F}{\partial r}+\frac{\cos\theta}{r}\frac{\partial F}{\partial \theta}.\tag{11.12}$$

在求二阶导数时，可以方便地使用缩写$G=\partial F/\partial x$和$H=\partial F/\partial y$. 因此有

$$G=\frac{\partial F}{\partial x}=\cos\theta\frac{\partial F}{\partial r}-\frac{\sin\theta}{r}\frac{\partial F}{\partial\theta},$$
$$H=\frac{\partial F}{\partial y}=\sin\theta\frac{\partial F}{\partial r}+\frac{\cos\theta}{r}\frac{\partial F}{\partial\theta}.\tag{11.13}$$

那么有

$$\frac{\partial^2F}{\partial x^2}=\frac{\partial G}{\partial x},\qquad\frac{\partial^2F}{\partial y^2}=\frac{\partial H}{\partial y},\ \text{所以}\quad\frac{\partial^2F}{\partial x^2}+\frac{\partial^2F}{\partial y^2}=\frac{\partial G}{\partial x}+\frac{\partial H}{\partial y}.\tag{11.14}$$

现在方程（11.12）对于任何函数 F 都是正确的. 特别地，如果我们用 G 或 H 来代替 F，它们是正确的. 让我们在式（11.12）的第一个方程中用 G 来代替 F 并在第二个方程中用 H 来代替 F，那么有

$$\frac{\partial G}{\partial x}=\cos\theta\frac{\partial G}{\partial r}-\frac{\sin\theta}{r}\frac{\partial G}{\partial\theta},$$
$$\frac{\partial H}{\partial y}=\sin\theta\frac{\partial H}{\partial r}+\frac{\cos\theta}{r}\frac{\partial H}{\partial\theta}.\tag{11.15}$$

将式（11.15）代入式（11.14），得到

$$\frac{\partial^2F}{\partial x^2}+\frac{\partial^2F}{\partial y^2}=\cos\theta\frac{\partial G}{\partial r}+\sin\theta\frac{\partial H}{\partial r}+\frac{1}{r}\left(\cos\theta\frac{\partial H}{\partial\theta}-\sin\theta\frac{\partial G}{\partial\theta}\right).\tag{11.16}$$

通过对方程（11.13）的右边微分，我们求出式（11.16）中所需的 G 和 H 的 4 个偏导：

$$\frac{\partial G}{\partial r}=\cos\theta\frac{\partial^2F}{\partial r^2}-\frac{\sin\theta}{r}\frac{\partial^2F}{\partial r\partial\theta}+\frac{\sin\theta}{r^2}\frac{\partial F}{\partial\theta},$$
$$\frac{\partial H}{\partial r}=\sin\theta\frac{\partial^2F}{\partial r^2}+\frac{\cos\theta}{r}\frac{\partial^2F}{\partial r\partial\theta}-\frac{\cos\theta}{r^2}\frac{\partial F}{\partial\theta},\tag{11.17}$$
$$\frac{\partial H}{\partial\theta}=\sin\theta\frac{\partial^2F}{\partial\theta\partial r}+\cos\theta\frac{\partial F}{\partial r}+\frac{\cos\theta}{r}\frac{\partial^2F}{\partial\theta^2}-\frac{\sin\theta}{r}\frac{\partial F}{\partial\theta},$$
$$\frac{\partial G}{\partial\theta}=\cos\theta\frac{\partial^2F}{\partial\theta\partial r}-\sin\theta\frac{\partial F}{\partial r}-\frac{\sin\theta}{r}\frac{\partial^2F}{\partial\theta^2}-\frac{\cos\theta}{r}\frac{\partial F}{\partial\theta}.$$

我们将这些结合起来得到式（11.16）中需要的表达式：

$$\cos\theta\frac{\partial G}{\partial r}+\sin\theta\frac{\partial H}{\partial r}=\frac{\partial^2F}{\partial r^2},$$
$$\frac{1}{r}\left(\cos\theta\frac{\partial H}{\partial\theta}-\sin\theta\frac{\partial G}{\partial\theta}\right)=\frac{1}{r}\left(\frac{\partial F}{\partial r}+\frac{1}{r}\frac{\partial^2F}{\partial\theta^2}\right).\tag{11.18}$$

最后，将式（11.18）代入式（11.16）得到

$$\frac{\partial^2F}{\partial x^2}+\frac{\partial^2F}{\partial y^2}=\frac{\partial^2F}{\partial r^2}+\frac{1}{r}\frac{\partial F}{\partial r}+\frac{1}{r^2}\frac{\partial^2F}{\partial\theta^2}$$
$$=\frac{1}{r}\frac{\partial}{\partial r}\left(r\frac{\partial F}{\partial r}\right)+\frac{1}{r^2}\frac{\partial^2F}{\partial\theta^2}.\tag{11.19}$$

接下来我们讨论一种简单的变量替换，它在热力学和力学中非常有用. 这个过程有时被称为勒让德变换. 假设我们有一个函数 $f(x,y)$，那么我们可以写出

$$\mathrm{d}f=\frac{\partial f}{\partial x}\mathrm{d}x+\frac{\partial f}{\partial y}\mathrm{d}y.\tag{11.20}$$

设$\partial f/\partial x=p$，$\partial f/\partial y=q$，则有

$$\mathrm{d}f=p\mathrm{d}x+q\mathrm{d}y. \tag{11.21}$$

如果从 $\mathrm{d}f$ 中减去 $\mathrm{d}(qy)$，则有

$$\mathrm{d}f-\mathrm{d}(qy)=p\mathrm{d}x+q\mathrm{d}y-q\mathrm{d}y-y\mathrm{d}q \quad \text{或者} \quad \mathrm{d}(f-qy)=p\mathrm{d}x-y\mathrm{d}q. \tag{11.22}$$

如果我们定义函数 g 为

$$g=f-qy, \tag{11.23}$$

则通过式（11.22）有

$$\mathrm{d}g=p\mathrm{d}x-y\mathrm{d}q. \tag{11.24}$$

因为 $\mathrm{d}x$ 和 $\mathrm{d}q$ 出现在式（11.24）中，所以可以方便地把 g 看成是 x 和 q 的函数，那么 g 的偏导数就有了简单的形式，即

$$\frac{\partial g}{\partial x}=p, \qquad \frac{\partial g}{\partial q}=-y. \tag{11.25}$$

同样，通过考虑函数$f-xp$，我们可以把 $\mathrm{d}f$ 中的 $p\mathrm{d}x$ 项替换为$-x\mathrm{d}p$. 这种自变量的替换叫作勒让德变换.（有关应用，请参见习题 4.11 第 10 题~第 13 题）.

从上面的方程，我们可以求出偏导数之间有用的关系. 例如，从方程（11.24）和式（11.25）我们可以写出

$$\frac{\partial^2 g}{\partial q\,\partial x}=\left(\frac{\partial p}{\partial q}\right)_x \quad \text{和} \quad \frac{\partial^2 g}{\partial x\,\partial q}=-\left(\frac{\partial y}{\partial x}\right)_q. \tag{11.26}$$

假设$\dfrac{\partial^2 g}{\partial q\,\partial x}=\dfrac{\partial^2 g}{\partial x\,\partial q}$（同质性关系，见第 4.1 节），则有

$$\left(\frac{\partial p}{\partial q}\right)_x=-\left(\frac{\partial y}{\partial x}\right)_q. \tag{11.27}$$

许多这样的方程出现在热力学中（见习题 4.11 第 12 题和第 13 题）.

习题 4.11

1. 在偏微分方程

$$\frac{\partial^2 z}{\partial x^2}-5\frac{\partial^2 z}{\partial x\,\partial y}+6\frac{\partial^2 z}{\partial y^2}=0$$

中，设 $s=y+2x$，$t=y+3x$，则方程变为$\partial^2 z/\partial s\,\partial t=0$. 按照式（11.6）的解法，求解方程.

2. 求解

$$2\frac{\partial^2 z}{\partial x^2}+\frac{\partial^2 z}{\partial x\,\partial y}-10\frac{\partial^2 z}{\partial y^2}=0.$$

通过变量替换 $u=5x-2y$，$v=2x+y$.

3. 假设 $w=f(x,y)$ 满足

$$\frac{\partial^2 w}{\partial x^2}-\frac{\partial^2 w}{\partial y^2}=1.$$

设 $x=u+v$，$y=u-v$，则 w 满足$\partial^2 w/\partial u\,\partial v=1$，从而解出方程.

4. 验证链式法则公式

$$\frac{\partial F}{\partial x}=\frac{\partial F}{\partial r}\frac{\partial r}{\partial x}+\frac{\partial F}{\partial \theta}\frac{\partial \theta}{\partial x}$$

和使用微分验证类似的公式

$$\frac{\partial F}{\partial y},\quad \frac{\partial F}{\partial r},\quad \frac{\partial F}{\partial \theta}.$$

例如，写出

$$\mathrm{d}F=\frac{\partial F}{\partial r}\mathrm{d}r+\frac{\partial F}{\partial \theta}\mathrm{d}\theta$$

替代 $\mathrm{d}r$ 和 $\mathrm{d}\theta$，有

$$\mathrm{d}r=\frac{\partial r}{\partial x}\mathrm{d}x+\frac{\partial r}{\partial y}\mathrm{d}y \qquad (\text{对于 } \mathrm{d}\theta \text{ 类似}).$$

收集 $\mathrm{d}x$ 和 $\mathrm{d}y$ 的系数；这些是$\partial F/\partial x$ 和$\partial F/\partial y$ 的值.

5. 求解方程（11.11）得到方程（11.12）.

6. 通过变量替换 $x=\mathrm{e}^z$，将下面方程化为 $\mathrm{d}^2y/\mathrm{d}z^2$，$\mathrm{d}y/\mathrm{d}z$ 和 y 的常系数微分方程.（见第8章8.7节）

$$x^2\left(\frac{\mathrm{d}^2y}{\mathrm{d}x^2}\right)+2x\left(\frac{\mathrm{d}y}{\mathrm{d}x}\right)-5y=0.$$

7. 通过 $x=\cos\theta$ 使自变量从 x 改变为 θ，证明勒让德方程

$$(1-x^2)\frac{\mathrm{d}^2y}{\mathrm{d}x^2}-2x\frac{\mathrm{d}y}{\mathrm{d}x}+2y=0$$

可变为

$$\frac{\mathrm{d}^2y}{\mathrm{d}\theta^2}+\cot\theta\frac{\mathrm{d}y}{\mathrm{d}\theta}+2y=0.$$

8. 将下面贝塞尔方程中的自变量从 x 变为 $u=2\sqrt{x}$：

$$x^2\frac{\mathrm{d}^2y}{\mathrm{d}x^2}+x\frac{\mathrm{d}y}{\mathrm{d}x}-(1-x)y=0.$$

并证明方程变成

$$u^2\frac{\mathrm{d}^2y}{\mathrm{d}u^2}+u\frac{\mathrm{d}y}{\mathrm{d}u}+(u^2-4)y=0.$$

9. 如果 $x=\mathrm{e}^s\cos t$，$y=\mathrm{e}^s\sin t$，证明：

$$\frac{\partial^2u}{\partial x^2}+\frac{\partial^2u}{\partial y^2}=\mathrm{e}^{-2s}\left(\frac{\partial^2u}{\partial s^2}+\frac{\partial^2u}{\partial t^2}\right).$$

10. 已知 $\mathrm{d}u=T\mathrm{d}s-p\mathrm{d}v$，求出一个勒让德变换得到：

(a) 一个函数 $f(T,v)$；

(b) 一个函数 $h(s,p)$；

(c) 一个函数 $g(T,p)$；

问题（c）的提示：对 $\mathrm{d}u$ 中的两项都执行一个勒让德变换.

11. 已知 $L(q,\dot{q})$，因此有 $\mathrm{d}L=\dot{p}\mathrm{d}q+p\mathrm{d}\dot{q}$，求出 $H(p,q)$，所以有 $\mathrm{d}H=\dot{q}\mathrm{d}p-\dot{p}\mathrm{d}q$. 注释：$L$ 和 H 是力学中用到的拉格朗日函数和哈密顿函数. 事实上，$\dot{q}$ 和 $\dot{p}$ 是 q 和 p 的时间导数，但是在这个问题中，你没有利用这个事实. 可以把 $\dot{q}$ 和 $\dot{p}$ 当作另外两个与 q 和 p 无关的变量. 提示：使用勒让德变换，第一次尝试可能会得到 $-H$. 看看书中勒让德变换的讨论，相信 $g=qy-f$ 和式（11.23）中的 $g=f-qy$ 一样令人满意.

12. 使用第10题中的 $\mathrm{d}u$ 和获得式（11.27）的书中的方法，证明：$\left(\frac{\partial T}{\partial v}\right)_s=-\left(\frac{\partial p}{\partial s}\right)_v$.（这是热力学中的麦克斯韦关系之一.）

13. 与第12题一样，利用第10题（a）、（b）、（c）部分的结果，再求出三个麦克斯韦关系.

4.12 积分的微分和莱布尼茨公式

根据积分作为不定积分的定义，如果

$$f(x)=\frac{\mathrm{d}F(x)}{\mathrm{d}x}. \tag{12.1}$$

那么

$$\int_a^x f(t)\,\mathrm{d}t=F(t)\Big|_a^x=F(x)-F(a). \tag{12.2}$$

其中，a 是常数. 如果式（12.2）对 x 求导，由式（12.1）得到

$$\frac{\mathrm{d}}{\mathrm{d}x}\int_a^x f(t)\,\mathrm{d}t=\frac{\mathrm{d}}{\mathrm{d}x}[F(x)-F(a)]=\frac{\mathrm{d}F(x)}{\mathrm{d}x}=f(x). \tag{12.3}$$

类似地，

$$\int_x^a f(t)\,\mathrm{d}t=F(a)-F(x).$$

所以

$$\frac{\mathrm{d}}{\mathrm{d}x}\int_x^a f(t)\,\mathrm{d}t=-\frac{\mathrm{d}F(x)}{\mathrm{d}x}=-f(x). \tag{12.4}$$

例 1 求$\frac{\mathrm{d}}{\mathrm{d}x}\int_{\pi/4}^x \sin t\mathrm{d}t$.

通过式（12.3）我们立刻发现答案是 $\sin x$，可以通过求积分和微分来检验它. 我们得到

$$\int_{\pi/4}^x \sin t\mathrm{d}t=-\cos t\Big|_{\pi/4}^x=-\cos x+\frac{1}{2}\sqrt{2}.$$

它的导数是 $\sin x$，如前面一样.

用 v 替换式（12.3）中的 x，用 u 替换式（12.4）中的 x，我们可以写出

$$\frac{\mathrm{d}}{\mathrm{d}v}\int_a^v f(t)\,\mathrm{d}t=f(v) \tag{12.5}$$

和

$$\frac{\mathrm{d}}{\mathrm{d}u}\int_u^b f(t)\,\mathrm{d}t=-f(u), \tag{12.6}$$

假设 u 和 v 是 x 的函数，求 $\mathrm{d}I/\mathrm{d}x$，其中，

$$I=\int_u^v f(t)\,\mathrm{d}t,$$

当求积分值时，答案取决于 u 和 v 的极限，那么求 $\mathrm{d}I/\mathrm{d}x$ 是一个偏微分问题；I 是 u 和 v 的函数，它们是 x 的函数，我们可以这样写出

$$\frac{\mathrm{d}I}{\mathrm{d}x}=\frac{\partial I}{\partial u}\frac{\mathrm{d}u}{\mathrm{d}x}+\frac{\partial I}{\partial v}\frac{\mathrm{d}v}{\mathrm{d}x}. \tag{12.7}$$

但是$\partial I/\partial v$ 是指当 u 是常数时 I 对 v 的微分，这等于式（12.5），所以$\partial I/\partial v=f(v)$. 同理，$\partial I/\partial u$表示当 v 是常数时，我们可以用式（12.6）得到$\partial I/\partial u=-f(u)$，那么有

$$\frac{\mathrm{d}}{\mathrm{d}x}\int_{u(x)}^{v(x)} f(t)\,\mathrm{d}t=f(v)\frac{\mathrm{d}v}{\mathrm{d}x}-f(u)\frac{\mathrm{d}u}{\mathrm{d}x}. \tag{12.8}$$

例 2 当 $I=\int_0^{x^{1/3}} t^2\mathrm{d}t$ 时，求 $\mathrm{d}I/\mathrm{d}x$.

由式（12.8）得到

$$\frac{\mathrm{d}I}{\mathrm{d}x}=(x^{1/3})^2\frac{\mathrm{d}}{\mathrm{d}x}(x^{1/3})=x^{2/3}\cdot\frac{1}{3}x^{-2/3}=\frac{1}{3}.$$

我们也可以先积分然后对 x 求导：

$$I=\int_0^{x^{1/3}}t^2\mathrm{d}t=\frac{t^3}{3}\bigg|_0^{x^{1/3}}=\frac{x}{3},\qquad \frac{\mathrm{d}I}{\mathrm{d}x}=\frac{1}{3}.$$

最后一种方法似乎很简单，您可能想知道我们为什么需要式（12.8）. 再看一个例子.

例 3 求 $\mathrm{d}I/\mathrm{d}x$，已知

$$I=\int_{x^2}^{\arcsin x}\frac{\sin t}{t}\mathrm{d}t.$$

在这里，不定积分不能用初等函数来求值. 然而，我们可以用式（12.8）来求 $\mathrm{d}I/\mathrm{d}x$. 我们得到

$$\frac{\mathrm{d}I}{\mathrm{d}x}=\frac{\sin(\arcsin x)}{\arcsin x}\frac{1}{\sqrt{1-x^2}}-\frac{\sin x^2}{x^2}\cdot 2x$$

$$=\frac{x}{\sqrt{1-x^2}\arcsin x}-\frac{2}{x}\sin x^2.$$

最后，当 $I=\int_a^b f(x,t)\mathrm{d}t$ 时，我们可能需要求出 $\mathrm{d}I/\mathrm{d}x$，其中，a 和 b 是常数. 在不太严格的条件下，有

$$\frac{\mathrm{d}}{\mathrm{d}x}\int_a^b f(x,t)\mathrm{d}t=\int_a^b\frac{\partial f(x,t)}{\partial x}\mathrm{d}t. \tag{12.9}$$

也就是说，我们可以在积分符号下微分.（这样的一组充分条件 $\int_a^b f(x,t)\mathrm{d}t$ 存在，$\partial f/\partial x$ 是连续的，且 $|\partial f(x,t)/\partial x|\leqslant g(t)$，其中，$\int_a^b g(t)\mathrm{d}t$ 存在. 对于大多数实际目的，这意味着如果式（12.9）中的两个积分都存在，那么式（12.9）是正确的.）公式（12.9）常用于求定积分.

例 4 求 $\int_0^\infty t^n\mathrm{e}^{-kt^2}\mathrm{d}t$，其中，$n$，$k>0$ 且为奇数.

首先计算积分：

$$I=\int_0^\infty t\mathrm{e}^{-kt^2}\mathrm{d}t=-\frac{1}{2k}\mathrm{e}^{-kt^2}\bigg|_0^\infty=\frac{1}{2k}.$$

现在我们计算 I 对 k 的连续导数：

$$\int_0^\infty -t^2t^3\mathrm{e}^{-kt^2}\mathrm{d}t=-\frac{2}{2k^3}\quad 或者\quad \int_0^\infty t^5\mathrm{e}^{-kt^2}\mathrm{d}t=\frac{1}{k^3}.$$

$$\int_0^\infty -t^2t^5\mathrm{e}^{-kt^2}\mathrm{d}t=-\frac{3}{k^4}\quad 或者\quad \int_0^\infty t^7\mathrm{e}^{-kt^2}=\frac{3}{k^4}.$$

继续用这个方法（见习题 4.12 第 17 题），我们可以求出 t 的任意奇次幂乘以 e^{-kt^2} 的积分：

$$\int_0^\infty t^{2n+1}\mathrm{e}^{-kt^2}\mathrm{d}t=\frac{n!}{2k^{n+1}}. \tag{12.10}$$

你的计算机可能会根据伽玛函数给出这个结果（参见第 11 章 11.1～11.5 节）. 它们的关系为 $n!=\Gamma(n+1)$.

例 5 计算：

$$I=\int_0^1 \frac{t^a-1}{\ln t}\mathrm{d}t,\qquad 其中，a>-1. \tag{12.11}$$

首先我们对 I 关于 a 求导，然后计算得到的积分：

$$\frac{\mathrm{d}I}{\mathrm{d}a}=\int_0^1 \frac{t^a \ln t}{\ln t}\mathrm{d}t=\int_0^1 t^a \mathrm{d}t=\left.\frac{t^{a+1}}{a+1}\right|_0^1=\frac{1}{a+1}.$$

现在 $\mathrm{d}I/\mathrm{d}a$ 对 a 积分，又得回到 I（加上一个积分常数）：

$$I=\int \frac{\mathrm{d}a}{a+1}=\ln(a+1)+C. \tag{12.12}$$

如果 $a=0$，式（12.11）给出 $I=0$，式（12.12）给出 $I=C$，所以 $C=0$，并且从式（12.12）得到 $I=\ln(a+1)$.

可以方便地将式（12.8）和式（12.9）综合到一个称为莱布尼茨规则的公式中：

$$\frac{\mathrm{d}}{\mathrm{d}x}\int_{u(x)}^{v(x)} f(x,t)\,\mathrm{d}t=f(x,v)\frac{\mathrm{d}v}{\mathrm{d}x}-f(x,u)\frac{\mathrm{d}u}{\mathrm{d}x}+\int_u^v \frac{\partial f}{\partial x}\mathrm{d}t. \tag{12.13}$$

例 6 求 $\mathrm{d}I/\mathrm{d}x$，已知

$$I=\int_x^{2x}\frac{\mathrm{e}^{xt}}{t}\mathrm{d}t.$$

由式（12.13）得到

$$\begin{aligned}\frac{\mathrm{d}I}{\mathrm{d}x}&=\frac{\mathrm{e}^{x\cdot 2x}}{2x}\cdot 2-\frac{\mathrm{e}^{x\cdot x}}{x}\cdot 1+\int_x^{2x}\frac{t\mathrm{e}^{xt}}{t}\mathrm{d}t\\&=\frac{1}{x}(\mathrm{e}^{2x^2}-\mathrm{e}^{x^2})+\left.\frac{\mathrm{e}^{xt}}{x}\right|_x^{2x}\\&=\frac{1}{x}(\mathrm{e}^{2x^2}-\mathrm{e}^{x^2}+\mathrm{e}^{2x^2}-\mathrm{e}^{x^2})=\frac{2}{x}(\mathrm{e}^{2x^2}-\mathrm{e}^{x^2}).\end{aligned}$$

虽然你可以用计算机来做这样的问题，但在很多情况下，你只需用式（12.13）就可以把答案写下来，这样所花的时间比把问题输入计算机要少.

习题 4.12

1. 如果 $y=\int_0^{\sqrt{x}}\sin t^2\,\mathrm{d}t$，求 $\mathrm{d}y/\mathrm{d}x$.

2. 如果 $s=\int_u^v \frac{1-\mathrm{e}^t}{t}\mathrm{d}t$，求 $\partial s/\partial v$ 和 $\partial s/\partial u$，以及 u 和 v 趋于 0 时的极限.

3. 如果 $z=\int_{\sin x}^{\cos x}\frac{\sin t}{t}\mathrm{d}t$，求 $\frac{\mathrm{d}z}{\mathrm{d}x}$.

4. 用洛必达法则计算 $\lim\limits_{x\to 2}\frac{1}{x-2}\int_2^x \frac{\sin t}{t}\mathrm{d}t$.

5. 如果 $u=\int_x^{y-x}\frac{\sin t}{t}\mathrm{d}t$，当 $x=\pi/2$，$y=\pi$ 时，求 $\frac{\partial u}{\partial x}$，$\frac{\partial u}{\partial y}$ 和 $\frac{\partial y}{\partial x}$.

提示：使用微分.

6. 如果 $w=\int_{xy}^{2x-3y}\frac{\mathrm{d}u}{\ln u}$，当 $x=3$，$y=1$ 时，求$\frac{\partial w}{\partial x}$，$\frac{\partial w}{\partial y}$和$\frac{\partial y}{\partial x}$.

7. 如果$\int_u^v \mathrm{e}^{-t^2}\mathrm{d}t=x$ 和 $u^v=y$，当 $u=2$，$v=0$ 时，求$\left(\frac{\partial u}{\partial x}\right)_y$，$\left(\frac{\partial u}{\partial y}\right)_x$ 和$\left(\frac{\partial y}{\partial x}\right)_u$.

8. 如果$\int_0^x \mathrm{e}^{-s^2}\mathrm{d}s=u$，求$\frac{\mathrm{d}x}{\mathrm{d}u}$.

9. 如果 $y=\int_0^{\pi}\sin xt\mathrm{d}t$，求 $\mathrm{d}y/\mathrm{d}x$.（a）通过计算积分，然后微分.（b）先微分，然后求积分.

10. 如果 $y=\int_0^1\frac{\mathrm{e}^{xu}-1}{u}\mathrm{d}u$，显式地求 $\mathrm{d}y/\mathrm{d}x$.

11. 求$\frac{\mathrm{d}}{\mathrm{d}x}\int_{3-x}^{x^2}(x-t)\mathrm{d}t$，先求积分，再求微分.

12. 求$\frac{\mathrm{d}}{\mathrm{d}x}\int_x^{x^2}\frac{\mathrm{d}u}{\ln(x+u)}$.

13. 求$\frac{\mathrm{d}}{\mathrm{d}x}\int_{1/x}^{2/x}\frac{\sin xt}{t}\mathrm{d}t$.

14. 已知$\int_0^{\infty}\frac{\mathrm{d}x}{y^2+x^2}=\frac{\pi}{2y}$，对 y 微分，并计算

$$\int_0^{\infty}\frac{\mathrm{d}x}{(y^2+x^2)^2}.$$

15. 已知

$$\int_0^{\infty}\mathrm{e}^{-ax}\sin kx\mathrm{d}x=\frac{k}{a^2+k^2}.$$

对 a 微分来证明

$$\int_0^{\infty}x\mathrm{e}^{-ax}\sin kx\mathrm{d}x=\frac{2ka}{(a^2+k^2)^2}.$$

并对 k 微分来证明

$$\int_0^{\infty}x\mathrm{e}^{-ax}\cos kx\mathrm{d}x=\frac{a^2-k^2}{(a^2+k^2)^2}.$$

16. 在动力学理论中，我们要计算 $I=\int_0^{\infty}t^n\mathrm{e}^{-at^2}\mathrm{d}t$ 这种形式的积分. 已知$\int_0^{\infty}\mathrm{e}^{-at^2}\mathrm{d}t=\frac{1}{2}\sqrt{\pi/a}$，对于 $n=2$，4，6，…，$2m$，计算 I.

17. 完成例题 4 以获得式（12.10）.

18. 证明 $u(x,y)=\frac{y}{\pi}\int_{-\infty}^{\infty}\frac{f(t)\mathrm{d}t}{(x-t)^2+y^2}$满足 $u_{xx}+u_{yy}=0$.

19. 证明 $y=\int_0^x f(u)\sin(x-u)\mathrm{d}u$ 满足 $y''+y=f(x)$.

20. （a）证明 $y=\int_0^x f(x-t)\mathrm{d}t$ 满足$(\mathrm{d}y/\mathrm{d}x)=f(x)$.（提示：在积分中变量替换 $x-t=u$ 是有用的.）

（b）证明 $y=\int_0^x(x-u)f(u)\mathrm{d}u$ 满足 $y''=f(x)$.

（c）证明 $y=\frac{1}{(n-1)!}\int_0^x(x-u)^{n-1}f(u)\mathrm{d}u$ 满足 $y^{(n)}=f(x)$.

4.13 综合习题

1. 如果$f(tx,ty,tz)=t^nf(x,y,z)$，那么函数$f(x,y,z)$称为n阶齐次函数. 例如，$z^2\ln(x/y)$是二阶齐次函数，因为

$$(tz)^2\ln\frac{tx}{ty}=t^2\left(z^2\ln\frac{x}{y}\right).$$

齐次函数的欧拉定理说，如果f是n阶齐次的，那么

$$x\frac{\partial f}{\partial x}+y\frac{\partial f}{\partial y}+z\frac{\partial f}{\partial z}=nf.$$

证明这个定理. 提示：$f(tx,ty,tz)=t^nf(x,y,z)$对t求导，然后令$t=1$. 设$\partial f/\partial(tx)=f_1$（即$f$对第一个变量的偏导），$f_2=\partial f/\partial(ty)$等，这样是很方便的. 或者，可以先设$tx=u$，$ty=v$，$tz=w$.（定义和定理都可以扩展到任意数量的变量.）

2. (a) 给定(x,y)平面上的点(2,1)和直线$3x+2y=4$，利用第3章3.5节的方法求出该点到直线的距离.

(b) 通过写出从点(2,1)到(x,y)的距离公式并最小化距离（使用拉格朗日乘数法）来求解(a)部分.

(c) 根据(a)和(b)部分中建议的方法，推导出(x_0,y_0)到$ax+by=c$的距离公式：

$$D=\left|\frac{ax_0+by_0-c}{\sqrt{a^2+b^2}}\right|.$$

在第3题~第6题中，假设x，y和r，θ分别是直角坐标和极坐标.

3. 求$\frac{\partial^2 y}{\partial x\partial\theta}$.

4. 求$\frac{\partial^2 r}{\partial\theta\partial y}$.

5. 已知$z=y^2-2x^2$，求$\left(\frac{\partial z}{\partial x}\right)_r$，$\left(\frac{\partial z}{\partial\theta}\right)_x$，$\frac{\partial^2 z}{\partial x\partial\theta}$.

6. 如果$z=r^2-x^2$，求$\left(\frac{\partial z}{\partial r}\right)_\theta$，$\left(\frac{\partial z}{\partial\theta}\right)_r$，$\frac{\partial^2 z}{\partial r\partial\theta}$，$\left(\frac{\partial z}{\partial x}\right)_y$.

7. 在x和y中1%的误差对x^3y^2有多大（百分比）影响？

8. 假设地球是一个完美的球体，在赤道上有一根绳子，它的两端被系紧，使它正好适合. 现在让绳子长2ft，并让它在地球表面以上与赤道上的所有点都保持相同的距离，它有多高？（例如，你能从下面穿过去吗？一只苍蝇能穿过去吗？）如果换成月球请回答同样的问题.

9. 如果$z=xy$和$\begin{cases}2x^3+2y^3=3t^2,\\3x^2+3y^2=6t,\end{cases}$求$\mathrm{d}z/\mathrm{d}t$.

10. 如果$w=(r\cos\theta)^{r\sin\theta}$，求$\partial w/\partial\theta$.

11. 如果$\frac{x^2}{a^2}+\frac{y^2}{b^2}=1$，通过隐式微分法求$\frac{\mathrm{d}y}{\mathrm{d}x}$和$\frac{\mathrm{d}^2y}{\mathrm{d}x^2}$.

12. 已知$z=r^2+s^2+rst$，$r^4+s^4+t^4=2r^2s^2t^2+10$，当$r=2$，$s=t=1$时，求$(\partial z/\partial r)_t$.

13. 已知$\begin{cases}2t+\mathrm{e}^x=s-\cos y-2,\\2s-t=\sin y+x-1,\end{cases}$当$(x,y,s,t)=(0,\pi/2,-1,-2)$时，求$\left(\frac{\partial s}{\partial t}\right)_y$.

14. 如果$w=f(x,s,t)$，$s=2x+y$，$t=2x-y$，求f形式的$(\partial w/\partial x)_y$及其导数.

15. 如果$w=f(x,x^2+y^2,2xy)$，求$(\partial w/\partial x)_y$（比较第14题）.

16. 如果 $z=\frac{1}{x}f\left(\frac{y}{x}\right)$，证明：$x\frac{\partial z}{\partial x}+y\frac{\partial z}{\partial y}+z=0$.

17. 求从原点到曲面 $x=yz+10$ 的最短距离.

18. 求出从原点到平面交线的最短距离，平面为

$$2x-3y+z=5,$$
$$3x-y-2z=11,$$

（a）使用矢量方法（见第 3 章 3.5 节）；

（b）使用拉格朗日乘数法.

19. 用拉格朗日乘数法求三个正数的乘积的最大值，假设它们的和是 1.

20. 求 $y=4x^3+9x^2-12x+3$ 的最大值和最小值，已知 $x=\cos\theta$.

21. 如果 $T=4x-x^2$，则在一根长度为 5 的棒上求出最热和最冷的点，其中，x 是从左端测量的距离.

22. 如果 $T=x^2-y^2-3x$，求出区域 $y^2\leqslant x<5$ 的最热和最冷的点.

23. 求 $\frac{\mathrm{d}}{\mathrm{d}t}\int_0^{\sin t}\frac{\sin^{-1}x}{x}\mathrm{d}x$.

24. 求 $\frac{\mathrm{d}}{\mathrm{d}x}\int_{t=1/x}^{t=2/x}\frac{\cosh xt}{t}\mathrm{d}t$.

25. 求 $\frac{\mathrm{d}}{\mathrm{d}x}\int_1^{1/x}\frac{\mathrm{e}^{xt}}{t}\mathrm{d}t$.

26. 求 $\frac{\mathrm{d}}{\mathrm{d}x}\int_0^{x^2}\frac{\sin xt}{t}\mathrm{d}t$.

27. 证明：$\frac{\mathrm{d}}{\mathrm{d}x}\int_{\cos x}^{\sin x}\sqrt{1-t^2}\,\mathrm{d}t=1$.

28. 在讨论理想气体分子的速度分布中，函数 $F(x,y,z)=f(x)f(y)f(z)$ 是所需的，因此当 $\phi=x^2+y^2+z^2=\mathrm{const}$ 时，$\mathrm{d}(\ln F)=0$. 那么通过拉格朗日乘数法 $\mathrm{d}(\ln F+\lambda\phi)=0$ 来证明：

$$F(x,y,z)=A\mathrm{e}^{-(\lambda/2)(x^2+y^2+z^2)}.$$

29. 长杆上一点的温度随时间的变化为

$$T(t)=100°\left(1-\frac{2}{\sqrt{\pi}}\int_0^{8/\sqrt{t}}\mathrm{e}^{-\tau^2}\mathrm{d}\tau\right),$$

其中，$t=64$，$T=15.73°$. 用微分来计算 T 达到 17°需要多长时间.

30. 计算 $\frac{\mathrm{d}^2}{\mathrm{d}x^2}\int_0^x\int_0^x f(s,t)\,\mathrm{d}s\mathrm{d}t$.

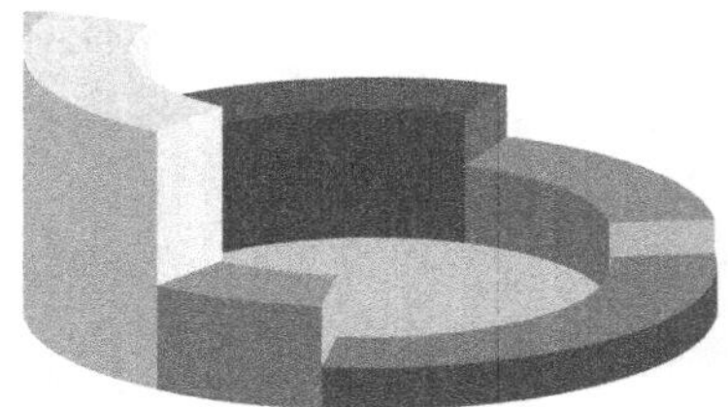

第 5 章 多重积分和积分的应用

5.1 简介

在微积分和基础物理中，你已经看到了积分的许多用途，比如求面积、体积、质量、转动惯量等. 在这一章中，我们要考虑单个积分和多重积分的其他应用. 我们将讨论如何建立积分来表示物理量和计算物理量的方法. 在后面的章节中，还将会用到单个和多重积分.

计算机和积分表在计算积分时非常有用，但是要有效地使用这些工具，你需要理解积分的符号和含义，我们将在本章讨论这些内容. 这里还有一点很重要，计算机会给出一个定积分的答案，但不定积分有许多可能的答案（它们之间的区别在于积分常数），而计算机或积分表可能不会给出所需的形式（见下面的习题）. 如果发生这种情况，可以尝试以下方法：

（a）查阅其他积分表，或尝试引导你的计算机改变形式；

（b）看一些代数运算能否给出你想要的形式（见下面的习题 5.1 第 1 题，也可见第 2 章 2.15 节例题 2）；

（c）简单的替换就可以得到想要的结果（见下面的习题 5.1 第 2 题）；

（d）要检查答案，（用手或计算机）微分它，看看你是否得到被积函数.

习题 5.1

用以上建议的一种或多种方法验证不定积分的下列答案.

1. $\int 2\sin\theta\cos\theta\mathrm{d}\theta=\sin^2\theta$ 或者 $-\cos^2\theta$ 或者 $-\dfrac{1}{2}\cos 2\theta$. 提示：使用三角恒等式.

2. $\int\dfrac{\mathrm{d}x}{\sqrt{x^2+a^2}}=\operatorname{arcsin}\dfrac{x}{a}$ 或者 $\ln(x+\sqrt{x^2+a^2})$. 提示：为了求 arcsin 的形式，替换 $x=a\sin u$. 或者参见第 2 章 2.15 节和 2.17 节.

3. $\int\dfrac{\mathrm{d}y}{\sqrt{y^2-a^2}}=\operatorname{arccos}\dfrac{y}{a}$ 或者 $\ln(y+\sqrt{y^2-a^2})$. 提示：参见第 2 题的提示.

4. $\int\sqrt{1+a^2x^2}\,\mathrm{d}x=\dfrac{x}{2}\sqrt{1+a^2x^2}+\dfrac{1}{2a}\operatorname{arcsin}ax$ 或者 $\dfrac{x}{2}\sqrt{1+a^2x^2}+\dfrac{1}{2a}\ln\left(ax+\sqrt{1+a^2x^2}\right)$.

5. $\int\dfrac{K\mathrm{d}r}{\sqrt{1-K^2r^2}}=\operatorname{arcsin}Kr$ 或者 $-\operatorname{arccos}Kr$ 或者 $\operatorname{arctan}\dfrac{Kr}{\sqrt{1-K^2r^2}}$.

提示：画一个直角三角形，锐角为 u 和 v，标记三角形的边，有 $\sin u=Kr$. 还要注意，$u+v=\pi/2$. 如果 u

是不定积分，那么$-v$也是，它们的积分常数不同.

6. $\int\frac{K\mathrm{d}r}{r\sqrt{r^2-K^2}}=\arccos\frac{K}{r}$或者 $\operatorname{arcsec}\frac{r}{K}$或者$-\arcsin\frac{K}{r}$或者$-\arctan\frac{K}{\sqrt{r^2-K^2}}$.

5.2　二重积分和三重积分

回想一下微积分中，$\int_a^b y\mathrm{d}x=\int_a^b f(x)\mathrm{d}x$ 给出了图 5.2.1 中“曲线下”的面积. 再回想一下积分的定义为和的极限：我们用矩形的和来近似面积，如图 5.2.1 所示，一个代表矩形（阴影部分）宽度为 Δx. 几何表示，如果增加矩形的数量，让所有的宽度 $\Delta x\to 0$，那么矩形区域的总和将趋向于曲线下的面积. 如果我们定义$\int_a^b f(x)\mathrm{d}x$为矩形面积和的极限，那么求积分的不定积分，用$\int_a^b f(x)\mathrm{d}x$ 计算曲线下的面积.

我们要做一些非常相似的事情来求出在图 5.2.2 中圆柱的体积，其上表面为 $z=f(x,y)$. 我们把 (x,y) 平面切成小矩形面积 $\Delta A=(\Delta x)(\Delta y)$，如图 5.2.2 所示，以上每个 $\Delta x\Delta y$ 都是一个细窄长方体的表面. 我们可以用这些长方体的和来近似想要的体积，就像我们用一组矩形来近似图 5.2.1 中的面积一样. 长方体的数量增加至 Δx 和 $\Delta y\to 0$ 时，小长方体的体积的和趋向于所求的体积. 定义 $f(x,y)$ 对于 (x,y) 平面上面积 A（见图 5.2.2）的二重积分为和的极限，我们写成$\iint_A f(x,y)\mathrm{d}x\mathrm{d}y$. 用二重积分来计算体积之前，需要知道如何计算二重积分. 即使可以用计算机来做这项工作，为了正确地建立积分并发现和纠正错误，我们也需要了解这个过程. 做一些手动计算是学习这个过程的好方法.

迭代积分　现在我们用一些例子来详细说明二重积分的计算.

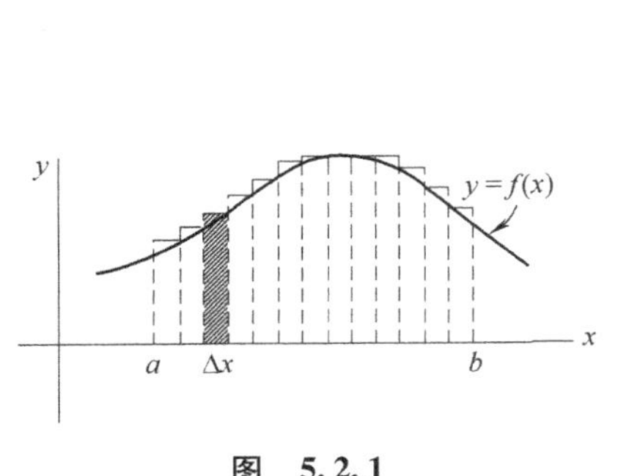

图　5.2.1

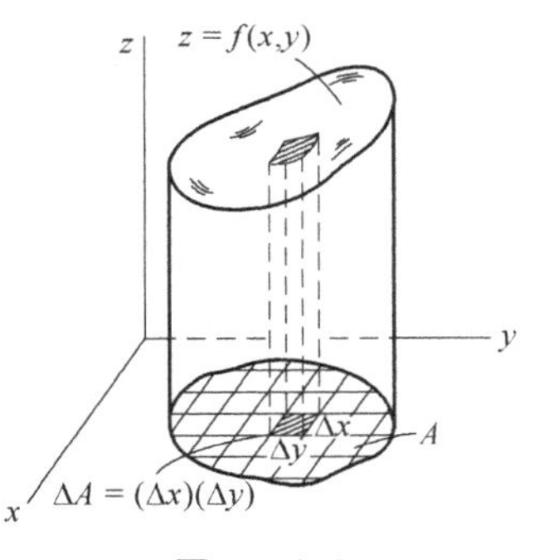

图　5.2.2

例 1　求平面 $z=1+y$ 以下的实体的体积（见图 5.2.3），它以坐标平面和垂直面 $2x+y=2$ 为界. 根据上面的讨论，这是$\iint_A z\mathrm{d}x\mathrm{d}y=\iint_A(1+y)\mathrm{d}x\mathrm{d}y$，其中，$A$ 是 (x,y) 平面上阴影三角形面积（另见图 5.2.4a、b）. 我们将考虑二重积分的两种计算方法，认为 ΔA 被切割成小矩形 $\Delta A=\Delta x\Delta y$（见图 5.2.4），整个固体切成垂直柱，高为 z，底面为 ΔA（见图 5.2.3）. 我们想求出这些柱的体积之和的极限. 首先相加 x 为固定值的立柱，则得到厚度为 Δx 的厚板体积（见图 5.2.3），这相当于对 y（保持 x 不变，见图 5.2.4a）从 $y=0$ 到在直线 $2x+y=2$ 上的 y 进行积分，即 $y=2-2x$，我们求出

$$\int_{y=0}^{2-2x} z\mathrm{d}y=\int_{y=0}^{2-2x}(1+y)\,\mathrm{d}y=\left(y+\frac{y^2}{2}\right)\bigg|_0^{2-2x}$$
$$=(2-2x)+(2-2x)^2/2=4-6x+2x^2. \tag{2.1}$$

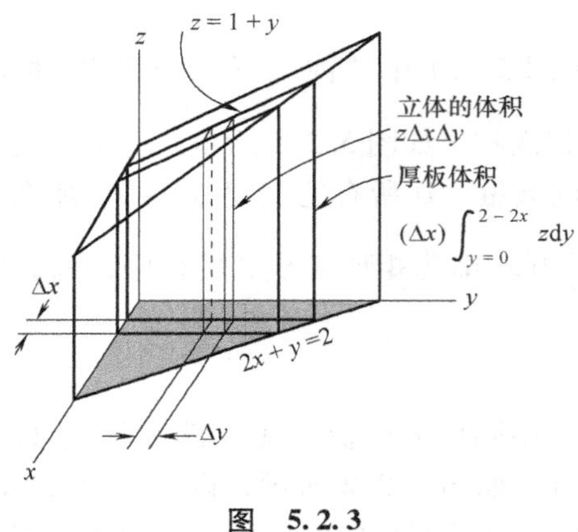

图 5.2.3

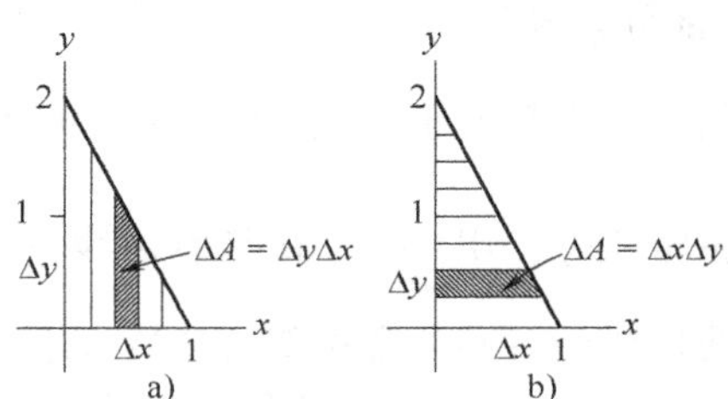

图 5.2.4

（我们所求的是图 5.2.3 中厚板的面积，它的体积是面积乘以 Δx）. 现在我们把厚板的体积加起来，这相当于式（2.1）对 x 从 $x=0$ 到 $x=1$ 进行积分：

$$\int_{x=0}^{1}(4-6x+2x^2)\,\mathrm{d}x=\frac{5}{3}. \tag{2.2}$$

可以通过写出下面式子来总结式（2.1）和式（2.2）：

$$\int_{x=0}^{1}\left(\int_{y=0}^{2-2x}(1+y)\,\mathrm{d}y\right)\mathrm{d}x\quad 或者\quad \int_{x=0}^{1}\int_{y=0}^{2-2x}(1+y)\,\mathrm{d}y\mathrm{d}x\quad 或者\quad \int_{x=0}^{1}\mathrm{d}x\int_{y=0}^{2-2x}\mathrm{d}y(1+y) \tag{2.3}$$

我们称式（2.3）为迭代（重复）积分. 多重积分通常用迭代积分求值. 请注意，如果我们在给出积分的上下限时总是小心地声明变量，式（2.3）中的大括号并不是真正必要的. 也就是说，总是写成 $\int_{x=0}^{1}$，而不仅仅是 $\int_{0}^{1}$.

现在我们还可以先相加体积 $z(\Delta A)$，对 x 积分（见图 5.2.4b，y 保持不变），从 $x=0$ 到 $x=1-y/2$ 积分，得到图 5.2.3 中垂直于 y 轴的一个厚板体积，然后通过对 y 从 $y=0$ 到 $y=2$ 进行积分（见图 5.2.4b），相加这些厚板的体积. 我们写出

$$\int_{y=0}^{2}\left(\int_{x=0}^{1-y/2}(1+y)\,\mathrm{d}x\right)\mathrm{d}y=\int_{y=0}^{2}(1+y)x\bigg|_{x=0}^{1-y/2}\mathrm{d}y$$
$$=\int_{y=0}^{2}(1+y)(1-y/2)\,\mathrm{d}y$$
$$=\int_{y=0}^{2}(1+y/2-y^2/2)\,\mathrm{d}y=\frac{5}{3}. \tag{2.4}$$

正如几何图形所示，式（2.2）和式（2.4）中的结果是相同的. 我们有两种利用迭代积分求二重积分的方法.

通常这两种方法中的一种比另一种更方便，于是我们选择比较容易的方法. 为了了解如

何确定方法，研究以下我们想要求出$\iint_A f(x,y)\,\mathrm{d}x\mathrm{d}y$ 的面积 A 的草图. 在每种情况下，我们考虑相加小矩形 $\mathrm{d}x\mathrm{d}y$ 形成条状面积（如图 5.2.5 所示），然后相加条状面积覆盖整个面积.

面积如图 5.2.5 所示：首先对 y 积分. 注意，面积 A 的顶部和底部是曲线，我们知道它们的方程；$x=a$ 和 $x=b$ 处的边界要么是垂直线，要么是点.

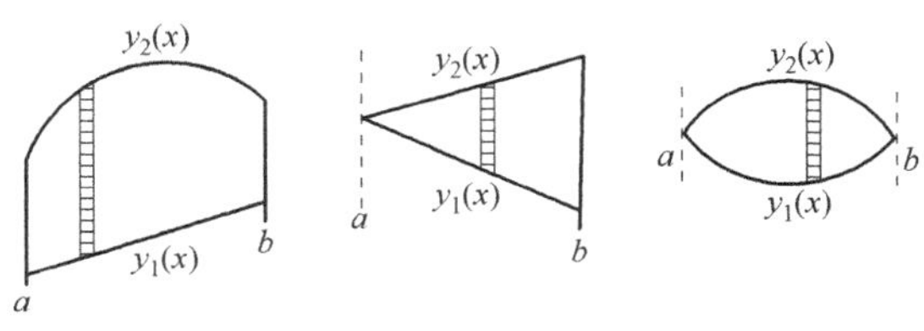

图　5.2.5

可求出：

$$\iint_A f(x,y)\,\mathrm{d}x\mathrm{d}y=\int_{x=a}^{b}\left(\int_{y=y_1(x)}^{y_2(x)} f(x,y)\,\mathrm{d}y\right)\mathrm{d}x. \tag{2.5}$$

面积如图 5.2.6 所示：首先对 x 进行积分. 注意，面积 A 的边是曲线，我们知道它们的方程；$y=c$ 和 $y=d$ 处的边界要么是水平直线，要么是点.

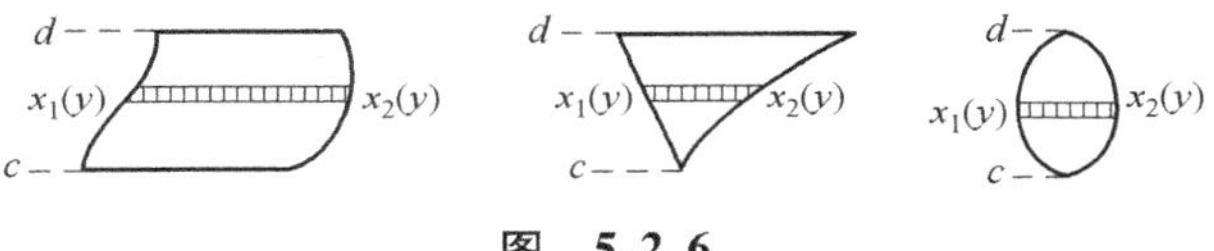

图　5.2.6

可求出

$$\iint_A f(x,y)\,\mathrm{d}x\mathrm{d}y=\int_{y=c}^{d}\left(\int_{x=x_1(y)}^{x_2(y)} f(x,y)\,\mathrm{d}x\right)\mathrm{d}y. \tag{2.6}$$

面积如图 5.2.7 所示：按任意顺序进行积分. 注意，这些面积都满足式（2.5）和式（2.6）的要求.

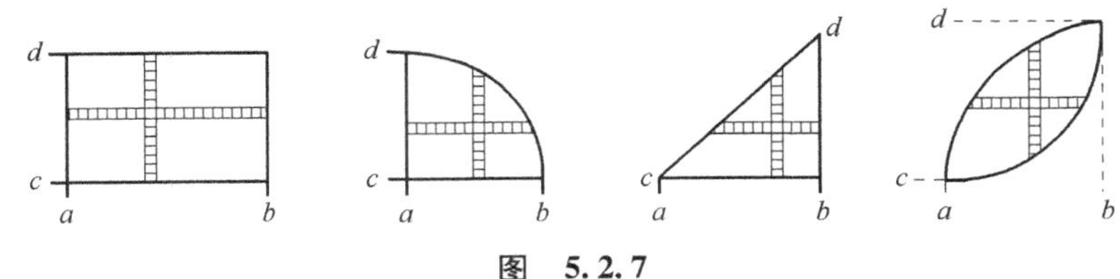

图　5.2.7

可求出

$$\begin{aligned}\iint_A f(x,y)\,\mathrm{d}x\mathrm{d}y &=\int_{x=a}^{b}\int_{y=y_1(x)}^{y_2(x)} f(x,y)\,\mathrm{d}y\mathrm{d}x\\ &=\int_{y=c}^{d}\int_{x=x_1(y)}^{x_2(y)} f(x,y)\,\mathrm{d}x\mathrm{d}y\end{aligned} \tag{2.7}$$

一个重要的特例是当$f(x,y)$ 是一个乘积且$f(x,y)=g(x)h(y)$ 时一个矩形上的二重积分，那么：

$$\iint_A f(x,y)\,\mathrm{d}x\mathrm{d}y=\int_{x=a}^{b}\int_{y=c}^{d}g(x)h(y)\,\mathrm{d}y\mathrm{d}x$$
$$=\left(\int_a^b g(x)\,\mathrm{d}x\right)\left(\int_c^d h(y)\,\mathrm{d}y\right). \tag{2.8}$$

当面积比图中的更复杂时，我们可以把它们分成两个或两个以上更简单的面积（见习题 5.2 第 9 题和第 10 题）.

我们已经学过如何建立和计算二重积分来求面积和体积. 回忆一下，我们使用单个积分的目的不是为了求面积. 同样地，现在我们知道如何计算二重积分，于是可以用它来求除面积和体积之外的其他量.

例 2 求出以 $x=0$，$x=2$，$y=0$，$y=1$ 为界的矩形板的质量，假设它的密度（单位面积的质量）是 $f(x,y)=xy$. 一个小矩形的质量 $\Delta A=\Delta x\Delta y$ 大约是 $f(x,y)\Delta x\Delta y$，其中，在 ΔA 中的某个点上计算 $f(x,y)$. 我们想将所有 ΔA 的质量求和. 这可通过计算 $\mathrm{d}M=xy\mathrm{d}x\mathrm{d}y$ 的二重积分得到，我们称 $\mathrm{d}M$ 为质量的元素，把所有的 $\mathrm{d}M$ 相加得到 M.

$$M=\iint_A xy\,\mathrm{d}x\mathrm{d}y=\int_{x=0}^{2}\int_{y=0}^{1}xy\,\mathrm{d}x\mathrm{d}y$$
$$=\left(\int_0^2 x\mathrm{d}x\right)\left(\int_0^1 y\mathrm{d}y\right)=2\cdot\frac{1}{2}=1. \tag{2.9}$$

在体积 V 上的一个三重积分 $f(x,y,z)$，写为 $\iiint_V f(x,y,z)\,\mathrm{d}x\mathrm{d}y\mathrm{d}z$，也定义为一个和的极限和通过迭代积分计算. 如果是对一个长方形进行积分，也就是说，所有的积分上下限都是常数，那么我们可以按任意顺序对 x，y，z 积分. 如果体积是复杂的，那么我们就必须考虑其几何结构，就像我们对二重积分考虑的那样来决定最佳的顺序并找出积分上下限. 这个过程可以从下面的例子（另见 5.3 节的例子）和实践中更好地学习.

例 3 用三重积分求出图 5.2.3 中固体的体积. 这里我们想象整个固体被切成体积为 $\Delta x\Delta y\Delta z$ 的微小长方体；一个体积元是 $\mathrm{d}x\mathrm{d}y\mathrm{d}z$. 我们首先把微小长方体的体积加起来，得到一列的体积，这意味着从 0 到 $1+y$ 对 z 积分，x 和 y 是常数. 然后我们把这些列加起来得到一个厚板，再把厚板加起来得到整个体积，就像我们在例题 1 中做的那样. 因此有

$$V=\iiint_V \mathrm{d}x\mathrm{d}y\mathrm{d}z$$
$$=\int_{x=0}^{1}\int_{y=0}^{2-2x}\left(\int_{z=0}^{1+y}\mathrm{d}z\right)\mathrm{d}y\mathrm{d}x$$
$$=\int_{x=0}^{1}\int_{y=0}^{2-2x}(1+y)\,\mathrm{d}y\mathrm{d}x=\frac{5}{3},\quad \text{或者}\quad \int_{x=0}^{1}\int_{y=0}^{2-2x}\int_{z=0}^{1+y}\mathrm{d}z\mathrm{d}y\mathrm{d}x. \tag{2.10}$$

如式（2.1）和式（2.2）所示. 或者我们可以用式（2.4）.

例 4 如果密度（单位体积的质量）是 $x+z$，求出固体的质量. 质量的一个元素是 $\mathrm{d}M=(x+z)\mathrm{d}x\mathrm{d}y\mathrm{d}z$，我们把质量的元素加起来，就像我们把体积的元素加起来一样，也就是说，其上下限与例 3 相同.

$$M=\int_{x=0}^{1}\int_{y=0}^{2-2x}\int_{z=0}^{1+y}(x+z)\,\mathrm{d}z\mathrm{d}y\mathrm{d}z=2. \tag{2.11}$$

其中我们像式（2.1）到式（2.4）那样求积分.（用手动和计算机检查结果.）

习题 5.2

在本小节的习题中，手动建立和计算积分，用计算机检查结果.

1. $\int_{x=0}^{1}\int_{y=2}^{4}3x\mathrm{d}y\mathrm{d}x$　　2. $\int_{y=-2}^{1}\int_{x=1}^{2}8xy\mathrm{d}x\mathrm{d}y$　　3. $\int_{y=0}^{2}\int_{x=2y}^{4}\mathrm{d}x\mathrm{d}y$

4. $\int_{x=0}^{4}\int_{y=0}^{x/2}y\mathrm{d}y\mathrm{d}x$　　5. $\int_{x=0}^{1}\int_{y=x}^{\mathrm{e}^x}y\mathrm{d}y\mathrm{d}x$　　6. $\int_{y=1}^{2}\int_{x=\sqrt{y}}^{y^2}x\mathrm{d}x\mathrm{d}y$

在第 7 题~第 18 题中，计算所述面积上的二重积分. 为了找到上下限，画出面积的草图，并将其与图 5.2.5~图 5.2.7 进行比较.

7. $\iint_A(2x-3y)\mathrm{d}x\mathrm{d}y$，其中，$A$ 是顶点为（0,0），（2,1），（2,0）的三角形.

8. $\iint_A 6y^2\cos x\mathrm{d}x\mathrm{d}y$，其中，$A$ 是由曲线 $y=\sin x$，x 轴，$x=\pi/2$ 围成的面积.

9. $\iint_A \sin x\mathrm{d}x\mathrm{d}y$，其中，$A$ 为图 5.2.8 所示的面积.

10. $\iint_A y\mathrm{d}x\mathrm{d}y$，其中，$A$ 为图 5.2.8 中的面积.

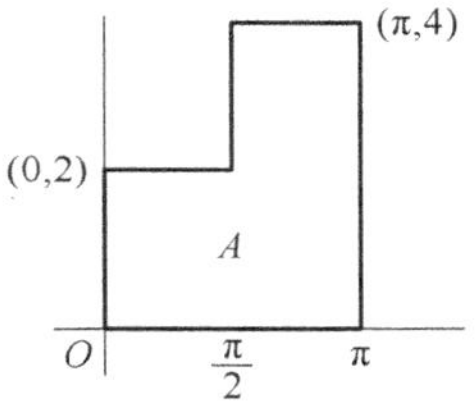

11. $\iint_A x\mathrm{d}x\mathrm{d}y$，其中，$A$ 为抛物线 $y=x^2$ 与直线 $2x-y+8=0$ 之间的面积.

12. $\iint y\mathrm{d}x\mathrm{d}y$，积分面积为顶点分别是（−1,0），（0,2）和（2,0）的三角形.

13. $\iint 2xy\mathrm{d}x\mathrm{d}y$，积分面积为顶点分别是（0,0），（2,1），（3,0）的三角形.

图　5.2.8

14. $\iint x^2\mathrm{e}^{x^2y}\mathrm{d}x\mathrm{d}y$，积分面积为 $y=x^{-1}$，$y=x^{-2}$ 和 $x=\ln 4$ 围成的面积.

15. $\iint \mathrm{d}x\mathrm{d}y$，积分面积为 $y=\ln x$，$y=\mathrm{e}+1-x$ 和 x 轴围成的面积.

16. $\iint(9+2y^2)^{-1}\mathrm{d}x\mathrm{d}y$，积分面积为顶点分别是（1,3），（3,3），（2,6），（6,6）的四边形面积.

17. $\iint(x/y)\mathrm{d}x\mathrm{d}y$，积分面积为顶点分别是（0,0），（1,1），（1,2）的三角形面积.

18. $\iint y^{-1/2}\mathrm{d}x\mathrm{d}y$，积分面积为 $y=x^2$，$x+y=2$ 和 y 轴围成的面积.

在第 19 题~第 24 题中，用二重积分求出指定的体积.

19. 在顶点为（0,0），（2,0），（0,2）和（2,2）的正方形上方，平面 $z=8-x+y$ 下方.

20. 在顶点为（0,0），（0,1），（2,0）和（2,1）的矩形上方，在曲面 $z^2=36x^2(4-x^2)$ 下方.

21. 在顶点（0,0），（2,0）和（2,1）的三角形上方，在抛物面 $z=24-x^2-y^2$ 下方.

22. 在顶点（0,2），（1,1）和（2,2）的三角形上面，在曲面 $z=xy$ 下面.

23. 在曲面 $z=y(x+2)$ 下方，在由 $x+y=0$，$y=1$，$y=\sqrt{x}$ 围成的面积上方.

24. 在曲面 $z=1/(y+2)$ 上方，在 $y=x$ 和 $y^2+x=2$ 围成的面积上方.

在第 25 题~第 28 题中，画出积分面积的草图，观察它是否像图 5.2.7 中的面积，然后写出一个与积分顺序相反的等价积分，通过计算二重积分来检查你的作业，还要检查计算机是否对两个顺序的积分给出了相同的答案.

25. $\int_{x=0}^{1}\int_{y=0}^{3-3x}\mathrm{d}y\mathrm{d}x$　　26. $\int_{y=0}^{2}\int_{x=y/2}^{1}(x+y)\ \mathrm{d}x\mathrm{d}y$

27. $\int_{x=0}^{4}\int_{y=0}^{\sqrt{x}}y\sqrt{x}\,\mathrm{d}y\mathrm{d}x$　　28. $\int_{y=0}^{1}\int_{x=0}^{\sqrt{1-y^2}}y\mathrm{d}x\mathrm{d}y$

在第 29 题～第 32 题中，注意到内部积分不能用初等函数来表示. 如第 25 题～第 28 题一样，改变积分的顺序来计算二重积分，还可以尝试使用计算机对这两个顺序的积分进行计算.

29. $\int_{y=0}^{\pi}\int_{x=y}^{\pi}\frac{\sin x}{x}\mathrm{d}x\mathrm{d}y$　　30. $\int_{x=0}^{2}\int_{y=x}^{2}\mathrm{e}^{-y^2/2}\mathrm{d}y\mathrm{d}x$

31. $\int_{x=0}^{\ln 16}\int_{y=\mathrm{e}^{x/2}}^{4}\frac{\mathrm{d}y\mathrm{d}x}{\ln y}$　　32. $\int_{y=0}^{1}\int_{x=y^2}^{1}\frac{\mathrm{e}^x}{\sqrt{x}}\mathrm{d}x\mathrm{d}y$

33. 覆盖 1/4 圆盘的薄片 $x^2+y^2\leqslant 4$，$x>0$，$y>0$，（面积）密度为 $x+y$，求薄片的质量.

34. 电荷密度与 y 成比例的介电片覆盖抛物线 $y=16-x^2$ 与 x 轴之间的面积. 计算总电荷.

35. 三角形薄板的边界是坐标轴和直线 $x+y=6$. 如果它在每一点 P 的密度与从原点到 P 的距离的平方成正比，求出它的质量.

36. 一面部分镀银的镜子覆盖着正方形区域，其顶点在（±1,±1）处. 它在 (x,y) 处反射的入射光的部分是 $(x-y)^2/4$. 假设入射光的强度是均匀的，求出反射的部分.

在第 37 题～第 40 题中，计算三重积分.

37. $\int_{x=1}^{2}\int_{y=x}^{2x}\int_{z=0}^{y-x}\mathrm{d}z\mathrm{d}y\mathrm{d}x$　　38. $\int_{z=0}^{2}\int_{x=z}^{2}\int_{y=8x}^{z}\mathrm{d}y\mathrm{d}x\mathrm{d}z$

39. $\int_{y=-2}^{3}\int_{z=1}^{2}\int_{x=y+z}^{2y+z}6y\mathrm{d}x\mathrm{d}z\mathrm{d}y$　　40. $\int_{x=1}^{2}\int_{z=x}^{2x}\int_{y=0}^{1/z}z\mathrm{d}y\mathrm{d}z\mathrm{d}x.$

41. 求由平面 $z=2x+3y+6$，$z=2x+7y+8$，以及顶点为（0,0），（3,0）和（2,1）的三角形之间的体积.

42. 求出 $z=2x+3y+6$，$z=2x+7y+8$，以及 (x,y) 平面上顶点为（0,0），（1,0），（0,1），（1,1）的正方形之间的体积.

43. 求曲面 $z=2x^2+y^2+12$，$z=x^2+y^2+8$，以及顶点为（0,0），（1,0）和（1,2）的三角形之间的体积.

44. 如果密度与 y 成正比，求第 42 题中固体的质量.

45. 如果密度与 x 成比例，求第 43 题中固体的质量.

46. 如果密度与到立方体中心的距离的平方成比例，求边长为 2 的立方体的质量.

47. 求出由坐标平面和平面 $x+2y+z=4$ 围成的第一卦限中的体积.

48. 求出由圆锥面 $z^2=x^2-y^2$ 和平面 $x=4$ 围成的第一卦限中的体积.

49. 求出由抛物面 $z=1-x^2-y^2$，平面 $x+y=1$ 和所有三个坐标平面围成的第一卦限中的体积.

50. 如果密度是 z，求第 48 题中固体的质量.

5.3 积分的应用　单个和多重积分

许多不同的物理量由积分给出，让我们通过做一些题来说明如何建立和计算这些积分. 在这些问题中建立积分的基本思想是积分是“和的极限”. 因此，我们想象物体（尝试求出其体积、转动惯量等）被切成大量被称为元素的小块. 我们写一个近似的公式来表示一个元素的体积、转动惯量等，然后把这个物体的所有元素的这些量加起来. 这个和的极限（当元素的数目趋近于无穷，每个元素的大小趋近于零）是我们通过积分得到的，也是我们在物理问题中想要的.

使用计算机计算积分可以节省时间，我们将主要集中于建立积分. 然而，为了熟练地求出极限、确定积分的顺序、检测和纠正错误、对变量进行有用的替换以及理解使用的符号的含义，学习手动计算多重积分是很重要的. 因此，一个好的学习方法是用手和计算机同时做一些积分. 在绘制曲线和曲面图时，计算机也非常有用，它可以帮助你求出多重积分的极限.

例 1 已知曲线 $y=x^2$，从 $x=0$ 到 $x=1$，求出：

(a) 曲线下的面积（即曲线、x 轴、直线 $x=1$ 所围成的面积；见图 5.3.1）；

(b) 切割成该面积形状的平板材料的质量，如果其密度（单位面积的质量）为 xy；

(c) 曲线的弧长；

(d) 面积的形心；

(e) 弧的形心；

(f) 关于在（b）中锥板 x、y、z 轴的惯性矩.

(a) 面积为：

$$A=\int_{x=0}^{1} y\,\mathrm{d}x=\int_{0}^{1} x^2\,\mathrm{d}x=\frac{x^3}{3}\Big|_0^1=\frac{1}{3}.$$

我们也可以用 $\mathrm{d}A=\mathrm{d}y\mathrm{d}x$ 二重积分来求面积（见图 5.3.1），那么有

$$A=\int_{x=0}^{1}\int_{y=0}^{x^2}\mathrm{d}y\mathrm{d}x=\int_{0}^{1}x^2\,\mathrm{d}x.$$

像前面一样，虽然在求这个问题的面积时二重积分是完全不必要的，但我们需要用二重积分来求题目（b）部分的质量.

题目（b）与题目（a）中的二重积分方法一样，面积的元素是 $\mathrm{d}A=\mathrm{d}y\mathrm{d}x$. 由于密度 $\rho=xy$，元素的质量是 $\mathrm{d}M=xy\mathrm{d}y\mathrm{d}x$，总质量为

$$M=\int_{x=0}^{1}\int_{y=0}^{x^2}xy\,\mathrm{d}y\mathrm{d}x=\int_{0}^{1}x\,\mathrm{d}x\left[\frac{y^2}{2}\right]_0^{x^2}=\int_0^1\frac{x^5}{2}\mathrm{d}x=\frac{1}{12}.$$

注意，我们不能用一个单积分来解这个问题，因为密度依赖于 x 和 y.

(c) 弧长 $\mathrm{d}s$ 的元素定义为如图 5.3.1 和图 5.3.2 所示. 因此我们有

$$\begin{aligned}\mathrm{d}s^2&=\mathrm{d}x^2+\mathrm{d}y^2\\ \mathrm{d}s&=\sqrt{\mathrm{d}x^2+\mathrm{d}y^2}=\sqrt{1+(\mathrm{d}y/\mathrm{d}x)^2}\,\mathrm{d}x=\sqrt{(\mathrm{d}x/\mathrm{d}y)^2+1}\,\mathrm{d}y.\end{aligned}\tag{3.1}$$

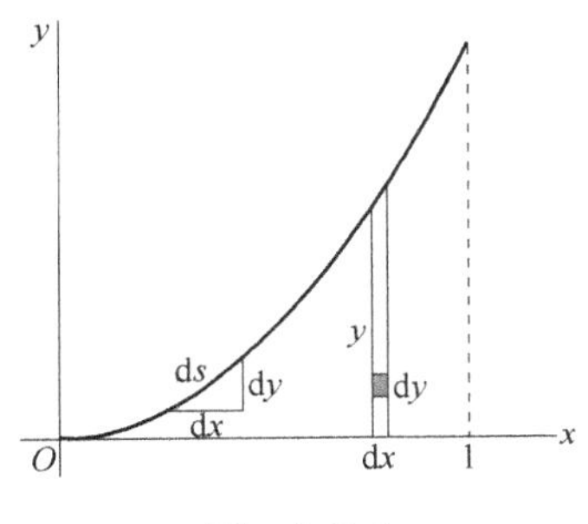

图 5.3.1

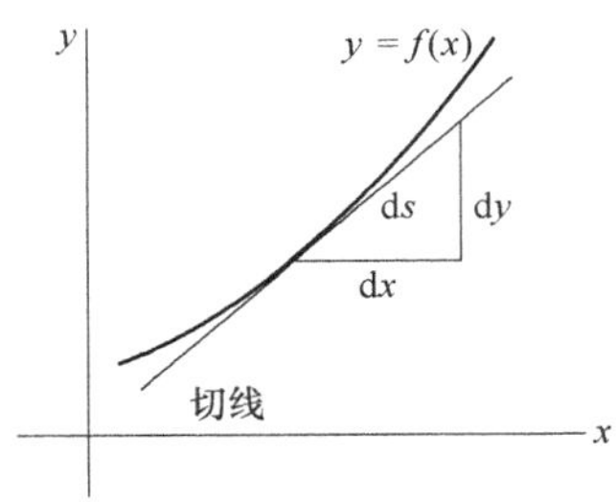

图 5.3.2

如果 $y=f(x)$ 具有连续的一阶导数 $\mathrm{d}y/\mathrm{d}x$（可能在有限的点处除外），我们可以通过计算 $\int_a^b \mathrm{d}s$ 得到曲线 $y=f(x)$ 在 a 和 b 之间的弧长. 对于我们的例子有

$$\frac{\mathrm{d}y}{\mathrm{d}x}=2x, \qquad \mathrm{d}s=\sqrt{1+4x^2}\,\mathrm{d}x,$$

$$s=\int_0^1\sqrt{1+4x^2}\,\mathrm{d}x=\frac{2\sqrt{5}+\ln(2+\sqrt{5})}{4}. \tag{3.2}$$

（见习题 5.3 第 32 题.）

（d）回顾基础物理学知识有

物体重心的坐标是 $\bar{x}$，$\bar{y}$，$\bar{z}$，这些由下面方程给出：

$$\int\bar{x}\mathrm{d}M=\int x\mathrm{d}M, \qquad \int\bar{y}\mathrm{d}M=\int y\mathrm{d}M, \qquad \int\bar{z}\mathrm{d}M=\int z\mathrm{d}M, \tag{3.3}$$

其中，$\mathrm{d}M$ 是质量的一个元素，积分为在整个物体上的积分.

虽然我们在式（3.3）中已经写了单积分，但根据问题和计算方法，它们可能是单积分、二重积分或三重积分. 因为 $\bar{x}$、$\bar{y}$ 和 $\bar{z}$ 是常量，所以我们可以把它们放在式（3.3）的积分外面去求解. 但是，你会发现更容易记住在式（3.3）形式中的定义. 对于我们正在做的这个例子，因为这个物体是 (x,y) 平面上的一片材料，所以 $\bar{z}=0$. 质量元素是 $\mathrm{d}M=\rho\mathrm{d}A=\rho\mathrm{d}x\mathrm{d}y$，其中，$\rho$ 是密度（在这个问题中它是单位面积上的质量）. 对于如题目（b）中的变密度，我们将 ρ 的值代入式（3.3）并积分每个等式两边求出质心的坐标. 然而，我们假设密度是常数，则式（3.3）中的第一个积分为

$$\int\bar{x}\rho\mathrm{d}A=\int x\rho\mathrm{d}A \quad \text{或者} \quad \int\bar{x}\mathrm{d}A=\int x\mathrm{d}A. \tag{3.4}$$

同样，从式（3.3）中所有的方程中可以消掉一个常数密度 ρ. 这样，$\bar{x}$，$\bar{y}$，$\bar{z}$ 这几个量就被称为面积（或者体积、弧度）的形心坐标.

当我们假定密度恒定时，物体的形心就是质心.

在我们的例子中，有

$$\int_{x=0}^1\int_{y=0}^{x^2}\bar{x}\mathrm{d}y\mathrm{d}x=\int_{x=0}^1\int_{y=0}^{x^2}x\mathrm{d}y\mathrm{d}x \quad \text{或者} \quad \bar{x}A=\left.\frac{x^4}{4}\right|_0^1=\frac{1}{4}.$$

$$\int_{x=0}^1\int_{y=0}^{x^2}\bar{y}\mathrm{d}y\mathrm{d}x=\int_{x=0}^1\int_{y=0}^{x^2}y\mathrm{d}y\mathrm{d}x \quad \text{或者} \quad \bar{y}A=\left.\frac{x^5}{10}\right|_0^1=\frac{1}{10}. \tag{3.5}$$

（除了最后一个，二重积分对这些都不是必须的.）使用题目（a）部分中的 A 值，求出 $\bar{x}=\frac{3}{4}$，$\bar{y}=\frac{3}{10}$.

（e）弯曲成 $y=f(x)$ 曲线形状的金属丝的质心 $(\bar{x},\bar{y})$ 是由下面给出：

$$\int\bar{x}\rho\mathrm{d}s=\int x\rho\mathrm{d}s, \qquad \int\bar{y}\rho\mathrm{d}s=\int y\rho\mathrm{d}s, \tag{3.6}$$

其中，ρ 是密度（每单位长度质量），积分为对 $\mathrm{d}s$ 的单变量积分，$\mathrm{d}s$ 由式（3.1）给出. 如果 ρ 是常数，式（3.6）定义了质心的坐标.

在例子中有

$$\int_0^1 \bar{x}\sqrt{1+4x^2}\,\mathrm{d}x=\int_0^1 x\sqrt{1+4x^2}\,\mathrm{d}x,$$
$$\int_0^1 \bar{y}\sqrt{1+4x^2}\,\mathrm{d}x=\int_0^1 y\sqrt{1+4x^2}\,\mathrm{d}x=\int_0^1 x^2\sqrt{1+4x^2}\,\mathrm{d}x. \tag{3.7}$$

请注意，把 $y=x^2$ 代入式（3.7）的最后一个积分是正确的，但把它代入式（3.5）的最后一个积分就不正确了. 原因是，在面积上，y 可以取 0 到 x^2 的值；但是在弧上，y 只取 x^2 的值. 通过计算式（3.7）中的积分，我们可以得到 $\bar{x}$ 和 $\bar{y}$.

（f）我们需要以下定义：

根据定义，点质量 m 关于轴的惯性矩 I 为 m 乘以 m 到轴距离 l 的平方，即 ml^2. 对于一个扩展的对象，我们必须对整个对象进行 $l^2\mathrm{d}M$ 的积分，其中，l 是 $\mathrm{d}M$ 到轴的距离.

在例题中，变密度 $\rho=xy$，我们有 $\mathrm{d}M=xy\mathrm{d}y\mathrm{d}x$. $\mathrm{d}M$ 到 x 轴的距离为 y（见图 5.3.3）；同理，$\mathrm{d}M$ 到 y 轴的距离为 x，$\mathrm{d}M$ 到 z 轴的距离（z 轴垂直于图 5.3.3 中的纸面）为 $\sqrt{x^2+y^2}$，则关于三个坐标轴的三个转动惯量为

$$I_x=\int_{x=0}^1\int_{y=0}^{x^2} y^2xy\mathrm{d}y\mathrm{d}x=\int_0^1\frac{x^9}{4}\mathrm{d}x=\frac{1}{40},$$
$$I_y=\int_{x=0}^1\int_{y=0}^{x^2} x^2xy\mathrm{d}y\mathrm{d}x=\int_0^1\frac{x^7}{2}\mathrm{d}x=\frac{1}{16},$$
$$I_z=\int_{x=0}^1\int_{y=0}^{x^2}(x^2+y^2)xy\mathrm{d}y\mathrm{d}x=I_x+I_y=\frac{7}{80}.$$

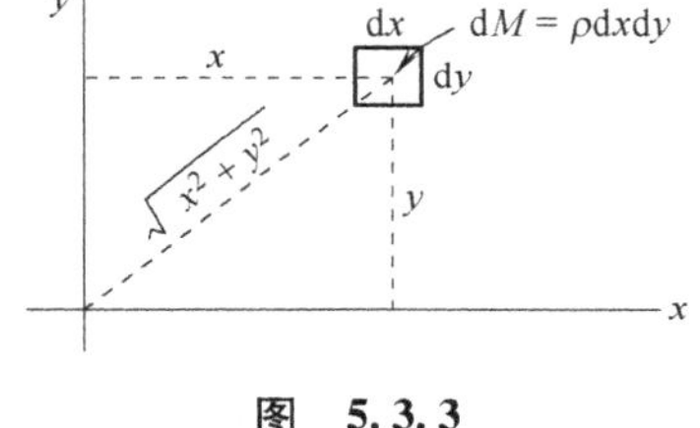

图　5.3.3

对于（x,y）平面中的平面层，$I_x+I_y=I_z$ 被称为垂直轴定理.

习惯上把惯性矩写成质量的倍数；使用题目（b）中的 $M=\frac{1}{12}$，我们写出：

$$I_x=\frac{12}{40}M=\frac{3}{10}M,\qquad I_y=\frac{12}{16}M=\frac{3}{4}M,\qquad I_z=\frac{7\cdot 12}{80}M=\frac{21}{20}M.$$

例 2　绕 x 轴旋转例题 1 的面积，形成旋转的体积和曲面，求出：

（a）体积；

（b）在给定体积内，密度恒定的固体绕 x 轴的惯性矩；

（c）曲面面积；

（d）曲面的质心.

（a）我们想求出给定的体积.

求旋转体的体积最简单的方法是取如图 5.3.4 所示的实体薄板坯作为体积元，板坯截面为圆形，截面半径为 y，厚度为 $\mathrm{d}x$，因此体积元素为 $\pi y^2\mathrm{d}x$.

那么在我们的例子中体积是

$$V=\int_0^1\pi y^2\mathrm{d}x=\int_0^1\pi x^4\mathrm{d}x=\frac{\pi}{5}. \tag{3.8}$$

我们已经避免了积分的一部分，因为我们知道圆的面积公式. 在求非旋转固体的体积时，可

能要用到二重积分或三重积分. 即使是旋转的固体，如果密度是可变的，我们也可能需要多重积分来求质量.

为了说明如何建立这样的积分，让我们用三重积分来做上面的问题. 为此，需要曲面方程（见习题 5.3 第 16 题）：

$$y^2+z^2=x^4, \qquad x>0. \tag{3.9}$$

对固体的体积建立多重积分，我们把固体切成薄板如图 5.3.4 所示（不一定是圆形板），然后如图 5.3.5 所示，每个板切成条，每条切成小长方体 $dxdydz$，体积是

$$V=\iiint dxdydz.$$

唯一的问题是求出极限！为此，我们先把小长方体加起来，得到一个长条，如图 5.3.5 所示，这意味着从圆的一边 $y^2+z^2=x^4$ 到另一边，即从

$$y=-\sqrt{x^4-z^2} \quad 到 \quad y=+\sqrt{x^4-z^2}.$$

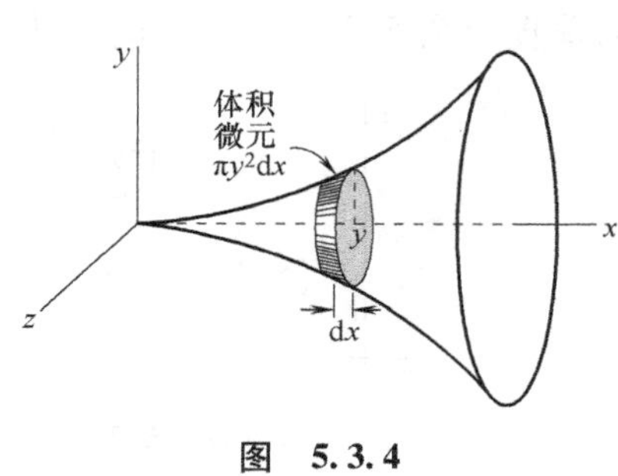

图 5.3.4

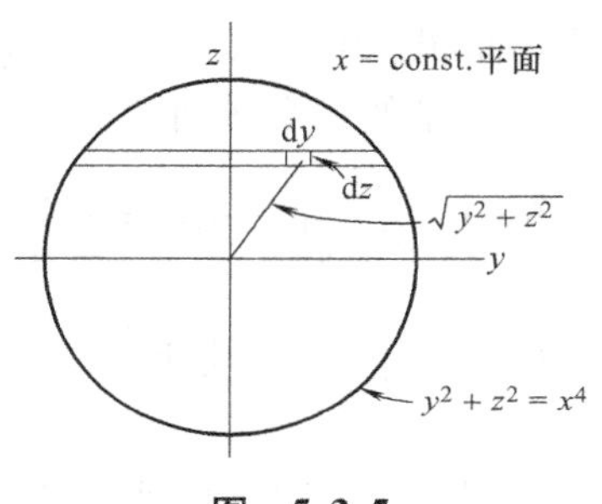

图 5.3.5

接下来，我们把所有的条加起来为一个平板. 这意味着，在图 5.3.5 中，我们从圆 $y^2+z^2=x^4$ 的底部到顶部对 z 积分，因此 z 的极限等于圆的正负半径，即$\pm x^2$. 最后把所有的平板加起来可以得到立体. 这意味着在图 5.3.4 中从 $x=0$ 到 $x=1$ 进行积分，这就是我们在第一个简单方法中所做的. 最后的积分是

$$V=\int_{x=0}^{1}\int_{z=-x^2}^{x^2}\int_{y=-\sqrt{x^4-z^2}}^{\sqrt{x^4-z^2}}dydzdx. \tag{3.10}$$

（见习题 5.3 第 33 题.）

虽然三重积分是求旋转体积的一种不必要的复杂方法，但这个简单的问题说明了对任何体积建立积分的一般方法. 一旦我们把体积写成三重积分，就很容易写出给定密度下质量的积分、质心的坐标、惯性矩等. 积分的极限与体积的极限相同，我们只需在被积函数中插入适当的表达式（密度等）来得到质量、质心等.

（b）为了求出固体绕 x 轴的转动惯量，我们必须对 l^2dM 积分，其中，l 是 dM 到 x 轴的距离. 由图 5.3.5 可知，由于 x 轴垂直于纸面，所以 $l^2=y^2+z^2$. 积分上下限与式（3.10）相同. 我们假设密度恒定，所以 ρ 可以写在积分外. 然后我们有

$$I_x=\rho\int_{x=0}^{1}\int_{z=-x^2}^{x^2}\int_{y=-\sqrt{x^4-z^2}}^{\sqrt{x^4-z^2}}(y^2+z^2)dydzdx=\frac{\pi}{18}\rho.$$

由于式（3.8），固体的质量为

$$M=\rho V=\frac{\pi}{5}\rho.$$

我们可以把 I_x（按照惯例）写成 M 的倍数：

$$I_x=\frac{\pi}{18}\frac{5}{\pi}M=\frac{5}{18}M.$$

（c）以薄板曲面为微元，求出旋转曲面面积，如图 5.3.6 所示. 这是周长为 $2\pi y$、宽度为 ds 的条带. 为了看得更清楚，也为了理解为什么我们在这里使用 ds 而在式（3.8）的体元中使用 dx，可以把薄板想象成一个圆锥的薄片（见图 5.3.7），位于垂直于圆锥轴线的平面之间. 如果想求出圆锥的总体积 $V=\frac{1}{3}\pi r^2h$，你将使用垂直于底面的高度 h，但是在求总曲面面积 $S=\frac{1}{2}\cdot 2\pi r\cdot s$ 时，你将使用斜高 s. 同样的想法使用于在求体积和表面元素中. 薄板的近似体积是平板表面的面积乘以它的厚度（见图 5.3.7 中的 dh，图 5.3.4 中的 dx）. 但是，如果你认为一个窄的纸带只是覆盖在薄板的曲面上，纸带的宽度是 ds，它的长度是薄板的周长，

则表面积（见图 5.3.6）的元素为

$$\mathrm{d}A=2\pi y\mathrm{d}s. \tag{3.11}$$

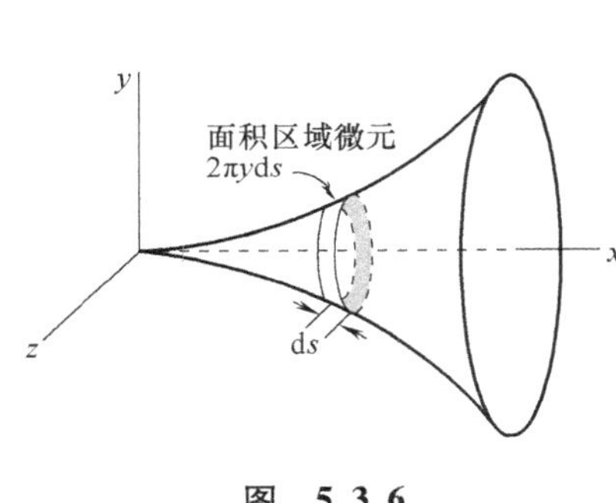

图　5.3.6

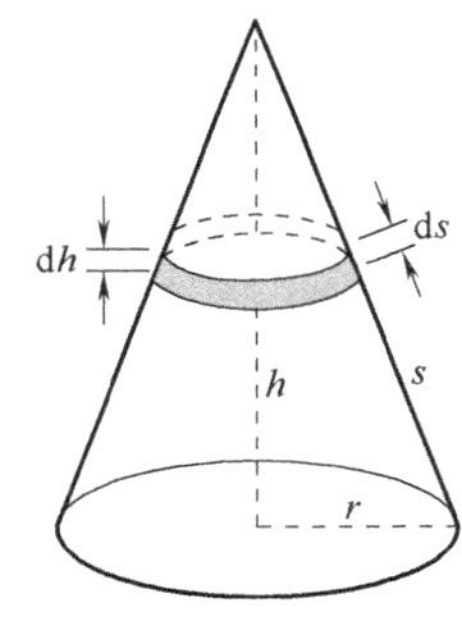

图　5.3.7

总面积为（使用式（3.2）中的 ds）：

$$A=\int_{x=0}^{1}2\pi y\mathrm{d}s=\int_{0}^{1}2\pi x^2\sqrt{1+4x^2}\,\mathrm{d}x.$$

（对于更一般的曲面，有一种通过二重积分计算面积的方法. 我们将在第 5.5 节讨论这个问题.）

（d）根据对称性，表面积形心的 y、z 坐标为零. 对于 x 坐标，通过式（3.4）有

$$\int\bar{x}\mathrm{d}A=\int x\mathrm{d}A,$$

或者，使用 $\mathrm{d}A=2\pi y\mathrm{d}s$ 和从题目（c）中的得到的总面积 A，我们有

$$\bar{x}A=\int_{x=0}^{1}x\cdot 2\pi y\mathrm{d}s=\int_{0}^{1}x\cdot 2\pi x^2\sqrt{1+4x^2}\,\mathrm{d}x.$$

习题 5.3

在下面习题中使用以下符号：

M=质量，

$\bar{x}$，$\bar{y}$，$\bar{z}$=质心坐标（如果密度恒定，则为形心坐标），

I=转动惯量（关于轴的），

I_x，I_y，I_z=关于 x，y，z 轴的转动惯量，

I_m=通过质心的惯性矩（关于轴的）.

注意：习惯上，I，I_m，I_x 等是 M 的倍数（例如，$I=\frac{1}{3}Ml^2$）.

1. 证明“平行轴定理”：一个物体对一个给定的轴的转动惯量 I 是 $I=I_m+Md^2$，M 是物体的质量，I_m 是物体关于通过质心且与给定的轴平行的一个轴的惯性矩，d 是两个轴之间的距离.

2. 细杆的长度为 l，均匀的密度为 ρ，求出：

(a) M；

(b) I_m，关于垂直于杆的轴；

(c) I，关于垂直于杆的轴，且穿过一个端点（见第 1 题）.

3. 一根 10ft 长的细杆，密度从 4lb/ft 均匀地变化到 24lb/ft. 求出：

(a) M；

(b) $\bar{x}$；

(c) I_m，关于垂直于杆的轴；

(d) I，关于垂直于杆的轴，且穿过比较重一端的端点.

4. 对于长度为 l，密度从 2 到 1 均匀变化的杆，重复第 3 题.

5. 对于均匀密度的正方形薄板，求 I，关于：

(a) 一条边；

(b) 一条对角线；

(c) 通过角并垂直于薄板平面的轴. 提示：请看垂直轴定理，例 1 的 f 问.

6. 三角形薄板有顶点（0,0），（0,6）和（6,0），密度均匀. 求：

(a) $\bar{x}$，$\bar{y}$；

(b) I_x；

(c) I_m，关于 x 轴平行的轴. 提示：注意利用第 1 题.

7. 一个矩形薄板有顶点（0,0），（0,2），（3,0），（3,2），密度为 xy. 求出：

(a) M；

(b) $\bar{x}$，$\bar{y}$；

(c) I_x，I_y；

(d) I_m，关于 z 轴平行的轴. 提示：使用平行轴定理和垂直轴定理.

8. 对于一个均匀的立方体，关于一条边求 I.

9. 对于被坐标平面和平面 $x+y+z=1$ 包围的金字塔：

(a) 求它的体积；

(b) 求其质心的坐标；

(c) 如果密度是 z，找到 M 和 $\bar{z}$.

10. 在 $x=-1$ 和 $x=1$ 之间，以悬链线 $y=\cosh x$ 的形状悬挂一条均匀的链条. 求出：(a) 它的长度；(b) $\bar{y}$.

11. 在 $x=-1$ 和 $x=1$ 之间呈 $y=x^2$ 形状的链条，其密度为 $|x|$. 求出：

(a) M；(b) $\bar{x}$，$\bar{y}$.

证明帕普斯的两个定理：

12. 在 (x,y) 平面上一条闭合曲线（$y\geqslant 0$）围成的区域 A 绕 x 轴旋转. 生成的旋转体的体积等于 A 乘以 A 的质心所描出的圆的周长. 提示：写出体积和质心的积分.

13. 在 (x,y) 平面上 $y\geqslant 0$ 的弧绕 x 轴旋转. 旋转产生表面积等于弧的长度乘以弧的形心所描出的圆的周长.

14. 使用第 12 题和第 13 题求出圆环面的体积和表面积.

15. 使用第 12 题和第 13 题求半圆面积和半圆弧的形心. 提示：假设一个球体的公式 $A=4\pi r^2$，$V=\frac{4}{3}\pi r^3$.

16. 设曲线 $y=f(x)$ 绕 x 轴旋转，形成一个旋转曲面. 证明：该曲面在任意平面 $x=\text{const}$ 上的横截面（即，平行于 (y,z) 平面）是半径为 $f(x)$ 的圆. 从而写出旋转曲面的一般方程，并验证式（3.9）中的特殊情况 $f(x)=x^2$.

在第 17 题至第 30 题中，对于曲线 $y=\sqrt{x}$，在 $x=0$ 和 $x=2$ 之间，求：

17. 曲线下的面积.

18. 弧长.

19. 当面积绕 x 轴旋转时所产生的旋转体的体积.

20. 这个旋转体的曲面面积.

21，22，23. 弧、体积和表面积的形心.

24，25，26，27. 曲线下平面面积形状中的薄板，沿着弧线弯曲的金属丝，旋转的实体，形状为固体曲面的薄壳，分别求它们关于 x 轴的转动惯量（假设所有这些问题的密度恒定）.

28. 如果一根金属丝的密度（单位长度的质量）是 $\sqrt{x}$，求它弯曲成弧形的质量.

29. 如果密度（单位长度的质量）是 $|xyz|$，求旋转体的质量.

30. 如果密度是 $|xyz|$，求旋转体关于 y 轴的转动惯量.

31. (a) 绕 x 轴从 $x=1$ 到 $x=\infty$ 旋转曲线 $y=x^{-1}$，形成一个曲面和一个体积. 写出表面积和体积的积分. 求体积，并证明表面积是无限的. 提示：表面积积分不容易计算，但是你可以很容易地证明它大于你可以计算的 $\int_1^\infty x^{-1}\mathrm{d}x$.

(b) 以下问题是对你将数学计算和物理事实结合起来的能力的挑战：在 (a) 中，你发现了一个有限的体积和一个无限的面积. 假设你用有限数量的颜料填充有限的空间，然后倒出多余的粘在表面上. 显然你用有限的颜料画出了无限的区域！是有什么错了吗？（比较第 1 章习题 1.15 第 31 题 c 问.）

32. 使用计算机或积分表计算式（3.2）中的积分，验证答案是否与书中答案相同. 提示：参见习题 5.1 第 4 题和第 2 章 2.15 节、2.17 节.

33. 验证式（3.10）的结果与式（3.8）相同.

5.4　积分中变量的改变和雅可比

在许多应用问题中，使用其他坐标系比使用直角坐标系更方便. 例如，在平面中我们经常使用极坐标系，在三维中我们经常使用柱坐标系或球坐标系. 知道如何在这些实践中经常出现的坐标系中直接建立多重积分是很重要的. 我们需要知道面积、体积和弧长元素是什么，变量 r，θ 等的几何意义是什么，以及它们如何与直角坐标有关. 我们将讨论在几何上求几个重要坐标系中的面积元等. 然而，如果我们给出方程如 $x=r\cos\theta$，$y=r\sin\theta$（新变量与直角坐标变量的关系），知道如何用代数方法求面积等元素是有用的，而不必依赖于几何.我们将讨论这一点，并通过验证我们可以在几何上得到几个熟悉的坐标系的结果来说明它.

在平面上，极坐标 r，θ 与直角坐标 x，y 的关系方程为

$$\begin{aligned} x &= r\cos\theta, \\ y &= r\sin\theta. \end{aligned} \tag{4.1}$$

回想一下，我们通过画出直线 $x=\text{const}$，$y=\text{const}$ 网格，将平面切成小矩形 $\mathrm{d}x\times\mathrm{d}y$，从而求出面积元 $\mathrm{d}y\mathrm{d}x$，那么一个矩形的面积是 $\mathrm{d}y\mathrm{d}x$. 类似地，在极坐标平面上画出直线 $\theta=\text{const}$ 和圆 $r=\text{const}$，那么得到如图 5.4.1 所示的网格. 观察到面积元的边不是 $\mathrm{d}r$ 和 $\mathrm{d}\theta$ 而是 $\mathrm{d}r$ 和 $r\mathrm{d}\theta$，则其面积为

$$\mathrm{d}A=\mathrm{d}r\cdot r\mathrm{d}\theta=r\mathrm{d}r\mathrm{d}\theta. \tag{4.2}$$

同样，从图 5.4.2 中可以看出，弧长微元 $\mathrm{d}s$ 为

$$\begin{aligned} \mathrm{d}s^2 &= \mathrm{d}r^2+r^2\mathrm{d}\theta^2, \\ \mathrm{d}s &= \sqrt{\left(\frac{\mathrm{d}r}{\mathrm{d}\theta}\right)^2+r^2}\,\mathrm{d}\theta=\sqrt{1+r^2\left(\frac{\mathrm{d}\theta}{\mathrm{d}r}\right)^2}\,\mathrm{d}r. \end{aligned} \tag{4.3}$$

例 1 给定一个半圆形的材料片，半径为 a，材料密度为常数 ρ，求出：

(a) 半圆区域的质心；

(b) 关于构成半圆的直边的材料片的转动惯量.

(a) 在图 5.4.3 中，通过对称性看到 $\bar{y}=0$. 我们想要求 $\bar{x}$. 从式（3.4）得到

$$\int\bar{x}r\mathrm{d}r\mathrm{d}\theta=\int xr\mathrm{d}r\mathrm{d}\theta.$$

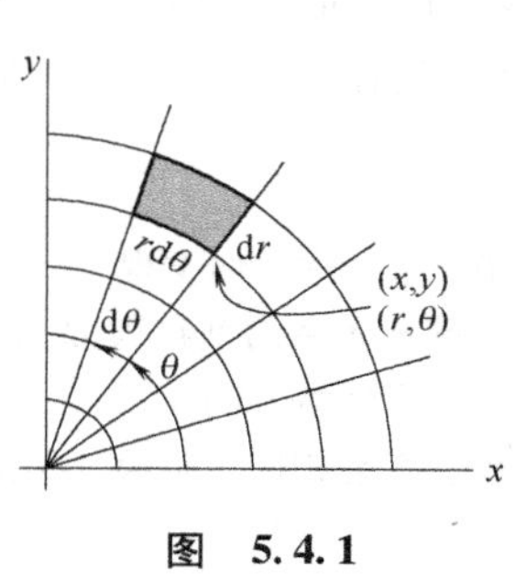

图 5.4.1

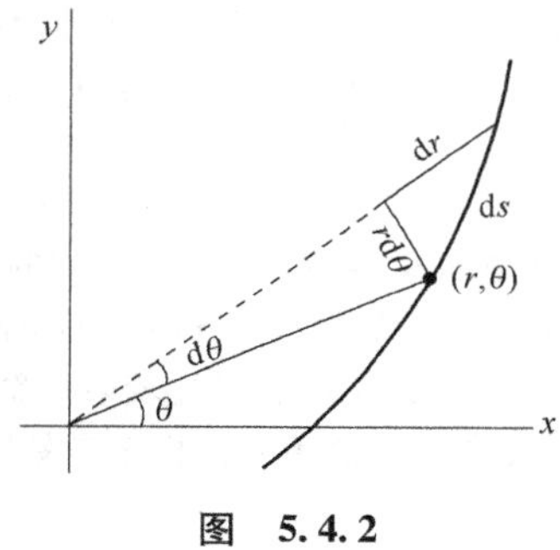

图 5.4.2

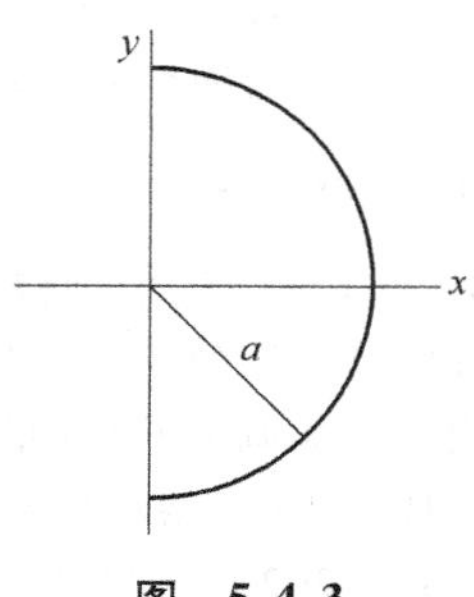

图 5.4.3

用极坐标变量替换 x，加上极限，我们得到

$$\bar{x}\int_{r=0}^{a}\int_{\theta=-\pi/2}^{\pi/2}r\mathrm{d}r\mathrm{d}\theta=\int_{r=0}^{a}\int_{\theta=-\pi/2}^{\pi/2}r\cos\theta r\mathrm{d}r\mathrm{d}\theta.$$

我们计算积分并得出 $\bar{x}$：

$$\bar{x}\frac{a^2}{2}\pi=\frac{a^3}{3}\sin\theta\bigg|_{-\pi/2}^{\pi/2}=\frac{a^3}{3}\cdot 2,$$

$$\bar{x}=\frac{4a}{3\pi}.$$

（b）我们想求图 5.4.3 中关于 y 轴的转动惯量，通过定义得到它为 $\int x^2\mathrm{d}M$. 在极坐标中，$\mathrm{d}M=\rho\mathrm{d}A=\rho r\mathrm{d}r\mathrm{d}\theta$. 已知密度 ρ 是常数. 那么我们有

$$I_y=\rho\int x^2 r\mathrm{d}r\mathrm{d}\theta=\rho\int_{r=0}^{a}\int_{\theta=-\pi/2}^{\pi/2}r^2\cos^2\theta r\mathrm{d}r\mathrm{d}\theta=\rho\,\frac{\pi a^4}{8}.$$

半圆物体的质量为

$$M=\rho\int r\mathrm{d}r\mathrm{d}\theta=\rho\int_{r=0}^{a}\int_{\theta=-\pi/2}^{\pi/2}r\mathrm{d}r\mathrm{d}\theta=\rho\,\frac{\pi a^2}{2}.$$

我们把 l_y 写成 M 的形式得到

$$I_y=\frac{2M}{\pi a^2}\frac{\pi a^4}{8}=\frac{Ma^2}{4}.$$

球坐标系和柱坐标系　在三维空间中（除了直角坐标系外），最重要的两个坐标系是球坐标系和柱坐标系. 图 5.4.4 和图 5.4.5 以及式（4.4）和式（4.5）表示了变量的几何意义，它们与 x，y，z 的代数关系，体积元、弧长元和表面积元的公式.

柱坐标就是在 (x,y) 平面上的极坐标加上第三个变量 z. 注意：图 5.4.5 中球坐标 r 和 θ 与图 5.4.4 和图 5.4.1 中柱坐标或极坐标 r 和 θ 是不同的. 因为我们很少在同一个问题中使用两个坐标系，所以不会引起任何混乱.（如果有必要，使用 ρ 或 R 替换两个坐标系其中的一个 r，使用 ϕ 替换其中一个 θ）. 但是，要注意不同教科书中球坐标的表示法存在差异. 在大多数微积分教科书中会交换 θ 和 ϕ. 由于图 5.4.5 的符号在物理科学的应用中几乎是常用的，而且经常用于高等数学（偏微分方程、特殊函数），计算机程序，以及公式和积分表的参考书中，因此以后可能会混淆. 你将需要学习一些关于球坐标的有用公式（例如，下面的式（4.7）、式（4.19）和式（4.20）. 见第 10 章 10.9 节和第 13 章 13.7 节）. 最好以在应用中使用的符号来学习这些公式.

柱坐标系：

$$\begin{aligned}x&=r\cos\theta;\\ y&=r\sin\theta;\\ z&=z.\\ \mathrm{d}V&=r\mathrm{d}r\mathrm{d}\theta\mathrm{d}z;\\ \mathrm{d}s^2&=\mathrm{d}r^2+r^2\mathrm{d}\theta^2+\mathrm{d}z^2;\\ \mathrm{d}A&=a\mathrm{d}\theta\mathrm{d}z.\end{aligned}\tag{4.4}$$

球坐标系：

$$\begin{aligned}x&=r\sin\theta\cos\phi;\\ y&=r\sin\theta\sin\phi;\\ z&=r\cos\theta.\\ \mathrm{d}V&=r^2\sin\theta\mathrm{d}r\mathrm{d}\theta\mathrm{d}\phi;\\ \mathrm{d}s^2&=\mathrm{d}r^2+r^2\mathrm{d}\theta^2+r^2\sin^2\theta\mathrm{d}\phi^2;\\ \mathrm{d}A&=a^2\sin\theta\mathrm{d}\theta\mathrm{d}\phi.\end{aligned}\tag{4.5}$$

我们需要这两个坐标系中的体积微元和表面积微元（以及弧长元——参见式（4.18）

和式（4.19）]. 为了求出图 5.4.1 中的极坐标面积元，我们绘制了曲线 $r=\text{const}$，$\theta=\text{const}$ 的网格. 在三维空间中，我们要画一个曲面网格. 在柱坐标系中，这些曲面就是圆柱面 $r=\text{const}$，半平面 $\theta=\text{const}$（通过 z 轴），以及平面 $z=\text{const}$（平行于 (x,y) 平面）. 这个网格状的曲面所形成的元素之一在图 5.4.4 中被描绘出来. 从几何上，我们看到三条边 $\mathrm{d}r$，$r\mathrm{d}\theta$ 和 $\mathrm{d}z$，体积微元为

$$\mathrm{d}V=r\mathrm{d}r\mathrm{d}\theta\mathrm{d}z. \quad \text{（柱坐标系）} \tag{4.6}$$

如果 r 是常数，那么在圆柱面 $r=a$ 上曲面积微元的边为 $a\mathrm{d}\theta$ 和 $\mathrm{d}z$，所以 $\mathrm{d}A=a\mathrm{d}\theta\mathrm{d}z$. 类似地，对于球坐标系，我们画出球面 $r=\text{const}$，锥面 $\theta=\text{const}$，和半平面 $\phi=\text{const}$. 这个网格形成的体积元（见图 5.4.5）的边为 $\mathrm{d}r$，$r\mathrm{d}\theta$ 和 $r\sin\mathrm{d}\theta\mathrm{d}\phi$，因此我们得到

$$\mathrm{d}V=r^2\sin\theta\mathrm{d}r\mathrm{d}\theta\mathrm{d}\phi. \quad \text{（球坐标系）} \tag{4.7}$$

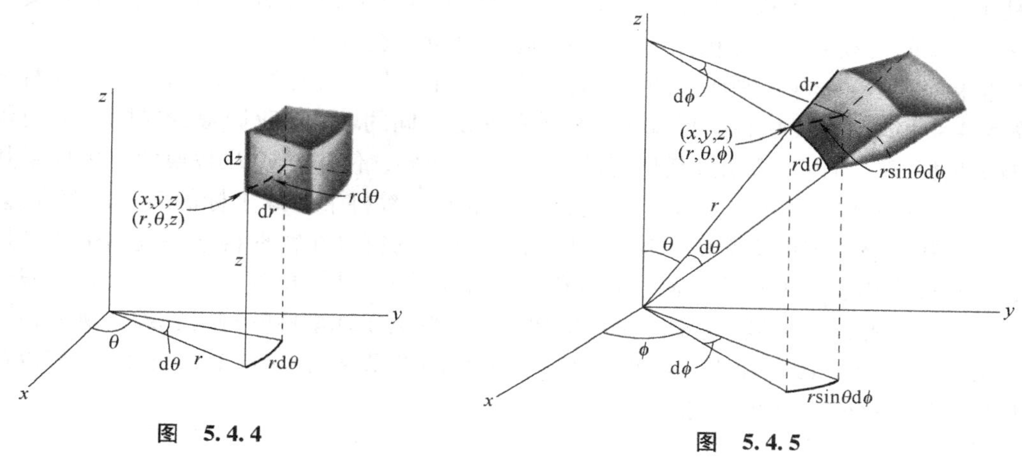

图 5.4.4　　图 5.4.5

如果 r 是常数，那么在球面 $r=a$ 上曲面积微元的边为 $a\mathrm{d}\theta$ 和 $a\sin\theta\mathrm{d}\phi$，所以 $\mathrm{d}A=a^2\sin\theta\mathrm{d}\theta\mathrm{d}\phi$.

雅可比　对于极坐标、柱坐标和球坐标，我们已经看到了如何从几何中求出面积和体积元. 不过，知道求它们的代数方法是很方便的，我们可以用它来求不熟悉的坐标系（见习题 5.4 第 16 题和第 17 题），或者求多重积分中的任何变量的变化（见习题 5.4 第 19 题和第 20 题）. 在这里，我们不需要证明（见第 6 章 6.3 节例题 2），而是只陈述一些告诉我们如何做到这一点的定理. 首先，在二维空间中，假设 x 和 y 是两个新变量 s 和 t 的函数. x，y 关于 s，t 的雅可比矩阵是下面式（4.8）的行列式，下面的式子还展示了它的缩写.

$$J=J\left(\frac{x,y}{s,t}\right)=\frac{\partial(x,y)}{\partial(s,t)}=\begin{vmatrix}\dfrac{\partial x}{\partial s} & \dfrac{\partial x}{\partial t}\\ \dfrac{\partial y}{\partial s} & \dfrac{\partial y}{\partial t}\end{vmatrix}. \tag{4.8}$$

那么面积元 $\mathrm{d}y\mathrm{d}x$ 在 s，t 坐标系中被下面的面积微元代替：

$$\mathrm{d}A=|J|\mathrm{d}s\mathrm{d}t, \tag{4.9}$$

其中，$|J|$ 为式（4.8）中雅可比矩阵的绝对值.

让我们求出 x，y 关于极坐标 r，θ 的雅可比矩阵，从而验证式（4.8）和用几何方法给出极坐标面积微元相同的结果（4.2）. 我们有

$$\frac{\partial(x,y)}{\partial(r,\theta)}=\begin{vmatrix}\dfrac{\partial x}{\partial r} & \dfrac{\partial x}{\partial \theta}\\ \dfrac{\partial y}{\partial r} & \dfrac{\partial y}{\partial \theta}\end{vmatrix}=\begin{vmatrix}\cos\theta & -r\sin\theta\\ \sin\theta & r\cos\theta\end{vmatrix}=r. \tag{4.10}$$

因此通过式（4.9）面积元是 $r\mathrm{d}r\mathrm{d}\theta$，如式（4.2）.

雅可比矩阵的使用可扩展到更多的变量，也没有必要从直角坐标开始. 让我们陈述一个更普遍的定理.

假设有一个某组变量 u，v，w 的三重积分：

$$\iiint f(u,v,w)\,\mathrm{d}u\mathrm{d}v\mathrm{d}w, \tag{4.11}$$

设 r，s，t 是另一组变量，其通过下面给定的方程与 u，v，w 相关：

$$u=u(r,s,t),\qquad v=v(r,s,t),\qquad w=w(r,s,t).$$

那么，如果下面的行列式是 u，v，w 关于 r，s，t 的雅可比矩阵：

$$J=\frac{\partial(u,v,w)}{\partial(r,s,t)}=\begin{vmatrix}\dfrac{\partial u}{\partial r} & \dfrac{\partial u}{\partial s} & \dfrac{\partial u}{\partial t}\\ \dfrac{\partial v}{\partial r} & \dfrac{\partial v}{\partial s} & \dfrac{\partial v}{\partial t}\\ \dfrac{\partial w}{\partial r} & \dfrac{\partial w}{\partial s} & \dfrac{\partial w}{\partial t}\end{vmatrix}, \tag{4.12}$$

那么新变量的三重积分是

$$\iiint f\cdot |J| \cdot \mathrm{d}r\mathrm{d}s\mathrm{d}t. \tag{4.13}$$

当然，其中，f 和 J 都必须用 r，s，t 来表示，上下限必须适当地调整以适应新的变量.

我们可以用式（4.12）来验证柱坐标的体积元式（4.6）（见习题 5.4 第 15 题）和球坐标的体积元式（4.7）. 我们针对球坐标来计算一下，根据式（4.5）有

$$\begin{aligned}\frac{\partial(x,y,z)}{\partial(r,\theta,\phi)}&=\begin{vmatrix}\dfrac{\partial x}{\partial r} & \dfrac{\partial x}{\partial \theta} & \dfrac{\partial x}{\partial \phi}\\ \dfrac{\partial y}{\partial r} & \dfrac{\partial y}{\partial \theta} & \dfrac{\partial y}{\partial \phi}\\ \dfrac{\partial z}{\partial r} & \dfrac{\partial z}{\partial \theta} & \dfrac{\partial z}{\partial \phi}\end{vmatrix}=\begin{vmatrix}\sin\theta\cos\phi & r\cos\theta\cos\phi & -r\sin\theta\sin\phi\\ \sin\theta\sin\phi & r\cos\theta\sin\phi & r\sin\theta\cos\phi\\ \cos\theta & -r\sin\theta & 0\end{vmatrix}\\ &=r^2\sin\theta[-\sin^2\phi(-\sin^2\theta-\cos^2\theta)-\cos^2\phi(-\sin^2\theta-\cos^2\theta)]\\ &=r^2\sin\theta.\end{aligned} \tag{4.14}$$

因此球坐标体积元 $\mathrm{d}V=r^2\sin\theta\mathrm{d}r\mathrm{d}\theta\mathrm{d}\phi$，见式（4.7）.

例 2　求高度为 h 且其等于底面半径 r 的均匀固体圆锥体质心的 z 坐标，并求出固体绕其中心轴的转动惯量.

以图 5.4.6 所示的圆锥为例，其柱坐标方程为 $r=z$，因为在任意高度 z 处，截面都是一个半径等于高度的圆. 为了求出质量，我们必须积分 $\mathrm{d}M=\rho r\mathrm{d}r\mathrm{d}\theta\mathrm{d}z$，其中，$\rho$ 是密度常数. 积分的上下极限是：

θ：0 到 2π，r：0 到 z，z：0 到 h.

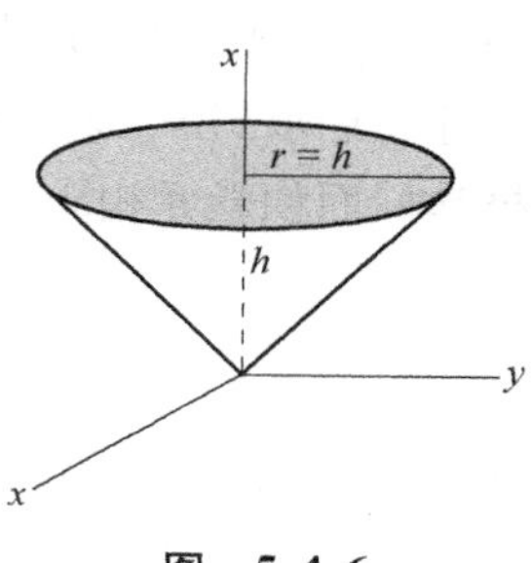

图 5.4.6

那么有

$$M=\int\rho\mathrm{d}V=\rho\int_{z=0}^{h}\int_{r=0}^{z}\int_{\theta=0}^{2\pi}r\mathrm{d}r\mathrm{d}\theta\mathrm{d}z=\rho\cdot2\pi\int_{0}^{h}\frac{z^2}{2}\mathrm{d}z=\frac{\rho\pi h^3}{3},$$

$$\int\bar{z}\mathrm{d}V=\int z\mathrm{d}V=\int_{z=0}^{h}\int_{r=0}^{z}\int_{\theta=0}^{2\pi}zr\mathrm{d}r\mathrm{d}\theta\mathrm{d}z$$

$$=2\pi\int_{0}^{h}z\cdot\frac{1}{2}z^2\mathrm{d}z=\frac{\pi h^4}{4},$$

$$\bar{z}\cdot\frac{\pi h^3}{3}=\frac{\pi h^4}{4},$$

$$\bar{z}=\frac{3}{4}h. \tag{4.15}$$

关于 z 轴的转动惯量有

$$I=\rho\int_{z=0}^{h}\int_{r=0}^{z}\int_{\theta=0}^{2\pi}r^2r\mathrm{d}r\mathrm{d}\theta\mathrm{d}z=\rho\cdot2\pi\int_{0}^{h}\frac{z^4}{4}\mathrm{d}z=\rho\frac{\pi h^5}{10}.$$

使用式（4.15）中的 M 值，我们将 I 写成 M 倍数的一般形式：

$$I=\frac{3M}{\pi h^3}\frac{\pi h^5}{10}=\frac{3}{10}Mh^2.$$

在下面的例子和习题中，请注意，我们使用球面（$r=a$）表示表面积，球体（$r\leqslant a$）表示体积（正如我们使用**圆形**表示周长，**圆盘**表示面积）.

例 3 求出半径为 a 的实心球体关于直径的转动惯量. 在球坐标系下，球体的方程为 $r\leqslant a$，则质量为

$$M=\rho\int\mathrm{d}V=\rho\int_{\phi=0}^{2\pi}\int_{\theta=0}^{\pi}\int_{r=0}^{a}r^2\sin\theta\mathrm{d}r\mathrm{d}\theta\mathrm{d}\phi$$

$$=\rho\frac{a^3}{3}\cdot2\cdot2\pi=\frac{4}{3}\pi a^3\rho. \tag{4.16}$$

（没有人感到意外！）关于 z 轴的转动惯量是

$$I=\int(x^2+y^2)\mathrm{d}M=\rho\int_{\phi=0}^{2\pi}\int_{\theta=0}^{\pi}\int_{r=0}^{a}(r^2\sin^2\theta)r^2\sin\theta\mathrm{d}r\mathrm{d}\theta\mathrm{d}\phi$$

$$=\rho\cdot\frac{a^5}{5}\cdot\frac{4}{3}\cdot2\pi=\frac{8\pi a^5\rho}{15};$$

或者，用 M 的值，我们得到

$$I=\frac{2}{5}Ma^2. \tag{4.17}$$

例 4 求实心椭球体关于 z 轴的转动惯量，椭球面为

$$\frac{x^2}{a^2}+\frac{y^2}{b^2}+\frac{z^2}{c^2}=1.$$

我们计算出

$$M=\rho\iiint \mathrm{d}x\mathrm{d}y\mathrm{d}z \text{ 和 } I=\rho\iiint (x^2+y^2)\,\mathrm{d}x\mathrm{d}y\mathrm{d}z,$$

其中，三重积分是对椭球体体积的积分. 改变变量 $x=ax'$，$y=by'$，$z=cz'$，那么有 $x'^2+y'^2+z'^2=1$，所以在带有撇号的变量中我们对半径为 1 的球体体积进行积分，那么有

$$M=\rho abc\iiint \mathrm{d}x'\mathrm{d}y'\mathrm{d}z'=\rho abc\text{，半径为 1 的球体体积.}$$

使用式（4.16），我们有

$$M=\rho abc\cdot\frac{4}{3}\pi\cdot 1^3=\frac{4}{3}\pi\rho abc.$$

类似地，我们求出

$$I=\rho abc\iiint (a^2x'^2+b^2y'^2)\,\mathrm{d}V',$$

其中，三重积分是对半径为 1 的球体体积的积分. 现在，通过对称，有

$$\iiint x'^2\mathrm{d}V'=\iiint y'^2\mathrm{d}V'=\iiint z'^2\mathrm{d}V'=\frac{1}{3}\iiint r'^2\mathrm{d}V'.$$

其中，$r'^2=x'^2+y'^2+z'^2$，对球面 $r'=1$ 体内的体积进行积分. 让我们在带有撇号的系统中使用球坐标系，那么有

$$\begin{aligned}\iiint r'^2\mathrm{d}V'&=\int_{\phi=0}^{2\pi}\int_{\theta=0}^{\pi}\int_{r=0}^{1} r'^2\ (r'^2\sin\theta'\mathrm{d}r'\mathrm{d}\theta'\mathrm{d}\phi')\\&=4\pi\int_0^1 r'^4\mathrm{d}r'=\frac{4\pi}{5}.\end{aligned}$$

那么：

$$I=\rho abc\left[a^2\iiint x'^2\mathrm{d}V'+b^2\iiint y'^2\mathrm{d}V'\right]=\rho abc(a^2+b^2)\frac{1}{3}\cdot\frac{4\pi}{5},$$

或者，用 M 表示：

$$I=\frac{1}{5}M(a^2+b^2).$$

为了使用球坐标系或柱坐标系求弧长，我们需要弧长元素 $\mathrm{d}s$. 回想一下，我们求出了极坐标弧长元素 $\mathrm{d}s$（见图 5.4.2），它是边为 $\mathrm{d}r$ 和 $r\mathrm{d}\theta$ 的直角三角形的斜边. 从图 5.4.1 中可以看出，$\mathrm{d}s$ 也可以看作是面积元的对角线. 同样地，在柱坐标和球坐标中（见图 5.4.4 和图 5.4.5），弧长元素 $\mathrm{d}s$ 是体积元的空间对角线. 在柱坐标式（4.4）中，体积元的边为 $\mathrm{d}r$，$r\mathrm{d}\theta$，$\mathrm{d}z$，因此弧长元素可由下面式子得到：

$$\mathrm{d}s^2=\mathrm{d}r^2+r^2\mathrm{d}\theta^2+\mathrm{d}z^2.\quad\text{（柱坐标系）}\tag{4.18}$$

在球坐标式（4.5）中，体积元的边为 $\mathrm{d}r$，$r\mathrm{d}\theta$，$r\sin\theta\mathrm{d}\phi$，所以弧长元素是由下面式子得到：

$$\mathrm{d}s^2=\mathrm{d}r^2+r^2\mathrm{d}\theta^2+r^2\sin^2\theta\mathrm{d}\phi^2.\quad\text{（球坐标系）}\tag{4.19}$$

用代数方法求弧长也很方便，我们用极坐标来做，同样的方法也适用于三维空间. 从

式（4.1）我们有

$$dx=\cos\theta dr-r\sin\theta d\theta,$$
$$dy=\sin\theta dr+r\cos\theta d\theta.$$

将这两个方程平方并相加，得到

$$\begin{aligned}ds^2&=dx^2+dy^2\\&=(\cos^2\theta+\sin^2\theta)dr^2+0\cdot drd\theta+r^2(\sin^2\theta+\cos^2\theta)d\theta^2\\&=dr^2+r^2d\theta^2,\end{aligned}$$

如式（4.3）所示. 对于柱坐标和球坐标使用相同的方法（见习题 5.4 第 21 题），可以验证方程（4.18）和方程（4.19）.

例 5 在球坐标系中表示运动粒子的速度.

如果 s 表示粒子沿某条路径移动的距离，那么 ds/dt 就是粒子的速度. 用式（4.19）除以 dt^2，就得到速度的平方：

$$v^2=\left(\frac{ds}{dt}\right)^2=\left(\frac{dr}{dt}\right)^2+r^2\left(\frac{d\theta}{dt}\right)^2+r^2\sin^2\theta\left(\frac{d\phi}{dt}\right)^2.\quad（球坐标系）\tag{4.20}$$

我们已经看到了如何通过计算 $\sqrt{dx^2+dy^2}$ 在极坐标系（或其他坐标系）中求出弧长元素 ds. 你可能会试图通过计算 $dxdy$ 来求面积元，但是会发现这是行不通的——我们必须使用雅可比矩阵（或几何方法如式（4.2））来得到体积元或面积元. 从图 5.4.1 可以看出原因，在点 (x,y) 处面积元 $rdrd\theta$ 与在该点处的面积元 $dxdy$ 是不一样的. 那么考虑图 5.4.2，弧长元素 ds 是两条直角边分别为 dr 和 $rd\theta$ 的三角形的斜边，也是直角边分别为 dx 和 dy 的三角形的斜边. 因此 ds 是 x，y 和 r，θ 的同一元素，这就是为什么我们可以通过计算 $\sqrt{dx^2+dy^2}$ 在极坐标系下计算 ds. 这些注释也适用于其他坐标系，我们总是可以通过计算 $\sqrt{dx^2+dy^2}$ 或 $\sqrt{dx^2+dy^2+dz^2}$ 来求出 ds，但是我们不能直接从直角坐标系的面积或体积元中计算其他坐标系的面积或体积元——必须使用雅可比矩阵或其他几何方法.

习题 5.4

根据需要，使用计算机绘制图形并检查积分值.

1. 对于圆盘 $r\leqslant a$，使用极坐标系通过积分求出：

(a) 圆盘的面积；

(b) 圆盘的一个象限的质心；

(c) 圆盘绕直径的转动惯量；

(d) 圆 $r=a$ 的周长；

(e) 1/4 圆弧的质心.

2. 使用极坐标系：

(a) 证明所画的圆的方程为 $r=2a\cos\theta$. 提示：使用 Rt$\triangle OPQ$；

(b) 通过积分，求出圆盘 $r\leqslant 2a\cos\theta$ 的面积；

(c) 求第一象限半圆盘面积的质心；

(d) 求圆盘关于三个坐标轴的转动惯量，假设面积密度是常数；

(e) 求第一象限半圆弧的长度和质心；

(f) 如果密度是 r，求出圆盘的质心和转动惯量；

(g) 求出图中圆盘和 $r\leqslant a$ 的圆盘的公共面积.

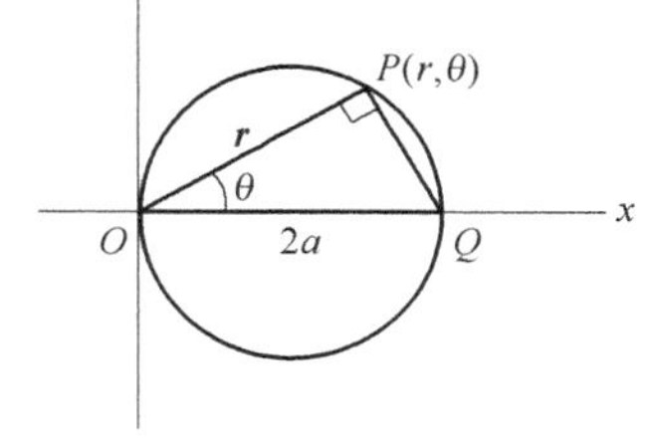

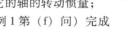

3. (a) 求出圆形圆盘（密度均匀）关于通过圆心且垂直于圆盘平面的轴的转动惯量；

(b) 求出一个实心的圆柱体（密度均匀）关于它的轴的转动惯量；

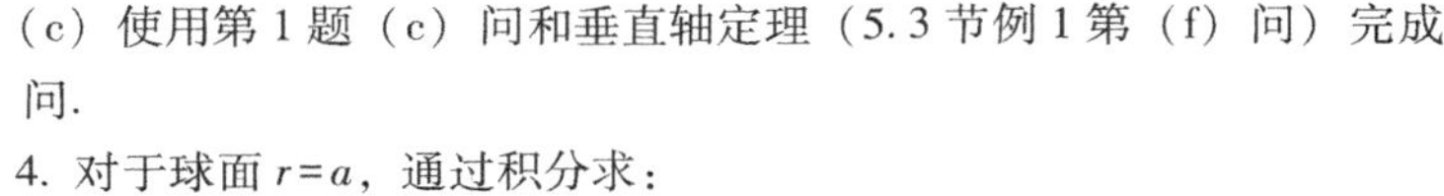

(c) 使用第 1 题 (c) 问和垂直轴定理（5.3 节例 1 第 (f) 问）完成 (a) 问.

4. 对于球面 $r=a$，通过积分求：

(a) 其表面积；

(b) 半球曲面面积的质心；

(c) 整个球壳（即表面积）关于直径的转动惯量（假设面积密度为常数）；

(d) 球体 $r\leqslant a$ 的体积；

(e) 实心半球的质心.

5. (a) 在球坐标系下写出圆锥 $z^2=x^2+y^2$、平面 $z=1$ 和 $z=2$ 之间的体积的三重积分，并计算积分；

(b) 在圆柱坐标系中完成问题 (a).

6. 如果密度是 $(x^2+y^2+z^2)^{-1}$，在第 5 题中求出固体的质量. 通过在球坐标系和柱坐标系下完成这个问题来检查你的结果.

7. (a) 使用球坐标系，求出从球体 $r\leqslant a$ 中减去锥体 $\theta=\alpha<\pi/2$ 的体积.

(b) 证明问题 (a) 中体积的质心的 z 坐标由公式 $\bar{z}=3a(1+\cos\alpha)/8$ 给出.

8. 对于第 7 题中的固体，如果 $\alpha=\pi/3$，密度是常数，求出 I_z/M.

9. 令第 7 题中的固体密度为 $\cos\theta$，证明：$I_z=\dfrac{3}{10}Ma^2\sin^2\alpha$.

10. (a) 求出体积：它在圆锥面 $3z^2=x^2+y^2$ 的内部，平面 $z=2$ 的上面，球面 $x^2+y^2+z^2=36$ 的内部. 提示：使用球坐标系.

(b) 求出问题 (a) 中体积的质心.

11. 在圆柱坐标系中写出一个体积的三重积分，该积分体积在圆柱面 $x^2+y^2=4$ 的内部，并在 $z=2x^2+y^2$ 与 (x,y) 平面之间，计算积分.

12. (a) 在柱坐标系中写出一个体积的三重积分，该积分体积为从半径为 2 的球体中被半径为 1 的圆柱体切掉的体积，圆柱体的素线长度等于球体的直径长度. 提示：取平行于 z 轴的圆柱轴线，圆柱体的横截面如第 2 题中的图所示.

(b) 写一个占据这个体积的均匀固体关于 z 轴的惯性矩的三重积分.

(c) 计算问题 (a) 和问题 (b) 中的积分，求出质量的倍数 I.

13. (a) 在柱坐标系中写出两个平行平面之间与球相交部分的体积的三重积分.

(b) 计算 (a) 中的积分. 提示：先做 r 和 θ 积分.

(c) 求出此体积的质心.

14. 表示积分

$$I=\int_0^1 \mathrm{d}x\int_0^{\sqrt{1-x^2}} \mathrm{e}^{-x^2-y^2}\mathrm{d}y$$

为一个在极坐标下 (r,θ) 的积分并计算积分.

15. 使用雅可比矩阵求柱坐标的体积元.

求出从变量 x，y 到变量 u，v 的给定变换的雅可比 $\partial(x,y)/\partial(u,v)$.

16. $\begin{cases} x=\dfrac{1}{2}(u^2-v^2), \\ y=uv, \end{cases}$ （u 和 v 称为抛物柱面坐标）.

17. $\begin{cases}x=a\cosh u\cos v,\\ y=a\sinh u\sin v,\end{cases}$ （u 和 v 称为椭圆柱面坐标）.

18. 证明关于雅可比矩阵的下列定理：

$$\frac{\partial(u,v)}{\partial(x,y)}\frac{\partial(x,y)}{\partial(u,v)}=1.$$

$$\frac{\partial(x,y)}{\partial(u,v)}\frac{\partial(u,v)}{\partial(s,t)}=\frac{\partial(x,y)}{\partial(s,t)}.$$

提示：将行列式相乘（就像你对矩阵所做的那样），并证明乘积行列式中的每个元素都可以写成一个单偏导数. 见第 4 章 4.7 节.

19. 在积分

$$I=\int_0^{\infty}\int_0^{\infty}\frac{x^2+y^2}{1+(x^2-y^2)^2}\mathrm{e}^{-2xy}\mathrm{d}x\mathrm{d}y$$

中进行变量替换：

$$u=x^2-y^2,$$
$$v=2xy,$$

计算 I，提示：使用式（4.8）和相应的讨论.

20. 在积分

$$I=\int_{x=0}^{1/2}\int_{y=x}^{1-x}\left(\frac{x-y}{x+y}\right)^2\mathrm{d}y\mathrm{d}x$$

中进行变量替换：

$$x=\frac{1}{2}(r-s),$$

$$y=\frac{1}{2}(r+s),$$

计算 I. 提示：见第 19 题. 为了求出 r 和 s 的极限，先画出（x,y）平面上的积分面积，再画出 r 和 s 轴. 然后证明为了覆盖相同的积分面积，可以取 r 和 s 的极限为：s 从 0 到 r，r 从 0 到 1.

21. 验证式（4.18）和式（4.19）.

22. 使用式（4.18）建立线圈绕半径为 1in 的圆柱体螺旋缠绕所需的导线长度的积分. 如果每英寸转三圈，则长度为 1ft.

23. 恒向线或罗盘方位线是在地球表面的一条曲线，一艘船沿着这条曲线航行时不改变航向，也就是，它穿过经脉以恒定角 α 航行. 证明：$\tan\alpha=\sin\theta\mathrm{d}\phi/\mathrm{d}\theta$（$\theta$ 和 ϕ 是球坐标），使用式（4.19）建立船舶沿恒向线行驶距离的积分. 证明：虽然一条恒向线绕北极或南极绕无穷多次，但它的总长度是有限的.

24. 计算在原点处单位质量的引力，该质量密度均匀，体积为占据球壳 $r=2a$ 内部和平面 $z=a$ 上方的部分. 提示：由于在（r,θ,ϕ）处质量微元为 $\mathrm{d}M$，所以单位质量的引力的大小是（G/r^2）$\mathrm{d}M$. 因为根据对称性总力的其他分量都是零，于是你只需要求引力的 z 分量，提示：使用球坐标.

25. 一个半径为 r 的球体体积为 $V=\frac{4}{3}\pi r^3$. 那么 $\mathrm{d}V=4\pi r^2\mathrm{d}r=A\mathrm{d}r$，其中，$A$ 是球壳的面积. 体积的导数是面积这一事实的几何意义是什么？你能用这个事实求出给定面积公式下的体积公式吗？

26. 利用平行轴定理（见习题 5.3 第 1 题）

（a）及例题 3，求实球体绕其切线的转动惯量；

（b）及第 3 题（b）问，求关于一条素线的固体圆柱体的转动惯量.

27. 使用球坐标 θ 和 ϕ 求出球壳的一个区域的面积（即在两个平行平面之间的部分球面面积）. 提示：参见式（4.5）中的 $\mathrm{d}A$.

28. 利用式（4.5）中的二重积分和面积微元 $\mathrm{d}A$，求出等密度（单位面积质量）半球面壳的质心.（比较第 4 题（b）问的结果.）

5.5　曲面积分

在前面几节中，我们求出了旋转曲面的表面积、力矩等. 现在我们要考虑一种计算曲面积分的方法，不管曲面是不是旋转曲面. 考虑图 5.5.1 中曲面的一部分及其在（x,y）平面上的投影. 我们假设任何平行于 z 轴的直线只与曲面相交一次，如果这不是真的，我们必须一次只处理表面的一部分，或者将表面投射到另一个平面. 例如，如果曲面是封闭的，我们可以分别求出上、下部分的面积. 对于轴平行于 z 轴的圆柱体，我们可以将前后两部分分别投影到（y,z）平面上.

让 $\mathrm{d}A$（见图 5.5.1）是在（x,y）平面上的投影为 $\mathrm{d}x\mathrm{d}y$ 的表面积微元，γ 是 $\mathrm{d}A$（即在 $\mathrm{d}A$ 处的切平面）和（x,y）平面之间的锐角. 那么我们有

$$\mathrm{d}x\mathrm{d}y=\mathrm{d}A\cos r \text{ 或者 } \mathrm{d}A=\sec\gamma\mathrm{d}x\mathrm{d}y. \tag{5.1}$$

那么表面积是

$$\iint \mathrm{d}A=\iint \sec\gamma\mathrm{d}x\mathrm{d}y. \tag{5.2}$$

其中，x 和 y 的极限必须能让我们对（x,y）平面上的投影面积进行积分.

现在，我们必须求出 $\sec\gamma$. 两个平面之间的（锐角）角度与两个平面的法线之间的（锐角）角度相同. 如果 $\boldsymbol{n}$ 是在 $\mathrm{d}A$ 处表面的法矢量的一个单位矢量（见图 5.5.1），那么 γ 是 $\boldsymbol{n}$ 和 z 轴之间的（锐角）角度，也就是说，矢量 $\boldsymbol{n}$ 和 $\boldsymbol{k}$ 之间的角度，所以 $\cos\gamma=|\boldsymbol{n}\cdot\boldsymbol{k}|$，令表面的方程为 $\phi(x,y,z)=\text{const}$. 回顾一下，根据第 4 章方程（9.14）后面的内容，有矢量

$$\mathbf{grad}\phi=\boldsymbol{i}\frac{\partial\phi}{\partial x}+\boldsymbol{j}\frac{\partial\phi}{\partial y}+\boldsymbol{k}\frac{\partial\phi}{\partial z}, \tag{5.3}$$

它是表面 $\phi(x,y,z)=\text{const}$ 的法线（见第 6 章 6.6 节）. 那么 $\boldsymbol{n}$ 是在 $\mathbf{grad}\phi$ 方向上的一个单位矢量，所以有

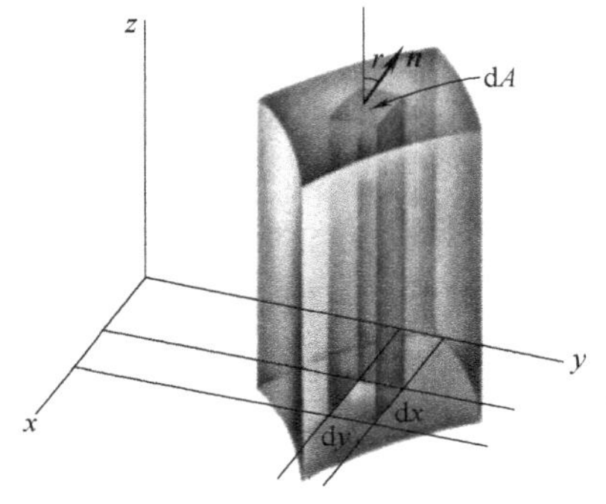

图　5.5.1

$$\boldsymbol{n}=(\mathbf{grad}\phi)/|\mathbf{grad}\phi|. \tag{5.4}$$

根据式（5.3）和式（5.4）可求出

$$\boldsymbol{n}\cdot\boldsymbol{k}=\frac{\boldsymbol{k}\cdot\mathbf{grad}\phi}{|\mathbf{grad}\phi|}=\frac{\partial\phi/\partial z}{|\mathbf{grad}\phi|},\sec\gamma=\frac{1}{\cos\gamma}=\frac{1}{|\boldsymbol{n}\cdot\boldsymbol{k}|},$$

所以

$$\sec\gamma=\frac{|\mathbf{grad}\phi|}{|\partial\phi/\partial z|}=\frac{\sqrt{\left(\frac{\partial\phi}{\partial x}\right)^2+\left(\frac{\partial\phi}{\partial y}\right)^2+\left(\frac{\partial\phi}{\partial z}\right)^2}}{|\partial\phi/\partial z|}. \tag{5.5}$$

经常以 $z=f(x,y)$ 形式给出一个表面方程. 在这种情况下 $\phi(x,y,z)=z-f(x,y)$，所以 $\partial\phi/\partial z=1$，式（5.5）可以简化为

$$\sec\gamma=\sqrt{(\partial f/\partial x)^2+(\partial f/\partial y)^2+1}. \tag{5.6}$$

那么我们将式（5.5）或式（5.6）代入式（5.2）并积分求面积. 为了求出质心、惯性矩等，我们在式（5.2）中插入适当的因子，如我们在第5.3节中讨论的那样.

例1 求出从球壳 $x^2+y^2+z^2=1$ 上半部分中被圆柱面 $x^2+y^2-y=0$ 切掉的面积.

这与在 (x,y) 平面上投影为圆盘 $x^2+y^2-y\leqslant 0$ 的这部分球面面积相同. 因此，我们希望在这个圆盘的面积上积分式（5.2）. 图5.5.2所示为积分圆盘（阴影部分）和球壳的赤道圆（大圆部分）. 我们根据球壳的方程计算 $\sec\gamma$，可以使用式（5.6），但是在这个问题中使用式（5.5）更简单：

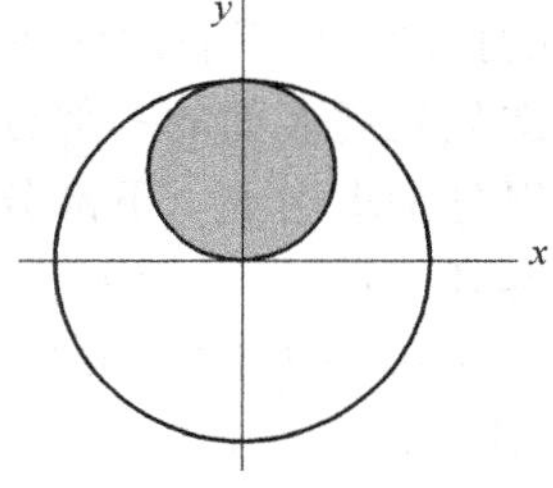

图 5.5.2

$$\phi=x^2+y^2+z^2,$$

$$\sec\gamma=\frac{|\mathbf{grad}\phi|}{|\partial\phi/\partial z|}=\frac{1}{2z}\sqrt{(2x)^2+(2y)^2+(2z)^2}=\frac{1}{z}=\frac{1}{\sqrt{1-x^2-y^2}}.$$

我们从阴影圆盘的方程 $x^2+y^2-y\leqslant 0$ 得到积分上下限. 由于对称性，可以对阴影面积的第一象限进行积分，然后得到结果再乘以2. 那么上下限是

$$x\text{ 从 }0\text{ 到}\sqrt{y-y^2},$$
$$y\text{ 从 }0\text{ 到 }1.$$

期望的面积是

$$A=2\int_{y=0}^{1}\int_{x=0}^{\sqrt{y-y^2}}\frac{\mathrm{d}x\mathrm{d}y}{\sqrt{1-x^2-y^2}}. \tag{5.7}$$

这个积分在极坐标下比较简单. 那么圆柱面的方程为 $r=\sin\theta$，所以积分上下限为：r 从0到 $\sin\theta$，θ 从0到 $\pi/2$. 因此式（5.7）变为

$$A=2\int_{\theta=0}^{\pi/2}\int_{r=0}^{\sin\theta}\frac{r\mathrm{d}r\mathrm{d}\theta}{\sqrt{1-r^2}}. \tag{5.8}$$

这仍然是简单的，如果我们改变变量 $z=\sqrt{1-r^2}$，那么 $\mathrm{d}z=-r\mathrm{d}r/\sqrt{1-r^2}$，上下限 r 从0到 $\sin\theta$ 变为 z 从0到 $\cos\theta$. 因此式（5.8）变为

$$A=-2\int_{\theta=0}^{\pi/2}\int_{z=1}^{\cos\theta}\mathrm{d}z\mathrm{d}\theta=\pi-2. \tag{5.9}$$

习题 5.5

对于这些习题，最重要的草图是在积分平面上的投影，这很容易手动完成. 然而，你可能想要使用计算机来绘制相应的三维图像.

1. 求平面 $x-2y+5z=13$ 被圆柱面 $x^2+y^2=9$ 切掉的面积.
2. 求圆锥面 $2x^2+2y^2=5z^2$，$z>0$ 被圆柱面 $x^2+y^2=2y$ 切出的面积.
3. 求出抛物面 $x^2+y^2=z$ 在圆柱面 $x^2+y^2=9$ 内的面积.
4. 求出圆锥面 $2z^2=x^2+y^2$ 被平面 $y=0$，$y=x/\sqrt{3}$ 和圆柱面 $x^2+y^2=4$ 所切出的在第一卦限中的部分面积.
5. 求圆锥面 $z^2=3(x^2+y^2)$ 在球壳 $x^2+y^2+z^2=16$ 范围内的面积.
6. 在例题1中，求出圆柱面在球壳内的面积.
7. 求圆柱面 $y^2+z^2=4$ 被平面 $x=0$ 和 $y=x$ 切出的第一卦限的面积.

8. 求圆柱面 $z=x+y^2$ 位于以 x 轴，$x=-1$ 和 $y^2=-x$ 为界的第二象限区域的面积.

9. 求圆锥面 $x^2+y^2=z^2$ 在圆盘 $(x-1)^2+y^2\leqslant 1$ 上的部分面积.

10. 求出以原点为圆心，半径为 a 的部分球面面积，该部分球面在 (x,y) 平面内以 $x=\pm a/\sqrt{2}$ 和 $y=\pm a/\sqrt{2}$ 为边界的正方形上方. 求积分的提示：把积分换成极坐标，先求 r 的积分.

11. 平面 $x+y+z=1$ 在第一卦限内的部分是一个三角形区域（画出来）. 通过积分求它的面积和质心. 你可以用几何法来检查结果.

12. 在第 11 题中，让三角形的密度（单位面积的质量）等于 x，求出总质量和质心的坐标.

13. 对于例题 1 中的面积，求质心的 z 坐标.

14. 对于例题 1 中的面积，让单位面积的质量等于 $|x|$. 求总质量.

15. 对于在例题 1 的面积上的均匀质量分布，求关于 z 轴的转动惯量.

16. 求第 2 题中表面积的质心.

5.6　综合习题

根据需要，使用计算机绘制图形并检查积分值.

1. 求出在圆锥面 $z^2=x^2+y^2$ 内，在 (x,y) 平面上，在球壳 $x^2+y^2+z^2=1$ 和 $x^2+y^2+z^2=4$ 之间的体积. 提示：使用球坐标系.

2. 求第 1 题中体积质心的 z 坐标.

3. 如果密度等于 z，求第 1 题中固体的质量.

4. 求铁环（把铁丝弯成半径为 R 的圆）的转动惯量，

(a) 关于直径；

(b) 关于切线.

5. 图中矩形的边是 $2a$ 和 $2b$，曲线是椭圆形. 如果图形绕虚线旋转，它会产生 3 个旋转体：圆锥体、椭球体和圆柱体. 证明它们体积的比例是 1 : 2 : 3. (参见 L. H. Lange，《美国数学月刊》第 88 卷（1981），第 339 页.)

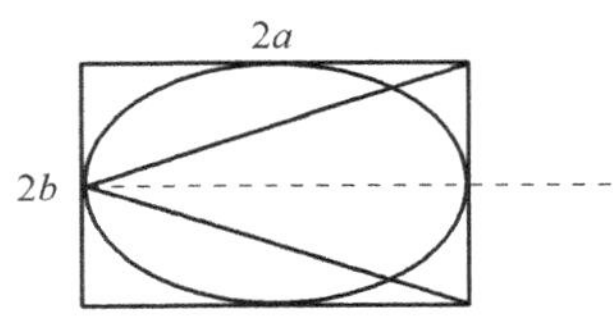

6. (a) 求圆形 $r=2$，$x>0$ 和 $y>1$ 内的面积.

(b) 求问题 (a) 中面积的质心.

7. 对于密度为 1、形状为第 6 题中面积形状的薄板，求它关于 z 轴的转动惯量.

8. 对于上面以球壳 $x^2+y^2+z^2=4$ 以界，下面以通过点 $(0,0,1)$ 的水平面为界的实体，求出：

(a) 体积（参见第 6 题和习题 5.3 第 12 题）；

(b) 质心的 z 坐标（使用柱坐标系）.

9. 求在 $y=x^2$ 上方、$y=c(c>0)$ 下方面积的质心.

10. (a) 求在 x 轴与 $y=\sin x$ 的一个拱弧之间面积的质心.

(b) 求问题 (a) 中面积绕 x 轴旋转所形成的体积.

(c) 求体积为问题 (b) 中的体积，密度为常数的质量的 I_x.

11. 椭圆锥面为

$$\frac{z^2}{h^2}=\frac{x^2}{a^2}+\frac{y^2}{b^2},\qquad 0<z<h.$$

证明：它的内部体积的质心的 z 坐标为

$$\bar{z}=\frac{3}{4}h.$$

（注意，结果与 a 和 b 无关.）提示：求三重积分的值，令 $z=hz'$，$x=ax'$，$y=by'$，然后把带有撇号的坐标系转换为柱坐标系（参见 5.4 节例 4），与 5.4 节例 2 比较.

12. 如果密度是 $|xyz|$，求出椭球面内固体的质量，椭球面方程为

$$\frac{x^2}{a^2}+\frac{y^2}{b^2}+\frac{z^2}{c^2}=1.$$

提示：求三重积分的值，如 5.4 节例 4.

13. 求圆柱面 $x^2+z^2=a^2$ 在圆柱面 $x^2+y^2=a^2$ 内的部分表面积. 用计算机画出同一轴上的两个圆柱面.

14. 求第 13 题中两个圆柱面内的体积.

15. 求体积为第 14 题中的体积、密度为常数的一个质量分布的 I_x 和 I_y. 提示：最后做 x 积分.

16. 求圆弧 $x^{2/3}+y^{2/3}=a^{2/3}$ 的第一象限的质心. 提示：令 $x=a\cos^3\theta$，$y=a\sin^3\theta$.

17. 求出关于由边长为 a 的正方形组成的框架的对角线的转动惯量.

18. 用柱坐标系求出在 $r^2=z^2$，$0<z<h$ 内正圆锥体的质心，密度为 $r^2=x^2+y^2$.

19. 对于第 18 题中的圆锥体，求 I_x/M，I_y/M，I_z/M，并求出关于通过质心且平行于 x 轴的直线的 I/M.

20. （a）求曲面 $z=1+x^2+y^2$ 在圆柱面 $x^2+y^2=1$ 内的面积.

（b）用柱坐标系求位于曲面和（x,y）平面之间圆柱面内的体积.

21. 求出在原点处单位质量上的万有引力，该质量的体积为圆锥面 $z^2=x^2+y^2$，$0<z<h$ 内的体积，密度为常数，参见习题 5.4 第 24 题.

22. 对于椭圆 $(x^2/a^2)+(y^2/b^2)=1$ 形状中的薄板，求 I_x/M，I_y/M，I_z/M. 提示：参见第 11 题.

23. （a）求出在 $z=x^2+y^2$，$0<z<c$ 内的抛物面的质心.

（b）如果密度是 $\rho=r=\sqrt{x^2+y^2}$，重复问题（a）部分.

24. 针对下面抛物面重复第 23 题（a）问：

$$\frac{z}{c}=\frac{x^2}{a^2}+\frac{y^2}{b^2}. \qquad 0<z<c.$$

25. 通过变换到极坐标，求值：

$$\int_0^{\infty}\int_0^{\infty}\mathrm{e}^{-\sqrt{x^2+y^2}}\mathrm{d}x\mathrm{d}y.$$

26. 通过改变变量 $u=x-y$，$v=x+y$ 来计算积分：

$$\int_0^1\mathrm{d}y\int_0^{1-y}\mathrm{e}^{(x-y)/(x+y)}\mathrm{d}x.$$

27. 通过改变变量 $u=y/x$，$v=x+y$ 来计算积分：

$$\int_0^1\mathrm{d}x\int_0^x\frac{(x+y)\mathrm{e}^{x+y}}{x^2}\mathrm{d}y.$$

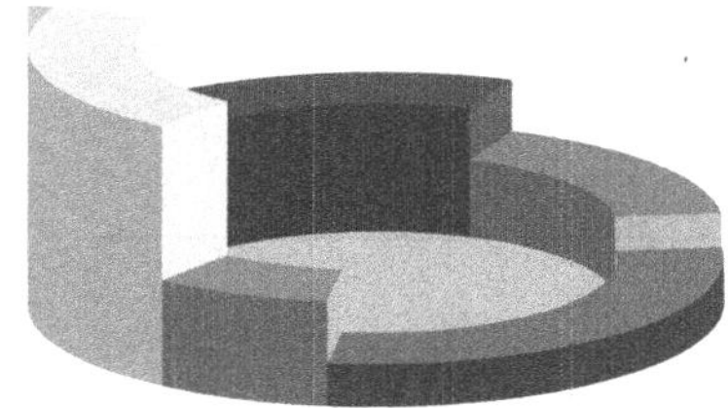

第 6 章

矢 量 分 析

6.1 简介

在第 3 章 3.4 节和 3.5 节中，讨论了矢量代数的基本思想. 这一章主要讲述矢量微积分. 首先，在 6.2 节和 6.3 节讲述一些矢量乘积的应用. 然后，在 6.4 节及其后面的内容讨论矢量函数的微分和积分. 牛顿第二定律 $\boldsymbol{F}=m\boldsymbol{a}$，其微分形式为 $\boldsymbol{F}=m\mathrm{d}^2\boldsymbol{r}/\mathrm{d}t^2$；电磁学中高斯定律使用了一个矢量的法向分量的面积分（见第 6.10 节）. 在几乎所有应用数学领域中，矢量函数的微分和积分都是很重要的. 在诸如力学、量子力学、电动力学、热理论、流体力学、光学等多种领域都利用了本章将要讨论的矢量方程和定理.

6.2 矢量乘法的应用

在第 3 章 3.4 节定义了矢量 $\boldsymbol{A}$ 和 $\boldsymbol{B}$ 的标量积或点积，以及 $\boldsymbol{A}$ 和 $\boldsymbol{B}$ 的矢量积或叉乘，如下所示，其中 $\theta\leqslant180°$ 为矢量之间的夹角.

$$\boldsymbol{A}\cdot\boldsymbol{B}=AB\cos\theta=A_xB_x+A_yB_y+A_zB_z. \tag{2.1}$$

$$\boldsymbol{A}\times\boldsymbol{B}=\boldsymbol{C}. \tag{2.2}$$

其中，$|\boldsymbol{C}|=AB\sin\theta$，$\boldsymbol{C}$ 的方向垂直于 $\boldsymbol{A}$ 和 $\boldsymbol{B}$ 所确定的平面，θ 为从 $\boldsymbol{A}$ 到 $\boldsymbol{B}$ 旋转的角度，$0<\theta<180°$（见图 6.2.1）.

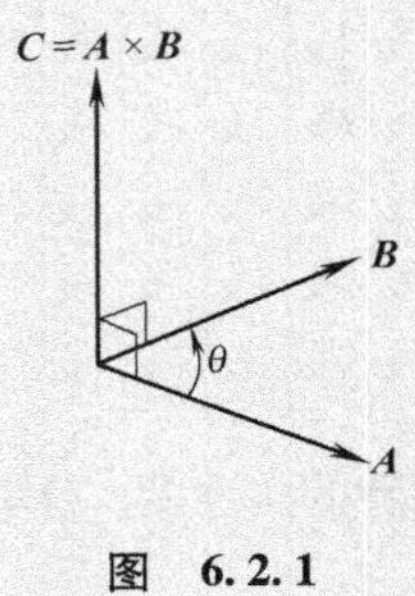

图 6.2.1

接下来考虑一下这些定义的应用.

6.2.1 做功

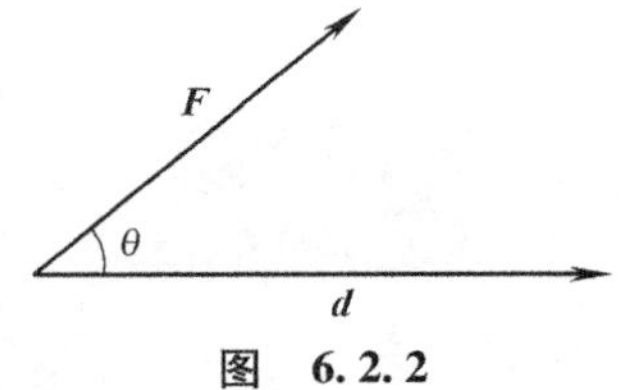

图 6.2.2

在基础物理中，我们学过功等于力乘以位移. 如果力和位移不平行，那么力垂直于位移的分量没有做功.

这种情况下的功为平行于位移的力的分量乘以位移，即$W=(F\cos\theta)\cdot d=Fd\cos\theta$（见图 6.2.2）. 现在可以方便地写成

$$W=Fd\cos\theta=\boldsymbol{F}\cdot\boldsymbol{d}. \tag{2.3}$$

如果力随位移而变化，或者运动方向 $\boldsymbol{d}$ 随时间改变，在求功的公式中可用一个微矢量位移 $\mathrm{d}\boldsymbol{r}$（见图 6.2.3）：

$$\mathrm{d}W=\boldsymbol{F}\cdot\mathrm{d}\boldsymbol{r}. \tag{2.4}$$

后面 6.8 节中将讲述如何对式（2.4）中 $\mathrm{d}W$ 进行积分，从而可以计算出一个粒子在变化力 $\boldsymbol{F}$ 沿一定路径作用下所做的功.

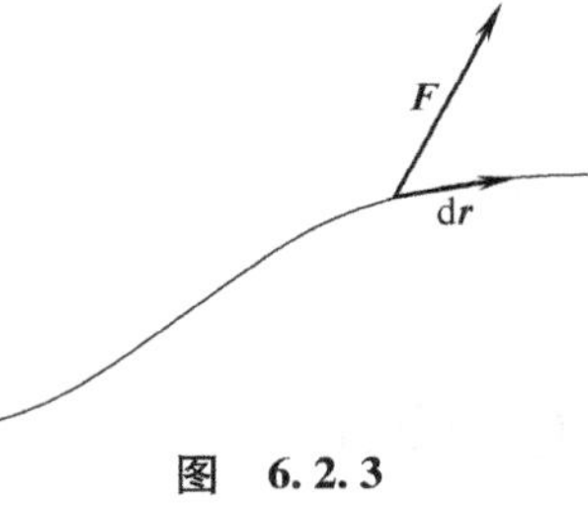

图 6.2.3

6.2.2 力矩

在做跷跷板或杠杆问题时（见图 6.2.4），力与距离的积 Fd 称为 $\boldsymbol{F}$ 的力矩[⊖]，从支点 O 到 $\boldsymbol{F}$ 的作用线的距离 d 是 $\boldsymbol{F}$ 的杠杆臂. 杠杆臂定义：从 O 到 $\boldsymbol{F}$ 作用线的垂直距离. 那么通常（见图 6.2.5）一个力关于 O（实际上是一个通过 O 且垂直于纸面的轴）的扭矩（或力矩），被定义为力的大小乘以它的杠杆臂. 在图 6.2.5 中即为 $Fr\sin\theta$. 由于 $\boldsymbol{r}\times\boldsymbol{F}$ 的大小为 $rF\sin\theta$，所以力矩的大小是 $|\boldsymbol{r}\times\boldsymbol{F}|$. 也可以用 $\boldsymbol{r}\times\boldsymbol{F}$ 的方向来描述力矩方向，方法为：右手手指弯曲成力矩产生的旋转方向，大拇指所指方向就是平行于旋转轴的方向，习惯称为力矩的方向. 通过比较图 6.2.5 和图 6.2.1，这也是 $\boldsymbol{r}\times\boldsymbol{F}$ 的方向，那么，按这个约定，$\boldsymbol{r}\times\boldsymbol{F}$ 是 $\boldsymbol{F}$ 关于过 O 点的轴的扭矩或力矩，方向垂直于图 6.2.5 中的纸面.

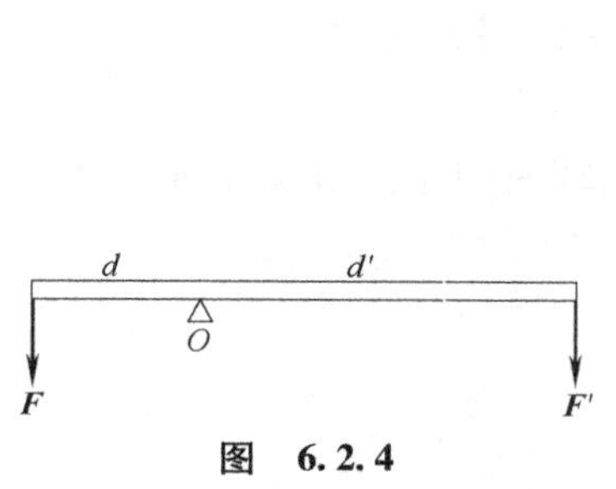

图 6.2.4

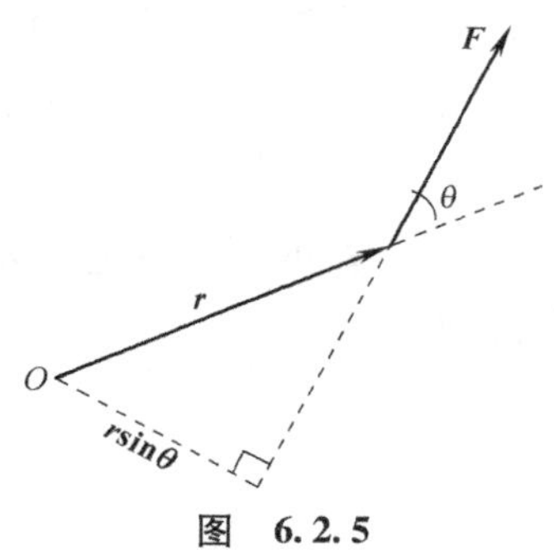

图 6.2.5

6.2.3 角速度

类似地，矢量可以用来表示物体旋转的角速度. 右手螺旋方向与物体转动方向相同，旋转

⊖ 如果力 $\boldsymbol{F}$ 由重量 $w=mg$ 产生，那么在图 6.2.4 中关于 O 的力矩是 $mg\cdot d=g\cdot(md)$. m 关于 O 的惯性矩（见第 5 章 5.3 节）是 md^2. md 称为 m 关于 O 的矩（或一阶矩），md^2 称为 m 关于 O 的惯性矩（或二阶矩）. 推而广之，mgd 称为 mg 的矩，或 Fd 称为 $\boldsymbol{F}$ 的矩，对于不是质点的物体，可求 md 和 md^2 的积分（见第 5 章 5.3 节）.

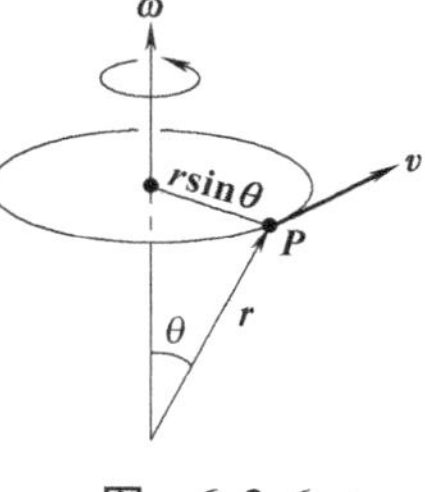

图　6.2.6

轴的方向即为角速度矢量的方向. 在图 6.2.6 中假设 $\boldsymbol{P}$ 点为刚体上以角速度 $\boldsymbol{\omega}$ 旋转的点，可以证明点 $\boldsymbol{P}$ 的线速度 $\boldsymbol{v}=\boldsymbol{\omega}\times\boldsymbol{r}$. 首先，$\boldsymbol{v}$ 垂直于 $\boldsymbol{r}$ 和 $\boldsymbol{\omega}$ 所在的平面，并且方向向右. 接着，可以证明 $\boldsymbol{v}$ 的大小为 $|\boldsymbol{\omega}\times\boldsymbol{r}|=\omega r\sin\theta$. $r\sin\theta$ 是 $\boldsymbol{P}$ 点运动圆的半径，$\boldsymbol{\omega}$ 是角速度，因此 $(r\sin\theta)\omega$ 是 $|\boldsymbol{v}|$，如上所述.

6.3　三重积

三个矢量的乘积有两种情况，一种称为三重标量积（因为结果是一个标量），另一种称为三重矢量积（因为结果是一个矢量）.

6.3.1　三重标量积

三重标量积可写成 $\boldsymbol{A}\cdot(\boldsymbol{B}\times\boldsymbol{C})$. 三重标量积有一个有用的几何解释（见图 6.3.1）. 用 $\boldsymbol{A}$，$\boldsymbol{B}$，$\boldsymbol{C}$ 作为三条相交的边，构造一个平行六面体，因为 $|\boldsymbol{B}\times\boldsymbol{C}|=|\boldsymbol{B}||\boldsymbol{C}|\sin\theta$，$|\boldsymbol{B}\times\boldsymbol{C}|$ 是邻边为 $|\boldsymbol{B}||\boldsymbol{C}|$，夹角为 θ 的平行四边形的面积，所以 $|\boldsymbol{B}\times\boldsymbol{C}|$ 是底面的面积（见图 6.3.2）. 平行六面体的高为 $|\boldsymbol{A}|\cos\phi$（见图 6.3.1），因此平行六面体的体积为

$$|\boldsymbol{B}||\boldsymbol{C}|\sin\theta|\boldsymbol{A}|\cos\phi=|\boldsymbol{B}\times\boldsymbol{C}||\boldsymbol{A}|\cos\phi=\boldsymbol{A}\cdot(\boldsymbol{B}\times\boldsymbol{C}).$$

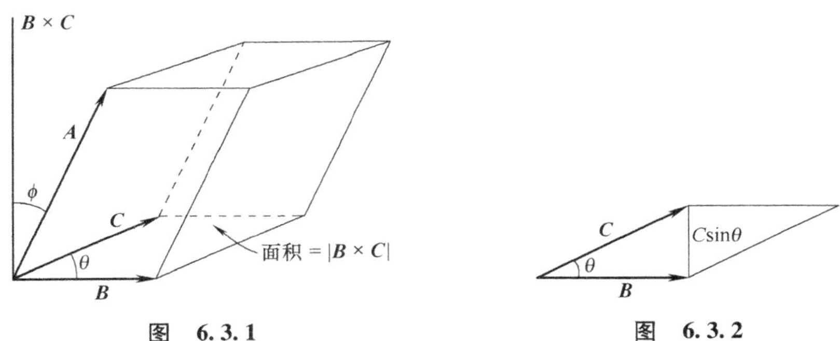

图　6.3.1　　　　图　6.3.2

如果 $\phi>90°$，这个结果是负的，所以一般来说，体积为 $|\boldsymbol{A}\cdot(\boldsymbol{B}\times\boldsymbol{C})|$. 可以用任何一面作为平行六面体的底面，例如 $\boldsymbol{B}\cdot(\boldsymbol{C}\times\boldsymbol{A})$ 也必须是正的或负的体积，这样的三重标量积有 6 个，除了符号不同，它们的绝对值都相等［如果同时计算 $\boldsymbol{A}\cdot(\boldsymbol{B}\times\boldsymbol{C})$ 和 $(\boldsymbol{B}\times\boldsymbol{C})\cdot\boldsymbol{A}$ 类型，那么有 12 个这样的三重标题积］.

为了将三重标量积写成分量形式，首先将 $\boldsymbol{B}\times\boldsymbol{C}$ 写成行列式形式（见第 3 章式（4.19））：

$$\boldsymbol{B}\times\boldsymbol{C}=\begin{vmatrix}\boldsymbol{i} & \boldsymbol{j} & \boldsymbol{k}\\ B_x & B_y & B_z\\ C_x & C_y & C_z\end{vmatrix}. \tag{3.1}$$

现在有 $\boldsymbol{A}\cdot(\boldsymbol{B}\times\boldsymbol{C})=A_x(\boldsymbol{B}\times\boldsymbol{C})_x+A_y(\boldsymbol{B}\times\boldsymbol{C})_y+A_z(\boldsymbol{B}\times\boldsymbol{C})_z$，正是下面式(3.2)中的行列式通过展开第一行的元素得到的，因此行列式等于 $\boldsymbol{A}\cdot(\boldsymbol{B}\times\boldsymbol{C})$.

$$A\cdot(B\times C)=\begin{vmatrix}A_x & A_y & A_z\\ B_x & B_y & B_z\\ C_x & C_y & C_z\end{vmatrix}. \tag{3.2}$$

回顾一下行交换改变了行列式的符号，现在可以用正确的符号轻松地写出上面提到的6（或12）个乘积. 你应该说服自己，然后记住以下事实：乘积因式的顺序很重要，点积和叉积可以互换. 如果因式的顺序是循环的（在图6.3.3中圆圈的一种方法），这样的三重标量积都是相等的. 如果顺序反过来，就得到另一个集合，它们都相等并且是第一个集合的相反数. 例如，

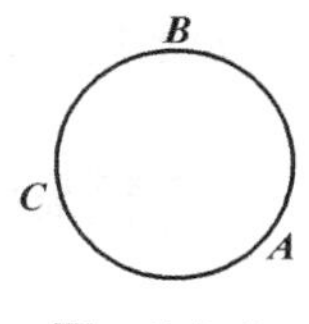

图 6.3.3

$$\begin{aligned}(A\times B)\cdot C&=A\cdot(B\times C)\\&=C\cdot(A\times B)\\&=-(A\times C)\cdot B,\end{aligned} \tag{3.3}$$

因为点积和叉积所在位置不重要，三重标量积通常写成（ABC），其表示 $A\cdot(B\times C)$，$(A\times B)\cdot C$.

6.3.2 三重矢量积

三矢量积可写为 $A\times(B\times C)$. 计算之前，可以做下面的观察：$B\times C$ 垂直于 B 和 C 的平面，$A\times(B\times C)$ 垂直于 A 和（$B\times C$）的平面. 我们特别感兴趣的是 $A\times(B\times C)$ 垂直于（$B\times C$）.

现在（见图6.3.4）任何垂直于 $B\times C$ 的矢量都位于垂直于 $B\times C$ 的平面上，即 B 和 C 的平面，因此 $A\times(B\times C)$ 是 B 和 C 平面上的某个矢量，并可以写成某个 $aB+bC$ 的组合，其中，a 和 b 是需要求出的标量.（见第3章习题3.8的第5题）求解 a 和 b 的一种方法是用分量形式写出 $A\times(B\times C)$. 于是可以通过仔细选择坐标系来简化这项工作. 回想一下，矢量方程是独立于坐标系的. 给定矢量 A，B，C，取 x 轴沿着 B 方向，y 轴在 B 和 C 平面上，那么 $B\times C$ 在 z 方向上. 相对于这些坐标轴的分量形式的矢量为

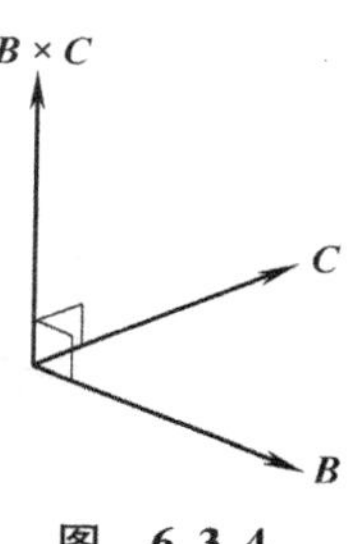

图 6.3.4

$$\begin{aligned}&B=B_x i,\\&C=C_x i+C_y j,\\&A=A_x i+A_y j+A_z k.\end{aligned} \tag{3.4}$$

使用式（3.4）有

$$\begin{aligned}B\times C&=B_x i\times(C_x i+C_y j)=B_xC_y(i\times j)=B_xC_y k,\\A\times(B\times C)&=A_xB_xC_y(i\times k)+A_yB_xC_y(j\times k)\\&=A_xB_xC_y(-j)+A_yB_xC_y(i).\end{aligned} \tag{3.5}$$

想把式（3.5）中的 $A\times(B\times C)$ 写成 B 和 C 的组合，可以通过加和减 $A_xB_xC_x i$ 来做到这一点：

$$A\times(B\times C)=-A_xB_x(C_x i+C_y j)+(A_yC_y+A_xC_x)B_x i. \tag{3.6}$$

每一个表达式都很简单，用式（3.4）中的矢量表示：

$$A_xB_x=\boldsymbol{A}\cdot\boldsymbol{B},\qquad A_yC_y+A_xC_x=\boldsymbol{A}\cdot\boldsymbol{C},$$
$$C_x\boldsymbol{i}+C_y\boldsymbol{j}=\boldsymbol{C},\qquad B_x\boldsymbol{i}=\boldsymbol{B}. \tag{3.7}$$

在式（3.6）中使用式（3.7），得到

$$\boldsymbol{A}\times(\boldsymbol{B}\times\boldsymbol{C})=(\boldsymbol{A}\cdot\boldsymbol{C})\boldsymbol{B}-(\boldsymbol{A}\cdot\boldsymbol{B})\boldsymbol{C}. \tag{3.8}$$

这个重要的公式应该学过，但不要用字母来记，因为当你想到某些相同字母的其他组合时，这很容易混淆. 相反，你应该学习以下三个事实：

式（3.1）三重矢量积的值是括号［在式（3.8）中的 $\boldsymbol{B}$ 和 $\boldsymbol{C}$］中的两个矢量的线性组合，每个矢量的系数是另外两个矢量的点积，三重积中的中间矢量［在式（3.8）中的 $\boldsymbol{B}$］总是有正的符号. (3.9)

该方法还包含了括号在前面的三重矢量积，通过式（3.9），$(\boldsymbol{B}\times\boldsymbol{C})\times\boldsymbol{A}$ 的值为 $(\boldsymbol{A}\cdot\boldsymbol{B})\boldsymbol{C}-(\boldsymbol{A}\cdot\boldsymbol{C})\boldsymbol{B}$. 这是对的，因为它只是上面的 $\boldsymbol{A}\times(\boldsymbol{B}\times\boldsymbol{C})$ 的负数.

6.3.3 三重标量积的应用

我们已经证明了，在一个特殊的情况下，一个力 $\boldsymbol{F}$ 关于一个轴的力矩可以写成 $\boldsymbol{r}\times\boldsymbol{F}$，也就是 $\boldsymbol{r}$ 和 $\boldsymbol{F}$ 在垂直于轴的平面上. 现在，考虑求解关于在图 6.3.5 中任意给定直线（轴）L 的一个力 $\boldsymbol{F}$ 所产生的力矩的一般情况. 设 $\boldsymbol{r}$ 为一个矢量，方向为从 L 上的某个点（任何点）到 $\boldsymbol{F}$ 的作用线，设 O 为 $\boldsymbol{r}$ 的尾部. 定义关于点 $\boldsymbol{O}$ 的力矩等于 $\boldsymbol{r}\times\boldsymbol{F}$，注意这和之前关于力矩的讨论是不矛盾的，因为之前考虑过关于一条线的力矩，这个定义是关于一个点的扭矩. 然而，我们将说明这两个概念是如何联系在一起的. 还要注意，如果 $\boldsymbol{r}$ 的头部沿着 $\boldsymbol{F}$ 移动，$\boldsymbol{r}\times\boldsymbol{F}$ 不会改变，这只会增加 $\boldsymbol{F}$ 到 $\boldsymbol{r}$ 的倍数，并且 $\boldsymbol{F}\times\boldsymbol{F}=\boldsymbol{0}$（见习题 6.3 的第 10 题）.

现在我们要证明 $\boldsymbol{F}$ 关于通过点 O 的直线 L 的力矩是 $\boldsymbol{n}\cdot(\boldsymbol{r}\times\boldsymbol{F})$，其中，$\boldsymbol{n}$ 是沿着 L 的单位矢量. 为了简化计算，在方向 $\boldsymbol{n}$ 中选择 z 轴正方向，则 $\boldsymbol{n}=\boldsymbol{k}$. 想象一个门铰链绕 z 轴旋转，如图 6.3.6 所示. 设一个力 $\boldsymbol{F}$ 作用在矢量 $\boldsymbol{r}$ 的头部，首先通过基本的方法和定义求出 $\boldsymbol{F}$ 关于 z 轴的力矩. 将 $\boldsymbol{F}$ 分解，z 分量平行于旋转轴，不会产生任何力矩（直接向上或向下拉门把手并不会打开或关闭门!）. 如果在 (x,y) 平面上画出 x 和 y 分量，就会更容易看（见图 6.3.7，注意，x 轴和 y 轴是顺时针方向旋转 90°，以便更容易地与图 6.3.6 比较这个图形）. 通过力矩的基本定义，由 F_x 和 F_y 所产生的关于 z 轴的力矩是 xF_y-yF_x. 我们想要证明这与 $\boldsymbol{n}\cdot(\boldsymbol{r}\times\boldsymbol{F})$ 或这里的 $\boldsymbol{k}\cdot(\boldsymbol{r}\times\boldsymbol{F})$ 是一样的，使用式（3.2）得到

$$\boldsymbol{k}\cdot(\boldsymbol{r}\times\boldsymbol{F})=\begin{vmatrix}0&0&1\\x&y&z\\F_x&F_y&F_z\end{vmatrix}=xF_y-yF_x.$$

总结：

式（3.10） 在图 6.3.5 中，$\boldsymbol{F}$ 关于点 O 的力矩是 $\boldsymbol{r}\times\boldsymbol{F}$，$\boldsymbol{F}$ 关于通过点 O 的直线 L 的力矩是 $\boldsymbol{n}\cdot(\boldsymbol{r}\times\boldsymbol{F})$，其中 $\boldsymbol{n}$ 是沿着 L 的单位矢量. (3.10)

这个证明可以很容易地在没有参考坐标系的情况下给出. 设符号 ∥ 和 ⊥ 分别代表平行和垂直于给定的旋转轴 $\boldsymbol{n}$. 那么任何矢量（比如 $\boldsymbol{F}$ 或 $\boldsymbol{r}$）都可以写成平行于坐标轴的矢量和垂

直于坐标轴的矢量（也就是说，在垂直于 $\boldsymbol{n}$ 的平面上）的和，即

$$\boldsymbol{r}=\boldsymbol{r}_\perp+\boldsymbol{r}_\parallel,\qquad \boldsymbol{F}=\boldsymbol{F}_\perp+\boldsymbol{F}_\parallel.$$

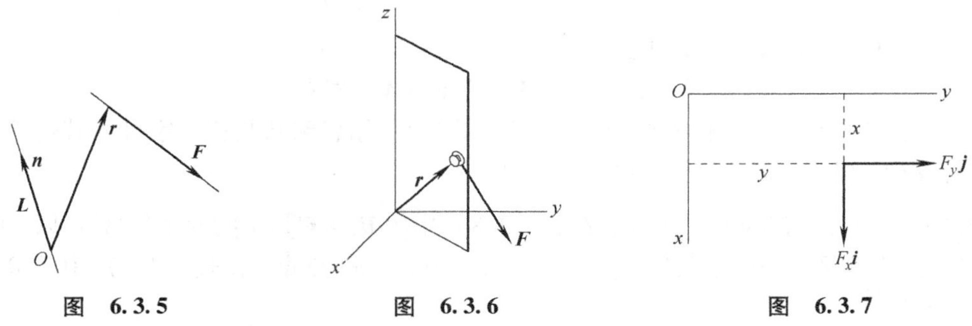

图 6.3.5　　图 6.3.6　　图 6.3.7

那么 $\boldsymbol{F}$ 产生的关于点 O 的力矩是

$$\begin{aligned}\boldsymbol{r}\times\boldsymbol{F}&=(\boldsymbol{r}_\perp+\boldsymbol{r}_\parallel)\times(\boldsymbol{F}_\perp+\boldsymbol{F}_\parallel)\\&=\boldsymbol{r}_\perp\times\boldsymbol{F}_\perp+\boldsymbol{r}_\perp\times\boldsymbol{F}_\parallel+\boldsymbol{r}_\parallel\times\boldsymbol{F}_\perp+\boldsymbol{r}_\parallel\times\boldsymbol{F}_\parallel.\end{aligned}$$

最后一项是零（平行矢量的叉积）. $\boldsymbol{r}_\parallel$ 和 $\boldsymbol{F}_\parallel$ 平行于 $\boldsymbol{n}$，因此它们与任何矢量的叉积都在垂直于 $\boldsymbol{n}$ 的平面上，并且这些叉积和 $\boldsymbol{n}$ 的点积都是零. 因此有

$$\boldsymbol{n}\cdot(\boldsymbol{r}\times\boldsymbol{F})=\boldsymbol{n}\cdot(\boldsymbol{r}_\perp\times\boldsymbol{F}_\perp).$$

现在 $\boldsymbol{r}_\perp$ 和 $\boldsymbol{F}_\perp$ 在垂直于 $\boldsymbol{n}$ 的平面上，因此，$\boldsymbol{F}\perp$ 产生的关于 $\boldsymbol{n}$ 的力矩是 $\boldsymbol{r}_\perp\times\boldsymbol{F}_\perp$（见 6.2 节）. 但是因为只有 $\boldsymbol{F}$ 垂直于 $\boldsymbol{n}$ 的分量产生了一个关于 $\boldsymbol{n}$ 的力矩，则 $\boldsymbol{r}_\perp\times\boldsymbol{F}_\perp$ 是 $\boldsymbol{F}$ 产生的关于 $\boldsymbol{n}$ 的总扭矩. 矢量力矩 $\boldsymbol{r}_\perp\times\boldsymbol{F}_\perp$ 在 $\pm\boldsymbol{n}$ 方向上，因为 $\boldsymbol{r}_\perp$ 和 $\boldsymbol{F}_\perp$ 垂直于 $\boldsymbol{n}$；这个矢量力矩和单位矢量 $\boldsymbol{n}$ 的点积给出了一个大小相同的标量力矩；这个±符号表示力矩是在 $+\boldsymbol{n}$ 还是 $-\boldsymbol{n}$ 方向上.

例 1　如果 $\boldsymbol{F}=\boldsymbol{i}+3\boldsymbol{j}-\boldsymbol{k}$ 作用在点（1,1,1）处，求出 $\boldsymbol{F}$ 关于直线 $l=3\boldsymbol{i}+2\boldsymbol{k}+(2\boldsymbol{i}-2\boldsymbol{j}+\boldsymbol{k})t$ 的力矩.

我们首先求出关于在直线上的一个点的矢量力矩，比如点（3,0,2）. 通过式（3.10）和图 6.3.5，这是 $\boldsymbol{r}\times\boldsymbol{F}$，其中，$\boldsymbol{r}$ 是从需要求出力矩的相关点出发到 $\boldsymbol{F}$ 作用的点的矢量，也就是，从点（3,0,2）到点（1,1,1）的矢量，则有 $\boldsymbol{r}=(1,1,1)-(3,0,2)=(-2,1,-1)$，矢量力矩为

$$\boldsymbol{r}\times\boldsymbol{F}=\begin{vmatrix}\boldsymbol{i}&\boldsymbol{j}&\boldsymbol{k}\\-2&1&-1\\1&3&-1\end{vmatrix}=2\boldsymbol{i}-3\boldsymbol{j}-7\boldsymbol{k}.$$

关于直线 l 的力矩是 $\boldsymbol{n}\cdot(\boldsymbol{r}\times\boldsymbol{F})$，其中，$\boldsymbol{n}$ 是沿着这条直线的单位矢量，也就是 $\boldsymbol{n}=\frac{1}{3}(2\boldsymbol{i}-2\boldsymbol{j}+\boldsymbol{k})$，那么关于这条直线的力矩是

$$\boldsymbol{n}\cdot(\boldsymbol{r}\times\boldsymbol{F})=\frac{1}{3}(2\boldsymbol{i}-2\boldsymbol{j}+\boldsymbol{k})\cdot(2\boldsymbol{i}-3\boldsymbol{j}-7\boldsymbol{k})=1.$$

例 2　作为三重标量积的另一个应用，让我们求出第 5 章 5.4 节中用到的雅可比矩阵来改变多重积分中的变量. 如你所知，在直角坐标系中，体积元是一个体积为 $\mathrm{d}x\mathrm{d}y\mathrm{d}z$ 的矩形框. 在其他坐标系中，体积元可以近似为一个平行六面体，如图 6.3.1 所示. 在这种情况下，

需要一个体积元的公式.（例如，在第 5 章图 5.4.4 和图 5.4.5 中，柱坐标系和球坐标系的体积元.）

假设我们得到 x，y，z 的公式，其作为新变量 u，v，w 的函数，然后我们想要求出 u，v，w 坐标系中体积元的三条边的矢量. 假设图 6.3.1 中的矢量 $\boldsymbol{A}$ 沿着 u 增加的方向，而 v 和 w 保持不变，则如果 $\mathrm{d}\boldsymbol{r}=\boldsymbol{i}\mathrm{d}x+\boldsymbol{j}\mathrm{d}y+\boldsymbol{k}\mathrm{d}z$ 为这个方向的矢量，有

$$\boldsymbol{A}=\frac{\partial \boldsymbol{r}}{\partial u}\mathrm{d}u=\left(\boldsymbol{i}\ \frac{\partial x}{\partial u}+\boldsymbol{j}\ \frac{\partial y}{\partial u}+\boldsymbol{k}\ \frac{\partial z}{\partial u}\right)\mathrm{d}u.$$

类似地，如果 $\boldsymbol{B}$ 沿着体积元的 v 增加的方向，$\boldsymbol{C}$ 沿着 w 增加的方向，则有

$$\boldsymbol{B}=\frac{\partial \boldsymbol{r}}{\partial v}\mathrm{d}v=\left(\boldsymbol{i}\ \frac{\partial x}{\partial v}+\boldsymbol{j}\ \frac{\partial y}{\partial v}+\boldsymbol{k}\ \frac{\partial z}{\partial v}\right)\mathrm{d}v,$$

$$\boldsymbol{C}=\frac{\partial \boldsymbol{r}}{\partial w}\mathrm{d}w=\left(\boldsymbol{i}\ \frac{\partial x}{\partial w}+\boldsymbol{j}\ \frac{\partial y}{\partial w}+\boldsymbol{k}\ \frac{\partial z}{\partial w}\right)\mathrm{d}w.$$

那么通过式（3.2）有

$$\boldsymbol{A}\cdot(\boldsymbol{B}\times\boldsymbol{C})=\begin{vmatrix}\dfrac{\partial x}{\partial u} & \dfrac{\partial y}{\partial u} & \dfrac{\partial z}{\partial u}\\ \dfrac{\partial x}{\partial v} & \dfrac{\partial y}{\partial v} & \dfrac{\partial z}{\partial v}\\ \dfrac{\partial x}{\partial w} & \dfrac{\partial y}{\partial w} & \dfrac{\partial z}{\partial w}\end{vmatrix}\mathrm{d}u\mathrm{d}v\mathrm{d}w=J\mathrm{d}u\mathrm{d}v\mathrm{d}w,$$

其中，J 是从 x，y，z 到 u，v，w 变换的雅可比矩阵，从式（3.2）的讨论中可知三重标量积可能是正的或负的. 因为我们想要一个体积元为正，所以用 J 的绝对值. 因此，u，v，w 体积元是 $|J|\mathrm{d}u\mathrm{d}v\mathrm{d}w$，正如第 5 章 5.4 节所述.

6.3.4　三重矢量积的应用

在图 6.3.8（比较图 6.2.6）中，假设粒子 m 静止在一个旋转的刚体上（例如地球），然后由方程 $\boldsymbol{L}=\boldsymbol{r}\times(m\boldsymbol{v})=m\boldsymbol{r}\times\boldsymbol{v}$ 定义 m 关于点 O 的角动量 $\boldsymbol{L}$. 在图 6.2.6 的讨论中可以证明 $\boldsymbol{v}=\boldsymbol{\omega}\times\boldsymbol{r}$. 因此，$\boldsymbol{L}=m\boldsymbol{r}\times(\boldsymbol{\omega}\times\boldsymbol{r})$. 参见习题 6.3 第 16 题和第 10 章 10.4 节.

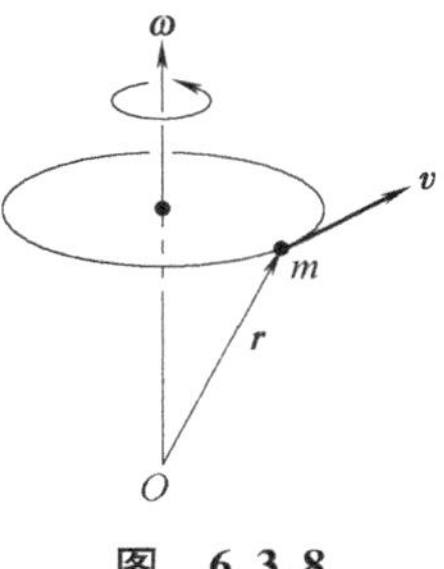

图　6.3.8

另一个例子，在力学中，图 6.3.8 中 m 的向心加速度是 $\boldsymbol{a}=\boldsymbol{\omega}\times(\boldsymbol{\omega}\times\boldsymbol{r})$（见习题 6.3 第 17 题）.

习题 6.3

1. 如果 $\boldsymbol{A}=2\boldsymbol{i}-\boldsymbol{j}-\boldsymbol{k}$，$\boldsymbol{B}=2\boldsymbol{i}-3\boldsymbol{j}+\boldsymbol{k}$，$\boldsymbol{C}=\boldsymbol{j}+\boldsymbol{k}$，求 $(\boldsymbol{A}\cdot\boldsymbol{B})\boldsymbol{C}$，$\boldsymbol{A}(\boldsymbol{B}\cdot\boldsymbol{C})$，$(\boldsymbol{A}\times\boldsymbol{B})\cdot\boldsymbol{C}$，$\boldsymbol{A}\cdot(\boldsymbol{B}\times\boldsymbol{C})$，$(\boldsymbol{A}\times\boldsymbol{B})\times\boldsymbol{C}$，$\boldsymbol{A}\times(\boldsymbol{B}\times\boldsymbol{C})$.

第 2～第 6 题，已知 $\boldsymbol{A}=\boldsymbol{i}+\boldsymbol{j}-2\boldsymbol{k}$，$\boldsymbol{B}=2\boldsymbol{i}-\boldsymbol{j}+3\boldsymbol{k}$，$\boldsymbol{C}=\boldsymbol{j}-5\boldsymbol{k}$.

2. 求作用于物体上的力 $\boldsymbol{B}$ 所做的功，这个物体在力 $\boldsymbol{B}$ 作用下位移为 C.

3. 如果物体在力 $\boldsymbol{A}$ 和 $\boldsymbol{B}$ 的作用下位移为 C，求作用于物体上的力 $\boldsymbol{A}$ 和 $\boldsymbol{B}$ 所做的总功. 提示：你能先把这两个力相加吗?

4. 设 O 为 $\boldsymbol{B}$ 的尾部，$\boldsymbol{A}$ 为作用于 $\boldsymbol{B}$ 头部的力，求出 $\boldsymbol{A}$ 关于 O 的力矩；关于一条通过 O 且垂直于 $\boldsymbol{A}$ 和 $\boldsymbol{B}$ 平面的直线的力矩；关于一条通过 O 且平行于 $\boldsymbol{C}$ 的直线的力矩.

5. 设 $\boldsymbol{A}$ 和 $\boldsymbol{C}$ 的尾部在同一个原点，$\boldsymbol{C}$ 绕 $\boldsymbol{A}$ 旋转，角速度为 2rad/s. 求出 $\boldsymbol{C}$ 的头部的速度.

6. 在第 5 题中，把 $\boldsymbol{B}$ 的尾部画在 A 的头部，如果这个图形和第 5 题一样旋转，求出 $\boldsymbol{B}$ 的头部的速度. 用同样的图，设 $\boldsymbol{B}$ 是一个力，求出 $\boldsymbol{B}$ 关于 $\boldsymbol{C}$ 的头部和关于直线 $\boldsymbol{C}$ 的力矩.

7. 一个力 $\boldsymbol{F}=2\boldsymbol{i}-3\boldsymbol{j}+\boldsymbol{k}$ 作用于点（1,5,2），求出 $\boldsymbol{F}$ 的力矩：

（a）关于原点；

（b）关于 y 轴；

（c）关于直线 $x/2=y/1=z/(-2)$.

8. 由分量（1,2,3）构成的矢量力作用于点（3,2,1），求出这个力关于原点的矢量力矩，并求出关于每个坐标轴的力矩.

9. 力 $\boldsymbol{F}=2\boldsymbol{i}-\boldsymbol{j}-5\boldsymbol{k}$ 作用于点（-5,2,1），求出 $\boldsymbol{F}$ 关于原点和关于直线 $2x=-4y=-z$ 的力矩.

10. 在图 6.3.5 中，设 $\boldsymbol{r}'$ 是从 O 到直线 $\boldsymbol{F}$ 的另一个矢量，证明：$\boldsymbol{r}'\times\boldsymbol{F}=\boldsymbol{r}\times\boldsymbol{F}$. 提示：$\boldsymbol{r}-\boldsymbol{r}'$ 是一个沿着 $\boldsymbol{F}$ 直线的矢量，因此是 $\boldsymbol{F}$ 的标量倍数.（标量的物理单位是距离除以力，但这个性质与矢量证明无关.）还可以证明：沿着 $\boldsymbol{n}$ 移动 $\boldsymbol{r}$ 的尾部，$\boldsymbol{n}\cdot\boldsymbol{r}\times\boldsymbol{F}$ 不会改变. 提示：三重标量积不会因为点积和叉积的互换而改变.

11. 写出涉及 $\boldsymbol{A}$，$\boldsymbol{B}$ 和 $\boldsymbol{C}$ 的 12 个三重标量积，并验证上面式（3.3）所述的性质.

12.（a）通过使用式（3.9）简化 $(\boldsymbol{A}\cdot\boldsymbol{B})^2-[(\boldsymbol{A}\times\boldsymbol{B})\times\boldsymbol{B}]\cdot\boldsymbol{A}$；

（b）证明拉格朗日恒等式：$(\boldsymbol{A}\times\boldsymbol{B})\cdot(\boldsymbol{C}\times\boldsymbol{D})=(\boldsymbol{A}\cdot\boldsymbol{C})(\boldsymbol{B}\cdot\boldsymbol{D})-(\boldsymbol{A}\cdot\boldsymbol{D})(\boldsymbol{B}\cdot\boldsymbol{C})$.

13. 证明：$(\boldsymbol{A}\times\boldsymbol{B})$，$(\boldsymbol{B}\times\boldsymbol{C})$，$(\boldsymbol{C}\times\boldsymbol{A})$ 的三重标量积等于 $\boldsymbol{A}$，$\boldsymbol{B}$ 和 $\boldsymbol{C}$ 的三重标量积的平方. 提示：首先令 $(\boldsymbol{B}\times\boldsymbol{C})=\boldsymbol{D}$，并计算 $(\boldsymbol{A}\times\boldsymbol{B})\times\boldsymbol{D}$.［见 Am. J. Phys. 66，739（1998）.］

14. 证明雅可比恒等式：$\boldsymbol{A}\times(\boldsymbol{B}\times\boldsymbol{C})+\boldsymbol{B}\times(\boldsymbol{C}\times\boldsymbol{A})+\boldsymbol{C}\times(\boldsymbol{A}\times\boldsymbol{B})=0$. 提示：如式（3.8）和式（3.9）一样展开每个三重积.

15. 下图中 $\boldsymbol{u}_1$ 是光线入射方向上的单位矢量，$\boldsymbol{u}_3$ 和 $\boldsymbol{u}_2$ 是光线反射和光线折射方向上的单位矢量. 如果 $\boldsymbol{u}$ 是垂直于表面 $\boldsymbol{AB}$ 的一个单位矢量，根据光学定律有 $\theta_1=\theta_3$ 和 $n_1\sin\theta_1=n_2\sin\theta_2$，其中，$n_1$ 和 n_2 是常数（折射指数），写出这些定律的矢量形式（使用点积或叉积）.

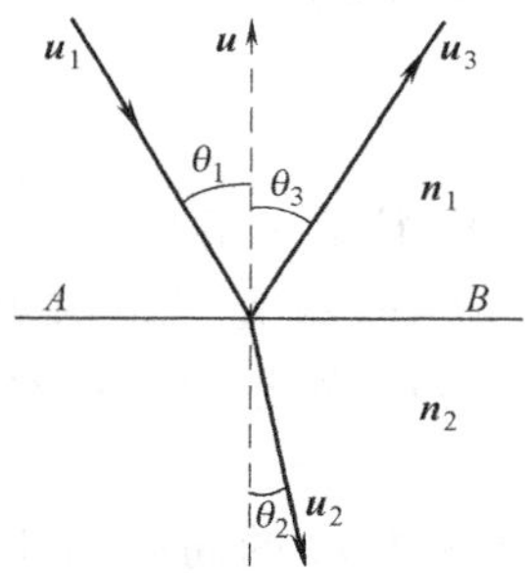

16. 在图 6.3.8 的讨论中，我们求出角动量的公式为 $\boldsymbol{L}=m\boldsymbol{r}\times(\boldsymbol{\omega}\times\boldsymbol{r})$，使用式（3.9）展开这个三重积. 如果 $\boldsymbol{r}$ 垂直于 $\boldsymbol{\omega}$，证明你得到基本公式，角动量 $=mvr$.

17. 展开在图 6.3.8 的讨论中得到的三重积 $\boldsymbol{a}=\boldsymbol{\omega}\times(\boldsymbol{\omega}\times\boldsymbol{r})$. 如果 $\boldsymbol{r}$ 垂直于 $\boldsymbol{\omega}$（见第 16 题），证明：$\boldsymbol{a}=-\boldsymbol{\omega}^2\boldsymbol{r}$. 所以可求出基本结果：加速度的方向为指向圆心，加速度的大小为 v^2/r.

18. 两个移动的带电粒子之间存在相互作用力，因为每个粒子都产生一个磁场，而另一个粒子在磁场中运动（见习题 6.4 的第 6 题）. 这两个力与 $\boldsymbol{v}_1\times[\boldsymbol{v}_2\times\boldsymbol{r}]$ 和 $\boldsymbol{v}_2\times[\boldsymbol{v}_1\times(-\boldsymbol{r})]$ 成正比，其中 $\boldsymbol{r}$ 是连接粒子的矢量. 通过使用式（3.9），证明：当且仅当 $\boldsymbol{r}\times(\boldsymbol{v}_1\times\boldsymbol{v}_2)=0$ 时，这些力相等且相反（牛顿第三“定律”）. 比较第 14 题.

19. 力 $\boldsymbol{F}=\boldsymbol{i}+3\boldsymbol{j}+2\boldsymbol{k}$ 作用于点（1,1,1），

（a）求出力关于点（2,-1,5）的力矩. 注意：矢量 $\boldsymbol{r}$ 为点（2,-1,5）指向点（1,1,1）；

（b）求出力关于直线 $\boldsymbol{r}=2\boldsymbol{i}-\boldsymbol{j}+5\boldsymbol{k}+(\boldsymbol{i}-\boldsymbol{j}+2\boldsymbol{k})t$. 注意：直线通过点（2,-1,5）.

20. 力 $\boldsymbol{F}=2\boldsymbol{i}-5\boldsymbol{k}$ 作用于点（3,-1,0），求出 $\boldsymbol{F}$ 关于下面每条直线的力矩：

(a) $\boldsymbol{r}=(2\boldsymbol{i}-\boldsymbol{k})+(3\boldsymbol{j}-4\boldsymbol{k})t$;

(b) $\boldsymbol{r}=\boldsymbol{i}+4\boldsymbol{j}+2\boldsymbol{k}+(2\boldsymbol{i}+\boldsymbol{j}-2\boldsymbol{k})t$.

6.4 矢量微分

如果 $\boldsymbol{A}=\boldsymbol{i}A_x+\boldsymbol{j}A_y+\boldsymbol{k}A_z$，其中，$\boldsymbol{i}$，$\boldsymbol{j}$，$\boldsymbol{k}$ 是固定的单位矢量，A_x，A_y，A_z 是 t 的函数，那么就用下面方程来定义导数 $\mathrm{d}\boldsymbol{A}/\mathrm{d}t$：

$$\frac{\mathrm{d}\boldsymbol{A}}{\mathrm{d}t}=\boldsymbol{i}\frac{\mathrm{d}A_x}{\mathrm{d}t}+\boldsymbol{j}\frac{\mathrm{d}A_y}{\mathrm{d}t}+\boldsymbol{k}\frac{\mathrm{d}A_z}{\mathrm{d}t}. \tag{4.1}$$

因此，矢量 $\boldsymbol{A}$ 的导数表示为一个矢量，其分量是矢量 $\boldsymbol{A}$ 的分量的导数.

例 1

设 (x,y,z) 是在 t 时刻某移动粒子的坐标，那么 x，y，z 是 t 的函数，粒子从原点出发，在 t 时刻的矢量位移为

$$\boldsymbol{r}=\boldsymbol{i}x+\boldsymbol{j}y+\boldsymbol{k}z. \tag{4.2}$$

其中，$\boldsymbol{r}$ 是一个从原点到 t 时刻粒子位置的矢量，可以说 $\boldsymbol{r}$ 是粒子的位移矢量或矢量坐标. 在 t 时刻，粒子速度的分量是 $\mathrm{d}x/\mathrm{d}t$，$\mathrm{d}y/\mathrm{d}t$，$\mathrm{d}z/\mathrm{d}t$，所以速度矢量为

$$\boldsymbol{v}=\frac{\mathrm{d}\boldsymbol{r}}{\mathrm{d}t}=\boldsymbol{i}\frac{\mathrm{d}x}{\mathrm{d}t}+\boldsymbol{j}\frac{\mathrm{d}y}{\mathrm{d}t}+\boldsymbol{k}\frac{\mathrm{d}z}{\mathrm{d}t}. \tag{4.3}$$

加速度矢量为

$$\boldsymbol{a}=\frac{\mathrm{d}\boldsymbol{v}}{\mathrm{d}t}=\boldsymbol{i}\frac{\mathrm{d}^2x}{\mathrm{d}t^2}+\boldsymbol{j}\frac{\mathrm{d}^2y}{\mathrm{d}t^2}+\boldsymbol{k}\frac{\mathrm{d}^2z}{\mathrm{d}t^2}. \tag{4.4}$$

标量积和矢量积或矢量的点积和叉积是由乘积微分的一般微积分规则进行微分的，但要注意：因子的顺序必须保持在叉乘中. 你可以很容易地证明下面的方程（4.5），由写出分量（见习题 6.4 的第 1 题）和使用式（4.1）得到

$$\begin{aligned}\frac{\mathrm{d}}{\mathrm{d}t}(a\boldsymbol{A})&=\frac{\mathrm{d}a}{\mathrm{d}t}\boldsymbol{A}+a\frac{\mathrm{d}\boldsymbol{A}}{\mathrm{d}t},\\ \frac{\mathrm{d}}{\mathrm{d}t}(\boldsymbol{A}\cdot\boldsymbol{B})&=\boldsymbol{A}\cdot\frac{\mathrm{d}\boldsymbol{B}}{\mathrm{d}t}+\frac{\mathrm{d}\boldsymbol{A}}{\mathrm{d}t}\cdot\boldsymbol{B},\\ \frac{\mathrm{d}}{\mathrm{d}t}(\boldsymbol{A}\times\boldsymbol{B})&=\boldsymbol{A}\times\frac{\mathrm{d}\boldsymbol{B}}{\mathrm{d}t}+\frac{\mathrm{d}\boldsymbol{A}}{\mathrm{d}t}\times\boldsymbol{B}.\end{aligned} \tag{4.5}$$

在 $(\mathrm{d}/\mathrm{d}t)(\boldsymbol{A}\cdot\boldsymbol{B})$ 中的第二项可以写为 $\boldsymbol{B}\cdot\mathrm{d}\boldsymbol{A}/\mathrm{d}t$，因为 $\boldsymbol{A}\cdot\boldsymbol{B}=\boldsymbol{B}\cdot\boldsymbol{A}$. 但是在 $(\mathrm{d}/\mathrm{d}t)(\boldsymbol{A}\times\boldsymbol{B})$ 中的相应的项不能改变顺序，除非在它前面加一个负号，因为 $\boldsymbol{A}\times\boldsymbol{B}=-\boldsymbol{B}\times\boldsymbol{A}$.

例 2 考虑一个粒子以恒定的速度在圆周上的运动，我们可以写出

$$\begin{aligned}r^2&=\boldsymbol{r}\cdot\boldsymbol{r}=\text{常数};\\ v^2&=\boldsymbol{v}\cdot\boldsymbol{v}=\text{常数}.\end{aligned} \tag{4.6}$$

如果我们用式（4.5）来微分这两个方程，得到

$$2\boldsymbol{r}\cdot\frac{\mathrm{d}\boldsymbol{r}}{\mathrm{d}t}=0 \quad 或 \quad \boldsymbol{r}\cdot\boldsymbol{v}=0,$$
$$2\boldsymbol{v}\cdot\frac{\mathrm{d}\boldsymbol{v}}{\mathrm{d}t}=0 \quad 或 \quad \boldsymbol{v}\cdot\boldsymbol{a}=0. \tag{4.7}$$

并且微分 $\boldsymbol{r}\cdot\boldsymbol{v}=0$，得到

$$\boldsymbol{r}\cdot\boldsymbol{a}+\boldsymbol{v}\cdot\boldsymbol{v}=0 \quad 或 \quad \boldsymbol{r}\cdot\boldsymbol{a}=-v^2. \tag{4.8}$$

方程组（4.7）首先说明 $\boldsymbol{r}$ 垂直于 $\boldsymbol{V}$；另外说明 $\boldsymbol{a}$ 垂直于 $\boldsymbol{V}$，因此 $\boldsymbol{a}$ 和 $\boldsymbol{r}$ 要么是平行的，要么是反平行的（因为运动是在平面上），并且 $\boldsymbol{a}$ 和 $\boldsymbol{r}$ 之间的夹角 θ 是 0°或 180°. 从式（4.8）和标量积的定义，有

$$\boldsymbol{r}\cdot\boldsymbol{a}=|\boldsymbol{r}||\boldsymbol{a}|\cos\theta=-v^2. \tag{4.9}$$

由此可以看出 $\cos\theta$ 是负的，所以 $\theta=180°$，那么通过式（4.9）得到

$$|\boldsymbol{r}||\boldsymbol{a}|(-1)=-v^2 \quad 或 \quad a=\frac{v^2}{r}. \tag{4.10}$$

我们刚刚给出了一个矢量证明，对于匀速圆周运动，加速度的方向是指向圆心的，大小为 v^2/r.

到目前为止，我们只使用单位基向量 $\boldsymbol{i}$，$\boldsymbol{j}$，$\boldsymbol{k}$ 就写出了矢量的矩形分量. 通常使用其他的坐标系是很方便的，例如二维空间的极坐标系和三维空间的球或柱坐标系（见第 5 章 5.4 节、第 10 章 10.8 节和 10.9 节）. 我们将在第 10 章中详细考虑在各种坐标系中使用矢量，但是在这里简要讨论平面极坐标的使用是有用的. 在图 6.4.1 中，认为开始点为 (x,y) 或 (r,θ)，沿着直线 θ= 常数在 r 增加的方向上运动，我们称之为“r 方向”；在这个方向画一个单位矢量（也就是长度为 1 的矢量）并把它标为 $\boldsymbol{e}_r$. 类似地，考虑在 θ 增加的方向上的圆周运动 r= 常数，我们称之为“θ 方向”；画一个单位矢量与圆相切，并把它标记为 $\boldsymbol{e}_\theta$. 这两个矢量 $\boldsymbol{e}_r$ 和 $\boldsymbol{e}_\theta$ 是极坐标单位基矢量，就像 $\boldsymbol{i}$ 和 $\boldsymbol{j}$ 是直角坐标单位基矢量一样. 现在可以写出任何给定的矢量在 $\boldsymbol{e}_r$ 和 $\boldsymbol{e}_\theta$ 方向上的分量形式（通过求出矢量在这些方向上的投影）. 然而，在这里它是一个复杂的问题. 在直角坐标系中，矢量 $\boldsymbol{i}$ 和 $\boldsymbol{j}$ 的大小和方向是恒定的；极坐标单位基矢量的大小是恒定的，但它们的方向从一点到另一点都在变化（见图 6.4.2）. 因此，在计算极坐标下的矢量的导数时，必须对基矢量和分量求导［比较式（4.1），其只对分量求导］. 一个简单的方法就是用 $\boldsymbol{i}$ 和 $\boldsymbol{j}$ 的形式表示矢量 $\boldsymbol{e}_r$ 和 $\boldsymbol{e}_\theta$. 从图 6.4.3 中可以看到 x 和 y 的 $\boldsymbol{e}_r$ 分量为 $\cos\theta$ 和 $\sin\theta$. 因此有

$$\boldsymbol{e}_r=\boldsymbol{i}\cos\theta+\boldsymbol{j}\sin\theta, \tag{4.11}$$

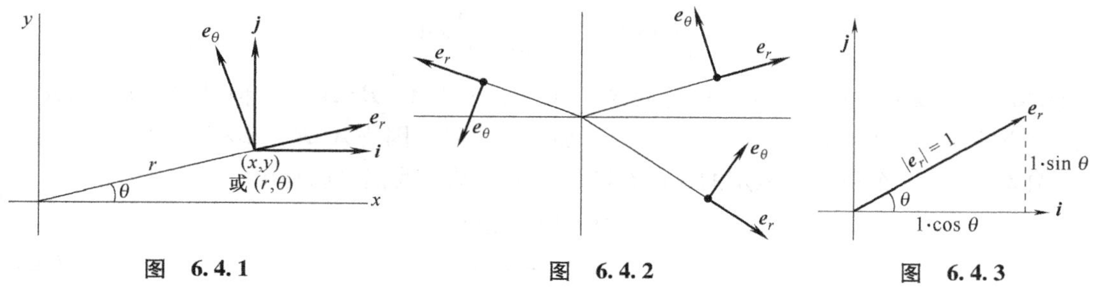

图 6.4.1　　图 6.4.2　　图 6.4.3

类似地（见习题6.4的第7题）可求出

$$e_\theta=-\boldsymbol{i}\sin\theta+\boldsymbol{j}\cos\theta, \tag{4.12}$$

$\boldsymbol{e}_r$ 和 $\boldsymbol{e}_\theta$ 对 t 求导，得到

$$\begin{aligned}\frac{\mathrm{d}\boldsymbol{e}_r}{\mathrm{d}t}&=-\boldsymbol{i}\sin\theta\frac{\mathrm{d}\theta}{\mathrm{d}t}+\boldsymbol{j}\cos\theta\frac{\mathrm{d}\theta}{\mathrm{d}t}=\boldsymbol{e}_\theta\frac{\mathrm{d}\theta}{\mathrm{d}t},\\ \frac{\mathrm{d}\boldsymbol{e}_\theta}{\mathrm{d}t}&=-\boldsymbol{i}\cos\theta\frac{\mathrm{d}\theta}{\mathrm{d}t}-\boldsymbol{j}\sin\theta\frac{\mathrm{d}\theta}{\mathrm{d}t}=-\boldsymbol{e}_r\frac{\mathrm{d}\theta}{\mathrm{d}t}.\end{aligned} \tag{4.13}$$

现在可以用式（4.13）来计算任意矢量的导数，它是用极坐标分量形式表示的.

例3 已知 $\boldsymbol{A}=A_re_r+A_\theta e_\theta$，其中，$A_r$ 和 A_θ 是 t 的函数，求解 $\mathrm{d}\boldsymbol{A}/\mathrm{d}t$.

可以得出

$$\frac{\mathrm{d}\boldsymbol{A}}{\mathrm{d}t}=\boldsymbol{e}_r\frac{\mathrm{d}A_r}{\mathrm{d}t}+A_r\frac{\mathrm{d}\boldsymbol{e}_r}{\mathrm{d}t}+\boldsymbol{e}_\theta\frac{\mathrm{d}A_\theta}{\mathrm{d}t}+A_\theta\frac{\mathrm{d}\boldsymbol{e}_\theta}{\mathrm{d}t}.$$

使用式（4.13），得到

$$\frac{\mathrm{d}\boldsymbol{A}}{\mathrm{d}t}=\boldsymbol{e}_r\frac{\mathrm{d}A_r}{\mathrm{d}t}+\boldsymbol{e}_\theta A_r\frac{\mathrm{d}\theta}{\mathrm{d}t}+\boldsymbol{e}_\theta\frac{\mathrm{d}A_\theta}{\mathrm{d}t}-\boldsymbol{e}_rA_\theta\frac{\mathrm{d}\theta}{\mathrm{d}t}.$$

每次通过使用式（4.13）和再次求导来计算 $\boldsymbol{e}_r$ 和 $\boldsymbol{e}_\theta$ 的导数，可以求出更高阶的导数.

习题 6.4

1. 通过写出分量来验证方程（4.5）.

2. 设移动粒子的位移矢量（它的尾巴在原点）是 $\boldsymbol{r}=\boldsymbol{r}(t)=t^2\boldsymbol{i}-2t\boldsymbol{j}+(t^2+2t)\boldsymbol{k}$，其中，$t$ 代表时间.

(a) 证明粒子穿过点（4,−4,8），它在什么时候穿过这个点？

(b) 求出 t 时刻粒子的速度矢量和速率，以及经过点（4,−4,8）的时刻.

(c) 在点（4,−4,8）处，求出粒子所运动曲线的切线方程，并且求出垂直于该曲线的平面.

3. 在第2题基础上，如果一个粒子的位移矢量是 $\boldsymbol{r}=(4+3t)\boldsymbol{i}+t^3\boldsymbol{j}-5t\boldsymbol{k}$，它在什么时候通过点(1,−1,5)？在点（1,−1,5）处，求出此时刻的速度、与路径相切的直线方程，以及垂直于路径的平面.

4. 设 $\boldsymbol{r}=\boldsymbol{r}(t)$ 是一个长度总是1的矢量（它的方向可能不同）. 证明：每个 $\boldsymbol{r}$ 是一个常数矢量或者 $\mathrm{d}\boldsymbol{r}/\mathrm{d}t$ 垂直于 $\boldsymbol{r}$. 提示：微分 $\boldsymbol{r}\cdot\boldsymbol{r}$.

5. 在 t 时刻，粒子的位置由 $\boldsymbol{r}=\boldsymbol{i}\cos t+\boldsymbol{j}\sin t+\boldsymbol{k}t$ 给出. 证明：速度和加速度的大小都是恒定的，并描述该运动.

6. 在磁场 $\boldsymbol{B}$ 中作用于一个移动带电粒子的力是 $\boldsymbol{F}=q(\boldsymbol{v}\times\boldsymbol{B})$，其中，$q$ 是粒子的电荷，$\boldsymbol{V}$ 是它的速度. 假设一个粒子在 (x,y) 平面上运动，在 z 方向上有一个均匀的 $\boldsymbol{B}$. 由牛顿第二定律有 $m\mathrm{d}\boldsymbol{v}/\mathrm{d}t=\boldsymbol{F}$，证明：力和速度是垂直的并且大小都是恒定的. 提示：求出 $(\mathrm{d}/\mathrm{d}t)(\boldsymbol{v}\cdot\boldsymbol{v})$.

7. 画图验证方程（4.12）.

8. 在极坐标中，粒子的位置矢量是 $\boldsymbol{r}=r\boldsymbol{e}_r$. 使用式（4.13）求出粒子的速度和加速度.

9. 一个粒子 m 的角动量是由 $\boldsymbol{L}=m\boldsymbol{r}\times(\mathrm{d}\boldsymbol{r}/\mathrm{d}t)$ 定义的（见6.3节的结尾）. 证明：

$$\frac{\mathrm{d}\boldsymbol{L}}{\mathrm{d}t}=m\boldsymbol{r}\times\frac{\mathrm{d}^2\boldsymbol{r}}{\mathrm{d}t^2}.$$

10. 如果 $\boldsymbol{V}(t)$ 是 t 的矢量函数，求解不定积分

$$\int\left(\boldsymbol{V}\times\frac{\mathrm{d}^2\boldsymbol{V}}{\mathrm{d}t^2}\right)\mathrm{d}t.$$

6.5 场

许多物理量在空间的不同位置有不同的值. 例如，一个房间的温度在不同的点上是不同的：靠近缓存器的温度高，靠近打开的窗口温度低等. 一个点电荷周围的电场在电荷附近很大，当远离电荷时，电场就会减小. 类似地，作用于卫星上的重力取决于它与地球的距离. 水流的速度在急流、狭窄的河道中较大，在平坦地区和水流较宽的地方较小. 在所有这些例子中，有一个特定的空间区域与当前的问题有关，在这个区域的每一点上，一些物理量都有一个值. 使用术语**场**来表示区域和该区域的物理量的值（例如电场、引力场）. 如果物理量是一个标量（例如温度），那么称为一个标量场. 如果物理量是一个矢量（例如电场、力或速度），那么称为一个矢量场. 请注意，在第 4 章 4.10 节端点问题中讨论过的一个问题：物理问题通常局限于某些区域，而我们的数学问题必须考虑到这一点.

一个标量场的简单例子是地球附近的重力势能，选定任意的参考面（我们把它作为 (x,y) 平面），在高度为 z 的每一点上，重力势能的值是 $V=mgz$. 假设在一个山丘上（见图 6.5.1），我们标记了一系列的曲线，每个曲线对应于 z 的某个值（常被称为等高线或等值线）. 势能为常数的任意曲线或曲面称为等势线或等势面. 因此，这些等值线是引力场的等势线，因为沿着任意一条曲线，重力势能 mgz 的值是恒定的. 在这些曲线中与山相交的等值面是引力场的等势面.（更多的例子请见 6.6 习题）.

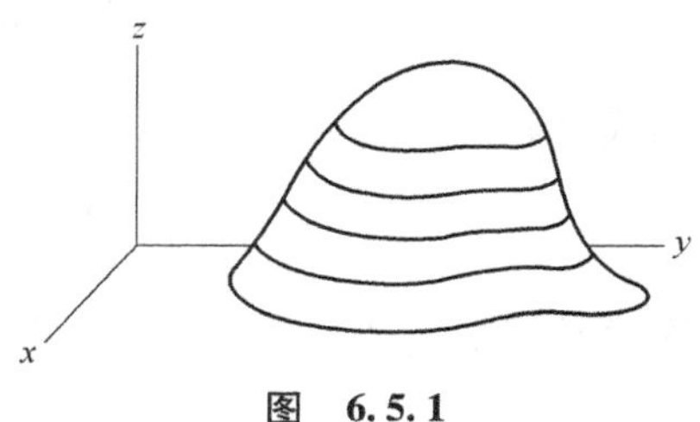

图 6.5.1

另一个例子，我们需要求出点电荷 q 的电场中的等势面. 离点电荷 q 的距离为 r 的一个点上的电势为 $V=9\times10^9 q/r$（SI 单位）. 如果 r 是常数，电势 V 是恒定的，也就是说，这个电场的等势面是以电荷为中心的球面. 类似地，可以想象在一个房间里画一组表面（可能是非常不规则的），在一个表面的每一点的温度都是恒定的，这些表面就像等势面，当温度为常量时，它们被称为等温面.

6.6 方向导数和梯度

假设我们知道一个房间或者一个金属棒的每个点的温度为 $T(x,y,z)$，那么从一个给定的点开始，可以求出温度随距离的变化率（单位是度数每厘米）. 很有可能温度在某些方向上升高，在另一些方向上降低，而且在某些方向上升高的速度比其他方向快. 因此，温度随距离的变化率取决于移动的方向，故它被称为方向导数. 在符号中，我们想要求出 $\Delta T/\Delta s$ 的极限值，其中 Δs 是一个给定方向上的距离微元（弧长微元），ΔT 是温度的相应变化，我们把方向导数写成 $\mathrm{d}T/\mathrm{d}s$. 我们也可以求出 $\mathrm{d}T/\mathrm{d}s$ 最大的值，这是物理上热量流动的方向（也就是说，热量从热到冷，与最大升温速率相反）.

在讨论如何计算方向导数之前，先考虑另一个例子. 假设我们站在图 6.5.1 的山坡上（不是在顶部），然后问这个问题："从这一点开始，山坡往哪个方向向下倾斜得最陡？" 如果你失去了立足点，就会开始往这个方向滑，这是大多数人可能会称之为"直"下来的方向. 我们想让这个模糊的想法更加精确. 假设我们在山上移动一小段距离，所走的垂直距离为 Δz，它可能是正的（上坡）或负的（下坡）或零（在山周围），那么 $\Delta z/\Delta s$ 和它的极限 $\mathrm{d}z/\mathrm{d}s$ 取决于我们前进的方向. $\mathrm{d}z/\mathrm{d}s$ 是一个方向导数，最陡斜率的方向是 $\mathrm{d}z/\mathrm{d}s$ 具有最大绝对值的方向. 注意，由于质量 m 的重力势能是 $V=mgz$，所以当 $\mathrm{d}z/\mathrm{d}s$ 最大时，$\mathrm{d}V/\mathrm{d}s$ 为最大，其中，山上的等势位为 $V(x,y)=mgz(x,y)=\text{const}$.

现在我们来陈述和解决求解方向导数的一般问题. 已知一个标量场，也就是，一个函数 $\phi(x,y,z)$（或者 $\phi(x,y)$ 在两个变量的问题中，下面的讨论适用于两个变量问题，假设我们简单地放弃包含 z 的项和方程）. 需要求解 $\mathrm{d}\phi/\mathrm{d}s$，即在给定的点（$x_0,y_0,z_0$）和给定的方向上的变化率. 让 $\boldsymbol{u}=\boldsymbol{i}a+\boldsymbol{j}b+\boldsymbol{k}c$ 是在给定方向上的一个单位矢量. 在图 6.6.1 中，我们从点（x_0,y_0,z_0）开始，在 $\boldsymbol{u}$ 方向上走一段距离 $s(s\geqslant 0)$ 到达点（x,y,z）. 连接这两个点的矢量是 $\boldsymbol{u}s$，$\boldsymbol{u}$ 是一个单位矢量. 那么有

$$(x,y,z)-(x_0,y_0,z_0)=\boldsymbol{u}s=(a\boldsymbol{i}+b\boldsymbol{j}+c\boldsymbol{k})s,$$

或者：

$$\begin{cases}x=x_0+as,\\ y=y_0+bs,\\ z=z_0+cs.\end{cases} \tag{6.1}$$

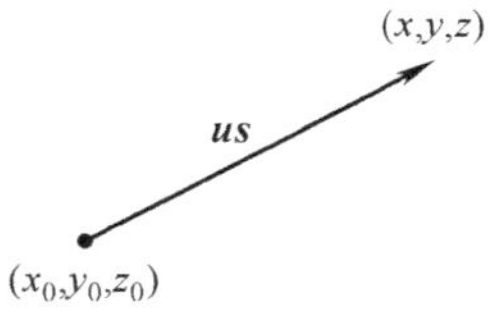

图 6.6.1

方程（6.1）为沿 $\boldsymbol{u}$ 方向通过点（x_0,y_0,z_0）的直线的参数方程（见第 3 章式（5.8）)，距离 s（代替 t）为参数，$\boldsymbol{u}$（代替 $\boldsymbol{A}$）为沿直线的矢量. 从式（6.1）可以看到，沿着这条直线，x，y 和 z 分别是单个变量 $\boldsymbol{s}$ 的函数（在式（6.1）中所有其他字母都是已知常量）. 如果把在式（6.1）中的 x，y，z 代入 $\phi(x,y,z)$，那么 ϕ 就变成了一个只有一个变量 s 的函数，也就是沿着直线（6.1)，ϕ 是一个变量的函数，即沿着直线的距离从点（x_0,y_0,z_0）开始测量. 因为 ϕ 只依赖于 $\boldsymbol{s}$，可以求出 $\mathrm{d}\phi/\mathrm{d}s$：

$$\begin{aligned}\frac{\mathrm{d}\phi}{\mathrm{d}s}&=\frac{\partial\phi}{\partial x}\frac{\mathrm{d}x}{\mathrm{d}s}+\frac{\partial\phi}{\partial y}\frac{\mathrm{d}y}{\mathrm{d}s}+\frac{\partial\phi}{\partial z}\frac{\mathrm{d}z}{\mathrm{d}s}\\&=\frac{\partial\phi}{\partial x}a+\frac{\partial\phi}{\partial y}b+\frac{\partial\phi}{\partial z}c.\end{aligned} \tag{6.2}$$

这是 $\boldsymbol{u}$ 和矢量 $\boldsymbol{i}(\partial\phi/\partial x)+\boldsymbol{j}(\partial\phi/\partial y)+\boldsymbol{k}(\partial\phi/\partial z)$ 的点积. 这个矢量被称为 ϕ 的梯度，写成 $\mathbf{grad}\phi$ 或$\nabla\phi$（读为“delϕ”）. 通过定义有

$$\nabla\phi=\mathrm{grad}\phi=\boldsymbol{i}\frac{\partial\phi}{\partial x}+\boldsymbol{j}\frac{\partial\phi}{\partial y}+\boldsymbol{k}\frac{\partial\phi}{\partial z}, \tag{6.3}$$

那么可以把式（6.2）写成

$$\frac{\mathrm{d}\phi}{\mathrm{d}s}=\nabla\phi\cdot\boldsymbol{u}.\quad\text{（方向导数）} \tag{6.4}$$

例 1 求解在方向 $\boldsymbol{A}=2\boldsymbol{i}-2\boldsymbol{j}+\boldsymbol{k}$ 上在点（1,2,-1）处的 $\phi=x^2y+xz$ 的方向导数.

这里 $\boldsymbol{u}$ 是一个单位矢量，通过 $\boldsymbol{A}$ 除以 $|\boldsymbol{A}|$ 得到，那么有

$$\boldsymbol{u}=\frac{1}{3}(2\boldsymbol{i}-2\boldsymbol{j}+\boldsymbol{k}).$$

使用式（6.3）得到

$$\nabla\phi=\boldsymbol{i}\frac{\partial\phi}{\partial x}+\boldsymbol{j}\frac{\partial\phi}{\partial y}+\boldsymbol{k}\frac{\partial\phi}{\partial z}=(2xy+z)\boldsymbol{i}+x^2\boldsymbol{j}+x\boldsymbol{k},$$

在点$(1,2,-1)$处的$\nabla\phi=3\boldsymbol{i}+\boldsymbol{j}+\boldsymbol{k}$.

那么从式（6.4）可以得到

$$\text{在点}(1,2,-1)\text{处的}\frac{\mathrm{d}\phi}{\mathrm{d}s}=\nabla\phi\cdot\boldsymbol{u}=2-\frac{2}{3}+\frac{1}{3}=\frac{5}{3},$$

一个函数的梯度具有有用的几何和物理意义，我们现在将对此进行研究，通过式（6.4），使用点积的定义，以及$|\boldsymbol{u}|=1$的事实，得到

$$\frac{\mathrm{d}\phi}{\mathrm{d}s}=|\nabla\phi|\cos\theta, \tag{6.5}$$

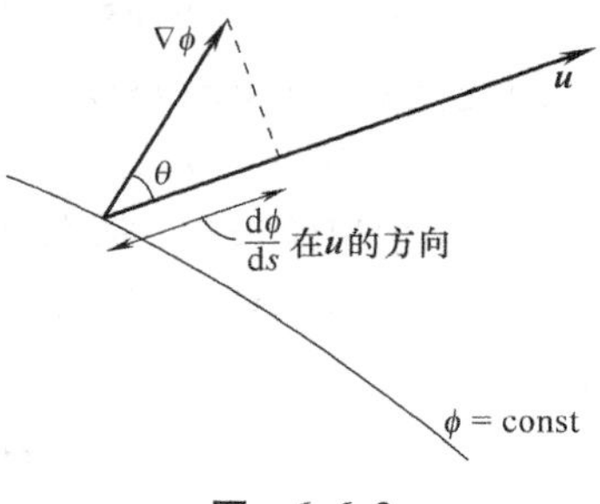

图 6.6.2

其中，θ是$\boldsymbol{u}$和矢量$\nabla\phi$的夹角. 因此，$\mathrm{d}\phi/\mathrm{d}s$是在$\boldsymbol{u}$方向上$\nabla\phi$的投影（见图6.6.2）. 如果我们朝$\nabla\phi$的方向（即图6.6.2中$\theta=0$）前进，可求出$\mathrm{d}\phi/\mathrm{d}s$的最大值（即$|\nabla\phi|$）. 如果向相反的方向（即图6.6.2中$\theta=180°$）前进，那么可求出$\phi$的最大下降率，即是$\mathrm{d}\phi/\mathrm{d}s=-|\nabla\phi|$.

例 2 假设点(x,y,z)的温度T由方程$T=x^2-y^2+xyz+273$给出. 在点$(-1,2,3)$处温度朝哪个方向上升最快，以什么速率上升？这里，在点$(-1,2,3)$处$\nabla T=(2x+yz)\boldsymbol{i}+(-2y+xz)\boldsymbol{j}+xy\boldsymbol{k}=4\boldsymbol{i}-7\boldsymbol{j}-2\boldsymbol{k}$，温度在这个矢量的方向上升是最快的，上升率为$\mathrm{d}T/\mathrm{d}s=|\nabla T|=\sqrt{16+49+4}=\sqrt{69}$. 我们也可以说，在$-\nabla T$方向上温度下降得最快，在这个方向上，$\mathrm{d}T/\mathrm{d}s=-\sqrt{69}$，热量在$-\nabla T$方向上（即从热到冷）流动.

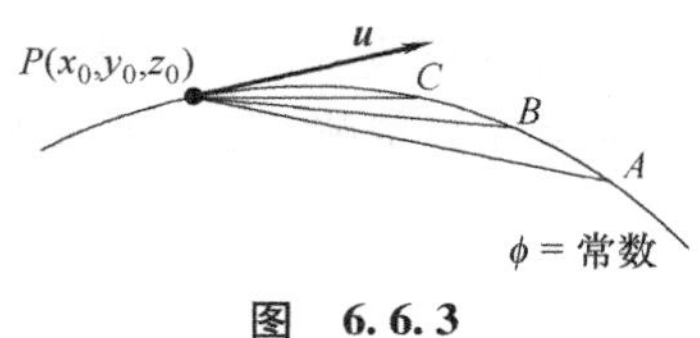

图 6.6.3

接下来假设在点$P(x_0,y_0,z_0)$处$\boldsymbol{u}$与曲面$\phi=\text{const}$相切（见图6.6.3）. 我们想要证明：在$\boldsymbol{u}$方向上的$\mathrm{d}\phi/\mathrm{d}s$等于零. 对于接近切线$\boldsymbol{u}$的路径$PA$，$PB$，$PC$等，考虑$\Delta\phi/\Delta s$. 因为在表面上$\phi=$常数，并且$P$，$A$，$B$，$C$等都在表面上，所以$\Delta\phi=0$，并且对于这样的路径有$\Delta\phi/\Delta s=0$，但是在正切方向上$\mathrm{d}\phi/\mathrm{d}s$是当$\Delta s\to0$时，$\Delta\phi/\Delta s$的极限（也就是，$PA$，$PB$等接近$\boldsymbol{u}$），所以在方向$\boldsymbol{u}$上$\mathrm{d}\phi/\mathrm{d}s$也是零. 那么对于沿着$\phi=$常数的切线的$\boldsymbol{u}$，有$\nabla\phi\cdot\boldsymbol{u}=0$；这意味着$\nabla\phi$垂直于$\boldsymbol{u}$，因为这对于任意在点$(x_0,y_0,z_0)$处与曲面相切的$\boldsymbol{u}$都是成立的，那么在这一点上有

矢量$\nabla\phi$垂直（法向）于表面$\phi=\text{const}$.

因为$|\nabla\phi|$是在法向即垂直于表面的方向上的方向导数的值，通常称为法向导数并且写为$|\nabla\phi|=\mathrm{d}\phi/\mathrm{d}n$.

我们现在看到，一个给定函数ϕ随距离的最大变化率的方向垂直于等势线（或等值线）$\phi=$常数. 在温度问题中，最大$\mathrm{d}T/\mathrm{d}s$的方向是垂直于等温线的，在任意一点处，这是∇T的方向，叫作温度梯度的方向. 在山丘的问题中，任意一点处的最陡斜率的方向垂直于等值线，也就是沿着∇z或∇V.

例 3 给定表面$x^3y^2z=12$，求解在点$(1,-2,3)$处的切平面方程和法线方程.

这是函数$w=x^3y^2z$的一个等值面，所以法线方向是梯度的方向：

$$\text{在点}(1,-2,3)\text{处}，\nabla w=3x^2y^2z\boldsymbol{i}+2x^3yz\boldsymbol{j}+x^3y^2\boldsymbol{k}=36\boldsymbol{i}-12\boldsymbol{j}+4\boldsymbol{k}.$$

在同一个方向上的一个更简单的矢量是 $9\boldsymbol{i}-3\boldsymbol{j}+\boldsymbol{k}$，那么（见第 3 章 3.5 节）切平面的方程是

$$9(x-1)-3(y+2)+(z-3)=0,$$

而法线方程是

$$\frac{x-1}{9}=\frac{y+2}{-3}=\frac{z-3}{1}. \tag{6.6}$$

在式（6.3）中，我们用直角坐标的分量来写梯度．在柱坐标系和球坐标系上写梯度也是很有用的（注意：这包括当 $z=0$ 时的极坐标系）．在柱坐标系中，我们想要得到在方向 $\boldsymbol{e}_r$，$\boldsymbol{e}_\theta$ 和 $\boldsymbol{e}_z=\boldsymbol{k}$ 上的$\nabla\phi$ 分量．根据式（6.4），在任意 $\boldsymbol{u}$ 方向上∇f 的分量是该方向上的方向导数 $\mathrm{d}f/\mathrm{d}s$.（我们把函数从 ϕ 变成了 f，因为 ϕ 在球坐标系，有时在柱坐标系和极坐标系中是一个角度.）在 r 方向上，弧长微元 $\mathrm{d}s$ 是 $\mathrm{d}r$，所以在 r 方向上的方向导数是 $\mathrm{d}f/\mathrm{d}r$（θ 和 z 为常量），写为$\partial f/\partial r$．在 θ 方向上，弧长微元是 $r\mathrm{d}\theta$（见第 5 章 5.4 节），所以在 θ 方向上的方向导数是 $\mathrm{d}f/(r\mathrm{d}\theta)$（$r$ 和 z 为常量），写为$(1/r)\partial f/\partial\theta$．因此，在柱坐标系（或者没有 z 项的极坐标系）中有

$$\nabla f=\boldsymbol{e}_r\frac{\partial f}{\partial r}+\boldsymbol{e}_\theta\frac{1}{r}\frac{\partial f}{\partial\theta}+\boldsymbol{e}_z\frac{\partial f}{\partial z}.\quad \text{柱坐标系} \tag{6.7}$$

用类似的方法，可以证明（见习题 6.6 第 21 题）：

$$\nabla f=\boldsymbol{e}_r\frac{\partial f}{\partial r}+\boldsymbol{e}_\theta\frac{1}{r}\frac{\partial f}{\partial\theta}+\boldsymbol{e}_\phi\frac{1}{r\sin\phi}\frac{\partial f}{\partial\phi}.\quad \text{球坐标系} \tag{6.8}$$

习题 6.6

1. 求解在点（1,2,-1）处，$w=x^2y^3z$ 的梯度.

2. 从点（1,1）开始，函数 $\phi=x^2-y^2+2xy$ 在哪个方向下降最快?

3. 求解在点（1,1,2）处，xy^2+yz 在矢量 $2\boldsymbol{i}-\boldsymbol{j}+2\boldsymbol{k}$ 方向上的导数.

4. 求解在点（1,0,π/3）处，$ze^x\cos y$ 在矢量 $\boldsymbol{i}+2\boldsymbol{j}$ 方向上的导数.

5. 求解在点（2,π/2,-1）处，$\phi=z\sin y-xz$ 的梯度．从这个点开始，函数 ϕ 在哪个方向下降最快？求出在方向 $2\boldsymbol{i}+3\boldsymbol{j}$ 上 ϕ 的导数.

6. 求解在点（3,4,25）处表面 $x^2+y^2-z=0$ 的法矢量．求出在该点处切平面方程和表面的法线方程.

7. 求解在点（1,2,-1）处，表面 $x^2y+y^2z+z^2x+1=0$ 的法线方向．写出在该点处切平面方程和表面的法线方程.

8. (a) 求解在点（1,π/2,-3）处，$\phi=x^2+\sin y-xz$ 在矢量 $\boldsymbol{i}+2\boldsymbol{j}-2\boldsymbol{k}$ 方向上的方向导数；

(b) 求解在点（1,π/2,-3）处的切平面方程和 $\phi=5$ 的法线方程.

9. (a) 已知 $\phi=x^2-y^2z$，求出在点（1,1,1）处的$\nabla\phi$；

(b) 求解在点（1,1,1）处，ϕ 在矢量 $\boldsymbol{i}-2\boldsymbol{j}+\boldsymbol{k}$ 方向上的方向导数；

(c) 求解在点（1,1,1）处表面 $x^2-y^2z=0$ 的法线方程.

对于第 10 题~第 14 题，根据需要使用计算机绘制给定曲面和等温或等势曲线，尝试画出 3D 图形和轮廓图.

10. 如果 (x,y) 平面的温度由 $T=xy-x$ 给出，画出一些等温曲线，比如 $T=0$，1，2，-1，-2．求出温度随距离点（1,1）和最大变化率变化最快的方向．求出在点（1,1）处 T 在矢量 $3\boldsymbol{i}-4\boldsymbol{j}$ 方向上的方向导数．热量在方向$-\nabla T$（垂直于等温线）上流动，画几条热量流动的曲线.

11. （a）已知 $\phi=x^2-y^2$，在图上画出曲线 $\phi=4$，$\phi=1$，$\phi=0$，$\phi=-1$，$\phi=-4$. 如果 ϕ 是静电势，那么曲线 $\phi=$常数是等势线，并且电场由 $\boldsymbol{E}=-\nabla\phi$ 给出. 如果 ϕ 是温度，曲线 $\phi=$常数是等温线，并且$\nabla\phi$ 是温度梯度，热量在方向$-\nabla\phi$ 上流动.

（b）在你的草图上求出并画出在点（x,y）=（$\pm1,\pm1$），（$0,\pm2$），（$\pm2,0$）处的矢量$-\nabla\phi$，然后，记住$\nabla\phi$垂直于 $\phi=$常数. 在没有计算的情况下，画出几条热量将沿其流动的曲线（见问题（a））.

12. 针对第 11 题，

（a）求出在（2,1）处电场的大小和方向；

（b）求出在（−3,2）处温度下降最快的方向；

（c）求出 $3\boldsymbol{i}-\boldsymbol{j}$ 方向上（1,2）处温度随距离的变化率.

13. 设 $\phi=\mathrm{e}^x\cos y$，令 ϕ 表示温度或静电势. 关于定义，请参阅第 11 题，求出：

（a）在（$1,-\pi/4$）处温度上升最快的方向和上升率的大小；

（b）在（$0,\pi/3$）处在方向 $\boldsymbol{i}+\boldsymbol{j}\sqrt{3}$ 上温度随着距离的变化率；

（c）在（$0,\pi$）处电场的方向和大小；

（d）在 $x=-1$，y 为任意值处电场的大小.

14. （a）假设一个小山丘（见图 6.5.1）有 $z=32-x^2-4y^2$ 的方程，$z=$从某个参考面（几百英尺）处测量的高度. 画一个等高线图（也就是说，在一张图上画出一组曲线 $z=$常数），使用等高线 $z=32$，19，12，7，0.

（b）如果从点（3,2）开始，在 $\boldsymbol{i}+\boldsymbol{j}$ 的方向上，你是上坡还是下坡，速度有多快？

15. 对下列点和方向重复第 14 题（b）问：

（a）（4,−2），$\boldsymbol{i}+\boldsymbol{j}$　　（b）（−3,1），$4\boldsymbol{i}+3\boldsymbol{j}$

（c）（2,2），$-3\boldsymbol{i}+\boldsymbol{j}$　　（d）（−4,−1），$4\boldsymbol{i}-3\boldsymbol{j}$

16. 使用拉格朗日乘数法证明 $\mathrm{d}\phi/\mathrm{d}s$ 的最大值是 $|\nabla\phi|$. 也就是说，在条件 $a^2+b^2+c^2=1$ 下，式（6.3）给出了 $\mathrm{d}\phi/\mathrm{d}s$ 的最大值. 对拉格朗日乘数 λ 你会得到两个值（±），并得到 $\mathrm{d}\phi/\mathrm{d}s$ 的两个值（最大值和最小值）. 其中，哪一个是最大值，哪个是最小值？

17. 使用式（6.7）和式（6.3）求解∇r，其中，$r=\sqrt{x^2+y^2}$. 通过式（4.11）和式（4.12）证明结果相同.

和第 17 题一样，用两种方法求解下面的梯度，并证明你的答案是相同的.

18. ∇x　　19. ∇y　　20. $\nabla(r^2)$

21. 验证方程（6.8），也就是，在球坐标系中求出∇f，就像我们对柱坐标系所做的那样. 提示：在 ϕ 方向上 $\mathrm{d}s$ 是什么？见第 5 章图 5.4.5.

6.7 其他一些涉及∇的表达式

如果把$\nabla\phi$ 写为 $[\boldsymbol{i}(\partial/\partial x)+\boldsymbol{j}(\partial/\partial y)+\boldsymbol{k}(\partial/\partial z)]\phi$，那么括号里的式子可以称之为$\nabla$，它本身没有意义（就像 $\mathrm{d}/\mathrm{d}x$ 一样没有意义，必须在它后面加上某个函数来求导）. 然而，使用∇与使用 $\mathrm{d}/\mathrm{d}x$ 表示某个操作一样是很有用的.

我们称∇为一个矢量算子，并写为

$$\nabla=\boldsymbol{i}\frac{\partial}{\partial x}+\boldsymbol{j}\frac{\partial}{\partial y}+\boldsymbol{k}\frac{\partial}{\partial z}, \tag{7.1}$$

它比 $\mathrm{d}/\mathrm{d}x$（这是一个标量算子）更复杂，因为它也有矢量性质.

到目前为止，我们已经考虑了$\nabla\phi$，其中，ϕ 是一个标量，接下来要考虑∇是否可以对一

个矢量进行操作.

假设 $\boldsymbol{V}(x,y,z)$ 是一个矢量函数，也就是说，$\boldsymbol{V}$ 的三个分量 V_x，V_y，V_z 是 x，y，z 的函数：

$$\boldsymbol{V}(x,y,z)=\boldsymbol{i}V_x(x,y,z)+\boldsymbol{j}V_y(x,y,z)+\boldsymbol{k}V_z(x,y,z),$$

（下标表示的是分量，而不是偏导数）. 物理上，$\boldsymbol{V}$ 代表一个矢量场（例如，一个点电荷的电场）. 在空间的每一点有一个矢量 $\boldsymbol{V}$，但是 $\boldsymbol{V}$ 的大小和方向可能因点而异. 我们可以组成两个有用的∇和 $\boldsymbol{V}$ 的组合. 通过式（7.2）定义 $\boldsymbol{V}$ 的散度，缩写的 $\mathrm{div}\boldsymbol{V}$ 或$\nabla\cdot\boldsymbol{V}$：

$$\nabla\cdot\boldsymbol{V}=\mathrm{div}\ \boldsymbol{V}=\frac{\partial V_x}{\partial x}+\frac{\partial V_y}{\partial y}+\frac{\partial V_z}{\partial z}, \tag{7.2}$$

通过式（7.3）定义 $\boldsymbol{V}$ 的旋度，写为$\nabla\times\boldsymbol{V}$：

$$\begin{aligned}\nabla\times\boldsymbol{V}&=\mathrm{curl}\ \boldsymbol{V}\\&=\boldsymbol{i}\left(\frac{\partial V_z}{\partial y}-\frac{\partial V_y}{\partial z}\right)+\boldsymbol{j}\left(\frac{\partial V_x}{\partial z}-\frac{\partial V_z}{\partial x}\right)+\boldsymbol{k}\left(\frac{\partial V_y}{\partial x}-\frac{\partial V_x}{\partial y}\right)\\&=\begin{vmatrix}\boldsymbol{i}&\boldsymbol{j}&\boldsymbol{k}\\\frac{\partial}{\partial x}&\frac{\partial}{\partial y}&\frac{\partial}{\partial z}\\V_x&V_y&V_z\end{vmatrix}.\end{aligned} \tag{7.3}$$

你应该研究这些表达式来看看我们如何使用∇作为“几乎”一个矢量. 散度和旋度的定义是偏导数的表达式. 然而，式（7.2）和式（7.3）与 $\boldsymbol{A}\cdot\boldsymbol{B}$ 和 $\boldsymbol{A}\times\boldsymbol{B}$ 的相似之处有助于记住$\nabla\cdot\boldsymbol{V}$和$\nabla\times\boldsymbol{V}$. 但是必须记住在每一项中把$\nabla$的偏导数分量放在 $\boldsymbol{V}$ 的分量之前（例如，在式（7.3）中计算行列式）. 注意：$\nabla\cdot\boldsymbol{V}$ 是一个标量，$\nabla\times\boldsymbol{V}$ 是一个矢量（比较 $\boldsymbol{A}\cdot\boldsymbol{B}$ 和 $\boldsymbol{A}\times\boldsymbol{B}$）. 我们将在后面讨论矢量函数的散度和旋度的意义和一些应用.

在式（6.3）中$\nabla\phi$ 是一个矢量函数，那么我们可以设式（7.2）中 $\boldsymbol{V}=\nabla\phi$，并求出$\nabla\cdot\nabla\phi=\mathrm{div}\,\mathbf{grad}\,\phi$. 这是一个非常重要的表达式，称为 ϕ 的拉普拉斯，通常写为$\nabla^2\phi$. 从式（6.3）和式（7.2）可以有

$$\begin{aligned}\nabla^2\phi&=\nabla\cdot\nabla\phi=\mathrm{div}\,\mathbf{grad}\,\phi=\frac{\partial}{\partial x}\frac{\partial\phi}{\partial x}+\frac{\partial}{\partial y}\frac{\partial\phi}{\partial y}+\frac{\partial}{\partial z}\frac{\partial\phi}{\partial z}\\&=\frac{\partial^2\phi}{\partial x^2}+\frac{\partial^2\phi}{\partial y^2}+\frac{\partial^2\phi}{\partial z^2}\quad\text{（拉普拉斯）}.\end{aligned} \tag{7.4}$$

拉普拉斯是数学物理中几个重要方程式的一部分：

$\nabla^2\phi=0$　　拉普拉斯方程.

$\nabla^2\phi=\dfrac{1}{a^2}\dfrac{\partial^2\phi}{\partial t^2}$　　波动方程.

$\nabla^2\phi=\dfrac{1}{a^2}\dfrac{\partial\phi}{\partial t}$　　扩散、热传导、薛定谔方程.

这些方程出现在热、流体力学、电和磁、空气动力学、弹性力学、光学等诸多问题上，我们将在第 13 章讨论如何求解这些方程.

还有许多其他更复杂的涉及∇表达式和一个或多个标量或矢量函数，它们出现在矢量分析的各种应用中. 为了参考，我们在本章的末尾列出了一个这样的表达式的表. 注意：有两种类型：（1）涉及∇的两个应用的表达式如$\nabla\cdot\nabla\phi=\nabla^2\phi$；（2）∇与两个函数的组合（矢量或标量）如$\nabla\times(\phi\boldsymbol{V})$. 我们可以通过写出分量来简单地验证这些表达式. 然而，如果∇是一个普通的矢量，使用我们会使用的公式通常更简单，小心记住∇也是一个微分算子.

例 1 计算$\nabla\times(\nabla\times\boldsymbol{V})$. 使用式（3.8）的$\boldsymbol{A}\times(\boldsymbol{B}\times\boldsymbol{C})$公式需要注意，两个∇必须放在矢量函数 $\boldsymbol{V}$ 之前，因为必须对它进行微分，那么可得到

$$\begin{aligned}\nabla\times(\nabla\times\boldsymbol{V})&=\nabla(\nabla\cdot\boldsymbol{V})-(\nabla\cdot\nabla)\boldsymbol{V}\\&=\nabla(\nabla\cdot\boldsymbol{V})-\nabla^2\boldsymbol{V}.\end{aligned}$$

这是一个矢量. 一个矢量的拉普拉斯$\nabla^2\boldsymbol{V}$，意思是一个其分量为∇^2V_x，∇^2V_y，∇^2V_z的矢量.

例 2 求解$\nabla\cdot(\phi\boldsymbol{V})$. 其中，$\phi$ 是一个标量函数，$\boldsymbol{V}$ 是一个矢量函数. 在这里，我们必须微分一个乘积，所以我们的结果将包含两项. 可以把这些写成

$$\nabla\cdot(\phi\boldsymbol{V})=\nabla_\phi\cdot(\phi\boldsymbol{V})+\nabla_V\cdot(\phi\boldsymbol{V}),\tag{7.5}$$

其中，∇的下标表示哪个函数需要微分. 因为 ϕ 是一个标量，所以它可以被移到点乘前面. 那么有

$$\nabla_\phi\cdot(\phi\boldsymbol{V})=(\nabla_\phi\phi)\cdot\boldsymbol{V}=\boldsymbol{V}\cdot(\nabla\phi),$$

其中在最后一步中删除了下标，因为 $\boldsymbol{V}$ 不再出现. 实际上，你可能在书中看到$(\nabla\phi)\cdot\boldsymbol{V}$，这意味着只有 ϕ 需要微分，但是把它写成$\boldsymbol{V}\cdot(\nabla\phi)$更清楚.（但是要注意$(\nabla\phi)\times\boldsymbol{V}$，假设这意味着只有 ϕ 被微分，那么写成$-\boldsymbol{V}\times(\nabla\phi)$更清晰，注意负号）. 在式（7.5）的第二项中，$\phi$ 是一个标量，没有微分. 因此它就像一个常数，我们可以把这一项写成$\phi(\nabla\cdot\boldsymbol{V})$，总结我们的结果，有

$$\nabla\cdot(\phi\boldsymbol{V})=\boldsymbol{V}\cdot\nabla\phi+\phi(\nabla\cdot\boldsymbol{V}).\tag{7.6}$$

在第 10 章 10.9 节，我们将推导出在柱坐标系和球坐标系下的 div $\boldsymbol{V}=\nabla\cdot\boldsymbol{V}$ 和$\nabla^2 f$的公式. 然而，将结果作为参考是很有用的，所以我们在这里陈述它们. 实际上，这些可以作为部分微分问题来完成（见第 4 章 4.11 节），但是代数是混乱的.

在柱坐标系中（或通过省略 z 项来表示极坐标系）：

$$\nabla\cdot\boldsymbol{V}=\frac{1}{r}\frac{\partial}{\partial r}(rV_r)+\frac{1}{r}\frac{\partial}{\partial\theta}V_\theta+\frac{\partial}{\partial z}V_z,\tag{7.7}$$

$$\nabla^2 f=\frac{1}{r}\frac{\partial}{\partial r}\left(r\frac{\partial f}{\partial r}\right)+\frac{1}{r^2}\frac{\partial^2 f}{\partial\theta^2}+\frac{\partial^2 f}{\partial z^2}.\tag{7.8}$$

在球坐标系中：

$$\nabla\cdot\boldsymbol{V}=\frac{1}{r^2}\frac{\partial}{\partial r}(r^2V_r)+\frac{1}{r\sin\theta}\frac{\partial}{\partial\theta}(V_\theta\sin\theta)+\frac{1}{r\sin\theta}\frac{\partial V_\phi}{\partial\phi},\tag{7.9}$$

$$\nabla^2 f=\frac{1}{r^2}\frac{\partial}{\partial r}\left(r^2\frac{\partial f}{\partial r}\right)+\frac{1}{r^2\sin\theta}\frac{\partial}{\partial\theta}\left(\sin\theta\frac{\partial f}{\partial\theta}\right)+\frac{1}{r^2\sin^2\theta}\frac{\partial^2 f}{\partial\phi^2}.\tag{7.10}$$

习题 6.7

做以下简单习题的目的是熟悉我们讨论过的公式，所以一个好的学习方法是动手来做，然后用计算机

检查你的结果.

计算下面每一个矢量场的散度和旋度.

1. $\boldsymbol{r}=x\boldsymbol{i}+y\boldsymbol{j}+z\boldsymbol{k}$
2. $\boldsymbol{r}=x\boldsymbol{i}+y\boldsymbol{j}$
3. $\boldsymbol{V}=z\boldsymbol{i}+y\boldsymbol{j}+x\boldsymbol{k}$
4. $\boldsymbol{V}=y\boldsymbol{i}+z\boldsymbol{j}+x\boldsymbol{k}$
5. $\boldsymbol{V}=x^2\boldsymbol{i}+y^2\boldsymbol{j}+z^2\boldsymbol{k}$
6. $\boldsymbol{V}=x^2y\boldsymbol{i}+y^2x\boldsymbol{j}+xyz\boldsymbol{k}$
7. $\boldsymbol{V}=x\sin y\boldsymbol{i}+\cos y\boldsymbol{j}+xy\boldsymbol{k}$
8. $\boldsymbol{V}=\sinh z\boldsymbol{i}+2y\boldsymbol{j}+x\cosh z\boldsymbol{k}$

计算下面每个标量场的拉普拉斯∇^2.

9. $x^3-3xy^2+y^3$
10. $\ln(x^2+y^2)$
11. $\sqrt{x^2-y^2}$
12. $(x+y)^{-1}$
13. $xy(x^2+y^2-5z^2)$
14. $(x^2+y^2+z^2)^{-1/2}$
15. $xyz(x^2-2y^2+z^2)$
16. $\ln(x^2+y^2+z^2)$
17. 验证本章末尾矢量恒等式表的公式（b），（c），（d），（g），（h），（i），（j），（k）. 对于（j）的提示：首先展开右边的两个三重矢量积.

对于 $\boldsymbol{r}=x\boldsymbol{i}+y\boldsymbol{j}+z\boldsymbol{k}$，计算：

18. $\nabla\times(k\times r)$
19. $\nabla\cdot\left(\frac{r}{|r|}\right)$
20. $\nabla\times\left(\frac{r}{|r|}\right)$

6.8 线积分

在第 6.2 节中，我们讨论了一个事实：一个力 $\boldsymbol{F}$ 作用在一个物体上，使物体移动了一个无穷小的矢量位移 $\mathrm{d}\boldsymbol{r}$，那么它所做的功可以写成

$$\mathrm{d}W=\boldsymbol{F}\cdot\mathrm{d}\boldsymbol{r}. \tag{8.1}$$

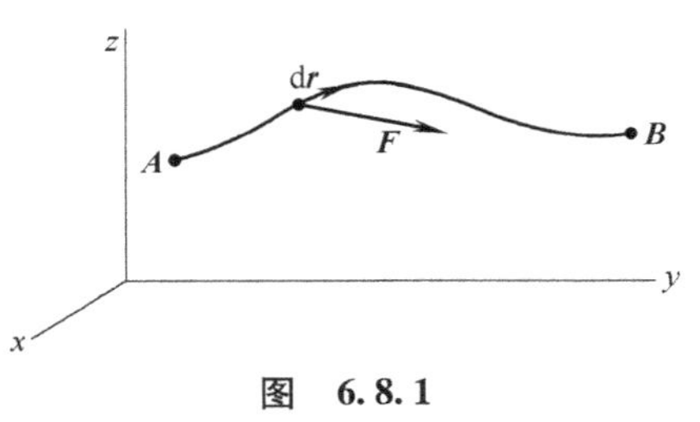

图 6.8.1

假设物体沿某条路径移动（比如图 6.8.1 中的 A 到 B），作用在物体上的力 $\boldsymbol{F}$ 随着物体移动而变化. 例如，$\boldsymbol{F}$ 可能是电场中带电粒子所受的力，那么 $\boldsymbol{F}$ 会随着点的变化而变化，也就是 $\boldsymbol{F}$ 是 x，y，z 的函数. 然而，在曲线上，x，y，z 是由曲线的方程联系起来的. 在三维空间中，需要两个方程来确定一条曲线（作为两个曲面的交线，例如，在第 3 章 3.5 节中考虑了直线的方程），因此沿着一条曲线，只有一个自变量，那么我们可以写出 $\boldsymbol{F}$ 和 $\mathrm{d}\boldsymbol{r}=\boldsymbol{i}\mathrm{d}x+\boldsymbol{j}\mathrm{d}y+\boldsymbol{k}\mathrm{d}z$ 作为单个变量的函数. $\mathrm{d}W=\boldsymbol{F}\cdot\mathrm{d}\boldsymbol{r}$ 的积分沿着给定的曲线就变成了只有一个变量的函数的一般积分，我们可以计算出 $\boldsymbol{F}$ 将物体从图 6.8.1 中的 A 移动到 B 所做的总功，这样的一个积分称为一个线积分. 线积分是指沿着一条曲线（或直线）的积分，也就是说，相对于曲面或平面面积上的二重积分，或体积上的三重积分，它是一个一重积分. 要理解线积分的关键是有一个自变量，因为我们需要保持在一条曲线上. 在二维空间中，曲线的方程可以写成 $y=f(x)$，其中，x 是自变量. 在三维空间，曲线的方程（例如，一条直线）可以像式（6.6）一样（x 为自变量，求出 y 和 z 作为 x 的函数），或可以像式（6.1）一样（s 是自变量，x，y，z 都是 s 的函数），计算一个线积分，那么，必须使用一个自变量把它写成一重积分.

例 1 已知作用力 $\boldsymbol{F}=xy\boldsymbol{i}-y^2\boldsymbol{j}$，求 $\boldsymbol{F}$ 沿着图 6.8.2 中从点（0,0）到点（2,1）所示的路径所做的功.

由于在 (x,y) 平面上有 $\boldsymbol{r}=x\boldsymbol{i}+y\boldsymbol{j}$，则有

$$\mathrm{d}\boldsymbol{r}=\boldsymbol{i}\mathrm{d}x+\boldsymbol{j}\mathrm{d}y,$$

$$\boldsymbol{F}\cdot\mathrm{d}\boldsymbol{r}=xy\mathrm{d}x-y^2\mathrm{d}y.$$

需要计算：

$$W=\int(xy\mathrm{d}x-y^2\mathrm{d}y) \tag{8.2}$$

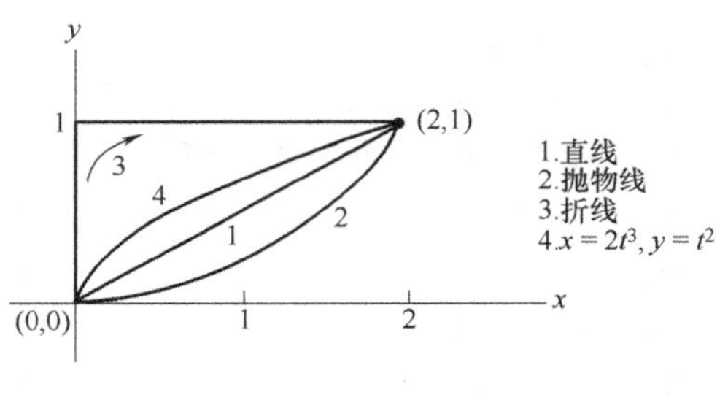

图 6.8.2

首先，我们必须用一个变量来写被积函数. 沿着路径 1（一条直线），$y=\frac{1}{2}x$，$\mathrm{d}y=\frac{1}{2}\mathrm{d}x$，把这些值代入式（8.2），得到一个 x 的一元积分，x 的极限（见图 6.8.2）是 0 到 2. 因此，可以得到

$$W_1=\int_0^2\left[x\cdot\frac{1}{2}x\mathrm{d}x-\left(\frac{1}{2}x\right)^2\cdot\frac{1}{2}\mathrm{d}x\right]=\int_0^2\frac{3}{8}x^2\mathrm{d}x=\left.\frac{x^3}{8}\right|_0^2=1.$$

也可以用 y 作为自变量，把 $x=2y$，$\mathrm{d}x=2\mathrm{d}y$ 代入式（8.2），从 0 到 1 对 y 进行积分.（你应该验证答案是否相同.）

沿着在图 6.8.2 中的路径 2（一条抛物线），$y=\frac{1}{4}x^2$，$\mathrm{d}y=\frac{1}{2}x\mathrm{d}x$，则可得到

$$\begin{aligned}W_2&=\int_0^2\left(x\cdot\frac{1}{4}x^2\mathrm{d}x-\frac{1}{16}x^4\cdot\frac{1}{2}x\mathrm{d}x\right)=\int_0^2\left(\frac{1}{4}x^3-\frac{1}{32}x^5\right)\mathrm{d}x\\&=\left.\frac{x^4}{16}-\frac{x^6}{192}\right|_0^2=\frac{2}{3}.\end{aligned}$$

沿着路径 3（折线），必须使用不同的方法. 先从 $(0,0)$ 到 $(0,1)$ 积分，然后从 $(0,1)$ 到 $(2,1)$ 积分，最后把两个结果相加. 沿着 $(0,0)$ 到 $(0,1)$，$x=0$，$\mathrm{d}x=0$，所以必须用 y 作为变量，那么有

$$\int_{y=0}^1(0\cdot y\cdot 0-y^2\mathrm{d}y)=-\left.\frac{y^3}{3}\right|_0^1=-\frac{1}{3};$$

沿着 $(0,1)$ 到 $(2,1)$，$y=1$，$\mathrm{d}y=0$，所以必须用 x 作为变量，那么有

$$\int_{x=0}^2(x\cdot 1\cdot\mathrm{d}x-1\cdot 0)=\left.\frac{x^2}{2}\right|_0^2=2.$$

那么总功为 $W_3=-\frac{1}{3}+2=\frac{5}{3}$.

路径 4 说明了另一种方法. 不用把 x 或 y 作为积分变量，可以用一个参数 t 来表示. 对于 $x=2t^3$，$y=t^2$，有 $\mathrm{d}x=6t^2\mathrm{d}t$，$\mathrm{d}y=2t\mathrm{d}t$. 在原点，$t=0$；在点 $(2,1)$，$t=1$. 把这些值代入式（8.2），可得到

$$W_4=\int_0^1(2t^3\cdot t^2\cdot 6t^2\mathrm{d}t-t^4\cdot 2t\mathrm{d}t)=\int_0^1(12t^7-2t^5)\mathrm{d}t=\frac{12}{8}-\frac{2}{6}=\frac{7}{6}.$$

例 2 从 $(-1,0)$ 到 $(1,0)$，沿着图 6.8.3 中所示的两条路径求 $I=\int\frac{x\mathrm{d}y-y\mathrm{d}x}{x^2+y^2}$ 的值.（注

意，可以用 $\boldsymbol{F}=(-\boldsymbol{i}y+x\boldsymbol{j})/(x^2+y^2)$ 写出 $I=\int \boldsymbol{F}\cdot \mathrm{d}\boldsymbol{r}$. 然而，也有许多其他种类的问题，这些问题中可能会出现线积分）.

沿着圆，最简单的是使用极坐标，那么在圆的所有点上，$r=1$，θ 是唯一的变量，那么有

$$x=\cos\theta,\qquad \mathrm{d}x=-\sin\theta\mathrm{d}\theta,$$

$$y=\sin\theta,\qquad \mathrm{d}y=\cos\theta\mathrm{d}\theta,\qquad x^2+y^2=1,$$

$$\frac{x\mathrm{d}y-y\mathrm{d}x}{x^2+y^2}=\frac{\cos^2\theta\mathrm{d}\theta-\sin\theta(-\sin\theta)\mathrm{d}\theta}{1}=\mathrm{d}\theta.$$

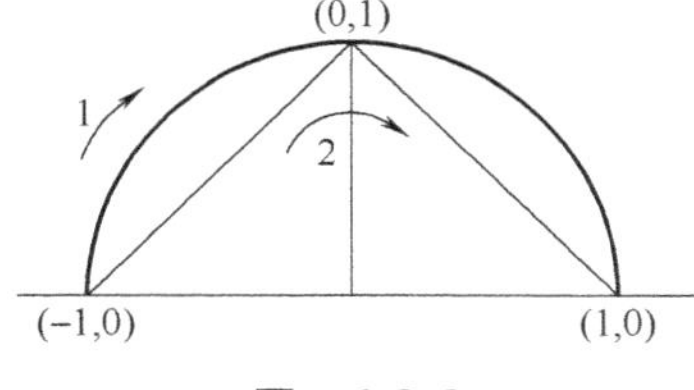

图 6.8.3

在点（$-1,0$），$\theta=\pi$；在点（$1,0$），$\theta=0$，那么有

$$I_1=\int_{\pi}^{0}\mathrm{d}\theta=-\pi.$$

沿着路径 2，从（$-1,0$）到（$0,1$）积分和从（$0,1$）到（$1,0$）积分，然后把两个结果相加. 第一条直线的方程为 $y=x+1$，那么 $\mathrm{d}y=\mathrm{d}x$，积分为

$$\begin{aligned}\int_{-1}^{0}\frac{x\mathrm{d}x-(x+1)\mathrm{d}x}{x^2+(x+1)^2}&=\int_{-1}^{0}\frac{-\mathrm{d}x}{2x^2+2x+1}=\int_{-1}^{0}\frac{-2\mathrm{d}x}{(2x+1)^2+1}\\&=-\arctan(2x+1)\Big|_{-1}^{0}\\&=-\arctan1+\arctan(-1)\\&=-\frac{\pi}{4}+\left(-\frac{\pi}{4}\right)=-\frac{\pi}{2}.\end{aligned}$$

沿着第二条直线 $y=1-x$，$\mathrm{d}y=-\mathrm{d}x$，积分为

$$\begin{aligned}-\int_{0}^{1}\frac{x\mathrm{d}x+(1-x)\mathrm{d}x}{x^2+(1-x)^2}&=\int_{0}^{1}\frac{-2\mathrm{d}x}{(2x-1)^2+1}=-\arctan(2x-1)\Big|_{0}^{1}\\&=-\frac{\pi}{2}.\end{aligned}$$

将沿路径 2 的两部分积分的结果相加，得到 $I_2=-\pi$.

6.8.1 守恒场

注意，在例 1 中，不同路径的答案是不同的，但是在例 2 中它们是相同的.（见第 6.11 节）如果把所有情况下的积分解释为一个力对一个沿着积分路径移动的物体所做的功，那么可以给例 1 和例 2 的这些事实赋予物理意义. 假设你想把一个很重的箱子经过人行道，然后放到一辆卡车上. 比较一下把箱子拖过人行道然后把它抬起来所做的功，和把箱子举起来然后让它在空中摇摆所做的功. 在第一种情况下，除了要抬起箱子所做的功外，还有克服摩擦力所做的功；在第二种情况下，唯一做的功就是举起盒子. 因此，我们看到物体从一点移动到另一点所做的功可能取决于物体所经过的路径. 事实上，当有摩擦时，所做的功取决于物体所经过的路径. 例 1 就是这样一个例子. 对于 $W=\int \boldsymbol{F}\cdot \mathrm{d}\boldsymbol{r}$ 依赖于路径以及末端点的力场被称为非守恒场. 从物理上来说，这意味着能量已经被消耗了，比如说摩擦. 然而，有一些守恒场，$\int \boldsymbol{F}\cdot \mathrm{d}\boldsymbol{r}$ 在两个给定的点之间是相同的，不管是沿着什么路径. 举个例子，把质量

m 提升到 h 高的山顶，不管我们是把质量 m 直接提到悬崖上，还是把它带到斜坡上，只要没有摩擦，所做的功是 $W=mgh$，因此引力场是守恒的.

在进行积分之前，能够识别守恒和非守恒的场是很有用的. 稍后我们将看到（见第 6.11 节），通常 $\mathrm{curl}\,\boldsymbol{F}=0$（见式（7.3）旋度的定义）是$\int \boldsymbol{F}\cdot \mathrm{d}\boldsymbol{r}$ 与路径无关的必要和充分条件. 也就是说，对于守恒场，$\mathrm{curl}\boldsymbol{F}=0$；对于非守恒场，$\mathrm{curl}\,\boldsymbol{F}\neq 0$.（请参阅第 6.11 节，以更仔细地讨论这个问题.）不难看出为什么会通常这样，假设对于给定的 $\boldsymbol{F}$，有一个这样的函数 $W(x,y,z)$：

$$\boldsymbol{F}=\nabla W=\boldsymbol{i}\frac{\partial W}{\partial x}+\boldsymbol{j}\frac{\partial W}{\partial y}+\boldsymbol{k}\frac{\partial W}{\partial z},$$

$$F_x=\frac{\partial W}{\partial x},\quad F_y=\frac{\partial W}{\partial y},\quad F_z=\frac{\partial W}{\partial z}. \tag{8.3}$$

那么然后假设$\partial^2 W/\partial x\partial y=\partial^2 W/\partial y\partial x$ 等(见第 4 章 4.1 节的结尾),通过式(8.3)得到

$$\frac{\partial F_x}{\partial y}=\frac{\partial^2 W}{\partial y\partial x}=\frac{\partial F_y}{\partial x}，\text{类似地得到}\frac{\partial F_y}{\partial z}=\frac{\partial F_z}{\partial y},\quad \frac{\partial F_x}{\partial z}=\frac{\partial F_z}{\partial x}. \tag{8.4}$$

使用 $\mathrm{curl}\,\boldsymbol{F}$ 的定义式（7.3），可以看到方程（8.4）中 $\mathrm{curl}\,\boldsymbol{F}$ 的三个分量等于零. 因此，如果 $\boldsymbol{F}=\nabla W$，那么 $\mathrm{curl}\,\boldsymbol{F}=0$. 相反（稍后会证明），如果 $\mathrm{curl}\,\boldsymbol{F}=0$，那么就能求出一个函数 $W(x,y,z)$，从而可以得出 $\boldsymbol{F}=\nabla W$. 如果 $\boldsymbol{F}=\nabla W$，可以写出

$$\begin{aligned}\boldsymbol{F}\cdot \mathrm{d}\boldsymbol{r}&=\nabla W\cdot \mathrm{d}\boldsymbol{r}=\frac{\partial W}{\partial x}\mathrm{d}x+\frac{\partial W}{\partial y}\mathrm{d}y+\frac{\partial W}{\partial z}\mathrm{d}z=\mathrm{d}W,\\ \int_A^B \boldsymbol{F}\cdot \mathrm{d}\boldsymbol{r}&=\int_A^B \mathrm{d}W=W(B)-W(A),\end{aligned} \tag{8.5}$$

其中，$W(B)$ 和 $W(A)$ 意味着在积分路径的端点 A 和 B 处的函数 W 的值. 因为积分的值只取决于终点 A 和 B，它与沿着从 A 到 B 积分的路径无关，也就是说，$\boldsymbol{F}$ 是守恒的.

6.8.2 势

在力学中，如果 $\boldsymbol{F}=\nabla W$（也就是说，如果 $\boldsymbol{F}$ 是守恒的），那么 W 就是 $\boldsymbol{F}$ 所做的功. 例如，如果质量 m 在重力作用下下降距离 z，那么作用在它上面的功是 mgz. 然而，如果把质量 m 克服重力举起来一段距离 z，因为运动的方向跟重力 $\boldsymbol{F}$ 相反，所以重力 $\boldsymbol{F}$ 所做的功是 $W=-mgz$. 在 $\phi=+mgz$ 这种情况下，m 的势能增加，也就是 $W=-\phi$，或者 $\boldsymbol{F}=-\nabla\phi$. 这个函数 ϕ 被称为势能或力 $\boldsymbol{F}$ 的标势（当然，ϕ 可以通过相加任何常数作改变，这对应于势能零点的选择，对 $\boldsymbol{F}$ 没有影响）. 对于任意矢量 $\boldsymbol{V}$，如果 $\mathrm{curl}\,\boldsymbol{V}=0$，那么有一个函数 ϕ，被称为 $\boldsymbol{V}$ 的标势，比如 $\boldsymbol{V}=-\nabla\phi$.（这是力学和电学中标势的习惯定义. 在流体动力学中，许多作者定义了速度势，所以 $\boldsymbol{V}=+\nabla\phi$.）

现在假设已知 $\boldsymbol{F}$ 或 $\mathrm{d}W=\boldsymbol{F}\cdot \mathrm{d}\boldsymbol{r}$，通过计算得出 $\mathrm{curl}\,\boldsymbol{F}=0$，那么知道有一个函数 W，我们如何求出它？（这有一个任意的积分的附加常数）. 为了做到这一点，可以从参考点 A 到可变点 B 沿着任何方便的路径计算式（8.5）中的线积分. 因为当 $\mathrm{curl}\,\boldsymbol{F}=0$ 时，积分与路径无关，所以这个计算过程给出了在点 B 处 W 的值（当然，在 W 中有一个附加常数，它的值取决于我们对参考点 A 的选择）.

例3 证明下面式子中的 $\boldsymbol{F}$ 是守恒的，并求出让 $\boldsymbol{F}=-\nabla\phi$ 的标势 ϕ.

$$\boldsymbol{F}=(2xy-z^3)\boldsymbol{i}+x^2\boldsymbol{j}-(3xz^2+1)\boldsymbol{k}. \tag{8.6}$$

可求出

$$\nabla\times\boldsymbol{F}=\begin{vmatrix}\boldsymbol{i} & \boldsymbol{j} & \boldsymbol{k}\\ \dfrac{\partial}{\partial x} & \dfrac{\partial}{\partial y} & \dfrac{\partial}{\partial z}\\ 2xy-z^3 & x^2 & -3xz^2-1\end{vmatrix}=0, \tag{8.7}$$

所以 $\boldsymbol{F}$ 是守恒的，那么有

$$W=\int_A^B\boldsymbol{F}\cdot\mathrm{d}\boldsymbol{r}=\int_A^B(2xy-z^3)\,\mathrm{d}x+x^2\mathrm{d}y-(3xz^2+1)\,\mathrm{d}z. \tag{8.8}$$

这与路径无关. 我们选择原点作为参考点，从原点到 (x,y,z) 积分式（8.8）. 作为积分的路径，我们选择折线从点 $(0,0,0)$ 到点 $(x,0,0)$，再到点 $(x,y,0)$，最后到点 (x,y,z). 从点 $(0,0,0)$ 到点 $(x,0,0)$，有 $y=z=0$，$\mathrm{d}y=\mathrm{d}z=0$，所以沿着这部分路径的积分是 0. 从点 $(x,0,0)$ 到点 $(x,y,0)$，有 $x=$常数，$z=0$，$\mathrm{d}x=\mathrm{d}z=0$，所以积分是

$$\int_0^y x^2\mathrm{d}y=x^2\int_0^y\mathrm{d}y=x^2y.$$

从点 $(x,y,0)$ 到点 (x,y,z)，有 $x=\text{const.}$，$y=\text{const.}$，$\mathrm{d}x=\mathrm{d}y=0$，所以积分是

$$-\int_0^z(3xz^2+1)\,\mathrm{d}z=-xz^3-z.$$

加上这三个结果，得到

$$W=x^2y-xz^3-z, \tag{8.9}$$

或者：

$$\phi=-W=-x^2y+xz^3+z. \tag{8.10}$$

例4 求出原点处的点电荷 q 引起的电场的标势.

回想一下，点 $\boldsymbol{r}=\boldsymbol{i}x+\boldsymbol{j}y+\boldsymbol{k}z$ 处的电场是指单位电荷在 r 处受 q 的力，即为（单位为 Gs）

$$\boldsymbol{E}=\frac{q}{r^2}\boldsymbol{e}_r=\frac{q}{r^2}\frac{\boldsymbol{r}}{r}=\frac{q}{r^3}\boldsymbol{r}. \tag{8.11}$$

（这是电学中的库仑定律.）如果把零势能设在无穷远处，那么标势 ϕ 指的是当电荷从无穷远处移动到 r 点时，电场对单位电荷所做的负功. 即

$$\phi=-\int_\infty^r E\cdot\mathrm{d}\boldsymbol{r}=q\int_r^\infty\frac{\boldsymbol{r}\cdot\mathrm{d}\boldsymbol{r}}{r^3}. \tag{8.12}$$

用球坐标系中沿着半径直线的变量 r 来计算线积分是最简单的. 通过证明 $\operatorname{curl}\boldsymbol{E}=0$，即 $\boldsymbol{E}$ 是守恒的（见习题 6.8 第 19 题）来说明这点. 因为 $(\boldsymbol{r}\cdot\boldsymbol{r})$ 的微分可以写成 $\mathrm{d}(\boldsymbol{r}\cdot\boldsymbol{r})=2\boldsymbol{r}\cdot\mathrm{d}\boldsymbol{r}$ 或 $\mathrm{d}(\boldsymbol{r}\cdot\boldsymbol{r})=\mathrm{d}(r^2)=2r\mathrm{d}r$，则有 $\boldsymbol{r}\cdot\mathrm{d}\boldsymbol{r}=r\mathrm{d}r$，并且式（8.12）可写为

$$\phi=q\int_r^\infty\frac{r\mathrm{d}r}{r^3}=q\int_r^\infty\frac{\mathrm{d}r}{r^2}=-\frac{q}{r}\bigg|_r^\infty=\frac{q}{r}. \tag{8.13}$$

从几何上获得 $\boldsymbol{r}\cdot\mathrm{d}\boldsymbol{r}=r\mathrm{d}r$ 是很有趣的；事实上，对于任意矢量 $\boldsymbol{A}$，让我们看看 $\boldsymbol{A}\cdot\mathrm{d}\boldsymbol{A}=A\mathrm{d}A$，矢量 $\mathrm{d}\boldsymbol{A}$ 意味着矢量 $\boldsymbol{A}$ 的变化；一个矢量可以在大小和方向上变化（见图 6.8.4）. 标量 A 指的是 $|\boldsymbol{A}|$，标量 $\mathrm{d}A$ 指的是 $\mathrm{d}|\boldsymbol{A}|$. 因此 $\mathrm{d}A$ 是在 $\boldsymbol{A}$ 的长度上增加而不是 $\mathrm{d}|\boldsymbol{A}|$ 的长

度. 实际上，从图 6.8.4 中可以看到

$$\boldsymbol{A}\cdot \mathrm{d}\boldsymbol{A}=|\boldsymbol{A}||\mathrm{d}\boldsymbol{A}|\cos\alpha=A\mathrm{d}A. \tag{8.14}$$

图 6.8.4

由于 $\mathrm{d}A=|\mathrm{d}\boldsymbol{A}|\cos\alpha$，对于矢量 $\boldsymbol{r}$，有

$$\begin{aligned}
\boldsymbol{r}&=\boldsymbol{i}x+\boldsymbol{j}y+\boldsymbol{k}z,\\
\mathrm{d}\boldsymbol{r}&=\boldsymbol{i}\mathrm{d}x+\boldsymbol{j}\mathrm{d}y+\boldsymbol{k}\mathrm{d}z,\\
|\mathrm{d}\boldsymbol{r}|&=\sqrt{\mathrm{d}x^2+\mathrm{d}y^2+\mathrm{d}z^2}=\mathrm{d}s\\
r=|\boldsymbol{r}|&=\sqrt{x^2+y^2+z^2},\\
\mathrm{d}r&=\frac{1}{2}(x^2+y^2+z^2)^{-1/2}(2x\mathrm{d}x+2y\mathrm{d}y+2z\mathrm{d}z)\\
&=\frac{1}{r}(\boldsymbol{r}\cdot\mathrm{d}\boldsymbol{r}),
\end{aligned} \tag{8.15}$$

式子综上所述.

6.8.3 恰当微分

在式（8.5）中函数 $W(x,y,z)$ 的微分 $\mathrm{d}W$ 被称为**恰当微分**. 那么可以说，curl $\boldsymbol{F}=0$ 是 $\boldsymbol{F}\cdot\mathrm{d}\boldsymbol{r}$ 成为恰当微分的必要条件和充分条件（见第 6.11 节）. 为了说明这一点，我们考虑一些例子，在这些例子中，$\boldsymbol{F}\cdot\mathrm{d}\boldsymbol{r}$ 是或者不是一个恰当微分.

例 5 考虑在式（8.9）中的函数 W.

那么有

$$\mathrm{d}W=(2xy-z^3)\mathrm{d}x+x^2\mathrm{d}y-(3xz^2+1)\mathrm{d}z, \tag{8.16}$$

这里 $\mathrm{d}W$ 根据定义是一个恰当微分，由于通过对一个函数 W 求导得到它. 可以很容易地验证，如果写出 $\mathrm{d}W=\boldsymbol{F}\cdot\mathrm{d}\boldsymbol{r}$，那么方程（8.4）是正确的.

$$\begin{aligned}
&\frac{\partial}{\partial x}(x^2)=2x=\frac{\partial}{\partial y}(2xy-z^3),\\
&\frac{\partial}{\partial x}(-3xz^2-1)=-3z^2=\frac{\partial}{\partial z}(2xy-z^3),\\
&\frac{\partial}{\partial y}(-3xz^2-1)=0=\frac{\partial}{\partial z}(x^2).
\end{aligned} \tag{8.17}$$

你应该仔细观察如何从式（8.16）中得到式（8.17）. 式（8.17）表明，在式（8.16）中，$\mathrm{d}y$ 的系数关于 x 的偏导等于 $\mathrm{d}x$ 的系数关于 y 的偏导，其他变量对也是如此. 式（8.17）被称为热力学中的互反关系；在力学中，它们是 curl $\boldsymbol{F}=0$ 的分量（见式（8.7））. 在这两种情况下，它们都是正确的，前提是混合二阶偏导数在任何顺序上都是相同的，例如 $\partial^2W/\partial x\partial y=\partial^2W/\partial y\partial x$（见第 4 章 4.1 节的末尾）.

我们通过微分式（8.9）得到式（8.16）中的 $\mathrm{d}W$，现在假设我们从一个给定的 $\mathrm{d}W=\boldsymbol{F}\cdot\mathrm{d}\boldsymbol{r}$开始.

例 6 考虑下面式子：

$$\mathrm{d}W=\boldsymbol{F}\cdot\mathrm{d}\boldsymbol{r}=(2xy-z^3)\mathrm{d}x+x^2\mathrm{d}y+(3xz^2+1)\mathrm{d}z. \tag{8.18}$$

这几乎等于式（8.16），只是 $\mathrm{d}z$ 项的符号被改变了. 那么两个对应于式（8.17）的方程不成立，所以 curl $\boldsymbol{F}\neq 0$，$\mathrm{d}W$ 不是一个恰当微分. 问是否有一个函数 W，式（8.18）是它的微

分？答案是否定的，因为如果有的话，W 的混合二阶偏导数是相等的，所以 curl $\boldsymbol{F}$ 等于零．像式（8.18）这样的方程经常出现在应用中．当 dW 不是恰当微分时，$\boldsymbol{F}$ 是一个非守恒力，而 $\boldsymbol{F}$ 所做的功 $\int \boldsymbol{F}\cdot \mathrm{d}\boldsymbol{r}$ 不仅取决于 A 和 B 的点，还取决于物体移动的路径．就像我们说过的，当有摩擦力时，就会发生这种情况．

习题 6.8

1. 沿着从（0,0）到（1,2）的下面每一条路径，计算线积分 $\int (x^2-y^2)\,\mathrm{d}x-2xy\mathrm{d}y$.

（a）$y=2x^2$；

（b）$x=t^2$，$y=2t$；

（c）从 $x=0$ 到 $x=2$ 的 $y=0$，然后沿着从（2,0）到（1,2）的连接直线．

2. 沿着下面的逆时针闭合路径，计算线积分 $\oint (x+2y)\,\mathrm{d}x-2x\mathrm{d}y$.

（a）圆 $x^2+y^2=1$；

（b）四个顶点分别为（1,1），（−1,1），（−1,−1），（1,−1）的四方形；

（c）四个顶点分别为（0,1），（−1,0），（0,−1），（1,0）的四方形．

3. 从（0,0）到（1,2）沿着草图中所示的路径，计算线积分 $\int xy\mathrm{d}x+x\mathrm{d}y$.

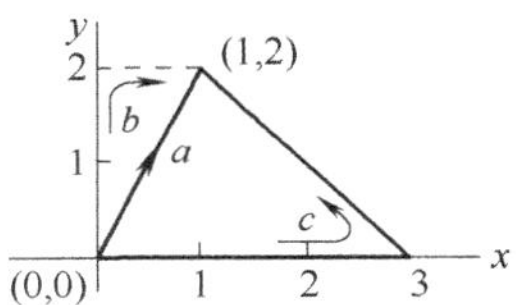

4. 计算线积分 $\int_C y^2\mathrm{d}x+2x\mathrm{d}y+\mathrm{d}z$，其中，$C$ 为连接（0,0,0）和（1,1,1）的下面路径：

（a）沿着从（0,0,0）到（1,0,0），再到（1,0,1），最后到（1,1,1）的三条直线路径；

（b）沿着圆 $x^2+y^2-2y=0$ 到（1,1,0），再沿着铅垂线到（1,1,1）．

5. 求出力 $\boldsymbol{F}=x^2y\boldsymbol{i}-xy^2\boldsymbol{j}$ 从（1,1）到（4,2）沿着图中所示路径所做的功．

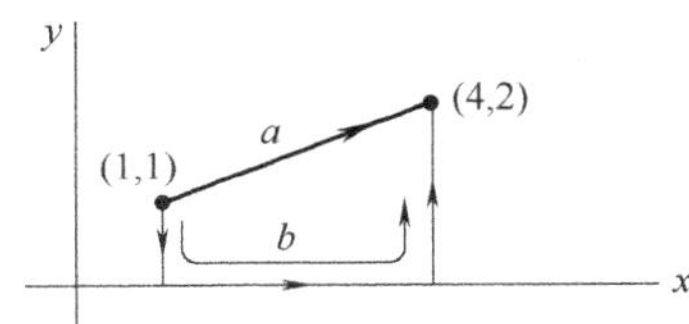

6. 求力 $\boldsymbol{F}=(2xy-3)\boldsymbol{i}+x^2\boldsymbol{j}$ 沿图中所示的三条路径将一个物体从（1,0）移动到（0,1）所做的功．

（a）直线；

（b）圆弧；

（c）沿着平行于轴的折线．

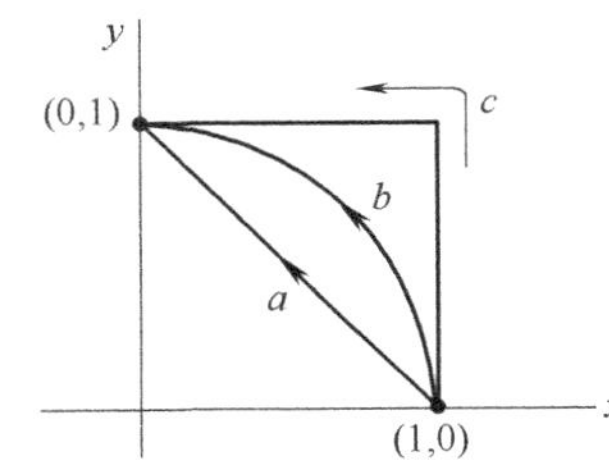

7. 对于力场 $\boldsymbol{F}=(y+z)\boldsymbol{i}-(x+z)\boldsymbol{j}+(x+y)\boldsymbol{k}$，求出沿着下面闭合曲线移动一个粒子所做的功：

（a）在 (x,y) 平面的圆 $x^2+y^2=1$，逆时针方向；

（b）在 (z,x) 平面的圆 $x^2+z^2=1$，逆时针方向；

（c）曲线为：从原点开始，依次沿 x 轴到 $(1,0,0)$，平行于 z 轴到 $(1,0,1)$，平行于 (y,z) 平面到 $(1,1,1)$，沿 $x=y=z$ 回到原点；

（d）沿着曲线 $x=1-\cos t$，$y=\sin t$，$z=t$ 从原点到 $(0,0,2\pi)$，再沿 z 轴回到原点.

验证以下每个力场都是守恒的，然后求出对于每个力场的标势 ϕ，即 $\boldsymbol{F}=-\nabla\phi$.

8. $\boldsymbol{F}=\boldsymbol{i}-z\boldsymbol{j}-y\boldsymbol{k}$.

9. $\boldsymbol{F}=(3x^2yz-3y)\boldsymbol{i}+(x^3z-3x)\boldsymbol{j}+(x^3y+2z)\boldsymbol{k}$.

10. $\boldsymbol{F}=-k\boldsymbol{r}$，$\boldsymbol{r}=\boldsymbol{i}x+\boldsymbol{j}y+\boldsymbol{k}z$，　　k=常数.

11. $\boldsymbol{F}=y\sin 2x\boldsymbol{i}+\sin^2 x\boldsymbol{j}$.

12. $\boldsymbol{F}=y\boldsymbol{i}+x\boldsymbol{j}+\boldsymbol{k}$.

13. $\boldsymbol{F}=z^2\sinh y\boldsymbol{j}+2z\cosh y\boldsymbol{k}$.

14. $\boldsymbol{F}=\dfrac{y}{\sqrt{1-x^2y^2}}\boldsymbol{i}+\dfrac{x}{\sqrt{1-x^2y^2}}\boldsymbol{j}$.

15. $\boldsymbol{F}=2x\cos^2 y\boldsymbol{i}-(x^2+1)\sin 2y\boldsymbol{j}$.

16. 已知 $\boldsymbol{F}_1=2x\boldsymbol{i}-2yz\boldsymbol{j}-y^2\boldsymbol{k}$ 和 $\boldsymbol{F}_2=y\boldsymbol{i}-x\boldsymbol{j}$：

（a）这些力是守恒的吗？求出任意守恒力对应的势；

（b）对于任意非守恒力，如果它作用于沿着图示每条路径从 $(-1,-1)$ 移动到 $(1,1)$ 的物体上，求出所做的功.

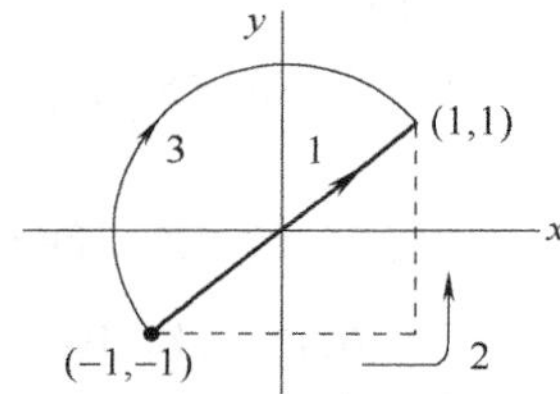

17. 下面两个力场中哪个是守恒的？

$$\boldsymbol{F}_1=-y\boldsymbol{i}+x\boldsymbol{j}+z\boldsymbol{k},\qquad \boldsymbol{F}_2=y\boldsymbol{i}+x\boldsymbol{j}+z\boldsymbol{k}.$$

计算每个力场在 (x,y) 平面上使一个粒子绕圆 $x=\cos t$，$y=\sin t$ 运动所做的功.

18. 对于力场 $\boldsymbol{F}=-y\boldsymbol{i}+x\boldsymbol{j}+z\boldsymbol{k}$，计算该力使一个粒子沿着下面路径从 $(1,0,0)$ 到 $(-1,0,\pi)$ 运动所做的功.

（a）沿着螺旋线 $x=\cos t$，$y=\sin t$，$z=t$；

（b）沿着连线始末两点的直线.

你希望你的答案是一样的吗？为什么是一样的或者为什么不是一样的？

19. 证明点电荷的电场 $\boldsymbol{E}$（式（8.11））是守恒的. 在直角坐标系中写出式（8.13）中的 ϕ，并使用直角坐标系式（6.3）和柱坐标系求出 $\boldsymbol{E}=-\nabla\phi$，验证结果等于式（8.11）.

20. 对于地球表面附近的运动，我们通常假定作用在质量 m 上的引力为

$$\boldsymbol{F}=-mg\boldsymbol{k}.$$

但是对于距离地球中心 r 有明显变化的运动，我们必须使用

$$\boldsymbol{F}=-\frac{C}{r^2}\boldsymbol{e}_r=-\frac{C}{r^2}\frac{\boldsymbol{r}}{|\boldsymbol{r}|}=-\frac{C}{r^3}\boldsymbol{r}.$$

其中，C 是常数. 证明这两个 $\boldsymbol{F}$ 都是守恒的，并求出它们的势.

21. 考虑总质量 m' 在半径为 r' 的球壳上的均匀分布. 在球壳的引力场中, 一个质量 m 的势能 ϕ 为

$$\phi=\begin{cases}\text{const.}, & \text{如果 } m \text{ 在球壳内},\\ -\dfrac{Cm'}{r}, & \text{如果 } m \text{ 在球壳外面离球心距离为 } r,\\ & \text{从球心到 } m,\ C \text{ 是一个常数}.\end{cases}$$

假设地球是一个半径为 R、密度恒定的球体, 求出地球内外质点 m 上的势和引力. 用重力加速度 g 来计算常数, 得到:

$$\boldsymbol{F}=-\frac{mgR^2}{r^2}\boldsymbol{e}_r \text{ 和 } \phi=-\frac{mgR^2}{r},\ m \text{ 在地球外面};$$

$$\boldsymbol{F}=-\frac{mgr}{R}\boldsymbol{e}_r \text{ 和 } \phi=\frac{mg}{2R}(r^2-3R^2),\ m \text{ 在地球里面};$$

提示: 为了求出这些常数, 回忆一下在地球表面, 作用在 m 上的引力大小是 mg.

6.9 平面上的格林公式

微积分基本定理说, 一个函数的导数的积分就是这个函数, 或者更准确地说,

$$\int_a^b \frac{\mathrm{d}}{\mathrm{d}t}f(t)\,\mathrm{d}t=f(b)-f(a). \tag{9.1}$$

我们将会考虑这个定理在二维和三维的一些有用的推广. 散度定理和斯托克斯定理(见第6.10节和6.11节)在电动力学和其他应用中非常重要, 在本节中, 我们将找到这些定理的二维形式. 首先, 我们发展了一个基本的有用定理, 将面积积分与围绕其边界的线积分联系起来(见示例和习题中的应用, 以及第14章14.3节).

回想一下, 我们知道如何计算线积分(见第6.8节), 并且在第5章中学习了如何计算 (x,y) 平面上的二重积分. 我们将考虑一些区域(比如在图6.9.1或第5章的图5.2.7的区域), 可以对这些区域的二重积分进行计算, 要么是先关于 x 积分, 要么是先关于 y 积分, 观察图6.9.1. 对于简单的闭合曲线 C (一个简单的曲线不会相交), 我们想要找到一个关于面积 A 的二重积分和沿着曲线 C 的线积分之间的关系. 在图6.9.1中, 点1和2之间的 C 的上半部分由一个方程 $y=y_u(x)$ 给出, 下半部分由方程 $y=y_l(x)$ 给出. (考虑求解出圆方程 $y_u(x)=\sqrt{1-x^2}$ 和 $y_l(x)=-\sqrt{1-x^2}$ 的方程). 类似地, 在图6.9.1中, 可以在点3和4之间求出 C 的左半部分和右半部分方程 $x_l(y)$ 和 $x_r(y)$.

设 $P(x,y)$ 和 $Q(x,y)$ 是具有连续一阶导数的连续函数. 我们要证明关于面积 A 的二重积分 $\partial P(x,y)/\partial y$ 等于 P 围绕 C 的线积分. 使用图6.9.1来写出先对 y 积分的二重积分, 通过方程(9.1)设 $t=y$, 对 y 进行积分得到

$$\begin{aligned}\iint_A \frac{\partial P(x,y)}{\partial y}\mathrm{d}y\mathrm{d}x &=\int_a^b \mathrm{d}x\int_{y_l}^{y_u}\frac{\partial P(x,y)}{\partial y}\mathrm{d}y=\int_a^b[P(x,y_u)-P(x,y_l)]\mathrm{d}x\\ &=-\int_a^b P(x,y_l)\,\mathrm{d}x-\int_b^a P(x,y_u)\,\mathrm{d}x.\end{aligned} \tag{9.2}$$

现在有了答案——我们只需要认识它! 考虑一下如何计算沿着在图6.9.1中从点1到点2的 C 的下半部分的 $P(x,y)\mathrm{d}x$ 的线积分. 可以把 $y=y_l(x)$ 代入 $P(x,y)$, 从 $x=a$ 到 b 积分(见第6.8节).

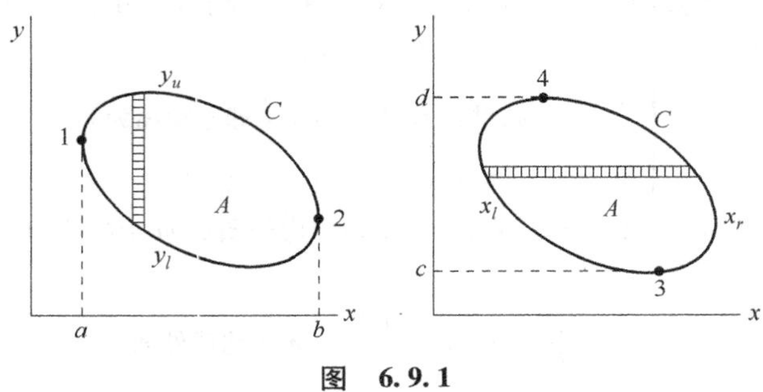

图 6.9.1

$$\int_a^b P(x,y_l)\,\mathrm{d}x, P\mathrm{d}x \text{ 沿着从点 1 到点 2 的 } C \text{ 的下半部分的线积分.} \tag{9.3}$$

这是式（9.2）中的一项. 类似地，为了求出沿着从点 2 到点 1 的 C 的上半部分的 $P(x,y)\mathrm{d}x$ 的线积分，代入 $y=y_u(x)$ 并从 b 积分到 a：

$$\int_b^a P(x,y_u)\,\mathrm{d}x, P\mathrm{d}x \text{ 沿着从点 2 到点 1 的 } C \text{ 的上半部分的线积分.} \tag{9.4}$$

联合式（9.3）和式（9.4）得到了绕 C 逆时针方向的线积分，也就是说，当我们绕 C 旋转时，A 总是在左边. 符号 $\oint$ 表示绕着一条闭合曲线回到起点的积分，那么，从式（9.2）得到

$$\oint_C P\mathrm{d}x = -\iint_A \frac{\partial P(x,y)}{\partial y}\mathrm{d}x\mathrm{d}y. \tag{9.5}$$

重复计算，但首先对 x 积分，得到

$$\begin{aligned}\iint_A \frac{\partial Q}{\partial x}\mathrm{d}x\mathrm{d}y &= \int_c^d \mathrm{d}y \int_{x_l}^{x_r} \frac{\partial Q}{\partial x}\mathrm{d}x = \int_c^d [Q(x_r,y)-Q(x_l,y)]\,\mathrm{d}y \\ &= \oint_C Q\mathrm{d}y.\end{aligned} \tag{9.6}$$

加上式（9.5）和式（9.6）并使用符号 ∂A 表示 A 的边界（也就是 C），得到

平面上的格林公式：

$$\iint_A \left(\frac{\partial Q}{\partial x}-\frac{\partial P}{\partial y}\right)\mathrm{d}x\mathrm{d}y = \oint_{\partial A}(P\mathrm{d}x+Q\mathrm{d}y), \tag{9.7}$$

线积分沿面积 A 的边界是逆时针方向的.

利用格林定理，我们可以求出闭合路径上的线积分或者封闭区域上的二重积分，看哪个更容易做. 如果该区域不是我们假设的简单类型，那么可以将其切成块（见图 6.9.2），以便我们的证明适用于每一块. 图 6.9.2 中虚线部分的线积分与相邻部分的线积分方向相反，所以可以消去. 因此，该定理适用于更一般的面积及其封闭曲线. 事实上，我们甚至可以闭合图 6.9.2，创建一个中间有一个洞的区域.

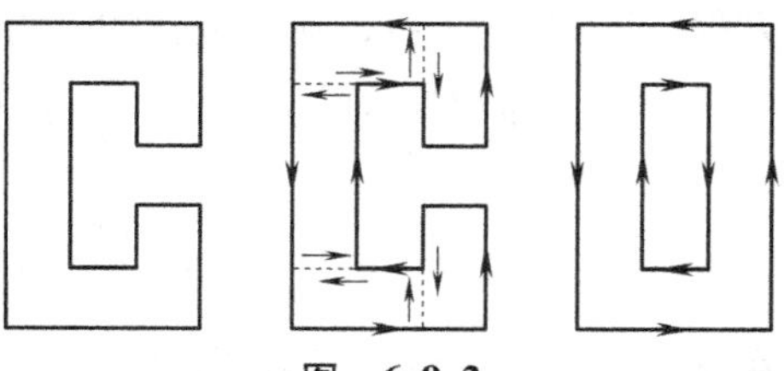

图 6.9.2

格林定理仍然成立，但是现在线积分由一个绕外面边界的逆时针积分加上一个绕孔的顺

时针积分组成，如图 6.9.2 所示．我们说，这个区域不是“单连通的”（见第 6.11 节对此的进一步讨论）．

例 1 在第 6.8 节例 1 中，我们求出了沿着几条路径（见图 6.8.2）的线积分式（8.2）．假设我们想求出在图 6.8.2 中围绕闭合循环从（0,0）到（2,1）再到（0,0）（见图 6.9.3）的线积分．从第 6.8 节例 1 可知，这是沿路径 2 所做的功减去沿路径 3 所做的功（因为现在是反方向做的功），则求出 $W_2-W_3=\frac{2}{3}-\frac{5}{3}=-1$．让我们使用格林定理来计算，从式（8.2）和式（9.7）得到

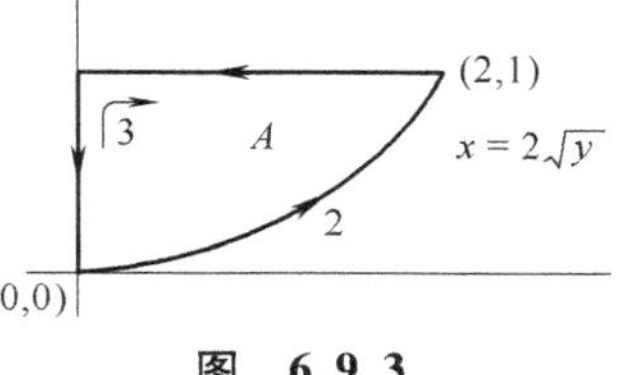

图 6.9.3

$$W=\oint_{\partial A}xy\mathrm{d}x-y^2\mathrm{d}y=\iint_A\left[\frac{\partial}{\partial x}(-y^2)-\frac{\partial}{\partial y}(xy)\right]\mathrm{d}x\mathrm{d}y$$

$$=\iint_A -x\mathrm{d}x\mathrm{d}y=-\int_{y=0}^{1}\int_{x=0}^{2\sqrt{y}}x\mathrm{d}x\mathrm{d}y=-1,$$

结果跟上面相同．

例 2 在第 6.8 节中，我们讨论了做功与路径无关的守恒力．根据格林定理（9.7），力 $\boldsymbol{F}$ 在 (x,y) 平面上沿闭合路径所做的功是

$$W=\oint_{\partial A}(F_x\mathrm{d}x+F_y\mathrm{d}y)=\iint_A\left(\frac{\partial F_y}{\partial x}-\frac{\partial F_x}{\partial y}\right)\mathrm{d}x\mathrm{d}y.$$

如果 $(\partial F_y/\partial x)-(\partial F_x/\partial y)=0$．（注意：这是 $\mathrm{curl}\,\boldsymbol{F}=0$ 的 z 分量），那么任何闭合路径上的 W 都是零，这意味着从一点到另一点所做的功独立于路径（见第 6.11 节）．

函数 $P(x,y)$ 和 $Q(x,y)$ 在式（9.7）中是任意的，我们可以选择它们来满足我们的目的．注意一个二维矢量函数 $\boldsymbol{i}V_x(x,y)+\boldsymbol{j}V_y(x,y)$ 包含两个函数 V_x 和 V_y，在接下来的两个例子中，我们将用 V_x 和 V_y 来定义 P 和 Q，以获得两个有用的结果．

例 3 定义

$$Q=V_x,\quad P=-V_y,\quad \text{其中},\quad \boldsymbol{V}=\boldsymbol{i}V_x+\boldsymbol{j}V_y. \tag{9.8}$$

那么通过式（7.2），$V_z=0$，有

$$\frac{\partial Q}{\partial x}-\frac{\partial P}{\partial y}=\frac{\partial V_x}{\partial x}+\frac{\partial V_y}{\partial y}=\mathrm{div}\,\boldsymbol{V}. \tag{9.9}$$

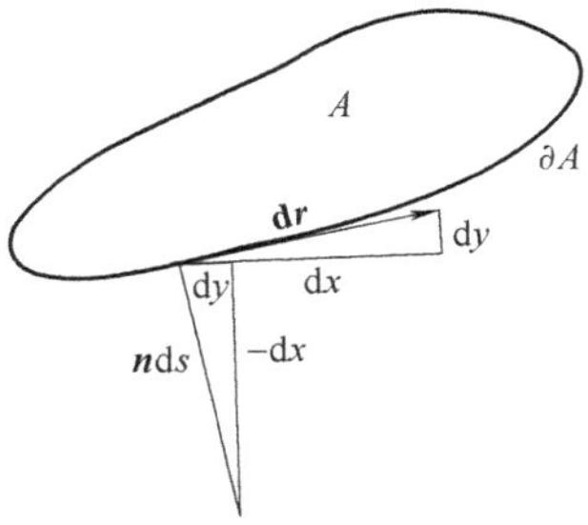

图 6.9.4

沿着面积 A 边界的曲线（见图 6.9.4），矢量是一个切矢量：

$$\mathrm{d}\boldsymbol{r}=\boldsymbol{i}\mathrm{d}x+\boldsymbol{j}\mathrm{d}y(\text{切矢量}), \tag{9.10}$$

而下面矢量是一个法向量（垂直于切线），指向面积 A 外面：

$$\boldsymbol{n}\mathrm{d}s=\boldsymbol{i}\mathrm{d}y-\boldsymbol{j}\mathrm{d}x(\text{外法线}), \tag{9.11}$$

其中，$\boldsymbol{n}$ 就一个单位矢量，$\mathrm{d}s=\sqrt{\mathrm{d}x^2+\mathrm{d}y^2}$．

使用式（9.11）和式（9.8），可以写出

$$P\mathrm{d}x+Q\mathrm{d}y=-V_y\mathrm{d}x+V_x\mathrm{d}y=(\boldsymbol{i}V_x+\boldsymbol{j}V_y)\cdot(\boldsymbol{i}\mathrm{d}y-\boldsymbol{j}x)$$

$$=\boldsymbol{V}\cdot\boldsymbol{n}\mathrm{d}s. \tag{9.12}$$

那么在式（9.7）中代入式（9.9）和式（9.12）得到

$$\iint_A \mathrm{div}\ \boldsymbol{V}\mathrm{d}x\mathrm{d}y=\int_{\partial A}\boldsymbol{V}\cdot\boldsymbol{n}\mathrm{d}s. \tag{9.13}$$

这是二维的散度定理. 它可以扩展到三维（见第 6.10 节）. 设 τ 表示一个体积，那么 $\partial\tau$（读为 τ 的边界）表示 τ 的封闭表面积. 设 $\mathrm{d}\tau$ 表示一个体积元，$\mathrm{d}\sigma$ 表示表面面积元. 在表面的每一点上，设 $\boldsymbol{n}$ 为一个垂直于表面并指向外面的单位矢量. 那么在三维空间里的散度定理为（见第 6.10 节）

$$\iiint_\tau \mathrm{div}\ \boldsymbol{V}\mathrm{d}\tau=\iint_{\partial\tau}\boldsymbol{V}\cdot\boldsymbol{n}\mathrm{d}\sigma(\text{散度定理}). \tag{9.14}$$

例 4 为了看看式（9.7）在矢量函数中的另一个应用，设

$$Q=V_y,\quad P=V_x,\quad \text{其中，}\boldsymbol{V}=\boldsymbol{i}V_x+\boldsymbol{j}V_y. \tag{9.15}$$

那么通过式（7.3），$V_z=0$，有

$$\frac{\partial Q}{\partial x}-\frac{\partial P}{\partial y}=\frac{\partial V_y}{\partial x}-\frac{\partial V_x}{\partial y}=(\mathrm{curl}\ \boldsymbol{V})\cdot\boldsymbol{k}. \tag{9.16}$$

式（9.10）和式（9.15）给出

$$P\mathrm{d}x+Q\mathrm{d}y=(\boldsymbol{i}V_x+\boldsymbol{j}V_y)\cdot(\boldsymbol{i}\mathrm{d}x+\boldsymbol{j}\mathrm{d}y)=\boldsymbol{V}\cdot\mathrm{d}\boldsymbol{r}. \tag{9.17}$$

在式（9.7）中代入式（9.16）和式（9.17）得到

$$\iint_A(\mathrm{curl}\ \boldsymbol{V})\cdot\boldsymbol{k}\mathrm{d}x\mathrm{d}y=\oint_{\partial A}\boldsymbol{V}\cdot\mathrm{d}\boldsymbol{r}. \tag{9.18}$$

图 6.9.5

这是二维斯托克斯（Stokes）定理. 它可以扩展到三维空间（见第 6.11 节）. 设 σ 是一个开放的表面（例如，一个半球面），那么 $\partial\sigma$ 表示表面边界的曲线（见图 6.9.5）. 设 $\boldsymbol{n}$ 是垂直于表面的单位矢量，那么三维空间中斯托克斯定理为（见第 6.11 节）

$$\iint_\sigma(\mathrm{curl}\ \boldsymbol{V})\cdot\boldsymbol{n}\mathrm{d}\sigma=\int_{\partial\sigma}\boldsymbol{V}\cdot\mathrm{d}\boldsymbol{r}(\text{斯托克斯定理}), \tag{9.19}$$

线积分的积分方向如图 6.9.5 所示（见第 6.11 节）.

习题 6.9

1. 写出图 6.9.2 中点 3 和点 4 之间 $\int Q\mathrm{d}y$ 对应的方程（9.3）和方程（9.4），并相加得到方程（9.6）.

在第 2 题~第 5 题中，使用格林定理（式（9.7））计算给定的积分.

2. $\oint 2x\mathrm{d}y-3y\mathrm{d}x$ 沿着顶点为（0,2），（2,0），（−2,0）和（0,−2）的正方形曲线积分.

3. $\oint_C xy\mathrm{d}x+x^2\mathrm{d}y$，其中，$C$ 如下面草图所示.

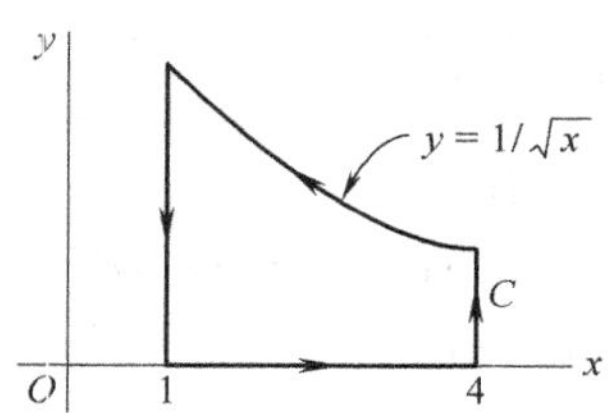

4. $\int_C e^x\cos y\mathrm{d}x-e^x\sin y\mathrm{d}y$，其中，$C$ 是从 $A=(\ln2,0)$ 到 $D=(0,1)$，然后从 D 到 $B=(-\ln2,0)$ 的折线. 提示：将格林定理应用于沿着闭合曲线 $ADBA$ 的积分.

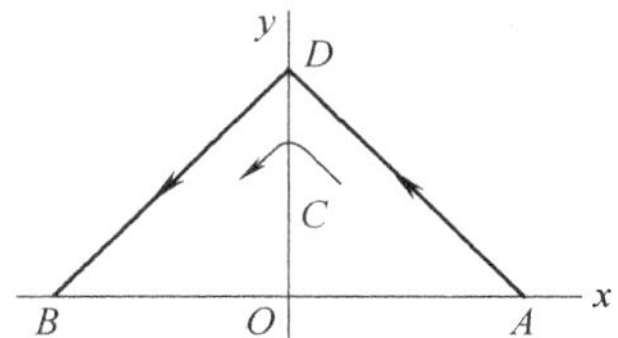

5. $\int_C(ye^x-1)\mathrm{d}x+e^x\mathrm{d}y$，其中，$C$ 是通过点（0,−10），（10,0），和（0,10）的半圆（对比第 4 题）.

6. 对于平面上的简单闭合曲线 C，用格林定理证明封闭的面积为

$$A=\frac{1}{2}\oint_C(x\mathrm{d}y-y\mathrm{d}x).$$

7. 使用第 6 题证明椭圆 $x=a\cos\theta$，$y=b\sin\theta$，其中，$0\leqslant\theta\leqslant2\pi$ 的面积是 $A=\pi ab$.

8. 使用第 6 题求出曲线 $x^{2/3}+y^{2/3}=4$ 内的面积.

9. 将 $P=0$，$Q=\frac{1}{2}x^2$ 的格林定理应用到顶点为（0,0），（0,3），（3,0）的三角形上，那么在三角形中 $\iint x\mathrm{d}x\mathrm{d}y$ 表示为一个非常简单的曲线积分. 用这个来定位三角形的质心.（比较第 5 章 5.3 节.）

用最简单的方法计算下面的每一个积分.

10. $\oint(2y\mathrm{d}x-3x\mathrm{d}y)$，沿着 $x=3$，$x=5$，$y=1$ 和 $y=3$ 的方形边界积分.

11. $\int_C(x\sin x-y)\mathrm{d}x+(x-y^2)\mathrm{d}y$，其中，$C$ 是顶点为（0,0），（1,1）和（2,0）在（x,y）平面上的三角形.

12. $\int(y^2-x^2)\mathrm{d}x+(2xy+3)\mathrm{d}y$ 沿着 x 轴从（0,0）到（$\sqrt{5}$,0），然后沿着圆弧从（$\sqrt{5}$,0）到（1,2）的曲线积分.

6.10 散度和散度定理

前面已经定义了（在第 6.7 节）矢量函数 $\boldsymbol{V}(x,y,z)$ 的散度为

$$\mathrm{div}\ \boldsymbol{V}=\nabla\cdot\boldsymbol{V}=\frac{\partial V_x}{\partial x}+\frac{\partial V_y}{\partial y}+\frac{\partial V_z}{\partial z}. \tag{10.1}$$

我们现在想要研究物理应用中散度的意义和用法.

考虑一个水在流动的区域，可以想象在每一点上画一个矢量 $\boldsymbol{v}$ 等于那个点的水的速度，矢量函数 $\boldsymbol{v}$ 代表一个矢量场，与 $\boldsymbol{v}$ 相切的曲线称为流线. 我们也可以用同样的方法来讨论气体、热量、电或粒子的流动（比如来自放射性源）. 我们要证明，如果 $\boldsymbol{v}$ 代表了这些东西的流动速度，那么 div $\boldsymbol{v}$ 与从给定体积中流出的物质的量有关. 这可能与零不同，要么是因为密度的变化（更多的空气流出，而不是在房间里加热）或者因为体积内有一个源或汇（α 粒子流出，但不进入包含 α 辐射源的盒子里）. 同样的数学也适用于电场和磁场，其中，$\boldsymbol{v}$ 被 $\boldsymbol{E}$ 或 $\boldsymbol{B}$ 取代，而物质流出相对应的量叫作流量.

对于水流动的例子，设 $\boldsymbol{V}=\boldsymbol{v}\rho$，其中 ρ 是水的密度，则 t 时刻垂直于流动方向的面积 A' 内的过水量为（见图 6.10.1）截面为 A'、长度为 vt 的圆柱体内的水量. 这一水量是

$$(vt)(A')(\rho). \tag{10.2}$$

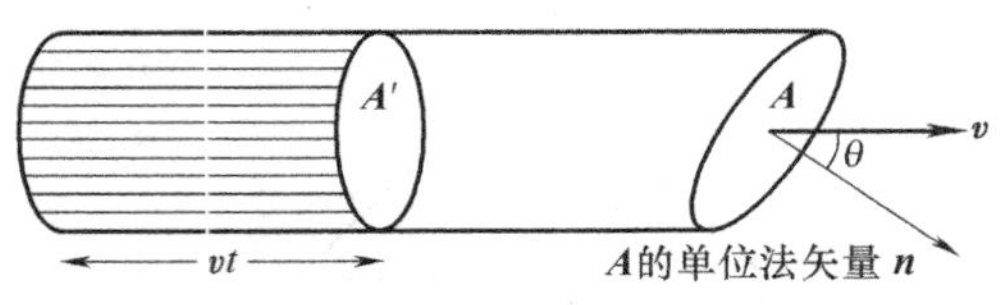

图 6.10.1

相同数量的水穿过面积 A（见图 6.10.1），面积 A 的单位法矢量与 $\boldsymbol{v}$ 的夹角为 θ，由于 $A'=A\cos\theta$，有

$$vtA'\rho=vt\rho A\cos\theta. \tag{10.3}$$

那么，假设水在方向 $\boldsymbol{v}$ 中流动，与一个表面的法矢量 $\boldsymbol{n}$ 形成一个角度 θ，如果 $\boldsymbol{n}$ 是一个单位矢量，那么单位时间内的穿过表面的单位面积的水量是

$$v\rho\cos\theta=V\cos\theta=\boldsymbol{V}\cdot\boldsymbol{n}. \tag{10.4}$$

现在考虑在水流动的区域中的体积元 $\mathrm{d}x\mathrm{d}y\mathrm{d}z$（见图 6.10.2）. 水通过体积元 $\mathrm{d}x\mathrm{d}y\mathrm{d}z$ 的六个表面，从表面流入或流出，我们将计算出向外的净流量. 在图 6.10.2 中，水通过表面 1 流入 $\mathrm{d}x\mathrm{d}y\mathrm{d}z$ 的速率是（通过式（10.4））$\boldsymbol{V}\cdot\boldsymbol{i}$/单位面积，或者通过表面 1 的面积 $\mathrm{d}y\mathrm{d}z$ 的速率为 $(\boldsymbol{V}\cdot\boldsymbol{i})\mathrm{d}y\mathrm{d}z$. 由于 $\boldsymbol{V}\cdot\boldsymbol{i}=V_x$，所以水流过表面 1 的速率为 $V_x\mathrm{d}y\mathrm{d}z$. 类似的表达式给出了水从表面 2 流出的速率，除了 V_x 必须是表面 2 的 $\boldsymbol{V}$ 的 x 分量，而不是在表面 1 上的分量. 我们想要两个 V_x 值在两点的差值，一个在表面 1 上，一个在表面 2 上，对于相同的 y 和 z，其值正好相反. V_x 的这两个值相差 ΔV_x，ΔV_x 可近似 $\mathrm{d}V_x$（见第 4 章）. 对于常数 y 和 z，$\mathrm{d}V_x=(\partial V_x/\partial x)\mathrm{d}x$，那么通过这两个表面的净流出量是通过表面 2 的流出量减去流入表面 1 的流入量，也就是

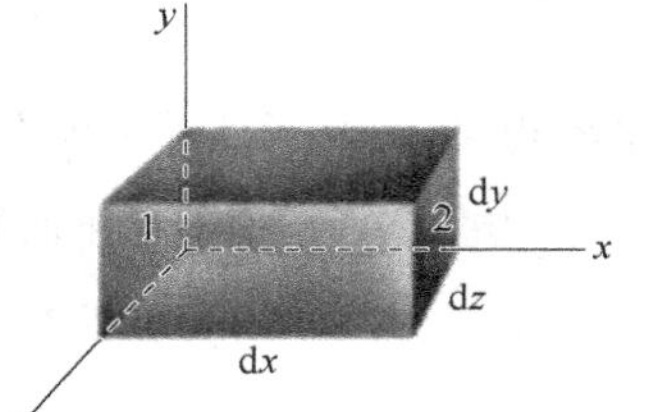

图 6.10.2

$$[(\text{在表面 2 上的 } V_x)-(\text{在表面 1 上的 } V_x)]\mathrm{d}y\mathrm{d}z=\left(\frac{\partial V_x}{\partial x}\mathrm{d}x\right)\mathrm{d}y\mathrm{d}z. \tag{10.5}$$

我们得到了通过另外两对相对表面的净流出量的类似表达式：

$$\frac{\partial V_y}{\partial y}\mathrm{d}x\mathrm{d}y\mathrm{d}z \qquad \text{穿过上下两表面,}$$

$$\frac{\partial V_z}{\partial z}\mathrm{d}x\mathrm{d}y\mathrm{d}z \qquad \text{穿过另外两个表面.} \tag{10.6}$$

那么 $\mathrm{d}x\mathrm{d}y\mathrm{d}z$ 的总净损失是

$$\left(\frac{\partial V_x}{\partial x}+\frac{\partial V_y}{\partial y}+\frac{\partial V_z}{\partial z}\right)\mathrm{d}x\mathrm{d}y\mathrm{d}z=\mathrm{div}\ \boldsymbol{V}\mathrm{d}x\mathrm{d}y\mathrm{d}z \quad \text{或} \quad \nabla\cdot\boldsymbol{V}\mathrm{d}x\mathrm{d}y\mathrm{d}z \tag{10.7}$$

如果用式（10.7）除以 $\mathrm{d}x\mathrm{d}y\mathrm{d}z$，就得到单位体积的水的损失率. 这是散度的物理意义：它指的是在一个点处计算每单位体积的净流出率（假设 $\mathrm{d}x\mathrm{d}y\mathrm{d}z$ 收缩为一个点）. 这是液体、气体或微粒子的实际物质流出，它被称为电场和磁场的流通量. 你应该注意到这有点像密

度. 密度是单位体积的质量，但在一个点处计算密度，并且密度可能在不同的点之间变化. 类似地，散度在每个点处被计算，并且不同的点处散度可能不相同.

正如我们说过的，由于密度随时间的变化或由于源和汇的不同，div $\boldsymbol{V}$ 可能不为零，设：

ψ=源密度减去汇密度

=单位时间单位体积产生的流体净质量；

ρ=流体的密度=每单位体积的质量；

$\partial\rho/\partial t$=单位体积质量增加的时间速率.

那么，

在 $\mathrm{d}x\mathrm{d}y\mathrm{d}z$ 中质量的增加速率=产生物质的速率减去向外流出物质的速率.

或者用符号表示为

$$\frac{\partial\rho}{\partial t}\mathrm{d}x\mathrm{d}y\mathrm{d}z=\psi\mathrm{d}x\mathrm{d}y\mathrm{d}z-\nabla\cdot\boldsymbol{V}\mathrm{d}x\mathrm{d}y\mathrm{d}z,$$

消掉 $\mathrm{d}x\mathrm{d}y\mathrm{d}z$ 有

$$\frac{\partial\rho}{\partial t}=\psi-\nabla\cdot\boldsymbol{V},$$

或

$$\nabla\cdot\boldsymbol{V}=\psi-\frac{\partial\rho}{\partial t}. \tag{10.8}$$

如果没有源或汇，则 $\psi=0$. 得到的方程通常被称为连续方程.（见习题 6.10 第 15 题.）

$$\nabla\cdot\boldsymbol{V}+\frac{\partial\rho}{\partial t}=0 \qquad \text{连续方程}, \tag{10.9}$$

如果 $\partial\rho/\partial t=0$，则

$$\nabla\cdot\boldsymbol{V}=\psi. \tag{10.10}$$

在电场的情况下，源和汇是电荷，对应于式（10.10）的方程是 div $\boldsymbol{D}=\psi$，其中，ψ 是电荷密度，$\boldsymbol{D}$ 是电位移. 对于磁场 $\boldsymbol{B}$，你会认为源是磁极；然而，没有自由的磁极，所以 div $\boldsymbol{B}=0$.

我们已经证明了，每单位时间穿过一个平面面积 A 的流体质量是 $A\boldsymbol{V}\cdot n$，其中，$\boldsymbol{n}$ 是 A 上的一个单位法矢量，$\boldsymbol{v}$ 和 ρ 是流体的速度和密度，$\boldsymbol{V}=\boldsymbol{v}\rho$. 考虑任意封闭的表面，设 $\mathrm{d}\sigma$ 为表面上的一个面积元（见图 6.10.3）. 例如，对于一个平面，$\mathrm{d}\sigma=\mathrm{d}x\mathrm{d}y$；对于一个球面，$\mathrm{d}\sigma=r^2\sin\theta\mathrm{d}\theta\mathrm{d}\phi$.

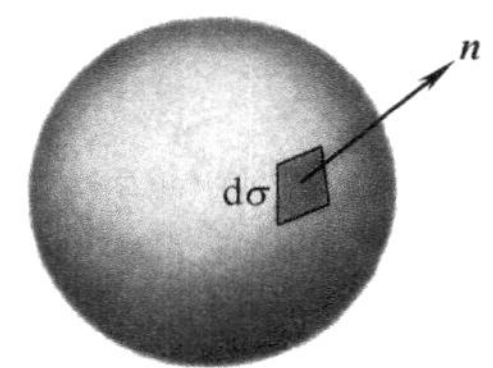

图 6.10.3

设 $\boldsymbol{n}$ 为垂直于 $\mathrm{d}\sigma$ 且指向曲面外的单位矢量（在曲面上不同点处的 $\boldsymbol{n}$，其方向是不同的）. 那么通过式（10.4）可知，穿过 $\mathrm{d}\sigma$ 流出的流体质量为 $\boldsymbol{V}\cdot\boldsymbol{n}\mathrm{d}\sigma$，由表面包围的体积流出的总量为

$$\iint\boldsymbol{V}\cdot\boldsymbol{n}\mathrm{d}\sigma, \tag{10.11}$$

其中，二重积分是对封闭曲面的积分.

我们之前证明过（见式（10.7）），对于体积元 $\mathrm{d}\tau=\mathrm{d}x\mathrm{d}y\mathrm{d}z$ 有

$$\text{通过 } \mathrm{d}\tau \text{ 的流出量为} \nabla\cdot\boldsymbol{V}\mathrm{d}\tau. \tag{10.12}$$

为了简单起见，我们针对一个直角坐标体积元 $\mathrm{d}x\mathrm{d}y\mathrm{d}z$ 证明了上面式子. 通过额外的努力，

我们可以更一般地证明它，比如对于有倾斜边的体积元或者球坐标的体积元. 从现在开始我们将假定 $\mathrm{d}\tau$ 包括更一般的体积元的形状.

这里值得注意的是（除了式（7.2））定义散度的另一种方法. 如果针对一个体积元 $\mathrm{d}\tau$ 的表面积写出式（10.11），那么对于通过 $\mathrm{d}\tau$ 的总流出量有两个表达式，并且它们必须是相等的. 因此，

$$\nabla\cdot\boldsymbol{V}\mathrm{d}\tau=\iint\limits_{\mathrm{d}\tau\text{的表面}}\boldsymbol{V}\cdot\boldsymbol{n}\mathrm{d}\sigma. \tag{10.13}$$

式子左边 $\nabla\cdot\boldsymbol{V}$ 的值当然是在 $\mathrm{d}\tau$ 中 $\nabla\cdot\boldsymbol{V}$ 的平均值，但是如果式（10.13）两边除以 $\mathrm{d}\tau$，设 $\mathrm{d}\tau$ 收缩到一个点，那么有在点处 $\nabla\cdot\boldsymbol{V}$ 的定义：

$$\nabla\cdot\boldsymbol{V}=\lim_{\mathrm{d}\tau\to 0}\frac{1}{\mathrm{d}\tau}\iint\limits_{\mathrm{d}\tau\text{的表面}}\boldsymbol{V}\cdot\boldsymbol{n}\mathrm{d}\sigma. \tag{10.14}$$

如果我们以式（10.14）作为 $\nabla\cdot\boldsymbol{V}$ 的定义的开始，那么导致式（10.7）的讨论证明了式（10.14）中定义的 $\nabla\cdot\boldsymbol{V}$ 等于式（7.2）中定义的 $\nabla\cdot\boldsymbol{V}$.

6.10.1 散度定理

见式（10.17），散度定理也被称为高斯定理，但要注意把这个数学定理与一种物理定律的高斯定律区分开来，参见式（10.23）.

考虑一个大体积 τ，想象一下，它被分割成体积元 $\mathrm{d}\tau_i$（在图 6.10.4中显示了这部分的横截面）. 每个 $\mathrm{d}\tau_i$ 的流出量为 $\nabla\cdot\boldsymbol{V}\mathrm{d}\tau_i$，我们把从所有 $\mathrm{d}\tau_i$ 流出量加起来得

$$\sum_i\nabla\cdot\boldsymbol{V}\mathrm{d}\tau_i. \tag{10.15}$$

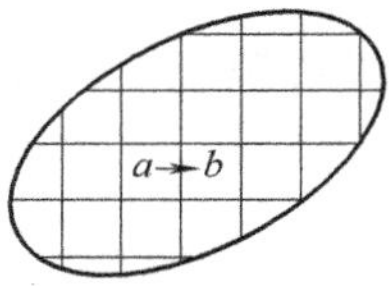

图 6.10.4

我们将证明式（10.15）是从大体积流出的量. 考虑图 6.10.4 中标记为 a 和 b 的体积元之间，在它们的共同面上的流出量. 从 a 到 b 的流出量是从 b 到 a 的流入量（负的流出量），所以在总和式（10.15）中，内部面的流出量抵消了. 那么式（10.15）的总和就等于从大体积中流出的总量. 当体积元的大小趋近于 0 时，这个总和接近于对体积的三重积分：

$$\iiint\nabla\cdot\boldsymbol{V}\mathrm{d}\tau. \tag{10.16}$$

我们已经证明式（10.11）和式（10.16）都等于从大体积中流出的总量，因此它们相等，我们得到如式（9.14）所示的散度定理：

$$\iiint\limits_{\tau\text{体积}}\nabla\cdot\boldsymbol{V}\mathrm{d}\tau=\iint\limits_{\tau\text{的封闭曲面}}\boldsymbol{V}\cdot\boldsymbol{n}\mathrm{d}\sigma.\text{散度定理} \tag{10.17}$$

（$\boldsymbol{n}$ 指向封闭表面 $\boldsymbol{\sigma}$ 的外面.）

注意散度定理将体积积分转化为封闭曲面上的积分，反之亦然，那么我们可以计算出哪个更简单.

在式（10.17）中，我们仔细地写出了三个积分符号的体积积分和两个积分符号的曲面积分. 然而，对于这两种情况来说，当体积或面积元由单变量微分表示时（对于体积元，用 $\mathrm{d}\tau$，$\mathrm{d}V$ 等表示；对于表面积元，用 $\mathrm{d}\sigma$，$\mathrm{d}A$，$\mathrm{d}S$ 等表示），只写一个积分符号是相当常见的.

因此，我们可以写为$\iiint \mathrm{d}\tau$或$\int \mathrm{d}\tau$或$\iiint \mathrm{d}x\mathrm{d}y\mathrm{d}z$，所有的意思都是一样的. 当单个积分符号被用来表示一个表面或体积积分时，你必须从符号（对于体积符号为τ，对于面积符号为σ）或积分下面的字母中看出真正的意思是什么. 为了表示一个封闭曲面上的表面积分，或者在闭合曲线上的线积分，符号$\oint$经常被使用. 因此，对于封闭曲面上的表面积分可以写成$\iint \mathrm{d}\sigma$或$\oint \mathrm{d}\sigma$. 对于被积函数$\boldsymbol{V}\cdot\boldsymbol{n}\mathrm{d}\sigma$，经常使用不同的符号. 对单位矢量$\boldsymbol{n}$和标量大小$\mathrm{d}\sigma$，可以使用矢量$\mathrm{d}\boldsymbol{\sigma}$表示一个大小为$\mathrm{d}\sigma$、方向为$\boldsymbol{n}$的矢量来表示；因此$\mathrm{d}\boldsymbol{\sigma}$与$\boldsymbol{n}\mathrm{d}\sigma$完全一样，可以用式（10.17）中的$\boldsymbol{V}\cdot\mathrm{d}\boldsymbol{\sigma}$替换$\boldsymbol{V}\cdot\boldsymbol{n}\mathrm{d}\sigma$.

6.10.2 散度定理的例子

设$\boldsymbol{V}=\boldsymbol{i}x+\boldsymbol{j}y+\boldsymbol{k}z$，对图6.10.5中所示的圆柱体的封闭表面计算积分$\oint\boldsymbol{V}\cdot\boldsymbol{n}\mathrm{d}\sigma$.

根据散度定理，它等于对圆柱体的体积的积分$\int\nabla\cdot\boldsymbol{V}\mathrm{d}\tau$.（注意，我们使用的是一重积分符号，但是符号和字母清楚地表明了哪个积分是体积积分，哪个是曲面积分.）我们从散度的定义中得到

$$\nabla\cdot\boldsymbol{V}=\frac{\partial x}{\partial x}+\frac{\partial y}{\partial y}+\frac{\partial z}{\partial z}=3.$$

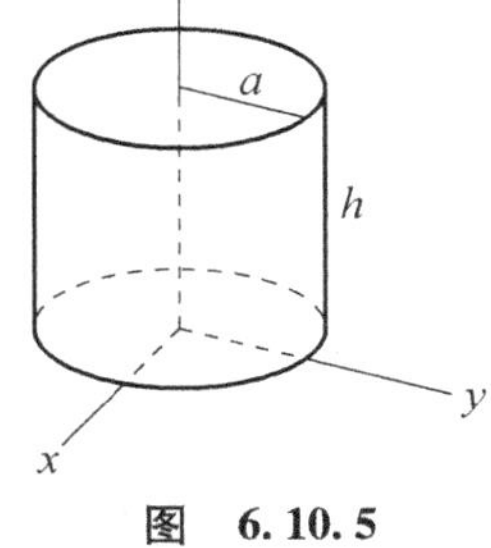

图 6.10.5

那么通过式（10.17）有

$$\oint_{\text{圆柱的表面}}\boldsymbol{V}\cdot\boldsymbol{n}\mathrm{d}\sigma=\int_{\text{圆柱的体积}}\nabla\cdot\boldsymbol{V}\mathrm{d}\tau=\int 3\mathrm{d}\tau=3\int\mathrm{d}\tau$$
$$=3\text{倍的圆柱的体积}=3\pi a^2h.$$

对$\oint\boldsymbol{V}\cdot\boldsymbol{n}\mathrm{d}\sigma$直接求值比较难，但可以用它来说明计算曲面积分的例子，并在特殊情况下验证散度定理. 我们需要求曲面的法矢量$\boldsymbol{n}$，在上表面（见图6.10.5），$\boldsymbol{n}=\boldsymbol{k}$，则$\boldsymbol{V}\cdot\boldsymbol{n}=\boldsymbol{V}\cdot\boldsymbol{k}=z=h$，那么有

$$\int_{\text{圆柱的顶面}}\boldsymbol{V}\cdot\boldsymbol{n}\mathrm{d}\sigma=h\int\mathrm{d}\sigma=h\cdot\pi a^2.$$

在下表面，$\boldsymbol{n}=-\boldsymbol{k}$，$\boldsymbol{V}\cdot\boldsymbol{n}=-z=0$. 因此，在下表面的积分是零. 在侧曲面上我们可以通过检验得到矢量$\boldsymbol{i}x+\boldsymbol{j}y$是曲面的法矢量，所以对于曲面有

$$\boldsymbol{n}=\frac{\boldsymbol{i}x+\boldsymbol{j}y}{\sqrt{x^2+y^2}}=\frac{\boldsymbol{i}x+\boldsymbol{j}y}{a}.$$

如果矢量$\boldsymbol{n}$不能明显通过检验得到，可以很容易地求出它；回忆一下（见第6.6节），如果一个表面的方程是$\phi(x,y,z)=\text{const.}$，那么$\nabla\phi$垂直于表面. 在这个问题中，圆柱面的方程是$x^2+y^2=a^2$，那么$\phi=x^2+y^2$，$\nabla\phi=2x\boldsymbol{i}+2y\boldsymbol{j}$，得到如上面一样的单位矢量$\boldsymbol{n}$. 那么对于曲面表面有

$$\boldsymbol{V}\cdot\boldsymbol{n}=\frac{x^2+y^2}{a}=\frac{a^2}{a}=a.$$

$$\int_{\text{曲面表面}} \boldsymbol{V}\cdot\boldsymbol{n}\mathrm{d}\sigma = a\int \mathrm{d}\sigma = a\times(\text{曲面表面的面积}) = a\cdot 2\pi ah.$$

在圆柱体的整个表面上$\oint \boldsymbol{V}\cdot\boldsymbol{n}\mathrm{d}\sigma$ 的值为 $\pi a^2h+2\pi a^2h=3\pi a^2h$，如上面一样.

6.10.3 高斯定律

散度定理在电学中很重要，为了了解它是如何使用的，我们需要一个电学中的高斯定律. 让我们从更熟悉的库仑定律式（8.11）推导出这个定律. 库仑定律（SI 单位）给出了原点电荷 q 在 $\boldsymbol{r}$ 处的电场：

$$\boldsymbol{E}=\frac{q}{4\pi\varepsilon_0 r^2}\boldsymbol{e}_r. \qquad \text{库仑定律} \tag{10.18}$$

ε_0 是一个常数，称为自由空间的介电常数，$\frac{1}{4\pi\varepsilon_0}=9\times10^9$，SI 单位. 电位移 $\boldsymbol{D}$（在自由空间）由 $\boldsymbol{D}=\varepsilon_0\boldsymbol{E}$ 定义，那么有

$$\boldsymbol{D}=\frac{q}{4\pi r^2}\boldsymbol{e}_r. \tag{10.19}$$

设 σ 是在原点的点电荷周围的一个封闭曲面，$\mathrm{d}\sigma$ 是在点 $\boldsymbol{r}$ 处曲面的面积元，并设 $\boldsymbol{n}$ 是 $\mathrm{d}\sigma$ 的一个单位法矢量（见图 6.10.3和图 6.10.6）. 并且设 $\mathrm{d}A$ 为 $\mathrm{d}\sigma$ 在半径为 r. 球心为 O 的球面上的投影，$\mathrm{d}\Omega$ 是 $\mathrm{d}\sigma$ 和 $\mathrm{d}A$ 在 O 处的立体角（见图 6.10.6），那么由立体角的定义有

$$\mathrm{d}\Omega=\frac{1}{r^2}\mathrm{d}A, \tag{10.20}$$

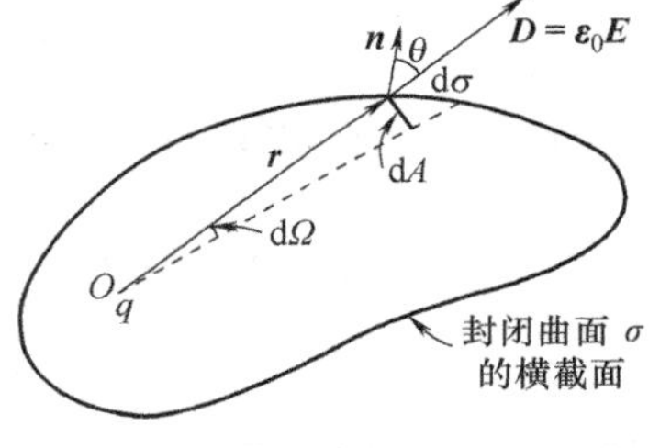

图 6.10.6

由图 6.10.6 和式（10.19）、式（10.20）可知

$$\boldsymbol{D}\cdot\boldsymbol{n}\mathrm{d}\sigma=D\cos\theta\mathrm{d}\sigma=D\mathrm{d}A=\frac{q}{4\pi r^2}\cdot r^2\mathrm{d}\Omega=\frac{1}{4\pi}q\mathrm{d}\Omega. \tag{10.21}$$

我们想求出在封闭曲面 σ 上 $\boldsymbol{D}\cdot\boldsymbol{n}\mathrm{d}\sigma$ 的曲面积分，由式（10.21）得出

$$\oint_{\text{封闭曲面}} \boldsymbol{D}\cdot\boldsymbol{n}\mathrm{d}\sigma=\frac{q}{4\pi}\int_{\text{总立体角}}\mathrm{d}\Omega=\frac{q}{4\pi}\cdot4\pi=q.\ (q\text{ 在 }\sigma\text{ 的内部}) \tag{10.22}$$

当只有一个点电荷 q 时，这是高斯定律的一个简单情况；在大多数情况下，我们需要高斯定律的形式如下面的式（10.23）或式（10.24）. 在推导这些公式之前，我们应该特别注意在式（10.22）中电荷 q 在封闭曲面 σ 内. 如果我们对曲面外的点电荷 q 重复式（10.22）的推导（见习题 6.10 第 13 题），会发现在这种情况下有

$$\oint_{\text{封闭的}\sigma} \boldsymbol{D}\cdot\boldsymbol{n}\mathrm{d}\sigma=0.$$

接下来假设在封闭表面内有几个电荷 q_i. 对于每一个 q_i 和与之对应的 D_i，我们可以写出像式（10.22）这样的方程. 但是由于所有的 q_i 在一点处的总电位移矢量 $\boldsymbol{D}$ 是矢量 $\boldsymbol{D}_i$ 的和. 因此我们有

$$\oint_{\text{封闭曲面}\sigma} \boldsymbol{D}\cdot\boldsymbol{n}\mathrm{d}\sigma=\sum_i \oint_{\text{封闭曲面}\sigma} \boldsymbol{D}_i\cdot\boldsymbol{n}\mathrm{d}\sigma=\sum q_i.$$

因此对于封闭曲面内的任意电荷分布有

$$\oint_{\text{封闭曲面}} \boldsymbol{D}\cdot\boldsymbol{n}\mathrm{d}\sigma=\text{封闭曲面内的总电荷}. \qquad \text{库仑定律} \tag{10.23}$$

如果我们有一个电荷密度为 ρ 的电荷分布（密度可能会因点而异），而不是孤立电荷，那么总电荷为 $\int\rho\mathrm{d}\tau$，所以有

$$\oint_{\text{封闭曲面}\sigma} \boldsymbol{D}\cdot\boldsymbol{n}\mathrm{d}\sigma=\int_{\sigma\text{围成的体积}} \rho\mathrm{d}\tau. \qquad \text{库仑定律} \tag{10.24}$$

由于（见习题 6.10 第 13 题）在封闭曲面 σ 外面的电荷对积分不起作用，如果 $\boldsymbol{D}$ 是由曲面内外的所有电荷引起的总电位移，那么式（10.23）和式（10.24）是正确的. 然而，这些方程的右边总电荷只是曲面 σ 内部的电荷. 式（10.23）或式（10.24）被称为高斯定律.

现在我们想看看散度定理在高斯定律中的应用. 根据散度定理，式（10.23）或式（10.24）左边的曲面积分等于

$$\int_{\sigma\text{围成的体积}} \nabla\cdot\boldsymbol{D}\mathrm{d}\tau,$$

那么式（10.24）被写为

$$\int\nabla\cdot\boldsymbol{D}\mathrm{d}\tau=\int\rho\mathrm{d}\tau.$$

因为这对每一个体积都是成立的，我们必须有 $\nabla\cdot\boldsymbol{D}=\rho$，这是电磁学中的麦克斯韦方程组中的一个. 我们所做的是先假设库仑定律，推导出高斯定律，然后利用散度定理，推导出了麦克斯韦方程 $\nabla\cdot\boldsymbol{D}=\rho$. 从更复杂的观点来看，我们可以把麦克斯韦方程作为电磁学的基本假设之一，然后我们可以用散度定理得到高斯定律：

$$\begin{aligned}\oint_{\text{封闭曲面}\sigma} \boldsymbol{D}\cdot\boldsymbol{n}\mathrm{d}\sigma &=\int_{\sigma\text{内体积}\tau} \nabla\cdot\boldsymbol{D}\mathrm{d}\tau=\int_{\text{体积}\tau} \rho\mathrm{d}\tau\\ &=\sigma\ \text{内部的总电荷}\end{aligned} \tag{10.25}$$

从高斯定律，我们可以推导出库仑定律（见习题 6.10 第 14 题），更一般的情况下，我们通常可以使用高斯定律来得到给定电荷分布产生的电场，如下面的例子.

例 求解在一个非常大的导电板上的 $\boldsymbol{E}$，在每个表面上，这个导电板的表面电荷是每平方米 C 库仑.

当我们考虑静电问题（否则电流会流动）时，导体内部的电场为零. 从问题的对称性来看（所有水平方向都是相等的），我们可以说 $\boldsymbol{E}$（和 $\boldsymbol{D}$）必须是垂直的，如图 6.10.7 所示. 我们现在可求出 $\oint\boldsymbol{D}\cdot\boldsymbol{n}\mathrm{d}\sigma$，它的横截面是由虚线表示的. 由于导体内部 $D=0$，所以底表面上的积分为 0. 因为 $\boldsymbol{D}$ 垂直于 $\boldsymbol{n}$，所以竖直方向上的积分是 0. 在上表面 $\boldsymbol{D}\cdot\boldsymbol{n}=|\boldsymbol{D}|$，$\int\boldsymbol{D}\cdot\boldsymbol{n}\mathrm{d}\sigma=|\boldsymbol{D}|\cdot$(表面积)，根据式（10.25），它等于导电板盒子内的电荷，也就是 $C\cdot$（表

面积). 因此我们有 $|\boldsymbol{D}|\cdot$(表面积)$=C.$(表面积)，或 $|\boldsymbol{D}|=C$，$|\boldsymbol{E}|=C/\varepsilon_0$.

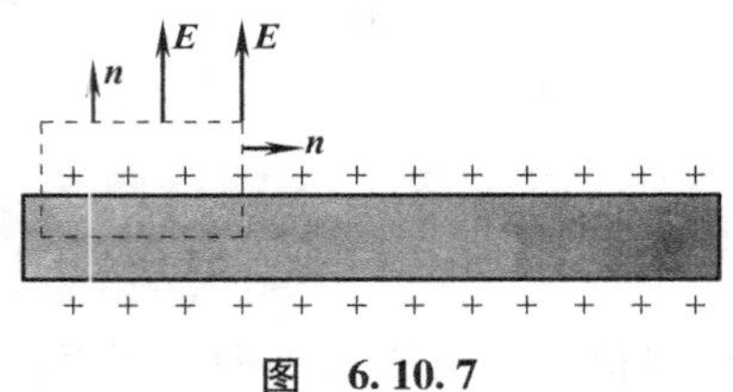

图 6.10.7

习题 6.10

1. 如果 $\boldsymbol{V}=\boldsymbol{r}=\boldsymbol{i}x+\boldsymbol{j}y+\boldsymbol{k}z$，并且体积 τ：$x^2+y^2+z^2\leqslant 1$，计算式（10.17）的两边，并在这种情况下验证散度定理.

2. 已知 $\boldsymbol{V}=x^2\boldsymbol{i}+y^2\boldsymbol{j}+z^2\boldsymbol{k}$，在边长为 1，顶点为（0,0,0），（0,0,1），（0,1,0），（1,0,0）的立方体的整个表面积上对 $\boldsymbol{V}\cdot\boldsymbol{n}\mathrm{d}\sigma$ 进行积分，用散度定理求同一积分的值.

把第 3 题到第 8 题的每一个积分都计算成体积积分或曲面积分，看哪个更简单.

3. 在 $x^2+y^2=1$，$z=0$ 和 $z=3$ 包围成的圆柱体的整个表面积上，对 $\iint\boldsymbol{r}\cdot\boldsymbol{n}\mathrm{d}\sigma$ 求积分. $\boldsymbol{r}$ 为 $\boldsymbol{i}x+\boldsymbol{j}y+\boldsymbol{k}z$.

4. 如果 $\boldsymbol{V}=x\cos^2y\boldsymbol{i}+xz\boldsymbol{j}+z\sin^2y\boldsymbol{k}$，在中心为原点、半径为 3 的球面上对 $\iint\boldsymbol{V}\cdot\boldsymbol{n}\mathrm{d}\sigma$ 求积分.

5. 在体积 $x^2+y^2+z^2\leqslant 25$ 上对 $\iiint(\nabla\cdot\boldsymbol{F})\ \mathrm{d}\tau$ 求积分，其中，$\boldsymbol{F}=(x^2+y^2+z^2)(x\boldsymbol{i}+y\boldsymbol{j}+z\boldsymbol{k})$.

6. 在单位立方体的第一个 1/8 区域上对 $\iiint\nabla\cdot\boldsymbol{V}\mathrm{d}\tau$ 求积分，其中，$\boldsymbol{V}=(x^3-x^2)y\boldsymbol{i}+(y^3-2y^2+y)x\boldsymbol{j}+(z^2-1)\boldsymbol{k}$.

7. 在以 $x^2+y^2\leqslant 16$ 为底，$z=0$，顶点为（0,0,3）的圆锥整体曲面上对 $\iint\boldsymbol{r}\cdot\boldsymbol{n}\mathrm{d}\sigma$ 求积分，其中，$\boldsymbol{r}=\boldsymbol{i}x+\boldsymbol{j}y+\boldsymbol{k}z$.

8. 在体积 $x^2+y^2\leqslant 4$，$0\leqslant z\leqslant 5$ 上对 $\iiint\nabla\cdot\boldsymbol{V}\mathrm{d}\tau$ 求积分，$\boldsymbol{V}=(\sqrt{x^2+y^2})(\boldsymbol{i}x+\boldsymbol{j}y)$.

9. 通过将散度定理应用到体积，体积由曲面和一块平面包围，即是从（x,y）平面上切下来的部分，如果 $\boldsymbol{F}=x\boldsymbol{i}+y\boldsymbol{j}$，对 $z=4-x^2-y^2$ 曲面在（x,y）平面上面的部分计算 $\iint\boldsymbol{F}\cdot\boldsymbol{n}\mathrm{d}\sigma$. 提示：$\boldsymbol{F}\cdot\boldsymbol{n}$ 在（x,y）平面上是什么？

10. 如果 $\boldsymbol{V}=y\boldsymbol{i}+xz\boldsymbol{j}+(2z-1)\boldsymbol{k}$，计算 $\iint\boldsymbol{V}\cdot\boldsymbol{n}\mathrm{d}\boldsymbol{\sigma}$. 积分面积为半球面 $x^2+y^2+z^2=9$，$z\geqslant 0$ 的曲表面. 注意：见第 9 题.

11. 已知 $\boldsymbol{B}=\mathrm{curl}\,\boldsymbol{A}$，利用散度定理证明 $\oint\boldsymbol{B}\cdot\boldsymbol{n}\mathrm{d}\sigma$ 在任何封闭曲面上的积分是零.

12. 圆柱形电容器由两个长同心金属圆柱体组成，如果半径为 R_1 的内圆柱体上每米有 k 库仑的电荷，半径为 R_2 的外圆柱体上每米有 $-k$ 库仑的电荷，求两个圆柱体之间的电场 $\boldsymbol{E}$. 提示：使用高斯定律和图 6.10.7所示的方法. 在内圆柱体里 $\boldsymbol{E}$ 是什么？在外圆柱体里 $\boldsymbol{E}$ 是什么？（再次使用高斯定律.）通过检验或直接积分，可求出势 ϕ，这样可求出上面三个区域中的每个区域的 $\boldsymbol{E}=-\nabla\phi$，在每种情况下 $\boldsymbol{E}$ 不受 ϕ 加上一个任意常数的影响. 调整相加的常数让 ϕ 成为一个所有空间的连续函数.

13. 画一个类似于图 6.10.6 的图形，但是在曲面之外有 q. 从 q 到曲面的一个矢量（如图中的 $\boldsymbol{r}$）现在与它相交两次，对于每个立体角 $\mathrm{d}\Omega$，有两个 $\mathrm{d}\sigma$，一个是 $\boldsymbol{r}$ 进入曲面，一个是 $\boldsymbol{r}$ 离开曲面. 证明：对于 $\boldsymbol{r}$ 离开曲面的 $\mathrm{d}\sigma$ 由式（10.21）给出 $\boldsymbol{D}\cdot\boldsymbol{n}\mathrm{d}\sigma$，对于 $\boldsymbol{r}$ 进入曲面的 $\mathrm{d}\sigma$ 由式（10.21）的负值给出 $\boldsymbol{D}\cdot\boldsymbol{n}\mathrm{d}\sigma$. 因此

可以证明总的$\oint \boldsymbol{D}\cdot\boldsymbol{n}\mathrm{d}\sigma$在封闭曲面上的积分是零.

14. 通过考虑一个以q为中心的球表面σ，从高斯定律中得到库仑定律.

15. 假设流体的密度ρ因点而异，并且随着时间的变化而变化，即$\rho=\rho(x,y,z,t)$. 如果我们遵循流体沿着流线运动，那么x，y，z是t的函数，这样流体速度为

$$\boldsymbol{v}=\boldsymbol{i}\frac{\mathrm{d}x}{\mathrm{d}t}+\boldsymbol{j}\frac{\mathrm{d}y}{\mathrm{d}t}+\boldsymbol{k}\frac{\mathrm{d}z}{\mathrm{d}t},$$

那么可以证明$\mathrm{d}\rho/\mathrm{d}t=\partial\rho/\partial t+\boldsymbol{v}\cdot\nabla\rho$，把这个方程和式（10.9）结合起来得到

$$\rho\,\nabla\cdot\boldsymbol{v}+\frac{\mathrm{d}\rho}{\mathrm{d}t}=0.$$

（物理上，当我们遵循流体沿着流线时，$\mathrm{d}\rho/\mathrm{d}t$是密度随时间的变化率；$\partial\rho/\partial t$是一个固定点的对应速率.）对于一个稳定的状态（即与时间无关），$\partial\rho/\partial t=0$，但是$\mathrm{d}\rho/\mathrm{d}t$不一定是零. 对于不可压缩流体，$\mathrm{d}\rho/\mathrm{d}t=0$，那么可以证明$\nabla\cdot\boldsymbol{v}=0$.（注意不可压缩并不一定意味着恒定的密度，因为$\mathrm{d}\rho/\mathrm{d}t=0$并不意味着$\rho$的时间或空间的独立性. 例如，考虑一股混有油滴的水流.）

16. 下面的方程被称为格林第一和第二恒等式或公式或定理，如前所述，从散度定理推导它们.

（1）$\displaystyle\int_{\sigma\text{内体积}}(\phi\,\nabla^2\psi+\nabla\phi\cdot\nabla\psi)\,\mathrm{d}\tau=\oint_{\text{封闭曲面}\sigma}(\phi\,\nabla\psi)\cdot\boldsymbol{n}\mathrm{d}\sigma.$

为了证明这个式子，在散度定理中设$\boldsymbol{V}=\phi\,\nabla\psi$.

（2）$\displaystyle\int_{\sigma\text{内体积}}(\phi\,\nabla^2\psi-\psi\,\nabla^2\phi)\,\mathrm{d}\tau=\oint_{\text{封闭曲面}\sigma}(\phi\,\nabla\psi-\psi\,\nabla\phi)\cdot\boldsymbol{n}\mathrm{d}\sigma.$

为了证明这个式子，复制上面的定理1，并让ϕ和ψ互换，然后减去这两个方程.

6.11 旋度和斯托克斯定理

我们已经定义了curl $\boldsymbol{V}=\nabla\times\boldsymbol{V}$（见式（7.3）），并考虑了旋度的一个应用，即确定两个点之间的线积分是否独立于积分路径（见第6.8节）. 这里介绍旋度的另一个应用，假设一个刚体以恒定的角速度$\boldsymbol{\omega}$旋转，这意味着$|\boldsymbol{\omega}|$是角速度的大小，$\boldsymbol{\omega}$是沿着旋转轴方向的一个矢量（见图6.2.6）. 然后我们在第6.2节中证明了刚体中一个粒子的速度$\boldsymbol{v}=\boldsymbol{\omega}\times\boldsymbol{r}$，其中，$\boldsymbol{r}$是一个半径矢量，方向从旋转轴上的一个点到该粒子. 对$\nabla\times\boldsymbol{v}=\nabla\times(\boldsymbol{\omega}\times\boldsymbol{r})$；我们可以通过第6.7节中描述的方法来计算它，使用三重矢量积公式$\boldsymbol{A}\times(\boldsymbol{B}\times\boldsymbol{C})=(\boldsymbol{A}\cdot\boldsymbol{C})\boldsymbol{B}-(\boldsymbol{A}\cdot\boldsymbol{B})\boldsymbol{C}$小心记住$\nabla$不是一个普通的矢量——它既有矢量又有微分算子的性质，所以它必须写在被微分变量的前面，那么有

$$\nabla\times(\boldsymbol{\omega}\times\boldsymbol{r})=(\nabla\cdot\boldsymbol{r})\boldsymbol{\omega}-(\boldsymbol{\omega}\cdot\nabla)\boldsymbol{r}.\tag{11.1}$$

由于$\boldsymbol{\omega}$是常数，所以式（11.1）的第一项是

$$\boldsymbol{\omega}(\nabla\cdot\boldsymbol{r})=\boldsymbol{\omega}\left(\frac{\partial x}{\partial x}+\frac{\partial y}{\partial y}+\frac{\partial z}{\partial z}\right)=3\boldsymbol{\omega}.\tag{11.2}$$

在式（11.1）的第二项中，由于$\boldsymbol{\omega}$是常数，我们故意写出$\boldsymbol{\omega}\cdot\nabla$，而不是$\nabla\cdot\boldsymbol{\omega}$. ∇只在$\boldsymbol{r}$上操作，这项意味着

$$\left(\omega_x\frac{\partial}{\partial x}+\omega_y\frac{\partial}{\partial y}+\omega_z\frac{\partial}{\partial z}\right)(\boldsymbol{i}x+\boldsymbol{j}y+\boldsymbol{k}z)=\boldsymbol{i}\omega_x+\boldsymbol{j}\omega_y+\boldsymbol{k}\omega_z=\boldsymbol{\omega}.$$

因为$\partial y/\partial x=\partial z/\partial x=0$等，那么，

$$\nabla\times\boldsymbol{v}=\nabla\times(\boldsymbol{\omega}\times\boldsymbol{r})=2\boldsymbol{\omega}\quad 或\quad \boldsymbol{\omega}=\frac{1}{2}(\nabla\times\boldsymbol{v}) \tag{11.3}$$

这个结果提供了一个关于名称 curl $\boldsymbol{v}$ 的线索（或者有时称为旋度 $\boldsymbol{v}$ 或 rot $\boldsymbol{v}$）. 对于这个简单的例子，curl $\boldsymbol{v}$ 给出了旋转的角速度. 在一个更复杂的情况下，比如流体的流动，curl $\boldsymbol{v}$ 在某一点的值是测量点附近流体的角速度的一种方法. 若在某一区域处处都有$\nabla\times\boldsymbol{v}=0$，速度场 $\boldsymbol{v}$ 在该区域被称为无旋转. 注意，这和 $\boldsymbol{F}$ 的守恒性是一样的数学条件.

考虑一个矢量场 $\boldsymbol{V}$（例如，水的流动 $\boldsymbol{V}=\boldsymbol{v}\rho$，或者 $\boldsymbol{V}=\boldsymbol{F}$），我们把循环定义为围绕闭合平面曲线的线积分$\oint\boldsymbol{V}\cdot\mathrm{d}\boldsymbol{r}$，如果 $\boldsymbol{V}$ 是一个力 $\boldsymbol{F}$，那么这个积分等于力所做的功. 对于水的流动，我们可以通过以下方式得到循环意义的物理图像. 想象一下在图 6.11.1中所示的任何流模式中放置一个微小的桨轮探针（见图 6.11.1c）. 如果流体的速度在轮子的一边比另一边大，例如，在图 6.11.1c 中，那么轮子就会转动. 假设我们在垂直于轴的平面上（见图 6.11.1 中纸的平面）沿着闭合曲线计算桨轮轴周围的环流$\oint\boldsymbol{V}\cdot\mathrm{d}\boldsymbol{r}$，如果 $\boldsymbol{V}=\boldsymbol{v}\rho$ 在轮子的一边比另一边大，那么环流就不等于零，但是如果（如在图 6.11.1b 中）$\boldsymbol{V}$ 在两边都是一样的，那么环流就等于零. 我们将证明沿着桨轮的轴 curl $\boldsymbol{V}$ 的分量等于

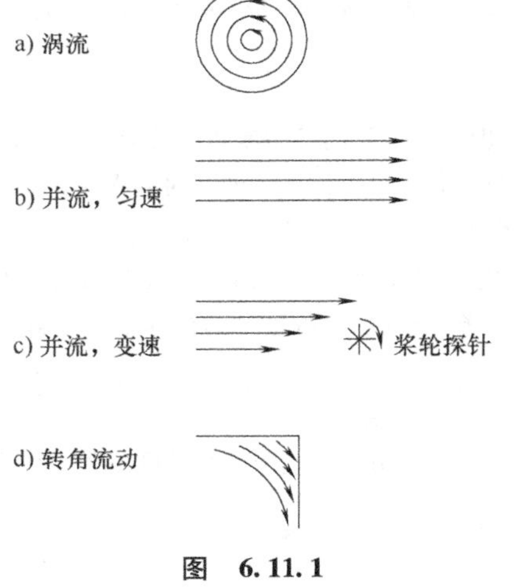

图 6.11.1

$$\lim_{\mathrm{d}\sigma\to 0}\frac{1}{\mathrm{d}\sigma}\oint\boldsymbol{V}\cdot\mathrm{d}\boldsymbol{r}. \tag{11.4}$$

其中，$\mathrm{d}\sigma$ 是被曲线包围的面积，该曲线是计算环流所沿着的积分曲线. 桨轮充当“旋度计”，用来测量 curl $\boldsymbol{V}$，如果它不旋转，curl $\boldsymbol{V}=0$，如果旋转，curl $\boldsymbol{V}\neq 0$. 在图 6.11.1a 中，在漩涡中心 curl $\boldsymbol{V}\neq 0$；在图 6.11.1b 中，curl $\boldsymbol{V}=0$；在图 6.11.1c 中，尽管流线是平行的，但是 curl $\boldsymbol{V}\neq 0$；在图 6.11.1d 中，即使流线绕着一个转角，但也可能有 curl $\boldsymbol{V}=0$，事实上，绕着一个转角的水的流动，curl $\boldsymbol{V}=0$. 你应该意识到，curl $\boldsymbol{V}$ 在某一点上的值取决于点附近的环流，而不是整个流动模式.

我们想要介绍的是，对于给定的矢量场 $\boldsymbol{V}$，环流$\oint\boldsymbol{V}\cdot\mathrm{d}\boldsymbol{r}$ 和 curl $\boldsymbol{V}$ 之间的关系. 给定一个点 $\boldsymbol{P}$ 和一个方向 $\boldsymbol{n}$，让我们在点 $\boldsymbol{P}$ 的 $\boldsymbol{n}$ 方向上求出 curl $\boldsymbol{V}$ 的分量. 画一个通过点 $\boldsymbol{P}$、垂直于 $\boldsymbol{n}$ 的平面，然后选择坐标轴，这样它就等于 (x,y) 平面，$\boldsymbol{n}$ 平行于 $\boldsymbol{k}$. 求解一个绕着以 $\boldsymbol{P}$ 为中心的面积元 $\mathrm{d}\sigma$ 的环流（见图6.9.5 和图6.11.2）. 由式（9.18），面积A 被面积元 $\mathrm{d}\sigma$ 所代替，$\boldsymbol{n}=\boldsymbol{k}$，得

图 6.11.2

$$\oint_{绕\mathrm{d}\sigma}\boldsymbol{V}\cdot\mathrm{d}\boldsymbol{r}=\iint_{\mathrm{d}\sigma}(\mathrm{curl}\ \boldsymbol{V})\cdot\boldsymbol{k}\,\mathrm{d}x\mathrm{d}y=\iint_{\mathrm{d}\sigma}(\mathrm{curl}\ \boldsymbol{V})\cdot\boldsymbol{n}\,\mathrm{d}\sigma. \tag{11.5}$$

注意，由于对于非矩形面积 A 我们已经证明了式（9.7）和式（9.18）（见第 6.9 节），在这

里dσ 可能比 dxdy 更普遍，比如曲面或倾斜的边.

我们假设 $\boldsymbol{V}$ 的分量有连续的一阶导数，那么 curl $\boldsymbol{V}$ 是连续的. 因此，(curl $\boldsymbol{V}$)·$\boldsymbol{n}$ 对 dσ 的积分值几乎等于在点 P 处（curl $\boldsymbol{V}$)·$\boldsymbol{n}$ 的值，所以在式（11.5）中的二重积分大约等于在点 P 处（curl $\boldsymbol{V}$)·$\boldsymbol{n}$ 的值乘以 dσ. 如果我们把式（11.5）除以 dσ，并且取极限 d$\sigma\to 0$，便有一个精确的方程

$$(\nabla\times\boldsymbol{V})\cdot\boldsymbol{n}=\lim_{\mathrm{d}\sigma\to 0}\frac{1}{\mathrm{d}\sigma}\oint_{\text{绕}\mathrm{d}\sigma}\boldsymbol{V}\cdot\mathrm{d}\boldsymbol{r}.\tag{11.6}$$

这个方程可以作为 curl $\boldsymbol{V}$ 的定义，那么上面的讨论表明（见方程（9.16）），curl $\boldsymbol{V}$ 的分量是在我们之前的定义（7.3）中给出的.

在计算线积分时，必须沿着如图 6.11.2 所示的面积元 dσ 的边界，并且保持面积在我们的左手边. 另一种说法是，按 $\boldsymbol{n}$ 和右手定则的方向绕 dσ 旋转，也就是说，如果你的右手的拇指指向方向 $\boldsymbol{n}$，手指弯曲的方向为你绕着 dσ 的边界进行计算线积分的方向（见图 6.11.2 且 $\boldsymbol{n}=\boldsymbol{k}$.）

6.11.1 斯托克斯定理

这个定理把对一个开放曲面的积分与对包围曲面的曲线的线积分联系起来（见图 6.11.3）. 蝴蝶网是我们讨论的一个很好的例子，网是曲面，支承边是曲面的边界曲线. 我们在这里考虑的曲面（在应用中出现的曲面）将是通过变形一个半球面（见图 6.11.3 的蝴蝶网）来获得的表面. 特别地，我们考虑的曲面必须是双面的. 你可以很容易地构造一个单面的表面，通过取一长条纸，使它一半扭曲，并加入到末端（见图 6.11.4）. 这种形状的皮带有时被用来驱动机器，这个曲面被称为莫比乌斯带，你可以通过追踪你的手指或者想象试着画一面来证明它只有一面. 斯托克斯定理并不适用于这样的曲面，因为我们不能定义法矢量 $\boldsymbol{n}$ 到这样一个曲面的意义. 我们要求边界曲线很简单（也就是说，它不能交叉）并且封闭.

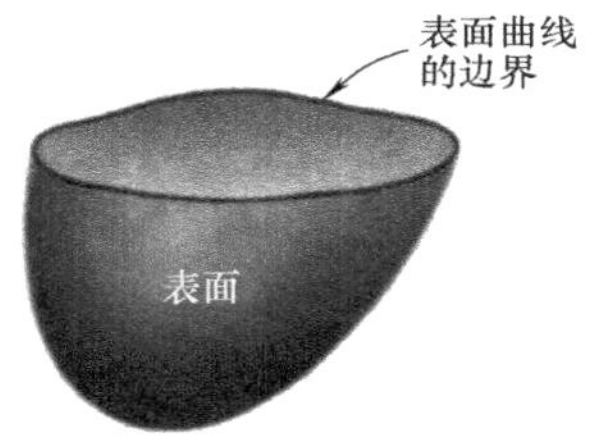

图 6.11.3

考虑一下我们所描述的这种表面，想象它被划分为面积元 dσ，如图 6.11.5 所示. 画一个单位矢量 $\boldsymbol{n}$ 垂直于每个面积元，当然，不同的面积元，$\boldsymbol{n}$ 都是不同的，但是所有的 $\boldsymbol{n}$ 都必须在两面的同一面. 每个面积元大约是在 dσ 中的一个点处曲面的切平面的一个元素. 那么，如在式（11.5）中一样，对于每个元素有

$$\oint_{\text{绕}\mathrm{d}\sigma}\boldsymbol{V}\cdot\mathrm{d}\boldsymbol{r}=\iint_{\mathrm{d}\sigma}(\nabla\times\boldsymbol{V})\cdot\boldsymbol{n}\,\mathrm{d}\sigma.\tag{11.7}$$

图 6.11.4

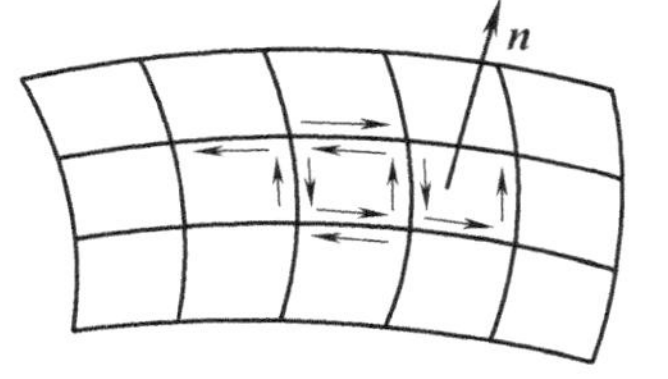

图 6.11.5

回想一下第6.9节和刚刚在公式（11.5）后面的讨论，dσ包含面积元，如图6.11.5中沿边缘的这些面积元，那么如果我们对整个曲面的所有面积元在式（11.7）中求和，得到

$$\sum_{\text{所有d}\sigma}\oint \boldsymbol{V}\cdot \mathrm{d}\boldsymbol{r}=\iint_{\text{曲面}\sigma}(\nabla\times\boldsymbol{V})\cdot\boldsymbol{n}\mathrm{d}\sigma. \tag{11.8}$$

从图6.11.5中我们可以看到，所有的内线积分都被抵消了，因为在两个dσ之间的边界上两个积分是方向相反的，那么式（11.8）的左边就变成了外面曲线上的线积分. 这样我们就有了斯托克斯定理，如式（9.19）所述：

$$\oint_{\sigma\text{边界曲线}}\boldsymbol{V}\cdot\mathrm{d}\boldsymbol{r}=\iint_{\text{曲面}}(\nabla\times\boldsymbol{V})\cdot\boldsymbol{n}\mathrm{d}\sigma. \qquad \text{斯托克斯定理} \tag{11.9}$$

你应该清楚地知道，这是一个由简单的闭合曲线包围的开放曲面. 回想一下蝴蝶网的例子. 注意，斯托克斯定理表明，线积分$\oint\boldsymbol{V}\cdot\mathrm{d}\boldsymbol{r}$等于$(\nabla\times\boldsymbol{V})\cdot\boldsymbol{n}$在以该闭合曲线为边界的任何曲面上的曲面积分；换句话说，你不能通过变形蝴蝶网来改变积分的值！确定线积分的积分方向的一种简单方法是想象把曲面和它的边界曲线坍缩成一个平面，然后表面就是曲线内的平面面积，$\boldsymbol{n}$是平面的法矢量. 积分的方向是由右手定则给出的，就像在方程（11.6）之后讨论的.

例1 已知$\boldsymbol{V}=4y\boldsymbol{i}+x\boldsymbol{j}+2z\boldsymbol{k}$，求解在球面$x^2+y^2+z^2=a^2$，$z\geqslant 0$上的积分$\int(\nabla\times\boldsymbol{V})\cdot\boldsymbol{n}\mathrm{d}\sigma$.

使用式（7.3）有$\nabla\times\boldsymbol{V}=-3\boldsymbol{k}$，我们有几种方法可以解决这个问题：（a）直接对式子进行线积分；（b）使用斯托克斯定理，并在(x,y)平面的圆$x^2+y^2=a^2$上计算$\oint\boldsymbol{V}\cdot\mathrm{d}\boldsymbol{r}$；（c）使用斯托克斯定理表明，这个积分在以这个圆为边界的任何曲面上都是一样的，例如，圆内的平面区域！因为这个平面区域在(x,y)平面上，则有

$$\boldsymbol{n}=\boldsymbol{k},\quad (\nabla\times\boldsymbol{V})\cdot\boldsymbol{n}=-3\boldsymbol{k}\cdot\boldsymbol{k}=-3.$$

所以积分为

$$-3\int\mathrm{d}\sigma=-3\cdot\pi a^2=-3\pi a^2.$$

这是解决问题的最简单方法；然而，对于这个简单的例子，其他方法并不难. 我们将留下问题（b）和问题（a）让读者自己来完成. 因为曲面是一个圆心在原点的球体，$\boldsymbol{r}$垂直于曲面（但是对于任何曲面我们都可以从梯度中得到法线），则在表面上

$$\boldsymbol{n}=\frac{\boldsymbol{r}}{|\boldsymbol{r}|}=\frac{\boldsymbol{r}}{a}=\frac{\boldsymbol{i}x+\boldsymbol{j}y+\boldsymbol{k}z}{a},$$

$$(\nabla\times\boldsymbol{V})\cdot\boldsymbol{n}=-3\boldsymbol{k}\cdot\frac{\boldsymbol{r}}{a}=-3\frac{z}{a}.$$

我们要计算半球面上的$\int -3(z/a)\mathrm{d}\sigma$. 在球坐标中（见第5章5.4节）有

$$z=r\cos\theta,$$

$$\mathrm{d}\sigma=r^2\sin\theta\mathrm{d}\theta\mathrm{d}\phi,$$

对于曲面$r=a$. 则积分为

$$\int_{\phi=0}^{2\pi}\int_{\theta=0}^{\pi/2}-3\,\frac{a\cos\theta}{a}a^2\sin\theta\mathrm{d}\theta\mathrm{d}\phi=-3a^2\int_0^{2\pi}\mathrm{d}\phi\int_0^{\pi/2}\sin\theta\cos\theta\mathrm{d}\theta$$

$$=-3a^2\cdot 2\pi\cdot\frac{1}{2}=-3\pi a^2.$$

结果跟前面一样.

6.11.2 安培定律

斯托克斯定理在电磁理论中很有价值.（比较第6.10节中散度定理在高斯定律中的应用.）安培定律（SI单位）为

$$\oint_C \boldsymbol{H}\cdot\mathrm{d}\boldsymbol{r}=I.$$

其中，$\boldsymbol{H}=\boldsymbol{B}/\mu_0$，$\boldsymbol{B}$ 是磁场，μ_0 是一个常数（称为真空磁导率），C 是一个封闭的曲线，I 是当前"连接" C，穿过任何以 C 为界的曲面积. 曲面积与曲线 C 的关系与斯托克斯定理（蝴蝶网及其边缘）相同. 如果我们想象一束电线连接着一条闭合的曲线 C（见图6.11.6），然后将其扩展，可以看到相同的电流穿过任何边界曲线为 C 的曲面.

正如高斯定律（10.23）在计算电场方面很有用，安培定律在计算磁场方面也是很有用的. 例如，考虑一条通有电流 I 的长直导线（见图6.11.7）. 在距离导线 r 处，$\boldsymbol{H}$ 在与导线垂直的平面上与半径为 r 的圆相切. 根据对称性，$|\boldsymbol{H}|$ 在圆的所有点上都是一样的，那么可以用安培定律求出 $|\boldsymbol{H}|$. 取 C 是半径为 r 的圆，得到

$$\oint_C \boldsymbol{H}\cdot\mathrm{d}\boldsymbol{r}=\int_0^{2\pi}|\boldsymbol{H}|r\mathrm{d}\theta=|\boldsymbol{H}|r\cdot 2\pi=I.$$

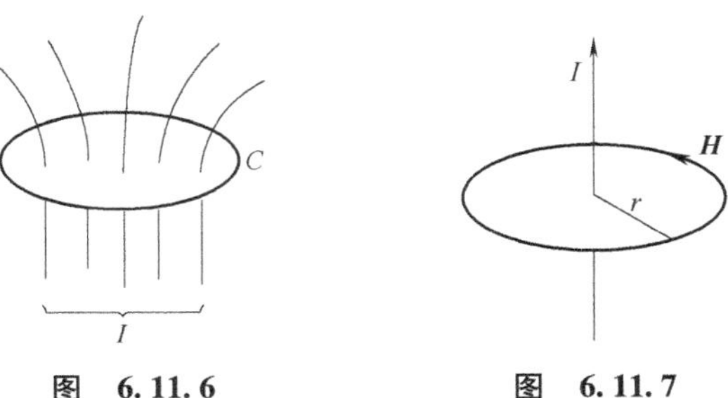

图 6.11.6　　图 6.11.7

或者，

$$|\boldsymbol{H}|=\frac{I}{2\pi r}.$$

在图6.11.6中，如果 $\boldsymbol{J}$ 是电流密度（电流穿过垂直于 $\boldsymbol{J}$ 的单位面积），那么 $\boldsymbol{J}\cdot\boldsymbol{n}\mathrm{d}\sigma$ 是穿过曲面元 $\mathrm{d}\sigma$ 的电流（比较式（10.4）），$\iint_\sigma \boldsymbol{J}\cdot\boldsymbol{n}\mathrm{d}\sigma$ 在任何以 C 为边界的曲面 σ 上的积分为连接 C 的总电流 I，那么根据安培定律有

$$\oint_C \boldsymbol{H}\cdot\mathrm{d}\boldsymbol{r}=\iint_\sigma \boldsymbol{J}\cdot\boldsymbol{n}\mathrm{d}\sigma.$$

由斯托克斯公式有

$$\oint_C \boldsymbol{H}\cdot \mathrm{d}\boldsymbol{r}=\iint_\sigma (\nabla\times\boldsymbol{H})\cdot \boldsymbol{n}\mathrm{d}\sigma.$$

所以我们有

$$\iint_\sigma (\nabla\times\boldsymbol{H})\cdot \boldsymbol{n}\mathrm{d}\sigma=\iint_\sigma \boldsymbol{J}\cdot \boldsymbol{n}\mathrm{d}\sigma.$$

因为这对任何一个 σ 都成立，我们有 $\nabla\times\boldsymbol{H}=\boldsymbol{J}$，这是麦克斯韦方程之一. 或者，我们可以从麦克斯韦方程开始，应用斯托克斯定理得到安培定律.

6.11.3 守恒场

接下来我们要仔细陈述，并使用斯托克斯定理证明：在什么条件下给定的场 $\boldsymbol{F}$ 是守恒的（见第 6.8 节）. 首先，回想一下，物理问题通常只对特定的区域感兴趣，我们的公式（比如 $\boldsymbol{F}$ 的公式）很可能只在那个区域是正确的. 例如，当 $r\geqslant$ 地球半径 R 时，地球对物体的引力与 $1/r^2$ 成正比，但这对 $r<R$ 的情况是不正确的公式（见习题 6.8 第 21 题）. 圆柱形电容器板之间区域的电场与 $1/r$ 成正比（见习题 6.10 第 12 题），但只有在这个区域内这个公式是正确的. 那么，我们必须考虑给定场 $\boldsymbol{F}$ 被定义的区域. 考虑图 6.11.8 中的阴影区域，我们说，如果该区域内的任何简单[⊖]闭合曲线都可以缩小到某一点，而不会遇到不在该区域的任何点，那么该区域就是单连通的. 从图 6.11.8c 中可以看出，虚线围绕着“洞”，因此不能缩小到这个区域内的某一点，这个区域不是单连通的. 这个“洞”有时只有一个点，但这足以让该区域不是单连通的. 在三维空间中，圆柱形电容板（无限长）之间的区域不是单连通的，因为围绕内圆柱体的绳子环（见图 6.11.8c 的横截面）不能被拉成一个结. 同样，内胎的内部也不是单连通的. 然而，两个同心球体之间的区域是单连通的. 你应该意识到，在这个区域的任何地方放一个绳子环，你都可以把它拉成一个结. 现在我们来陈述并证明这个定理.

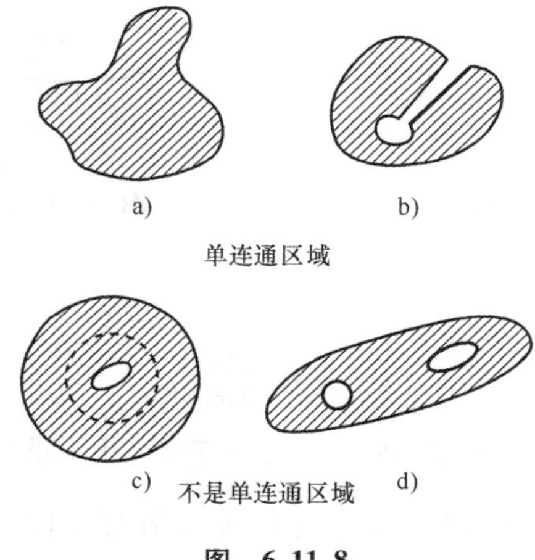

图 6.11.8

⊖ 一条简单曲线本身不会交叉；例如，图 6.11.8 不是一条简单的曲线.

如果 $\boldsymbol{F}$ 的分量和分量的一阶偏导数在单连通区域内是连续的，那么下面五个条件中的任何一个都可以推出所有其他条件.

(a) 在区域内的每个点处有 curl $\boldsymbol{F}=0$;

(b) 在区域内的每条简单曲线上 $\oint \boldsymbol{F}\cdot \mathrm{d}\boldsymbol{r}=0$;

(c) $\boldsymbol{F}$ 是守恒的，即 $\int_A^B \boldsymbol{F}\cdot \mathrm{d}\boldsymbol{r}$ 与从 A 到 B 的积分路径无关（当然，路径必须完全位于该区域内）;

(d) $\boldsymbol{F}\cdot \mathrm{d}\boldsymbol{r}$ 是一个单值函数的恰当微分;

(e) $\boldsymbol{F}=\mathbf{grad}\ W$，$W$ 是单值的. (11.10)

我们将证明，这些条件中的每一个都能推出它的下一个条件. 假设条件（a）成立，我们可以用斯托克斯定理来证明条件（b）. 首先选择任意一条简单闭合曲线，让它作为斯托克斯定理中曲面的边界曲线. 由于这个区域是单连通的，我们可以把曲线缩小到区域内的某个点；当它收缩时描绘出一个曲面，我们用该曲面作为斯托克斯定理的曲面. 假设条件（a）成立，在这个区域的每一点有 curl $\boldsymbol{F}=0$，在曲面的每一点也是如此. 因此，斯托克斯定理中的曲面积分为零，所以沿着闭合曲线的线积分为零，这就得到了条件（b）.

为了证明条件（b）推出条件（c），考虑从 A 到 B 的任意两条路径Ⅰ和Ⅱ（见图 6.11.9）. 从条件（b）有

$$\underset{\text{路径 I}}{\int_A^B} \boldsymbol{F}\cdot \mathrm{d}\boldsymbol{r}+\underset{\text{路径 II}}{\int_B^A} \boldsymbol{F}\cdot \mathrm{d}\boldsymbol{r}=0.$$

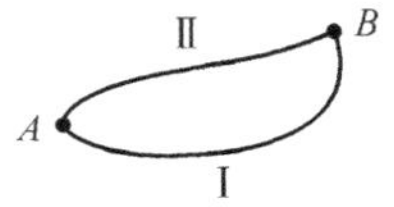

图 6.11.9

因为从 A 到 B 的积分是负的从 B 到 A 的积分，所以有

$$\underset{\text{路径 I}}{\int_A^B} \boldsymbol{F}\cdot \mathrm{d}\boldsymbol{r}-\underset{\text{路径 II}}{\int_A^B} \boldsymbol{F}\cdot \mathrm{d}\boldsymbol{r}=0.$$

这个式子指的是条件（c）.

为了证明条件（c）能推出条件（d），在该区域中选择某个参考点 O，并从参考点到该区域内的每一个其他点计算 $\int \boldsymbol{F}\cdot \mathrm{d}\boldsymbol{r}$. 对于每一个点 P，无论我们选择从 O 到 P 的哪条积分路径，都能求出这个积分的一个单值. 设这个值是函数 W 在 P 点的值，那么有一个单值函数 W 如下：

$$\int_{O\text{到}P} \boldsymbol{F}\cdot \mathrm{d}\boldsymbol{r}=W(P).$$

因为 $\boldsymbol{F}$ 是连续的，则有 $\mathrm{d}W=\boldsymbol{F}\cdot \mathrm{d}r$. 也就是说，$\boldsymbol{F}\cdot \mathrm{d}\boldsymbol{r}$ 是单值函数 W 的微分. 因为对任意 $\mathrm{d}\boldsymbol{r}$ 有 $\mathrm{d}W=\nabla W\cdot \mathrm{d}\boldsymbol{r}=\boldsymbol{F}\cdot \mathrm{d}\boldsymbol{r}$，我们有 $\boldsymbol{F}=\nabla W$，也就是条件（e）.

最后，正如我们在第 6.8 节中所证明的那样，条件（e）能推出条件（a）.（$\boldsymbol{F}$ 的分量及其偏导数的连续性使得 W 的二阶混合偏导数相等.）因此我们已经证明这五个条件（a）到（e）的任何一个条件能推出定理的其他条件. 得注意的是，$\boldsymbol{F}$ 及其偏导数必须在单连通区域内连续. 一个简单的例子说明了这一点，请看第 6.8 节中的例 2. 可以很容易地计算 curl $\boldsymbol{F}$，并发现它除了原点（是未定义的）在任何地方都是零. 那么你可能会倾向于假设在任何闭合路径上 $\oint \boldsymbol{F}\cdot \mathrm{d}\boldsymbol{r}=0$. 但我们求出 $\boldsymbol{F}\cdot \mathrm{d}\boldsymbol{r}=\mathrm{d}\theta$，以及 $\mathrm{d}\theta$ 沿着中心在原点的圆的积分是

2π. 是什么错了吗？问题是 $\boldsymbol{F}$ 在原点处没有连续的偏导数，任何包含积分圆的单连通区域都必须包含原点，那么 curl $\boldsymbol{F}$ 在积分曲线内的每一个点处都不为零. 注意到 $\boldsymbol{F}\cdot \mathrm{d}\boldsymbol{r}=\mathrm{d}\theta$ 是一个恰当微分，而不是单值函数，每次绕原点一圈 θ 增加 2π.

如果 curl $\boldsymbol{V}=0$，那么矢量场 $\boldsymbol{V}$ 称为无旋场（或守恒场、层状场）. 在这种情况下，$\boldsymbol{V}=$ **grad** W，其中，W（或它的负数）被称为标量势. 如果 div $\boldsymbol{V}=0$，那么矢量场称为螺线场，在这种情况下 $\boldsymbol{V}=$curl $\boldsymbol{A}$，其中，$\boldsymbol{A}$ 是一个矢量函数，称为矢量势. 很容易证明（见习题 6.7 第 17 题（d）题），如果 $\boldsymbol{V}=\nabla\times\boldsymbol{A}$，那么 div $\boldsymbol{V}=0$. 也可以构造一个 $\boldsymbol{A}$（实际上是 $\boldsymbol{A}$ 的一个无穷数），所以如果我们知道$\nabla\cdot\boldsymbol{V}=0$，那么 $\boldsymbol{V}=$curl $\boldsymbol{A}$.

例 2 已知 $\boldsymbol{V}=\boldsymbol{i}(x^2-yz)-\boldsymbol{j}2yz+\boldsymbol{k}(z^2-2zx)$，解 $\boldsymbol{V}=\nabla\times\boldsymbol{A}$ 中的 $\boldsymbol{A}$.

我们求出

$$\begin{aligned}\operatorname{div}\boldsymbol{V}&=\frac{\partial}{\partial x}(x^2-yz)+\frac{\partial}{\partial y}(-2yz)+\frac{\partial}{\partial z}(z^2-2zx)\\&=2x-2z+2z-2x=0.\end{aligned}$$

因此 $\boldsymbol{V}$ 是螺线场，继续求 $\boldsymbol{A}$. 我们需要求这样一个 $\boldsymbol{A}$：

$$\boldsymbol{V}=\operatorname{curl}\boldsymbol{A}=\begin{vmatrix}\boldsymbol{i}&\boldsymbol{j}&\boldsymbol{k}\\\dfrac{\partial}{\partial x}&\dfrac{\partial}{\partial y}&\dfrac{\partial}{\partial z}\\A_x&A_y&A_z\end{vmatrix}=\boldsymbol{i}(x^2-yz)-\boldsymbol{j}2yz+\boldsymbol{k}(z^2-2zx),\tag{11.11}$$

有很多 $\boldsymbol{A}$ 满足这个方程；我们将首先说明如何求出它们中的一个，然后求出所有方程的一个通式. 有可能求出一个含有一个零分量的 $\boldsymbol{A}$，取 $A_x=0$，那么 curl $\boldsymbol{A}$ 的 y 和 z 分量都只涉及 $\boldsymbol{A}$ 的一个分量. 从式（11.11）可知，curl $\boldsymbol{A}$ 的 y 和 z 分量为

$$-2yz=-\frac{\partial A_z}{\partial x},\qquad z^2-2zx=\frac{\partial A_y}{\partial x}.\tag{11.12}$$

如果对 x（即 y 和 z 为常数）积分式（11.12），除了加上可能的 y 和 z 的函数，我们在不改变式（11.12）的情况下求出 A_y 和 A_z：

$$\begin{aligned}A_y&=z^2x-zx^2+f_1(y,z),\\A_z&=2xyz+f_2(y,z).\end{aligned}\tag{11.13}$$

把式（11.13）代入式（11.11）的 x 分量，我们得到

$$x^2-yz=\frac{\partial A_z}{\partial y}-\frac{\partial A_y}{\partial z}=2xz+\frac{\partial f_2}{\partial y}-2zx+x^2-\frac{\partial f_1}{\partial z}.\tag{11.14}$$

现在我们选择 f_1 和 f_2 来满足式（11.14）. 这里有很大的余地，很容易通过检查来完成. 我们可以取 $f_2=0$，$f_1=\frac{1}{2}yz^2$，或者 $f_1=0$，$f_2=-\frac{1}{2}y^2z$，等等. 使用第二种选择，我们有

$$\boldsymbol{A}=\boldsymbol{j}(z^2x-zx^2)+\boldsymbol{k}\left(2xyz-\frac{1}{2}y^2z\right).\tag{11.15}$$

你可能想知道为什么这个过程有效的，以及 div $\boldsymbol{V}=0$ 与此有什么关系. 我们可以用一个通用的 $\boldsymbol{V}$ 而不是一个特殊的例子来回答上述两个问题. 已知 div $\boldsymbol{V}=0$，想要得到一个 $\boldsymbol{V}=$curl $\boldsymbol{A}$

的 $\boldsymbol{A}$，试着求出一个 $A_x=0$ 的 $\boldsymbol{A}$，那么 $\boldsymbol{V}=\mathrm{curl}\,\boldsymbol{A}$ 的 y 分量和 z 分量是

$$V_y=-\frac{\partial A_z}{\partial x},\quad V_z=\frac{\partial A_y}{\partial x} \tag{11.16}$$

那么有

$$A_y=\int V_z\mathrm{d}x+f(y,z),\qquad A_z=-\int V_y\mathrm{d}x+g(y,z). \tag{11.17}$$

$\boldsymbol{V}=\mathrm{curl}\,\boldsymbol{A}$ 的 x 分量是

$$V_x=\frac{\partial A_z}{\partial y}-\frac{\partial A_y}{\partial z}=-\int\left(\frac{\partial V_y}{\partial y}+\frac{\partial V_z}{\partial z}\right)\mathrm{d}x+h(y,z). \tag{11.18}$$

由于 $\mathrm{div}\,\boldsymbol{V}=0$，可以把

$$-\left(\frac{\partial V_y}{\partial y}+\frac{\partial V_z}{\partial z}\right)=\frac{\partial V_x}{\partial x}. \tag{11.19}$$

代入式（11.18），得到

$$V_x=\int\frac{\partial V_x}{\partial x}\mathrm{d}x+h(y,z).$$

正确选择 $h(y,z)$，这个式子是正确的.

当我们知道一个能使给定的 $\boldsymbol{V}$ 等于 $\mathrm{curl}\,\boldsymbol{A}$ 的 $\boldsymbol{A}$ 时，那么其他的都是这种形式：

$$\boldsymbol{A}+\nabla u, \tag{11.20}$$

其中，u 是任意标量函数. 因为$\nabla\times\nabla u=0$（见习题 6.7 第 17 题 b 问），所以∇u 加上 $\boldsymbol{A}$ 对 $\boldsymbol{V}$ 不影响. 我们也可以证明所有可能的 $\boldsymbol{A}$ 都是形式（11.20）. 如果 $\boldsymbol{V}=\mathrm{curl}\,\boldsymbol{A}_1$ 且 $\boldsymbol{V}=\mathrm{curl}\,\boldsymbol{A}_2$，那么 $\mathrm{curl}(\boldsymbol{A}_1-\boldsymbol{A}_2)=0$，所以 $\boldsymbol{A}_1-\boldsymbol{A}_2$ 就是某个标量函数的梯度.

仔细陈述和证明 $\mathrm{div}\boldsymbol{V}=0$ 是 $\boldsymbol{V}=\mathrm{curl}\,\boldsymbol{A}$ 要求 $\boldsymbol{V}$ 在一个单连通区域内的每一个点上都有连续偏导数的充要条件，在某种意义上来讲，所有封闭曲面（而非闭合曲线）可以缩小到该区域内的一个点（例如，两个同心球体之间的区域在这个意义上不是单连通区域）.

习题 6.11

1. 计算上面例 1 中的（b）.

2. 已知矢量 $\boldsymbol{A}=(x^2-y^2)\boldsymbol{i}+2xy\boldsymbol{j}$，

（a）求$\nabla\times\boldsymbol{A}$；

（b）计算$\iint(\nabla\times\boldsymbol{A})\cdot\mathrm{d}\boldsymbol{\sigma}$，积分面为在（$x,y$）平面上的长方形的面积，长方形的边界线为 $x=0$，$x=a$，$y=0$，$y=b$.

（c）计算$\oint\boldsymbol{A}\cdot\mathrm{d}\boldsymbol{r}$，积分线为长方形的边界线，因此验证斯托克斯定理.

使用斯托克斯定理或散度定理以最简单的方法计算下面的每一个积分.

3. $\iint_{曲面\sigma}\mathrm{curl}(x^2\boldsymbol{i}+z^2\boldsymbol{j}-y^2\boldsymbol{k})\cdot\boldsymbol{n}\mathrm{d}\sigma$，其中，$\sigma$ 是曲面 $z=4-x^2-y^2$ 在（x,y）平面上的部分.

4. $\iint\mathrm{curl}(y\boldsymbol{i}+2\boldsymbol{j})\cdot\boldsymbol{n}\mathrm{d}\sigma$，其中，$\sigma$ 是由平面 $2x+3y+4z=12$ 的一部分，（x,z）平面和（y,z）平面的三角形部分组成在第一个八分区的曲面，如下页图所示.

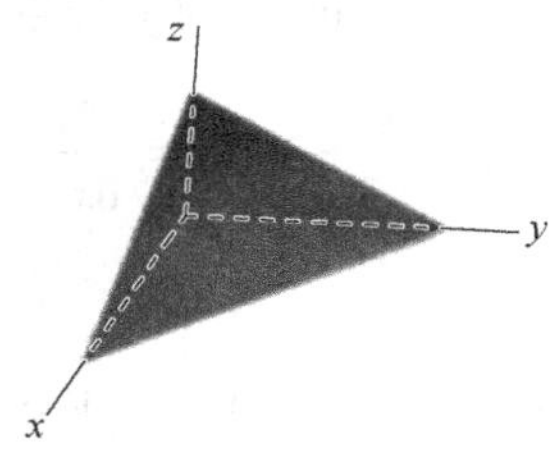

5. $\iint \boldsymbol{r}\cdot\boldsymbol{n}\mathrm{d}\sigma$，积分面积为第 4 题的曲面，其中，$\boldsymbol{r}=\boldsymbol{i}x+\boldsymbol{j}y+\boldsymbol{k}z$. 提示：见习题 6.10 第 9 题.

6. $\iint \boldsymbol{V}\cdot\boldsymbol{n}\mathrm{d}\sigma$，积分面积为 $x^2+y^2=9$，$z=0$，$z=5$ 围成的锡罐的封闭曲面，其中，$\boldsymbol{V}=2xy\boldsymbol{i}-y^2\boldsymbol{j}+(z+xy)\boldsymbol{k}$.

7. $\iint(\text{curl }\boldsymbol{V})\cdot\boldsymbol{n}\mathrm{d}\sigma$，积分面积为边界曲线在（$x,y$）平面内的任何曲面，其中 $\boldsymbol{V}=(x-x^2z)\boldsymbol{i}+(yz^3-y^2)\boldsymbol{j}+(x^2y-xz)\boldsymbol{k}$.

8. $\iint \text{curl}(x^2y\boldsymbol{i}-xz\boldsymbol{k})\cdot\boldsymbol{n}\mathrm{d}\sigma$，积分面积为椭球的封闭曲面：$\dfrac{x^2}{4}+\dfrac{y^2}{9}+\dfrac{z^2}{16}=1$.

注意：斯托克斯定理只适用于开放曲面. 提示：你能把给定的曲面切成两半吗？见本章最后矢量恒等式表中的（d）.

9. $\iint \boldsymbol{V}\cdot\boldsymbol{n}\mathrm{d}\sigma$，积分面积为由 $x^2+y^2+z^2=16$ 和坐标平面围成的在第一个八分区体积的整个表面，其中，$\boldsymbol{V}=(x+x^2-y^2)\boldsymbol{i}+(2xyz-2xy)\boldsymbol{j}-xz^2\boldsymbol{k}$.

10. $\iint(\text{curl }\boldsymbol{V})\cdot\boldsymbol{n}\mathrm{d}\sigma$，积分面积为曲面 $z=9-x^2-9y^2$ 在（x,y）平面上的部分，其中，$\boldsymbol{V}=2xy\boldsymbol{i}+(x^2-2x)\boldsymbol{j}-x^2z^2\boldsymbol{k}$.

11. $\iint \boldsymbol{V}\cdot\boldsymbol{n}\mathrm{d}\sigma$，积分面积为沿着坐标轴、边长是 2 在第一个八分区内的立方体的整个表面，其中，$\boldsymbol{V}=(x^2-y^2)\boldsymbol{i}+3y\boldsymbol{j}-2xz\boldsymbol{k}$.

12. $\oint \boldsymbol{V}\cdot\mathrm{d}\boldsymbol{r}$，积分线为圆 $(x-2)^2+(y-3)^2=9$，$z=0$，其中，$\boldsymbol{V}=(x^2+yz^2)\boldsymbol{i}+(2x-y^3)\boldsymbol{j}$.

13. $\iint(2x\boldsymbol{i}-2y\boldsymbol{j}+5\boldsymbol{k})\cdot\boldsymbol{n}\mathrm{d}\sigma$，积分面积为半径是 2 且球心在原点的球面.

14. $\oint(y\boldsymbol{i}-x\boldsymbol{j}+z\boldsymbol{k})\cdot\mathrm{d}\boldsymbol{r}$，积分线为在（$x,y$）平面上以原点为圆心半径为 2 的圆的周长.

15. $\oint_c y\mathrm{d}x+z\mathrm{d}y+x\mathrm{d}z$，其中，$C$ 是方程为 $x+y=2$ 和 $x^2+y^2+z^2=2(x+y)$ 的曲面的交线.

16. 下面关于没有磁场的“证明”有什么问题？根据电磁理论有 $\nabla\cdot\boldsymbol{B}=0$ 和 $\boldsymbol{B}=\nabla\times\boldsymbol{A}$（这些方程没有错误）. 使用这些方程求出

$$\iiint\nabla\cdot\boldsymbol{B}\mathrm{d}\tau=0=\iint\boldsymbol{B}\cdot\boldsymbol{n}\mathrm{d}\sigma \qquad \text{（根据散度定理）}$$

$$=\iint(\nabla\times\boldsymbol{A})\cdot\boldsymbol{n}\mathrm{d}\sigma=\int\boldsymbol{A}\cdot\mathrm{d}\boldsymbol{r} \qquad \text{（根据斯托克斯定理）}$$

由于 $\int\boldsymbol{A}\cdot\mathrm{d}\boldsymbol{r}=0$，$\boldsymbol{A}$ 是守恒的，或者 $\boldsymbol{A}=\nabla\psi$，那么 $\boldsymbol{B}=\nabla\times\boldsymbol{A}=\nabla\times\nabla\psi=0$，所以 $\boldsymbol{B}=0$.

17. 推导下面矢量积分定理.

（a）$\displaystyle\int_{\text{体积}\tau}\nabla\phi\mathrm{d}\tau=\oint_{\substack{\text{包围}\tau\\\text{的曲面}}}\phi\boldsymbol{n}\mathrm{d}\sigma$

提示：在散度定理（10.17）中，代入 $\boldsymbol{V}=\phi\boldsymbol{C}$，其中，$\boldsymbol{C}$ 是一个任意常数矢量，得到 $\boldsymbol{C}\cdot\int\nabla\phi\mathrm{d}\tau=\boldsymbol{C}\cdot$

$\oint\phi\boldsymbol{n}\mathrm{d}\sigma$. 由于 $\boldsymbol{C}$ 是任意的，设 $\boldsymbol{C}=\boldsymbol{i}$ 来说明两个积分的 x 分量相等；同样地，设 $\boldsymbol{C}=\boldsymbol{j}$ 和 $\boldsymbol{C}=\boldsymbol{k}$ 来说明 y 分量相等，z 分量相等.

(b) $\int_{\text{体积}\tau}\nabla\times\boldsymbol{V}\mathrm{d}\tau=\oint_{\text{包围}\tau\text{的面}}\boldsymbol{n}\times\boldsymbol{V}\mathrm{d}\sigma$.

提示：在散度定理中用 $\boldsymbol{V}\times\boldsymbol{C}$ 替换 $\boldsymbol{V}$，其中，$\boldsymbol{C}$ 是任意常数矢量. 遵循（a）中提示的最后一部分.

(c) $\int_{\sigma\text{边界曲线}}\phi\mathrm{d}\boldsymbol{r}=\oint_{\text{曲面}\sigma}(\boldsymbol{n}\times\nabla\phi)\mathrm{d}\sigma$.

(d) $\oint_{\sigma\text{边界曲线}}\mathrm{d}\boldsymbol{r}\times\boldsymbol{V}=\int_{\text{曲面}\sigma}(\boldsymbol{n}\times\nabla)\times\boldsymbol{V}\mathrm{d}\sigma$.

（c）和（d）的提示：使用（a）和（b）中建议的替换，但是在斯托克斯定理（11.9）中替换而不是在散度定理中替换.

(e) $\int_{\text{体积}\tau}\phi\,\nabla\cdot\boldsymbol{V}\mathrm{d}\tau=\oint_{\text{包围}\tau\text{的曲面}}\phi\boldsymbol{V}\cdot\boldsymbol{n}\mathrm{d}\sigma-\int_{\text{体积}\tau}\boldsymbol{V}\cdot\nabla\phi\mathrm{d}\tau$

提示：式（7.6）对体积 τ 进行积分，并使用散度定理.

(f) $\int_{\text{体积}\tau}\boldsymbol{V}\cdot(\nabla\times\boldsymbol{U})\mathrm{d}\tau=\int_{\text{体积}\tau}\boldsymbol{U}\cdot(\nabla\times\boldsymbol{V})\mathrm{d}\tau+\oint_{\text{包围}\tau\text{的曲面}}(\boldsymbol{U}\times\boldsymbol{V})\cdot\boldsymbol{n}\mathrm{d}\sigma$.

提示：在本章最后矢量恒等式表中积分（h），并使用散度定理.

(g) $\int_{\sigma\text{面}}\phi(\nabla\times\boldsymbol{V})\cdot\boldsymbol{n}\mathrm{d}\sigma=\int_{\sigma\text{面}}(\nabla\times\nabla\phi)\cdot\boldsymbol{n}\mathrm{d}\sigma+\oint_{\sigma\text{边界曲线}}\phi\boldsymbol{V}\cdot\mathrm{d}r$

提示：在本章最后矢量恒等式表中积分（g），并使用斯托克斯定理.

求出矢量场 $\boldsymbol{A}$ 使得对于每个给定的 $\boldsymbol{V}$ 都有 $\boldsymbol{V}=\mathrm{curl}\,\boldsymbol{A}$.

18. $\boldsymbol{V}=(x^2-yz+y)\boldsymbol{i}+(x-2yz)\boldsymbol{j}+(z^2-2zx+x+y)\boldsymbol{k}$.

19. $\boldsymbol{V}=\boldsymbol{i}(x^2-2xz)+\boldsymbol{j}(y^2-2xy)+\boldsymbol{k}(z^2-2yz+xy)$.

20. $\boldsymbol{V}=\boldsymbol{i}(ze^{zy}+x\sin zx)+\boldsymbol{j}x\cos xz-\boldsymbol{k}z\sin zx$.

21. $\boldsymbol{V}=-\boldsymbol{k}$.

22. $\boldsymbol{V}=(y+z)\boldsymbol{i}+(x-z)\boldsymbol{j}+(x^2+y^2)\boldsymbol{k}$.

6.12 综合习题

1. 如果 $\boldsymbol{A}$ 和 $\boldsymbol{B}$ 是单位矢量，它们之间的夹角是 θ，$\boldsymbol{C}$ 是一个垂直于 $\boldsymbol{A}$ 和 $\boldsymbol{B}$ 的单位矢量，计算 $[(\boldsymbol{A}\times\boldsymbol{B})\times(\boldsymbol{B}\times\boldsymbol{C})]\times(\boldsymbol{C}\times\boldsymbol{A})$.

2. 如果 $\boldsymbol{A}$ 和 $\boldsymbol{B}$ 是平行四边形的对角线，求出平行四边形面积的矢量公式.

3. 电荷 q 在磁场 $\boldsymbol{B}$ 中以速度 $\boldsymbol{v}=\mathrm{d}\boldsymbol{r}/\mathrm{d}t$ 运动时所受的力是 $\boldsymbol{F}=q(\boldsymbol{v}\times\boldsymbol{B})$. 我们可以把 $\boldsymbol{B}$ 写成 $\boldsymbol{B}=\nabla\times\boldsymbol{A}$，其中，$\boldsymbol{A}$（称为矢量势）是 x，y，z，t 的函数. 如果电荷 q 的位移矢量 $\boldsymbol{r}=\boldsymbol{i}x+\boldsymbol{j}y+\boldsymbol{k}z$ 是时间 t 的函数，证明

$$\frac{\mathrm{d}\boldsymbol{A}}{\mathrm{d}t}=\frac{\partial\boldsymbol{A}}{\partial t}+\boldsymbol{v}\cdot\nabla\boldsymbol{A},$$

因此证明

$$\boldsymbol{F}=q\boldsymbol{v}\times(\nabla\times\boldsymbol{A})=q\left[\nabla(\boldsymbol{v}\cdot\boldsymbol{A})-\frac{\mathrm{d}\boldsymbol{A}}{\mathrm{d}t}+\frac{\partial\boldsymbol{A}}{\partial t}\right].$$

4. 证明：$\nabla\cdot(\boldsymbol{U}\times\boldsymbol{r})=\boldsymbol{r}\cdot(\nabla\times\boldsymbol{U})$，其中，$\boldsymbol{U}$ 是 x，y，z 的矢量函数，$\boldsymbol{r}=x\boldsymbol{i}+y\boldsymbol{j}+z\boldsymbol{k}$.

5. 使用格林定理（第 6.9 节）完成习题 6.8 第 2 题.

6. 求作用于点（1,1,-3）的力 $\boldsymbol{F}=2\boldsymbol{i}-\boldsymbol{j}+3\boldsymbol{k}$ 所产生的关于点（1,-2,1）的力矩.

7. 假设力 $\boldsymbol{F}=2\boldsymbol{i}-3\boldsymbol{j}+\boldsymbol{k}$ 作用于点（5,1,3），

（a）求出 $\boldsymbol{F}$ 关于点（4,1,0）的力矩.

（b）求出 $\boldsymbol{F}$ 关于直线 $\boldsymbol{r}=4\boldsymbol{i}+\boldsymbol{j}+(2\boldsymbol{i}+\boldsymbol{j}-2\boldsymbol{k})t$ 的力矩.

8. 力 $\boldsymbol{F}=\boldsymbol{i}-2\boldsymbol{j}-2\boldsymbol{k}$ 作用于点（0,1,2），求出 $\boldsymbol{F}$ 关于直线 $\boldsymbol{r}=(2\boldsymbol{i}-\boldsymbol{j})t$ 的力矩.

9. 假设力 $\boldsymbol{F}=\boldsymbol{i}-5\boldsymbol{j}+2\boldsymbol{k}$ 作用于点（2,1,0），求出 $\boldsymbol{F}$ 关于直线 $\boldsymbol{r}=(3\boldsymbol{j}+4\boldsymbol{k})-2\boldsymbol{i}t$ 的力矩.

10. 已知 $u=xy+\sin z$，求：

（a）在（1,2,π/2）处 u 的梯度.

（b）在（1,2,π/2）处，在方向 $4\boldsymbol{i}+3\boldsymbol{j}$ 上，u 增加有多快？

（c）在（1,2,π/2）处曲面 $u=3$ 的切平面方程.

11. 已知 $\phi=z^2-3xy$，求：

（a）$\mathbf{grad}\ \phi$；

（b）在点（1,2,3）处，在方向 $\boldsymbol{i}+\boldsymbol{j}+\boldsymbol{k}$ 上 ϕ 的方向导数；

（c）在点（1,2,3）处 $\phi=3$ 的切平面方程和法线.

12. 已知 $u=xy+yz+z\sin x$，求：

（a）在点（0,1,2）处的 ∇u；

（b）在点（0,1,2）处，在方向 $2\boldsymbol{i}+2\boldsymbol{j}-\boldsymbol{k}$ 上 u 的方向导数；

（c）在点（0,1,2）处等值面 $u=2$ 的切平面方程和法线方程.

13. 已知 $\phi=x^2-yz$ 和点 $P(3,4,1)$，求：

（a）在 P 处的 $\nabla\phi$；

（b）在 P 处曲面 $\phi=5$ 的单位法矢量；

（c）在 P 处，在 ϕ 增长最快的方向上的一个矢量；

（d）在（c）中所求矢量的大小；

（e）在 P 处，与直线 $\boldsymbol{r}=\boldsymbol{i}-\boldsymbol{j}+2\boldsymbol{k}+(6\boldsymbol{i}-\boldsymbol{j}-4\boldsymbol{k})t$ 平行的方向上 ϕ 的导数.

14. 如果温度为 $T=x^2-xy+z^2$，求：

（a）在（2,1,-1）处热量流动的方向；

（b）在（2,1,-1）处，在 $\boldsymbol{j}-\boldsymbol{k}$ 方向上温度的变化率.

15. 证明：$\boldsymbol{F}=y^2z\sinh(2xz)\boldsymbol{i}+2y\cosh^2(xz)\boldsymbol{j}+y^2x\sinh(2xz)\boldsymbol{k}$ 是守恒的，求出标势 ϕ 使 $\boldsymbol{F}=-\nabla\phi$.

16. 已知 $\boldsymbol{F}_1=2xz\boldsymbol{i}+y\boldsymbol{j}+x^2\boldsymbol{k}$ 且 $\boldsymbol{F}_2=y\boldsymbol{i}-x\boldsymbol{j}$：

（a）哪个 $\boldsymbol{F}$ 是守恒的？

（b）如果已知的 $\boldsymbol{F}$ 中有一个是守恒的，求出函数 W 使 $\boldsymbol{F}=\nabla W$；

（c）如果已知的 $\boldsymbol{F}$ 中有一个是非守恒的，使用它沿着（0,1）到（1,0）的直线计算积分 $\int\boldsymbol{F}\cdot\mathrm{d}\boldsymbol{r}$；

（d）将格林定理应用于顶点（0,0），（0,1），（1,0）的三角形，完成第（c）部分.

17. 如果 $\boldsymbol{F}=(2x-3y)\boldsymbol{i}-(3x-2y)\boldsymbol{j}$，求出沿着从（1,1）到（1,-1）的圆 $x^2+y^2=2$ 的 $\int\boldsymbol{F}\cdot\mathrm{d}\boldsymbol{r}$ 的值.

18. $\boldsymbol{F}=y\boldsymbol{i}+xz\boldsymbol{j}+z\boldsymbol{k}$ 是守恒的吗？从（0,0,0）到（1,1,1）沿着下面路径计算 $\int\boldsymbol{F}\cdot\mathrm{d}\boldsymbol{r}$.

（a）折线（0,0,0）到（1,0,0），再到（1,1,0），再到（1,1,1）.

（b）连接两端点的直线.

19. 已知 $\boldsymbol{F}_1=-2y\boldsymbol{i}+(z-2x)\boldsymbol{j}+(y+z)\boldsymbol{k}$，$\boldsymbol{F}_2=y\boldsymbol{i}+2x\boldsymbol{j}$.

（a）$\boldsymbol{F}_1$ 是守恒的吗？$\boldsymbol{F}_2$ 是守恒的吗？

（b）$\boldsymbol{F}_2$ 作用于一个粒子上，使粒子沿着椭圆 $x=\cos\theta$，$y=2\sin\theta$ 从 $\theta=0$ 运动到 $\theta=2\pi$，求 $\boldsymbol{F}_2$ 所做的功；

(c) 对于在本道题中的任何守恒力，求出势函数 V 使 $\boldsymbol{F}=-\nabla \boldsymbol{V}$;

(d) $\boldsymbol{F}_1$ 作用于一个粒子上，使粒子沿着直线从 (0,1,0) 运动到 (0,2,5)，求 $\boldsymbol{F}_1$ 所做的功;

(e) 使用格林定理和习题 6.9 第 7 题的结果，完成上面第 (b) 部分.

在第 20 题~第 31 题中，用最简单的方法计算每个积分.

20. $\iint \boldsymbol{P}\cdot\boldsymbol{n}\mathrm{d}\sigma$，积分面积为 $r=1$ 的上半球面，$\boldsymbol{P}=\mathrm{curl}(\boldsymbol{j}x-\boldsymbol{k}z)$.

21. $\iint (\nabla\times\boldsymbol{V})\cdot\boldsymbol{n}\mathrm{d}\sigma$，积分面积为金字塔的四个斜面组成的曲面，金字塔的底面是 (x,y) 平面上四个角为 (0,0)，(0,2)，(2,0)，(2,2) 的正方形，金字塔的顶点为 (1,1,2). 其中，$\boldsymbol{V}=(x^2z-2)\boldsymbol{i}+(x+y-z)\boldsymbol{j}-xyz\boldsymbol{k}$.

22. $\iint \boldsymbol{V}\cdot\boldsymbol{n}\mathrm{d}\sigma$，积分面积为球 $(x-2)^2+(y+3)^2+z^2=9$ 的整个球面，$\boldsymbol{V}=(3x-yz)\boldsymbol{i}+(z^2-y^2)\boldsymbol{j}+(2yz+x^2)\boldsymbol{k}$.

23. $\iint \boldsymbol{F}\cdot\boldsymbol{n}\mathrm{d}\sigma$，其中，$\boldsymbol{F}=(y^2-x^2)\boldsymbol{i}+(2xy-y)\boldsymbol{j}+3z\boldsymbol{k}\sigma$ 是由圆筒 $x^2+y^2=16, z=3, z=-3$ 围成的锡罐的整个表面.

24. $\iint \boldsymbol{r}\cdot\boldsymbol{n}\mathrm{d}\sigma$,积分面积为整个半球面 $x^2+y^2+z^2=9, z\geqslant 0$,其中,$\boldsymbol{r}=x\boldsymbol{i}+y\boldsymbol{j}+z\boldsymbol{k}$.

25. $\iint \boldsymbol{V}\cdot\boldsymbol{n}\mathrm{d}\sigma$,积分面积为第 24 题中半球的弯曲部分,$\boldsymbol{V}=\mathrm{curl}(y\boldsymbol{i}-x\boldsymbol{j})$.

26. $\iint (\mathrm{curl}\ \boldsymbol{V})\cdot\boldsymbol{n}\mathrm{d}\sigma$,积分面积为立方体的整个曲面,该立方体在第一个八分区中,有三个面在三个坐标平面上,另外三个面相交于点(2,2,2)，其中，$\boldsymbol{V}=(2-y)\boldsymbol{i}+xz\boldsymbol{j}+xyz\boldsymbol{k}$.

27. 完成第 26 题，但是积分面积为去掉正方体在 (x,y) 平面上的面而得到的开放曲面.

28. $\oint \boldsymbol{F}\cdot\mathrm{d}\boldsymbol{r}$，积分线为圆 $x^2+y^2+2x=0$，其中，$\boldsymbol{F}=y\boldsymbol{i}-x\boldsymbol{j}$.

29. $\oint \boldsymbol{V}\cdot\mathrm{d}\boldsymbol{r}$，积分线是顶点为 (1,0)，(0,1)，(-1,0)，(0,-1) 的正方形边界线，$\boldsymbol{V}=x^2\boldsymbol{i}+5x\boldsymbol{j}$.

30. $\int_C (x^2-y)\mathrm{d}x+(x+y^3)\mathrm{d}y$，其中，$C$ 是顶点为 (0,0)，(2,0)，(1,1)，(3,1) 的平行四边形.

31. $\int (y^2-x^2)\mathrm{d}x+(2xy+3)\mathrm{d}y$，积分路径为先沿着 x 轴从 (0,0) 到 $(\sqrt{5},0)$，然后沿着圆弧从 $(\sqrt{5},0)$ 到 (1,2). 提示：使用格林定理.

涉及∇的矢量恒等式表

请仔细注意，ϕ 和 ψ 是标量函数；$\boldsymbol{U}$ 和 $\boldsymbol{V}$ 是矢量函数. 公式在直角坐标系下给出；其他坐标系见第 10 章 10.9 节.

(a) $\nabla\cdot\nabla\phi=\mathrm{div}\ \mathbf{grad}\phi=\nabla^2\phi=\mathrm{Laplacian}\phi=\dfrac{\partial^2\phi}{\partial x^2}+\dfrac{\partial^2\phi}{\partial y^2}+\dfrac{\partial^2\phi}{\partial z^2}$

(b) $\nabla\times\nabla\phi=\mathrm{curl}\ \mathbf{grad}\phi=0$

(c) $\nabla(\nabla\cdot\boldsymbol{V})=\mathbf{grad}\ \mathrm{div}\ \boldsymbol{V}$

$$=\boldsymbol{i}\left(\frac{\partial^2 V_x}{\partial x^2}+\frac{\partial^2 V_y}{\partial x\partial y}+\frac{\partial^2 V_z}{\partial x\partial z}\right)+\boldsymbol{j}\left(\frac{\partial^2 V_x}{\partial x\partial y}+\frac{\partial^2 V_y}{\partial y^2}+\frac{\partial^2 V_z}{\partial y\partial z}\right)+\boldsymbol{k}\left(\frac{\partial^2 V_x}{\partial x\partial z}+\frac{\partial^2 V_y}{\partial y\partial z}+\frac{\partial^2 V_z}{\partial z^2}\right)$$

(d) $\nabla\cdot(\nabla\times\boldsymbol{V})=\mathrm{div\ curl}\ \boldsymbol{V}=0$

(e) $\nabla\times(\nabla\times\boldsymbol{V})=\mathrm{curl\ curl}\ \boldsymbol{V}=\nabla(\nabla\cdot\boldsymbol{V})-\nabla^2\boldsymbol{V}=\mathbf{grad}\ \mathrm{div}\ \boldsymbol{V}-\mathrm{Laplacian}\ \boldsymbol{V}$

(f) $\nabla\cdot(\phi\boldsymbol{V})=\phi(\nabla\cdot\boldsymbol{V})+\boldsymbol{V}\cdot(\nabla\phi)$

(g) $\nabla\times(\phi\boldsymbol{V})=\phi(\nabla\times\boldsymbol{V})-\boldsymbol{V}\times(\nabla\phi)$

(h) $\nabla\cdot(\boldsymbol{U}\times\boldsymbol{V})=\boldsymbol{V}\cdot(\nabla\times\boldsymbol{U})-\boldsymbol{U}\cdot(\nabla\times\boldsymbol{V})$

(i) $\nabla\times(\boldsymbol{U}\times\boldsymbol{V})=(\boldsymbol{V}\cdot\nabla)\boldsymbol{U}-(\boldsymbol{U}\cdot\nabla)\boldsymbol{V}-\boldsymbol{V}(\nabla\cdot\boldsymbol{U})+\boldsymbol{U}(\nabla\cdot\boldsymbol{V})$

(j) $\nabla(\boldsymbol{U}\cdot\boldsymbol{V})=\boldsymbol{U}\times(\nabla\times\boldsymbol{V})+(\boldsymbol{U}\cdot\nabla)\boldsymbol{V}+\boldsymbol{V}\times(\nabla\times\boldsymbol{U})+(\boldsymbol{V}\cdot\nabla)\boldsymbol{U}$

(k) $\nabla\cdot(\nabla\phi\times\nabla\psi)=0$

参考文献

Abramowitz, Milton, and Irene A. Stegun, editors, *Handbook of Mathematical Functions With Formulas, Graphs, and Mathematical Tables*, National Bureau of Standards, Applied Mathematics Series, 55, U. S. Government Printing office, Washington, D. C., 1964.

Arfken, George B., and Hans J. Weber, *Mathematical Methods for Physicists*, Academic Press, fifth edition, 2001.

Boyce, William E., and Richard C. DiPrima, *Introduction to Differential Equations*, Wiley, 1970.

Butkov, Eugene, *Mathematical Physics*, Addison-Wesley, 1968.

Callen, Herbert B., *Thermodynamics and an Introduction to Thermostatistics*, Wiley, second edition, 1985.

Cantrell, C. D., *Modern Mathematical Methods for Physicists and Engineers*, Cambridge University Press, 2000.

Chow, Tai L., *Mathematical Methods for Physicists: A Concise Introduction*, Cambridge University Press, 2000.

Courant, Richard, and Herbert Robbins, *What Is Mathematics?*, Oxford University Press, second edition revised by Ian Stewart, 1996.

CRC Standard Mathematical Tables, CRC Press, any recent edition.

Feller, William, *An Introduction to Probability Theory and Its Applications*, Wiley, second edition, 1966.

Folland, G. B., *Fourier analysis and its applications*, Brooks/Cole, 1992.

Goldstein, Herbert, Charles P. Poole, and John L. Safko, *Classical Mechanics*, Addison Wesley, third edition, 2002.

Griffiths, David J., *Introduction to Electrodynamics*, Prentice Hall, third edition, 1999.

Griffiths, David J., *Introduction to Quantum Mechanics*, Prentice Hall, second edition, 2004.

Hassani, Sadri, *Mathematical Methods: For Students of Physics and Related Fields*, Springer, 2000.

Jackson, John David, *Classical Electrodynamics*, Wiley, third edition, 1999.

Jahnke, E., and F. Emde, *Tables of Higher Functions*, McGraw-Hill, sixth edition revised by Friedrich Lösch, 1960.

Jeffreys, Harold, *Cartesian Tensors*, Cambridge University Press, 1965 reprint.

Jordan, D. W., and Peter Smith, *Mathematical Techniques: An Introduction for the Engineering, Physical, and Mathematical Sciences*, Oxford University Press, third edition, 2002.

Kittel, Charles, *Elementary Statistical Physics*, Dover edition, 2004.

Kreyszig, Erwin, *Advanced Engineering Mathematics*, Wiley, eighth edition, 1999.

Lighthill, M. J., *Introduction to Fourier Analysis and Generalised Functions*, Cambridge University Press, 1958.

Lyons, Louis, *All You Wanted To Know About Mathematics but Were Afraid To Ask: Mathematics for Science Students*, two volumes, Cambridge University Press, 1995–1998.

Mathews, Jon, and R. L. Walker, *Mathematical Methods of Physics*, Benjamin, second edition, 1970.

McQuarrie, Donald A., *Mathematical Methods for Scientists and Engineers*, University Science Books, 2003.

Morse, Philip M., and Herman Feshbach, *Methods of Theoretical Physics*, McGraw-Hill, 1953.

NBS Tables. See Abramowitz and Stegun.

Parratt, Lyman G., *Probability and Experimental Errors in Science*, Dover edition, 1971.

Relton, F. E., *Applied Bessel Functions*, Dover edition, 1965.

Riley, K. F., M. P. Hobson, and S. J. Bence, *Mathematical Methods for Physics and Engineering: A Comprehensive Guide*, Cambridge University Press, second edition, 2002.

Schey, H. M., *Div, Grad, Curl, and All That: An Informal Text on Vector Calculus*, Norton, fourth edition, 2004.

Snieder, Roel, *A Guided Tour of Mathematical Methods for the Physical Sciences*, Cambridge University Press, second edition, 2004.

Strang, Gilbert, *Linear Algebra and Its Applications*, Harcourt, Brace, Jovanovich, third edition, 1988.

Weinstock, Robert, *Calculus of Variations, with Applications to Physics and Engineering*, Dover edition, 1974.

Weisstein, Eric W., *CRC Concise Encyclopedia of Mathematics*, Chapman & Hall/CRC, second edition, 2003.

Woan, Graham, *Cambridge Handbook of Physics Formulas*, Cambridge University Press, reprinted 2003 with corrections.

Young, Hugh D., *Statistical Treatment of Experimental Data*, McGraw-Hill, 1962.